SIGFRIDO PILONE PAOLO BASSIGNANA GUIDO FURXHI
MAURIZIO LIVERANI ANTONIO PIVETTA CLAUDIO PIVIOTTI

Tecnologie e Tecniche di Installazione e Manutenzione

Volume 1

Per il secondo biennio

EDITORE ULRICO HOEPLI MILANO

EDIZIONE**MISTA**
+LIBRO**DIGITALE**

UN TESTO PIÙ RICCO E SEMPRE AGGIORNATO

Il libro di testo è un'**edizione mista** che rende disponibile nel sito **www.hoepliscuola.it**:
- **materiali didattici** integrativi;
- eventuali **aggiornamenti** del testo;
- un **estratto esemplificativo del volume** in formato PDF che può essere consultato, scaricato e stampato.

Questa edizione mista offre, in aggiunta alle Risorse online, la possibilità di scaricare anche la **versione digitale del libro**, da leggere, sottolineare e annotare sul tablet e sul computer. Attraverso appositi link sono accessibili dalla versione digitale ulteriori approfondimenti agli argomenti trattati.

Per l'accesso alla versione digitale del libro seguire le istruzioni riportate nell'ultima pagina del volume.

via Hoepli 5, 20121 Milano (Italy)
tel. +39 02 864871 – fax +39 02 8052886
e-mail hoepli@hoepli.it

www.hoepli.it

ISBN 978-88-203-5049-9

Ristampa marzo 2021

Si ringrazia la scuola Camerana per l'utilizzo dei loro laboratori per la produzione
di esempi e materiali illustrativi

Redazione e coordinamento: Luigi Caligaris, Stefano Fava, Carlo Tomasello

Progetto grafico: Sara Keller, Rubber Band – Torino

Impaginazione: Rubber Band – Torino

Revisione a cura di Katia Cicuto

Copertina: mncg S.r.l., Milano

Stampa: LegoDigit S.r.l., Lavis (Trento)

Printed in Italy

Indice

Presentazione

L'opera costituisce un corso completo della disciplina **Tecnologie e Tecniche di Installazione e Manutenzione** per il secondo biennio e per il quinto anno degli Istituti Professionali settore Industria e Artigianato.
Il corso è il frutto dell'esperienza didattica e professionale che alcuni autori hanno maturato nell'ambito della scuola di Stato, altri all'interno dell'Assocam Scuola Camerana di Torino, istituto che svolge attività di formazione professionale correlata ai bisogni formativi delle strutture produttive nell'area delle tecnologie applicate ai processi industriali.
L'opera si propone perciò come strumento didattico e operativo utile a **formare la nuova figura dell'installatore e manutentore** tenendo conto delle **competenze richieste nel mondo del lavoro**; si pone dunque come obiettivo di far conseguire allo studente, al termine del percorso triennale, risultati di apprendimento che gli consentano, attraverso la conoscenza e l'applicazione della normativa sulla sicurezza, di utilizzare gli strumenti e le tecnologie specifiche per *garantire e certificare la messa a punto d'impianti e macchine, collaborando alla fase di collaudo e d'installazione, gestire le esigenze del committente, reperire le risorse tecniche e tecnologiche per offrire servizi efficaci ed economicamente correlati alle richieste.*
Attualmente un buon manutentore deve possedere culture e conoscenze tecniche trasversali, capacità di collegamento fra eventi, guasti, cause ed effetti per ottenere diagnosi corrette, semplici e risolutive.

L'opera si compone di due volumi che sviluppano *le Tecnologie e le tecniche d'installazione e manutenzione;* il sito **www.hoepliscuola.it** fornisce ulteriori materiali didattici integrativi per i due volumi e tutti gli aggiornamenti tecnologici che si renderanno progressivamente necessari.
Ciascun volume è suddiviso in *moduli* indipendenti e articolati in *unità didattiche*, che rendono possibile l'adozione di percorsi differenziati e adattabili alle necessità delle singole classi e delle specifiche realtà.
Ogni modulo si apre con le indicazioni dei prerequisiti, degli obiettivi didattici e delle unità che lo compongono; seguono lo sviluppo delle unità didattiche e, in chiusura, la verifica di modulo.
I contenuti sono adeguati ai nuovi programmi ministeriali e presentano la sintesi necessaria a risolvere le esercitazioni proposte; essi sono aggiornati con le più moderne tecnologie e tecniche italiane ed europee, e prestano particolare attenzione all'evoluzione tecnologica.
Il **Volume 1**, per il secondo biennio, è strutturato in sei moduli e tratta: l'antinfortunistica; la componentistica meccanica, pneumatica, oleodinamica, termotecnica, elettrotecnica ed elettronica; le principali tecniche di assemblaggio e manutenzione; le norme di sicurezza e antinquinamento.

Il **modulo A** affronta la parte generale della manutenzione, i vari tipi e le più comuni metodologie d'intervento.
Nel **modulo B** sono presentate la documentazione e le specifiche tecniche dei principali componenti meccanici, termotecnici, elettrico-elettronici, pneumatici e oleodinamici.
Con il **modulo C** si analizzano le principali tecniche di assemblaggio di vari dispositivi meccanici, termotecnici, pneumatici e oleodinamici.
Nel **modulo D** si affrontano le caratteristiche di funzionamento d'impianti industriali, civili e per la manutenzione di mezzi di trasporto.
Il **modulo E** presenta le principali leggi e norme che regolano la sicurezza nella manutenzione e analizza i principali tipi d'inquinamento che possono derivare dalle attività umane.
Il **modulo F** propone le principali tecniche d'installazione e manutenzione dei dispositivi elettrici ed elettronici.

SIGFRIDO PILONE PAOLO BASSIGNANA GUIDO FURXHI
MAURIZIO LIVERANI ANTONIO PIVETTA CLAUDIO PIVIOTTI

modulo A

MANUTENZIONE

Prerequisiti

Conoscenze

- I principali enti normativi
- Le proprietà elementari degli oggetti tecnici: materiali e loro utilizzo
- La rappresentazione di strutture grafiche con programmi (Word, Excel)

Abilità

- Consultare le norme tecniche
- Utilizzare i siti internet
- Definire le proprietà tecniche

Obiettivi

Conoscenze

- I concetti basilari della manutenzione
- I tipi di manutenzione

Abilità

- Descrivere le varie manutenzioni
- Individuare l'efficacia di ciascuna tipologia manutentiva
- Valutare gli effetti di ogni tipo di manutenzione

Competenze di riferimento

- Utilizzare la documentazione tecnica prevista dalla normativa per garantire la corretta funzionalità di apparecchiature, impianti e sistemi tecnici
- Analizzare il valore, i limiti e i rischi delle varie soluzioni tecniche per la vita sociale e culturale con particolare attenzione alla sicurezza nei luoghi di vita e di lavoro, alla tutela della persona, dell'ambiente e del territorio

modulo A

VERIFICA dei PREREQUISITI

1 L'elica di un aeroplano può essere di legno.

☐ Vero ☐ Falso

2 Elencare dieci materiali metallici e non metallici.

1) ....; 2) ....;
3) ....; 4) ....;
5) ....; 6) ....;
7) ....; 8) ....;
8) ....; 9) ....

3 Dare la definizione di *guasto* (max 25 parole).

....
....
....

4 Dare la definizione di *diagnosi* (max 25 parole).

....
....
....

5 Descrivere la manutenzione di una caffettiera. (max 15 parole)

....
....

6 Elencare cinque enti normativi, internazionali e nazionali.

1) ....; 2) ....;
3) ....; 4) ....;
5) ....

7 Scrivere le istruzioni per fare una tabella con Word.

....
....
....
....
....
....
....

8 Scrivere le istruzioni per fare un diagramma circolare con Excel.

....
....
....
....
....
....
....

UNITÀ

A1 LIVELLI DI MANUTENZIONE

OBIETTIVI

Conoscenze

- Definizione, tipi e applicazioni della manutenzione
- Definizione del TPM

Abilità

- Analizzare le norme sulla manutenzione
- Definire le varie tipologie di manutenzione
- Valutare gli effetti della manutenzione

CONTENUTI

A1.1 Definizione di *manutenzione*

In un contesto mondiale in cui occorre massimizzare efficienza e produttività, la **manutenzione** rappresenta sempre più un fattore strategico di successo aziendale, in quanto attività economica finalizzata al raggiungimento del massimo livello di *utilizzabilità* e *disponibilità* degli impianti e dei fattori produttivi, realizzando questo obiettivo con efficacia, rapidità ed economia.
La semplice manutenzione di un autoveicolo |fig. A1.2|, così come la manutenzione di un grande impianto industriale |fig. A1.1|, richiedono oggi un approccio sistematico e scientifico sempre più specifico.

A1.1 Manutenzione di un impianto industriale.

Chiunque sarebbe infastidito se la propria automobile fosse sempre ferma dal meccanico, soggetta a una miriade di inconvenienti che, casualmente, colpiscono ora il motore, ora i freni, ora le sospensioni ecc. in condizioni di *disservizio* continuo e totalmente *inaffidabile*.

A1.2 Manutenzione di un autoveicolo.

Fino a che punto si avrebbe voglia di continuare a riparare una vettura ormai in palese stato di *usura*, in cui i *costi di manutenzione* sono superiori ai *benefici risultanti*, quando le *prestazioni* ottenute, i *consumi* di carburante, il *servizio* reso, non sono più all'altezza né *competitivi* rispetto a un modello più moderno e funzionale?
La manutenzione non è quindi costituita solo da azioni "tecniche" correttive o di sostituzione delle parti guaste o usurate, ma comprende anche un'efficiente organizzazione dell'attività stessa, necessaria per:

- minimizzare i tempi di *diagnosi* (utilizzando mezzi e strumenti adatti);
- ridurre il *numero di fermate* per guasti casuali (risalendo alle cause ed eliminandole);
- *accorpare* le scadenze degli interventi;
- assicurare *l'efficienza globale* per lunghi periodi;
- minimizzare le *interruzioni* programmate, la cui *durata* e *cadenza* risultino già previste e prestabilite.

Effettuare la manutenzione in questi termini rappresenta il valore aggiunto di tale attività, che ne esalta le competenze e la professionalità, fornendo un servizio completo, valido ed efficace.
La **norma tecnica CEI 56-50, 1997** (UNI 10147 del 1.10.2003) afferma che:

> la **manutenzione** è la combinazione di tutte le azioni tecniche e amministrative, incluse le azioni di supervisione, volte a mantenere o riportare un'entità in uno stato in cui possa svolgere la funzione richiesta (Terminologia sulla fidatezza e sulla qualità del servizio).

Scopo della materia *TTIM*

Lo scopo della materia *Tecnologie e Tecniche di Installazione e Manutenzione* (**TTIM**) è quello di formare la nuova figura del **manutentore**, intesa nei termini professionali definiti precedentemente |fig. A1.3|.

A1.3 Il manutentore.

Oggi un buon manutentore deve possedere culture e conoscenze tecniche trasversali: meccaniche, elettriche, elettroniche ed energetiche. Doti non comuni d'intuito e capacità di collegamento fra eventi, guasti, cause ed effetti sono fondamentali per ottenere diagnosi precise e corrette, suffragate da prove rapide, semplici e risolutive. Completano il suo profilo la capacità di sintesi e di aggregazione dei risultati, per riconoscere cause comuni, identificare guasti ripetitivi, proporre soluzioni migliorative e definitive.

Troppo spesso l'attività del manutentore si limita alla sostituzione del componente guasto, tesa al veloce recupero della funzionalità dell'impianto, senza considerare la causa del guasto, il costo del pezzo di ricambio, la durata dell'intervento; dopo, a seguito di un'analisi più approfondita, ci si rende conto che il pezzo sostituito era perfettamente funzionante, che il guasto era in realtà un problema banale (per esempio un falso contatto, una vite non stretta o una chiavetta mancante) e che si è risolto per caso, o per fortuna, proprio durante le attività di smontaggio e rimontaggio. È quindi fondamentale che, durante il secondo biennio e il quinto anno nella materia *Tecnologie e Tecniche di Installazione e Manutenzione*, lo studente acquisisca sicurezza nelle seguenti operazioni:

- smontare e rimontare apparecchiature delle quattro tecnologie;
- installare e collaudare apparecchiature e semplici macchine;
- eseguire la manutenzione su apparecchiature, macchine e impianti, individuando i guasti e le relative cause e sostituendo le parti danneggiate;
- verificare il proprio lavoro.

Saper operare su un impianto significa comprenderne il funzionamento, saper individuare le funzioni e i gruppi che lo compongono, capire le interazioni fra sensori e attuatori, organi di comando e di potenza, generatori e utilizzatori di energia.
Il riferimento ultimo della manutenzione è quindi l'impianto nella sua complessità e interezza: le competenze che si acquisiranno consentiranno al diplomato di intervenire su un impianto per individuare il componente che impedisce il corretto funzionamento, la causa e il metodo più opportuno di intervento. Successivamente si interverrà nella sostituzione o riparazione del componente e nel ripristino della normale operatività.
È quindi utile iniziare elencando gli impianti più significativi ed esaminando le parti che li compongono, il loro funzionamento e le caratteristiche che li distinguono, in modo da riconoscere e individuare i ricambi adeguati alla funzione prevista.

Generalità sulla manutenzione

Nell'organizzazione aziendale di tipo tradizionale, la manutenzione è strutturata come reparto alle strette dipendenze della produzione, in quanto "servizio" funzionale alle proprie necessità.
In tale ambito, la manutenzione viene ulteriormente suddivisa in gruppi d'intervento specialistico, sia per competenze (meccanici, elettrici, elettronici) sia per tipologia di intervento (manutenzione impianti generali, installatori, riparatori).
Una delle principali conseguenze di questo tipo di organizzazione è l'inserimento della manutenzione nell'ambito dei **costi indiretti di produzione**, in cui le ore lavoro e le persone impiegate sono un *costo fisso*, una variabile indipendente dalla produttività aziendale; inoltre, si ha una **mancanza di disponibilità degli addetti verso compiti assegnati ad altri gruppi**, orientata alla suddivisione dei compiti e alla copertura di ruoli rigidamente definiti; pertanto il manutentore elettrico non può pronunciarsi su guasti e problemi meccanici (e viceversa), così come l'installatore specializzato su nuovi macchinari non può intervenire nella riparazione di quelli più vecchi, in quanto considerato inesperto su tecnologie meno recenti (e viceversa).
Spesso in tale organizzazione della manutenzione si osservano le seguenti situazioni/disfunzioni.

- I manutentori sono considerati *fannulloni*, sempre *fuori servizio* in attesa che capiti un guasto, salvo poi verificare che corrono da una macchina all'altra in frenetica attività, con continue richieste di riparazioni, anche posticce, purché consentano la ripresa immediata della produzione interrotta.
- Si creano lunghi tempi di attesa necessari a radunare varie competenze (meccanici, elettrici, idraulici, sempre impegnati da altre parti) prima di avviare una diagnosi di guasto su un macchinario fermo.
- Si accumula un elevato numero di componenti di ricambio, spesso semiusati o comunque di cui non è certa la funzionalità, a causa di una serie di interventi di riparazione eseguiti per *tentativi* e approssimazioni successive.
- A volte si assiste al comportamento "scaricabarile" degli addetti, per cui il guasto, il malfunzionamento, la mancata produzione sono sempre colpa altrui.
- Quando *l'esperto manutentore* risulta perennemente legato alla macchina, il problema tende a cronicizzarsi e incancrenirsi; il manutentore rende la macchina operativa con manovre segretissime e solo a lui note, evitando di risolvere il problema in modo definitivo, e operando al contrario per conservarne lo stato di disfunzione permanente (il che dà ragione d'essere alla sua stessa presenza).

Tutte queste situazioni sono sempre state combattute nell'ambito di opportune varianti organizzative con rimedi più o meno efficaci. Alcuni hanno tentato la riduzione, se non l'abolizione, dei costi di manutenzione mediante la sua progressiva riduzione fin quasi all'annullamento: tale strategia può dare luogo a notevoli risparmi economici per i primi anni, in particolare disponendo inizialmente di macchinari robusti e affidabili, salvo risultare inadeguata nel lungo termine, quando anche per tali attrezzature si presentano progressivi incrementi di guasto per incuria o per semplice usura non controllata. Altri hanno tentato la riduzione dei costi di manutenzione attraverso la *terziarizzazione* del servizio, ovvero affidando in toto la manutenzione ad aziende esterne specializzate nel settore; anche tale modifica organizzativa si è rivelata presto fallace nella maggior parte dei casi, per le medesime ragioni di fondo già individuate in precedenza:

- il terzista non ha alcun interesse alla risoluzione definitiva dei problemi, poiché solo il loro permanere giustifica la sua ragion d'essere;
- il trasferimento a terzi delle competenze e delle conoscenze necessarie alla buona conduzione dei macchinari e delle attrezzature incrementa il menefreghismo e la perdita di responsabilità degli addetti che, nel lassismo generale, tralasciano anche quel minimo di avvertenze e di attività che possono evitare fermate e problemi, tanto *"non è loro compito"*;
- si verifica un impoverimento generale del *know-how* aziendale, delle competenze tecniche e tecnologiche per il miglioramento continuo ottenuto con la rimozione dei difetti cronici dei macchinari e mediante la capacità di studiare e applicare soluzioni alternative.

Con l'avvento della **fabbrica snella** e della **produzione flessibile** *(lean production)* è stato necessario rivedere anche la manutenzione, cambiandone completamente l'aspetto organizzativo, rivisitandone ruoli, funzioni e responsabilità, coinvolgendo in modo diretto operatori macchina e altro personale di produzione in ruoli attivi di manutenzione permanente. Tale visione più moderna della manutenzione prevede un'organizzazione più dinamica e flessibile, spesso gestita in autonomia, con un proprio budget annuale, direttamente coinvolta nella riduzione dei costi fissi di struttura, nella ripartizione dei fondi destinati a parti di ricambio oppure a ristrutturazione e revisione di macchinari obsoleti, monitorando le proprie attività e misurandone le performances e i risultati raggiunti. Per ottenere tale risultato, in primo luogo è stato necessario definire i diversi tipi di attività in ambito manutentivo.

A1.2 Tipi di manutenzione

La **norma UNI 10147 del 1.10.2003** definisce il concetto di **manutenzione** secondo i diversi livelli di attività.

- **Manutenzione preventiva** (UNI 9910 – DIN 31051/Wartung): si tratta di tutte quelle attività che permettono di riconoscere il funzionamento attuale del sistema, in modo da prendere i provvedimenti necessari a rallentare il normale degrado del funzionamento, e di tutte quelle attività che possono essere programmate in fase di progettazione dell'impianto e che fanno parte del manuale di istruzione del costruttore.
- **Ispezione**: sono tutte quelle azioni atte a determinare e giudicare il funzionamento di una unità, compresa la identificazione delle cause di usura e la messa in atto delle azioni necessarie per prolungare nel tempo il funzionamento dell'unità.
- **Manutenzione a guasto o correttiva** (ovvero ripristino): si tratta di tutte quelle attività necessarie a ripristinare le funzioni originarie del sistema a fronte di guasti manifesti; l'intervento ha come scopo la rimozione dei problemi che impediscono il funzionamento o la riduzione di prestazioni, il ripristino di usure, senza miglioramento tecnico.
- **Manutenzione migliorativa** (ovvero rimozione punti deboli): le attività di manutenzione sono rivolte, in questo caso, a miglioramenti tecnici atti ad assicurare a un impianto o a una unità il mantenimento delle prestazioni previste in sede di progetto. Grazie a queste attività, un impianto potrà raggiungere, con ogni probabilità, i limiti di disponibilità programmati in fase di progetto, nonostante le usure normali dei componenti utilizzati.

Manutenzione autonoma

Le attività di **ispezione** sono spesso riportate con il termine "manutenzione autonoma", in quanto svolte direttamente e autonomamente dall'operatore macchina.

Infatti, chi meglio dell'operatore macchina è in grado di riconoscere quei piccoli segnali, quei lievi scostamenti dal normale comportamento che individuano un degrado delle prestazioni, una possibile causa di guasto o di fermata per progressivo incremento di usure, giochi, attriti, vibrazioni, consumo di energia e altro?

Solo la sensibilità che deriva dalla continua vicinanza e conoscenza causa-effetto delle macchine a lui affidate consente questo primo elemento "virtuoso" di una corretta manutenzione.

È piuttosto semplice organizzare le attività d'ispezione mediante una serie di "cartellini macchina", numerati e legati sull'unità o sul componente da ispezionare e controllare.

Il cartellino riporta la data dell'ultima ispezione, ciò che occorre controllare e verificare, la data prevista per l'ispezione successiva (scadenziario), nonché gli esiti delle verifiche precedenti (un semplice *OK/KO* oppure un valore numerico, qualora si tratti di un parametro legato al risultato di una misura).

Un foglio riepilogativo per ogni macchina riassume e riporta gli esiti dei vari cartellini, costituendo un vero e proprio database che visualizza in progressione tutta la storia passata, comprensiva degli elementi necessari per pianificare le attività future.

Occorre infatti notare che le attività di **manutenzione preventiva** sono previste dal costruttore macchina sulla base di statistiche medie, in merito ai dati raccolti dai clienti, e relative ai componenti comuni delle macchine che appartengono alla medesima serie o tipologia.

L'evoluzione tecnologica, l'utilizzo su macchina di nuovi componenti che non dispongono ancora di dati storici, determinano indicazioni di manutenzione preventiva piuttosto aleatorie, non ancora suffragate da elementi certi; inoltre le condizioni di utilizzo reali, i livelli di stress e di sollecitazione e le condizioni ambientali sono diverse da applicazione ad applicazione, da macchina a macchina, da utente a utente. Le raccomandazioni del costruttore devono quindi essere di volta in volta modulate secondo le esigenze reali ed effettive di utilizzo, pertanto le attività di **ispezione** rappresentano la base di partenza sulla quale verificare, controllare, ridefinire le indicazioni previste dal costruttore per la manutenzione preventiva, facendo di quest'ultima una attività continuamente aggiornata sulla base delle mutevoli esigenze di esercizio. Spesso le cadenze di ispezione non sono a tempo ma in funzione del numero di pezzi prodotti, flessibili rispetto all'andamento della produzione.

In questa situazione dove coesistono ispezione e manutenzione preventiva, la **manutenzione a guasto** non è affatto eliminata, in quanto sussistono comunque possibilità residue di guasto, sia di tipo deterministico sia di tipo casuale, imprevedibili a priori. L'importante è ridurre il più possibile il numero e la frequenza di questi ultimi, limitandone l'importanza a frazioni minime dei tempi e dei costi di manutenzione complessivi.

Esiste quindi una **manutenzione a guasto non programmata** in cui si attende scientemente il degrado progressivo della macchina senza far nulla, finché questo non si tramuta in un guasto o in un malfunzionamento tale da rendere necessario un fermo produttivo.

Le riparazioni sono frettolose e approssimative, mentre il programma di produzione subisce spesso ritardi o cambiamenti. La riduzione dei tempi di fermo macchina si può ottenere solo riducendo i tempi di approvvigionamento delle parti di ricambio, con i conseguenti incrementi nei costi di magazzino, immobilizzando capitali ingenti e totalmente improduttivi.
Non c'è bisogno di dire che la manutenzione a guasto intesa come sopra è la meno auspicabile a causa dei danni e dei costi elevati che di solito comporta.

La **manutenzione a guasto programmata** rappresenta, viceversa, un modello virtuoso, in quanto ridotta sia in frequenza che in numero di eventi a seguito di tutta una serie di attività ispettive e preventive di supporto, mediante le quali si realizza la riduzione dei costi in base a un preventivo di vita utile residua del componente, che viene approvvigionato e sostituito solo al raggiungimento delle scadenze previste, secondo le regole del *just in time*.
Nella **manutenzione programmata**, le fermate per interventi manutentivi sono concordate e definite preventivamente sia in numero di eventi che in durata, fanno parte integrante del piano di produzione standard, che non subirà alcun ritardo rispetto al previsto.
La **manutenzione migliorativa** è spesso riportata anche con il termine *retrofit*, in quanto prevede il rimpiazzo e la sostituzione di interi gruppi e sottoparti di macchina, raggiungendo in contemporanea più scopi:

- la riduzione del tasso di guasto, eliminando i componenti che hanno raggiunto i limiti di usura;
- il miglioramento delle prestazioni della macchina, adottando nuove tecnologie più performanti sia in termini produttivi che di efficienza complessiva;
- l'adozione di componenti e strutture più affidabili e meno soggette a guasti.

Anche in questo caso si tratta quindi d'interventi *strategici* accuratamente studiati e pianificati, operanti nell'ottica del *miglioramento continuo*, adattabili e flessibili alle mutevoli condizioni operative, valutati nel rapporto *costi/benefici* prima ancora di essere attuati, di cui viene monitorata e verificata l'efficacia in fase di applicazione.
È quindi evidente come la manutenzione, condotta e organizzata nei suoi elementi di *ispezione* (**manutenzione preventiva**, **programmata**, **migliorativa**) costituisca la via ottimale per una gestione economica ed efficiente, con risultati apprezzabili e significativi, funzionalmente legata e coerente con tutti gli altri elementi di miglioramento della produttività aziendale.

A1.3 Il TPM

L'insieme delle attività di manutenzione definite in precedenza, attuate secondo un criterio di efficacia ed efficienza, costituisce la base portante del **TPM** (*Total Productive Maintenance*). Per definizione il **TPM** rappresenta un metodo di manutenzione totalmente integrata nel processo produttivo.

In quanto tale, il TPM coinvolge globalmente tutta la fabbrica, dalla Direzione fino agli operai in linea, interessando anche gli uffici e i servizi indiretti.
Il TPM non è solamente costituito da un metodo o una tecnica organizzativa, ma rappresenta una mentalità, una filosofia, un modo di porsi di tutte le maestranze verso un responsabile impegno al miglioramento continuo, creando le condizioni per ottimizzare il posto di lavoro, ridurre gli sprechi, evitare i guasti e altro ancora.

La storia del TPM

I concetti base del TPM sono nati negli Stati Uniti d'America, agli albori dell'aviazione civile. Inizialmente, dalla manutenzione su rottura si è passati alla manutenzione preventiva e, successivamente, alla manutenzione produttiva.
Per assicurare un livello di affidabilità accettabile a ogni volo, occorreva operare in modo sistematico, facendo tesoro di ogni difetto e di ogni guasto, per trasformarlo in occasione di miglioramento.
Sia la **manutenzione preventiva** sia la **manutenzione produttiva** sono state abbreviate con l'acronimo **PM** ed entrambe sono state importate in Giappone dagli Stati Uniti d'America, dove si sono notevolmente evolute, trovando generalità e applicazione su larga scala, fino all'attuale formalizzazione e messa a punto.

Nel PM tradizionale di stile americano le attività concrete erano incentrate solo sull'ente di manutenzione; nel TPM di stile giapponese, invece, sono fondate sull'attività di piccoli gruppi e promosse sulla base della partecipazione di tutti, coinvolgendo in maniera trasversale tutti i livelli e tutti gli enti aziendali, dal vertice fino al personale di prima linea (JMAC).
Con l'acronimo "TPM" s'intende la **manutenzione produttiva con la partecipazione di tutti**.

I pilastri del TPM

Il TPM, per raggiungere i propri obiettivi, è strutturato nei seguenti otto/nove pilastri |**fig. A1.4**|, recentemente in ampliamento per le nuove esigenze di efficienza energetica, logistica, trasporti e movimentazioni interne. Scopo del TPM è prevenire le fermate dei macchinari **|fig. A1.5|** e garantire il funzionamento ottimale delle attrezzature. Con il TPM la manutenzione non è più responsabilità solo dei manutentori **|fig. A1.6|**.

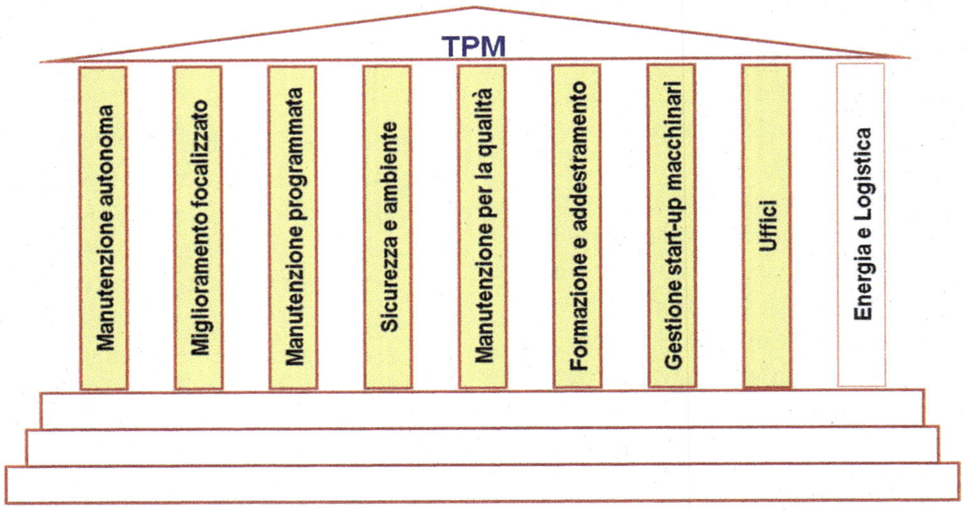

A1.4 Pilastri del TPM.

ZERO FERMATE = PIÙ PRODUTTIVITÀ
ATTREZZATURE EFFICIENTI = PIÙ QUALITÀ

A1.5 Funzionamento ottimale del TPM.

LA MANUTENZIONE È RESPONSABILITÀ DI CHI UTILIZZA OGNI GIORNO LA MACCHINA O LE ATTREZZATURE

A1.6 Manutenzione quotidiana (autonoma) affidata all'operatore.

Nella **figura A1.7** sono illustrate le attività principali della manutenzione autonoma, affidate all'operatore.

È necessario prevedere un fermo macchina per l'esercizio della manutenzione autonoma **|fig. A1.8|**.

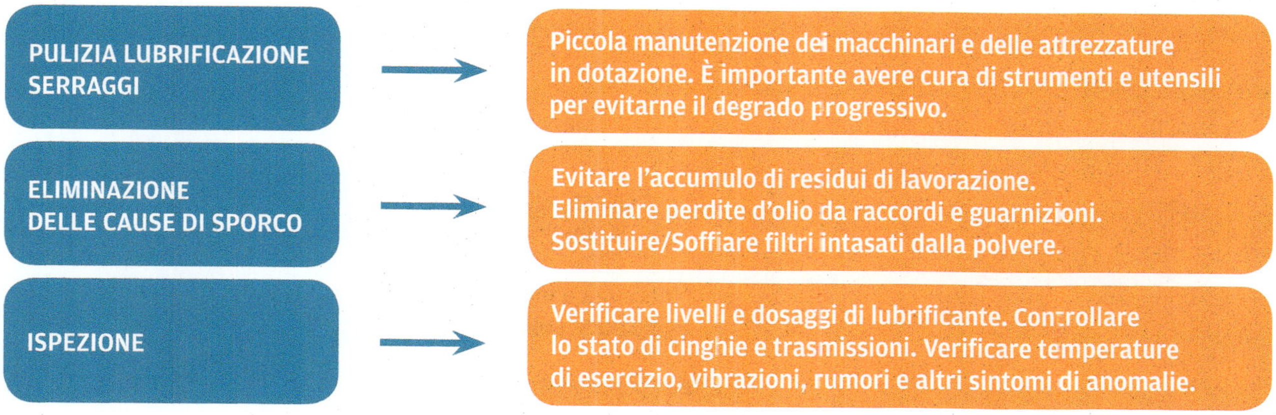

A1.7 Attività principali della manutenzione autonoma.

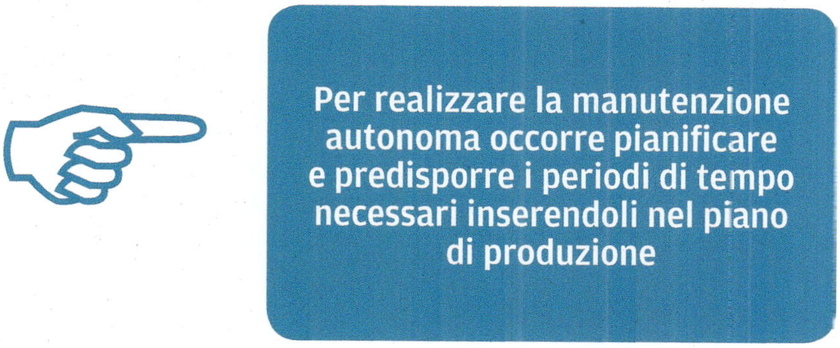

A1.8 Fermo macchina.

La **tabella A1.1** illustra le quattro fasi del TPM.

TABELLA A1.1 Le quattro fasi del TPM

Prima fase	Seconda fase	Terza fase	Quarta fase
Pulizia iniziale	**Ripristino**	**Mantenimento**	**Miglioramento**
- Effettuare la pulizia a tappeto della macchina e della postazione di lavoro - Rivedere la disposizione di utensili e attrezzi, assicurando ordine, comodità e facilità di prelievo/utilizzo - Segnalare le anomalie riscontrate con un cartellino (rosso), applicandolo ai punti della macchina o agli attrezzi dove vi è l'inconveniente - Definire una check-list di attività di ispezione/controllo - Applicare un cartellino (verde) a ogni punto di ispezione	- La manutenzione ripristina le anomalie evidenziate con i cartellini (rossi) - Pianificare la frequenza delle ispezioni e dei controlli, definendo metodi e limiti di accettabilità e di intervento	- Riportare i risultati dei cartellini d'ispezione sulle schede di automanutenzione delle macchine e delle attrezzature. L'esperienza è know-how! - Applicare la metodologia in modo dinamico e adattativo. Nuovi cartellini nascono con l'insorgere di ulteriori problemi; le frequenze di ispezione si possono ridurre/o infittire in funzione dei risultati ottenuti/misurati	- Individuare le cause di guasti ricorrenti e proporre soluzioni - Applicare le modifiche e monitorare i risultati raggiunti - Consolidare e diffondere le esperienze raccolte (gestione a vista)

Il TPM cerca di risolvere i problemi relativi alla diminuzione del rendimento dei macchinari e degli impianti in generale |**fig. A1.9**|.

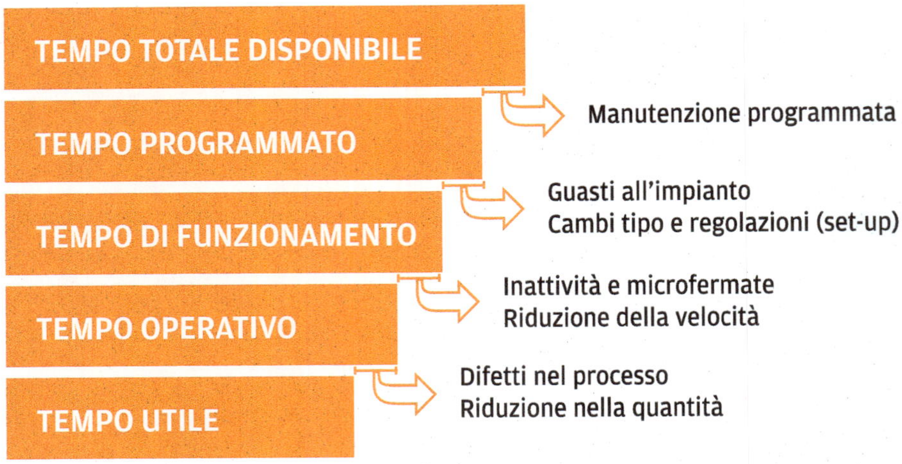

A1.9 TPM e rendimento degli impianti.

A1.4 Come applicare il TPM: elementi chiave

Applicare il TPM non significa trasformare le maestranze in imprese di pulizia specializzate. La pulizia delle macchine infatti non deve diventare un'abitudine ripetitiva, avente un unico scopo estetico o formale: si toglie lo sporco per poterne individuare le fonti (i problemi) e quindi eliminarle o ridurle.

Esempio

Se dopo aver tolto l'olio dalla macchina si riesce a individuare da dove esso proviene, si smette di pulire fino a quando non è stata rimossa la perdita, quindi si pulisce nuovamente per verificare l'efficacia dell'intervento. Se il risultato è positivo, si riduce la frequenza di ispezione sul cartellino.

Evidenziare le anomalie e le cause di perdita sovente si riduce a segnalare semplicemente le cose da riparare, scaricandone la responsabilità sulla manutenzione. **Errore**: è un'anomalia non solo ciò che è rotto ma, soprattutto, ciò che non consente di lavorare correttamente, con comodità, senza errori.
Tutte queste anomalie nascoste diventano chiaramente evidenti quando si pensa a ridurre la fatica, le difficoltà e i problemi aggiuntivi che il lavoro può creare.

Per esempio:

- un coperchio avvitato su un contenitore di parti da ispezionare rappresenta un'anomalia (un impedimento operativo) più grave di una spia spenta;
- tubi e raccordi flessibili, a contatto con parti fisse, possono danneggiarsi oppure usurarsi;
- vibrazioni e colpi d'ariete possono svitare raccordi o innescare cricche nelle tubature;
- sedimenti e depositi di trucioli nei basamenti delle macchine possono danneggiare le viti a ricircolo o le guide di scorrimento.

Non bisogna aver paura di compilare cartellini di segnalazione e di ispezione ("ripristino subito e non lo scrivo perché l'inconveniente è già risolto!").
È importante ricordare sempre che l'inconveniente può ripetersi o ripresentarsi in altre forme. Solo l'informazione condivisa porta al miglioramento continuo.

ESERCITAZIONE GUIDATA A1.1

Compilazione delle schede di ispezione

Un manutentore, dopo aver osservato le condizioni dello stesso impianto durante i suoi ciclici interventi, decide di compilare una tabella per le attività di ispezione da assegnare all'operatore dell'impianto.
Immaginando di essere quel manutentore, compilare la tabella di ispezioni necessarie a verificare lo stato di efficienza dell'impianto.

Consigli operativi
Se non si hanno esperienze dirette o conoscenze di lavoro in fabbrica o di officina, provare egualmente a considerare gli impianti di casa propria (elettrici, idraulici, termici) e come macchine i propri elettrodomestici: sulla base dei problemi quotidiani, formulare l'elenco delle ispezioni (settimanali, mensili, trimestrali) che potrebbero verificarne il buon funzionamento e ridurre l'incidenza dei guasti correnti.

VERIFICA DEGLI OBIETTIVI

1 Definire la *manutenzione* (max 20 parole).

....
....
....

2 Elencare i tipi di manutenzione.

....
....
....

3 Indicare qual è lo scopo della manutenzione preventiva.

....
....
....

4 Cosa si intende per *manutenzione a guasto*?

....
....
....

5 Che cos'è il TPM?

....
....
....
....
....

6 Quali sono i pilastri del TPM?

....
....
....
....
....

7 Quali punti prevede la manutenzione autonoma?

....
....
....
....
....

UNITÀ

A2 INTERVENTI MANUTENTIVI

OBIETTIVI

Conoscenze

- La classificazione della manutenzione
- Le fasi degli interventi manutentivi

Abilità

- Individuare la manutenzione richiesta
- Diagnosticare il guasto negli apparati elementari
- Proporre l'intervento di ripristino

CONTENUTI

A2.1 Classificazione

Interventi per guasti improvvisi

Esistono vari tipi di **guasti** che richiedono interventi manutentivi:

- palesi e nascosti;
- prevedibili e imprevedibili;
- frequenti e saltuari.

Il TPM invita a imparare dai guasti e a produrre migliorie facendo tesoro dell'esperienza negativa, ma formativa, del guasto. Riparare con efficienza ed efficacia e proporre migliorie richiede conoscenze ed esperienze non acquistabili dall'esterno, ma costruite sulla propria "pelle".

Interventi per ispezioni e assistenze periodiche

Gli interventi manutentivi per ispezioni e assistenze periodiche sono quelli previsti quotidianamente e quelli standardizzati per ogni impianto. Rientrano fra questi interventi quelli previsti dalla **manutenzione preventiva**.

Interventi per miglioramenti

Si tratta di modifiche o migliorie che, in alcuni casi, possono incrementare le prestazioni dell'impianto, in altri possono prolungare la vita dei macchinari. Da questi interventi ci si attende un beneficio che può essere legato all'affidabilità dell'impianto oppure alla sua manutenibilità, facilitando quindi i successivi interventi degli operatori e dei manutentori, oppure ancora alla sicurezza. Tali interventi hanno anche un impatto sull'aspetto economico della produzione e sul bilancio complessivo dell'impianto.

A2.2 Fasi operative

Scomponendo le varie **fasi di lavoro dell'intervento manutentivo** in operazioni elementari è possibile individuare tutti gli elementi organizzativi che possono migliorare l'efficienza e l'efficacia del risultato.

Attività di ispezione

L'importanza di tale attività non deve essere sottovalutata, quindi non è sufficiente effettuare un breve controllo visivo (magari distratto o disattento) limitato ad alcuni elementi fondamentali della macchina o dell'impianto da controllare, a meno che non si tratti di difetti o guasti evidenti e conclamati.

Come termine di paragone si può prendere ad esempio il settore dell'automobile: oggi nessun meccanico potrebbe pensare di fare a meno dei moderni strumenti di diagnosi elettronica; la prima attività normalmente svolta è sempre una verifica dei difetti e degli allarmi registrati dalla *centralina di controllo* dell'autovettura. La **figura A2.1** riporta un esempio di elettronica per il controllo dell'alimentazione di un'autovettura.

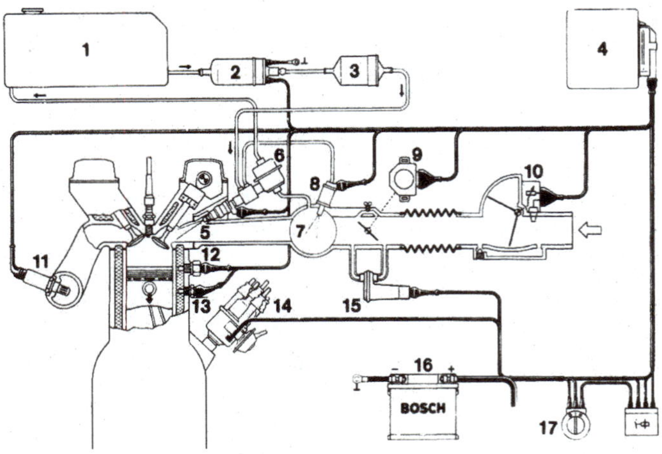

A2.1 Alimentazione a iniezione elettronica tipo Bosch.

Non si tratta di sostituire le abilità e le capacità diagnostiche del meccanico con un robot intelligente capace di far tutto da solo, fidandosi ciecamente del responso di un automa, si tratta piuttosto di:

- avere una check-list organizzata di elementi da controllare;
- non dimenticare alcun elemento di tale check-list;
- avere un aiuto consistente nella riduzione dei tempi di diagnosi;
- disporre di una serie di sensori (livelli, temperature, pressioni ecc.) in grado di individuare e registrare il superamento di condizioni critiche o limite di esercizio;
- focalizzare l'intervento sui punti critici o sugli elementi che determinano disfunzioni e segnalazioni di anomalie;
- aumentare il livello di diagnosticabilità della macchina o dell'impianto, ovvero utilizzare gli strumenti più semplici, rapidi ed efficaci per la corretta individuazione dei problemi.

Per esempio, la verifica di intasamento di un filtro dell'aria può essere facilitata da un sensore di depressione, che determina univocamente il limite oltre il quale ne risulta necessaria la sostituzione, oppure da un sensore di temperatura: se il filtro è intasato il flusso d'aria è insufficiente e la temperatura dell'ambiente supera il limite previsto.
Il sensore di livello del liquido freni nella vaschetta è determinante per segnalare, in tempo utile, l'usura delle pastiglie, le perdite nell'impianto frenante **|fig. A2.2|**, il malfunzionamento o la tenuta delle guarnizioni della pompa freni; tali verifiche sono fondamentali per la sicurezza.
Misurare la caduta di tensione su un contatto elettrico di un teleruttore in condizioni di esercizio è fondamentale per verificare lo stato di usura dei contatti, la resistenza e le perdite derivanti dal cattivo serraggio dei morsetti. La quantità di calore dispersa è, in ultima analisi, la causa di un dannoso incremento nella temperatura di esercizio di tutte le apparecchiature elettriche presenti nell'armadio o nell'apparecchiatura in esame.

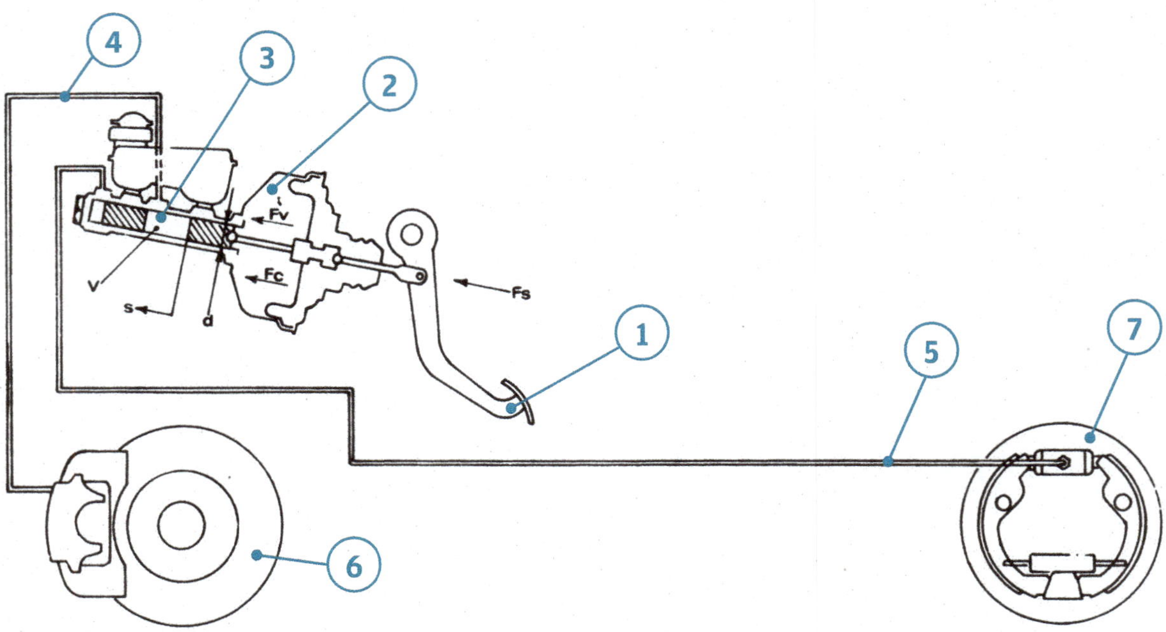

A2.2 Schema di un impianto frenante in cui sono evidenti il pedale (1), il servofreno (2), la pompa (3), la tubatura (4-5) e i freni (6-7).

Microfermate

I moderni macchinari e impianti di tipo automatico sono gestiti da una *unità di governo centralizzata*, costituita da un **PLC** (*Controllore a Logica Programmabile*) |fig. A2.3|, associato a un pannello operatore **HMI** (*Human-Machine Interface*), attraverso cui sono fornite tutte le segnalazioni d'allarme e le anomalie del sistema, organizzate secondo una lista temporale.

A2.3 Vista del PLC con moduli di ingresso e uscita.

A ogni segnalazione di allarme, la macchina si arresta bloccando il normale avanzamento del ciclo produttivo; spesso, dopo un breve intervento correttivo è possibile ripristinare la segnalazione di anomalia e riprendere la normale attività premendo i pulsanti "Reset" e "Start". Si tratta di **microfermate**, cioè problemi e segnalazioni non molto gravi, magari fastidiosi, ma sufficienti a determinare elevate perdite di efficienza e di produttività.
In molte aziende, il continuo ripetersi di segnalazioni di allarme da parte del sistema automatico viene normalmente considerato come una situazione standard.

- La frequenza con cui avvengono e si ripetono eventi di questo tipo rappresenta una perdita complessiva ben più elevata di un guasto catastrofico che magari ferma la macchina per diversi giorni consecutivi, ma capita molto raramente, e quindi non è un danno così elevato come sembrerebbe a prima vista.
- Spesso, anziché curare il problema si tenta di eliminarlo, talvolta con vere e proprie azioni di manomissione dei sensori e dei sistemi che determinano la segnalazione di allarme, riducendo così le capacità diagnostiche del sistema, nonché la sua caratteristiche di reazione a condizioni di lavoro degradate.

In ambito TPM viceversa, le microfermate devono essere considerate come un campanello d'allarme, il cui ripetersi rappresenta uno spreco e un danno da combattere ed estirpare con ogni sforzo e ogni mezzo.

Occorre sempre analizzare la lista delle microfermate con estrema attenzione per:

a) verificare se la segnalazione proviene sempre dalla medesima zona, processo, gruppo o attrezzatura, alla ricerca della causa che ha scatenato il problema;
b) ricercare le interazioni fra comparsa delle anomalie, tolleranze e materiale dei pezzi prodotti e condizioni di lavoro della macchina, alla ricerca delle derive delle condizioni operative che causano il problema (definire quindi qual è lo standard e cosa viene invece considerato "scostamento");
c) esaminare ogni evento in relazione ad altri componenti dello stesso tipo aventi identica funzione su altre macchine e domandarsi perché determinati fatti capitano in prevalenza su quella macchina, in quella particolare posizione, anziché su altre macchine, in altre posizioni, dove avrebbero identiche probabilità di manifestarsi, mentre invece non capitano mai (identificazione delle condizioni di stress specifico);
d) identificare i parametri chiave di *set-up* e le condizioni operative della macchina, in modo da standardizzare le stesse condizioni di esercizio o valutare opportunamente le eventuali differenze;
e) valutare altri segnali anomali concomitanti quali vibrazioni, innesco di oscillazioni, sovratemperature localizzate, variazione nei consumi energetici, sintomi di altri e più gravi cause di degrado e di usura collegate all'anomalia segnalata.

Diagnostica e ricerca del guasto

È una delle fasi di intervento manutentivo più importanti e qualificanti. Spesso la segnalazione di anomalia è l'effetto risultante di una o più cause che convergono nell'identico risultato, pertanto, risalire dall'effetto alla causa prima non è un atto né banale né immediato.
Anche in questo caso, per ottimizzare tale fase d'intervento occorre agire in modo sistematico e deterministico.
L'esperienza e l'intuito sono un aiuto, ma talvolta possono portare a conclusioni errate oppure limitare il risultato della diagnosi al componente da sostituire, senza procedere oltre verso la causa scatenante del guasto. Solo eliminando la causa prima, si esclude la possibilità di ripetersi delle condizioni che hanno portato alla rottura del componente, si riduce il tasso di guasto complessivo dell'impianto, si determina un miglioramento significativo nel servizio e nella disponibilità della macchina, e, infine, si riducono i costi sia di interventi futuri sia di ulteriori parti di ricambio. Per effettuare una **ricerca del guasto completa**, occorre analizzare tutte le possibili cause che possono averlo

determinato e che sono comprese nei gruppi di appartenenza di seguito esposti.

- **Mezzi**. Il malfunzionamento non dipende in modo diretto dall'apparecchiatura in quanto tale, ma dalle carenze dei *mezzi* necessari al suo corretto funzionamento: mancanza di alimentazione o delle fonti di energia; lubrificazione insufficiente, materiali o pezzi da lavorare con caratteristiche tecniche diverse da quelle normalmente previste (in termini di durezza, elasticità, attrito, forma, dimensioni ecc.).
- **Organizzativi**. L'inconveniente dipende dalle carenze dei servizi necessari al corretto funzionamento dell'apparecchiatura (affinché l'aereo voli è necessaria la presenza del pilota, che sia stato fatto il pieno di carburante, che sia attivo il radar della Torre di controllo, che qualcuno abbia organizzato il carico dei bagagli e dei passeggeri ecc.).
- **Utente**. Lo stato di guasto deriva da una manovra errata dell'*operatore*, da una non perfetta comprensione delle istruzioni d'uso, da un uso improprio dell'apparecchiatura, da una serie di comandi contraddittori o dal tentativo di manomettere o bypassare i dispositivi di sicurezza di cui è dotata la macchina.
- **Ambientali**. Lo stato di "fuori servizio" dipende dal superamento delle *condizioni ambientali* operative previste dal costruttore (temperatura, umidità, tensione di alimentazione ecc.) oppure da condizioni di sovraccarico (per esempio se una macchina prevista per lavorare pezzi da 50 kg fosse utilizzata per lavorare pezzi da 150 kg, aggiungendo ancora il peso dei trucioli, si creerebbe una condizione di sovraccarico).
- **Service**. Il guasto dipende da carenza di manutenzione e, in particolare, dal fatto di aver saltato uno o più tagliandi o aver diradato eccessivamente i previsti periodi di ispezione, fino a raggiungere il completo stato di usura del pezzo che si è rotto.
- **Progettuali - sistemistici**. Di norma, i guasti dovrebbero essere eventi *casuali* e soprattutto *rari*: quando si riscontra una ripetitività, una tendenza, una concentrazione di guasti in una gruppo o in uno specifico elemento della macchina, si è individuato il *punto debole*, ovvero l'elemento che, progettato a calcolo per un determinato livello di sollecitazione, si trova viceversa in esercizio a sopportarne uno superiore o eccessivo. Questa è la chiave per ogni miglioramento tecnologico e costruttivo che, facendo tesoro degli errori passati, suggerisce la strada all'innovazione e al miglioramento, eliminando in progressione le difettosità latenti e sostituendo gli elementi deboli o critici che riducono l'affidabilità complessiva del sistema.

È importante sottolineare che, in tutti i casi di incidente grave nel trasporto civile, il cosiddetto "esame della scatola nera" che registra tutti i dati del veicolo coinvolto è condotto secondo il metodo sopra definito, associando a ognuna delle molteplici cause di guasto un ulteriore approfondimento analitico che ne possa confermare o escludere la rispondenza con l'evento finale. Oggi, grazie a tale metodologia, applicata costantemente e con rigore, fra tutti i mezzi di trasporto (motorizzati e non, ivi compreso la bicicletta o il semplice andare a piedi), quello aereo |**fig. A2.4**| risulta il mezzo statisticamente più affidabile, sia in termini di numero di viaggi effettuati senza aver avuto incidenti (prendendo in considerazione il numero di chilometri percorsi, di passeggeri e di ore complessive), sia in termini di numero di guasti o inconvenienti collaterali "non catastrofici" che possono ancora avvenire durante il viaggio, anche se ogni tanto qualche incidente grave determina il conseguente clamore giornalistico.

A2.4 Aereo in fase di atterraggio.

Oggi la metropolitana di alcune città (Lione, Torino) è basata su veicoli automatici senza guidatore, in quanto si è riusciti a combinare sistemi e metodi di sorveglianza, veicoli e controlli, con un tasso di guasto così basso, tale da superare di gran lunga anche la probabilità residua di un malore del conduttore.
Nell'industria ovviamente non è necessario applicare i livelli di affidabilità e sicurezza richiesti dal trasporto pubblico, poiché tentare di ridurre i guasti a zero sarebbe uno spreco inutile, forse anche illusorio, e risulterebbe un obiettivo oneroso sia come investimento economico, sia in termini di tempo, sforzi organizzativi e costi costruttivi necessari.
È più produttivo invece adattare il metodo di indagine della *ricerca guasti* alle necessità dell'industria, intervenendo laddove è necessario, riducendo i tempi di fermata e migliorando l'efficienza e la disponibilità dei macchinari. È un dato di fatto però che le medesime tecniche di ricerca guasti siano ormai applicate in tutti i settori, in particolare utilizzando la

metodologia FMECA (*Failure Mode, Effects, and Criticality Analysis*) ovvero l'"*Analisi dei Modi, degli Effetti e della Criticità dei Guasti*", utilizzata per valutare, mediante opportuni diagrammi, la gravità delle conseguenze di un guasto correlata con la probabilità del suo verificarsi.

La metodologia FMECA prevede la scomposizione della macchina in gruppi e sottogruppi, dedicati alla realizzazione di funzioni specifiche e quindi, sempre in maggiore profondità, fino a livello dei singoli componenti: si evidenzia, in tal modo, come il guasto di un singolo componente comporti la perdita complessiva di una funzione o conduca a un modo operativo parzialmente degradato della funzione stessa.

Le relazioni *causa – effetto* sono così focalizzate, evidenziando in particolare l'importanza relativa del buon funzionamento di un componente nel contesto globale. Alcuni componenti risulteranno vitali, altri solo cooperanti con i primi, altri ancora svolgeranno funzioni ausiliarie di supporto e segnalazione. Eseguita l'analisi FMECA su un macchinario, resi noti i risultati della medesima agli interessati, la ricerca guasti in funzione dei sintomi risulta molto facilitata e diretta.

Sostituzione e ripristino

Questa fase rappresenta la *parte operativa* dell'intervento di manutenzione.

Presi dalla fretta e dall'ansia del risultato, si tende a riservare a questa fase del lavoro il ruolo più importante, quando spesso non è così.

Il tempo effettivo di sostituzione di un componente difettoso o usurato può infatti essere drasticamente ridotto solo adottando opportuni accorgimenti.

- La zona o il gruppo dove è montato il componente sono facilmente raggiungibili, oppure il manutentore deve operare in posizioni scomode, senza luce, magari sospeso in equilibrio instabile?
- Occorre smontare pannelli, coperchi, contenitori, togliere e rimontare carter, setti divisori, spostare cavi, tubi ecc. prima di raggiungere l'obiettivo dell'intervento?
- Il componente oggetto dell'intervento è dotato di connessioni a innesto rapido (elettriche, idrauliche, pneumatiche) oppure bisogna svitare, scomporre, dissaldare, sezionare, sbloccare diversi elementi prima di poter sostituire il pezzo guasto e, quindi, dover ripetere all'inverso tutte le operazioni per il rimontaggio?
- Si possiedono le istruzioni necessarie per eseguire la sequenza corretta delle operazioni richieste, evitando di procedere per tentativi, sbagliando la procedura e causando danni irreparabili?
- Si possiedono le attrezzature tecniche necessarie (cacciaviti, pinze, chiavi, strumenti ecc.), nonché gli accessori ragionevolmente prevedibili (fascette, morsetti, nastro isolante, cappucci, fissaggi, contenitori ecc.) utili per eseguire e completare il lavoro a regola d'arte?

Anche per le attività pratiche e operative, **organizzazione** e **predisposizione** sono gli elementi chiave per una veloce ed efficiente esecuzione delle stesse.

In generale si parla di **assistibilità** di una macchina o di un'apparecchiatura per definire l'insieme di tutte le semplificazioni e gli accorgimenti che rendono rapida, semplice e immediata la sostituzione degli elementi guasti e il ripristino delle condizioni operative.

L'assistibilità si misura mediante un parametro detto **MTTR** (*Medium Time To Repair*) che rappresenta il tempo medio di ripristino di un macchinario per la serie di operazioni previste o prevedibili dal suo ciclo di vita. Tale parametro viene normalmente monitorato e verificato con cadenza regolare, per sorvegliarne l'andamento nel tempo e fissare eventuali attività di miglioramento su macchina.

In ottica TPM, occorre sempre operare per migliorare costantemente l'assistibilità dei macchinari, in quanto si focalizzano le risorse aziendali per eliminare tutti gli impedimenti alla facile e semplice esecuzione del lavoro, adottando tutte le avvertenze per ridurre il numero di operazioni necessarie.

Per le operazioni più ricorrenti ci si può attrezzare realizzando schede di manutenzione in formato standard, che riportano le fasi di lavoro, riassumono gli attrezzi necessari, indicano i tempi di esecuzione e illustrano con fotografie i punti su cui operare e le modalità di esecuzione.

La scelta del pezzo di ricambio riveste particolare importanza quando non sono più disponibili sul mercato i pezzi originali previsti dal costruttore, oppure quando tale modifica risulti necessaria per motivi economici, di reperibilità o più profonde motivazioni tecniche, prestazionali o affidabilistiche.

Se il pezzo da sostituire è diverso dall'originale, occorre verificare sempre i seguenti parametri.

- **Dimensioni e ingombri**. Valutare attentamente interferenze ed eventuali ostacoli. Il pezzo nuovo deve sostituire perfettamente l'originale.
- **Caratteristiche tecniche**. Le caratteristiche tecniche a catalogo del nuovo dispositivo devono essere compatibili, equivalenti o superiori a quelle del dispositivo originale. Devono corrispondere alle esigenze e alla causa di sostituzione identificate dalla ricerca dei guasti.

- **Compatibilità.** Assicurarsi che vi sia compatibilità di interfaccia e di collegamento in termini di attacchi, filettature, innesti e collegamenti elettrici.
- **Sicurezza.** Il nuovo componente deve rispettare i requisiti di sicurezza previsti dalla normativa di riferimento specifica.

Alcune attività di sostituzione, specie nel settore meccanico, richiedono particolari cautele (allineamenti, ripresa dei giochi, controllo quadrature ecc.) e possono essere eseguite solo con adeguati strumenti di supporto (comparatori, blocchetti piano-paralleli, riscontri, bolle elettroniche, strumentazione ottica o laser).
Si tratta quindi di attività di "ricostruzione" e ripristino della macchina nelle sue caratteristiche originarie, che richiedono professionalità specifica, attenzione e massima accuratezza di esecuzione. Tali sono per esempio le attività di raschiettatura delle guide di un tornio (per ripristinarne la linearità e il parallelismo), la sostituzione di una vite a ricircolo di sfere (da allineare alle guide di scorrimento del carro) |fig. A2.5|, la sostituzione delle guide con pattini a rulli |fig. A2.6| di una macchina utensile (a seguito di un urto che le ha svergolate) oppure la sostituzione di coppie di cuscinetti incrociati o a rulli conici montati su mandrini e parti che richiedono un precarico calibrato per ottenere errori minimi di eccentricità e annullamento dei giochi residui.
In alcuni casi le operazioni di ripristino richiedono anche attività aggiuntive di calibrazione e/o taratura dei parametri di lavoro del componente sostituito, fondamentali per assicurare il rispetto delle specifiche iniziali previste dal costruttore e ottenere nuovamente le prestazioni originali della macchina.

A2.5 Vite a ricircolo di sfere.

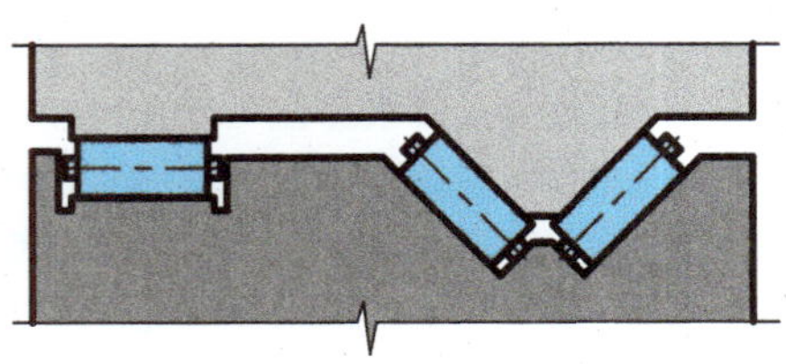

A2.6 Guida con pattini a rulli.

Per esempio, la sostituzione di un inverter per controllare la velocità di un motore asincrono richiede sempre l'adattamento dei suoi parametri alle caratteristiche del motore e del carico meccanico cui è dedicato. Si tratta di attività in cui la precisione e l'accuratezza del risultato vanno di pari passo con procedure sistematiche e sequenze preordinate di assemblaggio, assicurando tempistiche di consegna strette e determinate.

Collaudo finale e delibera

È l'ultima fase dell'intervento manutentivo, che permette di rilasciare la macchina e riabilitarla al servizio produttivo. Normalmente si tratta di una verifica di tipo "Sì/No", "Funziona/Non funziona", sufficiente a verificare la scomparsa dell'allarme o della causa della fermata; in alcuni casi si richiede un test completo o una serie di prove che certifichino il completo ristabilimento di tutte le capacità operative dell'impianto: l'intervento manutentivo in corso deve rimediare alla causa del guasto e non essere causa di altri problemi o allarmi.
Talvolta la delibera della macchina o dell'impianto deve essere accompagnata da una serie di prove strumentali o parametriche, che certifichino il raggiungimento di determinati obiettivi prestazionali o funzionali, in assenza delle quali non può essere garantito il mantenimento delle tolleranze attese sulla lavorazione dei pezzi che la macchina dovrà produrre.
Si tratta quindi di una vera e propria **certificazione** del risultato finale, del tutto simile alle prove di messa in servizio della macchina originale, che verifica il mantenimento nel tempo delle prestazioni e la conseguente stabilità del processo produttivo.
Con l'atto formale della **delibera della macchina** e il **suo rilascio alla produzione**, si chiude il processo dell'intervento di manutenzione. Data e ora di tale evento devono essere registrate, così come sono state registrate in precedenza data e ora di fermata dell'impianto; cause di guasto riconosciute, ricambi e materiale di consumo devono essere registrati per la contabilizzazione economica dell'intervento.
Particolarmente importante è la registrazione delle ore lavoro e d'intervento effettivo, suddivise nelle varie attività per evitare di confondere e considerare come operativi tutti i tempi di attesa che intercorrono fra le varie fasi (in particolare i tempi di attesa fra l'insorgenza del guasto e la diagnosi, fra la diagnosi e la pianificazione dell'intervento e, soprattutto, i tempi morti di attesa per i ricambi e i materiali).
I **tempi morti di attesa** devono essere evidenziati per poter intervenire ulteriormente sull'organizzazione della manutenzione e sulla riduzione/annullamento di tali inefficienze in ottica TPM, certificando la validità e i risultati raggiunti nell'applicazione di tale metodo.

ESERCITAZIONE GUIDATA A2.1

Ricerca guasti

Per affinare le proprie capacità diagnostiche, imparando ad organizzare in modo sistematico le relazioni causa-effetto, provare a identificare le diverse categorie di appartenenza (Mezzi, Organizzativi, Utente, Ambientali, Service, Progettuali-Sistemistici) delle varie cause di guasto ipotizzate a seguito per diversi eventi di Malfunzionamento o Fuori servizio di alcuni macchinari.
L'elenco delle possibili cause di guasto è fornito alla rinfusa. Rintracciare nel contesto, oltre alla categoria di appartenenza, le cause principali (padri) e le cause conseguenti (figli) definendo una struttura ramificata ad albero (detta appunto "albero dei guasti"), secondo lo schema riportato ad esempio. Numerare le cause in ordine di importanza.

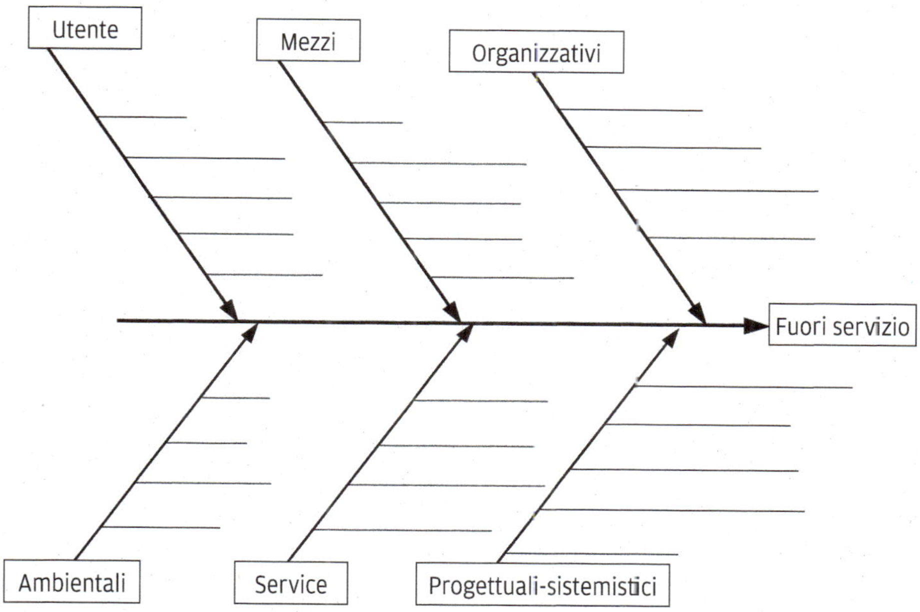

Evento di Malfunzionamento/ Fuori servizio

PERCHÉ NON SI OTTENGONO BUONE FOTOCOPIE?		
Causa	**Categoria**	**Conseguenza di**
Toner esaurito		
Originale sbiadito		
Vetro sporco		
Carta strappata		
Carta umida		
Impostazione errata		
Rullo fotosensibile non elettrizzato		
Residui di toner all'interno		
Cattiva qualità carta		
Spessore carta insufficiente		
Prelevati due fogli sovrapposti		
N. copie diverso dal richiesto		
Cassetto carta vuoto		
Mani sporche		

ESERCITAZIONE GUIDATA A2.1

PERCHÉ NON SI OTTENGONO BUONE FOTOCOPIE?		
Causa	**Categoria**	**Conseguenza di**
Toner non fissato		
Riscaldatore freddo		
Rullo fotosensibile rigato		
Lampada sporca		
Luminosità lampada insufficiente		
Cassetto carta non chiuso		
Polvere di toner sparsa su elettrodi		
Mancanza di assistenza		
Superato N. max contatore copie		
Residui carta intralciano percorso		
Originale con poco contrasto		
Trasparenza dell'originale		
Ombreggiature sullo sfondo		
Toner umido		
Grumi di toner		
Serbatoio toner esausto pieno		
Mancato prelievo carta		
Alta tensione insufficiente ad elettrizzare il rullo		
Dimensione carta non corretta		
Caratteri sbavati su fotocopia		
Numero ore di servizio eccessivo		
Orientamento originale errato		
Filo ad alta tensione non teso		
Surriscaldamento fotocopiatrice		
Velocità eccessiva passaggio carta		
Fogli carta slittano fra i rulli		
Gioco meccanico sulle boccole rulli		
Mancata lubrificazione		
Eccesso lubrificazione/ingrassaggio		
Spessore carta eccessivo		
Livello toner insufficiente		

ESERCITAZIONE GUIDATA A2.2

Ricerca guasti

Per affinare le proprie capacità diagnostiche, imparando ad organizzare in modo sistematico le relazioni causa-effetto, provare a identificare le diverse categorie di appartenenza (Mezzi, Organizzativi, Utente, Ambientali, Service, Progettuali-Sistemistici) delle varie cause di guasto ipotizzate a seguito per diversi eventi di Malfunzionamento o Fuori servizio di alcuni macchinari.

L'elenco delle possibili cause di guasto è fornito alla rinfusa. Rintracciare nel contesto, oltre alla categoria di appartenenza, le cause principali (padri) e le cause conseguenti (figli) definendo una struttura ramificata ad albero (detta appunto "albero dei guasti"), secondo lo schema riportato nell'esercitazione *A2.1*. Numerare le cause in ordine di importanza.

Evento di Malfunzionamento/ Fuori servizio

PERCHÉ IL VEICOLO È USCITO FUORI STRADA?		
Causa	**Categoria**	**Conseguenza di**
Presenza ghiaccio		
Scoppio pneumatico		
Foratura, chiodi		
Conduttore ubriaco		
Pioggia, aquaplaning		
Velocità eccessiva		
Scarsa visibilità, nebbia		
Riflessi lenti		
Pressione gomme non corretta		
Usura battistrada		
Eccesso di velocità		
Polvere, sabbia su strada		
Errore del guidatore		
Rottura sterzo		
Pastiglie freni usurate		
Guida spericolata		
Buca su strada		
Vetro, taglio delle tele		
Urto su marciapiede o rialzo		
Sonnolenza		
Acceleratore bloccato		
Olio o sapone su sede stradale		
Imperizia		
Perdita circuito freni		
Strada sdrucciolevole		
Rottura meccanica		
Ammortizzatori inefficienti		

ESERCITAZIONE GUIDATA A2.3

Ricerca guasti

Per affinare le proprie capacità diagnostiche, imparando ad organizzare in modo sistematico le relazioni causa-effetto, provare a identificare le diverse categorie di appartenenza (Mezzi, Organizzativi, Utente, Ambientali, Service, Progettuali-Sistemistici) delle varie cause di guasto ipotizzate a seguito per diversi eventi di Malfunzionamento o Fuori servizio di alcuni macchinari.
L'elenco delle possibili cause di guasto è fornito alla rinfusa. Rintracciare nel contesto, oltre alla categoria di appartenenza, le cause principali (padri) e le cause conseguenti (figli) definendo una struttura ramificata ad albero (detta appunto "albero dei guasti"), secondo lo schema riportato nell'esercitazione *A2.1*. Numerare le cause in ordine di importanza.

Evento di Malfunzionamento/ Fuori servizio

PERCHÉ LA SALDATURA AD ONDA DEL CIRCUITO STAMPATO È DIFETTOSA?		
Causa	**Categoria**	**Conseguenza di**
Lega stagno contaminata		
Altezza onda non adeguata		
Presenza scorie		
Flussante insufficiente		
Temperatura preriscaldo insuff.		
Velocità trasporto schede		
Saldatrice mal impostata		
Tempo di contatto insufficiente		
Altezza circuito stampato		
Ossidazione dei componenti		
Reofori inquinati da collanti		
Stabilità chimica disossidante		
Pompa disossidante inefficiente		
Portaschede storto		
Temperatura stagno non corretta		
Flessione circuito stampato		
Fluidità stagno insufficiente		
Scarsa saldabilità componenti		
Velature di stagno e cortocircuiti		
Mascheratura non adeguata		
Palline di stagno fuso (friggitura)		
Reofori troppo lunghi		
Bolle e inclusioni		
Opacità della saldatura		

In assenza di competenza tecnologica riguardo alla saldatura di componenti elettronici, l'insegnante potrà avvalersi del filmato disponibile in internet all'indirizzo: http://www.youtube.com/watch?v=KPJnfBMVH2c

1 Indicare quali sono le cause degli interventi di manutenzione.

....

....

....

2 Elencare le fasi operative degli interventi di manutenzione.

....

....

....

3 Descrivere un'attività di ispezione.

....

....

....

4 Esemplificare un elemento che facilita la diagnosticabilità di un guasto.

....

....

....

5 Con una tabella, sviluppata in Word o Excel, esemplificare le microfermate avvenute in un impianto.

....

....

....

6 Indicare quali sono le cause che possono generare un guasto.

....

....

....

7 Che cosa rappresenta la sigla "FMECA"?

....

....

....

8 Da che cosa è rappresentata la parte operativa dell'intervento di manutenzione?

....

....

....

9 Che cosa misura l'MTTR?

....

....

....

10 In cosa consistono il collaudo finale e la delibera?

....

....

....

....

L'addetto alla manutenzione di un impianto è chiamato a causa della segnalazione di uno degli operatori. L'operatore consegna al manutentore la lista delle microfermate e illustra la manutenzione autonoma che ha fatto sull'impianto.

1 In cosa consiste questa manutenzione?

....

....

....

Il manutentore, ascoltata la relazione dell'operatore, si attiva per la ricerca del guasto, analizzando tutte le possibili cause.

2 Quali sono le possibili cause?

....

....

....

Trovata la causa del guasto, il manutentore procede alla parte operativa dell'intervento di manutenzione.

3 In che modo realizza l'intervento e secondo quale tempistica?

....

....

....

La verifica può essere scritta con i programmi Word oppure Excel.

modulo B

SPECIFICHE TECNICHE E DOCUMENTAZIONE

B1 Dispositivi meccanici

B2 Dispositivi oleodinamici e pneumatici

B3 Dispositivi elettrico - elettronici

B4 Dispositivi termotecnici

PREREQUISITI

Conoscenze

- Il disegno tecnico
- Le unità di misura delle grandezze fisiche
- La Fisica elementare dei solidi e dei fluidi
- Le leggi fondamentali dell'elettricità

Abilità

- Interpretare un disegno tecnico
- Definire le proprietà fisiche e tecniche dei materiali
- Riconoscere le leggi della Fisica applicate ai componenti tecnici
- Utilizzare i siti internet

OBIETTIVI

Conoscenze

- Le specifiche tecniche e funzionali dei componenti e dei dispositivi
- La documentazione tecnica dei componenti e degli impianti

Abilità

- Riconoscere e designare i principali componenti
- Interpretare i dati e le caratteristiche tecniche dei componenti di apparati e impianti

Competenze di riferimento

- Utilizzare la documentazione tecnica prevista dalla normativa per garantire la corretta funzionalità di apparecchiature, impianti e sistemi tecnici
- Individuare i componenti che costituiscono il sistema e i vari materiali impiegati, allo scopo di intervenire nel montaggio, nella sostituzione dei componenti e delle parti, nel rispetto delle modalità e delle procedure stabilite

modulo B

VERIFICA dei PREREQUISITI

1 Disegnare e quotare una vite M12 x 80 ISO 4016.

2 Spiegare la differenza tra una chiavetta e una linguetta (max 25 parole).

3 La quota con tolleranza H7/f6 rappresenta un accoppiamento:

a) libero (con gioco)
b) incerto (possibile gioco o interferenza)
c) bloccato (con interferenza)

4 Il micron è una unità di misura della lunghezza equivalente a 10^{-9} metri.

☐ Vero ☐ Falso

5 L'equazione dimensionale dell'accelerazione è: $l\,t^{-2}$.

☐ Vero ☐ Falso

6 L'unità di misura del lavoro e del momento è la stessa.

☐ Vero ☐ Falso

7 Il farad misura la capacità di un condensatore.

☐ Vero ☐ Falso

8 Spiegare come si misura la pressione che il mare esercita su di un subacqueo (max 25 parole).

9 Un'auto scende lungo una strada a motore spento e con la leva del cambio in folle. Di che moto si muove?

10 Tre cilindri con la stessa massa, ma di diametro e spessore diversi, ruotano alla stessa velocità attorno al loro asse. Quale grandezza fisica ha diverso valore?

11 La potenza indica il lavoro svolto nell'unità di tempo.

☐ Vero ☐ Falso

12 Descrivere il principio di Pascal (max 25 parole).

13 Indicare la formula che esprime la relazione fra la differenza di potenziale e la corrente elettrica:

a) $V = R / I$
b) $V = I / R$
c) $V = R\,I$
d) $V = R\,I^2$

14 Descrivere il fenomeno dell'elettromagnetismo (max 25 parole).

15 I trasformatori funzionano se percorsi da una corrente continua.

☐ Vero ☐ Falso

16 Le onde elettromagnetiche si propagano con la velocità del suono.

☐ Vero ☐ Falso

UNITÀ

B1 DISPOSITIVI MECCANICI

OBIETTIVI

Conoscenze

- La documentazione tecnica di parti e sistemi meccanici di potenza
- La funzionalità dei sistemi per la trasmissione e la variazione del moto
- Le parti costituenti dei generatori di potenza meccanica
- Il funzionamento dei sistemi di movimentazione industriale
- Le specifiche dei componenti, dei meccanismi e dei generatori meccanici

Abilità

- Esaminare la documentazione tecnica dei dispositivi meccanici
- Descrivere le funzioni di un componente o di un macchinario meccanico
- Illustrare le specifiche tecniche di componenti e sistemi meccanici
- Descrivere le specifiche tecniche dei generatori di potenza meccanici
- Esaminare e illustrare i sistemi interni per la movimentazione industriale

CONTENUTI

B1.1 Sistemi per la trasmissione del moto

Alberi meccanici di trasmissione rigidi

Gli **alberi meccanici di trasmissione rigidi** sono organi meccanici che consentono la trasmissione di coppie motrici mediante rotazione attorno al loro asse.

I campi di applicazione degli alberi meccanici di trasmissione rigidi sono molteplici e spaziano dall'orologeria, all'*automotive* e in tutti quei casi in cui sono richieste trasmissioni di elevate potenze (come per esempio gli alberi di turbine a gas) utilizzate per la produzione dell'energia elettrica.

Nella **figura B1.1** sono rappresentati alcune tipologie di alberi di carica di orologi meccanici, mentre la **figura B1.2** rappresenta un tipico albero di trasmissione rigido del cambio di un autovettura; infine la **figura B1.3** illustra in sezione un albero di trasmissione rigido di grandi dimensioni di una turbina a gas.

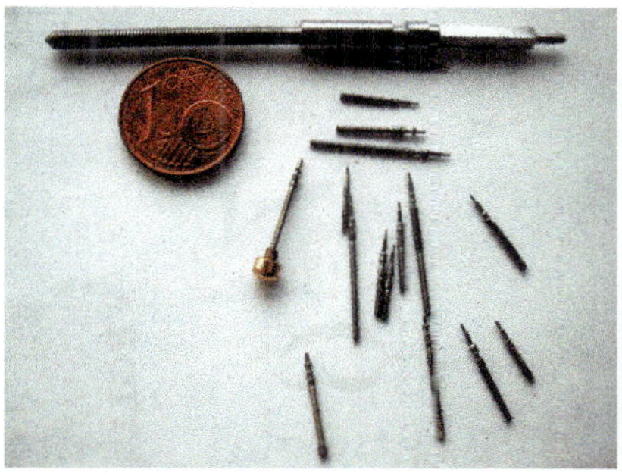

B1.1 Tipi di alberi di carica per orologi.

B1.2 Albero di trasmissione rigido del cambio di un'autovettura.

B1.3 Albero di trasmissione di grandi dimensioni di una turbina a vapore.

L'**albero scanalato** è un tipo di albero rigido che presenta sulla superficie esterna una serie di scanalature equidistanti che si sviluppano lungo l'asse e hanno profili diversi in funzione delle loro applicazioni. Tali alberi possono essere accoppiati con boccole, anch'esse scanalate e di uguale profilo, in grado di scorrere lungo l'asse e scambiare il moto di rotazione e il momento torcente.

La **figura B1.4** mostra un particolare tipo di albero scanalato che monta una boccola con ricircolo di sfere per scorrimenti a basso attrito. La **figura B1.5** mostra invece un albero del cambio con scanalature per lo scorrimento degli ingranaggi scorrevoli.

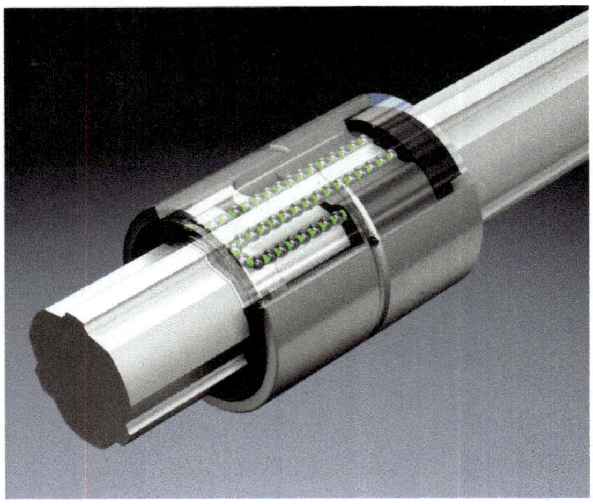

B1.4 Albero scanalato e boccola a ricircolo di sfere.

B1.5 Albero trasmissione con ingranaggi scorrevoli.

I parametri principali che caratterizzano gli alberi rigidi sono:

- il diametro *D*;
- la lunghezza *L*.

Il **diametro** sottintende la porzione di sezione trasversale utile che interviene soprattutto nella determinazione della coppia.
La **lunghezza** interviene principalmente nella determinazione della rigidezza torsionale (spostamento angolare delle due sezione estreme sotto l'effetto di una coppia) ed è espressa in Nm/rad.
La **figura B1.6** riporta un esempio per determinare il tipo di albero di trasmissione rigido; nello schema sono indicati i dati tecnici di un albero di trasmissione GKN per l'autovettura Porsche Cayenne motore V6 3.0 TDI.

Di seguito si riportano i dati dell'albero di trasmissione:

- diametro $D = 50$ mm;
- lunghezza $L = 631{,}9$ mm.

Porsche Passenger Cars, Sports Utility Vehicles & Vans

Cayenne

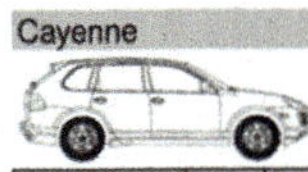

Engine	kW		Transm. MT Manual AT Autom.	OE Part No.	L	A	B	D	Position	GKN No.
V6 3.0 TDI	176	02.09 -	MT/AT	955.421.020.03	631,9	86	86	50	front	**28052**
V8 S 4.5	250	09.02 -	MT/AT	955.421.020.03	631,9	86	86	50	front	**28052**
V8 Turbo 4.5	330	09.02 -	MT/AT	955.421.020.03	631,9	86	86	50	front	**28052**

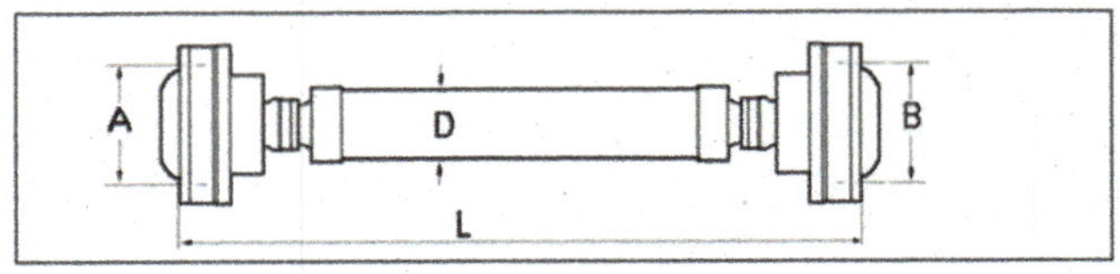

B1.6 Scheda tecnica dell'albero di trasmissione GKN.

Dal punto di vista della *manutenzione*, l'albero meccanico di trasmissione rigido, se costruito e montato correttamente, non ha particolari indicazioni per poter funzionare regolarmente; tuttavia è importante ispezionare l'organo meccanico secondo quanto il costruttore indica, verificando eventuali anomalie come usure dovute all'ambiente esterno, principi di rottura legati a sovrasollecitazione o problematiche legate al sistema di fissaggio.

Alberi meccanici flessibili

Appartengono alla famiglia degli **alberi di trasmissione flessibili** tutti gli organi meccanici che consentono la trasmissione di potenza mediante rotazione attorno a un asse che può assumere, entro certi limiti, forme anche complesse.

I campi di applicazione spaziano dal settore industriale per la trasmissione del moto |**fig. B1.7**|, ai mandrini rotanti, al settore automobilistico per la movimentazione degli specchietti retrovisori |**fig. B1.8**|. Questi alberi vengono anche utilizzati nel settore aeronautico per il controllo dei flaps degli aerei e nel settore medicale per operazioni endoscopiche.

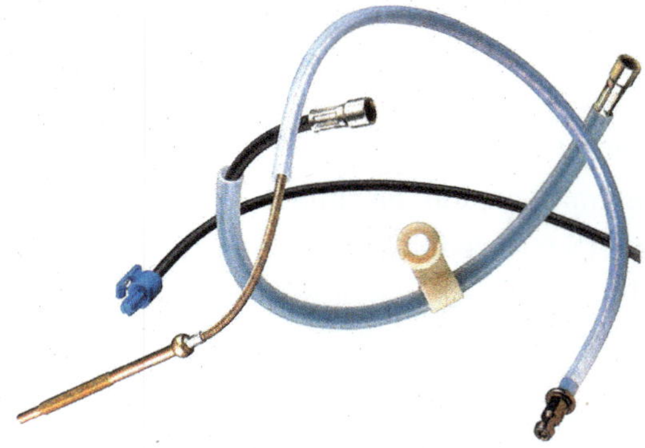

B1.7 Alberi di trasmissione flessibili.

B1.8 Movimentazione dello specchietto retrovisore di una vettura.

Gli alberi di trasmissione flessibili, proprio per la loro varietà, possono essere utilizzati quando vi sono difficoltà a trasmettere il moto con alberi meccanici rigidi. La **figura B1.9** riporta alcuni esempi di impiego.

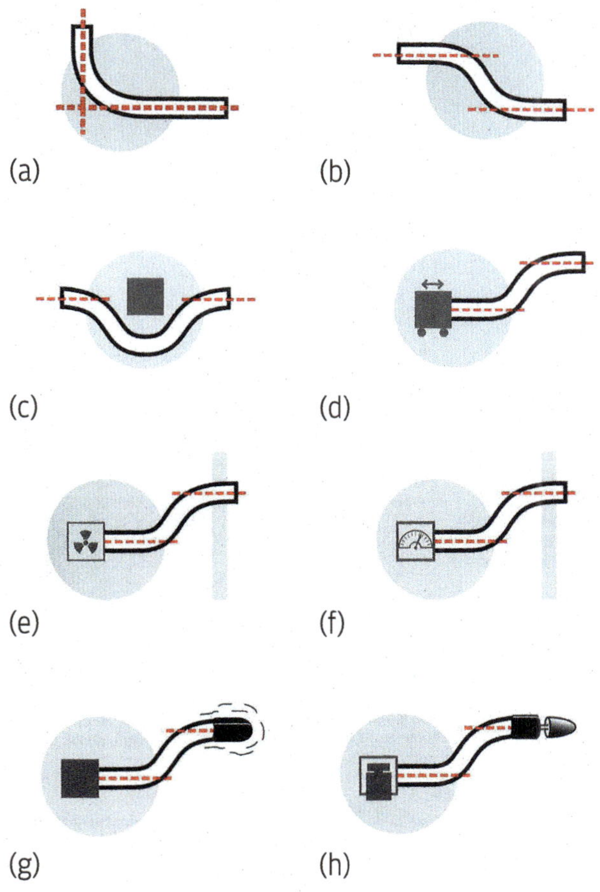

B1.9 Schemi di possibili utilizzi degli alberi flessibili in caso di: a) sostituzione di ingranaggi conici; b) alberi non allineati; c) trasmissioni di forza dove non è possibile un collegamento rettilineo; d) collegamento o azionamento di elementi con movimento reciproco; e) azionamento di apparecchiature in zone pericolose; f) azionamento meccanico o manuale a distanza; g) ammortizzazione degli urti su attuatori; h) riduzione del peso degli utensili portatili.

I parametri che identificano il tipo di albero flessibile sono:

- il senso di rotazione e di avvolgimento del filo;
- il raggio di curvatura minimo;
- la lunghezza;
- il momento torcente, il numero di giri e la potenza trasmissibile.

La **figura B1.10** riporta il tipico avvolgimento degli alberi flessibili con avvolgimenti a spirale a sinistra per girare in senso orario e con spirale a destra per girare in senso antiorario. Gli alberi flessibili sono costituiti da fili ritorti in forma elicoidale, avvolti l'uno sull'altro con spire inverse. La potenza trasmissibile è massima quando lo strato esterno di spirale durante la trasmissione della forza si blocca sulla spirale sottostante (in direzione opposta solo circa il 65% della potenza nominale è trasmissibile).

B1.10 Avvolgimenti degli alberi flessibili.

La **figura B1.11** rappresenta varie tipologie di alberi flessibili e i tipi di attacchi per il collegamento.

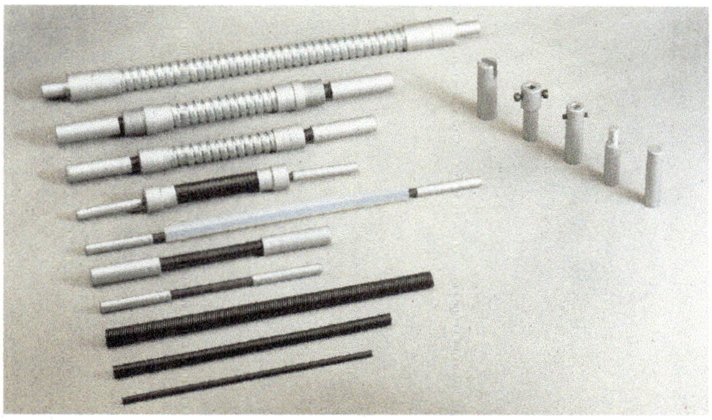

B1.11 Tipi differenti di alberi flessibili e attacchi.

Accessori per alberi di trasmissione flessibili

Appartengono a questa categoria i *rinvii per alberi flessibili*. La **figura B1.12a** illustra un rinvio a 90° da utilizzare collegato a un albero flessibile |**fig. B1.12b**|.

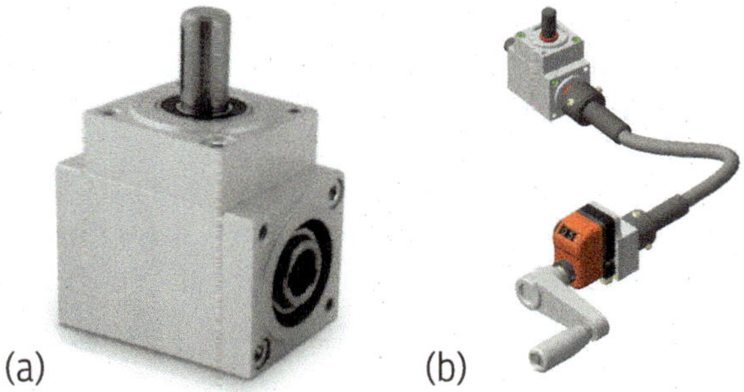

B1.12 a) Rinvio a 90°. b) Applicazione del rinvio da un albero flessibile.

Manutenzione

Dal punto di vista della *manutenzione* non vi sono particolari attenzioni se non quella di lubrificare l'albero flessibile secondo quanto prescrive il costruttore e in funzione della relativa applicazione.

Alberi di trasmissione snodati

Appartengono alla famiglia degli **alberi di trasmissione snodati** gli organi meccanici che consentono la trasmissione di coppie motrici fra alberi con assi non coincidenti.

La **figura B1.13a** mostra un albero di trasmissione snodato costituito da un asse telescopico, che consente di compensare spostamenti assiali, e da due giunti alle estremità, detti *cardanici* |**fig. B1.13b**|, che compensano variazioni angolari.

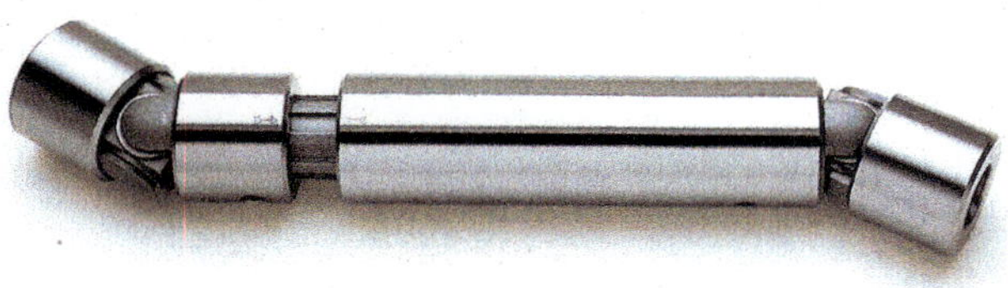

(a)

(b)

B1.13 a) Albero di trasmissione snodato. b) Particolare dello snodo.

I campi di applicazione sono principalmente legati ai settori dell'*automotive*, delle macchine agricole e degli impianti di produzione. La **figura B1.14a** mostra l'applicazione di un albero di trasmissione snodato allo sterzo di un'autovettura, mentre la **figura B1.14b** riporta l'applicazione delle trasmissioni cardaniche per applicazioni legate alle macchine agricole.

Il più noto albero di trasmissione snodato è quello con **giunti cardanici**, studiato nel XVI secolo dal matematico italiano Gerolamo Cardano e utilizzato per sostenere la bussola per l'orientamento, svincolandola dal rollio della nave. Il giunto cardanico è costituito da due principali parti: la forcella e la crociera.

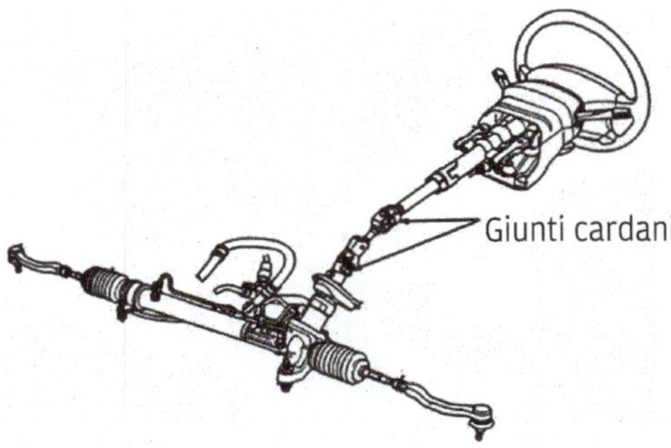

(a)

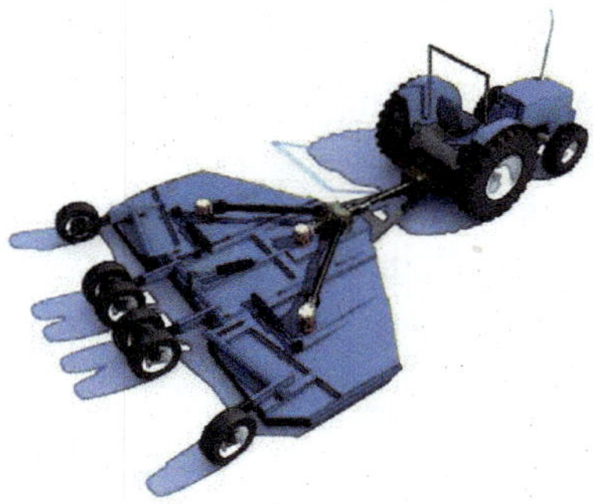

(b)

B1.14 a) Trasmissione snodata applicata allo sterzo di un'autovettura. b) Applicazioni delle trasmissioni cardaniche nel settore agricolo.

La **figura B1.15** illustra lo schema di un giunto cardanico caratterizzato dalle seguenti entità:

- α = angolo di snodo;
- β = angolo di rotazione della forcella motrice;
- ω_1 = velocità di rotazione della forcella motrice;
- ω_2 = velocità di rotazione della forcella condotta.

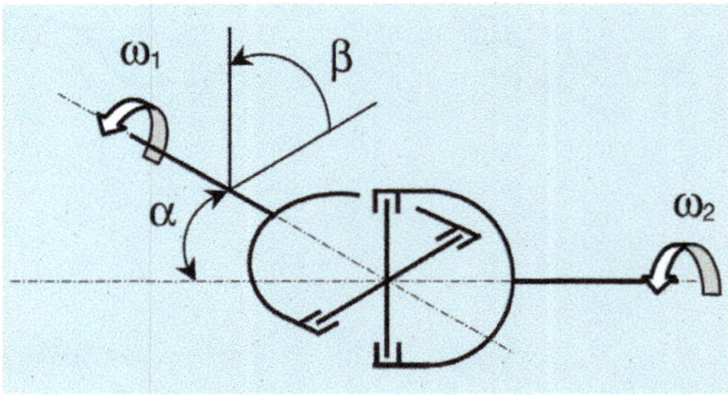

(a)

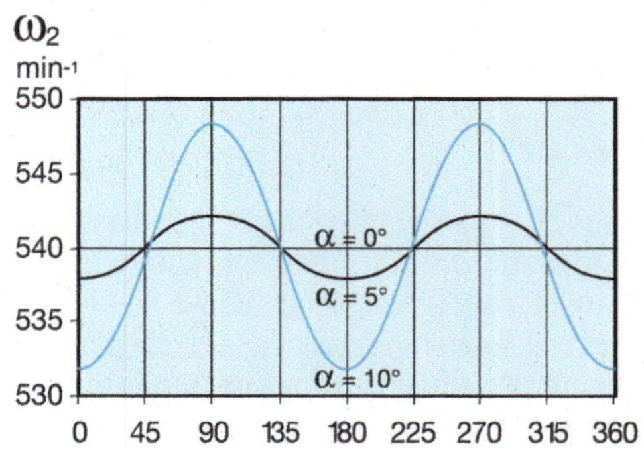

(b)

B1.15 a) Schema di un giunto cardanico. b) Grafico *velocità-angolo*.

La velocità di rotazione dell'albero condotto è funzione dell'angolo di snodo e dell'angolo di rotazione dell'albero motore. A titolo di esempio, la **figura B1.15b** riporta l'andamento della velocità dell'albero condotto ω_2, con una velocità ω_1 di 540 giri/min, in funzione dell'angolo di snodo $\alpha = 0°$, $\alpha = 5°$, $\alpha = 10°$. Si può osservare come, con un angolo di snodo pari a $\alpha = 10°$ e velocità costante $\omega_1 = 540$ giri/min, la velocità dell'albero condotto oscilli fra i valori di $532 \div 548$ giri/min.
La variazione della velocità dell'albero condotto può essere eliminata inserendo un secondo giunto cardanico che compensa le variazioni di velocità, purché gli assi dell'albero motore e dell'albero condotto siano paralleli o coincidenti. In queste due particolari condizioni, l'albero di trasmissione rende $\omega_1 = \omega_2$ e il moto viene trasmesso in modo *omocinetico*.
In tutti gli altri casi di assi non paralleli e non coincidenti ω_2 è diverso da ω_1.
La **figura B1.16** illustra nel dettaglio il giunto cardanico completo per macchine agricole **|fig. B1.16a|**, la forcella **|fig. B1.16b|** e la crociera **|fig. B1.16c|** che funge da snodo.

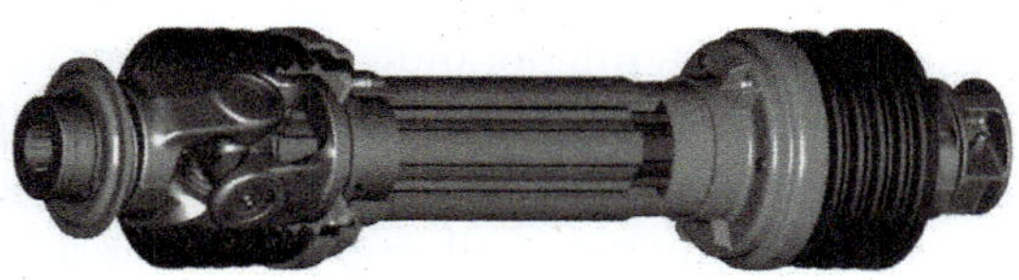

(a)

(b)

(c)

B1.16 a) Giunto cardanico per macchine agricole. b) Forcella. c) Crociera.

Le principali specifiche tecniche che identificano gli alberi di trasmissioni snodati sono:

- la coppia da trasmettere;
- la velocità angolare;
- l'angolo di snodo.

Dal punto di vista della *manutenzione*, l'albero di trasmissione snodato deve essere ben manutenuto e adeguatamente lubrificato. In particolar modo le crociere e le forcelle, essendo sollecitate da accelerazioni continue e a scorrimenti relativi fra le parti, necessitano di una corretta lubrificazione. Poiché l'albero di trasmissione snodato spesso è utilizzato in ambienti esterni, è buona norma ispezionare i componenti al fine di individuare eventuali anomalie come, per esempio, usure oppure principi di rottura legati a sovraccarichi. La **figura B1.17** rappresenta i punti di lubrificazione di un albero di trasmissione con giunti cardanici. Per quanto riguarda le quantità e le frequenze di lubrificazione si devono osservare le prescrizioni definite dal costruttore.

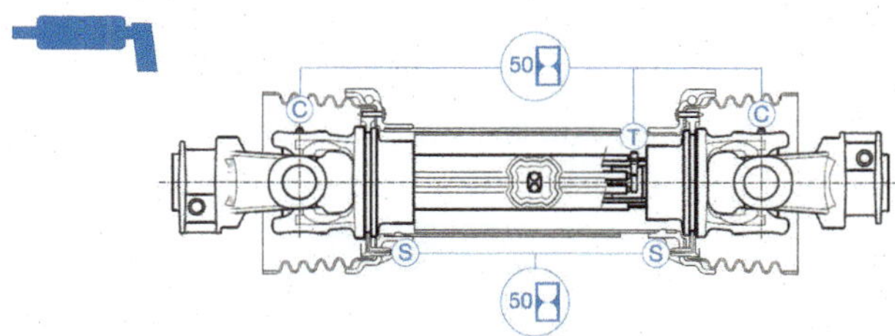

B1.17 Schema dei punti di lubrificazione per il giunto cardanico.

Durante gli interventi manutentivi di organi rotanti come gli alberi di trasmissione snodati, vanno rispettate tutte le norme di sicurezza specifiche, in particolar modo quelle riportate nella **tabella B1.1**.

TABELLA B1.1 **Norme di sicurezza specifiche durante la manutenzione di organi rotanti**

Simbolo	Norma	Simbolo	Norma
	Prima di intervenire nella manutenzione dell'albero di trasmissione, assicurarsi che l'impianto sia spento.		Non utilizzare i sistemi di trasmissione rotante come appoggio.
	Non avvicinarsi in modo improprio agli alberi rotanti.	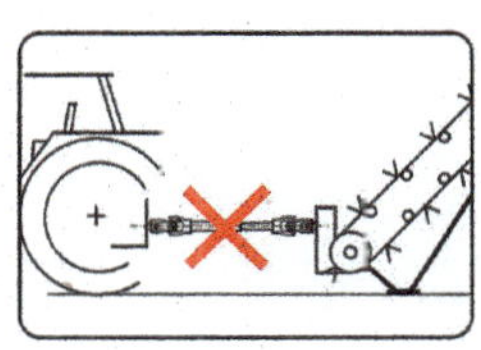	Assicurarsi prima di mettere in moto l'impianto che la copertura degli elementi telescopici e gli angoli di snodo rientrino nelle caratteristiche dell'albero di trasmissione snodato.

Viti a ricircolo di sfere

Le **viti a ricircolo di sfere** |fig. B1.18| sono sistemi meccanici in grado di trasformare il moto rotatorio in moto lineare oppure convertire una coppia in una forza.

B1.18 Viti a ricircolo di sfere (SKF).

I campi di applicazione delle viti a ricircolo di sfere sono principalmente quelli in cui è necessario spostare, per mezzo di slitte, carichi piccoli oppure grandi con la massima precisione. Vi sono applicazioni su macchine utensili che possono avere la vite lunga fino a 15 m circa.

Le figure B1.19 e B1.20 illustrano esempi di applicazione di viti a ricircolo di sfere per lo spostamento della testa operatrice di una macchina utensile.

B1.19 Particolare della vite a ricircolo.

B1.20 Applicazione della vite a ricircolo.

Il principio di funzionamento è simile a quello della vite e madrevite tradizionale: la vite ruota mentre la madrevite è fissata all'organo che deve essere trascinato. La differenza sostanziale fra le viti tradizionali e le viti a ricircolo di sfere consiste nel fatto che, in queste ultime, fra la vite e la madrevite, sono interposte delle sfere |fig. B1.21| che si muovano grazie alla rotazione della vite.

B1.21 Vista interna delle sfere.

Nel loro spostamento, le sfere rotolano senza strisciare, trasformando l'*attrito radente* della vite tradizionale in *attrito volvente*, migliorando sensibilmente l'efficienza del sistema di trasmissione del moto. Le sfere rotolano e si spostano nella pista con moto relativo rispetto alla barra filettata e alla madrevite; un sistema di canalizzazione interno alla madrevite provvede a garantire il loro ricircolo continuo.

La forma della gola di filettatura è normalmente a profilo *gotico*, per consentire un contatto puntuale con le sfere e il recupero dei giochi |fig. B1.22|.

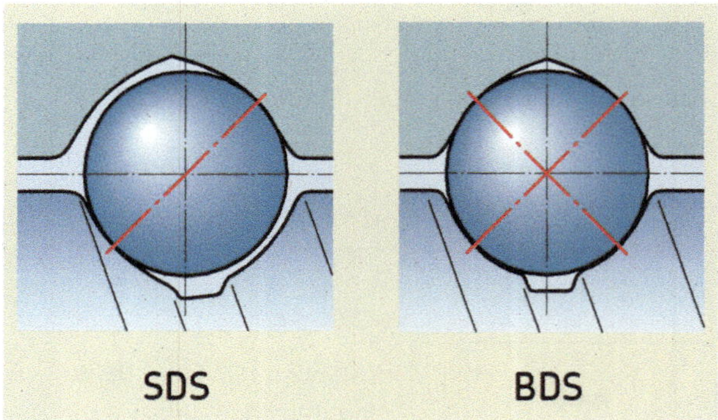

B1.22 Tipo di contatto.

Vi sono inoltre viti a ricircolo di sfere dette *a madrevite rotante* |fig. B1.23|, dove la madrevite è fissata sull'organo che deve essere trascinato, mentre la vite è fissa. Il motore, in questo caso, trasla con la madrevite |fig. B1.24| cosicché i problemi di inerzia e di velocità critica (che inducono vibrazioni) creati da una vite lunga in rotazione sono ridotti al minimo.

B1.23 Madrevite rotante.

B1.24 Applicazione della madrevite rotante.

La **figura B1.25** rappresenta lo spaccato di una madrevite rotante, in cui la flangia esterna viene fissata, tramite viti, alla slitta da trascinare, mentre la madrevite è messa in rotazione dal motore. I cuscinetti servono a disaccoppiare la madrevite rotante rispetto alla flangia esterna fissata sulla slitta; in questo modo, con la madrevite che ruota e la vite ferma, si ha la traslazione assiale della slitta.

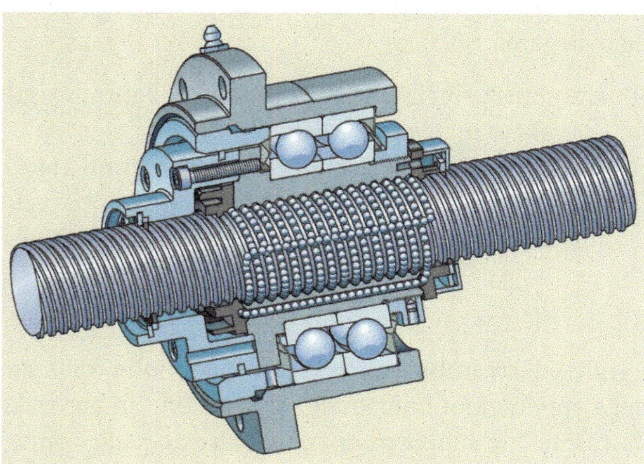

B1.25 Spaccato di una madrevite rotante.

I principali parametri che identificano una vite a ricircolo di sfere sono:

- il diametro nominale della vite;
- il passo;
- il numero di giri;
- la lunghezza della vite.

Le condizioni di montaggio sono uno degli aspetti più importanti per garantire un buon funzionamento, in particolare, il corretto allineamento dei supporti per l'alloggiamento della vite consente di non avere carichi radiali a causa dei quali la vite potrebbe facilmente essere danneggiata **|fig. B1.26|**.
Infine si consiglia di effettuare costantemente una adeguata lubrificazione **|fig. B1.27|**.

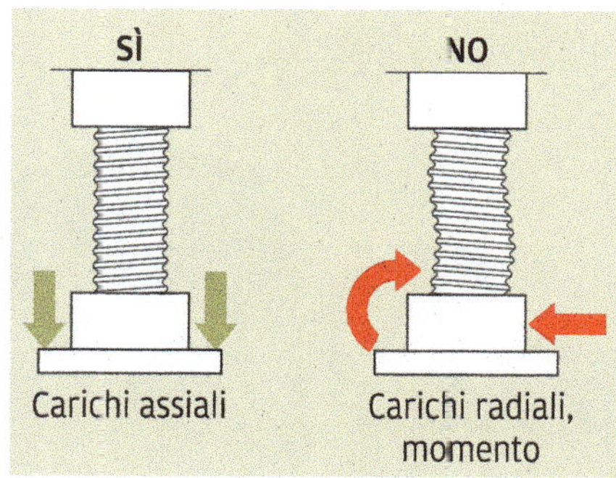

B1.26 Allineamento.

B1.27 Lubrificazione.

Durante la fase di montaggio è importante effettuare il precarico della vite per ridurre i giochi e aumentare la precisione. L'operazione di *precarico* consiste nell'agire assialmente sulla madrevite, in modo da comprimere le sfere sui rispettivi fianchi delle piste.
La **figure B1.28** e **B1.29** schematizzano un precarico mediante trazione e compressione della chiocciola.

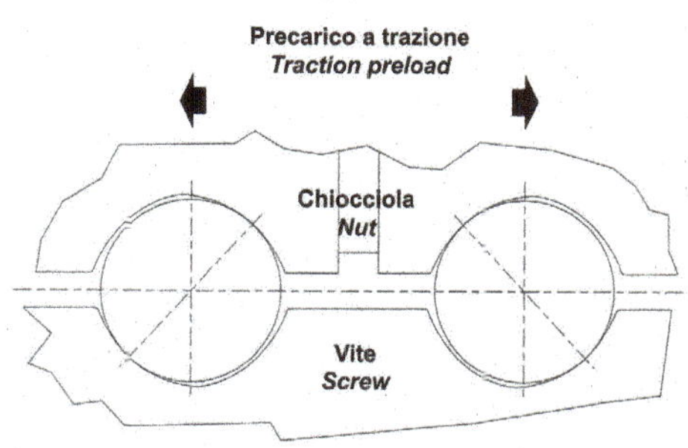

B1.28 Precarico a trazione.

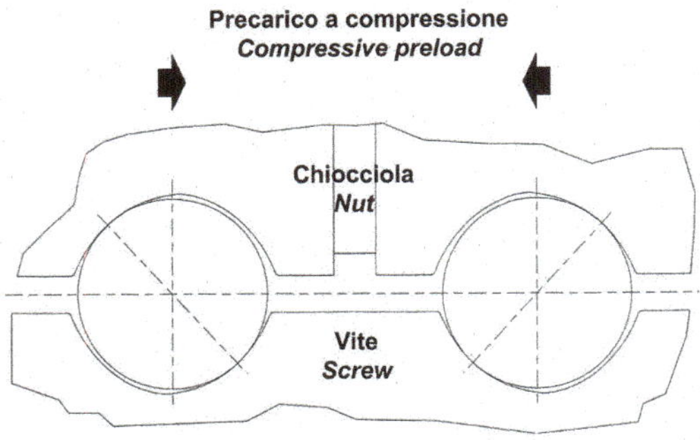

B1.29 Precarico a compressione.

Per poter funzionare correttamente, le viti a ricircolo di sfere devono essere fissate agli estremi su particolari supporti; quelli che normalmente vengono utilizzati prendono il nome di *supporti con appoggio piano* |**fig. B1.30**| o *flangiato* |**fig. B1.31**|.

B1.30 Supporto con appoggio piano.

B1.31 Supporto con appoggio flangiato.

Le viti a ricircolo di sfere sono un sistema di trasmissione del moto molto efficiente ma con una meccanica abbastanza sofisticata, pertanto necessitano di una adeguata manutenzione che deve essere effettuata per ciascuna applicazione in base alle indicazione del costruttore; per esempio, l'anomalo aumento di temperatura dei componenti del sistema è un segnale di malfunzionamento.

Giunti

I **giunti di trasmissione** sono componenti meccanici utilizzati per consentire la trasmissione del moto tra un albero motore e un albero attuatore, che per motivi costruttivi o di montaggio sono disgiunti.

I campi di applicazione in cui i giunti di trasmissione sono utilizzati sono molteplici, e vanno da applicazioni di piccola potenza fino a impianti di elevate potenze. Fanno parte della famiglia dei giunti le seguenti tipologie:

- giunti di trasmissione rigidi;
- giunti di trasmissione flessibili;
- giunti calettatori a serraggio idraulico;
- giunti di trasmissione magnetici.

Giunti di trasmissione rigidi

I **giunti di trasmissione rigidi** sono utilizzati per trasmissioni di elevate coppie motrici e necessitano, per il loro buon funzionamento, di un perfetto allineamento fra gli alberi che collegano.

La **figura B1.32** mostra l'esempio di un giunto rigido.

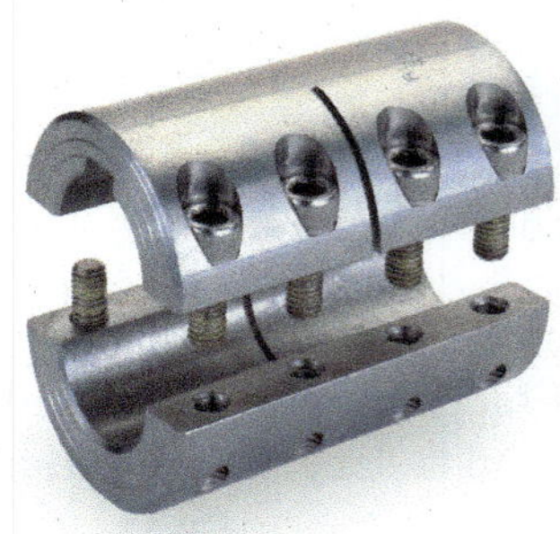

B1.32 Giunto rigido (Comitec).

Il giunto rigido trasmette la coppia motrice mediante l'attrito che si genera fra il diametro dell'albero e il foro del giunto, a seguito della forza di serraggio delle viti che stringono il giunto sulle estremità degli alberi da collegare.

Il parametro principale per identificare il giunto rigido è la *coppia motrice* da trasmettere.
Dal punto di vista della *manutenzione* i giunti rigidi non necessitano di particolari attenzioni se non quelle indicate dal costruttore per la relativa applicazione.

Giunti di trasmissione flessibili

I **giunti di trasmissione flessibili** sono molto utilizzati nella applicazioni industriali e consentono in generale di trasmettere coppie motrici più basse di quelle comunemente trasmesse dai giunti rigidi, ma sono in grado di compensare disallineamenti limitati fra gli alberi.

Di seguito si riportano alcuni esempi di giunti flessibili.

- **Giunti a lamelle** |fig. B1.33|: hanno elevata rigidezza torsionale e compensano disallineamenti angolari. Se i giunti a lamelle vengono montati in coppia, lavorano come un giunto omocinetico e consentono di compensare piccoli disallineamenti sia radiali che angolari. I giunti a lamelle sono senza gioco angolare e presentano una elevata flessibilità di impiego.
- **Giunti a soffietto** |fig. B1.34|: hanno una buona rigidezza torsionale, non presentano giochi angolari, hanno bassa inerzia e consentono di compensare piccoli disallineamenti angolari e radiali. Per la loro tipica costruzione a soffietto sono adatti a compensare anche spostamenti assiali.
- **Giunti con elastomero** |fig. B1.35|: in generale hanno buona rigidezza torsionale, che dipende dal tipo di elastomero, presentano elevate capacità smorzanti e alcuni tipi di giunti consentono di isolare elettricamente gli alberi fra di loro.

B1.33 Giunto a lamelle (Comitec).

B1.34 Giunto a soffietto (Comitec).

B1.35 Giunto con elastomero (Comitec).

I parametri principali per identificare i giunti flessibili sono:

- la coppia da trasmettere;
- il numero di giri;
- il disassamento angolare, assiale e radiale.

Dal punto di vista della *manutenzione*, poiché i giunti di trasmissione flessibili hanno elementi che lavorano a fatica a causa degli eventuali disallineamenti da compensare, sono componenti meccanici a rischio per i quali è necessario applicare i principi della manutenzione preventiva.

Giunti calettatori a serraggio idraulico

I **giunti calettatori** sono costituiti da una boccola in cui è ricavato un sistema a espansione |fig. B1.36| che si basa sul principio di Pascal; tramite una vite di serraggio, si agisce su una superficie aumentando la pressione |fig. B1.37|, la quale provoca una espansione dell'elemento elastico che blocca lo scorrimento relativo tra i due elementi da collegare.

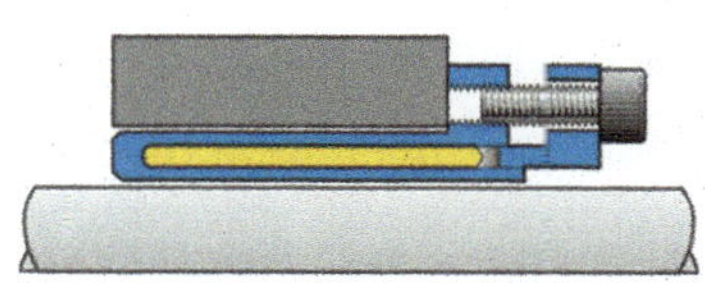

B1.36 Sistema a espansione.

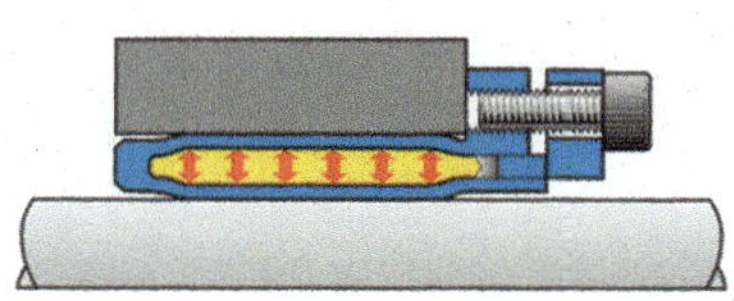

B1.37 Espansione.

I giunti calettatori sono componenti meccanici |fig. B1.38| utilizzati principalmente per accoppiare un albero rotante a un elemento da trascinare come, per esempio, una puleggia dentata |fig. B1.39|, al fine di trasmettere una coppia torcente.

B1.38 Giunti calettatori (ETP).

B1.39 Applicazione del giunto calettatore.

Il parametro principale che identifica un giunto calettattore è la *coppia da trasmettere.*
I giunti calettatori devono essere montati secondo le indicazioni prescritte dal costruttore. Il serraggio delle viti che determinano l'espansione della bussola deve essere fatto utilizzando una chiave dinamometrica.

Giunti di trasmissione magnetici

I **giunti di trasmissione magnetici** sono elementi meccanici che consentono di trasmettere coppie torcenti limitate, utilizzando magneti permanenti. Essi presentano il grande vantaggio di disaccopiare gli alberi dal punto di vista meccanico e fisico. Per via della trasmissione magnetica, questa tipologia di giunto consente la rotazione dell'albero motore anche quando la coppia resistente supera il valore prefissato (slittamento fra albero motore e albero condotto). I campi di applicazione dei giunti magnetici sono quelli in cui è necessario tenere separato il motore dall'attuatore, come per esempio nelle pompe centrifughe che trattano fluidi a rischio chimico.

La figura B1.40 mostra il giunto magnetico nelle sue parti principali:

- rotore esterno, normalmente calettato sull'albero motore (1);
- boccola di protezione del rotore interno a tenuta stagna (2);
- rotore interno, normalmente calettato sull'albero condotto (3).

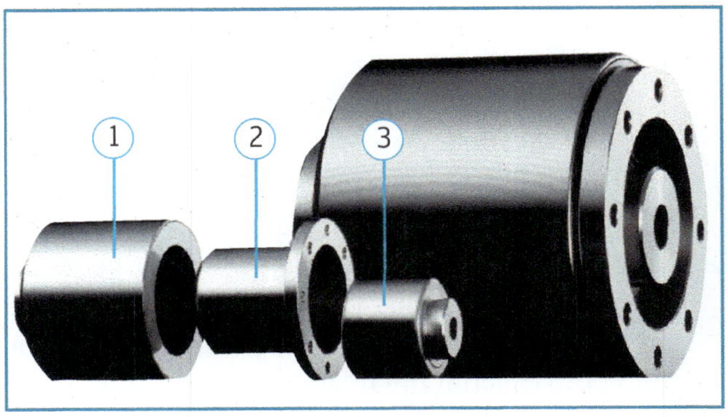

B1.40 Giunto magnetico (Minex).

Il parametro principale che identifica il giunto magnetico è il valore di *coppia da trasmettere.*

Dal punto di vista delle *manutenzione*, non essendoci contatto fra gli organi rotanti, non vi sono particolari problematiche legate all'usura. Per via delle applicazioni speciali a rischio contaminazione nelle quali viene applicato il giunto magnetico è importante verificare la tenuta della boccola di protezione.

Innesti

Gli **innesti** sono sistemi meccanici che, tramite un comando meccanico, elettrico e/o pneumatico, mettono in comunicazione l'albero motore con quello condotto consentendo di accoppiare o disaccoppiare la trasmissione secondo le esigenze dell'impianto.

Di seguito sono riportati i principali tipi di innesti:

- innesti di tipo meccanico;
- innesto elettromeccanico;
- innesto pneumatico.

Innesti meccanici

Gli **innesti meccanici** consentono di trasmettere il moto normalmente mediante l'azionamento di una leva che sposta un ingranaggio a denti frontali o radiali, legato all'albero motore, fino a farlo ingranare con il rispettivo ingranaggio dell'albero condotto mettendolo in rotazione.

Nella **figura B1.41** si può osservare l'esempio di un innesto meccanico.

B1.41 Innesto meccanico (Borelli).

I parametri principali che identificano un innesto meccanico sono la *coppia da trasmettere* e il *numero di giri*. Dal punto di vista della *manutenzione*, l'innesto di tipo meccanico necessita di una adeguata lubrificazione.

Innesti elettromeccanici

Gli **innesti elettromeccanici** consentono di trasmettere il moto normalmente mediante l'azionamento di una elettrocalamita che sposta un ingranaggio a denti frontali o radiali, fino a ingranare con il rispettivo ingranaggio dell'albero condotto, mettendolo in rotazione. La **figura B1.42** mostra l'esempio di un innesto elettromeccanico.

B1.42 Innesto elettromeccanico (Stromag).

I parametri principali che identificano un innesto elettromeccanico sono la *coppia da trasmettere*, il *numero di giri* e la *tensione di alimentazione* (12 V o 24 V). Dal punto di vista della *manutenzione*, non vi sono particolari attenzioni, se non quelle prescritte dal costruttore.

Innesti pneumatici

Gli **innesti pneumatici** sono sistemi che consentono di trasmettere il moto normalmente mediante l'azione della pressione dell'aria che, agendo su una opportuna superficie, sposta un ingranaggio a denti frontali o radiali fino farlo ingranare con il rispettivo ingranaggio dell'albero condotto, mettendolo in rotazione. La **figura B1.43** mostra l'esempio di un innesto pneumatico.

B1.43 Innesto pneumatico (MWM).

I parametri principali che identificano un innesto pneumatico sono la *coppia da trasmettere*, il *numero di giri* e la *pressione di alimentazione*. Dal punto di vista della *manutenzione* non vi sono particolari attenzioni, se non quelle prescritte dal costruttore.

Freni

I **freni** sono sistemi meccanici che consentono di arrestare, in tempi relativamente brevi, la rotazione di organi rotanti, come per esempio alberi motore e mandrini di macchine utensile.

I freni maggiormente utilizzati sono elettromagnetici e possono essere applicati direttamente sui motori elettrici **|fig. B1.44|**. Essi sono anche detti *di sicurezza* e vengono utilizzati soprattutto nelle applicazioni in cui, in caso di emergenza o in di assenza di alimentazione elettrica, entrano in funzione e bloccano la rotazione degli alberi rotanti.

B1.44 Motore elettrico con freno elettromagnetico (Besozzi).

Il *freno elettromagnetico di sicurezza* **|fig. B1.45|** è costituito principalmente da un disco rotante solidale all'albero del motore e da un disco frenante (detto anche *ancora mobile*) soggetto all'azione delle molle di compressione, in modo da bloccare la rotazione dell'albero, oppure all'azione dell'elettrocalamita che, vincendo la forza esercitata dalle molle, libera dal contatto il disco frenante e consentente la rotazione dell'albero motore. Per coppie frenanti più basse, possono essere utilizzati freni pneumatici dove l'azione dell'elettrocalamita viene sostituita dall'azione della pressione dell'aria compressa.

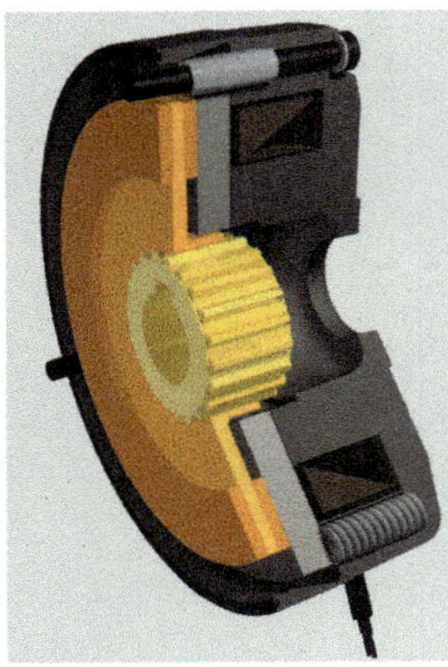

B1.45 Spaccato del freno di sicurezza (Mayr).

I parametri principali che identificano un freno elettromagnetico sono:

- la coppia frenante;
- il numero di giri;
- la tensione di alimentazione (12 V, 24 V).

Dal punto di vista della *manutenzione* non vi sono particolari attenzioni, se non quelle di tenere sottocontrollo l'usura delle parti striscianti del disco rotante. Al fine di rilevare in modo automatico lo stato di usura, sul disco frenante viene montato un microinterruttore **|fig. B1.46|**, in grado di rilevare l'aumento del valore del traferro "a", segnale che indica l'usura eccessiva delle parti striscianti.

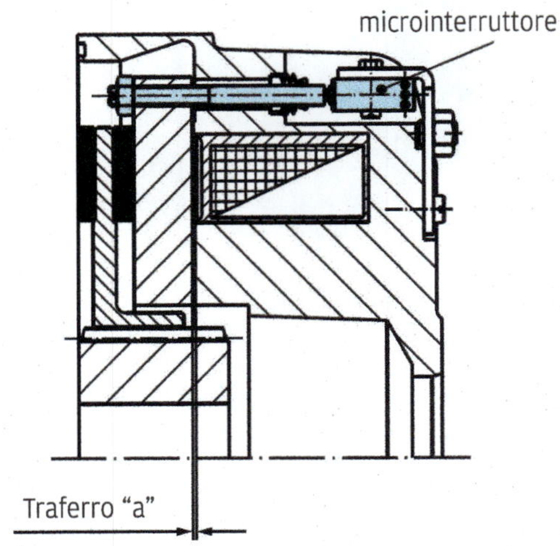

B1.46 Applicazione di un microinterruttore per rilevamento dell'usura (Mayr).

La **tabella B1.2** riporta le azioni che richiedono particolari attenzioni nell'analisi dei rischi legata alle applicazioni e alla manutenzione dei freni elettromagnetici.

TABELLA B1.2 Azioni che richiedono particolare attenzione per i rischi legati alla manutenzione

Segnali	Azioni	Segnali	Azioni
	Contatto con parti elettriche		Pericolo di bloccaggio delle parti in movimento
	Lesioni alle mani dovute a schiacciamento		Presenza di campi elettromagnetici
	Contatto con superfici calde	-	-

Ruote libere

Le **ruote libere** |**fig. B1.47a**| sono sistemi meccanici in grado di funzionare come giunti unidirezionali, consentono di trasmettere coppie motrici oppure il funzionamento a vuoto della trasmissione.

Esse sono costituite da un anello interno in cui sono ricavati piani inclinati sui quali sono appoggiati dei rulli e mantenuti a contatto da un sistema a molle con l'anello esterno. La **figura B1.47b** ne mostra il principio di funzionamento.

(a)

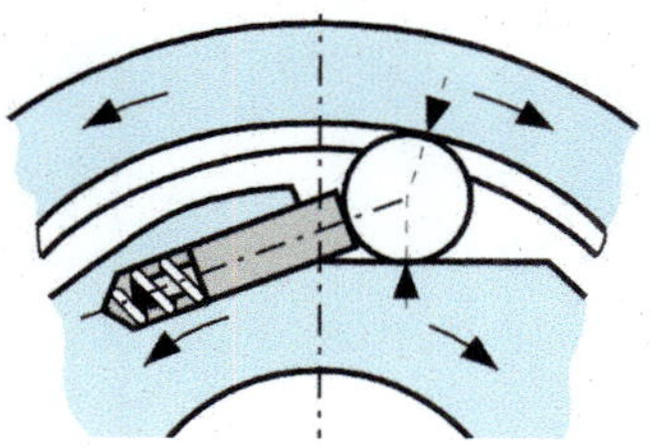

(b)

B1.47 a) Ruote libere. b) Principio di funzionamento (Stieber).

Le ruote libere hanno due modalità di funzionamento: possono trasmettere coppia motrice o consentire la rotazione a vuoto fra albero motore e albero condotto.

Le ruote libere sono impiegate nei seguenti modi.

- *Giunto di avviamento* |**fig. B1.48**|: la ruota libera interrompe il collegamento non appena l'elemento condotto ruota più velocemente dell'elemento motore.
- *Giunto di avanzamento intermittente* |**fig. B1.49**|: la ruota consente la trasformazione di un movimento alternato in un movimento rotatorio passo-passo la cui ampiezza può essere variata.
- *Giunto antiritorno* |**fig. B1.50**|: la ruota libera permette la rotazione in un solo senso; durante il funzionamento essa gira sempre a vuoto. In caso d'interruzione del moto, la ruota libera impedisce la rotazione in senso inverso.

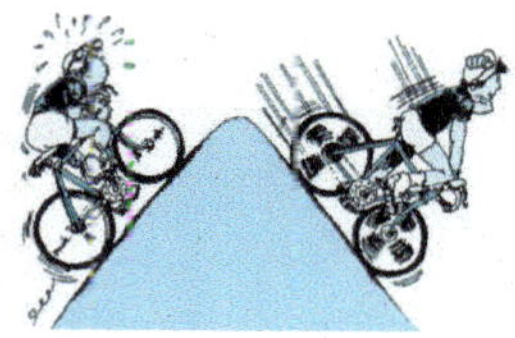

B1.48 Giunto di avviamento.

B1.49 Giunto di avanzamento intermittente.

B1.50 Giunto antiritorno.

Esistono differenti tipologie di ruote libere.

- *A rulli*: sono versatili, robuste e di lunga durata; sono particolarmente indicate per avanzamenti intermittenti |**fig. B1.51**|.
- *A corpi di contatto*: consentono la trasmissione di coppie elevate pur avendo un limitato ingombro |**fig. B1.52**|.
- *A distacco centrifugo*: per effetto della velocità della ruota libera, la forza centrifuga vince la forza di precarico della molla e il corpo di contatto mette in comunicazione l'anello esterno con quello interno, trasmettendo il moto |**fig. B1.53**|.

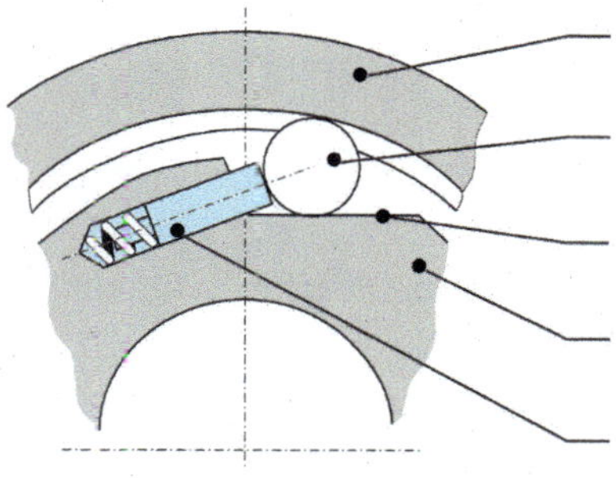

B1.51 Schema a rulli.

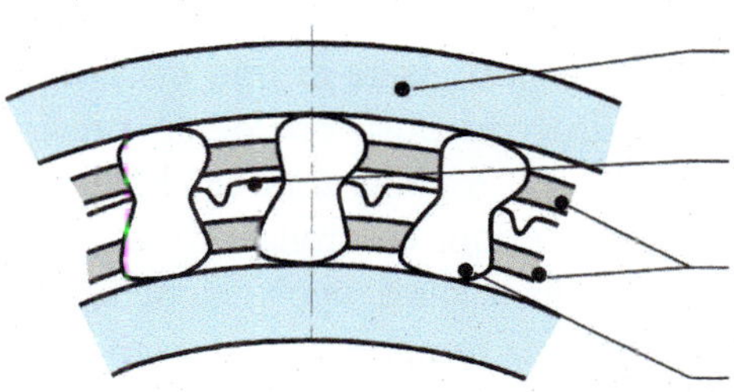

B1.52 Schema a corpi di contatto.

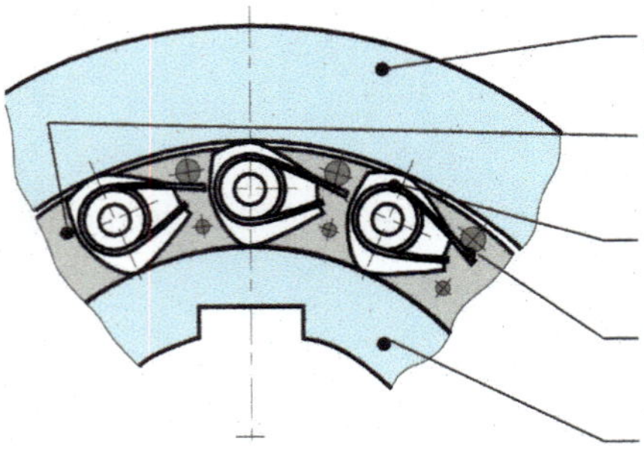

B1.53 Schema a distacco centrifugo.

B1.54 Tavola girevole pneumatica.

I parametri principali che identificano le ruote libere sono *la coppia da trasmettere* e il *numero di giri*.
Dal punto di vista della *manutenzione*, le ruote libere sono organi meccanici per i quali è prevista una adeguata lubrificazione; in base alla tipologia, possono funzionare con olio o con grasso; per esempio, le ruote libere fornite senza olio devono essere messe in servizio dopo aver riempito di olio lo spazio interno fino a 1/3 della sua capienza.
I malfunzionamenti delle ruote libere sono da imputare principalmente alla rottura degli elementi di contatto e a usure anomale causate da una cattiva lubrificazione.
La difficoltosa operatività dello smontaggio e rimontaggio della ruota libera e la rottura di qualche elemento spesso possono comportare la sostituzione dell'intera ruota. Dunque, al fine di garantire un buon funzionamento, devono essere rispettate le indicazioni prescritte dal costruttore.

Tavole girevoli

Le **tavole girevoli**, cosiddette *indexate*, sono sistemi di trasmissione del moto che consentono il posizionamento angolare di particolari che devono essere collocati secondo un determinato angolo.

Normalmente le tavole girevoli consentono rotazioni prefissate con divisioni angolari standard: 2-4-6-8-12-24 posizioni angolari; sono utilizzate principalmente su macchine automatiche per lavori di assemblaggio, su foratrici, su filettatrici, su presse per lavori di ribaditura e stampaggio e vengono applicate per ottenere stazionamenti circolari precisi. Le tavole rotanti sono costituite da un disco rotante sul quale appoggia il pezzo da movimentare; il cinematismo che consente la rotazione con angoli prefissati può essere di tipo *meccanico*, *pneumatico* o *idraulico* con posizionamento preciso tramite anelli a dentatura frontale. Sono anche in uso delle tavole girevoli a rotazione controllata continua.
La **figura B1.54** mostra una tavola di tipo pneumatico che utilizza la pressione dell'aria compressa per movimentare un cilindro pneumatico che, tramite un sistema rocchetto - cremagliera, mette in rotazione il disco portapezzo.

La **figura B1.55** mostra una tavola girevole con cinematica legata a un sistema a vite senza fine con una camma meccanica elicoidale, che consente la rotazione angolare prefissata del disco su cui è posizionato il pezzo da movimentare.

B1.55 Tavola girevole meccanica (Camco).

La **figura B1.56** mostra l'applicazione di una tavola rotante pneumatica in una stazione di lavoro automatica.

B1.56 Applicazione di una tavola rotante (A.T.S. Srl).

Le caratteristiche tecniche che identificano una tavola girevole sono principalmente:

- la coppia per movimentare il pezzo;
- il numero di divisioni;
- l'errore di posizionamento.

Dal punto di vista della *manutenzione*, le tavole girevoli non necessitano di particolari interventi. Nel caso di tavole azionate con vite senza fine, bisogna tenere sotto controllo la lubrificazione ed è possibile effettuare la ripresa del gioco. Tuttavia, se dovessero verificarsi anomalie nel funzionamento, è sufficiente applicare le tecniche di manutenzione meccanica ordinaria, sostituendo gli eventuali particolari danneggiati messi a disposizione dal costruttore come, per esempio, la sostituzione delle guarnizioni. In ogni caso, è buona norma seguire le indicazioni previste nel manuale d'uso e manutenzione.

B1.2 Sistemi per la variazione e l'inversione del moto

Riduttori di velocità

I **riduttori di velocità** sono sistemi meccanici che consentono la trasmissione del moto da un albero motore a un albero condotto, variandone opportunamente la velocità in funzione del rapporto di trasmissione.

Normalmente la velocità di rotazione dell'albero condotto viene ridotta rispetto alla velocità dell'albero motore, con l'ausilio di sistemi a ingranaggi o con sistema a vite senza fine – ruota elicoidale. I riduttori di velocità sono molto utilizzati nelle applicazioni industriali e proprio per soddisfare le numerose esigenze ve ne sono di diverse tipologie |fig. B1.57|.

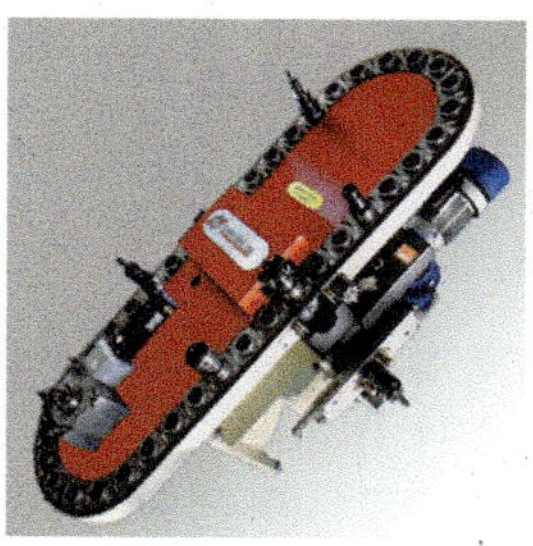

B1.57 Applicazione industriale di un motoriduttore a un magazzino cambio utensili per macchine automatiche a controllo numerico.

Di seguito si riportano i principali tipi di riduttori di velocità.

Riduttori a vite senza fine

I **riduttori a vite senza fine** |fig. B1.58| sono impiegati per grandi riduzioni con alberi non molto veloci, con sistemi che non consentono la reversibilità del moto.

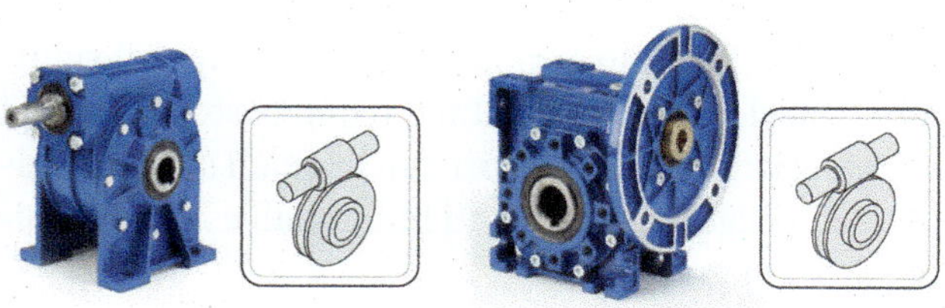

B1.58 Riduttori a vite senza fine (STM).

Riduttori a ingranaggi

I **riduttori a ingranaggi** sono molto utilizzati nell'industria meccanica in base alle esigenze da soddisfare. Ve ne sono di diverse tipologie |fig. B1.59|:

- *monostadio*, con una sola coppia di ingranaggi;
- *coassiali*, i cui alberi di ingresso e uscita sono sullo stesso asse;
- *ortogonali*, in cui l'albero di uscita è perpendicolare all'albero di ingresso;
- *paralleli*, i cui assi di ingresso e di uscita sono paralleli.

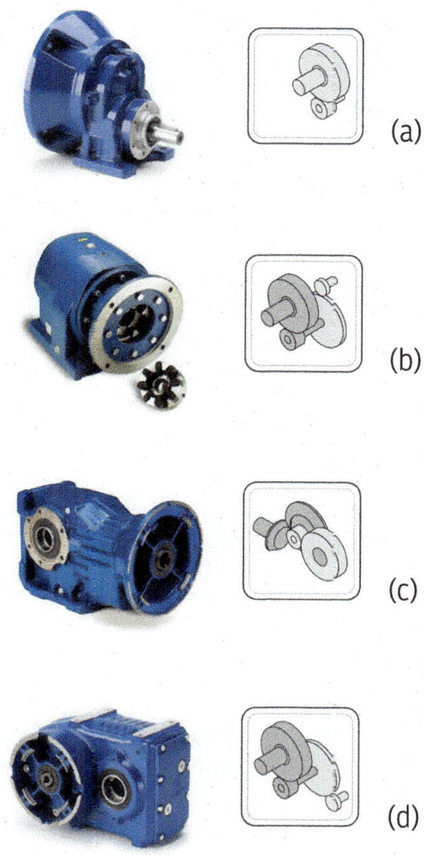

B1.59 Riduttori a ingranaggi: a) monostadio; b) coassiali; c) ortogonali; c) paralleli (STM).

I parametri caratteristici che identificano i riduttori di velocità sono principalmente:

- la coppia da trasmettere;
- il rapporto di riduzione;
- la velocità dell'albero motore;
- il tipo di riduttore.

Dal punto di vista della *manutenzione* i riduttori a vite senza fine e quelli a ingranaggi richiedono un sistematico controllo dello stato di lubrificazione. In funzione del tipo di riduttore e della relativa applicazione è importante rispettare le indicazioni prescritte dal costruttore.

Riduttori *Harmonic drive*

I *riduttore Harmonic drive* |**fig. B1.60**| sono sistemi meccanici con ottime caratteristiche di precisione, silenziosità e compattezza, capaci di realizzare elevati rapporti di riduzione e hanno moderati valori di rigidezza torsionale. Per questo sono applicati nella Robotica e in ambito medicale e aerospaziale.

B1.60 Riduttore *Harmonic drive.*

Il principio di funzionamento del riduttore *Harmonic drive* si basa sulla deformabilità di un elemento intermedio |**fig. B1.61**| (lamina elastica nera), obbligato dall'elemento rotante centrale con profilo periferico a ovale (camma blu) a ingranare sulla dentatura interna dell'anello esterno fisso (corona rossa).

Se si costruisce l'anello esterno fisso con un numero di denti pari a 100 e la lamina elastica con 99 denti, risulta chiaro che, a ogni giro completo della camma interna, la lamina elastica intermedia sarà obbligata a ingranare su 100 denti dell'anello esterno, percorrendo un angolo pari 1/100 di giro.

Collegando l'elemento rotante centrale a un albero motore e l'elemento flessibile con un albero condotto, si viene a creare un riduttore con un elevato rapporto di trasmissione.

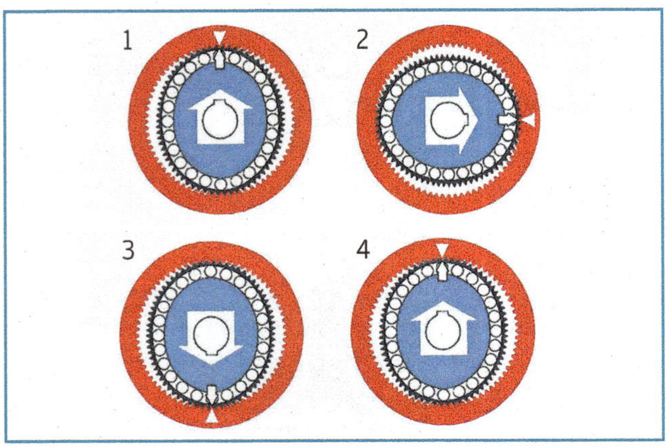

B1.61 Principio di funzionamento del riduttore *Harmonic drive.*

La **figura B1.62** riporta l'immagine esplosa di un riduttore *Harmonic drive*, dove si possono osservare le tre parti principali che lo costituiscono: la corona esterna (2), l'elemento elastico intermedio (1) e la camma interna (3).

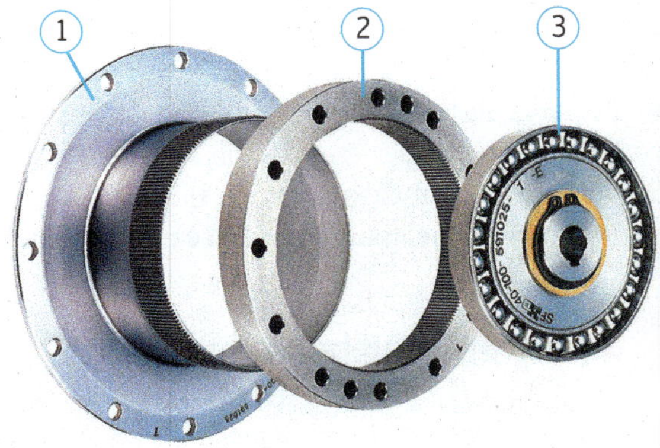

B1.62 Parti principali del riduttore *Harmonic drive.*

I parametri caratteristici che identificano un riduttore *Harmonic drive* sono principalmente:

- coppia da trasmettere
- rapporto di riduzione
- velocità dell'albero motore

I riduttori *Harmonic drive*, essendo sistemi di alta precisione, necessitano di una speciale attenzione nelle operazioni di montaggio e messa in servizio, mentre non richiedono particolari interventi manutentivi. Nel caso di malfunzionamento, si raccomanda di informare il costruttore affinché intervenga con personale specializzato.

Riduttori di velocità epicicloidali

I **riduttori epicicloidali** sono sistemi meccanici che consentono la trasmissione del moto fra due alberi coassiali, quello motore e quello condotto.

Il riduttore epicicloidale, rispetto al riduttore a ingranaggi ad assi paralleli, presenta particolari vantaggi:

- elevati rapporti di trasmissione;
- elevate coppie da trasmettere.

Il riduttore epicicloidale, a pari dimensioni di quello ad assi paralleli, ha un maggiore rapporto di riduzione ed è un sistema dinamicamente più equilibrato, per cui è da preferire per applicazioni industriali di precisione. Rispetto al riduttore a ingranaggi, il riduttore epicicloidale è normalmente più costoso. I campi di applicazione dei riduttori epicicloidali sono principalmente legati agli impianti industriali e alle macchine movimento terra.

La **figura B1.63** mostra un riduttore epicicloidale in cui l'albero motore e l'albero condotto sono coassiali.

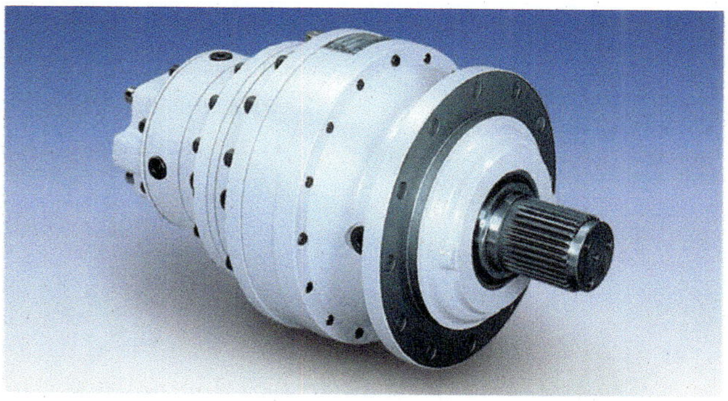

B1.63 Riduttore epicicloidale coassiale (Bonfiglioli).

La **figura B1.64** mostra un tipico gruppo di riduzione, completo di riduttore epicicloidale e motore elettrico.

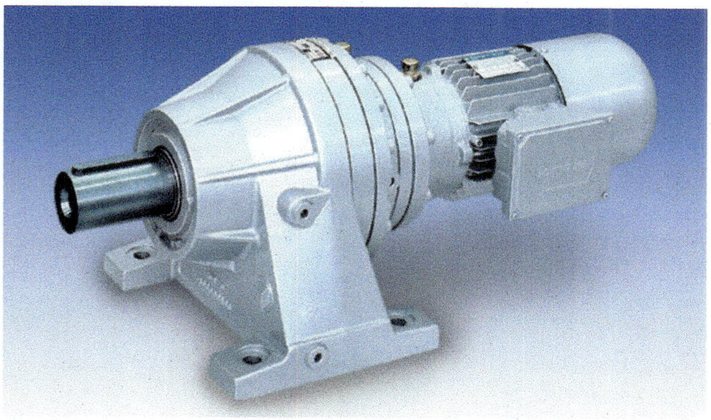

B1.64 Riduttore epicicloidale con motore elettrico (Bonfiglioli).

Nelle **figure B1.65** e **B.1.66** sono rappresentate le forze a cui sono soggetti durante il funzionamento gli alberi, motore e condotto, rispettivamente in un riduttore a ingranaggi e in un riduttore epicicloidale.
Come si può osservare dalla **figura B1.66**, nel caso del riduttore epicicloidale, le forze sono equilibrate, per cui sull'albero agisce solo la coppia da trasmettere, consentendo un funzionamento con meno vibrazioni e una migliore distribuzione delle sollecitazioni.

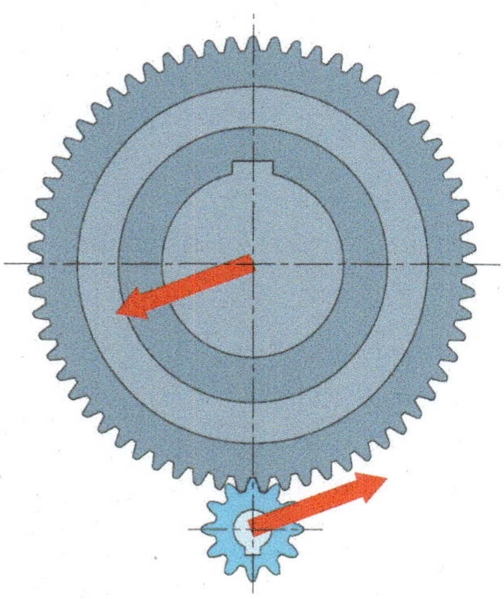

B1.65 Risultante delle forze di un riduttore ad assi paralleli.

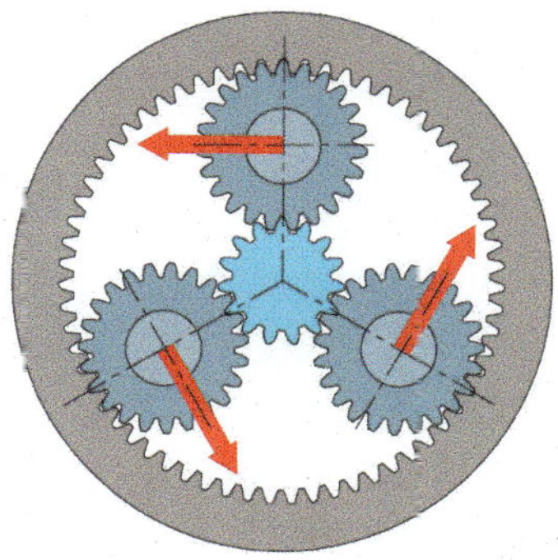

B1.66 Risultante delle forze di un riduttore epicicloidale.

La **figura B1.67** mostra il modo di funzionamento di un riduttore epicicloidale rispetto uno a ingranaggi e la variazione del rapporto di trasmissione cambiando il numero dei denti dei ruotismi:

- z_1 indica il numero di denti dell'albero motore;
- z_2 indica il numero di denti dell'albero condotto.

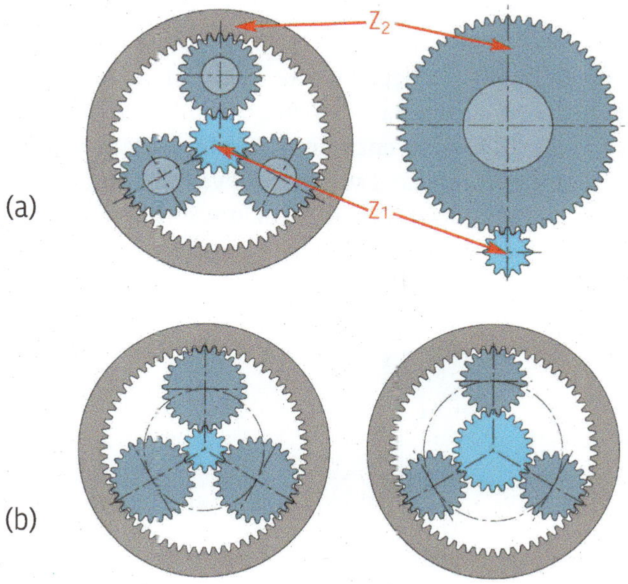

B1.67 a) Confronto fra riduttore epicicloidale e ad assi paralleli. b) Variazione del rapporto di trasmissione.

Per aumentare il rapporto di trasmissione nei riduttori epicicloidali si collegano in serie più "stadi epicicloidali" **|fig. B1.68|**.

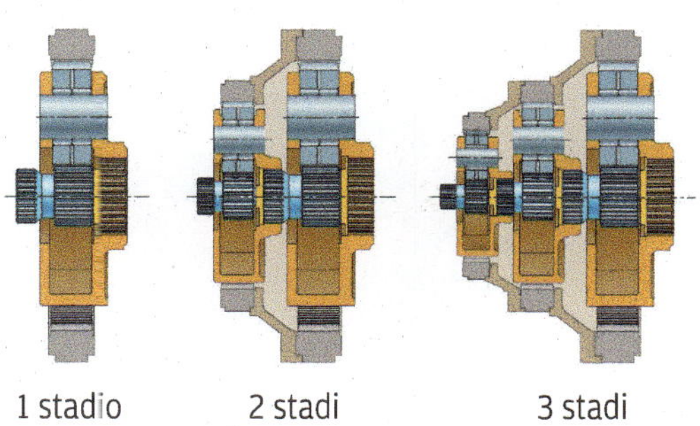

B1.68 Riduttore epicicloidale a più stadi.

I parametri caratteristici che identificano un riduttore di velocità epicicloidale sono principalmente:

- la coppia da trasmettere;
- il rapporto di riduzione;
- la velocità dell'albero motore;
- il numero di stadi.

Dal punto di vista della *manutenzione meccanica*, i riduttori epicicloidali necessitano di una regolare manutenzione, facendo particolare attenzione al loro stato di lubrificazione. L'aumento della temperatura di esercizio e la rumorosità rappresentano sintomi di malfunzionamento. Si consiglia di controllare il serraggio delle viti alla fine del rodaggio e successivamente almeno ogni 2000 ore di funzionamento.

I variatori continui

I **variatori di velocità** sono organi meccanici che consentono la variazione continua della velocità tramite un comando che principalmente è di tipo manuale.

Generalmente l'albero motore è collegato a un motore elettrico che ruota a velocità costante e il riduttore consente di variare, entro limiti prefissati, la rotazione dell'albero condotto. I variatori di velocità sono principalmente utilizzati in applicazioni industriali come le macchine utensili |**fig. B1.69**| ma anche per macchine da giardinaggio |**fig. B1.70**|.

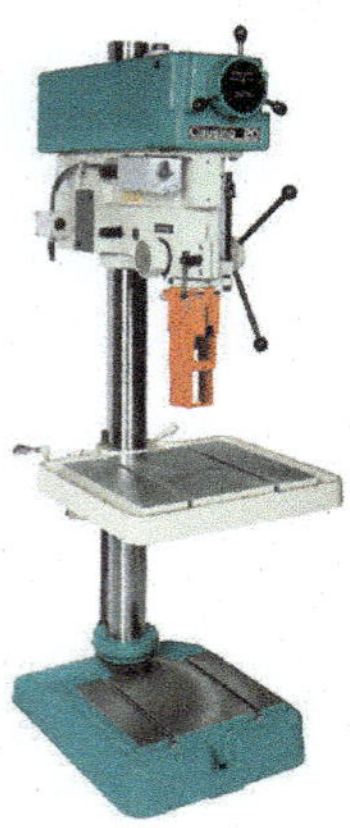

B1.69 Trapano a colonna con variatore continuo di velocità meccanico.

B1.70 Tagliaerba con variatore continuo della velocità.

I riduttori di velocità possono essere distinti nei seguenti tipi:

- con sistema a cinghia;
- con sistema epicicloidale;
- con sistema idrostatico.

Variatori di velocità con sistema a cinghia

I **variatori di velocità con sistema a cinghia** si basano sulla variazione del diametro di due pulegge con pareti coniche in grado di spostarsi assialmente e collegate da opportuna cinghia di trasmissione di forma trapezoidale. La **figura B1.71** mostra i due casi limite in cui la trasmissione può operare.

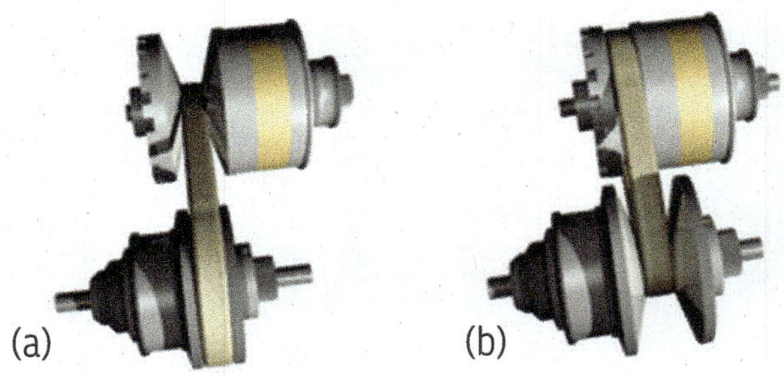

B1.71 Posizione limite delle pulegge: a) bassa velocità; b) alta velocità.

La **figura B1.72** rappresenta un caso di applicazione tipico del variatore a cinghia relativo alla trasmissione per un motoveicolo.

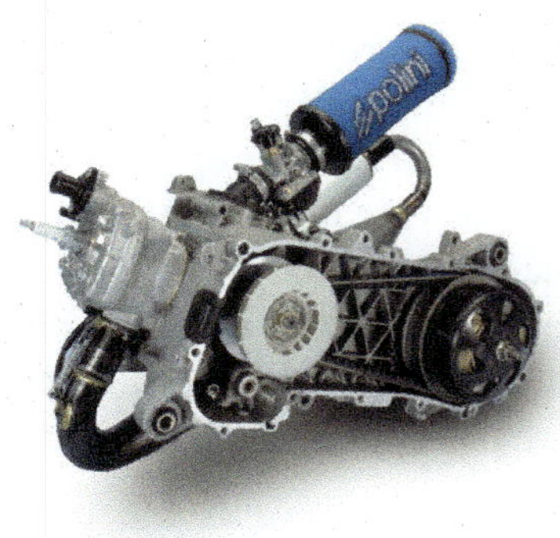

B1.72 Applicazione del variatore di velocità a cinghia in un motoveicolo.

I parametri principali che identificano una trasmissione a cinghia sono:

- il numero di giri dell'albero motore;
- la coppia da trasmettere;
- il rapporto di trasmissione;
- il tipo di cinghia di trasmissione.

Dal punto di vista della *manutenzione*, particolare attenzione va posta sulla cinghia di trasmissione, della quale deve essere periodicamente verificato lo stato di usura, secondo quanto prescritto dal costruttore.

Variatori di velocità con sistema epicicloidale

I **variatori di velocità epicicloidali** |fig. B1.73| sono largamente utilizzati nell'industria meccanica. Essi si basano sul principio di funzionamento del sistema epicicloidale; la variazione di velocità avviene tramite una manopola posta sul riduttore, il quale comanda un meccanismo che modifica la posizione radiale dei satelliti, modificando il rapporto di trasmissione |fig. B1.74|.

L'utilizzo della manopola di regolazione è solamente consentito durante il funzionamento e non a motore fermo. Poiché il *range* di velocità con il sistema epicicloidale si basa su ruote a frizione, esso riduce il campo di lavoro del variatore: a causa delle perdite di velocità per frizione, la velocità massima dell'albero condotto non potrà mai essere pari a quella dell'albero motore.

B1.73 Variatore continuo di velocità (Tramec).

B1.74 Spaccato di un variatore di velocità epicicloidale.

I parametri caratteristici che identificano una trasmissione con variatore epicicloidale sono:

- il numero di giri dell'albero motore;
- la coppia da trasmettere.

Per quanto riguarda la *manutenzione*, il variatore di velocità, dovendo trasmettere la coppia attraverso opportune ruote di frizione, richiede l'utilizzo di appositi oli lubrificanti, un controllo periodico dello stato di lubrificazione e la sua sostituzione secondo quanto prescritto del costruttore.

Variatori di velocità idrostatici

Un altro sistema che consente di variare in modo continuo la velocità dell'albero condotto rispetto all'albero motore è quello di utilizzare un **variatore di velocità idrostatico** |fig. B1.75|. Il principio di funzionamento della trasmissione idrostatica è costituito da una pompa idraulica volumetrica a pistoni radiali a cilindrata regolabile (unità primaria) e da un motore volumetrico a cilindrata fissa (unità secondaria).

Il variatore consente di avere una velocità di uscita regolabile in entrambi i sensi. La regolazione della velocità si ottiene regolando l'eccentricità della *pompa primaria* |fig. B1.76|. La velocità massima dell'albero condotto, contrariamente a quanto detto per il variatore epicicloidale, può essere pari a quella dell'albero motore ed è regolabile gradualmente fino all'arresto dell'albero condotto.
Il variatore di velocità è dotato di valvole di sicurezza che, tarate opportunamente, consentono di salvaguardare il variatore da anomali sovraccarichi o arresti accidentali.

B1.75 Variatore di velocità idrostatico (VAR-SPE).

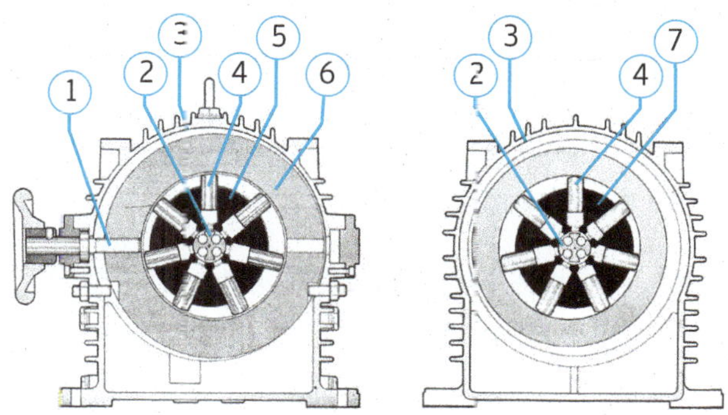

B1.76 Schema della pompa primaria di un variatore continuo di velocità, in cui si possono osservare l'albero di regolazione (1), l'albero di distribuzione (2), la cassa del variatore (3), i pistoncini (4), la pompa (5), l'anello di regolazione (6) e l'idromotore (7).

I parametri caratteristici che identificano una trasmissione con variatore idrostatico sono:

- il numero di giri dell'albero motore;
- la coppia da trasmettere.

Per la *manutenzione*, il variatore idrostatico necessita di controlli periodici sullo stato di efficienza del liquido idraulico e dei filtri, per poter garantire un buon funzionamento. Nella maggior parte dei casi, i costruttori mettono a disposizione pezzi di ricambio |**fig. B1.77**| che possono essere sostituiti da personale specializzato.

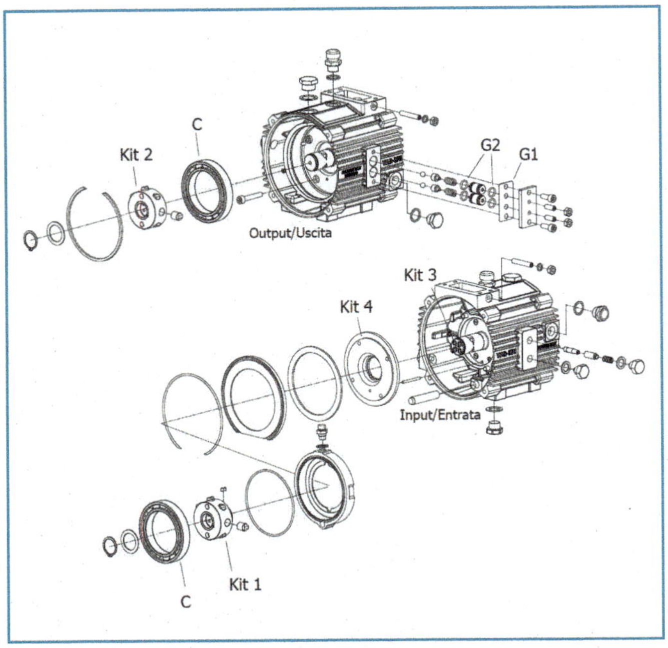

B1.77 Disegno esploso di un variatore idrostatico in cui sono identificate alcune parti di ricambio.

Cambi di velocità

Il **cambio di velocità** è un dispositivo interposto fra l'unità motrice e quella utilizzatrice, e consente di variare il rapporto di trasmissione mediante l'opportuno ingranamento di coppie di ruote dentate messe in funzione da manicotti scorrevoli a denti frontali, mossi da comandi meccanici.

Un esempio di cambio di velocità è dato dai cambi a innesti, impiegati sugli autoveicoli con motori a combustione interna.
Il cambio di velocità meccanico determina un rapporto di trasmissione *a gradini*, cioè la velocità dell'albero condotto varia in modo discontinuo in base alle coppie di ruote dentate che ingranano e determinano un preciso rapporto di trasmissione. I principali campi di impiego sono gli autoveicoli in genere e le macchine utensili operatrici.

La **figura B1.78** illustra lo schema di funzionamento di un cambio di velocità meccanico, con albero primario in rotazione e albero secondario fermo.

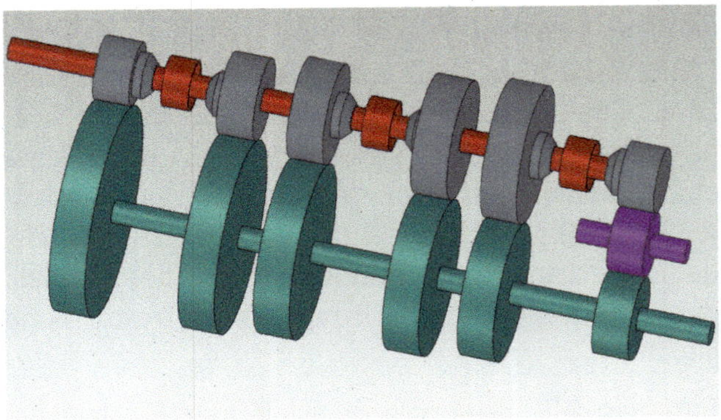

B1.78 Schema di un cambio di velocità meccanico con albero primario in rotazione e secondario fermo.

Di seguito sono illustrati due schemi di funzionamento di un cambio di velocità meccanico rispettivamente con la terza marcia inserita |**fig. B1.79**| e con la retromarcia inserita |**fig. B1.80**|.

B1.79 Schema di funzionamento di un cambio di velocità meccanico con la terza marcia inserita.

B1.80 Schema di funzionamento di un cambio di velocità meccanico con la retromarcia inserita.

La **figura B1.81** mostra lo spaccato del cambio meccanico "**Alfa TCT**". Concettualmente è composto da due cambi in parallelo, ognuno con la propria frizione, che consente la selezione e l'innesto della marcia successiva mentre quella precedente è ancora innestata.

Il cambio marcia viene effettuato con un semplice scambio graduale delle corrispondenti frizioni, garantendo la continuità di erogazione di coppia e di trazione.

B1.81 Cambio a doppia frizione "Alfa TCT" nel 1.4 MultiAir Turbobenzina da 170 CV.

Nel settore industriale esistono cambi a ingranaggi più semplici, per esempio a 2, 4 e 6 rapporti di trasmissione, inseriti con azionamenti manuali |**fig. B1.82**|.

B1.82 Cambio di velocità ad azionamento manuale (Redex).

La **figura B1.83** mostra lo schema di cambio di velocità con le caratteristiche dimensionali e la definizione delle misure d'ingombro.

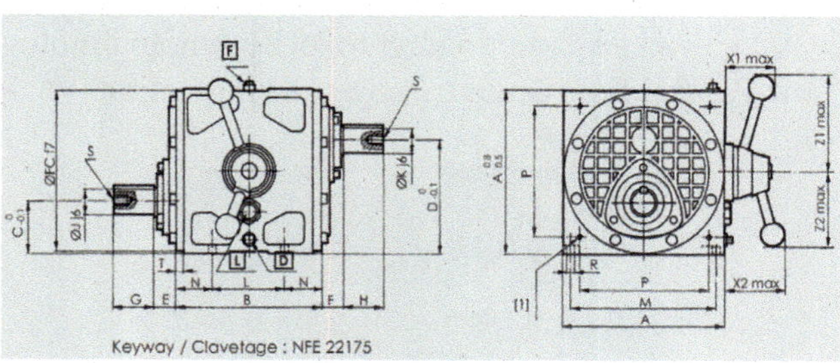

B1.83 Schema di cambio di velocità con le caratteristiche dimensionali (Redex).

Alcune tipologie di scatole cambi di velocità sono costruiti in modo da poter essere accoppiati in serie, ottenendo così un'ampia gamma di velocità |**fig. B1.84**|.

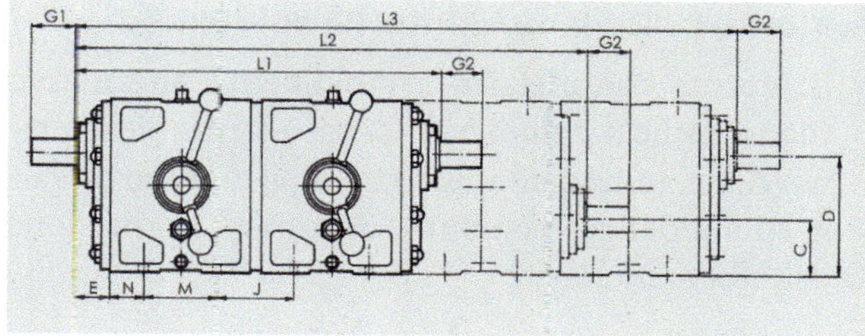

B1.84 Schema di montaggio in serie di cambi di velocità (Redex).

I principali parametri che identificano i cambi di velocità sono:

- il numero di giri dell'albero motore;
- il numero di rapporti di trasmissione;
- il rapporto di trasmissione delle singole marce;
- la coppia da trasmettere.

Riguardo alle esigenze di *manutenzione*, occorre seguire le prescrizioni previste dal costruttore per salvaguardare il corretto funzionamento dei cambi meccanici di velocità; essendo costituiti da organi meccanici in movimento come ruote dentate, innesti, forcelle e leverismi, è importante che la lubrificazione sia tenuta sempre sotto controllo.

Nonostante i cambi meccanici siano progettati per funzionare per migliaia di ore, a causa dei relativi movimenti fra le parti sottoposti a eventuali sollecitazioni anomale, talvolta si possono verificare notevoli usure che possono portare a malfunzionamenti e alla rottura di alcuni componenti.

Per ciascun cambio, ogni costruttore mette a disposizione i relativi pezzi di ricambio, che possono essere sostituiti con i tradizionali interventi manutentivi, secondo quanto riportato nel manuale di manutenzione.

B1.3 Sistemi generatori di potenza

Motori a combustione interna

Si definiscono **motori a combustione interna** i sistemi che sono in grado di convertire l'energia chimica di una miscela aria - combustibile in energia meccanica.

I motori a combustione interna possono suddividersi in due principali classi:

- *motori volumetrici*, come nel caso dei motori alternativi;
- *motori continui*, come nel caso delle turbine a gas e dei motori a reazione.

Motori a combustione interna volumetrici

Il **motore volumetrico a movimento alternativo** (detto anche *a pistoni*) si basa sul sistema biella manovella e, utilizzando uno o più pistoni mossi dalla spinta dei gas combusti, determina la rotazione dell'albero motore.

Di seguito si riportano i principali motori di tipo volumetrico.

- **Motori a movimento alternativo** |fig. B1.85|: sono utilizzati soprattutto per l'autotrazione e si suddividono in motori ad accensione comandata, come i *motori a benzina* o *a ciclo Otto*, o motori ad accensione per compressione, come i *motori Diesel*. I motori volumetrici a benzina possono essere a 2 o a 4 tempi; quelli a due tempi sono più leggeri e, a pari peso, sviluppano una potenza superiore di quelli a 4 tempi, però sono più inquinanti. I motori Diesel sono principalmente a 4 tempi, sono più lenti e più pesanti di quelli a benzina, tuttavia sviluppano coppie più elevate a basso numero di giri e quindi sono da preferire per i motori di mezzi pesanti. Oggi però esistono tecnologie che li rendono ideali anche per le autovetture. I motori Diesel, avendo regimi di rotazione più bassi di quelli a benzina, consentono di avere bassi consumi. La figura B1.86 mostra la camera di combustione di un motore a benzina in cui si nota l'organo di accensione "candela" per l'innesco della combustione; invece la figura B1.87 mostra la camera di combustione di un motore Diesel in cui si nota l'assenza della candela di accensione della miscela, mentre si evidenzia la presenza dell'iniettore e della candeletta di preriscaldo.

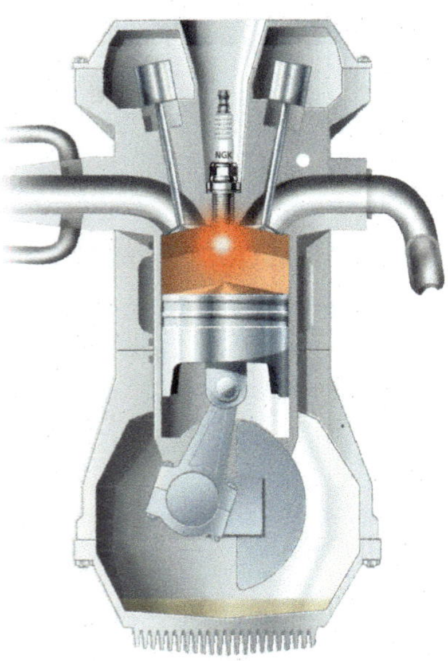

B1.85 Schema di un motore volumetrico alternativo a benzina.

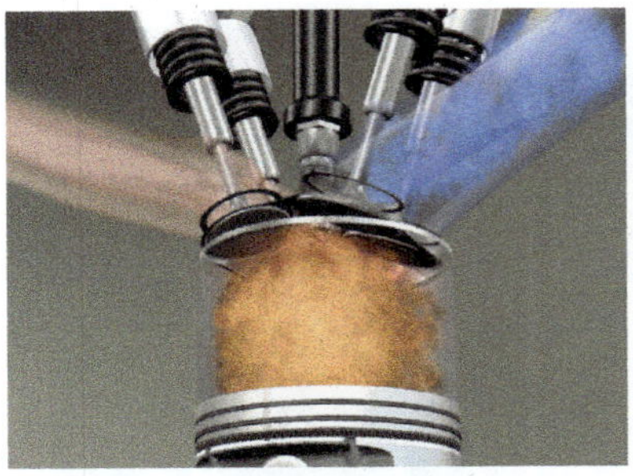

B1.86 Camera di combustione di un motore a benzina.

B1.87 Camera di combustione di un motore Diesel.

- **Motori a movimento rotativo**: sono motori a scoppio a ciclo Otto, principalmente utilizzati nel settore per aeromobili ultraleggeri, dove i pistoni sono disposti radialmente |fig. B1.88| e sempre in numero dispari. I motori con questa disposizione presentano un buon rapporto fra peso e potenza, nonché un migliore sistema di equilibratura delle forze. Fanno parte dei motori rotativi i motori privi di pistoni, detti anche **motori Wankel** dal nome del loro inventore |fig. B1.89|.
  Il principio di funzionamento del motore Wankel si basa sulla rotazione di un pistone a tre lobi, che intercetta sulla camicia le camere in cui avvengono le classiche fasi di aspirazione, compressione, combustione e scarico. Il motore Wankel, sebbene rappresenti dal punto di vista progettuale una soluzione ottimale, non ha avuto, ad oggi, particolari sviluppi a causa delle difficoltà di realizzazione, dei problemi legati alla tenuta delle camere, nonché alla difficoltà di smaltimento del calore, ai consumi elevati e all'inquinamento; per esempio i motori Wankel si possono trovare sulle motoslitte.

B1.88 Schema di un motore volumetrico alternativo radiale.

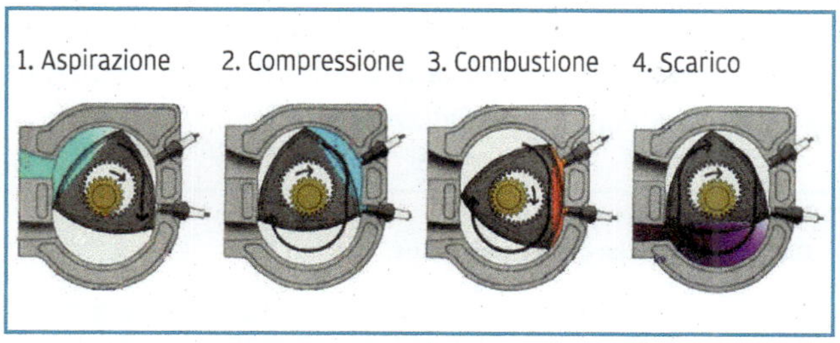

B1.89 Ciclo di funzionamento del motore rotativo Wankel.

I parametri caratteristici che identificano i motori volumetrici sono:

- la potenza;
- la coppia motrice;
- il numero di giri;
- il consumo di carburante:
- il tipo di ciclo, Otto oppure Diesel;
- i tempi ciclo, 2 o 4 tempi.

Dal punto di vista della manutenzione dei motori volumetrici, poiché vanno dai più semplici a due tempi a quelli più complessi con pistoni radiali, gli interventi di manutenzione vanno fatti con le relative competenze e abilità, a partire dal personale specializzato per motori per trazione terrestre fino ai tecnici con speciali abilitazioni per intervenire sui motori per aeromobili. In tutti i casi, i costruttori mettono a disposizioni particolari di ricambio che possono essere sostituiti seguendo le procedure previste nei vari settori.

Motori a combustione interna continui

Nei motori a combustione interna continui, cosiddetti **motori a reazione**, i gas combusti vengono espulsi dalla camera di combustione a grande velocità e, in base al terzo principio della Dinamica (**principio dell'azione-reazione**), si determina una spinta proporzionale alla portata in massa dei gas e alla differenza tra la velocità di uscita dei gas e del mezzo che si sposta. Nella **figura B1.90** è riportato lo schema di funzionamento di un motore a reazione.

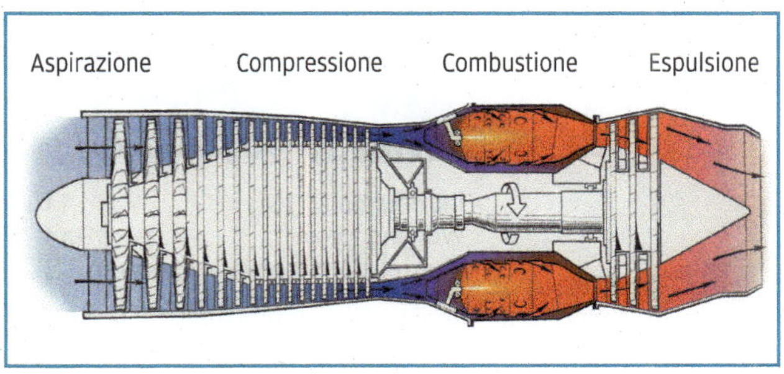

B1.90 Schema di funzionamento di un motore a reazione.

La **figura B1.91** illustra l'applicazione del motore a reazione sull'aereo militare *Eurofigther*.

B1.91 Applicazione del motore a reazione sull'aereo militare *Eurofighter*.

Turbine a gas e a vapore

Turbine a gas

Gli impianti di **turbina a gas** sono principalmente utilizzati per produrre energia elettrica. Esistono turbine a gas di diversa potenza e sono essenzialmente analoghe alle turbine aeronautiche, dalle quali derivano.

Essenzialmente sono composte da un compressore e da una turbina collegati tra loro meccanicamente. L'aria compressa viene inviata al combustore dove si miscela con il combustibile, e i gas combusti così prodotti si espandono cedendo la loro energia all'albero turbina. La **figura B1.92** rappresenta lo spaccato di una turbina a gas per la produzione di energia elettrica, con l'accoppiamento predisposto per un alternatore per produrre tensione elettrica.

B1.92 Turbina a gas per la produzione di energia elettrica (Siemens).

Le turbine a gas usano come combustibili, liquidi come oli a basso tenore di zolfo, gas naturali quali il metano o gas di sintesi. I gas di scarico espansi possiedono ancora una notevole quantità di calore, che può essere perduta allo scarico (*ciclo semplice*) o recuperata installando un impianto a vapore che recuperi il calore residuo (*ciclo combinato* o *cogenerativo*) e produca altra energia elettrica tramite una turbina a vapore o direttamente vapore e acqua calda per usi tecnologici o di teleriscaldamento.

Tali impianti risentono in maniera più sensibile, rispetto agli impianti a vapore, delle variazioni del rendimento in condizioni di *off design*, tuttavia sono in grado di regolare rapidamente la loro potenza, e di seguire con maggiore facilità le richieste dei picchi di utilizzo.

I rendimenti degli impianti turbogas a ciclo semplice sono nell'ordine del 30-35%, mentre gli impianti cogenerativi e combinati arrivano a rendimenti pari al 60-65% (i più moderni).

La **figura B1.93** mostra lo spaccato di un impianto per la produzione di energia elettrica mediante l'applicazione di una turbina a gas.

I parametri caratteristici che identificano i motori a reazione e le turbine a gas sono:

- la potenza;
- il numero di giri;
- il tipo di combustibile;
- il consumo specifico di combustibile;
- la temperatura di uscita dei gas.

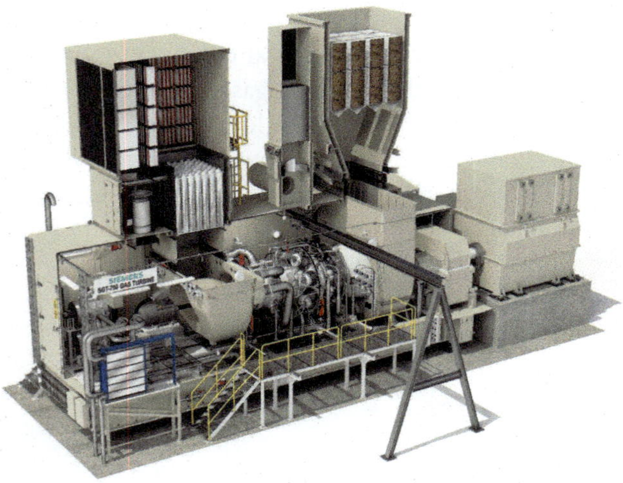

B1.93 Impianto di produzione di energia elettrica con utilizzo di una turbina a gas (Siemens).

La **figura B1.94** mostra una scheda specifica per individuare il tipo di turbina in funzione della potenza da produrre espressa in MWe.

Dal punto di vista della *manutenzione meccanica*, la turbina a gas presenta un piano manutentivo relativamente impegnativo da parte del personale specializzato che deve operare seguendo scrupolosamente le procedure di manutenzione preventiva.

Il mantenimento in efficienza dell'impianto deve essere eseguito da personale con competenze e abilità specifiche nel settore della manutenzione di impianti termodinamici.

Lo sviluppo del settore per la produzione di energia elettrica richiede sempre più la necessità di poter usufruire di personale tecnico specializzato.

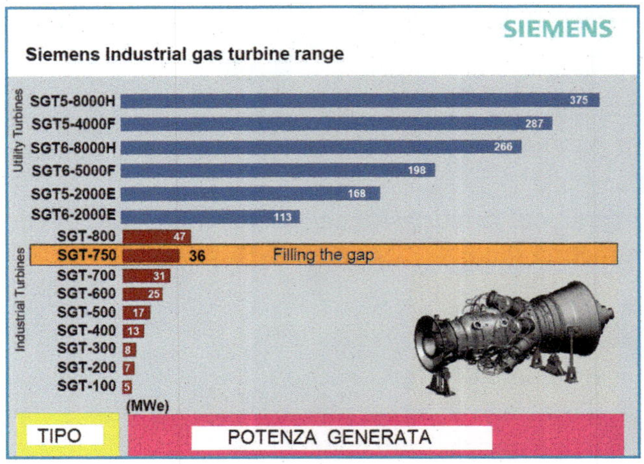

B1.94 Scheda completa con le indicazioni dei tipi di turbine a gas e la potenza generata.

Turbine a vapore

La **turbina a vapore** è un sistema in grado di convertire l'energia posseduta dal vapore surriscaldato a pressione e temperatura elevate in energia meccanica, cedendola a un albero rotante tramite dischi di palette opportunamente sagomate.

I *dischi palettati* consentono al vapore di espandersi e cedere energia all'albero della turbina (poiché diminuiscono pressione e temperatura), mettendolo così in rotazione.
La **figura B1.95** mostra l'albero di una turbina con vari dischi palettati di diametro crescente per favorire l'espansione del vapore.

B1.95 Semicorpo della turbina con albero e dischi palettati.

La **figura B1.96** mostra il particolare dell'albero di una turbina con doppio flusso a immissione centrale: il vapore entra in corrispondenza della zona centrale del rotore ed evolve in senso opposto verso l'esterno.

B1.96 Albero della turbina a doppi flussi.

Le turbine si suddividono in:

- *turbine a estrazione*, caratterizzate da spillamenti di vapore da uno o più stadi di turbina, per essere utilizzato, tramite uno scambiatore termico, in alcuni processi industriali; questa tecnica è usata nelle centrali termoelettriche per preriscaldare l'acqua di ingresso in caldaia e migliorare il rendimento complessivo della turbina;
- *turbine a condensazione*, utilizzate nelle centrali termoelettriche e termonucleari; grazie alla presenza di un condensatore a valle, scaricano il vapore a una pressione inferiore rispetto a quella atmosferica aumentando la potenza disponibile;
- *turbine a risurriscaldamento*, utilizzate quasi esclusivamente nelle centrali termoelettriche; il vapore in uscita dalla sezione di alta pressione è riportato in caldaia, dove viene nuovamente surriscaldato, migliorando così il rendimento dell'impianto.

La **figura B1.97** mostra lo schema di funzionamento di una turbina a vapore per la generazione di energia elettrica, in cui il vapore mette in rotazione la turbina che ha collegato sullo stesso albero il generatore di tensione.

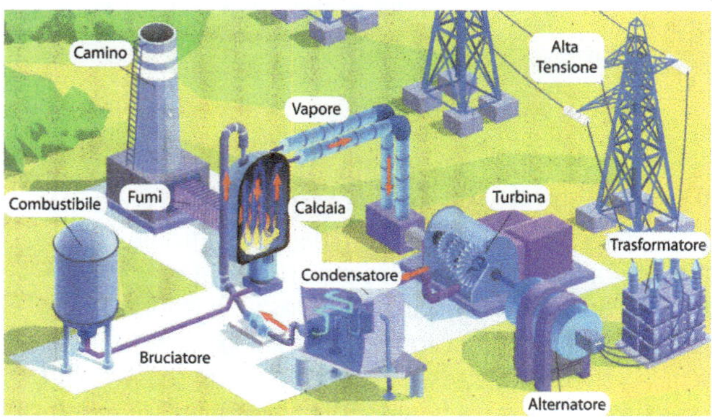

B1.97 Schema di un impianto a vapore per la generazione di energia elettrica.

I parametri principali che caratterizzano la turbina a vapore sono la potenza disponibile sull'albero, la velocità di rotazione dell'albero turbina, il tipo di turbina.

Turbine idrauliche per impianti idroelettrici

Generalità, nomenclature e organi costituenti delle turbine idrauliche

Le **turbine idrauliche** sono macchine ideate verso la metà dell'Ottocento. Esse si svilupparono in pochi decenni dando vita a moltissime centrali idroelettriche, alcune delle quali sono tuttora operative. Sono macchine motrici accoppiate direttamente al generatore di corrente elettrica alternata, mediante un unico albero motore **|fig. B1.98|**. Esse sono realizzate secondo tre tipologie di base e si differenziano sia come dimensioni sia come potenza erogata; sono presenti su tutto il territorio italiano, ubicate soprattutto nelle zone montane e lungo i fiumi.

B1.98 Gruppo giranti ad asse orizzontale, in fase di montaggio in centrale, in cui si possono osservare le due giranti sui lati (1) e il generatore elettrico in centro (2) (IWB, Basilea, Svizzera).

La **turbina idraulica** è una macchina motrice che converte l'energia cinetica e/o potenziale dell'acqua in energia meccanica. La trasformazione dell'energia avviene su un organo palettato rotante calettato su un albero motore avente asse orizzontale, verticale o inclinato.

È suddivisa in una parte fissa (**statore**) e una parte mobile (**rotore**). Lo statore è il corpo esterno avvolgente: è vincolato alla struttura dell'edificio e comprende le vie di adduzione dell'acqua al rotore, i supporti e i regolatori. Il rotore è l'organo girante palettato: il suo albero motore trasmette il moto all'alternatore.

Di fronte al distributore, da cui fuoriesce la portata d'acqua, è posizionata una **corona** di superfici opportunamente sagomate: le **pale**. La forma concava della pala costringe l'acqua a mutare di velocità in termini di intensità e di direzione, con una cessione di energia **dal fluido alla ruota**. A monte della turbomacchina, lungo le gallerie di derivazione o dove la condotta forzata fa il suo ingresso in centrale, sono previsti **organi di intercettazione** di differente tipologia: **con otturatore conico**, in grado di eseguire regolazioni di portata dallo 0% al 100% per un dislivello a monte non superiore a 200 m; **a farfalla**, fino a un dislivello massimo di 300 ÷ 350 m; **rotativa sferica**, per i dislivelli più alti. La valvola sferica, di norma, è installata subito a monte dell'ingresso in turbina. La rotazione dell'organo di intercettazione consente di chiudere le condotte anche sotto alti valori di pressione, garantendo un'ottima tenuta per periodi lunghi, durante i quali è possibile eseguire le manutenzioni sulla turbina. Per azionare gli organi di intercettazione si ricorre a sistemi di comando oleoidraulici che possono essere ad olio, per comandare l'apertura della sfera, e ad acqua, per la chiusura: in quest'ultimo caso si impiega come forza motrice proprio la pressione dell'acqua prelevata dalla condotta immediatamente a monte.
Esistono tre tipi di turbine idrauliche che prendono il nome dei loro inventori: Pelton, Francis, Kaplan. La **turbina Pelton** |fig. B1.99| è adatta per grandi salti e piccole portate; la **turbina Francis** |fig. B1.100| è adatta per medi salti e medie portate; la **turbina Kaplan** |fig. B1.101| è adatta per bassi salti e grandi portate.

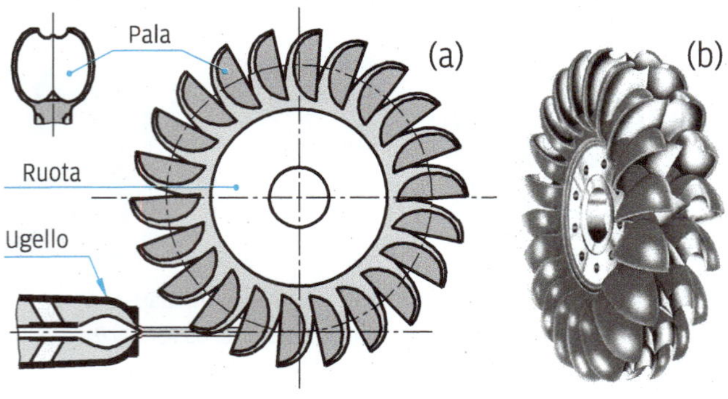

B1.99 Turbina Pelton: a) schema; b) vista della ruota.

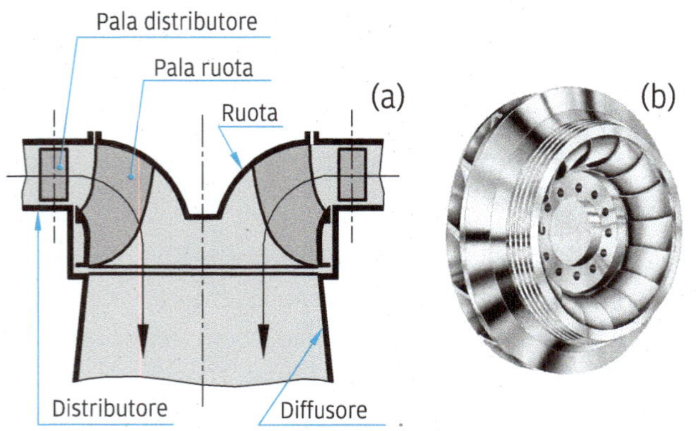

B1.100 Turbina Francis: a) schema; b) vista della ruota.

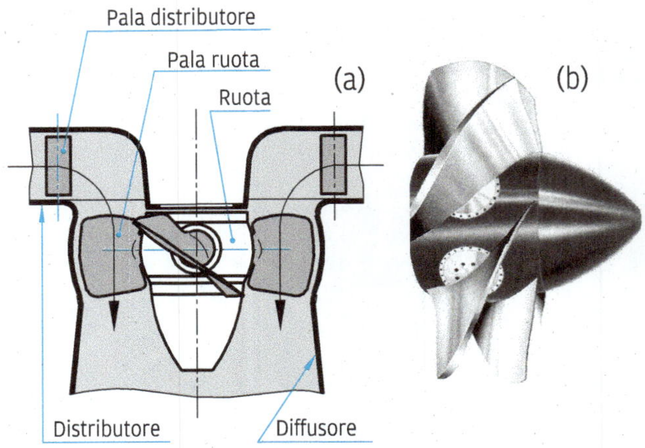

B1.101 Turbina assiale Kaplan: a) schema; b) vista della ruota.

Si consideri un bacino di montagna in quota, da cui parte una condotta che ne preleva l'acqua scendendo con forte dislivello. La portata viene scaricata su una turbomacchina, fluisce in un bacino di raccolta e poi in un fiume. Nella **figura B1.102** sono indicati con A e B i livelli in corrispondenza del bacino di alimentazione (3) e del canale di scarico della turbomacchina nel fiume (13).

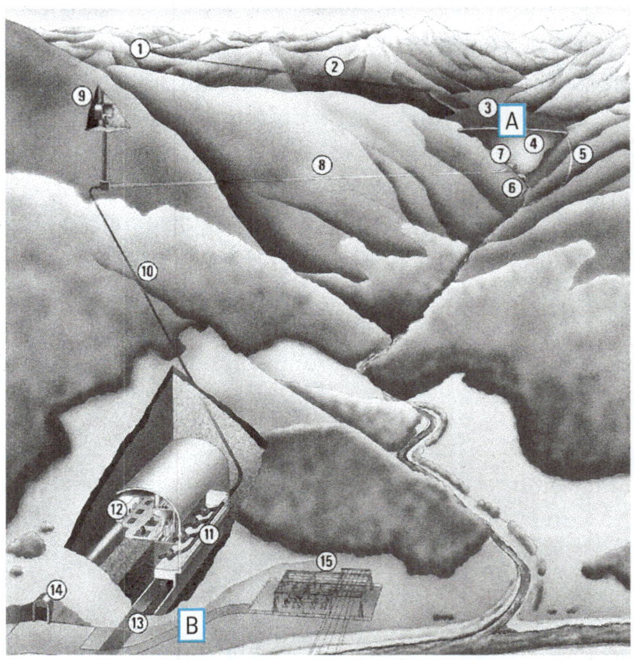

B1.102 Schema di un sistema idroelettrico formato da serbatoio di carico, condotta, turbina, scarico e bacino di restituzione. Si osservano: la sorgente (1); la condotta di riempimento del bacino (2); il bacino artificiale (3); la diga (4); il canale di scarico superiore (5); lo scarico di fondo della diga (6); l'opera di presa (7); la condotta in galleria (8); il pozzo piezometrico (9); la condotta forzata (10); le valvole a sfera (11); la sala turbine in caverna (12); il canale di scarico nel fiume (13); l'ingresso in caverna (14); la stazione di trasformazione e allacciamento alla rete elettrica (15).

La differenza fra le quote in A e in B rappresenta il **salto** (o **caduta**) ***H*** espresso in metri:

$$H = z_A - z_B \qquad [B1.1]$$

La **potenza effettiva** P_{eff} erogata dalla turbina ha la seguente formula:

$$P_{eff} = \eta\, \gamma\, Q\, H \qquad [B1.2]$$

In essa compaiono il rendimento η, il peso specifico dell'acqua γ, la portata in volume *Q* di acqua entrante nella turbina e il salto *H*. La formula fa comprendere come l'energia posseduta dall'acqua, ed espressa in termini di prodotto tra la portata e il salto, viene trasformata in turbina in energia meccanica.

Esempio

Nella centrale idroelettrica St. Clair (Châtillon) della CVA (Compagnia Valdostana Acque) sono installati due gruppi turbina - alternatore in grado di fornire una potenza efficiente di 31 MW. Le due turbine Francis sono alimentate con una portata d'acqua complessiva proveniente dal fiume Dora Baltea pari a $Q = 5\ m^3/s$. Il salto utile *H* è di circa 70 m. Calcolare il rendimento della singola macchina.

Soluzione

Si richiama la [B1.2] che esprime la potenza effettiva:

$$P_{eff} = \eta\, \gamma\, Q\, H$$

In essa si pone in evidenza il rendimento η, la potenza è espressa in watt e il peso specifico è indicato come il prodotto dell'accelerazione di gravità *g* per la massa volumica dell'acqua che vale 1000 kg/m^3; sia la portata volumica che il salto sono espressi in unità coerenti, per cui possono essere inserite nella formula risolutiva:

$$\eta = \frac{P_{eff}}{\gamma\, Q\, H} = \frac{31000 \times 10^3}{9{,}81 \times 1000 \times 55 \times 70} = 0{,}82 = 82\%$$

Turbine ad azione Pelton

Il sistema più semplice e immediato di trasmissione dell'energia idraulica è quello ad azione: basta pensare alla ruota di un mulino ad acqua. Il principio di funzionamento è basato sulla trasformazione che l'acqua subisce quando, dopo un salto anche di oltre 1000 m in condotta forzata, fuoriesce da un **ugello** in forma di getto veloce all'aria libera. L'**energia potenziale** dell'acqua si trasforma in **energia cinetica**.

Il getto è diretto tangenzialmente su una serie di pale a forma di cucchiaia sdoppiata, montate sulla circonferenza periferica della ruota, che si mette in rotazione generando una coppia motrice; una delle giranti Pelton della centrale idroelettrica CVA di Maën (Aosta) è riportata nella figura B1.103.

B1.103 Turbina Pelton della Centrale CVA di Maën (Valle d'Aosta) in fase di montaggio. Si può notare la corona formata da 19 pale a cucchiaia, il foro centrale flangiato per il calettamento mediante bulloneria sull'albero motore (CVA - Compagnia Valdostana Acque, Châtillon, Aosta).

L'organo distributore che dirige il getto d'acqua sulle pale è l'**ugello**, formato da un bocchello tondo convergente, all'interno del quale è presente una spina conica sporgente, mobile assialmente, comandata dall'esterno e avente funzione di otturatore. Il sistema è universalmente noto come **spina Doble**, dal nome del suo inventore. È un modo semplice ed efficace per regolare la portata, generando così un getto regolare, compatto e rettilineo.

Turbine a reazione Francis

Le **turbine Francis** si presentano con un numero elevato di soluzioni costruttive, anche molto diverse fra loro sia come forma dei profili delle pale, sia come dimensioni (diametri da 500 mm a 10000 mm), sia come potenza erogabile (da 1 MW a 1000 MW).
Grazie alla sua versatilità si può affermare che la turbina Francis costituisce la soluzione di gran lunga più diffusa nelle centrali idroelettriche. La massima caduta utilizzabile è limitata dall'insorgere dell'erosione superficiale sulle pale e di regola non supera i 500 m, giungendo eccezionalmente sui 600 ÷ 700 m. Il valore minimo di caduta non scende al disotto dei 20 m. Al termine della condotta forzata l'acqua entrante in centrale viene guidata in una **camera anulare** che

ha forma di **spirale** ricavata entro una gettata di cemento armato oppure ottenuta di fusione in ghisa o in acciaio |fig. B1.104|. L'acqua viene distribuita con continuità lungo la circonferenza del rotore, con un **moto radiale centripeto**, cioè dall'esterno verso l'interno della girante |fig. B1.105|, guidato da una serie di palette orientabili mediante comandi automatici, non rappresentate nella figura.

La sezione della spirale si riduce gradualmente dato che si svuota in maniera progressiva. Nel **distributore** i profili di due palette orientabili consecutive formano un canale di passaggio, a sezione via via più stretta, che obbliga l'acqua a prendere velocità: in tal modo nel distributore viene trasformato non tutto il salto utile *H*, ma solo una parte; il resto viene trasformato in energia cinetica direttamente sulle palette della ruota.

Nella **figura B1.105** sono riportate due giranti Francis in acciaio: in entrambe si riconoscono le **pale** a forma di sciabola. L'acqua che proviene dal palettaggio statorico fa il suo ingresso sulla ruota esterna, si dirige verso il centro e, dopo aver esaurito la spinta sulle pale, esce dal basso, infilandosi nel condotto di scarico. Il vano compreso tra due pale consecutive forma un tubo di flusso avente sezione variabile e incurvata in modo tale da favorire la trasmissione della spinta da parte della corrente d'acqua sulle pale rotanti.

(a)
(b)

B1.105 a) Ruota di turbina Francis ad asse orizzontale per la centrale ENEL di Caneva sul fiume Piave (VOITH SIEMENS Hydro Power Generation, VOITH RIVA HYDRO). b) Ruota di turbina Francis veloce per l'impianto di Birecik (Turchia) di costruzione ABB Alstom Power (Grenoble, Francia): si può notare il profilo palare fortemente sviluppato in senso assiale.

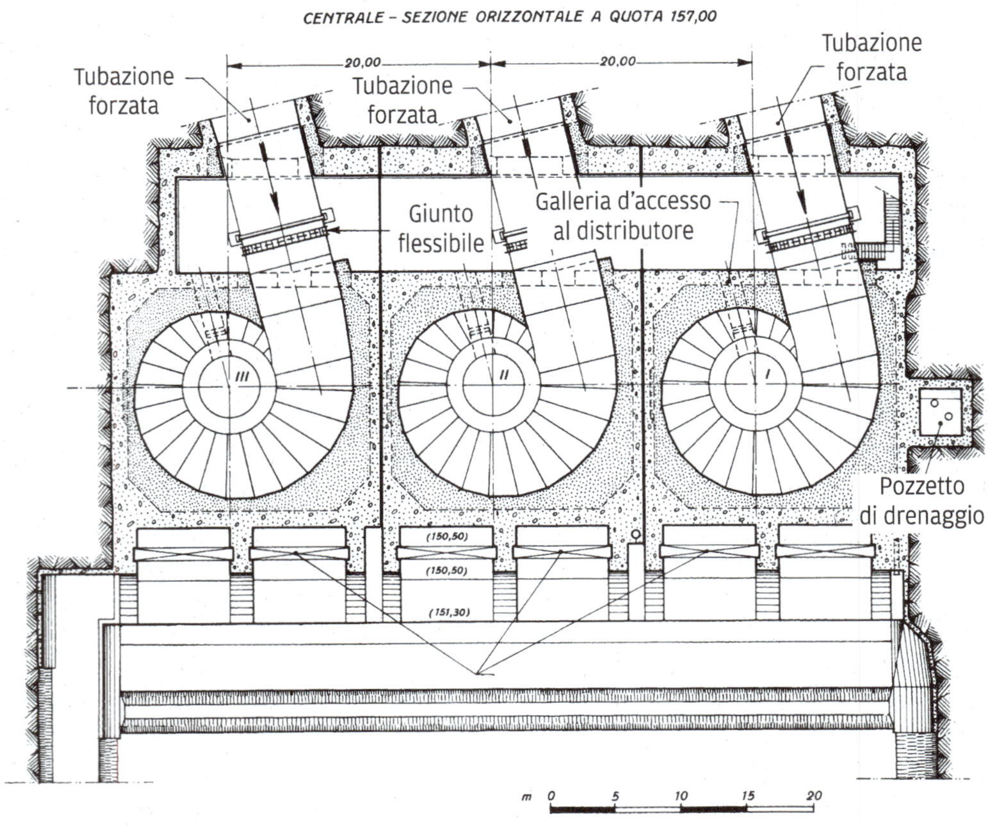

B1.104 Centrale di Kossou Bandama (Costa d'Avorio) a tre turbine Francis: vista in pianta degli statori. (VOITH SIEMENS Hydro Power Generation, VOITH RIVA HYDRO, Cinisello Balsamo, Milano).

Turbine a reazione a elica Kaplan

Molti corsi d'acqua appaiono sfruttabili per la produzione di energia elettrica grazie alla loro grande portata d'acqua, anche se hanno pendenza modesta.
Lungo il corso di un fiume può essere conveniente realizzare **sbarramenti** che generano invasi assai grandi con dislivelli piccoli, di qualche metro: la potenza sviluppata da un grande corso d'acqua che compie un salto anche solo di pochi metri può raggiungere centinaia di megawatt frazionabili su diverse macchine operanti in parallelo.
La soluzione adottata per la turbina consiste in un'elica con poche pale (2-8, spesso 3-5), aventi una forte estensione in senso radiale e uscenti normalmente al mozzo conico, del tutto simile alle eliche navali.

Nel mozzo viene inserito un meccanismo di orientamento delle pale, da utilizzare nel caso di variabilità della portata nel corso d'acqua nel tempo: questo tipo di turbina è detto **elica Kaplan** dal nome del suo inventore |fig. B1.106|. Dalla turbina Kaplan deriva la **turbina sommersa** o **a bulbo**, così chiamata perché entro una robusta struttura cava profilata a fuso sono collocati i meccanismi di comando dell'orientamento delle pale, l'albero motore e l'alternatore, consentendo l'accesso diretto dell'operatore mediante scalette o **passo d'uomo** |fig. B1.107|. Tutto il gruppo è montato sommerso nella condotta d'acqua, sostenuto da montanti a sviluppo radiale. La struttura a bulbo, investita tutt'intorno da una corrente pressoché rettilinea, offre una minima resistenza all'avanzamento dell'acqua.

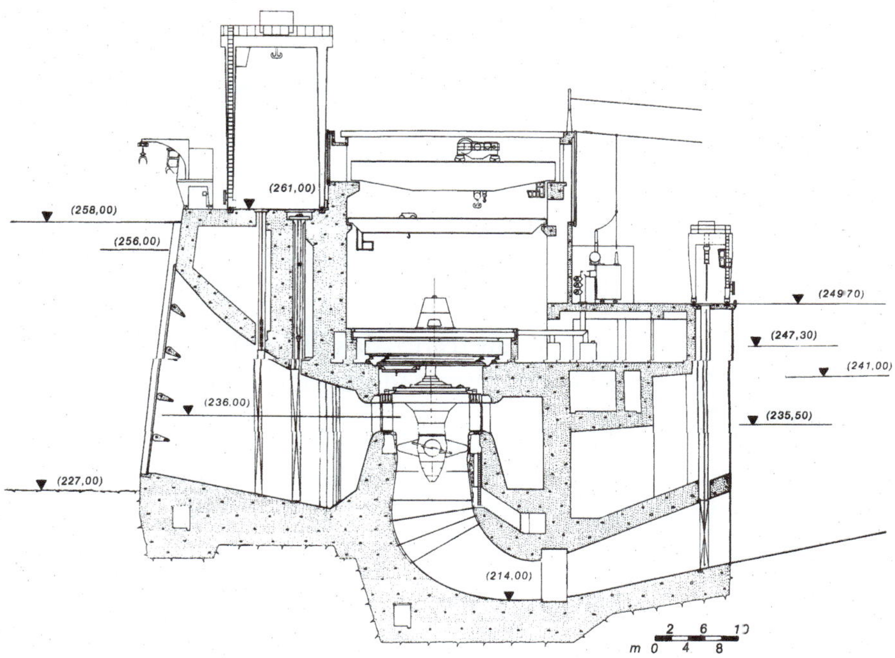

B1.106 Centrale di Rosana sul Rio Paranapanema (Brasile) a quattro ruote Kaplan ad asse verticale (VOITH SIEMENS Hydro Power Generation, VOITH RIVA HYDRO).

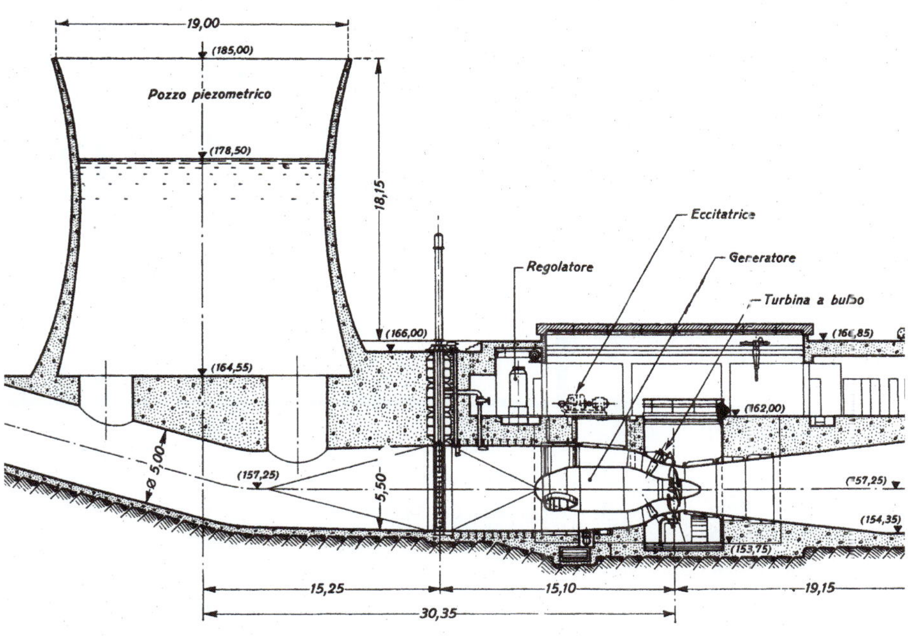

B1.107 Installazione di una turbina a bulbo. Centrale ENEL di S. Floriano (Veneto). Camera di ammissione di diametro 5500 mm, diametro bulbo 2900 mm. Ruota ad asse orizzontale con 5 pale, di diametro $D = 3000$ mm; salto $Hu = 16{,}50$ m; velocità angolare $n = 187{,}5$ giri/min; portata $Q = 62$ m^3/s; potenza $P = 9$ MW. Si noti, sulla sinistra la vasca di carico per garantire il salto alla turbina (VOITH SIEMENS Hydro Power Generation, VOITH RIVA HYDRO).

B1.4 Sistemi interni di sollevamento e trasporto

Le gru

La necessità di dover sollevare e spostare carichi all'interno dei locali industriali è stata risolta utilizzando alcune principali tipologie di sistemi di sollevamento, fra cui le più comuni sono state di seguito elencate e descritte in dettaglio:

- gru a ponte;
- gru a mensola;
- gru a bandiera;
- gru a portale leggere;
- gru a trasporto lineare a copertura di superfici.

Gru a ponte

Le **gru a ponte**, o più comunemente chiamate **carroponti** |fig. B1.108|, sono sistemi costituiti da due binari fissati sui pilastri di un capannone industriale su cui scorre una traversa motorizzata (detta **ponte**). Sul ponte viene montato un paranco di sollevamento elettrico che si può spostare a comando da un estremità all'altra, consentendo di sollevare e spostare un carico nell'area di lavoro prestabilita.

B1.108 Gru a ponte.

Le gru a ponte possono essere costituite da un solo ponte se i carichi da sollevare non sono elevatissimi, e vengono dette a *monotrave* |fig. B1.109|.
Per carichi molto elevati vengono utilizzati due ponti ed esse prendono il nome di *gru a bitrave* |fig. B1.110|.
Con le gru a ponte bitrave è possibile sollevare carichi fino a circa 120 t.
La lunghezza del ponte, che viene chiamata comunemente **scartamento**, rappresenta il campo di lavoro del carroponte. Vi sono gru a ponte che hanno valori di scartamento fino a circa 40 m.

B1.109 Gru a ponte monotrave.

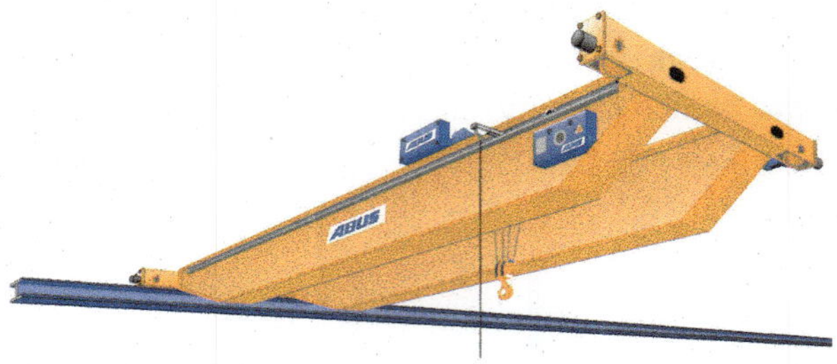

B1.110 Gru a ponte bitrave.

I principali parametri che servono per definire il tipo di gru a ponte sono:

- la portata (carico da sollevare);
- lo scartamento (distanza tra gli appoggi del ponte).

A titolo di esempio, si riporta nella **figura B1.111** una scheda con i dati di massima per dettagliare le caratteristiche di una gru a ponte.

Indicazioni relative al carroponte desiderato
Tipologia / portata
Carroponte monotrave ____________kg   Carroponte bitrave ____________kg

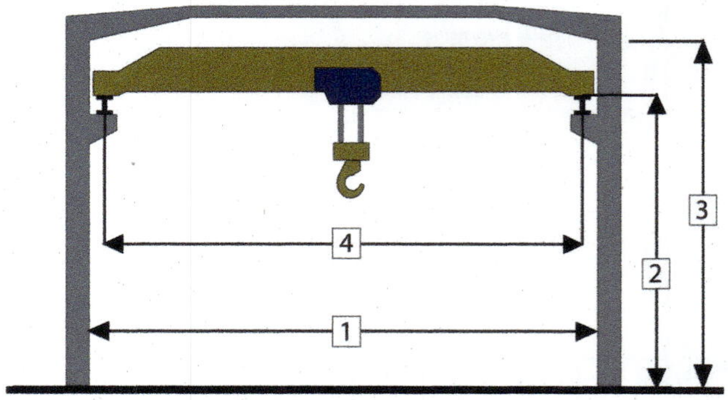

1 - Larghezza libera del capannone
2 - Spigolo superiore della rotaia della gru
3 - Altezza libera del capannone
4 - Scartamento

B1.111 Scheda dei parametri caratteristici di una gru a ponte.

La **figura B1.112** illustra un esempio di applicazione di un carroponte in una azienda siderurgica.

B1.112 Esempio di applicazione del carroponte in aziende siderurgiche.

Gru a mensola

La **gru a mensola** è un sistema di sollevamento dei carichi costituita da un braccio scorrevole su due binari posti sullo stesso lato del capannone. Sul braccio viene montato un paranco scorrevole per il sollevamento dei carichi. La gru a mensola |**fig. B1.113**| viene montata generalmente al disotto del carroponte |**fig. B1.114**|, ed è utilizzata per consentire una maggiore flessibilità di movimentazione dei materiali da un'area all'altra di lavoro. Con la gru a mensola è possibile movimentare carichi fino a circa 5 t e con sbraccio fino a 12 m.

B1.113 Gru a mensola.

B1.114 Applicazione della gru a mensola.

I principali parametri che servono per definire il tipo di gru a mensola sono:

- la portata (carico da sollevare);
- lo sbraccio (lunghezza del braccio).

Gru a bandiera

La **gru a bandiera** è un sistema di sollevamento principalmente costituito da un braccio (bandiera) rotante fissato a una colonna |**fig. B1.115**| oppure a una parete |**fig. B1.116**|, sul quale scorre un argano elettrico che serve per il sollevamento del carico.

B1.115 Gru a bandiera a colonna.

B1.116 Gru a bandiera a parete.

La gru a bandiera con montaggio su colonna consente di coprire un area di lavoro di 360° con un raggio d'azione pari alla lunghezza dello sbraccio della bandiera.

La gru a bandiera con montaggio su colonna è molto utilizzata nel campo industriale, in quanto consente un'ottima flessibilità e permette di movimentare carichi fino a circa 6 t e campi di lavoro fino a circa 12 m.

La gru a bandiera con montaggio su parete consente di coprire un area di lavoro di 180° con un raggio d'azione pari alla lunghezza dello sbraccio della bandiera.

La *gru a bandiera con montaggio su parete* viene utilizzata laddove ci sono limitati spazi di installazione di sistemi di sollevamento. Essa comunque soddisfa a pieno le necessità di sollevamento permettendo di sollevare carichi fino a 5 t e movimentazioni con sbraccio fino a circa 10 m.

I principali parametri che servono per definire il tipo di gru a bandiera sono:

- la portata (carico da sollevare);
- lo sbraccio (lunghezza del braccio);
- l'angolo di lavoro (180°/360°).

La gru a bandiera con montaggio su colonna, illustrata nella **figura B1.117** e la gru a bandiera con montaggio a parete **|fig. B1.118|** mostrano le caratteristiche di portata (peso da sollevare) in funzione dello sbraccio inteso come distanza del carico dalla colonna o dalla parete.

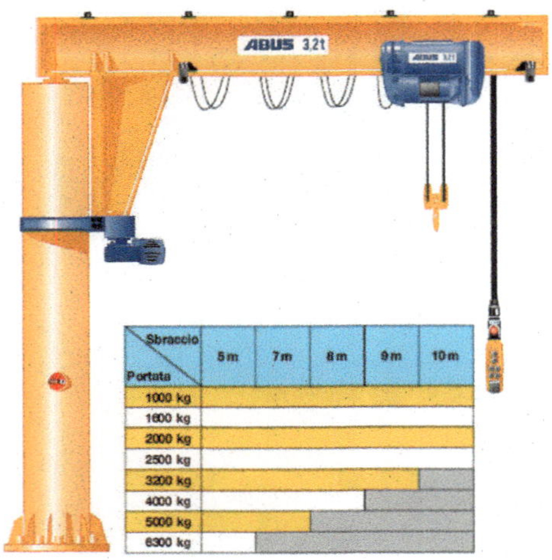

B1.117 Gru a bandiera con montaggio su colonna.

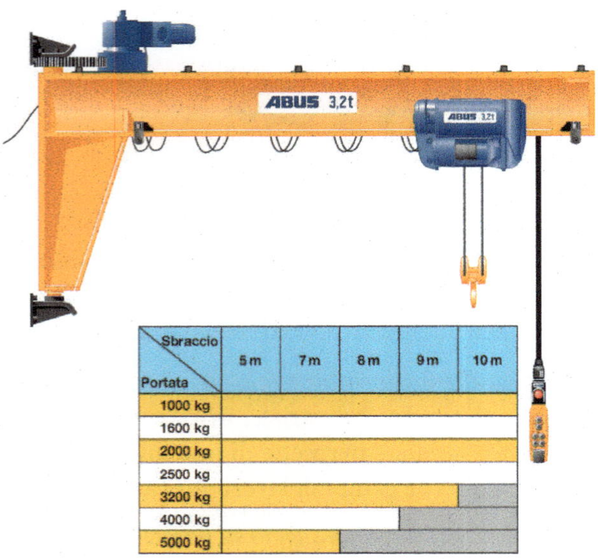

B1.118 Gru a bandiera con montaggio a parete.

Gru a portale leggera

La **gru a portale leggera** rappresenta una soluzione abbastanza versatile quando i carichi da movimentare non sono particolarmente elevati **|fig. B1.119|** o sono da spostare nell'ambito di una limitata area di lavoro **|fig. B1.120|**.

B1.119 Gru a portale leggera.

B1.120 Gru a portale leggera montata in una area limitata.

I principali parametri che servono per definire il tipo di gru a portale leggera sono:

- la portata (carico da sollevare);
- la distanza fra le colonne mobili.

Gru a trasporto lineare copertura superficie

I **sistemi di trasporto lineare |fig. B1.121|** consentono di movimentare carichi lungo una direzione principale.

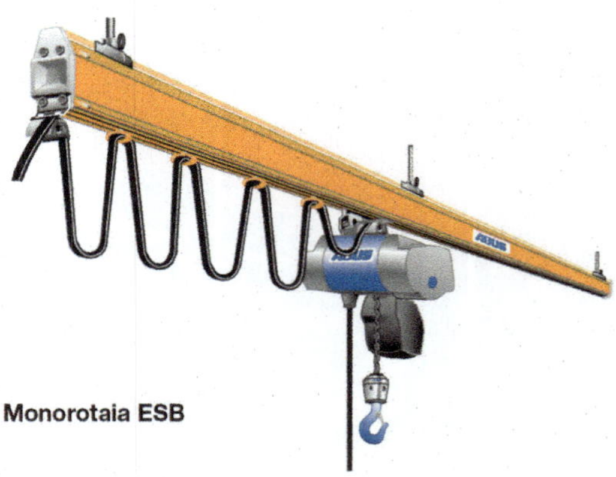

B1.121 Gru a trasporto lineare monorotaia.

La **figura B1.122** mostra una tipica movimentazione lineare di particolari.

B1.122 Applicazione della gru a trasporto lineare monorotaia.

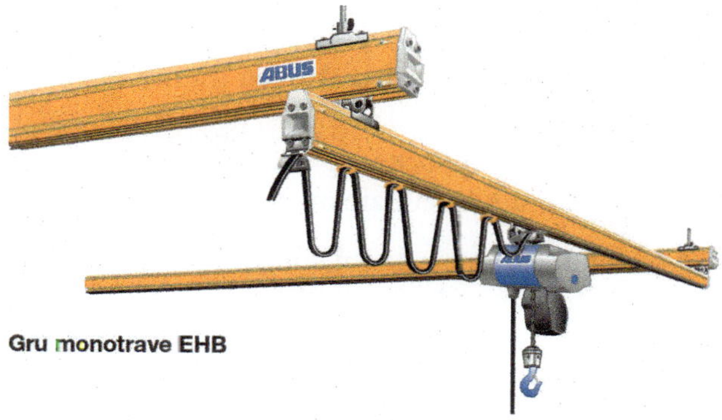

B1.123 Gru a trasporto servizio di superfici.

I sistemi di trasporto lineare a copertura di superficie **|fig. B1.123|** sono un insieme di componenti lineari disposti in modo tale da avere un movimento cartesiano a servizio sull'area di lavoro. La **figura B1.124** mostra un'applicazione a servizio di superficie per il sollevamento di carichi poco elevati in un'officina meccanica.

I principali parametri che servono per definire il tipo di gru a portale leggera sono:

- la portata (carico da sollevare);
- la distanza delle sospensioni.

A titolo di esempio, si riporta una scheda con i dati di massima per dettagliare le caratteristiche di una gru a trasporto lineare e a servizio di superfici **|fig. B1.125|**.

B1.124 Applicazione della gru a trasporto servizio di superfici.

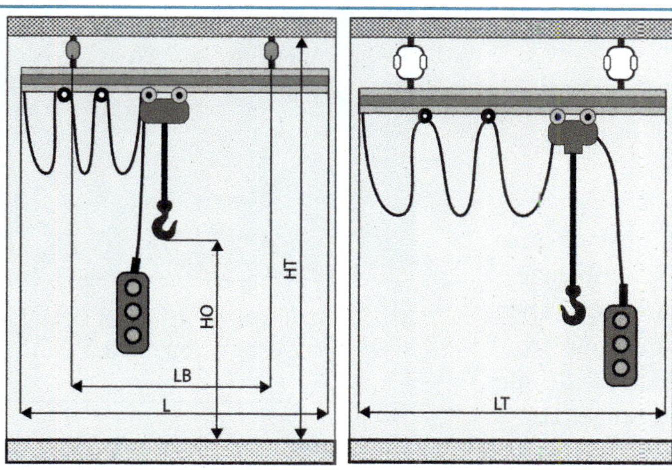

Dati tecnici dell'impianto desiderato:

A. Trasporto lineare:

Portata:__________ kg
Lunghezza percorso (L)__________ mm
Distanza di sospensione (LB)__________ mm
N. paranchi a catena su percorso:__________ unità

Traslazione carrello motorizzata: ☐ si ☐ no

B. Trasporto al servizio di superfici:

Portata:__________ kg
Lunghezza travi gru (LT):__________ mm
Lunghezza percorso (L):__________ mm
Distanza di Sospensione (LB):__________ mm
Numero gru su un percorso:__________ unità

Traslazione carrello motorizzata: ☐ si ☐ no

Traslazione gru motorizzata: ☐ si ☐ no

Condizioni dell'edificio:

Altezza di fissaggio (HT):__________ mm
Altezza del gancio desiderata (HO):__________ mm

☐ Soffitto realizzato come struttura in acciaio
☐ Soffitto realizzato in calcestruzzo armato

B1.125 Esempio da catalogo con la scheda relativa ai dati dei sistemi di trasporto lineare e servizio superfici.

I robot

I **robot** sono sistemi meccatronici muniti di servomeccanismi in grado di muoversi nello spazio circostante e, tramite opportune pinze di presa, manipolare oggetti oppure effettuare operazioni di lavoro.

I robot sono governati da un sofisticato sistema elettronico: la loro grande flessibilità viene gestita in un ambiente di programmazione specifico che consente al tecnico di programmare i movimenti necessari per compiere le operazioni di lavoro. Possono essere utilizzati per effettuare operazioni ripetitive con buona precisione.

I campi di applicazione dei robot sono molteplici, essi sono largamente applicati nell'*automotive*, nell'industria aeronautica e in applicazioni industriali di assemblaggio. I robot possono inoltre eseguire lavorazioni in ambienti definiti "ostili"o severi, sollevando gli operatori dagli incarichi più pericolosi e gravosi, aumentandone di conseguenza il livello di sicurezza.

Il futuro della Robotica è orientato a una sempre più importante interazione con l'ambiente, infatti, l'utilizzo di robot guidati da sistemi di visione artificiale ogni giorno più evoluta è sempre più richiesta dal mondo industriale, essendo in grado di eseguire operazioni complesse e controllare successivamente l'esito del proprio lavoro.

In funzione delle loro caratteristiche, i robot si possono distinguere nelle seguenti principali categorie:

- robot antropomorfi;
- robot cartesiani;
- robot SCARA.

Robot antropomorfi

I **robot antropomorfi** |fig. B1.126|, così chiamati perché sono in grado di riprodurre le sembianze e i movimenti di un braccio umano, hanno una struttura cinematica aperta e presentano un numero di gradi di libertà variabile da 4 a 6, a seconda del modello e dell'applicazione per cui sono progettati.

I campi di applicazione dei robot antropomorfi sono legati principalmente alle lavorazioni meccaniche (quali sbavatura, verniciatura, saldatura, finitura, taglio), effettuate con estrema accuratezza e flessibilità grazie alla capacità di montare sul polso differenti tipi di utensile, alla manipolazione (carico e scarico di macchine utensili, asservimento, palletizzazione), per giungere infine alle più complesse operazioni di montaggio e assemblaggio di componenti complessi, quali i motori per automobili e aeronautici.

I comparti applicativi spaziano dall'*automotive* all'aeronautico, dal *food & beverage* alla plastica, dal metalmeccanico all'industria elettromeccanica ed elettronica.
Le **figure B1.127** e **B1.128** mostrano i diversi campi di lavoro di un robot antropomorfo.

B1.126 Robot antropomorfo (Comau - Smart 5).

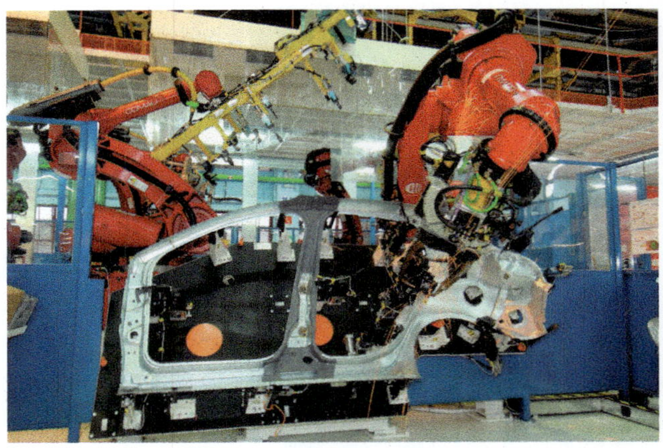

B1.127 Applicazione dei robot COMAU nella saldatura della scocca di un'autovettura.

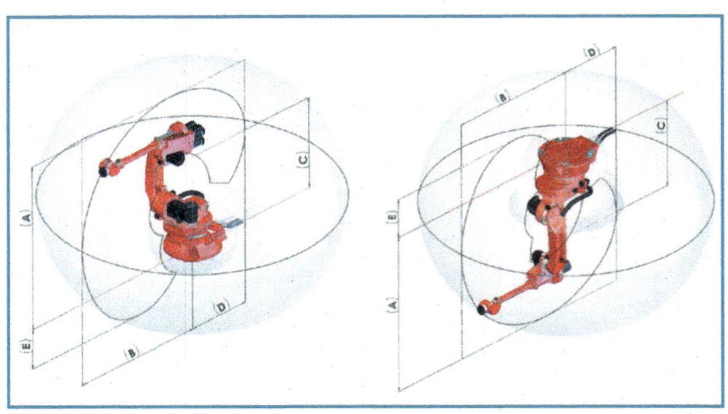

B1.128 Campo di lavoro di un robot antropomorfo (COMAU - Smart 5).

Robot cartesiani

I **robot cartesiani** sono così denominati poiché la loro cinematica consente loro di muoversi nelle tre direzioni ortogonali X, Y, Z |**fig. B1.129**|.

I robot cartesiani sono utilizzati per applicazioni dove non è richiesta una traiettoria complessa e hanno una rigidezza maggiore rispetto ai robot antropomorfi.

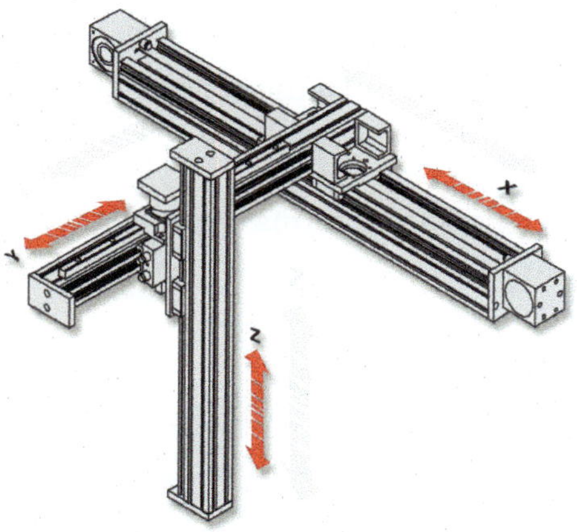

B1.129 Esempio di movimentazione di un robot cartesiano lungo le tre direzioni ortogonali X, Y, Z.

La **figura B1.130** mostra la struttura a portale di una linea di saldatura robotizzata.

B1.130 Struttura a portale di una linea di saldatura robotizzata (Comau).

I robot cartesiani possono essere realizzati assemblando insieme singoli assi motorizzati e controllati elettronicamente; in questo modo si possono ottenere facilmente strutture a 2-3 o più assi di movimento controllato.

La **figura B1.131** mostra la struttura di un robot cartesiano ottenuto mediante l'assemblaggio di 3 assi controllati.

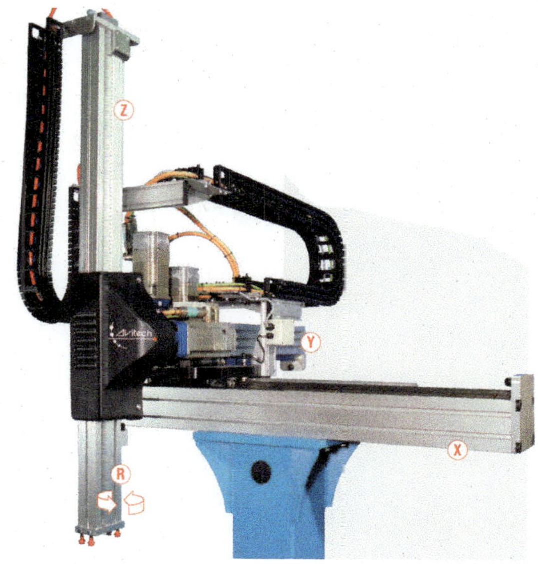

B1.131 Struttura di un robot cartesiano.

Robot SCARA

Il **robot SCARA** è un manipolatore di semplice struttura, molto diffuso nelle operazioni di montaggio. Gli assi dei giunti sono verticali. La sigla SCARA deriva dalle parole inglesi *Selective Compliance Assembly Robot Arm* (Robot di Montaggio a Cedevolezza Selettiva).

Il robot è a cedevolezza selettiva perché la pinza, se forzata, può muoversi leggermente nel piano orizzontale ma non in quello verticale. Un certo grado di cedevolezza è appositamente inserito nel robot per compensare automaticamente alcuni errori di posizionamento del robot o del pezzo da montare. La **figura B1.132** mostra la struttura di un robot SCARA.

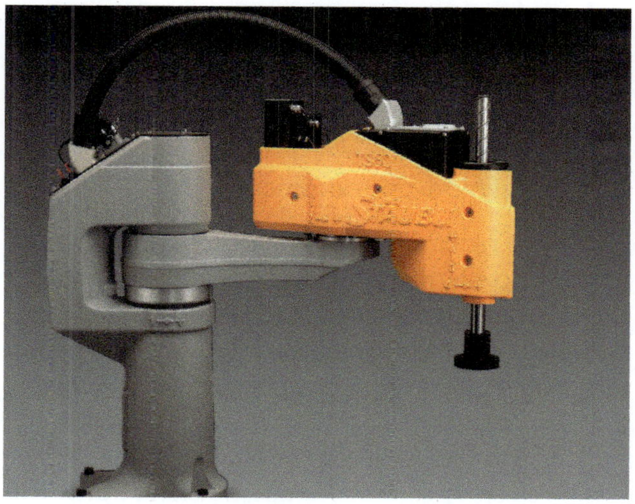

B1.132 Robot SCARA (Staübli).

La **figura B1.133** mostra il campo di lavoro di un robot SCARA.

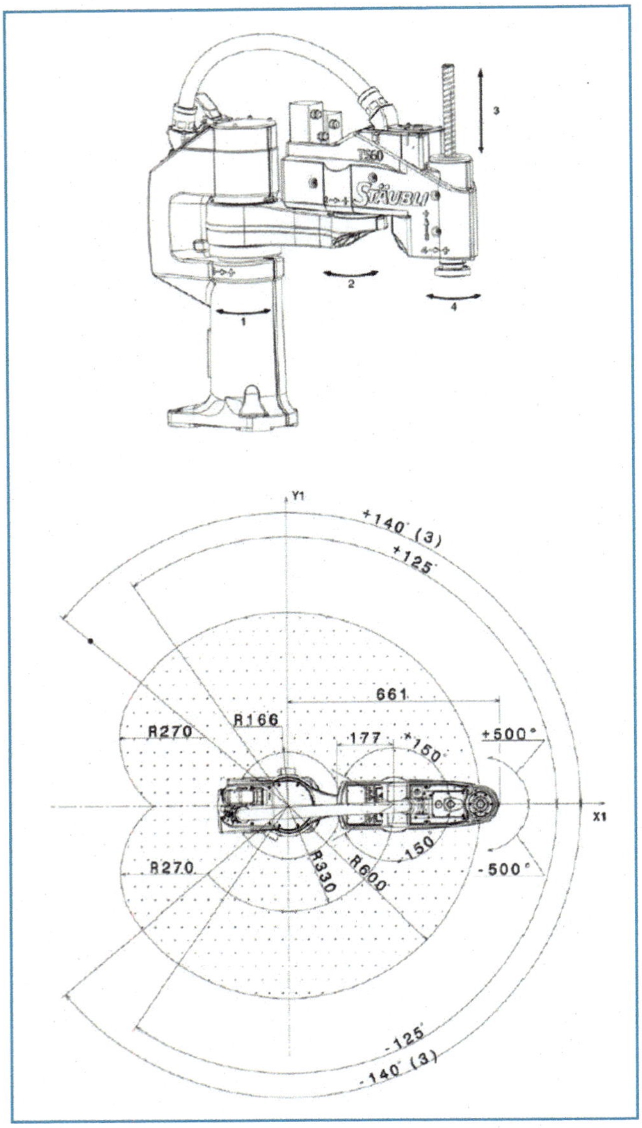

B1.133 Campo di lavoro di un Robot SCARA (Staübli).

Le principali caratteristiche tecniche che servono a qualificare un robot sono:

- la forma della traiettoria da seguire;
- il peso da manovrare;
- il campo di lavoro;
- la precisione di posizionamento.

Per quanto riguarda la *manutenzione* dei robot, si può senz'altro confermare che sono **sistemi meccatronici** in grado di funzionare senza particolari interventi manutentivi; tuttavia, a seconda del costruttore e del tipo di applicazione, è utile seguire le indicazioni prescritte dal costruttore.
Se la diagnostica di bordo o eventuali anomalie dovessero essere riscontrate, su questi sistemi è bene che intervengano solo i tecnici specializzati.

I trasportatori

Spesso è necessario spostare dei semilavorati per poter completare il ciclo di produzione dei singoli prodotti: ciò implica nell'industria l'utilizzo di **sistemi di trasporto** che sono di vario tipo e spaziano da sistemi di automazione che muovono piccoli pezzi, fino a sistemi che spostano, in modo automatico, particolari di grandi dimensioni, come gli autoveicoli, in una linea di montaggio. Essi sono costruiti a partire da elementi base che, montati, formano una linea di trasporto.

Fra i principali sistemi di trasporto di piccoli particolari vi sono i *sistemi di trasporto a nastro* **|fig. B1.134|** oppure *a catena polivertebrata* **|fig. B1.135|**, realizzati mediante settori dalla forma specifica su cui appoggiano i prodotti da movimentare.

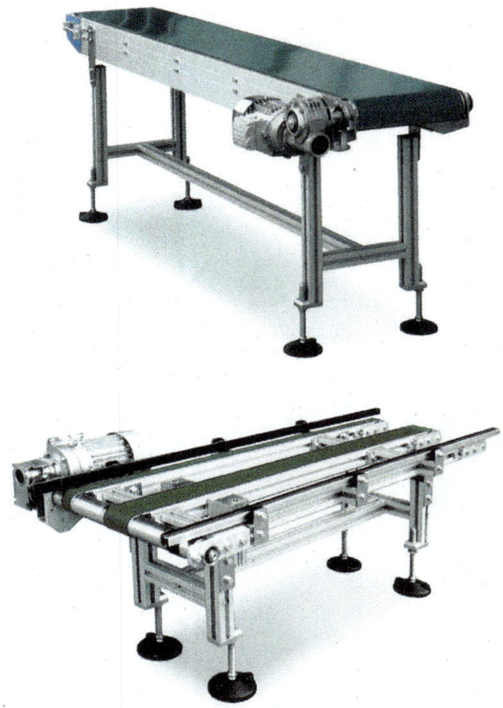

(a)

(b)

B1.134 Trasportatori a nastro: a) con tappeto per trasporto di piccoli particolari; b) per movimentare prodotti su pallet.

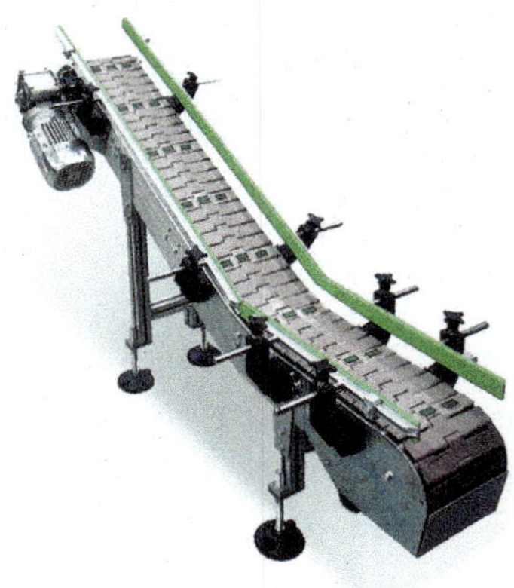

B1.135 Trasportatore a catena polivertebrata.

La **figura B1.136** mostra l'applicazione della catena polivertebrata.

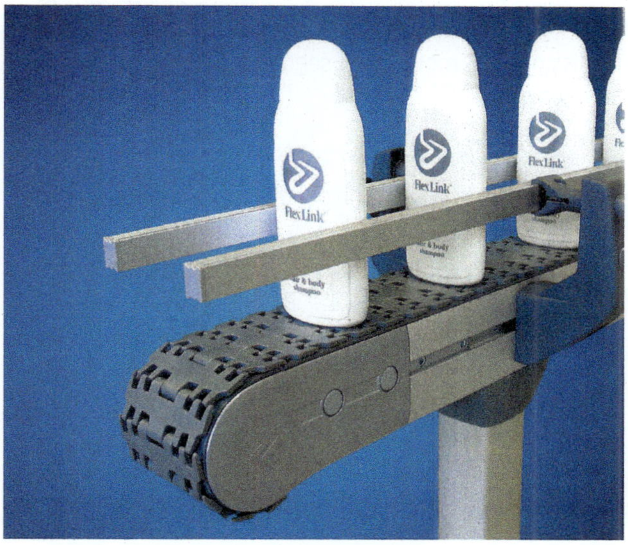

B1.136 Applicazione della catena polivertebrata.

La **figura B1.137** mostra le modalità di applicazione dei diversi gruppi di rinvio standard, in funzione delle diverse esigenze costruttive del trasportatore.

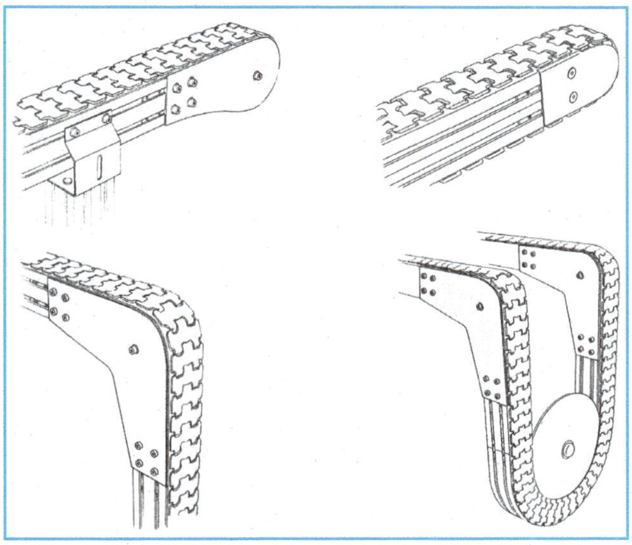

B1.137 Gruppi di rinvio standard.

Nelle linee di automazione e confezionamento, l'utilizzo dei sistemi di trasporto a nastro o a catena polivetebrata consente di creare torri di accumulo, per compensare eccessi di produttività momentanea; cosi facendo, i prodotti in eccesso rispetto all'unità produttiva più lenta vengono accumulati in attesa di essere reintegrati in linea |**fig. B1.138**|.

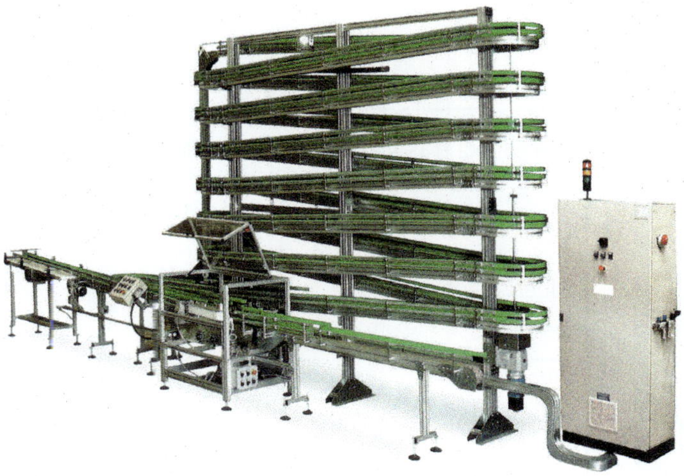

B1.138 Torri ci accumulo per compensare gli eccessi di produttività in linea.

I principali parametri che servono per definire il tipo di trasportatore sono:

- il peso dei pezzi;
- il numero di pezzi da trasportare;
- la velocità del trasporto;
- la lunghezza del percorso.

Dal punto di vista della *manutenzione*, i sistemi di trasporto a nastro o a catena non richiedono operazioni particolarmente complesse.
Le possibilità di malfunzionamenti sono principalmente legati a usure anomale dei particolari delle catene, oppure a rotture accidentali causate dagli urti provocati dalle lavorazioni dei pezzi trasportati.
Per i nastri trasportatori, il costruttore fornisce tutta una serie di ricambi facilmente sostituibili dal personale addetto alla manutenzione.

ESERCITAZIONE GUIDATA B1.1

Sistemi per la trasmissione del moto

Compilare la seguente tabella in cui, per ciascun organo di trasmissione del moto, sono segnalati le caratteristiche specifiche, i campi di applicazione e i prevedibili interventi di manutenzione.

Consigli operativi
La tabella richiesta potrebbe riportare nella prima colonna i diversi sistemi di trasmissione del moto e nelle successive le altre informazioni richieste.

Organi di trasmissione del moto	Caratteristiche specifiche	Campi di applicazione	Prevedibili interventi di manutenzione
Alberi rigidi			
Alberi flessibili			
Alberi snodati			
Viti a ricircolo di sfere			
Giunti			
Innesti			
Freni			
Ruote libere			
Tavole girevoli			

ESERCITAZIONE GUIDATA B1.2

Sistemi per la variazione e l'inversione del moto

A) Compilare la seguente tabella in cui, per ciascun organo di variazione e inversione del moto, sono segnalati le caratteristiche specifiche, i campi di applicazione e i prevedibili interventi di manutenzione.

Organi di trasmissione del moto	Caratteristiche specifiche	Campi di applicazione	Prevedibili interventi di manutenzione
Riduttori di velocità			
Riduttori di velocità epicicloidali			
Variatori continui			
Cambi di velocità			

B) Compilare la seguente tabella in cui, per ciascun organo generatore di potenza, sono segnalati le caratteristiche specifiche, i campi di applicazione e i prevedibili interventi di manutenzione.

Organi di trasmissione del moto	Caratteristiche specifiche	Campi di applicazione	Prevedibili interventi di manutenzione
Motori a combustione interna			
Turbine a gas e a vapore			
Turbine idrauliche			

ESERCITAZIONE GUIDATA B1.2

C) Compilare la seguente tabella in cui, per ciascun organo di sollevamento e trasporto, sono segnalati le caratteristiche specifiche, i campi di applicazione e i prevedibili interventi di manutenzione.

Organi di trasmissione del moto	Caratteristiche specifiche	Campi di applicazione	Prevedibili interventi di manutenzione
Gru			
Robot			
Trasportatori			

1 Definire gli *alberi meccanici di trasmissione rigidi* (max 30 parole).

....

....

....

....

2 Si definiscono *alberi meccanici di trasmissione flessibili*, gli organi meccanici che consentono la trasmissione di .... mediante rotazione attorno a un .... che può assumere, entro certi limiti, forme anche ....

3 Si possono definire *alberi di trasmissione snodati*, gli organi meccanici che consentono la trasmissione di coppie motrici fra alberi con assi paralleli.

☐ Vero ☐ Falso

4 Indicare due vantaggi e due svantaggi che si raggiungono con l'applicazione delle viti a ricircolo di sfere.

Vantaggi: 1) ....

2) ....

Svantaggi: 1) ....

2) ....

5 Dare la definizione di *giunto di trasmissione meccanico* (max 30 parole).

....

....

....

....

6 Gli innesti sono semplici sistemi meccanici che tramite un .... meccanico, elettrico e/o pneumatico mettono in comunicazione l'.. motore con quello .... consentendo di .... o .... la trasmissione secondo le esigenze dell'impianto.

7 I freni sono sistemi meccanici che consentono di arrestare in tempi relativamente brevi la rotazione di organi rotanti, come per esempio gli alberi motore e i mandrini delle macchine utensile.

☐ Vero ☐ Falso

8 Le ruote libere sono sistemi meccanici in grado di:

a) trasmettere coppie motrici fra due assi in entrambi i sensi di marcia
b) garantire il funzionamento a vuoto della trasmissione
c) funzionare come giunti unidirezionali
d) garantire il bloccaggio tra due alberi in entrambe le direzioni

9 Dare la definizione di *tavole girevoli*. (max 15 parole)

....

....

10 I riduttori di velocità sono sistemi meccanici che consentono la trasmissione del .... da un albero .... a un albero .... variandone opportunamente la .... in funzione del .... di trasmissione.

11 Il riduttore *Harmonic drive* è un sistema meccanico con ottime caratteristiche di precisione, silenziosità, compattezza, capace di realizzare bassi rapporti di riduzione e trasmettere basse potenze.

☐ Vero ☐ Falso

12 Il riduttore epicicloidale, rispetto al riduttore a ingranaggi ad assi paralleli, presenta particolari vantaggi:

1) ....

2) ....

ma al contempo offre anche il seguente svantaggio:

3) ....

13 Dare la definizione di *variatore continuo*. (max 25 parole)

....

....

....

14 Il cambio di velocità è un dispositivo interposto fra l'unità .... e quella ...., che consente di variare il .... di trasmissione mediante l'opportuno ingranamento di coppie di .... messe in funzione da manicotti scorrevoli a denti frontali, mossi da comandi meccanici.

15 Si definiscono *motori a combustione interna* i sistemi che sono in grado di convertire l'energia chimica di una miscela aria - combustibile in energia meccanica.

☐ Vero ☐ Falso

16 Elencare due vantaggi e due svantaggi dei motori Wankel.

Vantaggi: 1) ....
2) ....
Svantaggi: 1) ....
2) ....

17 Descrivere la varie parti che costituiscono una turbina a gas (max 25 parole).

....
....
....

18 La turbina a vapore è un sistema in grado di convertire l'energia posseduta dal .... surriscaldato a elevata .... e .... in energia .... cedendola a un albero rotante tramite dischi di .... opportunamente sagomate.

19 La turbina idraulica è una macchina motrice che converte l'energia cinetica e/o potenziale dell'acqua in energia meccanica.

☐ Vero ☐ Falso

20 Individuare le corrispondenze tra ciascun tipo di turbina e il rispettivo campo d'impiego:

1) Pelton	☐ Grandi salti e grandi portate
2) Francis	☐ Grandi salti e piccole portate
3) Kaplan	☐ Salti medi e medie portate

21 Elencare almeno tre sistemi di sollevamento e trasporto:

1) ....
2) ....
3) ....

22 I principali parametri utilizzati per definire il tipo di gru a ponte sono: la .... (carico da sollevare) e lo .... (distanza tra gli appoggi del ponte).

23 Dare la definizione di *robot* (max 25 parole).

....
....
....

24 I robot cartesiani sono principalmente utilizzati per applicazioni dove non è richiesta una traiettoria complessa, ma piuttosto una rigidezza maggiore rispetto ai robot antropomorfi.

☐ Vero ☐ Falso

25 Il nome del robot *SCARA* deriva dalle parole inglesi: *S* .... *C* .... *A* .... *R* .... *A* .... che in Italiano significa ....

26 Elencare almeno tre parametri principali che servono per definire il tipo di trasportatore:

1) ....
2) ....
3) ....

27 I giunti magnetici servono per trasmettere coppie elevate.

☐ Vero ☐ Falso

28 Descrivere in sintesi i principio di funzionamento dei motori a reazione (max 25 parole).

....
....
....

29 Le gru a bandiera consentono un campo di lavoro a 360°.

☐ Vero ☐ Falso

UNITÀ

B2 DISPOSITIVI OLEODINAMICI E PNEUMATICI

OBIETTIVI

Conoscenze

- La funzionalità dei sistemi oleodinamici e pneumatici
- La documentazione tecnica dei componenti oleodinamici e pneumatici
- Le parti che costituiscono i circuiti oleodinamici
- Le parti che costituiscono i circuiti pneumatici di potenza e di controllo
- Le specifiche dei componenti e dei circuiti oleodinamici e pneumatici

Abilità

- Esaminare la documentazione tecnica dei dispositivi oleodinamici e pneumatici
- Descrivere le funzioni di un componente e di un circuito oleodinamico o pneumatico
- Illustrare le specifiche tecniche dei componenti di circuiti oleodinamici
- Descrivere le specifiche tecniche dei componenti di circuiti pneumatici

CONTENUTI

B2.1 Circuiti oleodinamici di potenza

Il **principio di Pascal** è considerato una delle leggi fondamentali della Fisica dei fluidi; esso afferma che *un aumento nella pressione in un punto di un fluido confinato in un contenitore viene trasmesso a ogni punto del contenitore.*

Se si applica una forza di intensità F a un pistone che comprime il liquido contenuto in un recipiente di forma sferica |**fig. B2.1**|, si osserva che quest'ultimo uscirà dai fori con getti di lunghezza pressappoco uguale e direzione iniziale perpendicolare a quella della parete sferica.

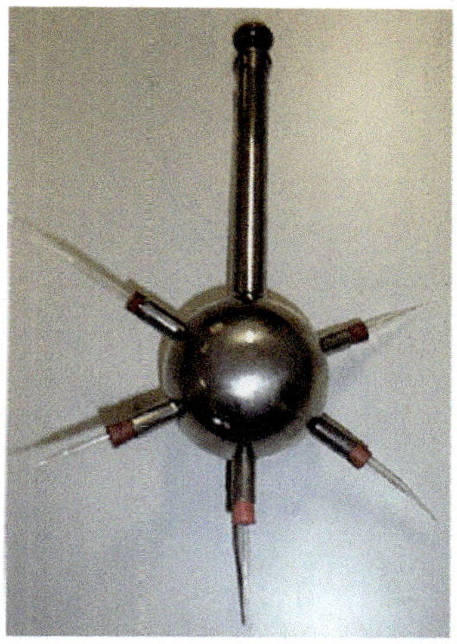

B2.1 Recipiente di forma sferica sottoposto a pressione.

Dal principio di Pascal discende tutta la Oleodinamica, o più generalmente la Fluidodinamica, che si occupa del trasferimento di forze e di potenze sfruttando la pressione di un liquido incomprimibile.

Oggi i sistemi oleodinamici sono in concorrenza con sistemi elettrici e meccanici rispetto ai quali si differenziano per:

- la trasmissione di grandi forze con piccoli ingombri;
- l'elevata densità di energia;
- la capacità di accumulo dell'energia e, quindi, la possibilità di recupero dell'energia stessa;
- il buon controllo delle forze;
- l'elevata dinamica;
- l'ampia gamma di rapporti di trasmissione;
- la semplicità di conversione del movimento da lineare a rotativo e viceversa;
- la semplicità di composizione del circuito;
- la possibilità di usare collegamenti rigidi oppure flessibili;
- la ridotta usura grazie alla lubrificazione assicurata dal fluido idraulico
- la lunga durata.

Gli stessi sistemi hanno le seguenti limitazioni:

- le perdite e i trafilamenti rappresentano uno svantaggio ecologico;
- il funzionamento dipende dalla temperatura dell'olio;
- le proprietà dell'olio tendono a decadere con il tempo.

Liquidi idraulici

Si potrebbe impiegare qualunque tipo di liquido per realizzare impianti fluidici. I primi furono realizzati utilizzando l'acqua, che non impedisce l'usura e, combinandosi con l'ossigeno dell'aria, può provocare corrosione nei componenti.
L'olio minerale, grazie al suo potere lubrificante e alla elevata protezione contro la corrosione, si è affermato come fluido per gli impianti. Per migliorarne ancora le caratteristiche si utilizzano sostanze dette **additivi**.
Oltre a trasmettere l'energia, i fluidi utilizzati per i sistemi oleodinamici assolvono a diverse funzioni, pertanto devono possedere le seguenti caratteristiche:

- devono essere poco comprimibili;
- non devono essere aggressivi dal punto di vista chimico (quindi devono proteggere gli organi);
- devono lubrificare i componenti in movimento;
- devono essere stabili nel tempo;
- devono conservare le caratteristiche al variare della temperatura (specie la viscosità);
- devono avere una bassa tendenza a formare schiuma (quindi devono essere facilmente separabili dall'aria);
- devono avere una buona conducibilità termica;
- devono essere atossici e smaltibili senza problemi.

Con il crescere della coscienza ecologica, specie negli impianti mobili, sono richiesti sempre più fluidi idraulici non inquinanti. Sono disponibili sul mercato *fluidi a base vegetale* e *fluidi a base di glicole* con ottime caratteristiche di biodegradabilità.

Viscosità

Nella **tabella B2.1** è riportata la scheda tecnica di un olio per applicazioni ad alte pressioni: la sua caratteristica più importante è senza dubbio la **viscosità**.

La **viscosità di un fluido idraulico** è la misura della resistenza allo scorrimento. Viene misurata secondo diversi metodi e con differenti unità di misura; la più utilizzata è la **viscosità cinematica**, espressa in mm^2/s (1 mm^2/s corrisponde circa a 1 cSt).

Una viscosità elevata comporta elevate perdite per attrito, cadute di pressione nel circuito, e movimenti lenti, causando la lenta separazione dell'aria dall'olio.
Una viscosità bassa comporta aumenti di perdite (e riduce il rendimento), aumenti di usure e il riscaldamento dell'olio.
Il grado di viscosità viene stabilito in base ai seguenti parametri:

- la caratteristica delle pompe;
- la caratteristica delle elettrovalvole/servo valvole;
- la temperatura ambiente e di funzionamento prevista.

Nella **tabella B2.2** è riportata la viscosità ISO.
Poiché i metodi di misura della viscosità sono molteplici, nella **tabella B2.3** si riporta anche la classificazione SAE utilizzata per gli oli dei motori e delle trasmissioni automobilistiche.

TABELLA B2.1 Caratteristiche medie indicative (non costituiscono specifica)

Gradazione (Viscosità ISO)		32	46	68
Stato fisico a 20 °C		Liquido		
Colore		Blu		
Punto di ebollizione	°C	>250	>250	>250
Temperatura di scorrimento	°C	<–30	<–30	<–30
Infiammabilità COC ASTM D 92	°C	>200	>200	>200
Densità a 20 °C kg/mc		870	870	870
Solubilità in acqua		Insolubili		
Indice di viscosità		170	165	155
Viscosità cinematica a 40 °C	cSt	32	46	68

TABELLA B2.2 Viscosità ISO

Gradazione di viscosità ISO	Viscosità media a 40 °C [mm²/s]	Limiti di viscosità media a 40 °C [mm²/s]	
		min	max
ISO VG 2	2,2	1,98	2,42
ISO VG 3	3,2	2,88	3,52
ISO VG 5	4,6	4,14	5,06
ISO VG 7	6,8	6,12	7,48
ISO VG 10	10	9	11
ISO VG 15	15	13,5	16,5
ISO VG 22	22	19,8	24,2
ISO VG 32	32	28,8	35,2
ISO VG 46	46	41,4	50,6
ISO VG 68	68	61,2	74,8
ISO VG 100	100	90	110
ISO VG 150	150	135	165
ISO VG 220	220	198	242
ISO VG 320	320	288	352
ISO VG 460	460	414	506
ISO VG 680	612	612	748
ISO VG 1000	1000	900	1100
ISO VG 1500	1500	1350	1650

TABELLA B2.3 Viscosità SAE

Gradazione di viscosità ISO VG	Corrispondenti viscosità in °E a 50 °C	Classificazione SAE oli motore	Classificazione SAE oli trasmissione
ISO VG 2	1,1		
ISO VG 3	1,17		
ISO VG 5	1,29		
ISO VG 7	1,4		
ISO VG 10	1,6		
ISO VG 15	1,9		
ISO VG 22	2,3	SAE-10W	SAE-75
ISO VG 32	3	SAE-10W/SAE-20W	SAE-75
ISO VG 46	4	SAE-20	SAE-20
ISO VG 68	5,7	SAE-20	SAE-80
ISO VG 77	6,5	SAE-20/SAE-30	SAE-80
ISO VG 100	8	SAE-30	SAE-80
ISO VG 150	12	SAE-40	SAE-90
ISO VG 220	16,5	SAE-50	SAE-90
ISO VG 320	24		SAE-90
ISO VG 460	32		SAE-90/SAE-140
ISO VG 680	45		SAE-90/SAE-140
ISO VG 1000	68		SAE-250
ISO VG 1500	100		

La viscosità di un fluido dipende soprattutto dalla temperatura, come risulta evidente dal diagramma riportato nella **figura B2.2**.
Le specifiche tecniche degli oli idraulici rispettano le normative UNI.

Ogni tipologia di olio deve essere accompagnato da una **scheda dati di sicurezza**, in cui sono elencate le misure di protezione personale da rispettare ed eventuali altri pericoli.
Nella **figura B2.4** viene riportata, a titolo di esempio, parte di una scheda dati di sicurezza di un olio.

Componenti

Osservando il **circuito oleodinamico** rappresentato nella **figura B2.3** si possono individuare i componenti che lo costituiscono e comprendere il suo funzionamento.

Funzionamento

L'olio sotto pressione, proveniente dalla pompa, segue il percorso A – B – C – E e la cavità destra del cilindro **|fig. B2.3|**. L'olio della cavità sinistra defluisce verso E – I – L; agendo sulla valvola di regolazione L, è possibile regolarne la velocità. Tale percorso indica la corsa di lavoro. Al termine della corsa sinistra, il finecorsa M agisce sul distributore E, che inverte la corsa collegando la cavità sinistra con la pressione e la cavità destra con lo scarico.

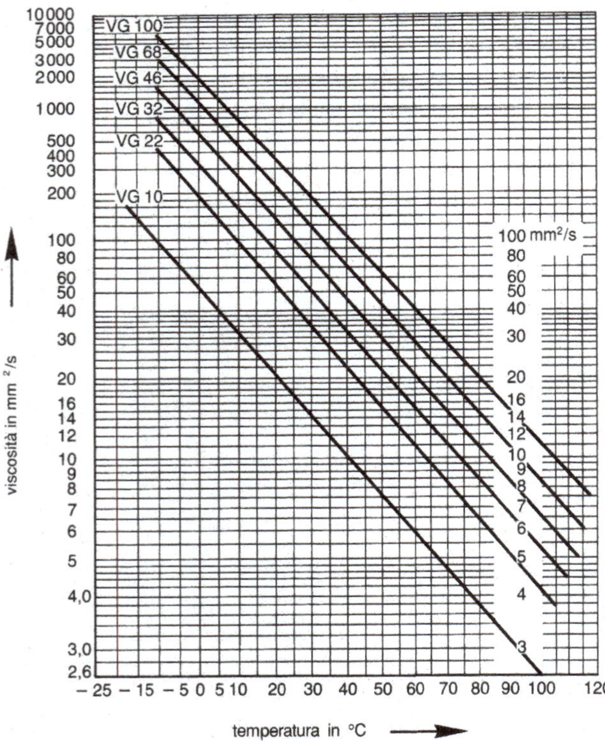

B2.2 Diagramma *viscosità-temperatura*.

L'inversione del moto della tavola effettua la corsa di ritorno. I vari componenti sono collegati da tubi rigidi o flessibili.
Nelle pagine successive saranno analizzati i singoli componenti del circuito oleodinamico.

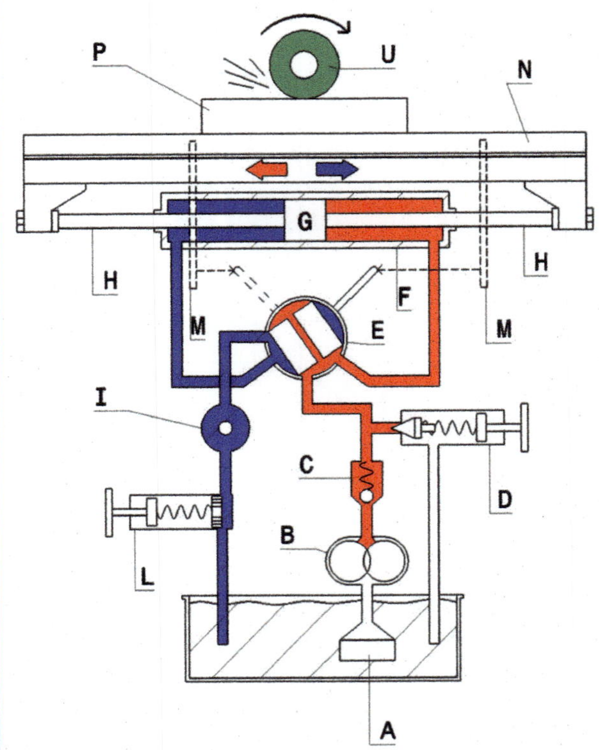

Nomenclatura	
A	Filtro
B	Pompa a ingranaggi
C	Valvola di non ritorno
D	Valvola di sicurezza
E	Distributore rotativo a quattro vie
F	Cilindro
G	Pistone
H	Stelo del pistone
I	Regolatore di portata
L	Valvola di regolazione della pressione di scarico
M	Fine corsa
N	Tavola portapezzo
P	Pezzo
U	Utensile

B2.3 Esempio di circuito oleodinamico con relativa tabella.

F.lli Galbarini Srl - GREEN STAR ®
Via Campestre 41
20091 Bresso (MI) - Italy
Tel. (+39) 02 6101256
Fax (+39) 02 6108042

HIGH TECH
LUBRICANTS & ADDITIVES

SCHEDA DATI DI SICUREZZA

131022 HVI 32 - 46 - 68

Emessa il 10/05/2010 - Rev. n. 2 del 30/04/2012 # 5 / 9

Conforme al regolamento (CE) n. 453/2010 del 20 Maggio 2010

a) Protezioni per gli occhi / il volto
Non necessaria per il normale utilizzo.

b) Protezione della pelle

i) Protezione delle mani
Non necessaria per il normale utilizzo.

ii) Altro
Indossare normali indumenti da lavoro.

c) Protezione respiratoria
Non necessaria per il normale utilizzo.

d) Pericoli termici
Nessun pericolo da segnalare

Controlli dell'esposizione ambientale:
Utilizzare secondo le buone pratiche lavorative, evitando di disperdere il prodotto nell'ambiente.

SEZIONE 9. Proprietà fisiche e chimiche

9.1. Informazioni sulle proprietà fisiche e chimiche fondamentali

Proprietà fisiche e chimiche	**Valore**	**Metodo di determinazione**
Aspetto	liquido ambrato	
Odore	tipico	
Soglia olfattiva	Non determinato	
pH	Non determinato	
Punto di fusione/punto di congelamento	Non determinato	
Punto di ebollizione iniziale e intervallo di ebollizione	> 250 °C	
Punto di infiammabilità	> 200 °C COC	ASTM D92
Tasso di evaporazione	Non determinato	
Infiammabilità (solidi, gas)	Non determinato	
Limiti superiore/inferiore di infiammabilità o di esplosività	Non determinato	
Tensione di vapore	< 0,001 p.s.i. a 20 °C	
Densità di vapore	Non determinato	
Densità relativa	HVI 32=860; HVI 46=870; HVI 68=870	a 20 °C kg/mc ASTM D1298
Solubilità	solventi	
Idrosolubilità	insolubile	
Coefficiente di ripartizione:	Non determinato	
Temperatura di autoaccensione	Non determinato	
Temperatura di decomposizione	Non determinato	
Viscosità	HVI 32=32; HVI 46=46; HVI 68=68	a 40 °C mm2/s ASTM D445
Proprietà esplosive	non esplosivo	
Proprietà ossidanti	non ossidante	

B2.4 Esempio di pagina di catalogo riportante la scheda dati di sicurezza di un olio.

I filtri

Una filtrazione efficace nei sistemi oleodinamici impedisce le avarie e aumenta la durata dei componenti importanti e costosi.
I **contaminanti solidi** (particelle) sono la causa prima dei guasti nei sistemi oleodinamici.
I **filtri** sono i componenti progettati e utilizzati per rimuovere le impurità contenute nell'olio dell'impianto. Tali impurità possono provenire dalle usure dei componenti mobili, dal degrado dei tubi flessibili e delle guarnizioni oppure dall'inquinamento dell'olio stesso.
La **figura B2.5** illustra il simbolo che rappresenta questo componente negli schemi oleodinamici e la scheda tecnica di un filtro in aspirazione, scelto in modo da rimuovere le impurità che potrebbero danneggiare, a breve o lungo termine, organi come le pompe o le elettrovalvole.

DUPLOMATIC OLEODINAMICA

95 100/110 ID

FSI

FILTRO IN ASPIRAZIONE
PER MONTAGGIO IMMERSO
SERIE 10

Q max (vedi tabella caratteristiche tecniche)

PRINCIPIO DI FUNZIONAMENTO

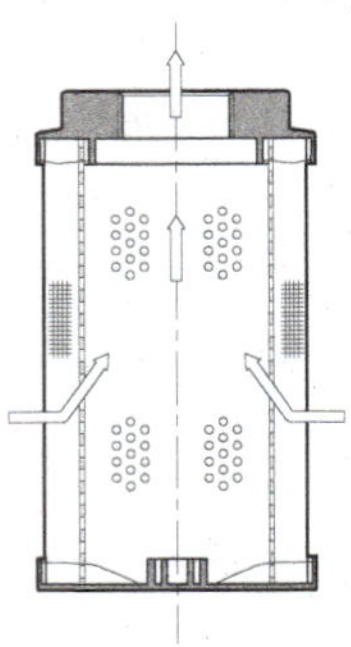

— I filtri FSI sono elementi filtranti predisposti per operare completamente immersi nel serbatoio, installati direttamente all'estremità del condotto di aspirazione della pompa.
— Hanno la funzione di proteggere la pompa stessa dalla contaminazione grossolana eventualmente presente all'interno del serbatoio.
— L'elemento filtrante è realizzato con rete metallica con grado di filtrazione 90 μm, che garantisce una buona protezione alla pompa senza pregiudicarne la corretta alimentazione.
— I filtri sono realizzati con attacco filettato tipo BSP, disponibile nelle dimensioni da 3/8" a 3" e forniti di codolo esagonale che permette il serraggio con chiave dell'elemento filtrante al raccordo di aspirazione della pompa.

CARATTERISTICHE TECNICHE

Sigla filtro	Dimensioni attacchi BSP	Portata nominale (**NOTA 1**) [l/min]	Grado di filtrazione nominale [μm]
FSI-TB038	3/8"	9	90
FSI-TB012	1/2"	14	
FSI-TB034	3/4"	25	
FSI-TB100	1"	45	
FSI-TB114	1 ¼"	75	
FSI-TB112	1 ½"	100	
FSI-TB200	2 "	160	
FSI-TB212	2 ½"	250	
FSI-TB300	3"	350	

NOTA 1: Le portate indicate in tabella corrispondono ad una perdita di carico di 0,02 bar, rilevata con olio minerale con viscosità 36 cSt a 50°C.

Per fluidi aventi alla temperatura di esercizio una viscosità diversa da 36 cSt, la perdita di carico effettiva deve essere corretta mediante la seguente relazione:

$$\Delta p \text{ effettivo} = 0{,}02 \cdot \frac{\text{Q effettiva}}{\text{Q tabella}} \cdot \frac{\text{viscosità effettiva (cSt)}}{36}$$

La grandezza del filtro deve essere dimensionata in modo tale che alla portata nominale la perdita di carico risulti inferiore a 0,02 bar.

Pressione differenziale di collasso dell'elemento filtrante	bar	1,0
Campo temperatura ambiente	°C	–25 / +50
Campo temperatura fluido	°C	–25 / +110
Campo viscosità fluido	cSt	10 ÷ 400

SIMBOLO IDRAULICO

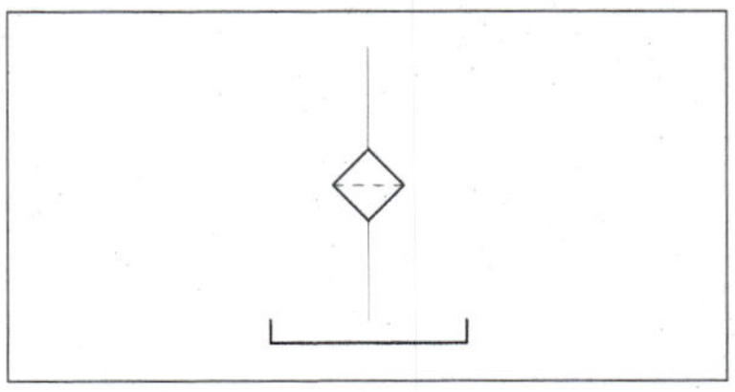

95 100/110 ID **1/2**

B2.5 Esempio di pagina di catalogo riportante la scheda tecnica di un filtro in aspirazione.

La scelta è dettata dalla **sensibilità alle impurità** dei componenti impiegati; tale sensibilità è indicata nella **tabella B2.4**.

TABELLA B2.4 Dimensioni delle impurità

Componente	Tolleranza [µm]
Pompa a palette	
Testa della paletta (statore)	0,5 ÷ 1
Sede della paletta	5 ÷ 15
Pompe a ingranaggi	
Corpo (sistema compensato)	1 ÷ 2
Corpo (sistema non compensato)	40 ÷ 100
Denti / Corpo	2 ÷ 100
Pompe a pistoni	
Pistone / Cilindro	5 ÷ 30
Piattello di distribuzione	0,5 ÷ 2
Guide idrostatiche	1 ÷ 10
Servovalvole	
Orifizi	150 ÷ 400
Ugello di regolazione	18 ÷ 60
Otturatore / Sede	2 ÷ 20
Passaggi	1 ÷ 5
Valvole direzionali	2 ÷ 20
Supporti idrostatici	1 ÷ 25

Anche la viscosità del fluido, la caduta di pressione ammissibile, la pressione massima ammessa e la portata fanno parte dei parametri da considerare nella definizione di un filtro. Se quest'ultimo, infatti, deve proteggere uno specifico componente, è possibile montare un filtro correttamente dimensionato immediatamente a monte del componente stesso per assicurargli la massima protezione. Di norma è preferibile installare un filtro che limiti il livello complessivo di contaminazione che può essere posizionato in mandata oppure sulla linea di ritorno.

Filtri in aspirazione

Poiché la pompa, sovente, è il componente del sistema più sensibile alla contaminazione solida, un buon sistema di protezione è quello di adottare un filtro in aspirazione. È importante che la superficie del filtro sia generosamente dimensionata, per evitare l'insorgere di possibili perdite di carico.

Le *perdite di carico in aspirazione* possono dare origine a fenomeni di cavitazione.
Generalmente questi filtri sono poco accessibili per la manutenzione: si preferisce di conseguenza adottare questa soluzione soltanto se dettata da precise esigenze tecniche.
Un filtro grossolano (60 micron) può essere assai efficace nella protezione della pompa, specie se associato a un altro sistema nel circuito. Non richiede, di solito, alcuna manutenzione se non in occasione della pulizia del serbatoio.

Filtri in scarico

Un filtro montato in scarico dall'impianto (all'ingresso del serbatoio) non introduce perdite di carico, ma filtra l'olio dopo il ciclo di lavoro. Vengono utilizzati in impianti a bassa pressione e devono essere dimensionati in modo da non generare contropressioni: la portata sulla linea di ritorno può essere maggiore di quella della pompa se nel circuito sono presenti accumulatori o cilindri con grandi superfici.

Filtri in mandata

Un filtro montato a valle della pompa protegge i componenti ma può introdurre una forte caduta di pressione; tale componente deve essere scelto in modo che possa sostenere la massima pressione di esercizio prevista. Le cadute di pressione di questo tipo di filtro non hanno conseguenze gravi come nei casi precedenti, tuttavia generano una maggiore dissipazione termica nel sistema.
Questi filtri, se posizionati vicino alla pompa, possono essere soggetti a vibrazioni che ne riducono l'effetto filtrante. Sovente gli impianti vengono dotati di due filtri: uno in aspirazione, grossolano, e uno in mandata o in scarico, più fine.
Sempre nella **figura B2.5** sono riportate le caratteristiche tecniche di un filtro della ditta Duplomatic: come si può notare, la pressione massima e la portata del fluido nel circuito sono due parametri fondamentali, ma hanno un ruolo altrettanto importante anche la caduta di pressione, gli ingombri meccanici e il tipo di attacco filettato da utilizzare.
Quelle enunciate, cioè portata, pressione massima, grado di filtraggio, dimensione meccanica e tipo di raccordi, sono le specifiche che definiscono un filtro in caso di ordine.
Si noti che nello stesso corpo possono essere montati elementi filtranti (cartuccia), differenti a seconda del grado di filtrazione che si vuole ottenere.
Sullo stesso corpo, inoltre, possono essere montati indicatori visivi o elettrici di diverso tipo: nel caso di sostituzione, è consigliabile scegliere l'indicatore con le stesse caratteristiche elettriche oppure consultare il manutentore elettrico.

Gli scambiatori di calore

Gli **scambiatori di calore** sono utilizzati negli impianti oleodinamici per mantenere la temperatura del fluido entro i limiti funzionalmente definiti, in modo che non risultino rischiosi per l'operatore.

Mantenendo costante la temperatura dell'olio si stabilizza anche la viscosità e, quindi, il comportamento del sistema.
Lo scambiatore di calore è il componente in cui si realizza lo scambio di energia termica tra due fluidi a temperature diverse.

Tipi di scambiatori: ad aria - ad acqua

Gli **scambiatori ad aria** |fig. B2.6| sono utilizzati normalmente in impianti di piccola potenza e sulle installazioni mobili. Lo scambio termico richiede una superficie soggetta a un flusso d'aria, generalmente creato da un ventilatore.
Nelle zone polverose, lo scambio termico peggiora rapidamente a causa dei depositi di polvere sulle pareti dello scambiatore. Se l'ambiente è saturo d'olio in sospensione, il degrado dello scambio termico avviene in modo ancora più drastico e rapido.

Nella figura B2.7 è rappresentato lo schema di principio di uno scambiatore in cui due liquidi si scambiano il calore. Negli **scambiatori ad acqua**, l'acqua deve essere mantenuta pulita per evitare intasamenti che potrebbero rallentare il flusso e, di conseguenza, diminuire lo scambio termico. Il flusso deve essere sempre regolare e garantire che tutte le superfici di scambio siano completamente bagnate.

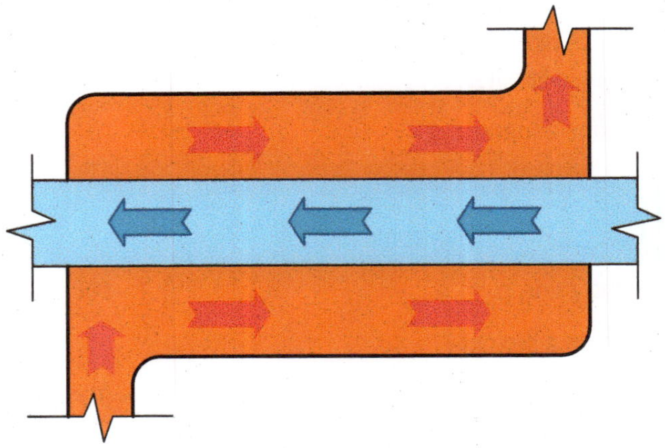

B2.7 Principio dello scambiatore ad acqua.

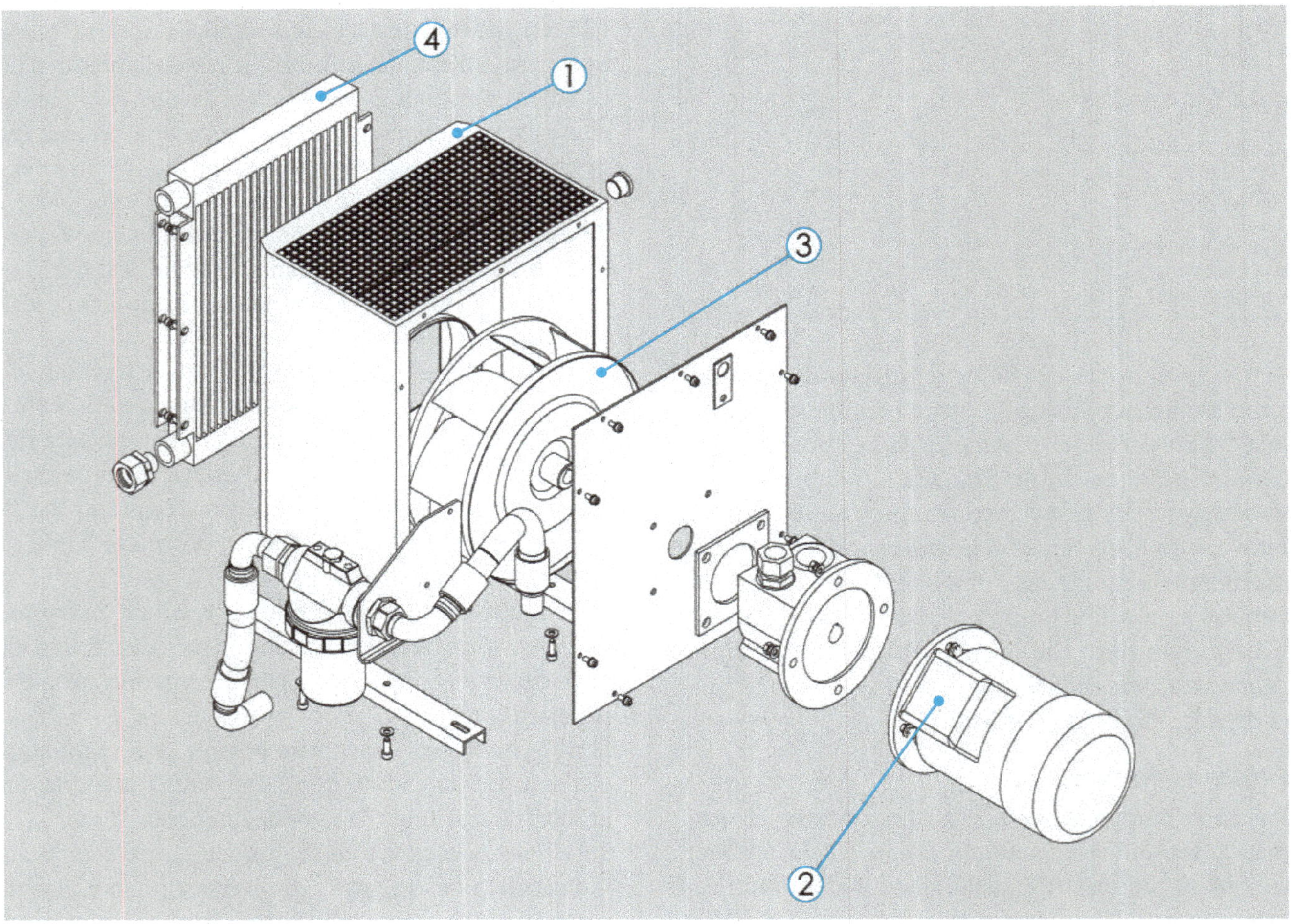

B2.6 Scambiatore di calore ad aria, con i suoi principali elementi: filtro aria (1); motore elettrico (2); ventilatore (3); fascio tubiero (4).

Negli impianti in cui è necessario che la temperatura sia mantenuta costante in limiti stretti, come nel caso dei circuiti di raffreddamento dei mandrini di macchine di alta precisione, il flusso deve essere sempre monitorato.
Lo scambiatore ad acqua può essere costituito da un fascio tubiero |fig. B2.8| montato all'interno di un recipiente cilindrico. L'acqua può essere fatta circolare all'interno dei tubi e il fluido idraulico nel cilindro, o viceversa.
Lo scambiatore ad acqua può essere a piastra |fig. B2.9|: in questo caso il contatto e la separazione tra i due liquidi sono assicurati da apposite piastre formate in modo tale da assicurare il movimento dei fluidi.
Il calore asportato da uno scambiatore ad acqua:

- aumenta al diminuire della temperatura dell'acqua,
- aumenta all'aumentare della temperatura del fluido;
- aumenta all'aumentare della portata dell'acqua di raffreddamento.

Spesso, gli scambiatori sono alimentati non con acqua di pozzo, ma con acqua raffreddata da un frigorifero.

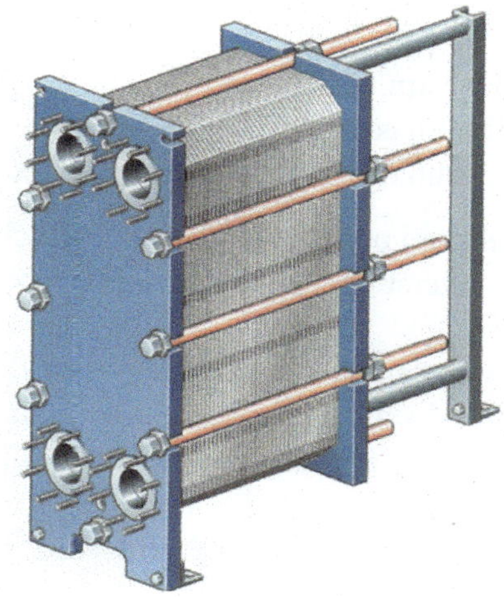
B2.9 Scambiatore ad acqua a piastra.

Tra le caratteristiche tecniche da considerare nella scelta di un prodotto alternativo vi sono, ovviamente, la portata e la pressione del liquido idraulico, il tipo di fluido e la potenza termica dissipata. Sono sempre da considerare le dimensioni e i raccordi, come pure le caratteristiche elettriche del motore utilizzato.

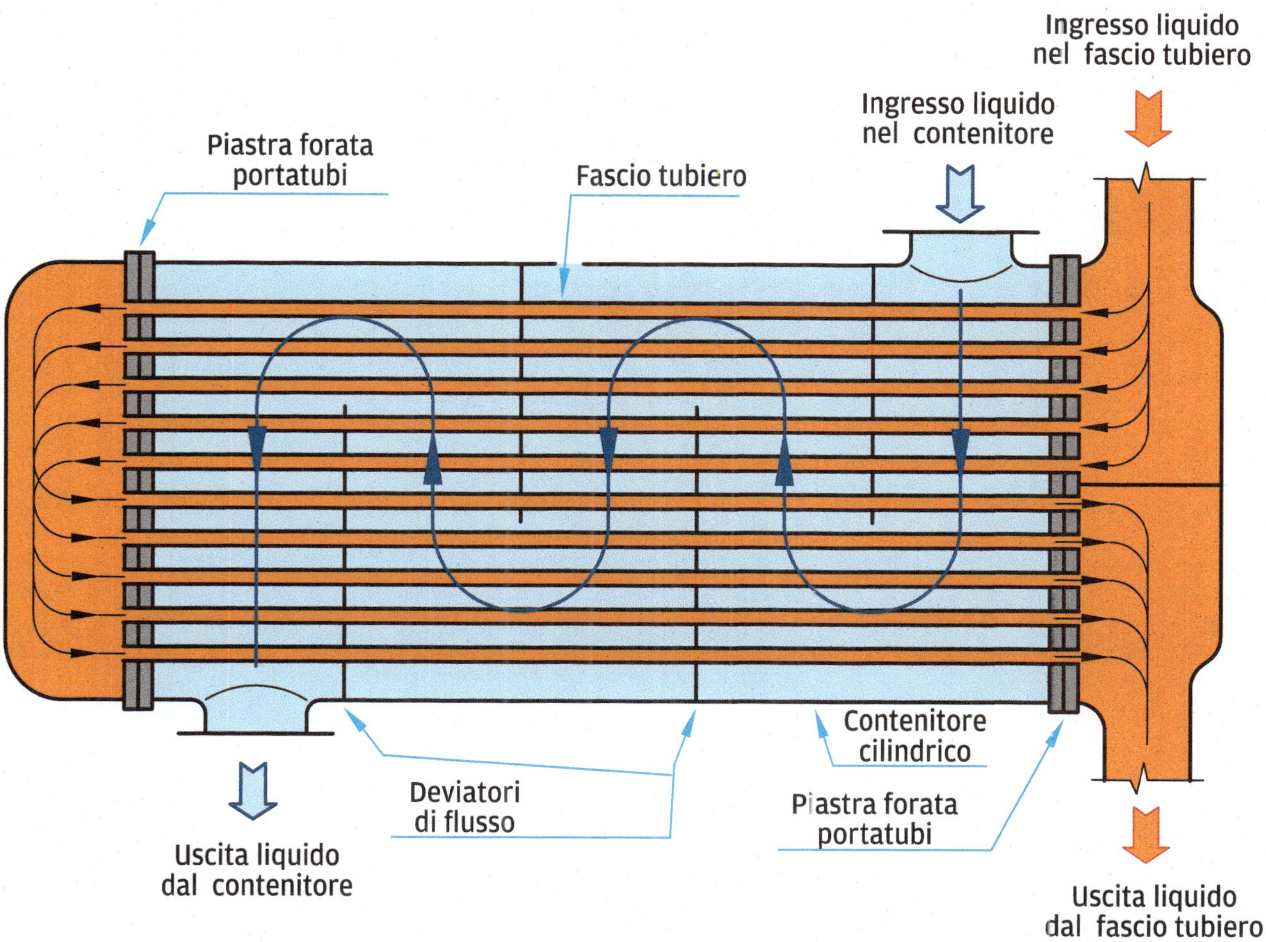

B2.8 Scambiatore di calore a fascio tubiero.

Le pompe

La **pompa** è un dispositivo meccanico usato per spostare liquidi ed è, generalmente, un meccanismo reversibile: può cioè funzionare come motore.

I simboli utilizzati per rappresentare negli schemi oleodinamici i diversi tipi di pompa sono riportati nella **tabella B2.5**.
Le pompe sono caratterizzate dalla **portata**, ovvero la quantità di fluido spostata nell'unità di tempo, e dalla **pressione**, ovvero la massima differenza di pressione tra il fluido in entrata e quello in uscita.
In alcune applicazioni si parla di **prevalenza**, cioè del dislivello massimo di sollevamento.
Esistono diversi tipi di **pompe rotative**, generalmente azionate da motori elettrici, ad azionamento pneumatico o manuale.
Negli impianti industriali, l'azionamento delle pompe dei sistemi oleodinamici viene quasi esclusivamente realizzato con l'impiego di motori elettrici (in cui il gruppo motore – pompa è montato sul serbatoio).
L'allineamento del motore e della pompa deve essere accurato, in modo da limitare componenti di tensioni che danneggerebbero i cuscinetti: opportune lanterne e giunti in elastomero facilitano l'accoppiamento e permettono di compensare piccoli errori di allineamento.

Le pompe possono poi essere distinte in due categorie: pompe a **portata variabile** e pompe a **portata costante**. In base alla forma costruttiva, possono essere ulteriormente suddivise in: pompe a ingranaggi; pompe a lobi; pompe a palette; pompe a vite; pompe a pistoni.

Pompe a ingranaggi

Le **pompe a ingranaggi** |fig. B2.10| sfruttano la variazione di volume causata dall'ingranamento dei denti di due ruote dentate. Per la semplicità costruttiva, il costo limitato e l'elevata affidabilità, questa tipologia di pompa è la più diffusa (si usa per pompare l'olio nei circuiti delle macchine di movimento terra o per far circolare l'olio di lubrificazione dei motori auto).

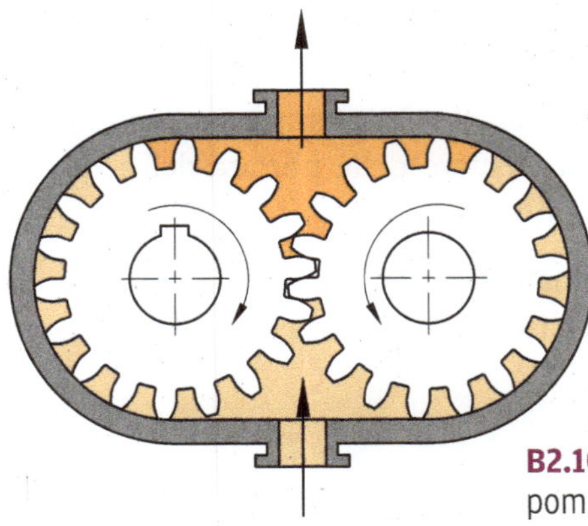

B2.10 Schema di una pompa a ingranaggi.

TABELLA B2.5 Simboli dei diversi tipi di pompa

Pompe			
Simbolo grafico		**Componente**	**Descrizione**
(a) 	(b) 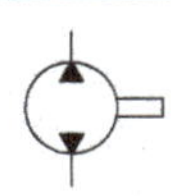	Pompa a cilindrata fissa	A un senso di flusso (a) A due sensi di flusso (b)
(a) 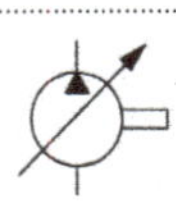	(b) 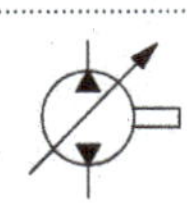	Pompa a cilindrata variabile	A un senso di flusso (a) A due sensi di flusso (b)
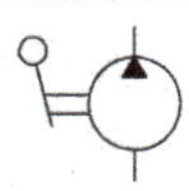		Pompa a mano	Pompaggio a leva
Motori			
Simbolo grafico		**Componente**	**Descrizione**
(a) 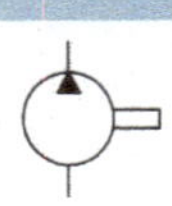	(b) 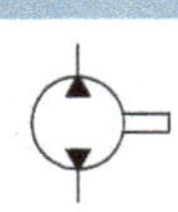	Motore a cilindrata fissa	A un senso di rotazione (a) A due sensi di rotazione (b)
(a) 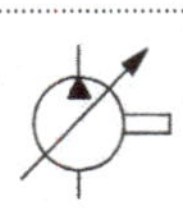	(b) 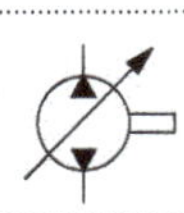	Motore a cilindrata variabile	A un senso di rotazione (a) A due sensi di rotazione (b)
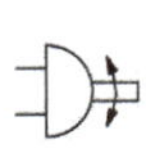		Attuatore rotante	Motore idraulico nel quale l'angolo di rotazione è limitato

Pompe a lobi

Due **rotori a lobi**, che ruotano su assi paralleli, sono il cuore del meccanismo |fig. B2.11|: essi, infatti, ruotano in senso opposto all'interno di una camera stagna.
La combinazione dei movimenti crea aspirazione e mandata e la particolare forma dei lobi assicura un movimento fluido e senza vibrazioni.
La caratteristica principale di questo tipo di pompe è la possibilità di utilizzare anche liquidi molto aggressivi, e di essere facilmente manutenibili.

Pompe a palette

Le **pompe a palette** sono costituite da un rotore all'interno del quale scorrono in senso radiale delle palette, caricate da molle che, in questo modo fanno scorrere le palette contro lo statore (a sezione circolare), eccentrico rispetto al rotore. Le superfici delle palette e dello statore sono lavorate in modo da avere una certa tenuta. La rotazione del rotore crea una serie di camere, a volume costante o decrescente. Il fluido viene così trasportato dalla bocca di aspirazione a quella di mandata. La prevalenza di questo tipo di pompa è limitata dalla tenuta delle palette; tuttavia anch'esse si prestano bene al pompaggio di liquidi puliti aventi un certo potere lubrificante.

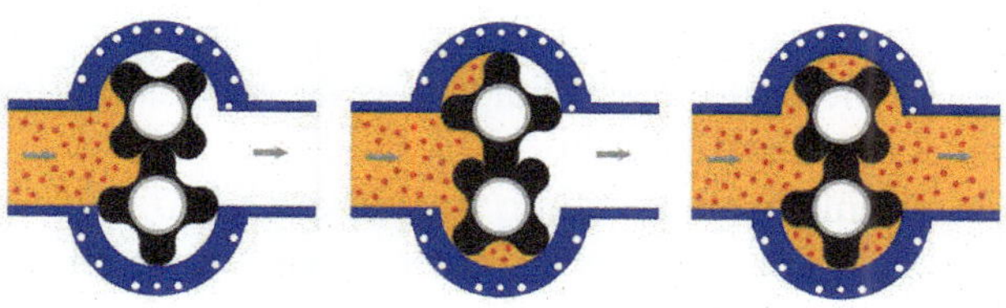

B2.11 Pompa a lobi.

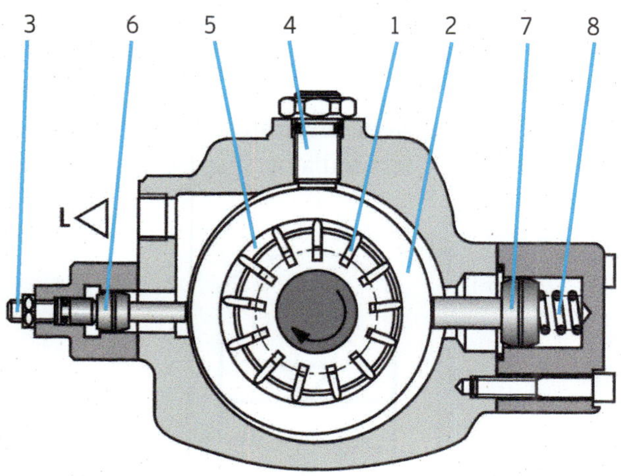

B2.12 Pompa a palette a portata variabile con i suoi principali elementi: palette del rotore (1), anello statorico (2), vite di taratura (3), vite di taratura in altezza (4), cella di trasporto del liquido (5), pistone di comando oscillante piccolo (6), pistone di comando oscillante grande (7), molla di richiamo (8).

Nella figura B2.12 è schematizzata una pompa a portata variabile della Rexroth (uno dei tipi di pompe più utilizzate negli impianti delle macchine utensili) unitamente alle istruzioni per la regolazione della portata.
La portata può essere regolata (entro certi limiti) spostando lateralmente lo statore che racchiude il rotore: una molla tende a tenerlo nella posizione di massima eccentricità e, quindi, di massima portata. Salendo la pressione nel circuito, una forza opposta alla molla tenderà a ridurre la portata, fino alla posizione di equilibrio, che è la posizione di minima potenza, ovvero di massimo rendimento.

Pompe a vite

Le **pompe a vite** sono basate sulla coclea di Archimede e vedono, nelle più diverse realizzazioni, applicazioni nei settori più disparati: dal sollevamento del calcestruzzo alla generazione di alte pressioni per liquidi puliti. Nella figura B2.13 è rappresentata una pompa a vite.

Pompe a pistoni

Nella figura B2.14 e riportato lo schema di una tipica pompa a pistoni assiali, il cui funzionamento è stabilito dal movimento alternativo di pistoni mossi da un comando elettrico.

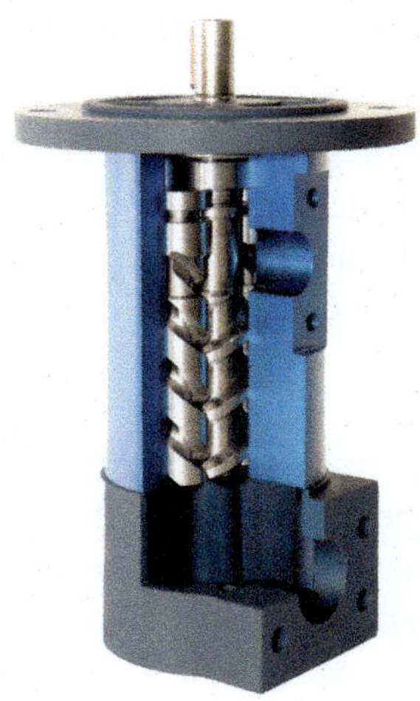

B2.13 Pompa a vite.

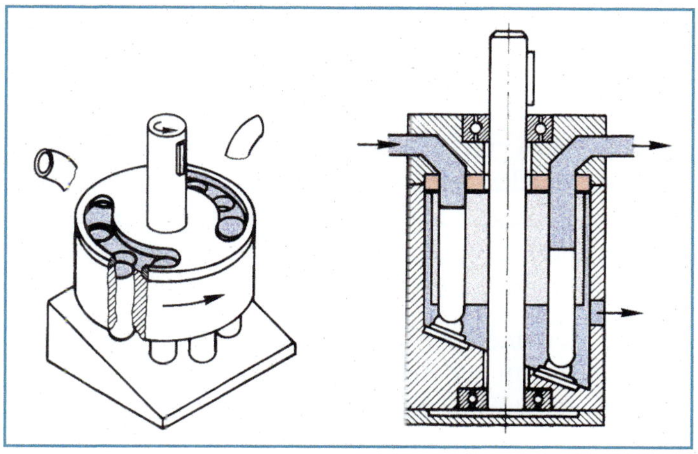

B2.14 Schema di una pompa a pistoni.

Le pompe a pistoni permettono di raggiungere elevate portate e pressioni in quasi totale assenza di vibrazioni: vengono quindi scelte per applicazioni che richiedono caratteristiche di alta qualità.
Esistono anche **pompe a pistoni radiali**, generalmente impiegate come motori.

I dati caratteristici delle pompe sono:

- la pressione massima;
- la portata massima;
- la potenza assorbita.

Ciascun tipo di pompa trova un suo specifico campo di applicazione in base alle proprie caratteristiche: in caso di sostituzione della pompa in un impianto occorre utilizzare una pompa della stessa famiglia, conservando gli stessi attacchi meccanici e le stesse caratteristiche di velocità massima, portata e pressione.
Ovviamente, anche la compatibilità chimica delle guarnizioni con il fluido utilizzato deve essere rispettata.
La conoscenza della portata e della pressione massima consentono di determinare la potenza assorbita dalla pompa per il massimo delle sue prestazioni.

La **cavitazione** è il fenomeno che provoca la formazione di zone di vapore all'interno di un fluido oleodinamico, zone che poi implodono producendo rumore, vibrazioni ed eventuali danni ai componenti del sistema. Tale fenomeno è causato per un abbassamento locale della pressione, che permette al gas disciolto nel fluido di liberarsi, per poi essere immediatamente dopo compresso (implosione).

La cavitazione si manifesta nelle pompe quando le condizioni di lavoro del sistema non sono corrette e spesso provoca danni alle superfici delle palette o dei pistoni, determinando l'usura precoce dei componenti.
La rumorosità di una pompa è, quindi, un ottimo indice del suo buon funzionamento.

Gli accumulatori oleopneumatici

Gli **accumulatori oleopneumatici** accumulano energia (sotto forma di un volume di liquido in pressione) in modo da poterla restituire al momento opportuno e con la desiderata velocità, senza dover ricorrere a una fonte di energia supplementare. Il simbolo con cui sono identificati è rappresentato nella figura B2.15.
Vengono usati diffusamente per diversi scopi.

- **Azionamento di emergenza**: in casi di emergenza, dovuti per esempio alla mancanza di tensione, l'accumulatore consente di portare a termine un ciclo di lavoro, ovvero di frenare un corpo in rotazione su cuscinetti idrostatici o idrodinamici.
- **Compensazione dei trafilamenti**: la forza esercitata da un cilindro può essere mantenuta solo compensando le perdite di olio per trafilamento del sistema; un accumulatore permette di avere un sistema che, a pompa ferma, esercita una forza costante; la pompa potrà essere accesa solamente quando la pressione sarà scesa al disotto del valore limite predeterminato.
- **Compensazioni di forze**: gli accumulatori possono essere utilizzati per compensare forze peso in organi mobili, pur utilizzando le pompe soltanto quando la pressione scende al disotto del limite previsto (bilanciamento di un asse verticale).
- **Assorbimento del colpo d'ariete**: si tratta delle fluttuazioni di pressione nel circuito dovute alla rapida inserzione/disinserzione di utenze.
- **Riduzione delle pulsazioni di pressione generate dalle pompe**: un volano meccanico è la migliore analogia per questa funzione.

In generale, un accumulatore ben dimensionato permette di ridurre le dimensioni della pompa, con conseguente riduzione della potenza assorbita, minore dissipazione di calore e, di solito, maggiore affidabilità.
Nella pratica, il tipo di accumulatore più diffusamente usato è l'**accumulatore oleopneumatico** con elemento **separatore a sacca** o **membrana**.
Il funzionamento si basa sulla comprimibilità di un gas (viene usato quasi sempre l'azoto, un gas inerte) per accumulare il fluido.
L'accumulatore è costituito da una *zona lato fluido* e una *zona lato gas* con elemento separatore a tenuta stagna.
La zona fluido è in comunicazione con il circuito, in modo che all'aumentare della pressione il gas viene compresso, mentre in caso di diminuzione della pressione il gas può espandersi, reimmettendo il fluido accumulato nel circuito.
Nella figura B2.16 viene illustrato il principio di funzionamento degli accumulatori a sacca, a pistone e a diaframma.

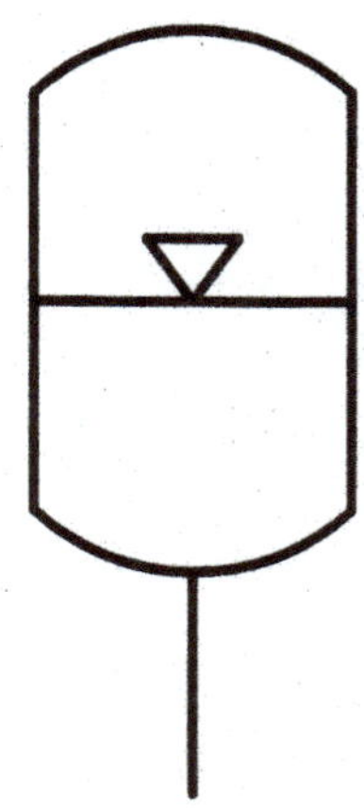

B2.15 Simbolo degli accumulatori.

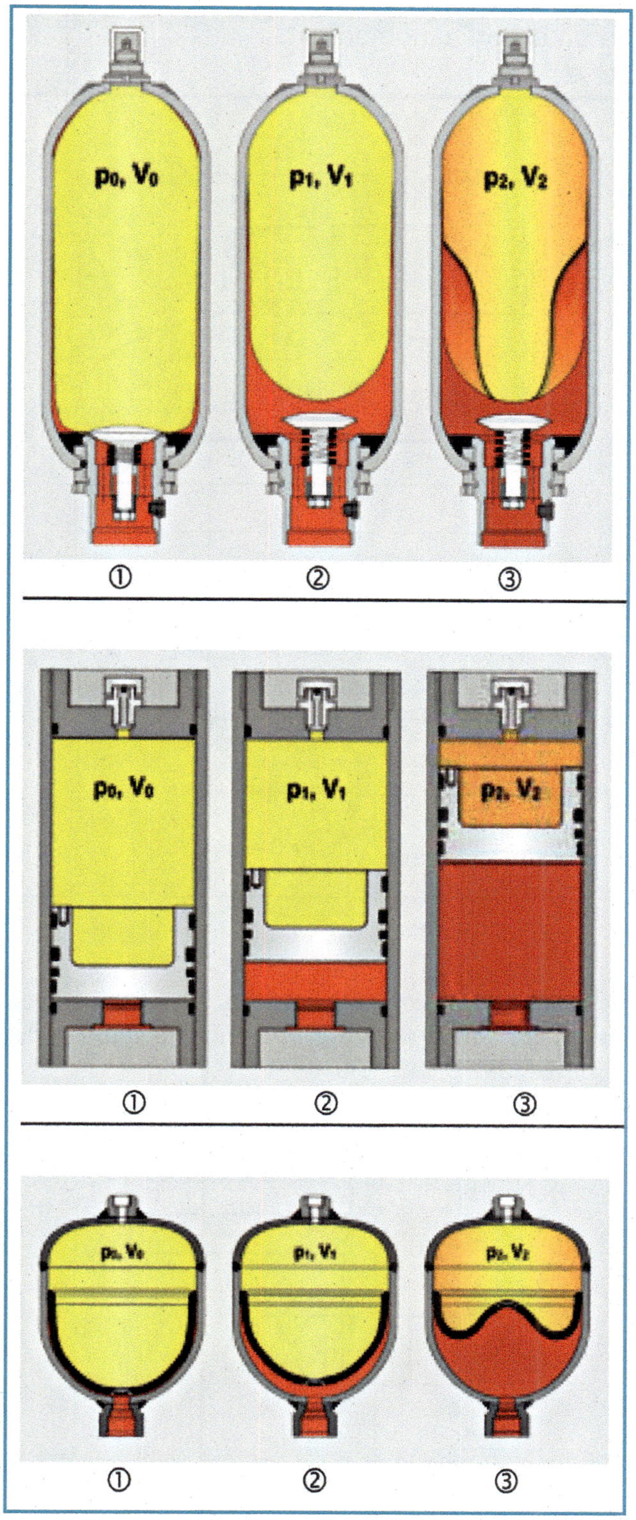

B2.16 Principio di funzionamento degli accumulatori.

Accumulatore a sacca

All'interno del recipiente, di alta resistenza meccanica, si trova una sacca chiusa per il gas in materiale elastico compatibile con il fluido del circuito. La sacca viene riempita ad azoto (tramite una valvola presente sulla parte superiore), fino alla pressione stabilita dal costruttore: in questo stato la valvola del liquido è chiusa. Quando nel sistema si supera il valore di pressione di precarica, la valvola si apre e il liquido entra nell'accumulatore. Con un ulteriore aumento della pressione, il volume del gas viene compresso fino al raggiungimento della massima pressione di esercizio. La variazione di volume di gas nella sacca tra pressione minima e pressione massima di esercizio rappresenta la quantità utile di fluido. Un meccanismo impedisce che la sacca venga espulsa insieme al liquido. La sostituzione della sacca avviene normalmente estraendola dal lato liquido. Il montaggio è generalmente in posizione verticale, anche se il funzionamento è assicurato in qualunque posizione.

Accumulatore a membrana

L'accumulatore rappresentato nella **figura B2.17** è sempre costituito da un robusto corpo in acciaio resistente alla pressione, al cui interno è montato un elemento di separazione realizzato con una membrana di materiale elastico.

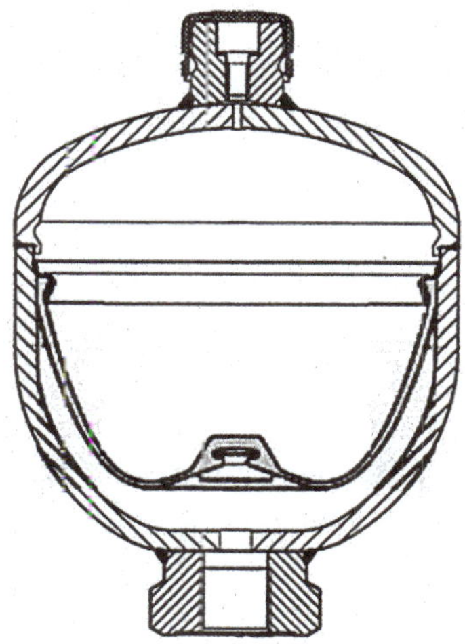

B2.17 Accumulatore a membrana.

Il funzionamento è simile a quello del caso precedente, ed è garantito in ogni posizione, anche se si preferisce il montaggio verticale.

La **figura B2.18** riporta una scheda con le caratteristiche tecniche di un accumulatore idraulico della ditta Parker: come si può notare, pressione e volume sono le prime caratteristiche che sono evidenziate.

La pressione massima di esercizio è quella del sistema idraulico cui sarà collegato, mentre il volume esprime la quantità di liquido che può essere scambiata con il circuito. Nel caso degli accumulatori occorre prestare molta attenzione alla Direttiva Europea sui Recipienti a Pressione 97/23/EC (entrata in vigore il 29 maggio 2002). Tale direttiva stabilisce che i recipienti (non contenenti liquidi pericolosi), con volume inferiore a 1 litro, pressione inferiore a 1000 bar, ovvero il prodotto di pressione per capacità <50, non necessitano del caratteristico marchio CE.

Catalogo HY07-1248/IT
Caratteristiche e dimensioni

Accumulatori a membrana
Serie ADE

Dati tecnici

Volumi standard	0,075 – 3,5 litri	
Pressione di esercizio	Fino a 250 bar, secondo il modello	
Gamma di temperature standard		
Involucro e bocche:		da -30°C a +80°C
Membrana/guarnizioni di tenuta in nitrile:		da -10°C a +80°C
Membrana/guarnizioni di tenuta in epicloroidrina:		da -30°C a +80°C
Tipo liquido	Olio minerale (composti standard)	

Note (vedere Tabella)

1 Un volume di liquido minimo (10% del volume del gas) deve essere mantenuto all'interno dell'accumulatore.

2 p_1 è la pressione del gas di precarica a 20°C.
p_2 è la massima pressione di esercizio o di impianto.

Portata

I valori massimi indicati in tabella sono validi unicamente in caso di installazione verticale (bocca lato idraulico rivolta verso il basso).

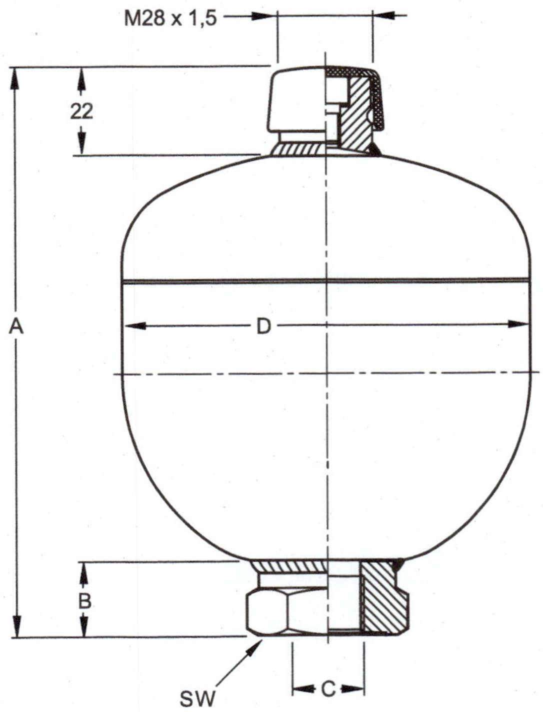

B2.18 Esempio di pagina di catalogo per definire la scheda tecnica di un accumulatore.

Le norme relative agli adempimenti di sicurezza sono la norma ISO 4126 e la norma EN 14359.

Molta attenzione viene prestata al materiale della membrana e delle guarnizioni per assicurarne la compatibilità con il fluido utilizzato.

In caso di sostituzione è necessario garantire lo stesso materiale oppure si deve utilizzare un materiale che sia equivalente e conforme alle norme; inoltre, anche le dimensioni meccaniche (ingombri) possono essere importanti, così come il raccordo idraulico previsto.

I cilindri idraulici

I **cilindri** costituiscono il più semplice tra gli attuatori lineari idraulici. Nella **figura B2.19** è illustrato un tipico cilindro a doppio effetto.

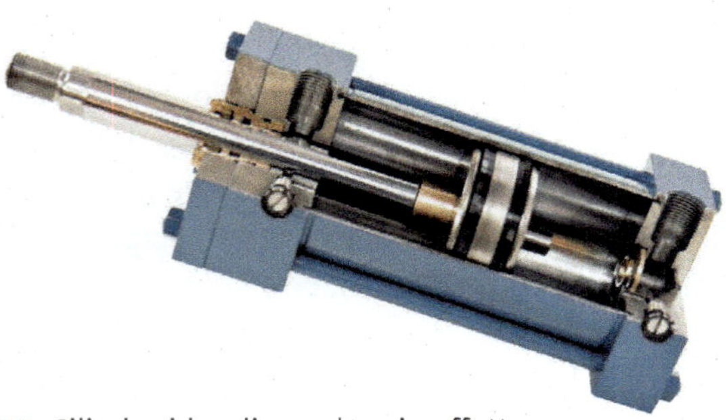

B2.19 Cilindro idraulico a doppio effetto.

Nella **figura B2.20** è riportato un semplice schema idraulico in cui è rappresentato anche il simbolo del cilindro.

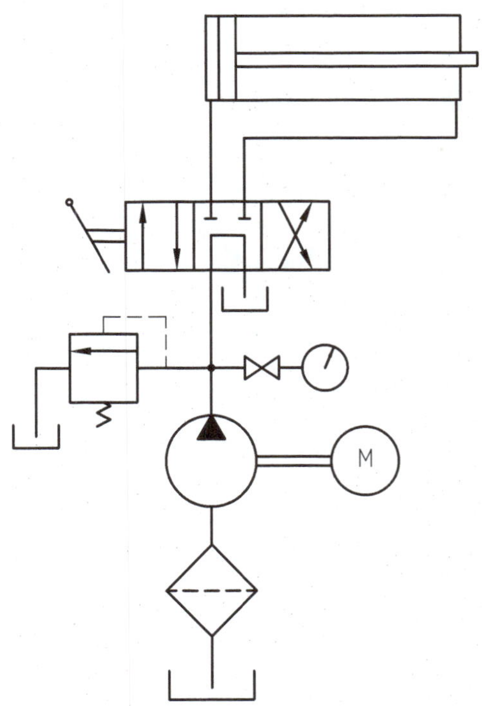

B2.20 Schema con cilindro idraulico.

Un lato della camera in cui si invia olio è libero di muoversi e viene definito **pistone**. Durante la sua traslazione, il pistone deve mantenere il contatto con le pareti della camera al fine di contenere il fluido.
La forma cilindrica è quella che permette la più semplice ed economica realizzazione.
Il diametro interno della camera è detto **alesaggio**, mentre la lunghezza del movimento lineare è definita **corsa**. L'alesaggio, la corsa e la pressione massima di esercizio definiscono un cilindro.
La forza generata sul pistone dalla pressione viene portata all'esterno da un'asta detta **stelo**.
I cilindri commerciali vengono costruiti in conformità alle norme ISO 6020/2 oppure DIN 24554, quasi sempre intercambiabili.
Nella **figura B2.21** sono illustrate alcune delle forme costruttive di cilindri idraulici previste dalle norme.
I cilindri possono anche essere progettati per applicazioni speciali: in questo caso la documentazione costruttiva deve essere sempre a disposizione per il montaggio o per la manutenzione.

Si definisce **cilindro a semplice effetto** quello in cui il ritorno del movimento alla posizione iniziale avviene spontaneamente, per esempio quando il pistone viene impegnato contro una forza costante: è il caso dei cilindri utilizzati per sollevare pesi oppure che agiscono contro una molla.

Si definisce **cilindro a doppio effetto** il cilindro che permette di utilizzare anche l'altra faccia del pistone per provocare il movimento di ritorno.

Basterà quindi aprire la prima camera verso lo scarico e inviare invece olio nella seconda camera per ottenere il rientro del pistone.
Si noti che, a causa della presenza dello stelo, la superficie sulla quale agisce la pressione può essere diversa: saranno quindi diverse la forza esercitata in andata e quella esercitata in ritorno.
A volte i cilindri sono dotati di sistemi per il rallentamento a fine corsa, in modo da evitare urti del pistone contro le testate o del carico contro i suoi fine corsa.

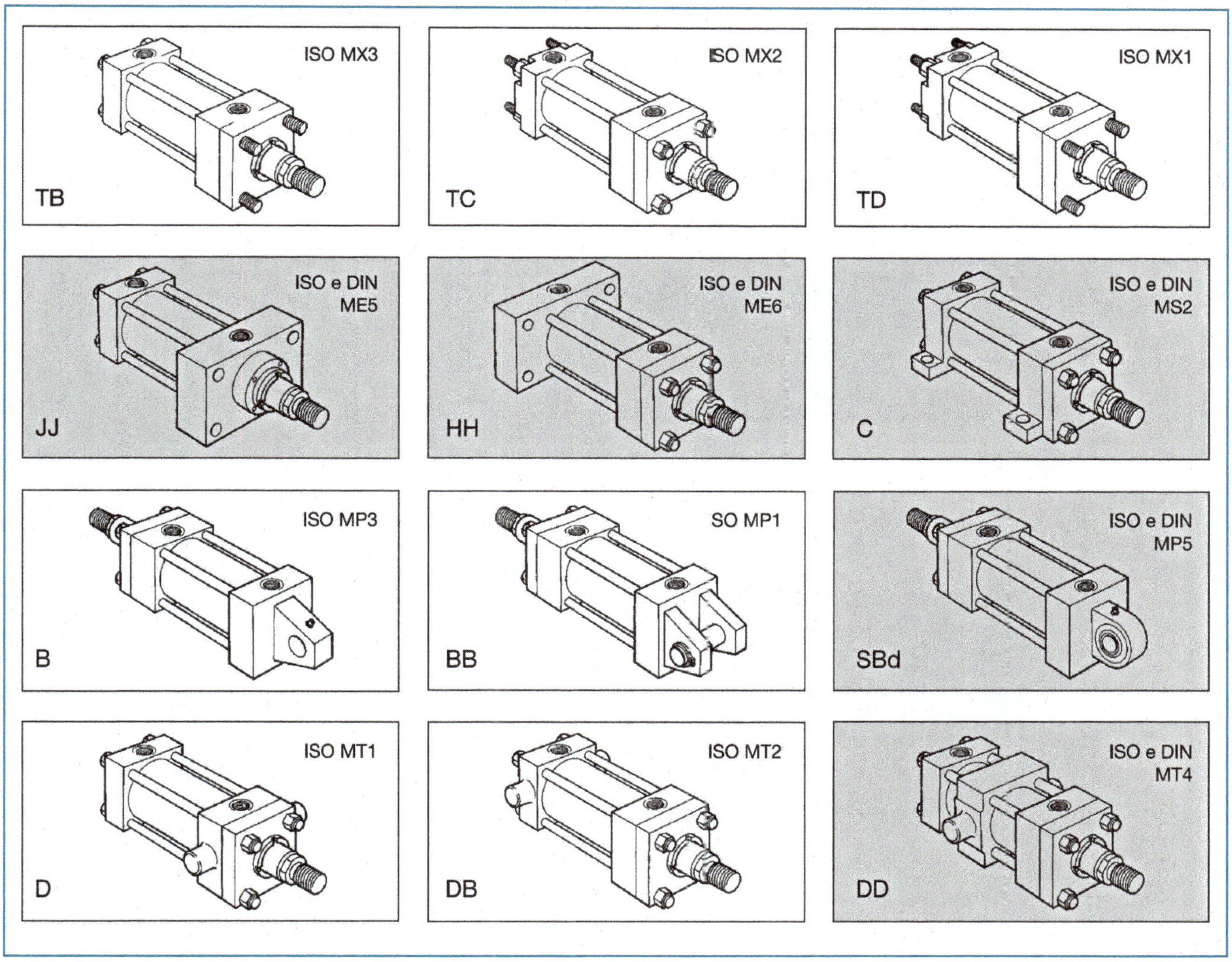

B2.21 Forme costruttive di cilindri idraulici.

Nella **figura B2.22** è illustrato il meccanismo di chiusura progressiva dell'orifizio di uscita dell'olio, che provoca il rallentamento controllato del movimento.
Gli steli e i cilindri sono normalmente costruiti in acciaio e sono comunemente cromati.
La finitura superficiale richiesta ai componenti è molto accurata (è richiesta una rugosità inferiore a 0,5 μm per evitare una troppa rapida usura delle guarnizioni).
I pistoni possono essere in ghisa o in lega leggera e le testate sono costruite in acciaio.
Molto importanti, nel funzionamento dei cilindri, sono le **guarnizioni** |fig. B2.23|, oggetto sovente di interventi manutentivi.
Per i cilindri a semplice effetto si usano, di solito, guarnizioni a labbro, agente in un solo senso.
Per i cilindri a doppio effetto si possono usare guarnizioni a labbro o a U, montate contrapposte.
Le guarnizioni ad anello torico (O-Rings) sono adatte solamente per tenute statiche e non tra parti in movimento: vengono infatti usate tra testata e mantello.
Il tipo e il materiale delle guarnizioni devono essere scelti non solo in base al tipo di fluido impiegato, ma anche in funzione della pressione di esercizio: di norma è la pressione stessa dell'olio a fornire la compressione necessaria per la tenuta.

Tubazioni rigide e flessibili

Le **tubazioni** sono una parte molto importante del sistema oleodinamico, poiché trasportano il fluido a volte anche per lunghe distanze |fig. B2.24|.
Le tubazioni sono soggette a sollecitazioni meccaniche (a causa della pressione del fluido e delle vibrazioni/pulsazioni), di corrosione (a causa dei componenti del fluido e dei suoi eventuali inquinanti) e termiche.
In fase di progettazione, il tracciato, l'accessibilità e la sicurezza devono essere criteri da tenere in stretta considerazione, poiché influenzano il costo di impianto e soprattutto di esercizio.

B2.24 Esempio di tubazione industriale.

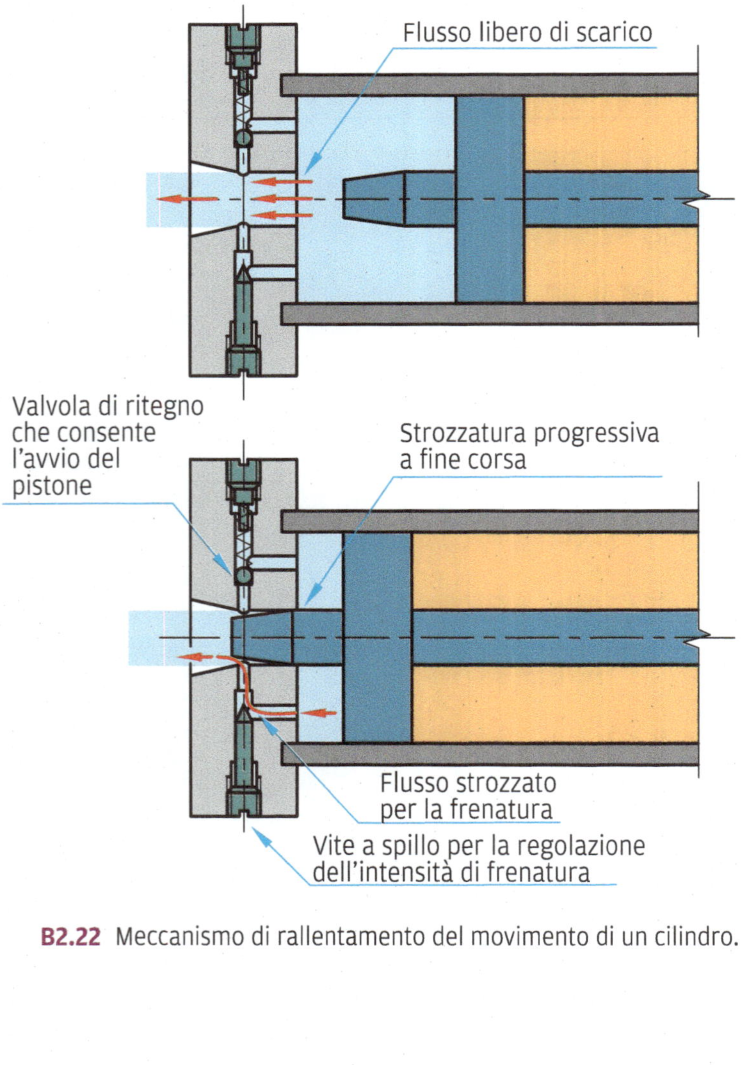

B2.22 Meccanismo di rallentamento del movimento di un cilindro.

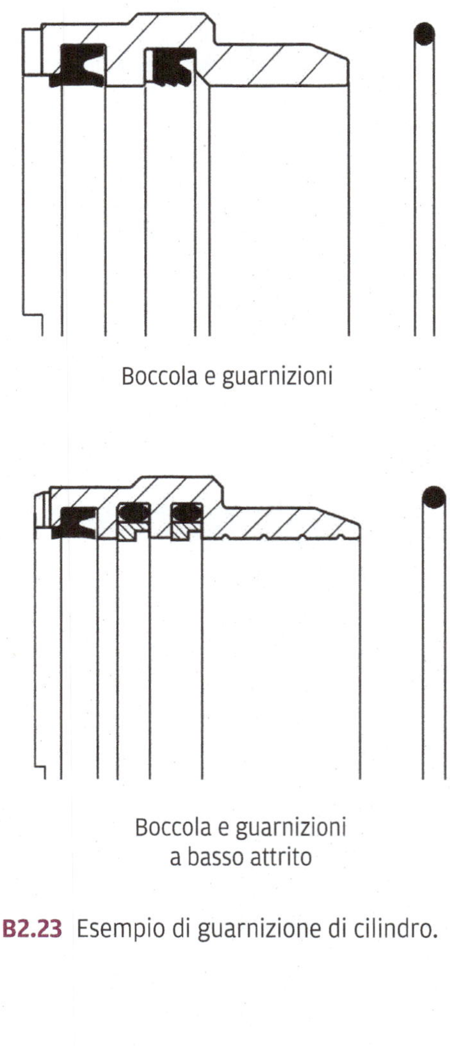

B2.23 Esempio di guarnizione di cilindro.

In funzione della pressione di esercizio e del diametro nominale si impiegano tubazioni differenti.
Fino al diametro nominale 32 si usano tubi di precisione in acciaio, senza saldature (DIN 2391 C).
A partire dal diametro nominale 40 e fino a pressioni di 160 bar si usano generalmente tubi in acciaio senza saldatura.
Per i tubi in acciaio inox DIN 2642 si utilizza normalmente materiale 1.4571 (Norma EN 10088).
I tubi saldati non sono normalmente utilizzati a causa dei residui di saldatura, che richiedono un accuratissimo decapaggio per impedire che contaminanti vengano trascinati nel sistema.
Tubi in rame o lega di rame sono impiegati principalmente per impianti di lubrificazione a bassa pressione.

Collegamento tra tubi

I tubi in acciaio sono generalmente disponibili in commercio fino a 6 m di lunghezza. Per lunghezze superiori occorre utilizzare diversi tipi di **giunzioni**.

- **Giunzioni fisse**: si tratta di giunzioni saldate con cui i tubi vengono collegati senza interruzioni; questo metodo non permette una prefabbricazione in officina e richiede un accurato decapaggio e un altrettanto accurato flussaggio.
- **Giunzioni smontabili**: sono tutte quelle giunzioni che fanno uso di raccordi; tutti i collegamenti devono assicurare la tenuta, cioè non devono manifestarsi trafilamenti o perdite di fluido, ed il bloccaggio meccanico tra i componenti.

In base al loro principio costruttivo, i **raccordi** |fig. B2.25| si distinguono in:

- raccordi filettati;
- raccordi ad anello incidente;
- raccordi ad anello di serraggio;
- raccordi per tubi svasati (37°);
- raccordi per tubi svasati (10°).

La filettatura dei raccordi idraulici è generalmente metrica e ha funzione soltanto meccanica, quindi la tenuta deve essere garantita da apposite guarnizioni.

È ancora utilizzata una **filettatura GAS** che ha un profilo triangolare (con angolo di 55°) arrotondato: in tal caso la filettatura è potenzialmente a tenuta. Le misure sono espresse in pollici.

La **filettatura NPT**, che a volte si incontra negli impianti industriali, è conica: il filetto viene ricavato su un'estremità del raccordo di forma tronco – conica.
La tenuta è metallo su metallo e, normalmente, questi raccordi vengono incollati con un sigillante (varie forme di loctite) per assicurarne la stabilità |fig. B2.26|.

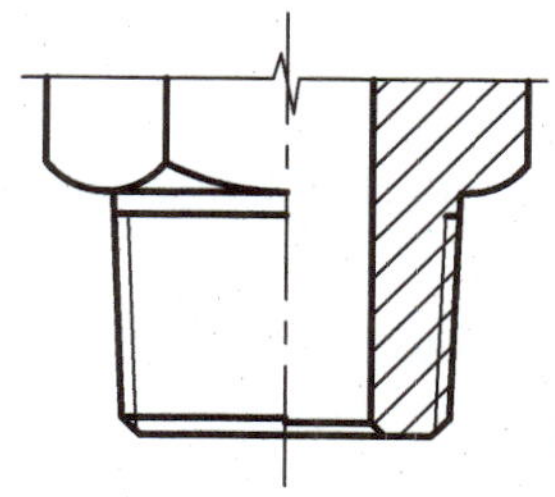

B2.26 Raccordo NPT.

A causa della conicità, un eccessivo serraggio potrebbe danneggiare i componenti, specie quelli in ghisa o alluminio. Questo tipo di raccordo è molto usato negli Stati Uniti d'America, mentre in Europa si impiega raramente.
I sistemi tubieri comprendono una serie di **accessori** che facilitano il montaggio e rendono più stabile il sistema: supporti, staffe, passa parete (passa paratoie).

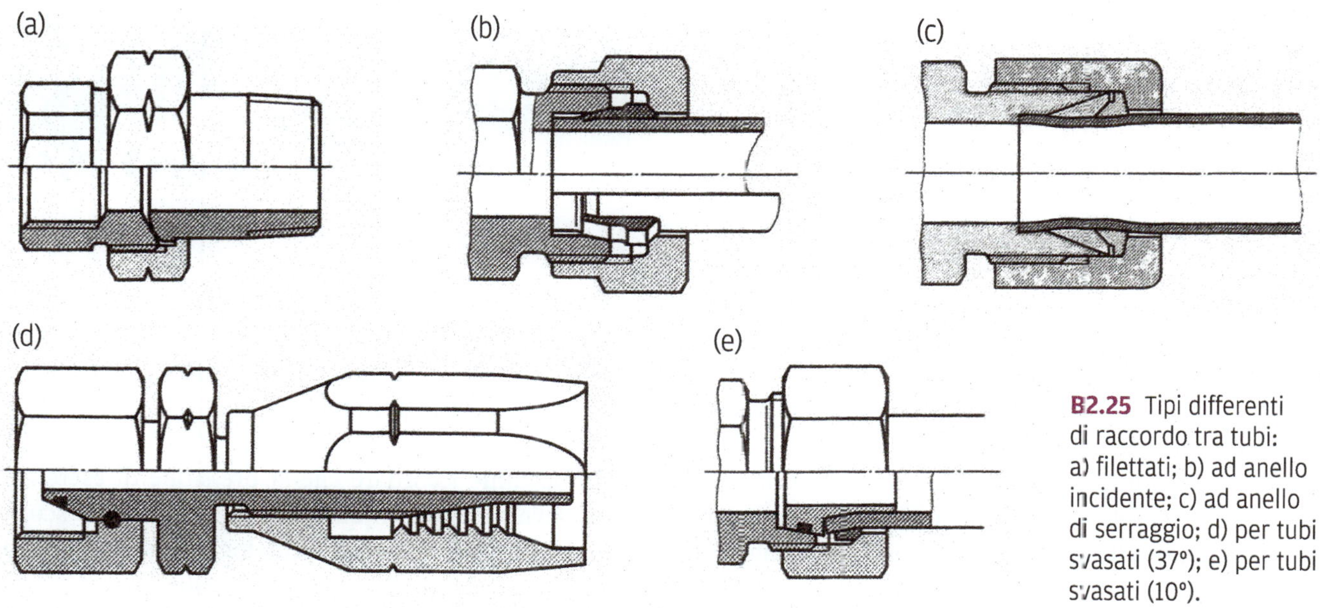

B2.25 Tipi differenti di raccordo tra tubi: a) filettati; b) ad anello incidente; c) ad anello di serraggio; d) per tubi svasati (37°); e) per tubi svasati (10°).

Le staffe servono per fissare in modo sicuro le tubazioni: in commercio sono disponibili fascette in plastica, in alluminio e con inserto in gomma |**fig. B2.27**|.

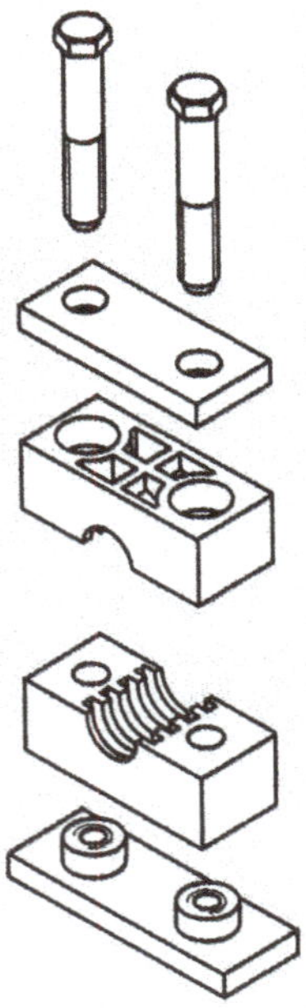

B2.27 Staffe e fascette.

La distanza tra i supporti dipende dal diametro esterno del tubo ed è fissata dalla norma DIN 24346 i cui parametri sono riportati nella **tabella B2.6**.

TABELLA B2.6 Distanza tra i supporti

Diametro esterno del tubo [mm]	Distanza [m]
Fino a 10	1,0
Da 10 a 25	1,5
Oltre 25	2,0

Le piastre di attraversamento e i passaparete sono usati per consentire il passaggio dei tubi attraverso le pareti delle macchine: essi devono non solo garantire la tenuta, ma devono anche ridurre la trasmissione di vibrazioni.

Sovente i tubi devono essere piegati: la piegatura è più veloce ed economica dell'impiego di raccordi ed evita, inoltre, il rischio di trafilamenti.
La curvatura, però, deve essere eseguita a regola d'arte per evitare schiacciamenti della sezione e altre deformazioni, che risulterebbero dannose per il funzionamento del sistema e per la sua durata.
Esistono molti impianti per la curvatura dei tubi metallici, dalle semplici macchine manuali, illustrate nella **figura. B2.28**, alle più moderne macchine a controllo numerico.

B2.28 Piegatrice manuale per tubi in acciaio.

Tubi flessibili

I *tubi flessibili* consentono movimenti reciproci tra i componenti del sistema.
Un tubo flessibile comprende l'elemento flessibile vero e proprio, alle cui estremità sono montati due terminali per le connessioni, come rappresentato nella **figura B2.29**.

B2.29 Tubi flessibili per applicazioni oleodinamiche.

Ricorrendo al montaggio a pressione, è possibile applicare alle estremità del flessibile i più svariati terminali, la cui scelta dipende dallo stesso tipo di accoppiamento previsto per i tubi rigidi.

È importante ricordare che la pressione di esercizio non deve superare un quarto della pressione di scoppio del flessibile riportata a catalogo e che i tubi sono classificati in base alla norma DIN 20066.

Nella scelta del materiale del flessibile occorre tener presente la compatibilità del materiale interno ed esterno nei confronti del liquido utilizzato e dell'ambiente. I normali flessibili commerciali in gomma sono adatti ai liquidi a base di olio minerale e al glicole acquoso (circuiti di raffreddamento).

Gli esteri fosforici richiedono, invece, particolari rivestimenti.

La lunghezza, prevista dallo schema dell'impianto, tiene conto del raggio minimo di curvatura tipico del tubo e di un tratto rettilineo necessario per il movimento.

Nella **figura B2.30** è riportato il metodo di calcolo.

Una corretta posa dei tubi flessibili ne aumenta la durata: è importante non lasciare il flessibile sottoposto a torsioni, né scendere sotto le curvature minime scegliendo i terminali in modo da evitare sollecitazioni supplementari **|fig. B2.31|**.

Al fine di salvaguardarne le caratteristiche, i tubi flessibili devono essere conservati in luogo fresco e asciutto (la temperatura deve essere a circa 20 °C e l'umidità deve essere circa del 60%) e protetti dalla luce solare diretta.

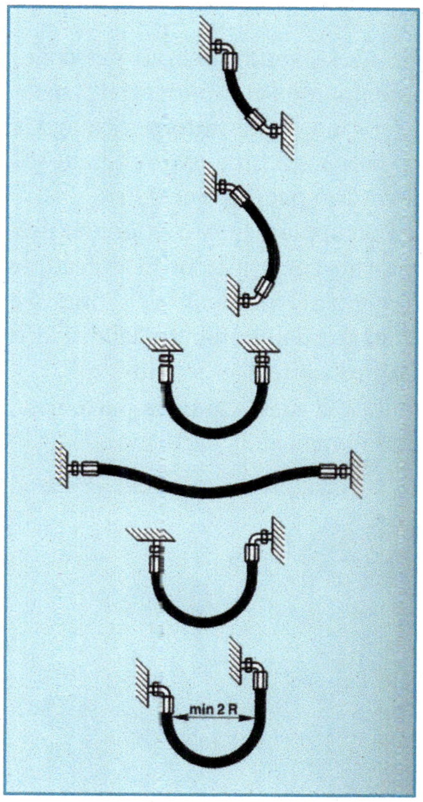

B2.31 Montaggio corretto di tubi flessibili per oleodinamica.

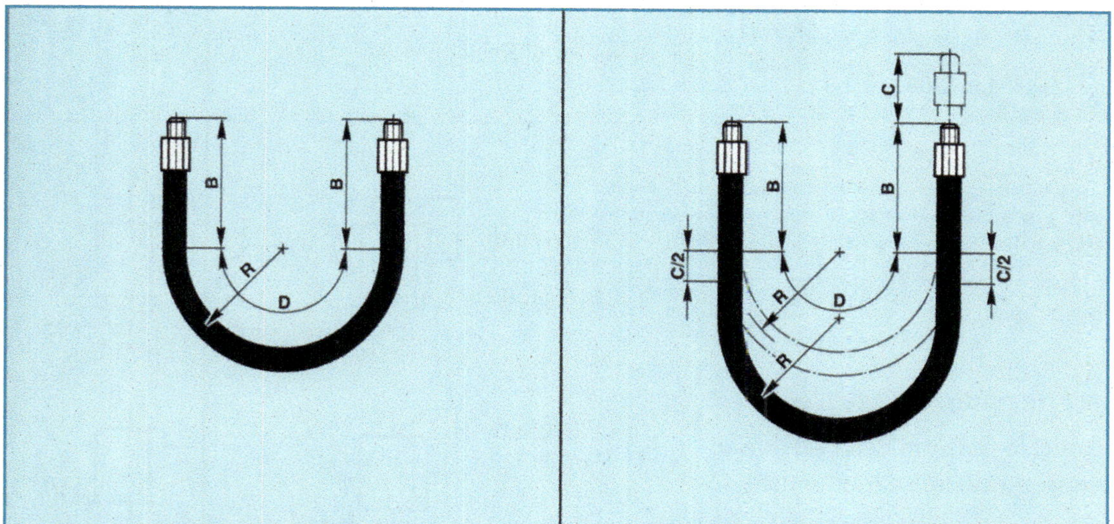

calcolo di tubi flessibili fissi

lunghezza totale L= 2 B + 3,14 • R
(3,14 • R = D)

R ≥ raggio minimo di curvatura

calcolo di tubi flessibili in movimento

lunghezza totale L= 2 B + 3,14 • R + C
(3,14 • R = D)

in caso di tubi flessibili in movimento aggiungere la unghezza C

tipo di flessibile *)	diametro interno DN lunghezza supplementare *B* in mm	6 90	8 100	10 110	12 120	16 130	20 140	25 160	32 180	40 200
1 ST e	pressione di esercizio ammissibile *p* in bar	225	215	180	160	130	105	88	63	50
1 SN	raggio minimo di curvatura *R* in mm	100	115	130	180	200	240	300	420	500
2 ST e	pressione di esercizio ammissibile *p* in bar	400	350	330	275	250	215	165	125	90
2 SN	raggio minimo di curvatura *R* in mm	100	115	130	180	200	240	300	420	500
4 SP e	pressione di esercizio ammissibile *p* in bar	450	—	445	415	350	350	280	210	185
4 SH	raggio minimo di curvatura *R* in mm	150	—	180	230	250	300	340	460	560

B2.30 Esempio di pagina di catalogo riportante il calcolo dei tubi flessibili.

Innesti rapidi

Gli *innesti rapidi* |fig. B2.32| sono utilizzati per collegare e scollegare rapidamente i componenti del sistema oleodinamico e servono, soprattutto, per collegare parti o componenti della macchine che vengono sostituiti spesso (attrezzature specifiche ecc).
Nella esecuzione dell'accoppiamento si azionano delle valvole di non ritorno contenute negli innesti, le quali liberano il passaggio nel momento dell'innesto e lo bloccano a tenuta stagna dal momento del distacco in poi, resistendo alla pressione di esercizio.
Di norma viene montato il maschio nella parte fissa, mentre la femmina è montata sulla parte mobile.

B2.32 Esempio di innesto rapido.

Le valvole di intercettazione

Nei sistemi oleodinamici le funzioni delle **valvole** sono innumerevoli e possono essere suddivise nelle seguenti categorie:

- valvole di sicurezza |fig. B2.33|;
- valvole di controllo della pressione |fig. B2.34|;
- valvole di controllo portata |fig. B2.35|;
- valvole di controllo direzione |fig. B2.36|.

Le **valvole di sicurezza** proteggono i circuiti idraulici da sovraccarichi di pressione: una molla stabilisce il valore di pressione, superato il quale, l'otturatore si solleva e mette in collegamento il circuito con il serbatoio (mette in scarico).
Questo tipo di valvole è utilizzato soprattutto con gli accumulatori.
Le **valvole di controllo della pressione** permettono di stabilire diverse pressioni massime di lavoro in punti differenti dello stesso circuito idraulico.

Un aumento della pressione sulla linea di uscita che superi il valore impostato riduce la portata e, quindi, anche la pressione all'uscita della valvola.

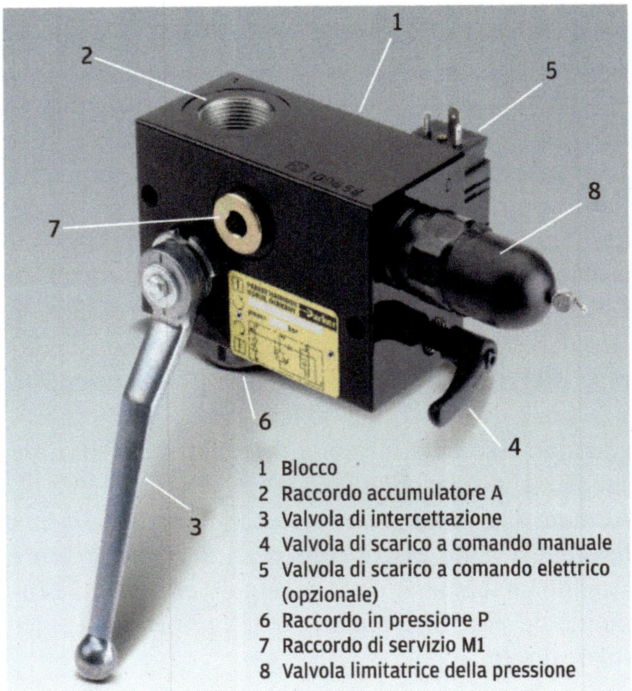

B2.33 Valvole di sicurezza.

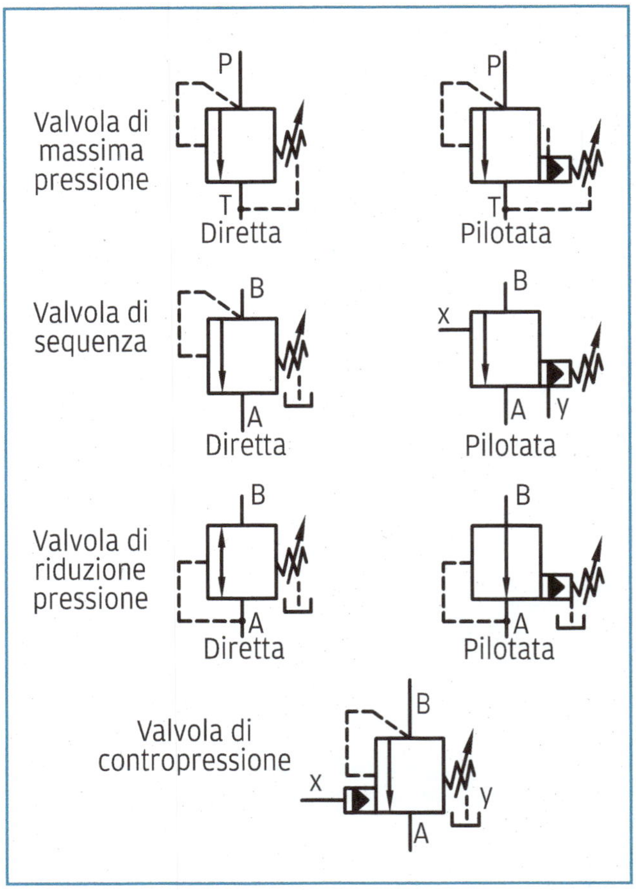

B2.34 Valvole di controllo della pressione.

Le **valvole di controllo della portata** vengono utilizzate quando occorre regolare la velocità degli attuatori idraulici (cilindri, motori ecc.).

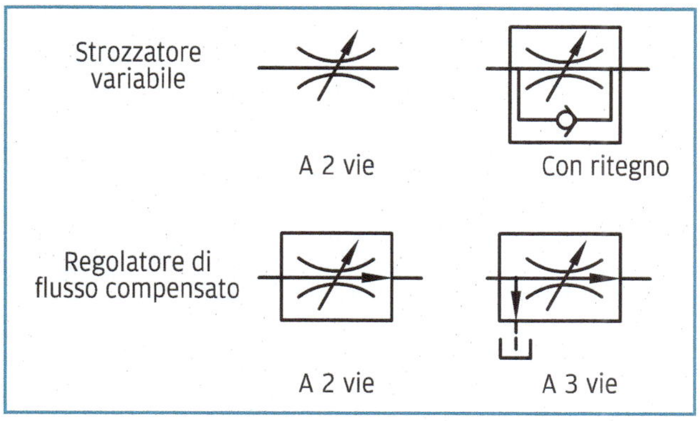

B2.35 Valvole di controllo della portata.

Infine, le **valvole direzionali** permettono di realizzare un collegamento tra due o più rami di un circuito, comandabile tramite un segnale di controllo esterno: tra questa tipologia di valvole, certamente, quelle a comando elettrico sono le più diffuse.
L'**elettrovalvola** |fig. B2.37| è costituita da un dispositivo meccanico di apertura e chiusura, che viene attuato da un solenoide il quale, percorso da corrente, attira un nucleo posizionato in un canale interno, causando lo spostamento meccanico del dispositivo (tappo), e quindi l'apertura o la chiusura dell'elettrovalvola.

B2.37 Elettrovalvole industriali.

Le elettrovalvole sono disponibili in numerosissime configurazioni, classificabili in diverse tipologie illustrate nella tabella B2.7.
Il solenoide apre o chiude un orifizio nel corpo valvola per permettere o impedire un flusso di olio: come si può osservare dalla figura B2.38, il buon funzionamento della valvola è influenzato dalla precisione delle lavorazioni meccaniche e dalle tenute delle guarnizioni.
Come già detto in precedenza, le elettrovalvole esistono in molte configurazioni, tutte normalizzate secondo standard ISO e DIN: in questo modo si assicura la intercambiabilità di prodotti di fornitori diversi.

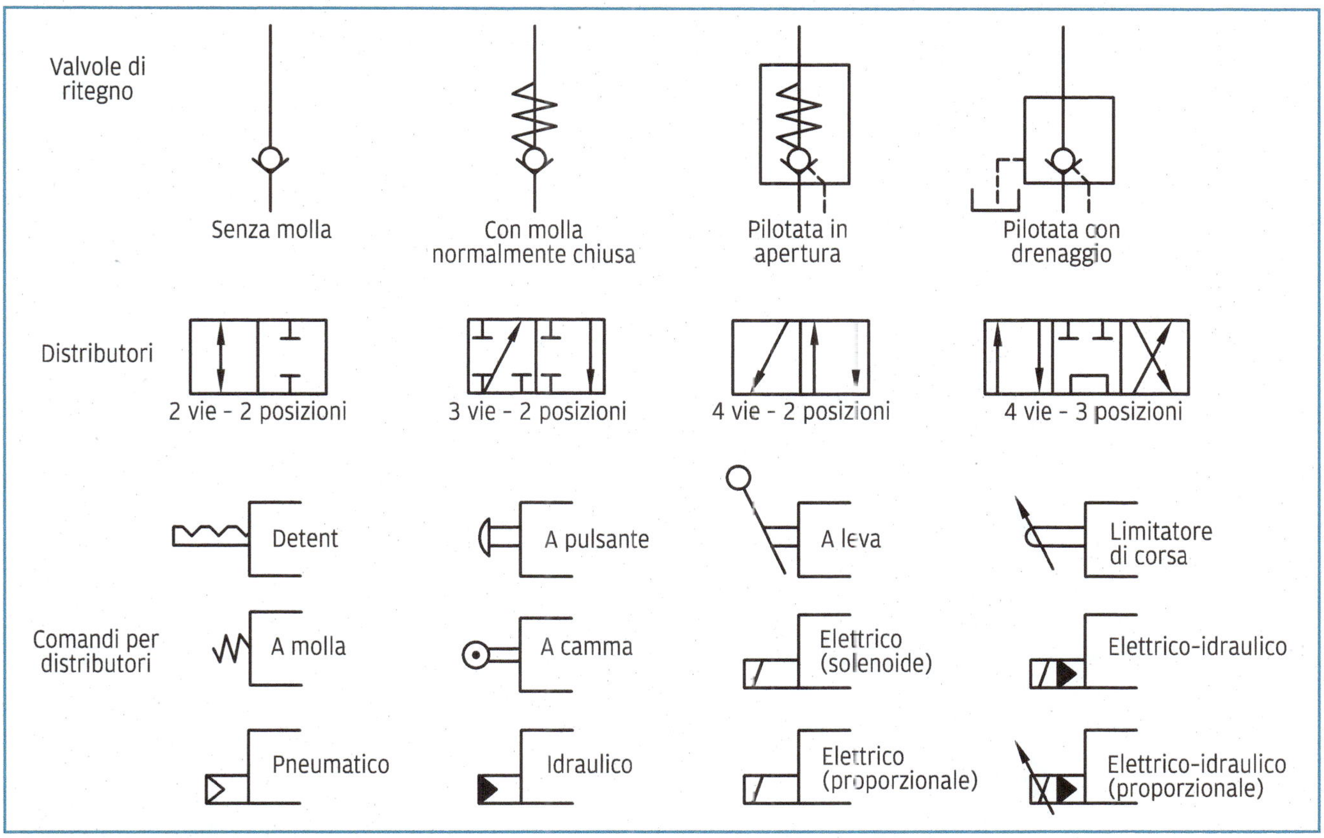

B2.36 Valvole di controllo della direzione.

TABELLA B2.7 **Classificazione delle elettrovalvole di controllo direzione**

Classificazione		Caratteristiche di funzionamento
Passaggi	A due vie	Permette il passaggio dell'olio nelle due differenti direzioni, a seconda delle due posizioni esterne del cursore
	A quattro vie	Permette il passaggio dell'olio nelle due differenti direzioni, a seconda delle quattro posizioni esterne del cursore
Comandi	Manuale	Il cursore è azionato manualmente
	Pressione pilota	Il cursore è azionato dalla pressione pilota (idraulica o pneumatica)
	Solenoide	Il cursore è azionato mediante l'eccitazione di un solenoide
	Solenoide e pressione pilota	L'eccitazione del solenoide permette lo spostamento del cursore pilota incorporato, il quale fa agire la pressione pilota sul cursore principale
Posizione del cursore	A due posizioni	Il cursore ha due posizioni di lavoro
	A tre posizioni	Il cursore ha due posizioni di lavoro più una posizione intermedia o "centrale"
Molle	Molla di richiamo	L'azione della molla riporta automaticamente il cursore nella sua posizione normale, non appena cessa la forza che l'ha spostato (solamente nei distributori a due posizioni)
Molle	Senza molle	Lo spostamento del cursore non è condizionato dall'azione di una molla; il movimento è controllato da una forza qualsiasi e il cursore resta nella posizione desiderata (distributori a due o tre posizioni); solamente il tipo a tre posizioni possiede un dente di arresto
	Molla di centraggio	L'azione della molla riporta automaticamente il cursore al centro, non appena cessa la forza che l'ha spostato (solamente nel distributore a tre posizioni)
Cursore	1. Centro aperto 2. Centro chiuso 3. Centro tandem 4. Centro parzialmente chiuso 5. Centro semiaperto	Questi cinque cursori sono tra i più comuni;riferirsi agli schemi raffiguranti i passaggi dell'olio quando il cursore è al centro (distributori a tre posizioni) e quando è in posizione intermedia (distributori a due posizioni)

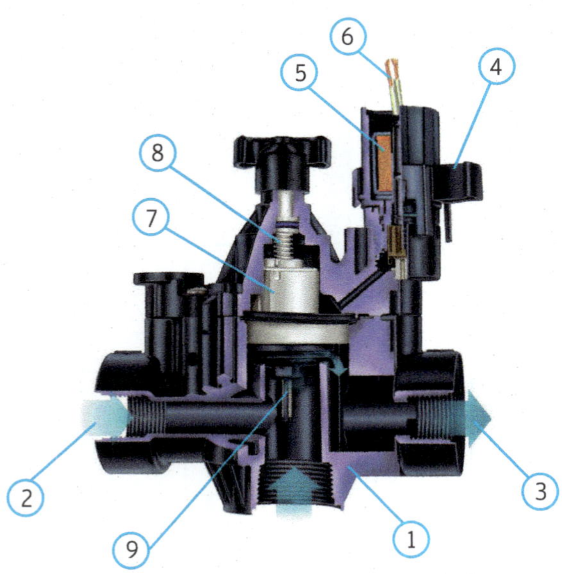

1) Corpo valvola
2) Ingresso
3) Uscita
4) Solenoide
5) Avvolgimenti solenoide
6) Fili
7) Pistone
8) Molla
9) Orifizio

B2.38 Funzionamento di una elettrovalvola a comando diretto e indiretto.

Il montaggio delle elettrovalvole avviene con l'impiego di apposite piastre standardizzate anch'esse disponibili da numerosi fornitori |fig. B2.39|.

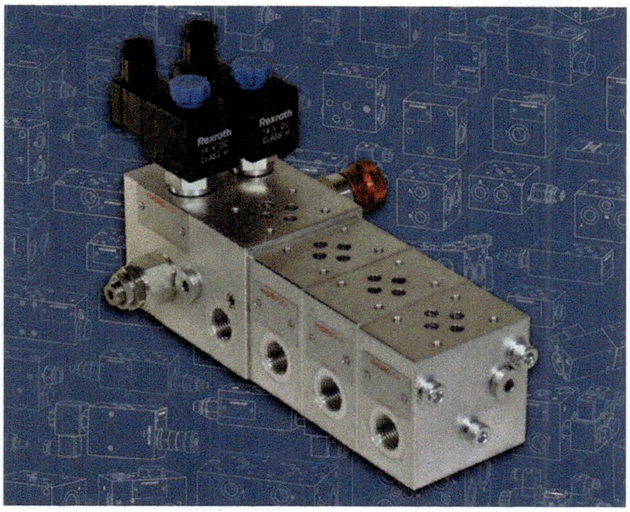

B2.39 Montaggio delle elettrovalvole.

La tenuta dell'interfaccia è assicurata da opportune tenute realizzate con **O-Ring**. Nell'impiego e nel montaggio occorre attenersi alle norme del costruttore, come quelle riportate (parzialmente) nella figura B2.41.

Le servovalvole

Oltre alle elettrovalvole a solenoide, esistono anche altri tipi di elettrovalvole comandate, la cui azione può essere progressiva. L'attuatore elettrico può essere, in questo caso, un motore che sposta con rinvii meccanici l'elemento occludente, controllato a vista, con rilevatori di posizione, o comandati con anello di controllo automatico.
Tali controlli garantiscono il raggiungimento della posizione voluta o, in sistemi più complessi, aggiustano continuativamente l'apertura e la chiusura della valvola a seconda degli effetti desiderati, rilevati a valle da elementi di controllo in catena chiusa.
In questo modo è possibile controllare non solamente la direzione del flusso, ma anche di regolarne la portata ed eventualmente la pressione a valle |fig. B2.40|.

L'impiego di questi componenti è riservato ad applicazioni sofisticate di movimentazione che richiedono un'elettronica di comando complessa.
In seguito alle strette tolleranze costruttive delle servovalvole è necessario che il fluido sia ben filtrato per evitare che piccole particelle causino l'inceppamento del distributore e una ostruzione, anche parziale, dei meati, con conseguente funzionamento irregolare.

B2.40 Servovalvola completa della sua elettronica.

USO PREVISTO DELLE VALVOLE

Le valvole *OLEOWEB* sono destinate a costruttori di macchine ed attrezzature a comando oleodinamico.
Data la vastità applicativa delle valvole oleodinamiche e non essendo sempre nota la destinazione finale del prodotto, questo manuale è stato realizzato limitatamente in funzione delle generiche applicazioni conosciute.

LIMITI DI IMPIEGO

La *OLEOWEB SRL* diffida ogni utilizzatore/clienti o costruttori nell'impiegare le valvole nelle seguenti applicazioni:

- ambienti dove esista il pericolo di esplosione o incendio;
- veicoli ed impianti aeronautici e spaziali;
- sistemi ed impianti sterzanti su veicoli e su mezzi adibiti al trasporto di persone, cose ed animali;
- sistemi frenanti, di blocco e di stallo in genere;
- attrezzature ed impianti di applicazione in campo militare, nucleare, medicale ed ospedaliero

TUTTAVIA LA DIREZIONE TECNICA DELLA OLEOWEB SRL SI RISERVA, DIETRO RICHIESTA DELL'UTILIZZATORE, DI VALUTARE CASO PER CASO LE APPLICAZIONI SOPRA CITATE E DI DARNE QUALORA LO RITENGA OPPORTUNO L'AUTORIZZAZIONE.

SPECIFICHE MECCANICHE

- Non manomettere alcun tipo di valvola, un semplice allentamento di una valvola potrebbe provocare la caduta libera di carichi o il cedimento di strutture.
- Tutte le operazioni d'installazione, montaggio, manutenzione e smontaggio delle valvole e dei componenti ad essa applicati devono essere eseguiti nel massimo rispetto delle norme di sicurezza. Durante queste operazioni, all'interno del circuito oleodinamico non deve mai essere presente pressione (pressione zero) e non deve esistere nessun tipo di carico sulla strutture dell'attrezzatura o della macchina a cui la valvola è applicata (carico zero).

SPECIFICHE ELETTRICHE

- Tutti i collegamenti e scollegamenti elettrici devono essere eseguiti da personale specializzato e competente.
- Prima di procedere a qualsiasi tipo di operazione o di intervento sulla valvola, devono essere scollegate dalla linea elettrica di alimentazione.

SPECIFICHE DI SICUREZZA

- Usare protezioni antinfortunistiche;
- Lavorare in condizioni di massima pulizia;
- Lavorare in condizioni di massima sicurezza;
- Usare strumenti, attrezzi e banchi di servizio adatti e puliti;
- Durante le operazioni di avviamento, normale lavoro, manutenzione, regolazione, sfiato dell'impianto, intervento e azionamento di valvole e vari elementi di controllo POSSONO VERIFICARSI DEGLI SCHIZZI IMPROVVISI E DELLE FUORIUSCITE DI FLUIDO IDRAULICO, IL QUALE PUÒ RAGGIUNGERE TEMPERATURE TALI DA CAUSARE USTIONI ALLA PELLE.

Il fluido idraulico può essere pericoloso per la salute in quanto il contatto con la pelle e gli occhi può causare gravi danni.
Attenersi scrupolosamente alle disposizioni di protezione e sicurezza imposte dal produttore del fluido idraulico riportate sulla scheda tecnica e tossicologica del prodotto.
Il fluido idraulico può essere un prodotto inquinante. È perciò buona norma evitare perdite di fluido idraulico con prodotti oleoassorbenti.
Rapide variazioni di temperatura possono pregiudicare sia le caratteristiche che la durata del prodotto, pertanto è indispensabile proteggerlo da queste situazioni.

MONTAGGIO

Un montaggio ed una corretta installazione sono fattori essenziali per il buon funzionamento nel tempo di un impianto oleodinamico.
La polvere e la sporcizia sono i peggiori nemici dell'oleodinamica.
Durante l'installazione preoccuparsi quindi della massima pulizia effettuando le principali operazioni di collegamento in un locale pulito e non polveroso.
Le valvole devono essere montate in modo tale da permettere una facile accessibilità ai comandi, alle ispezioni, alla manutenzione ed alla riparazione, inoltre è altrettanto indispensabile che esse vengano montate in una zona protetta da urti accidentali e riparata da casuali contatti fisici, poichè la temperatura raggiunta durante il funzionamento può essere causa di ustioni.

MOVIMENTAZIONE

Le valvole oleodinamiche sono dei prodotti da maneggiare con cura ed attenzione.
Per loro caratteristica presentano protuberanze soggette a rottura.

STOCCAGGIO

Le valvole oleodinamiche devono essere stoccate in un luogo protetto, possibilmente chiuso, al riparo da polvere, sporcizia, umidità ed intemperie, ad una temperatura non inferiore a -15° C e non superiore a +50° C.
Inoltre, la protezione deve evitare la perdita di fluido idraulico rimasto nella valvola dopo il collaudo e non consentire l'accesso di corpi estranei, i quali si potrebbero dimostrare molto pericolosi per il buon funzionamento e per la durata della valvola.

SMALTIMENTO VALVOLE

Le valvole oleodinamiche sono costruite principalmente in lega di alluminio, in lega di acciaio e in materiale plastico; possono essere smaltite come normali materiali inviati al riciclaggio con l'unica avvertenza di effettuare lo svuotamento dal fluido idraulico in tutte le sue parti.

SMALTIMENTO FLUIDO IDRAULICO

I fluidi idraulici sono soggetti a speciali prescrizioni di smaltimento: rispettare le indicazioni e le istruzioni dei produttori e attenersi alle disposizioni legislative vigenti nel Paese di utilizzazione.

NON DISPERDERE NELL' AMBIENTE IL FLUIDO SOSTITUITO

MANUTENZIONE

Un impianto oleoidraulico ben installato e curato nella fase di montaggio e messa in esercizio assicura una lunga durata senza inconvenienti e non necessita di particolari cure manutentive. Il principio di base è la necessità di controllare spesso la qualità e lo stato del fluido che trasmette potenza e assicurarsi dell'assenza di impurità nel circuito cui è rapportata l'affidabilità di qualsiasi macchina oleoidraulica.
Infatti, fra le cause principali di fuori servizio o di guasto, si può segnalare il bloccaggio di apparecchiature a seguito di grippaggi o di rotture dovuti ad usura e ad invecchiamento del fluido che trasmette potenza, con conseguente perdita delle sue proprietà chimico-fisiche. È ormai accertato che la causa principale di tutti questi inconvenienti è dovuta alla presenza di particolari e microparticelle che circolano continuamente nel fluido

B2.41 Esempio di pagina di catalogo riportante le caratteristiche generali di una elettrovalvola e relative norme da rispettare.

B2.2 Circuiti pneumatici di potenza

L'aria compressa

La **Pneumatica** è la tecnologia che si occupa delle applicazioni industriali dell'**aria**, un miscuglio di vari gas invisibile, inodore, incolore e insapore.

Molte delle caratteristiche dei componenti pneumatici sono simili a quelle dei componenti idraulici e, in questa sede, si cercherà di identificare e sottolineare le differenze e le peculiarità dei **circuiti ad aria**.

Mentre l'Oleodinamica utilizza come fluido motore un fluido incomprimibile (l'olio), la Pneumatica utilizza un fluido comprimibile, cioè un gas (l'aria).
I gas che compongo l'aria sono azoto (circa per il 78%), ossigeno (21%) e altri gas (argon, anidride carbonica, vapore acqueo e altri gas rari).
Le differenze tecnologiche tra Pneumatica e Oleodinamica nascono tutte dalla comprimibilità del fluido utilizzato, come si vedrà meglio affrontando i gruppi compressori.
L'aria non è tossica e può essere restituita all'ambiente dopo l'utilizzo, senza particolari trattamenti; non necessita di tubazioni di ritorno all'impianto di compressione (un'evidente semplificazione nella realizzazione di un circuito).
Le perdite e i trafilamenti, che costituiscono un problema ecologico e di sicurezza per gli impianti oleodinamici (si pensi al pericolo di incendio nel caso di liquidi infiammabili), sono invece normali e non pericolosi negli impianti pneumatici. Tutti i componenti utilizzati per la costruzione di questi ultimi sono più semplici ed economici: per esempio, un raccordo a pressione è progettato per ammettere fino a 0,18 l/ora di perdita alla pressione nominale.
I **sistemi pneumatici**, tuttavia, presentano i seguenti svantaggi:

- l'aria compressa richiede una buona preparazione, quindi sporco e acqua condensata non devono essere presenti nel circuito;
- non sempre è possibile ottenere velocità uniformi e costanti nel movimento dei cilindri;
- l'aria compressa è economica fino a un certo livello di forza; in condizioni normali (6-7 bar) il limite è intorno ai 40 000 N;
- lo scarico dell'aria è rumoroso; questo problema può essere risolto con l'impiego di materiali fonoassorbenti.

L'aria ha un suo peso, che viene detto **pressione atmosferica** |fig. B2.42| e corrisponde, al livello del mare, a 1,033 daN/cm².

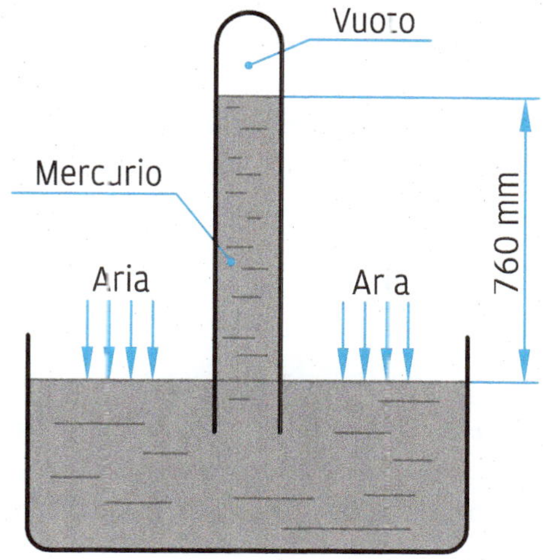

B2.42 L'esperimento di Torricelli per la misura del peso dell'aria.

Quando si parla di *pressione* nelle applicazioni pneumatiche, si intende normalmente la **pressione relativa**, cioè quella che solitamente viene misurata con i **manometri**. La **pressione assoluta** è la somma delle due pressioni precedenti.
La **depressione** viene misurata da strumenti detti **vacuometri** e il suo valore massimo è il **vuoto assoluto**.
Nel Sistema Internazionale (SI) l'unità di misura della pressione è il **pascal** [Pa], corrispondente a una pressione di 1 N/m². Nel sistema industriale talvolta si utilizza ancora l'atmosfera, il cui simbolo è **atm** e corrisponde a 10^5 Pa. Molto diffusa è ancora l'unità di misura anglosassone **psi**, che corrisponde a 6900 Pa.

Componenti

Standard

Gli standard internazionali hanno una grande importanza nella Pneumatica, come d'altronde nell'Oleodinamica; essi, infatti, promuovono la razionalizzazione e favoriscono la sicurezza delle persone e degli impianti. Nell'impiego del materiale occorre assicurarsi che siano utilizzati con aria compressa pulita e priva di sostanze aggressive.
I simboli utilizzati in Pneumatica sono definiti dallo standard DIN ISO 1219.

Unità di trattamento aria

Dopo la compressione, l'aria deve essere trattata per migliorarne la qualità, misurata secondo ISO 8573-1 da tre impurità che compromettono il buon funzionamento e la durata delle apparecchiature pneumatiche:

- la quantità di acqua nell'aria:
- la quantità di olio nell'aria:
- la quantità di particelle solide nell'aria.

La **tabella B2.8** riporta la classificazione delle qualità dell'aria secondo la norma vigente.
I filtri eliminano dall'aria compressa l'umidità condensata, la polvere e le particelle solide, i vapori dell'olio e altri gas corrosivi. Per una completa eliminazione dell'acqua dall'aria è opportuno utilizzare un essiccatore. Poiché i filtri eliminano soltanto una parte di umidità, è bene prevedere due filtri in serie: il primo con grado di filtraggio da 1 μm e il secondo da 0,01 μm.

Nel filtro **|fig. B2.43|** viene dapprima deumidificata l'aria (per coalescenza), raccogliendo la condensa nella parte bassa della tazza dove, generalmente, è alloggiato un dispositivo automatico per lo scarico dell'acqua.

B2.43 Filtro.

La funzionalità del dispositivo è importante per evitare che l'acqua venga aspirata in rete.
L'aria deumidificata viene fatta passare in un elemento filtrante composto di materiale poroso; la dimensione delle particelle che riesce a trattenere definisce il grado di filtrazione: 5/10/20/50 μm.
I filtri non metallici devono essere dotati di una protezione antiscoppio.

Lubrificatore

In condizioni normali si tenta di non utilizzare lubrificazione nei sistemi pneumatici, per ridurre l'inquinamento. Esistono componenti che devono lavorare esclusivamente senza lubrificazione e sono normalmente specificati nei cataloghi.
In condizioni particolarmente gravose (per esempio nel caso di movimenti dei cilindri molto rapidi, sopra i 2 m/s), però, risulta necessario l'impiego di un sistema automatico che immetta costantemente olio nebulizzato nell'aria compressa; tale olio andrà a depositarsi sulle superfici di scorrimento riducendone l'attrito e il consumo. Questi dispositivi devono essere montati in prossimità degli utilizzi, in modo da evitare accumuli di olio nelle curve e nei raccordi dell'impianto.
Il **sistema di lubrificazione a nebbia** illustrato nella **fig. B2.44** rappresenta la tipica soluzione utilizzata per lubrificare organi meccanici in movimento ad alta velocità, in particolare mandrini.

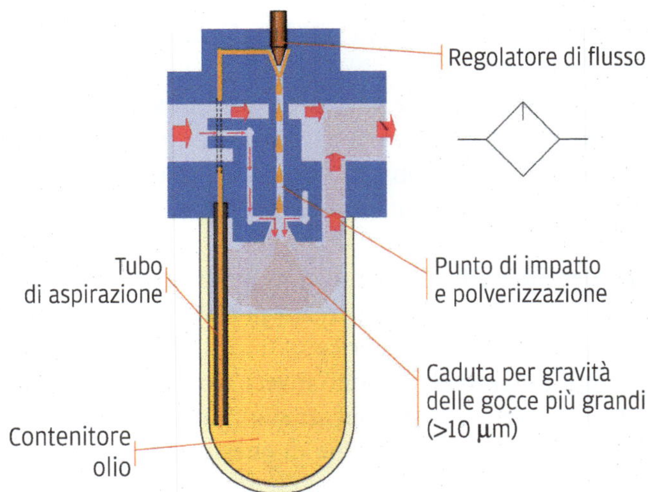

B2.44 Lubrificazione.

TABELLA B2.8 Classificazione delle qualità dell'aria

Classe	Particelle solide		Quantità di acqua	Quantità di olio
	Massima dimensione particelle [μm]	Massima densità particelle [mg/m³]	Massima punto di rugiada sotto pressione [°C]	Massima concentrazione di olio [mg/m³]
1	0,1	0,1	–70	0,01
2	1	1	–40	0,1
3	5	5	–20	1
4	15	8	+3	5
5	40	10	+7	25
6	-	-	+10	-
7	-	-	-	-

Se un componente utilizzato senza lubrificazione è impiegato anche una sola volta con aria lubrificata, per tutte le applicazioni successive si dovrà utilizzare sempre l'aria lubrificata perché l'olio dilava la lubrificazione permanente prevista nei componenti destinati a lavorare in aria secca.
Gli **oli biologici** a base di esteri non sono adatti per la lubrificazione di componenti pneumatici. Le tipologie di olio idoneo sono: ARAL Vitam GF 32; BP Energol HLP 32; ESSO Nuto H 32; MOBIL DTE 24; SHELL Tellus Oil DO 32.
L'intervallo di viscosità richiesto è dato della classe ISO VG 32 (secondo ISO 3448), cioè 32 mm^2/s a 40 °C.
Spesso il filtro, il lubrificatore e il regolatore di pressione sono montati in un unico gruppo, definito **gruppo di condizionamento FRL** |fig. B2.45|, il cui simbolo è riportato nella figura B2.46.

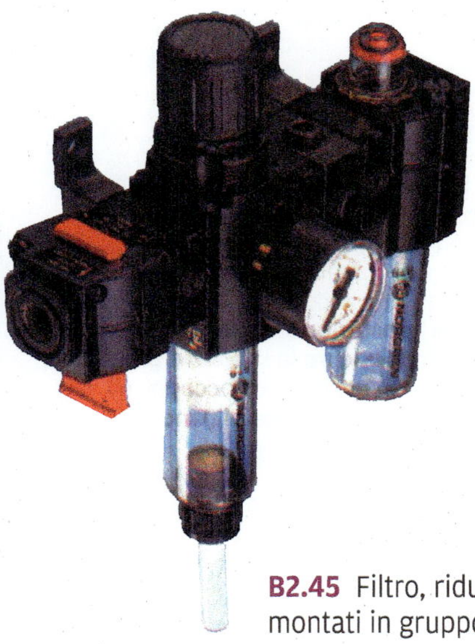

B2.45 Filtro, riduttore e lubrificatore montati in gruppo.

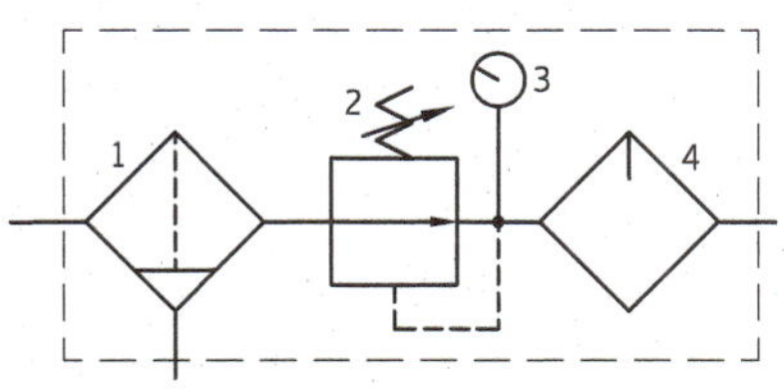

B2.46 Simbolo del gruppo FRL: fitro (1); riduttore di pressione (2); manometro (3); lubrificatore (4).

Lubrificazione permanente

Per la **lubrificazione permanente** dei componenti pneumatici sono stati sviluppati grassi adatti a diverse condizioni di funzionamento. Si noti che i componenti commerciali sono già lubrificati. Di seguito sarà fatto un elenco dei grassi più utilizzati per la lubrificazione permanente dei componenti pneumatici, con le loro caratteristiche.

Polymer 400: grasso sintetico a base di PTFE, adatto come lubrificante di grandissima durata; viene utilizzato su valvole e cilindri, è resistente al lavaggio grazie alle sue capacità aggrappanti e alle temperature comprese tra –20 °C e +160 °C.

Molycote PG54: grasso a base di silicone e litio, resistente all'acqua e utilizzabile in un range compreso tra –50 °C e +180 °C. È un lubrificante adatto ai cilindri definiti *low fiction*, ovvero ad **alto scorrimento**.

Molycote 111: lubrificante di lunghissima durata, indicato nelle applicazioni in cui sono richiesti movimenti continui e regolari anche a basse velocità. È adatto a intervalli di temperatura compresi tra –40°C e +200 °C, resiste bene all'acqua.

Paralique GA 351: grasso minerale specifico per impieghi alimentari di media durata.

Belub FR 16: grasso sintetico con ottimo potere aggrappante, resiste all'acqua calda, al vapore e ai detergenti. È utilizzato come lubrificante per le apparecchiature che lavorano a basse temperature(fino a –50 °C).

Turmtemp II/400RS 2: grasso lubrificante adatto ad applicazioni nel settore medicale, ha ottima compatibilità con tutti i materiali in una gamma di temperatura compresa tra –30 °C e +260 °C. È stato progettato per prevenire le cariche elettrostatiche (aspetto importante nel caso di apparecchiature destinate a lavorare in ambienti potenzialmente esplosivi secondo la direttiva ATEX 94/9/CE dell'1.7.2003).

Quando un circuito viene alimentato, l'aria compressa impiega un certo tempo a raggiungere tutti i componenti, creando squilibri di pressione che possono generare movimenti pericolosi e non previsti. Per evitare queste situazioni si utilizzano degli **avviatori progressivi** che immettono lentamente l'aria nell'impianto. Nella figura B2.48 è riportata la scheda tecnica di un avviatore progressivo che permette l'ingresso del flusso totale soltanto quando la pressione nel circuito a valle è salito almeno al 50% del valore previsto di funzionamento. Il simbolo dell'avviatore è rappresentato nella figura B2.47.

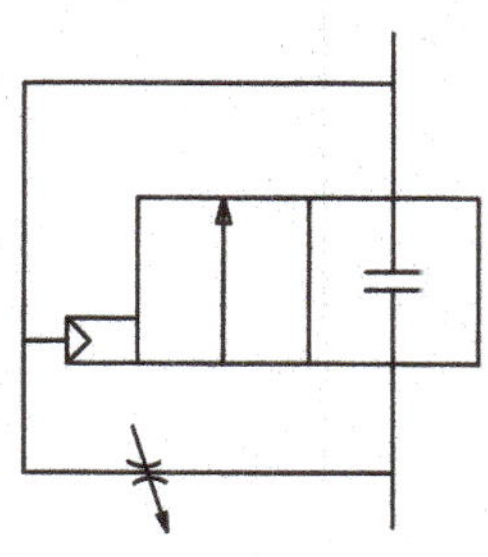

B2.47 Simbolo dell'avviatore progressivo.

Valvole ad avviamento progressivo Serie MX

Novità

Attacchi MX2: G3/8, G1/2, G3/4 - Attacchi MX3: G3/4, G1
Modulari

- Funzione di sicurezza per mantenere la sequenza di comando
- Apertura della sede principale a circa il 50% della pressione di ingresso
- Pressostati disponibili su richiesta

La Serie MX offre soluzioni multisettoriali che assicurano un risparmio in termini di tempo d'installazione, di spazio e di costi. Un apposito configuratore, disponibile sul sito Camozzi http://catalogue.camozzi.com (sez. Configuratori), permette al cliente di scegliere la soluzione più idonea, selezionando i singoli componenti o configurando FRL assemblati.

Queste valvole di inserimento ad azionamento progressivo pneumatico permettono l'aumento graduale della pressione negli impianti pneumatici. La pressione aumenta lentamente in funzione della regolazione fino a raggiungere metà del valore impostato, quindi aumenta rapidamente. L'otturatore si porta lentamente e in tutta sicurezza alla posizione di partenza, evitando, così, movimenti improvvisi e inaspettati.

CARATTERISTICHE GENERALI

Tipo costruttivo	modulare, compatto, a otturatore
Materiali	vedi TABELLA MATERIALI (pag. 3/1.40.02)
Attacchi	MX2: G3/8 - G1/2 - G3/4 MX3: G3/4 - G1
Montaggio	in linea a parete (con morsetti)
Temperatura d'esercizio	-5°C ÷ 50°C fino a 16 bar (con punto di rugiada del fluido inferiore di 2°C al valore della T min di lavoro) 50°C ÷ 60°C fino a 10 bar (con punto di rugiada del fluido inferiore di 2°C al valore della T min di lavoro)
Pressione d'esercizio	2 ÷ 16 bar
Portata nominale (a 6 bar con ΔP 1 bar)	MX2: 5800 l/min (G1/2, G3/4) MX2: 4500 l/min (G3/8) MX3: 8500 l/min
Fluido	aria compressa

B2.48 Esempio di pagina di catalogo con la scheda tecnica di un avviatore progressivo.

Valvole ed elettrovalvole

In Pneumatica la valvola è un dispositivo che intercetta e distribuisce l'aria compressa e ne regola il flusso:

- le **valvole di intercettazione** bloccano il flusso in base alle necessità;
- le **valvole di regolazione** variano il flusso regolando la pressione o la portata;
- le **valvole di distribuzione** deviano il flusso dell'aria a seconda delle necessità; sono distinte in un corpo e in un comando che, generalmente, si possono separare per consentire una facile sostituzione.

Esistono diversi tipi di valvole di distribuzione, il cui funzionamento è illustrato nelle figure B2.49 e B2.50.

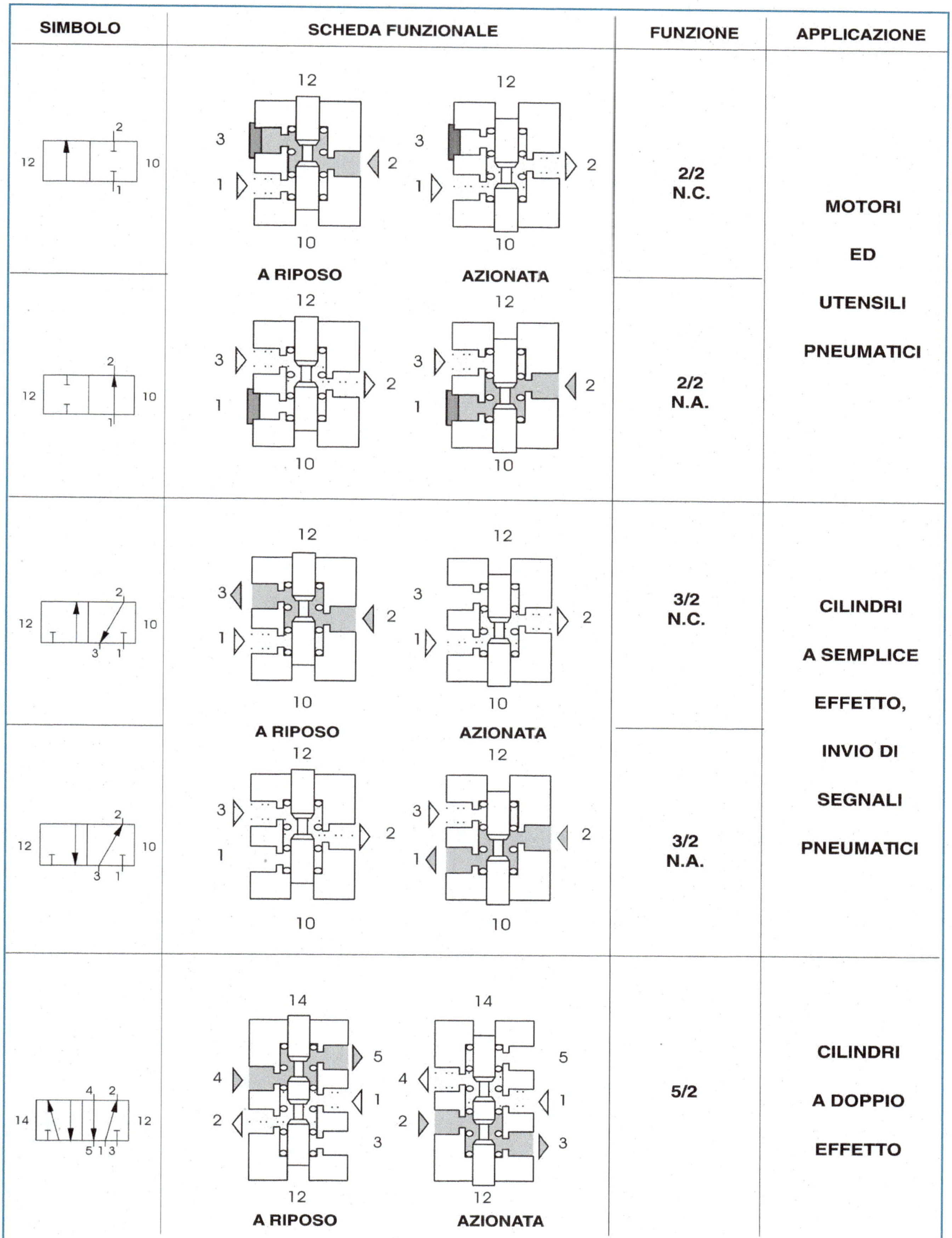

B2.49 Esempi di valvole di distribuzione.

SIMBOLO	SCHEDA FUNZIONALE	FUNZIONE	APPLICAZIONE
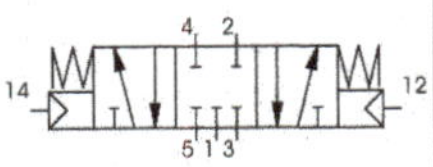	AZIONATA · A RIPOSO · AZIONATA 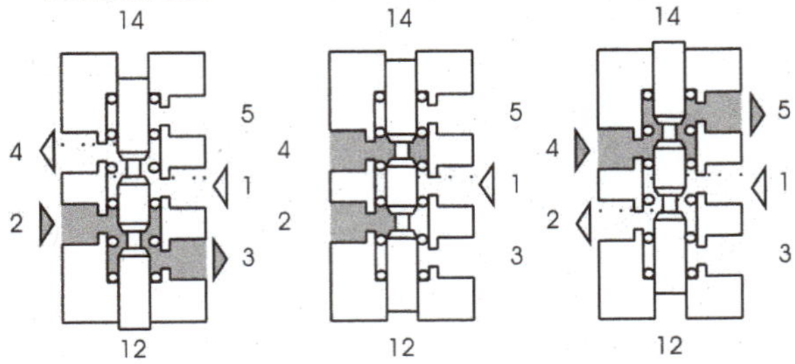	5/3 CENTRI CHIUSI	CILINDRI A DOPPIO EFFETTO CON STOP INTERMEDI
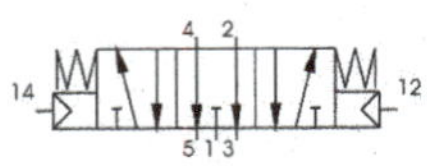	AZIONATA · A RIPOSO · AZIONATA 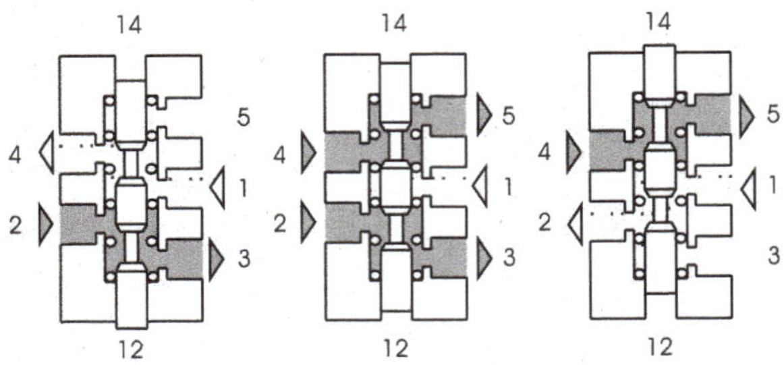	5/3 CENTRI APERTI	CILINDRI A DOPPIO EFFETTO CON CAMERE IN SCARICO
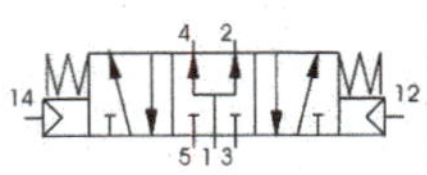	AZIONATA · A RIPOSO · AZIONATA 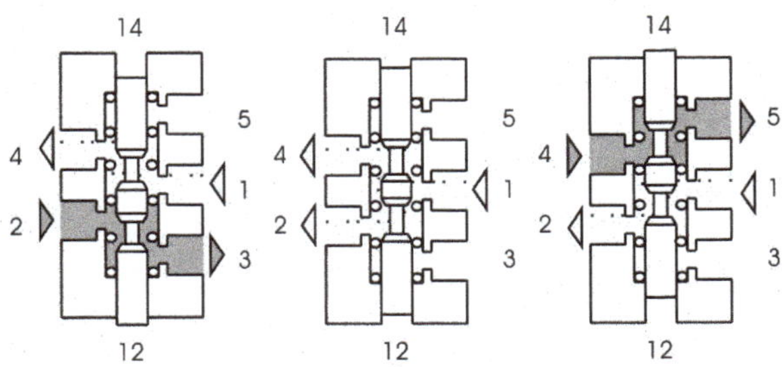	5/3 CENTRI IN PRESSIONE	APPLICAZIONI CON BLOCCO MECCANICO DELLO STELO

Le vie delle valvole sono identificate secondo le normative ISO da numeri che sostituiscono le vecchia identificazione con lettere dell'alfabeto.
Il prospetto che segue confronta la definizione delle connessioni con la normativa CETOP.

B2.50 Ulteriori esempi di valvole di distribuzione.

Nella **tabella B2.9** sono riportati i simboli ISO delle stesse valvole.

TABELLA B2.9 Valvole di distribuzione (ISO)

Vie	Pos.	Funzione	Simbolo
2	2	norm. chiusa	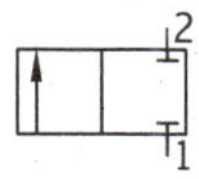
2	2	norm. aperta	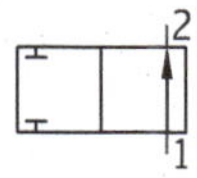
3	2	norm. chiusa	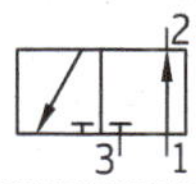
3	2	norm. aperta	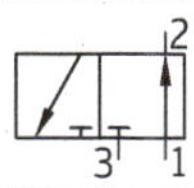
5	2	scarichi separati	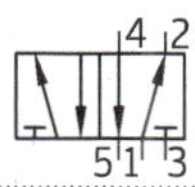
5	3	centri chiusi	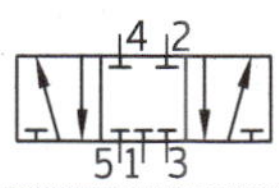
5	3	centri aperti	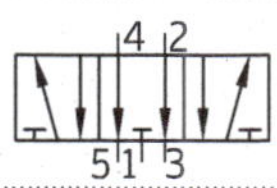
5	3	centri in pressione	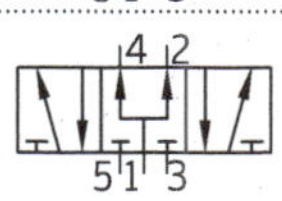

Generalmente le caratteristiche di una valvola sono:

- la portata massima [nl/min], che corrisponde alla portata in uscita da un componente alimentato alla pressione assoluta di 7 bar che scarica in ambiente atmosferico;
- la portata nominale normale [nl/(min bar)], cioè la portata in efflusso da un componente alimentato alla pressione assoluta di 7 bar e che scarica in ambiente con pressione assoluta di 6 bar;
- la sezione equivalente [mm^2], cioè la sezione di una luce di passaggio che, in condizioni date, conduce la stessa portata della valvola;
- il coefficiente idraulico [l/min], cioè la portata di acqua che passerebbe nella valvola con un salto di pressione pari a 1 bar.

Le definizioni sono assai diverse e occorre molta attenzione nell'esame delle caratteristiche dei componenti quando si ricercano degli equivalenti.
I componenti pneumatici sono disponibili secondo taglie che vengono identificate dalle dimensioni dei raccordi e che sono le seguenti:

- 1/8"
- 1/4"
- 3/8"
- 1/2"
- 3/4"
- 1"

laddove si utilizzano ancora le dimensioni in pollici.

Anche il **tempo di risposta** di una valvola pneumatica caratterizza il comportamento del componente, ed è definito dalla norma VDI 3290 **|fig. B2.51|** come *il tempo che intercorre tra il raggiungimento del 10% del valore nominale del segnale di ingresso e il superamento del 90% della pressione finale (valore di ingresso) alla bocca di uscita.*

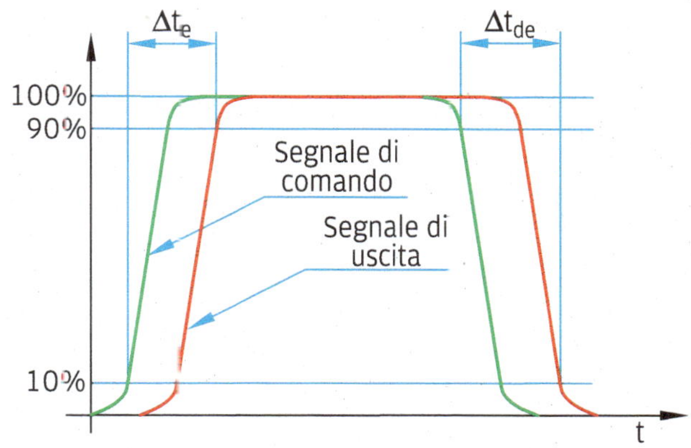

B2.51 Tempo di risposta di una valvola.

Le valvole vengono costruite seguendo lo standard ISO 15407, che prevede dimensioni diverse per portate diverse, che corrispondono a raccordi di 1/8", 1/4".

Nel caso di **montaggio ad isola** le portate corrispondono a spessori diversi.
Oggi, le isole sono collegate con **bus di campo** ai PLC di controllo: anche questa è una variabile da tener presente nella scelta dei componenti sostitutivi.

La **figura B2.52** rappresenta un'isola di elettrovalvole "Festo" collegabile con bus di campo.

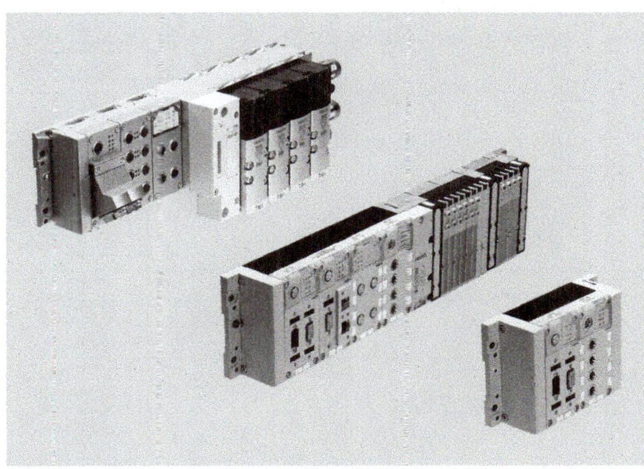

B2.52 Bus di campo.

Attuatori: i cilindri

La **figura B2.53** riporta nel dettaglio la classificazione dei **cilindri**: come si può osservare, ne esistono innumerevoli tipi. Essi dividono gli elementi costruttivi comuni come riportato nella **figura B2.54**.

La forza esercitata da un cilindro è direttamente proporzionale alla pressione di alimentazione e alla superficie sulla quale si esercita; la forza reale, invece, tiene conto delle perdite di attrito statico (alla partenza) e di attrito dinamico (durante il movimento).

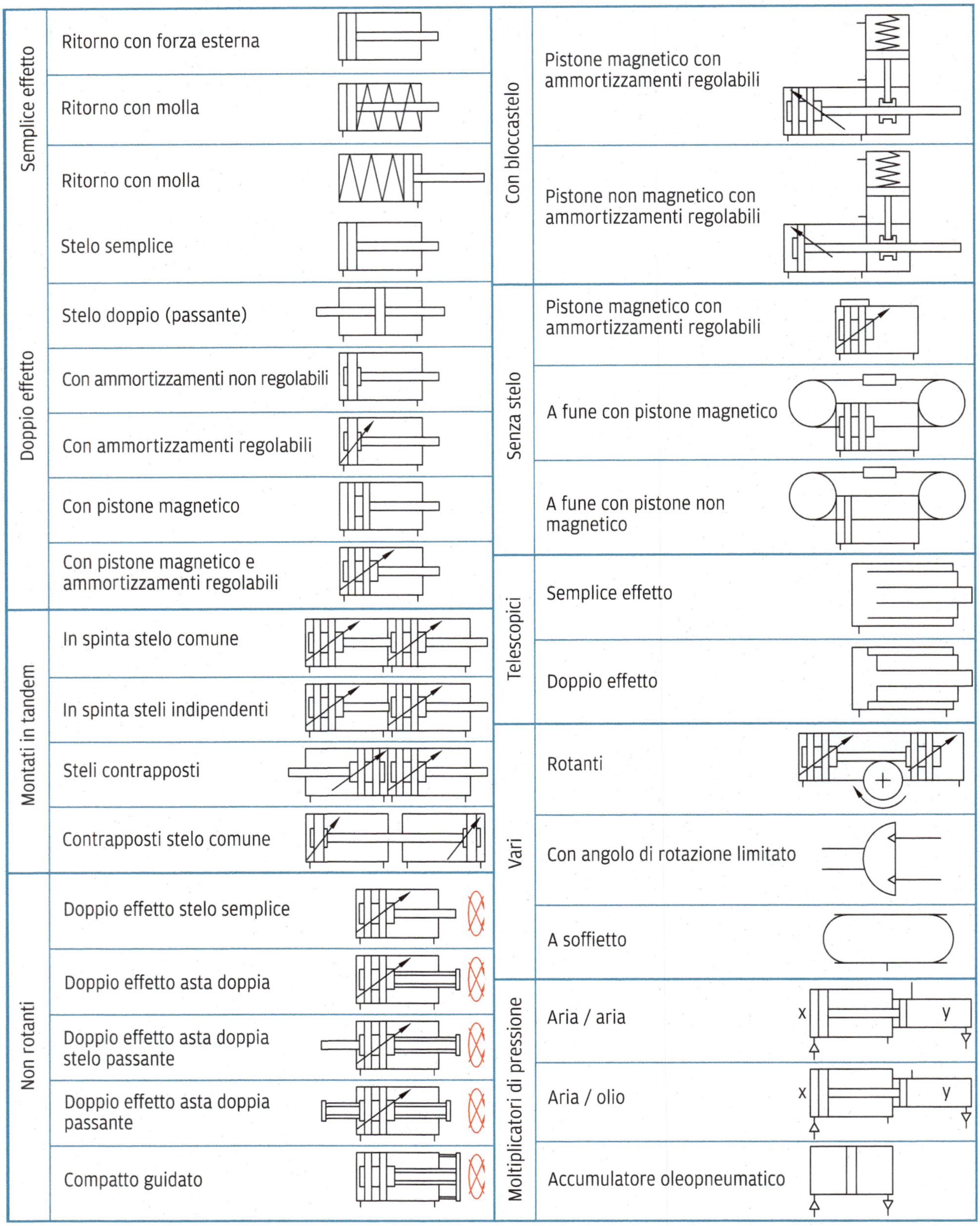

B2.53 Simbologia pneumatica dei cilindri.

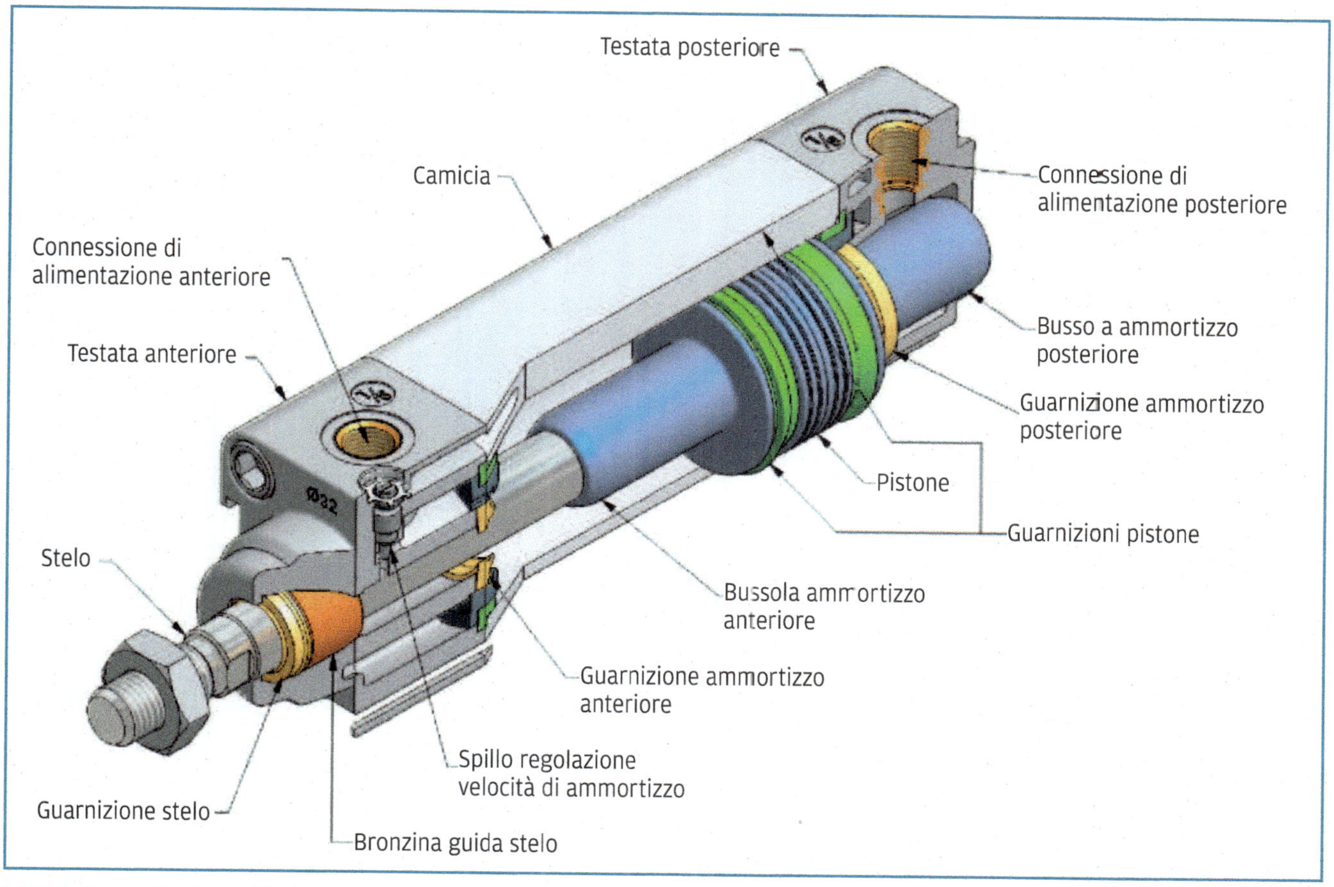

B2.54 Spaccato di un cilindro.

Per calcolare la forza esercitata da un cilindro si stima generalmente una riduzione del 10-15% rispetto alla forza teorica, come illustrato nella **tabella B2.10**.

I cilindri pneumatici possono essere utilizzati per generare movimenti veloci, fino a oltre 1 m/s e spinte fino a 25-30 kN, mentre i cilindri idraulici sono normalmente limitati a velocità fino a 0,6-0,8 m/s ma con carichi generalmente superiori a 10 kN. I campi di applicazione sono illustrati nella **figura B2.55**.

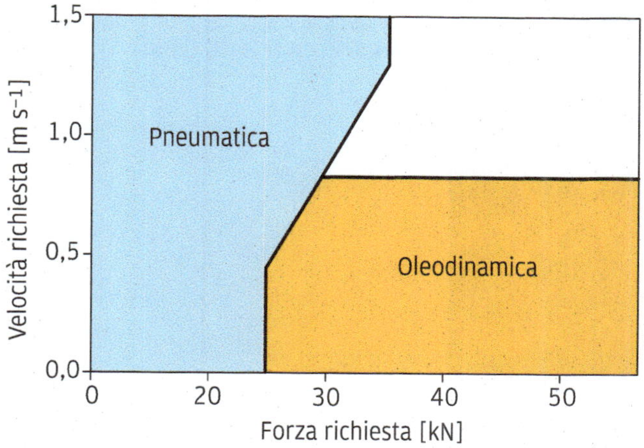

B2.55 Campi di applicazione di un cilindro.

Al termine del suo movimento, il cilindro deve essere rallentato per evitare urti del pistone contro la testata: normalmente i cilindri sono provvisti di un sistema interno di ammortizzo (simile a quanto visto nel caso dei cilindri idraulici), che aumenta la vita dell'attuatore. Sono disponibili anche sistemi esterni di ammortizzo. Ancora una volta la differenza tra la tecnologia dell'aria e quella dell'olio risulta evidente nel comando sequenziale dei movimenti di cilindri, facile nel caso di cilindri idraulici e molto difficile da controllare nel caso della Pneumatica.

I tubi di collegamento

I **tubi di collegamento** tra valvola di comando e cilindro attuatore non devono influenzare la prestazione in portata della valvola; il loro diametro dovrà essere almeno 1,5 volte superiore al diametro nominale della valvola per evitare cadute di pressione indesiderate.
La capacità di condurre di un tubo diminuisce progressivamente con l'aumentare della sua lunghezza, a causa delle cadute di pressione dovute all'attrito dell'aria contro le pareti del tubo stesso.
Sono disponibili molti programmi di calcolo che aiutano nel dimensionamento dei tubi in un impianto, oppure si può ricorrere ai nomogrammi, come quelli riportati nella **figura B2.56**.

TABELLA B2.10 Forza esercitata da un cilindro

Alesaggio [mm]	Sezione di spinta [mm²]	Pressione di alimentazione [bar]									
		1	2	3	4	5	6	7	8	9	10
Ø6	28	2,5	5,5	8	11	13,5	16,5	19	22	24,5	27,5
Ø8	50	4,5	9,5	14,5	19,5	24,5	29,5	34	39	44	49
Ø10	79	7,5	15	23	30,5	38	46	53,5	61,5	69	76,5
Ø12	113	11	22	33	44	55	66	77	88	99	110
Ø16	201	19	39	59	78	98	118	137	157	177	197
Ø20	314	30	61	92	123	153	184	215	246	277	307
Ø25	491	48	96	144	192	240	288	336	384	433	481
Ø32	804	78	157	236	315	394	472	551	630	709	788
Ø40	1256	123	246	369	492	615	739	862	985	1108	1231
Ø50	1963	192	384	577	769	962	1154	1347	1539	1732	1924
Ø63	3116	305	611	916	1222	1527	1833	2138	2444	2749	3055
Ø80	5024	492	985	1478	1970	2463	2956	3448	3941	4434	4926
Ø100	7850	769	1539	2309	3079	3849	4618	5388	6158	6928	7698
Ø125	12 266	1202	2405	3608	4811	6014	7217	8419	9622	10 825	12 028
Ø160	20 096	1970	3941	5912	7882	9853	11 824	13 795	15 765	17 736	19 707
Ø200	31 400	3079	6158	9237	12 317	15 396	18 475	21 555	24 634	27 713	30 792
Ø250	49 063	4811	9622	14 434	19 245	24 056	28 868	33 679	38 491	43 302	48 113

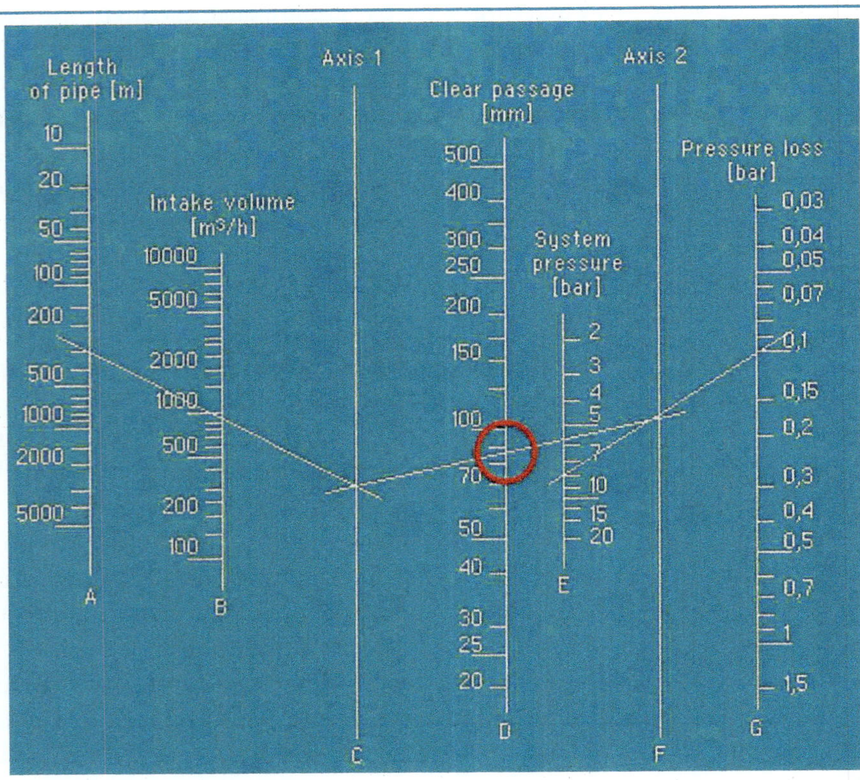

Prima di tutto si collega la linea A (lunghezza del tubo) con la linea B (portata aspirata) e la si prolunga fino all'asse 1. Quindi si collega la linea E (pressione del sistema) con la linea G (perdita di pressione considerata come obiettivo). Per concludere le intersezioni risultanti sugli assi 1 e 2 si collegano tra loro mediante una retta. Questa retta interseca la linea D; su questa si può leggere il diametro interno occorrente del tubo.

B2.56 Nomogrammi per la scelta dei tubi.

Nella **tabella B2.11** sono riportate le dimensioni del tubo e i corrispondenti filetti dei raccordi.
Anche i raccordi dovranno seguire lo stesso criterio per non rappresentare punti di strozzatura che compromettano il funzionamento previsto.
I raccordi, pur essendo lisci all'interno e avendo lo stesso diametro dei tubi, creano un ostacolo al flusso d'aria, in modo particolare quando determinano un cambiamento di direzione, come nel caso di curve, raccordi a T e riduzioni di diametro.
Nella **tabella B2.12** sono riportati i dati delle perdite di carico causate dai raccordi: ogni raccordo o cambio di direzione corrisponde alla lunghezza di x metri di tubo.
I componenti dei circuiti pneumatici vengono collegati tra loro mediante tubi flessibili e raccordi. Questi sono formati da un nipplo filettato maschio che si avvita nei fori di connessione degli elementi pneumatici (cilindri, distributori ecc.) e da un dado di serraggio o da una pinza elastica (attacco rapido).
I tubi in plastica possono essere utilizzati fino a pressioni di 10 o 15 bar a seconda del tipo prescelto, ma la pressione massima scende con la temperatura massima di impiego: a 75 °C la pressione si riduce circa della metà rispetto a quella massima.

Compressori

Per la generazione dell'aria compressa sono utilizzati dei *compressori* che elevano la pressione da quella atmosferica fino a quella di lavoro.
Le differenze di principio fra oleodinamica e pneumatica sono:

- nel caso di un fluido **comprimibile**, il gruppo di generazione aria mantiene la pressione pressoché costante dentro un serbatoio di accumulo; il compressore lavora in modo intermittente;
- nel caso di olio **incomprimibile**, la pompa, tradizionalmente, lavora in modo continuo, spesso a portata costante; eventuali polmoni di accumulo servono per compensare improvvise richieste di fluido (transitori), mentre l'energia/portata in eccesso sono controllate dalle valvole limitatrici di massima.

In genere, i compressori per l'aria sono isolati acusticamente e in diretto collegamento con l'esterno.
È sempre bene prevedere un impianto sovradimensionato, per un ampliamento dell'utenza e con un compressore di riserva per far fronte agli eventuali fermi dovuti a manutenzione o guasti.

TABELLA B2.11 Dimensioni di tubi e raccordi

Diametro esterno del tubo [mm]	Manicotti	Gomito 90°	T in linea	T in deviazione	Riduzione
20	0,15	0,40	0,20	0,60	0,20
25	0,20	0,50	0,30	0,80	0,25
32	0,25	0,60	0,40	1,10	0,35
40	0,30	0,80	0,50	1,40	0,45
50	0,40	0,95	0,70	1,70	0,60
63	0,50	1,25	0,95	2,30	0,75

TABELLA B2.12 Lunghezza equivalente di tubo per i diversi raccordi

Raccordi	Lunghezza equivalente in metri di tubo						
	Diametro interno del tubo in pollici						
	1	1,5	2	3 1/4	4	5	6
A gomito	1,5	2,5	3,5	5	7	10	15
A T	2	3	4	7	10	15	20
Riduzione	0,5	0,7	1	2	2,5	3	3,5

Di seguito sono riportate le caratteristiche più importanti dei compressori:

- il rapporto di pressione tra la mandata e l'aspirazione (ovvero la pressione in uscita);
- la portata teorica dipendente dalla costruzione della macchina;
- la portata reale o effettiva;
- la pressione che deve essere distinta in *pressione di esercizio*, ovvero quella del serbatoio che alimenterà l'impianto (generalmente da 7 a 14 bar), e *pressione di lavoro*, cioè la pressione necessaria al funzionamento dei componenti pneumatici che normalmente è di 0,6 MPa, ovvero 6 bar.

I compressori sono equipaggiati da un sistema che ne regola la portata in base al consumo dell'utenza, in modo da mantenere la pressione del serbatoio entro due limiti, massimo e minimo.

Ultimamente sono stati presentati sul mercato compressori che non utilizzano olio per lubrificare i componenti in rotazione, grazie alla presenza di **servomotori a magneti permanenti** che hanno eliminato la necessità di riduttori meccanici. Essi rispondono a esigenze di tipo ecologico e industriale, e trovano impiego nel settore alimentare e farmaceutico. La pressione tipica degli impianti pneumatici è assai più bassa di quella utilizzata nei sistemi oleodinamici, e questa differenza è ancora dovuta alla comprimibilità del fluido.
In un liquido incomprimibile, il volume è approssimativamente costante e si possono ottenere pressioni elevate (oltre i 500 bar) con potenze modeste.
In un gas, alla compressione è associata una grande variazione di volume che rende poco agevole e conveniente l'aumento di pressione oltre i 15 bar. Data la maggior pressione di esercizio e la incomprimibilità dell'olio un sistema oleodinamico a parità di forza erogata sarà molto meno ingombrante.

ESERCITAZIONE GUIDATA B2.1

Domande di controllo

1 Elencare almeno cinque caratteristiche dei sistemi fluidodinamici che li distinguano dai sistemi elettrici.

....

....

2 Elencare i parametri fondamentali di funzionamento di un impianto fluidico.

....

....

3 Definire un impianto fluidodinamico ed elencare almeno cinque componenti.

....

....

4 Quali sono i fluidi usati negli impianti oleodinamici e in base a quali caratteristiche possono essere classificati?

....

....

5 Descrivere che cosa si intende per *manutenzione di un impianto fluidico*.

....

....

6 Indicare la differenza fra un componente di circuito fluidico equivalente e uno intercambiabile.

....

....

7 Elencare almeno una caratteristica specifica per ognuno di queste tipologie di pompe per oleodinamica.

a) Pompa a palette: ....

b) Pompa a ingranaggi: ....

c) Pompa a vite: ....

d) Pompa a pistoni: ....

8 Dare la definizione di *elettrovalvola* e di *servovalvola* e indicare la loro differenza.

....

....

9 Quali sono le differenze tra l'aria e l'olio che determinano la scelta di una o dell'altra tecnologia?

....

....

10 Quali sono i campi di applicazione dell'aria e dell'olio?

....

....

11 Definire almeno cinque componenti di un impianto pneumatico.

....

....

12 Come si potrebbe definire il tempo di risposta di una elettrovalvola?

....

....

VERIFICA DEGLI OBIETTIVI

1 ▸ Indicare quali di queste caratteristiche definiscono un fluido per applicazioni oleodinamiche:

a) poco comprimibile
b) stabile nel tempo
c) tossico
d) molto denso
e) non aggressivo
f) profumato

2 ▸ L'olio idraulico, all'aumentare della temperatura, diventa:

a) più viscoso
b) più volatile
c) più fluido

3 ▸ Indicare quali sono le caratteristiche di un filtro per l'impianto oleodinamico:

a) portata
b) calore
c) peso
d) pressione massima di esercizio
e) caduta di pressione
f) grado di filtraggio

4 ▸ Indicare cosa è un serbatoio in pressione e quale è l'unità di misura della pressione.

....

....

5 ▸ Quali sono i vantaggi degli scambiatori ad acqua rispetto a quelli ad aria?

a) Le dimensioni a pari prestazioni
b) Il costo
c) La rumorosità
d) L'efficienza
e) La facilità di installazione

Specificare quali sono invece i rischi.

....

....

6 ▸ I possibili utilizzi dei polmoni negli impianti oleodinamici sono:

a) la riduzione delle pulsazioni di pressione delle pompe
b) l'aumento della pressione nel circuito
c) il bilanciamento di forze meccaniche
d) lo svuotamento tempestivo del circuito in caso di mancata alimentazione

7 ▸ Il movimento a fine corsa di un cilindro si rallenta:

a) con una molla
b) con la riduzione progressiva dell'orifizio di scarico
c) diminuendo la portata con una servovalvola
d) con un cilindro in opposizione
e) con un freno meccanico sullo stelo

8 ▸ I tubi metallici rigidi si piegano con:

a) il piegatubi
b) il maschio per filettare

9 ▸ Il flussaggio di un impianto oleodinamico implica:

a) la pulizia dell'impianto con un liquido apposito
b) il passaggio dell'aria nei tubi

10 ▸ I raccordi per i tubi:

a) sono rubinetti manuali
b) servono a unire due spezzoni se non si vuole ricorrere alla saldatura
c) si usano per facilitare i movimenti dei tubi
d) sono componenti che assicurano continuità a spezzoni di tubo

11 ▸ Quali sono le conseguenze della comprimibilità dell'aria?

a) I trafilamenti dai raccordi
b) L'inquinamento
c) L'alta forza dei movimenti
d) L'alta velocità dei movimenti
e) La possibilità di accumulare energia

12 ▸ Come si elimina l'acqua dall'aria compressa?

a) Riscaldandola
b) Raffreddandola
c) Con speciali filtri

13 ▸ I componenti mobili degli impianti pneumatici (cilindri, elettrovalvole ecc.) sono lubrificati:

a) con olio in sospensione nell'aria
b) con grasso
c) con vernici

14 ▸ La funzione di un avviatore progressivo è:

a) far entrare l'aria tutta insieme per ogni utilizzo
b) far entrare l'aria aumentandone la pressione pian piano

15 ▸ I tubi per gli impianti pneumatici sono di:

a) rame
b) acciaio
c) plastica trasparente
d) piombo

16 ▸ I montaggi a isola delle elettrovalvole collegate ai bus di campo si utilizzano:

a) per ridurre i cablaggi mediante una comunicazione seriale
b) per semplificare il montaggio delle valvole
c) per avere le valvole vicine

UNITÀ

B3 DISPOSITIVI ELETTRICO - ELETTRONICI

OBIETTIVI

Conoscenze

- La documentazione tecnica di componenti e sistemi elettrici
- La documentazione tecnica di componenti e sistemi elettronici
- La funzionalità dei sistemi elettrici ed elettronici
- Le specifiche dei componenti e dei sistemi elettrici ed elettronici

Abilità

- Esaminare la documentazione tecnica dei dispositivi elettrici ed elettronici
- Descrivere le funzioni dei componenti e dei sistemi elettronici ed elettrici
- Illustrare le specifiche tecniche dei componenti e dei sistemi elettrici ed elettronici

CONTENUTI

B3.1 Componenti elettronici

Batterie ricaricabili e accumulatori

Le **batterie ricaricabili** e gli **accumulatori** sono batterie che, una volta scariche, possono essere completamente ricaricate mediante un opportuno passaggio di energia elettrica. Poiché le batterie contengono acidi tossici e metalli pesanti, l'utilizzo di batterie ricaricabili è senz'altro una scelta vincente sia dal punto di vista economico che ecologico, infatti una volta scaricata, la batteria ricaricabile può essere ricaricata e riutilizzata più volte prima di esaurirsi e diventare un rifiuto.

Tutte le batterie (normali o ricaricabili) e gli accumulatori sono rifiuti tossici e nocivi per l'ambiente, quindi devono essere smaltiti nelle apposite isole e mai gettati tra i rifiuti domestici.

B3.1 Vari tipi di batterie.

Le batterie ricaricabili e gli accumulatori sono utilizzati in tutte quelle occasioni in cui è necessario alimentare un'apparecchiatura elettrica senza ricorrere alla tensione di rete.
Per esempio sono indispensabili nei gruppi di continuità per produrre energia elettrica quando la tensione di rete viene meno; si utilizzano per alimentare apparecchiature portatili come telefoni, telecamere, riproduttori di musica e video, tablet, pc oppure per alimentare apparati elettromeccanici volanti come aerei, elicotteri, quadricotteri ecc.
Infine gli accumulatori vengono utilizzati per alimentare macchine impiegate nello spostamento delle merci in ambienti interni (come i muletti) e per alimentare le autovetture elettriche |fig. B3.2|.

B3.2 Autovettura elettrica.

Le loro dimensioni possono variare da quelle di un bottone, nel caso di batterie tampone per apparecchiature elettroniche, a quelle di una piccola utilitaria, come nel caso delle batterie utilizzate nei veicoli elettrici di grandi dimensioni. Oggi, ove possibile, vengono rimpiazzate da supercondensatori che hanno il vantaggio di avere una vita più lunga e una minore resistenza interna, purtroppo però hanno una minore capacità di immagazzinare energia. Negli schemi elettrici la batteria, ricaricabile o meno, viene rappresentata con il simbolo indicato nella **figura B3.3**: i due simboli sono utilizzati in modo pressoché indifferente, anche se il simbolo riportato nella **figura B3.3a** dovrebbe essere usato per una batteria composta da una sola cella, mentre il simbolo riportato nella **figura B3.3b** dovrebbe far riferimento a un pacco di batterie composto da più celle messe in serie.

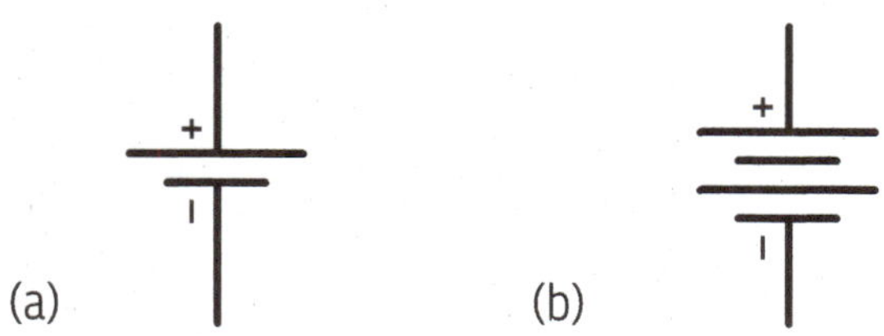

B3.3 Simboli elettrici utilizzati per le batterie: a) batteria da 1,5 V; b) pacco batterie da 9 V.

Parametri fondamentali

Di seguito sono elencati i parametri fondamentali di una batteria ricaricabile: solitamente vengono stampati sulla batteria stessa.

- **Tensione**: si misura in volt [V] ed esprime il valore della tensione a vuoto misurabile ai morsetti della batteria ricaricabile, quando essa è completamente carica. Nel caso di una sola batteria, questo valore è chiamato anche *tensione della cella elementare*, mentre nei pacchi di batterie è dato dalla somma delle tensioni delle singole celle poste in serie.
- **Capacità**: rappresenta la capacità di erogare e quindi accumulare la carica elettrica da parte della batteria ricaricabile. Essa viene espressa in ampere/ora [A/h] e rappresenta la quantità di ampere che la batteria può erogare in un'ora prima di essere considerata scarica; per esempio, una batteria da 3 A/h può erogare 3 A per un'ora oppure 1 A per 3 ore.
- **Corrente di picco**: questo valore viene indicato negli accumulatori utilizzati per l'avviamento delle autovetture e rappresenta la massima corrente di picco erogabile a livello istantaneo dall'accumulatore. È espresso in ampere e rende l'idea di quanto piccola sia la resistenza interna dell'accumulatore.
- **Formato**: le batterie ricaricabili sono state pensate come sostitute delle batterie non ricaricabili e quindi prodotte con gli stessi standard di formato. Tipicamente A, AA, AAA, C, D, PP3 ecc. Lo stesso vale per i pacchi di batterie 2xD, 3xD ecc.

La **figura B3.4** mostra alcune batterie ricaricabili al NiMH da 2000 mAh (2 A/h, considerando che 2000 mA = 2 A), aventi tensione della cella pari a 1,2 V (valore tipico del NiMH) e dimensione AA: si tratta della classica pila stilo e di una loro tipica applicazione per alimentare un telecomando televisivo.

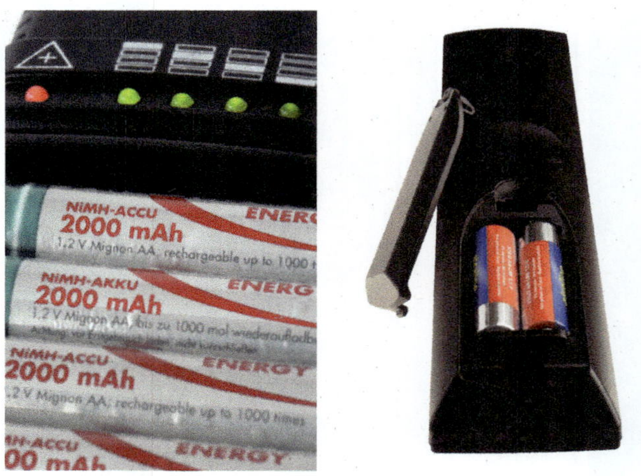

B3.4 Esempio di batterie ricaricabili e loro utilizzo per alimentare un telecomando televisivo.

Tipi di batterie ricaricabili

Le batterie ricaricabili si differenziano per la tecnologia costruttiva, il materiale utilizzato per realizzare i due elettrodi e la composizione chimica della sostanza utilizzata per immagazzinare l'energia elettrica.

Accumulatori al piombo

Sono i classici accumulatori che vengono utilizzati per l'avviamento delle autovetture, nei gruppi di continuità, nei sistemi anti *black-out* e nei sistemi d'allarme. La cella elementare è costituita da due elettrodi di piombo, immersi in una soluzione concentrata di acido solforico, e produce una tensione di circa 2 V.
Gli *accumulatori al piombo* **|fig. B3.5|** vengono prodotti ponendo in serie diverse celle per ottenere una tensione di 6 V, 12 V oppure 24 V.

B3.5 Tipica posizione di un accumulatore al piombo in un'autovettura.

Si tratta di componenti molto economici, anche se piuttosto pesanti. La presenza dell'acido solforico, estremamente corrosivo, richiede particolari attenzioni nella loro manipolazione. Spesso, per prevenire perdite di acido solforico, gli accumulatori vengono sigillati (accumulatori senza manutenzione). La **figura B3.6** mostra due tipi di accumulatori: a differenza dell'accumulatore senza manutenzione **|fig. B3.6b|**, quello tradizionale **|fig. B3.6a|** ha una fila di tappi da poter aprire per permettere il rabbocco dell'acqua distillata.

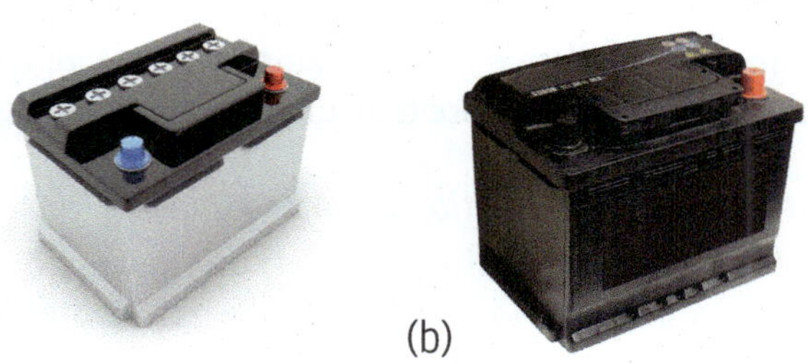

(a) (b)

B3.6 Accumulatore al piombo: a) tradizionale; b) senza manutenzione.

Nei gruppi di continuità (UPS) o nei sistemi d'allarme, gli accumulatori sono tendenzialmente più piccoli e sempre del tipo sigillato, come si può osservare dalla **figura B3.7**.

B3.7 Accumulatore al piombo del tipo UPS sigillato.

Poiché durante il processo di carica degli accumulatori si produce idrogeno, un gas molto volatile e infiammabile, la carica degli accumulatori deve essere effettuata in un ambiente aerato.

Dal punto di vista manutentivo, gli accumulatori potrebbero necessitare di reintegrare l'acqua idrolizzata durante la carica mediante rabbocco. In questo caso bisogna prestare particolare attenzione ad aprire i vari elementi e indossare sempre gli occhiali protettivi, per evitare schizzi di acido negli occhi, e utilizzare i guanti protettivi in quanto l'acido solforico è estremamente corrosivo per i tessuti umani. Se l'accumulatore è del tipo sigillato (senza manutenzione), deve essere sostituito senza tentare di forzarne l'apertura.

Un accumulatore al piombo con evidenti segni di corrosione **|fig. B3.8|** può essere potenzialmente molto pericoloso per la pelle e per gli occhi, pertanto va maneggiato con tutte le precauzioni (indossando appositi guanti e occhiali) e conferito alle apposite isole di raccolta rifiuti.

B3.8 Accumulatore al piombo con evidenti segni di corrosione.

Nel sostituire un accumulatore è necessario rispettare i dati di targa di tensione e capacità e, soprattutto nel caso delle autovetture, anche i dati inerenti alla corrente di picco, in quanto la vettura potrebbe non avviarsi correttamente se il valore della corrente di picco del nuovo accumulatore fosse più basso di quello originale.
Nel caso delle autovetture, inoltre, è importante tenere conto della posizione dei due poli dell'accumulatore, in quanto i cavi di collegamento sono il più corti possibile per evitare dispersioni di potenza, quindi non permettono il collegamento in posizioni diverse da quelle previste.

Batterie ricaricabili al nichel-cadmio (Ni-Cd) e al nichel-metallo idruro (Ni-MH)

Le *batterie ricaricabili al nichel-cadmio* sono state l'evoluzione degli accumulatori al piombo negli anni passati. Si tratta di batterie tendenzialmente pesanti, con tensione a vuoto della cella elementare pari a circa 1,2 V e presentano il tipico *effetto memoria*, una sorta di isteresi nel ciclo di ricarica tale per cui per avere il massimo rendimento la batteria va completamente scaricata prima di ricaricarla.
Oggi questo fenomeno, parecchio discusso, è stato notevolmente ridotto con artifici costruttivi.
Tra gli svantaggi delle batterie ricaricabili al Ni-Cd vi è il fatto che il cadmio in esse contenuto è un metallo pesante e tossico, per cui esse devono essere smaltite prestando particolare attenzione all'ambiente. Oggi tendono a essere rimpiazzate da batterie ricaricabili di altro tipo (Li-Ion, NiMh) più leggere e performanti.

In particolare le *batterie ricaricabili al nichel-metallo idruro* (Ni-MH) sono perfettamente equivalenti come tensione (pari a 1,2 V), ma sono più leggere e a parità di dimensioni possono arrivare anche al triplo della capacità, cioè possono durare il triplo di una batteria Ni-Cd e sono prive dell'effetto memoria **|fig. B3.9|**.
Sempre nella suddetta figura si può verificare la notevole disparità della capacità: 600 mAh per la batteria ricaricabile al Ni-Cd **|fig. B3.9a|** e ben 2300 per quella ricaricabile al Ni-MH **|fig. B3.9b|**.

B3.9 Batteria ricaricabile: a) al Ni-Cd; b) al Ni-MH.

Dal punto di vista manutentivo, queste batterie, una volta esaurite, vanno sostituite con altre di pari caratteristiche o leggermente superiori solo per ciò che concerne la capacità. Sostituirle con una batteria notevolmente superiore quanto a capacità potrebbe creare problemi nella ricarica, in quanto la corrente di carica è funzione della capacità della batteria stessa.

Batterie ricaricabili agli ioni di litio Li-Ion

Le *batterie ricaricabili agli ioni di litio* sono un'evoluzione delle batterie al nichel-cadmio, sono molto più leggere, prive dell'effetto memoria e con una notevole capacità. La cella elementare presenta una tensione di circa 3,7 V. Sono le batterie più utilizzate nell'elettronica di consumo per alimentare Laptop, telefoni cellulari, tablet, lettori Mp3 ed altro ancora **|fig. B3.10|**.

B3.10 Batteria ricaricabile del tipo Li-Ion e una sua classica applicazione.

Uno degli svantaggi è che la loro vita è sostanzialmente indipendente dal numero di ricariche, ma dipende quasi esclusivamente dall'età e sono batterie che possono esplodere se surriscaldate o caricate eccessivamente, o nel modo sbagliato, per cui il loro utilizzo deve avvenire con circuiti elettronici che possano garantire che tali condizioni non si verifichino.
Questa eccessiva suscettibilità è stato uno dei maggiori problemi che hanno comportato un ritardo nell'immissione sul mercato di tale prodotto.

Dal punto di vista manutentivo, una batteria Li-Ion esaurita va sostituita con una di pari caratteristiche, se possibile. Infatti spesso le apparecchiature elettroniche sono sigillate e la sostituzione può essere effettuata solo dal produttore o da un centro autorizzato.

Batterie ricaricabili litio - polimero (Li-Po)

Le *batterie ricaricabili agli ioni di litio polimero* (Li-Po) sono un'evoluzione delle batterie agli ioni di litio e presentano una capacità ancora maggiore, oltre che un peso notevolmente inferiore. Anche per loro la cella elementare presenta una tensione di 3,7 V.

Sono batterie che non necessitano di un involucro di contenimento come le Li-Ion, quindi possono essere sagomate a piacere e sono più leggere.
Data la loro caratteristica leggerezza, sono le batterie più utilizzate in aeromodellismo.
La loro vita media è di qualche centinaio di ricariche (tipicamente più di 500) e hanno una resistenza interna molto piccola. Per contro, proprio per la loro piccola resistenza interna, se cortocircuitate, possono letteralmente esplodere a causa delle elevate correnti che si vengono a creare al loro interno.
Dal punto di vista manutentivo una batteria Li-Po esaurita va sostituita con una di pari caratteristiche.

Resistenze elettriche

La **resistenza elettrica** è l'elemento usato più frequentemente nei circuiti degli apparecchi elettronici. Per esempio, i circuiti di un televisore possono contenerne anche più di un centinaio.

Il **resistore** è un componente elettrico passivo con due terminali (ad eccezione degli *array di resistenze*) che implementa una data resistenza elettrica come elemento circuitale.

Le resistenze sono utilizzate in quasi tutti i circuiti elettronici per produrre una corrente voluta in funzione di una data tensione o per produrre una tensione voluta in funzione di una data corrente.
Questo rapporto tra corrente e tensione è dettato dalla **legge di Ohm**:

$$V = R\,I$$

Parametri fondamentali

Di seguito sono riportati i parametri fondamentali di una resistenza.

- **Valore nominale**: esso si misura in Ohm [Ω], incluso multipli e sottomultipli, fra cui quelli più utilizzati sono il kΩ (1 kiloOhm = 1000 Ohm), il MΩ (1 MegaOhm = 1 000 000 Ohm) e il mΩ (1 milliOhm = 0,001 Ohm). Esso rappresenta, nelle intenzioni, il valore esatto della resistenza.
- **Tolleranza**: è espressa in una percentuale del valore nominale, infatti, nella produzione in serie delle resistenze il valore nominale non viene garantito esatto al 100%, ma entro una certa percentuale d'errore che, normalmente, va dal 5% al 10% (in passato anche il 20% era una tolleranza comune) e può scendere anche fino a valori pari allo 0,001% per le resistenze destinate agli apparati di misura di precisione. Se la tolleranza è bassa, il valore reale della resistenza sarà molto vicino al valore nominale; per esempio, una resistenza di valore nominale da 100 Ω con una tolleranza del 10% potrà avere un valore reale che va da 100 Ω a ± 10 Ω ovvero da 90 Ω a 110 Ω. La tolleranza non è un elemento voluto, ma accompagna qualunque opera o misura dell'uomo ed è un elemento fondamentale con cui tutti i progettisti devono fare i conti.
- **Potenza dissipabile**: si misura in watt e dipende direttamente dalla corrente che fluisce nel resistore e dalla tensione ai suoi capi secondo la nota relazione:

$$P = V\,I$$

La **figura B3.11** riporta i simboli normalmente utilizzati nella rappresentazione delle resistenze.

B3.11 Simboli per la rappresentazione delle resistenze elettriche.

Tipi di resistenze

Esistono diverse tipologie di resistenze che si differenziano per le modalità di realizzazione e che dipendono, essenzialmente, dal valore della resistenza, dalla tolleranza che si vuole garantire e dalla potenza che si deve poter dissipare.

Le principali tipologie di resistenze sono:
- a filo;
- a strato metallico o di carbone;
- ad impasto;
- a strato ceramico;
- a film spesso;
- SMD (*Surface Mount Devices*).

Resistenze a filo

Sono costituite da un *filo metallico* che, a seconda della resistenza che si vuole ottenere, può essere in rame (*shunt* ovvero resistenze elettriche di bassissimo valore ohmico) o ad alta resistenza specifica. Questo filo viene avvolto su un supporto pieno o cavo, normalmente realizzato in ceramica o bachelite. Alle volte sono coperte da un cemento protettivo che trasmette bene il calore o, semplicemente, smaltate o laccate; in taluni casi, come nel riscaldamento di bagni galvanici, posso essere corazzate per resistere anche alle condizioni più rigide. Agli estremi della resistenza sono collegati due collarini, tramite i quali è possibile portare all'esterno i due estremi dell'avvolgimento.
Le *resistenze a filo* sono realizzate come vere e proprie bobine, per cui non sono adatte a lavorare ad alte frequenze anche se, in alcuni casi particolari, si cerca di

ovviare a questo problema realizzando avvolgimenti bifilari (avvolgimento Ayrton-Perry). Data la loro conformazione e considerando i materiali utilizzati, sono resistenze che possono essere progettate per dissipare potenze importanti (anche di qualche kilowatt). A tal proposito occorre considerare che una resistenza di potenza può operare anche a 200 °C, per cui può essere molto pericoloso toccarla a mani nude anche dopo aver tolto la tensione, fino a quando non si sarà completamente raffreddata. Anche le tolleranze che possono essere ottenute sono notevoli, in alcuni casi raggiungono lo 0,001%.

Un'altra importante caratteristica delle resistenze a filo è quella di mantenere nel tempo il valore della resistenza (stabilità nel tempo). Sulle resistenze a filo sono stampigliati il valore di resistenza, la tolleranza e il carico limite (potenza ammissibile). È raro trovare resistenze a filo contrassegnate con il codice a colori.

La dimensione delle resistenze a filo può variare da qualche millimetro a qualche metro per gli elementi riscaldanti dei forni.

La **figura B3.12** illustra alcuni esempi comuni di resistenze a filo.

B3.12 Esempi di resistenze a filo.

In alcuni casi le resistenze vengono "corazzate" sia per proteggerle sia per permettere una migliore conduzione del calore, soprattutto quando si parla di potenze superiori a qualche watt. Le resistenze corazzate hanno, normalmente, una buona protezione contro l'umidità, una buona conduzione termica e una grande tensione di isolamento **|fig. B3.13|**.

B3.13 Resistenza a filo corazzata.

Nel caso degli *elementi riscaldanti* **|fig. B3.14- B3.18|**, il filo è sagomato o avvolto, in funzione della dimensione della resistenza che si vuole produrre e a seconda del fatto che si desideri che la produzione di calore sia più uniforme sulla superficie della resistenza piuttosto che concentrata su una superficie più piccola.

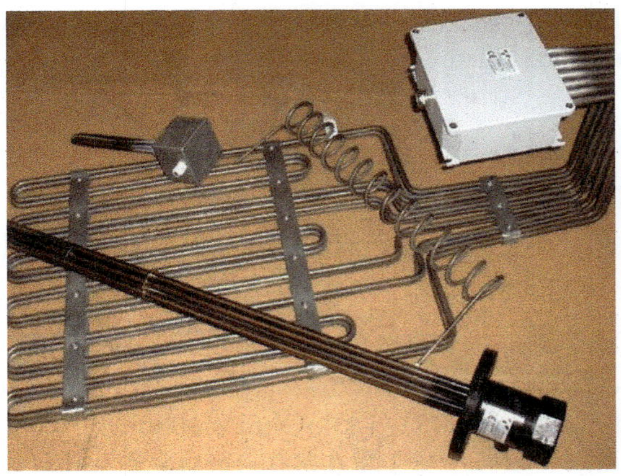

B3.14 Elementi riscaldanti.

B3.15 Resistenze avvolte con avvolgimento esposto.

B3.16 Elemento riscaldante tondo.

B3.17 Elemento riscaldante per forno.

B3.18 Elemento riscaldante sagomato.

Come si è potuto osservare dai vari esempi proposti, le resistenze a filo possono avere le forme e le dimensioni più disparate e possono trovarsi nei circuiti elettronici o nei vari componenti di un impianto di automazione.
Esse possono essere di basso valore soprattutto nei casi in cui si vuole operare una derivazione di corrente oppure misurare una corrente.
Di norma, la misura di una corrente viene effettua trasformando la corrente in tensione con una resistenza e, poiché tale misurazione va fatta in serie al carico, occorre che questa resistenza sia il più piccola possibile per non alterare le condizioni di misura |fig. B3.19|.

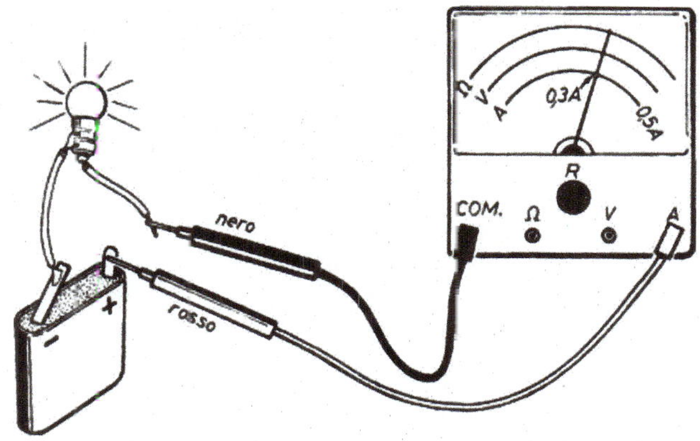

B3.19 Misurazione della corrente.

Gli *shunt* sono facilmente riconoscibili in quanto, spesso, si presentano come spezzoni di filo smaltato avvolti o sagomati |fig. B3.20|.

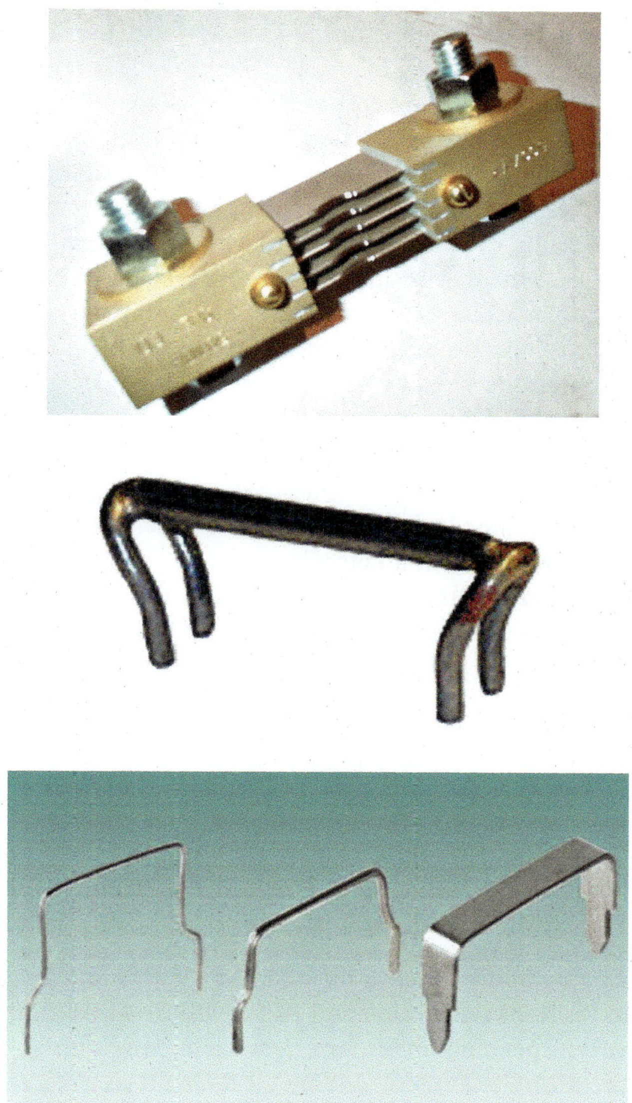

B3.20 Esempi di shunt resistivi.

Consigli per la manutenzione
Le resistenze a filo si trovano nei normali circuiti stampati e nei riscaldatori elettrici.
Nel caso delle resistenze utilizzate come tali, il **calore** è un effetto collaterale **non gradito**.
Esso è spesso causa di problemi nelle saldature delle resistenze sul circuito stampato o di vere e proprie bruciature della resistenza e, a volte, anche dei componenti vicini a essa. In questo caso la resistenza danneggiata è individuabile visivamente, infatti, non di rado, fuma quando il circuito è alimentato! Nel caso degli elementi riscaldanti, poiché il calore è proprio l'effetto voluto, in essi i problemi che possono sorgere sono principalmente legati ai seguenti fenomeni.

- **Ossidazione dei contatti nei punti di collegamento all'alimentazione**: il calore trasmesso ai terminali ne provoca l'ossidazione e questa rende difficoltoso il passaggio della corrente. Il difetto è riscontrabile visivamente.
- **Fusione dell'isolante dei fili che alimentano la resistenza**: il calore trasmesso ai terminali può fondere l'isolante dei fili che la collegano all'alimentazione, provocando cortocircuiti piuttosto che scariche verso terra. È necessario fare molta attenzione, poiché vi è il pericolo di scarica elettrica. Anche questo tipo di difetto è riscontrabile visivamente.
- **Perdita di isolamento**: nei bagni galvanici, in cui gli elementi riscaldanti sono immersi in sostanze particolarmente corrosive, può succedere che il calore produca delle cricche nell'isolamento oppure lo stesso isolamento possa corrodersi. In ogni caso, occorre fare molta attenzione poiché si possono verificare scariche verso terra e pericoli di scariche elettriche. Questo è un difetto che può essere difficile da vedere perché le cricche possono essere anche molto piccole.
- **Rottura dell'elemento riscaldante**: in questo caso l'elemento riscaldante si interrompe e la resistenza diventa un circuito aperto!

Gli elementi riscaldanti hanno indicato, come dato di targa, la potenza e la tensione di alimentazione (poiché servono per produrre calore, la loro resistenza non è importante). Il valore della resistenza può essere calcolato dalla formula della potenza:

$$P = \frac{V^2}{R}$$

La resistenza degli elementi riscaldanti è da misurare a caldo, per cui non bisogna farsi ingannare da un valore misurato a freddo. Inoltre gli elementi riscaldanti devono essere sostituiti con elementi di pari dati di targa, ma anche di pari dimensioni.

Infine bisogna ricordare che siccome gli elementi riscaldanti servono a produrre calore, ci si può facilmente ustionare se li si tocca subito dopo aver spento il circuito elettrico.

Resistenze a strato metallico o di carbone
Nei *resistori a strato metallico*, l'elemento resistivo è costituito da una sottile pellicola di nichel – cromo depositato su un cilindro ceramico. Questi resistori non sono soggetti ad apprezzabili variazioni di resistenza e la tolleranza comunemente ottenibile si aggira intorno all'1%, mentre per resistori ad alta precisione la tolleranza va dallo 0,001% allo 0,1%.
I resistori a strato devono il loro nome al fatto che sono realizzati con uno strato di materiale conduttore depositato su un cilindretto di materiale ceramico.
Gli strati conduttori possono essere in grafite, carborundum, solfuro di piombo o vari ossidi metallici.
Lo spessore dello strato può variare da qualche centesimo di millimetro a meno di un millesimo.
Le resistenze che si possono ottenere arrivano fino a qualche centinaio di megaohm [MΩ]:

$$1\ M\Omega = 1\ 000\ 000 \text{ di Ohm}$$
$$100\ M\Omega = 100\ 000\ 000 \text{ di Ohm}$$

Lo strato può essere lasciato così com'è oppure inciso in modo da formare una spirale. È come costruire una resistenza a filo, ma con un filo che è costituito da un nastro di materiale non trafilabile |fig. B3.21|.

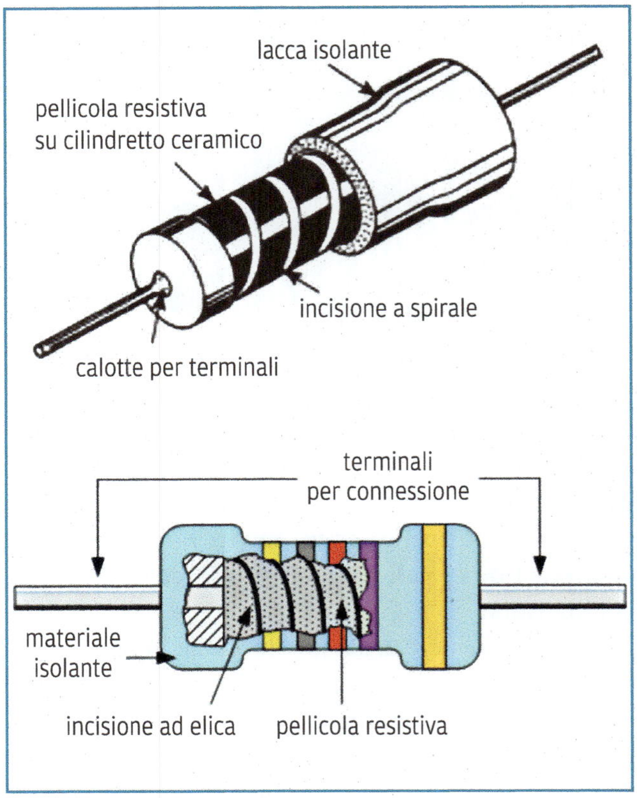

B3.21 Schema di costruzione di resistenza a strato.

Mediante questa operazione di scanalatura, il valore della resistenza può essere aumentato anche di 100 volte rispetto al valore iniziale. Per queste operazioni si utilizzano, di norma, laser che spesso sono collegati a dei sistemi automatici che rilevano la resistenza durante l'incisione, permettendo di ottenere delle tolleranze molto strette.
Le resistenze, poi, per essere protette contro l'usura meccanica, l'umidità, i contatti accidentali e le variazioni climatologiche, vengono laccate o annegate in una sostanza isolante.
Le estremità del cilindretto ceramico sono chiuse da calotte di metallo su cui vengono saldati o ribattuti i fili di collegamento che possono essere assiali (nella maggior parte dei casi) o radiali.
Le resistenze a strato hanno dimensioni molto contenute, normalmente si parla di 10-15 mm al massimo; il valore della resistenza e la sua tolleranza sono indicati con bande colorate che costituiscono il codice a colori delle resistenze **|tab. B3.1|**.

Il codice a colori è stato inventato perché si legge bene da ogni parte, quindi anche se la resistenza è montata in posti poco accessibili; inoltre non ha le difficoltà tecniche di stampare un numero molto piccolo su una superficie curva!

TABELLA B3.1 Codici a colori delle resistenze

	1° ANELLO	2° ANELLO	3° ANELLO	4° ANELLO
Nero	-	0	×1	-
Marrone	1	1	×10	-
Rosso	2	2	×100	-
Arancio	3	3	×1000	-
Giallo	4	4	×10 000	
Verde	5	5	×100 000	-
Azzurro	6	6	×1 000 000	-
Viola	7	7	×10 000 000	-
Grigio	8	8	-	-
Bianco	9	8	-	5%
Oro	-	-	: 10	10%
Argento	-	-	: 100	20%

L'altra grandezza molto importante, che è la potenza dissipata, non è indicata ma si evince dalla dimensione della resistenza stessa. Normalmente le resistenze a strato si realizzano per potenze su quattro tagli fondamentali le cui dimensioni, abbastanza standard, sono riportate nella **tabella B3.2**.

TABELLA B3.2 Dimensioni standard delle resistenze

Dimensione	Potenza a 40 °C	Potenza a 70 °C
8 mm	0,25 W	0,125 W
14 mm	0,5 W	0,25 W
20 mm	1 W	0,5 W
28 mm	1,5 W	1 W

Nelle figure seguenti sono riportati alcuni esempi di resistenze a strato. Si noti il classico rigonfiamento agli estremi dovuto alle calotte su cui sono collegati o saldati i fili di collegamento verso l'esterno **|fig. B3.22|**.

Consigli per la manutenzione

Dal punto di vista della *manutenzione*, una resistenza va sostituita con una resistenza di pari valore nominale, dissipazione di potenza almeno uguale e tolleranza uguale o inferiore.

La dissipazione di potenza deve essere almeno uguale per evitare che la nuova resistenza si bruci per il troppo calore.

La tolleranza deve essere uguale o inferiore, per evitare che il valore sia troppo lontano da quello teorico e il circuito smetta di funzionare. I circuiti vengono progettati tenendo conto del valore nominale e delle possibili oscillazioni nei valori. Queste oscillazioni stanno nell'intervallo indicato dalla tolleranza.

Tanto più è piccola la tolleranza, tanto più il valore della resistenza sarà pari a quello che si legge sulla stessa. Il mancato rispetto di questa regola può portare a malfunzionamenti del circuito anche molto difficili da individuare.

Altro parametro fondamentale da tenere in forte considerazione è la risposta in frequenza. Le resistenze a strato sono delle piccole bobine, un po' come le resistenze a filo, e possono avere induttanze parassite rilevanti per i **circuiti ad alta frequenza**, per i quali le eventuali resistenze in sostituzione dovranno essere anche dello stesso tipo.

Un circuito ad alta frequenza è facilmente riconoscibile grazie alla presenza delle varie schermature.

Dal punto di vista puramente dimensionale, bisogna verificare che la nuova resistenza "entri" fisicamente nel posto lasciato da quella che si sta sostituendo.

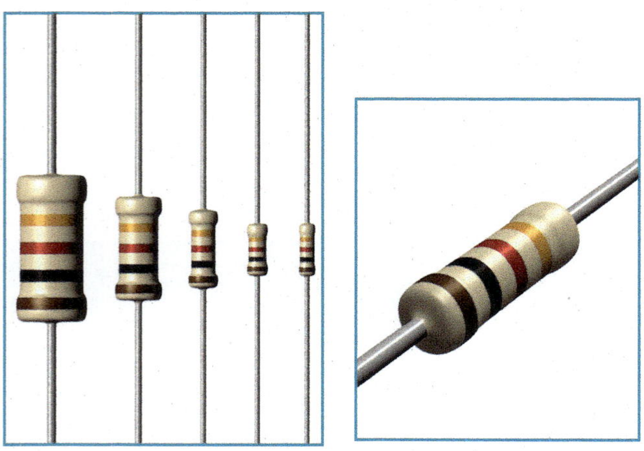

B3.22 Resistenze a strato: si noti il classico rigonfiamento agli estremi.

Resistenze a impasto

Questo tipo di resistenza è realizzato, come dice il suo nome, con un *impasto*, tipicamente di *grafite*, e una *polvere isolante* **|fig. B3.23|**. I due componenti in polvere molto sottile vengono miscelati meccanicamente e viene realizzato un cilindro solido mediante pressatura degli stessi.

All'interno dell'impasto vengono posti anche i due terminali di collegamento che serviranno a saldare la resistenza sul circuito stampato. Il valore di resistenza desiderato è determinato dalla quantità di grafite presente nella massa di materiale isolante. Per una resistenza piccola (di basso valore, quindi più conduttiva) si userà una maggiore percentuale di grafite.

Sopra il cilindretto pressato viene quindi posto un rivestimento di materiale sintetico per dare isolamento e consistenza meccanica al prodotto finito.

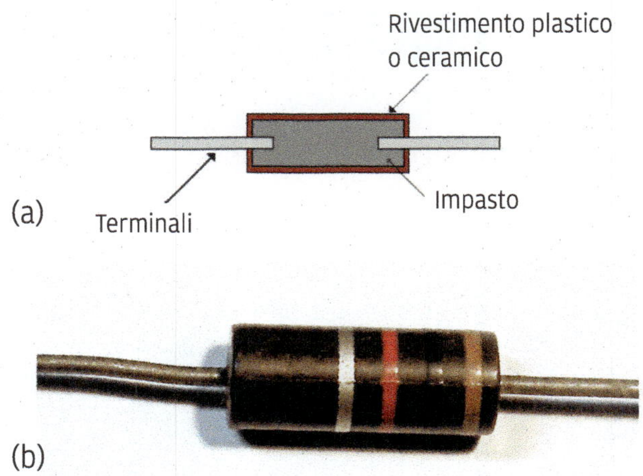

B3.23 Resistore a impasto: a) schema costruttivo; b) vista.

Così come avviene per il resistore a strato, vi è stampigliato sopra il valore e la tolleranza con il codice a colori delle resistenze.

Le potenze dissipabili e le dimensioni sono analoghe a quelle di un resistore a strato, anche se la potenza dissipabile da un resistore a strato può superare i 2 W, in casi particolari e con adeguati accorgimenti costruttivi. Di norma il resistore a impasto si presenta esattamente come un cilindretto di dimensioni analoghe a quelle di un resistore a strato, ma senza i rigonfiamenti dei terminali, tipici invece del resistore a strato.

Consigli per la manutenzione

Le resistenze a impasto **|fig. B3.24|** possono essere sostituite con le stesse accortezze relative alle resistenze a strato. Esse hanno un'induttanza parassita nettamente inferiore alle resistenze a strato, ma presentano un "rumore" più alto, che può essere particolarmente avvertito negli stadi preamplificatori.

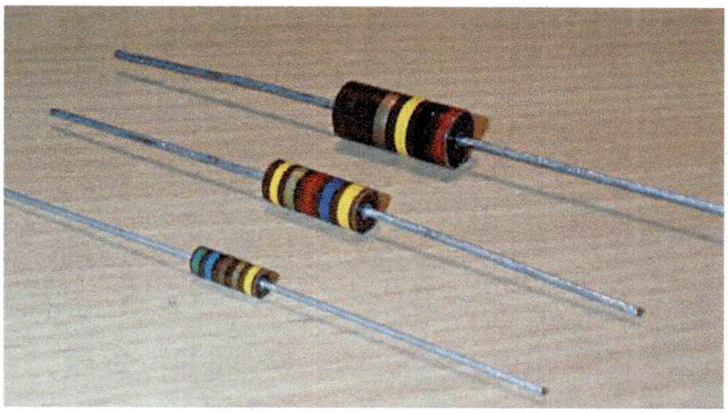

B3.24 Serie di resistenze a impasto.

Resistenze a strato ceramico

Questo tipo di resistenza |**fig. B3.25**| è molto simile a quello delle resistenze a strato, ma in questo caso si utilizza uno strato di materiale ceramico miscelato con metalli (Cermet). Tale materiale ha una resistenza specifica molto più alta e permette di arrivare anche a valori di 1 TΩ:

$$1\ \text{T}\Omega = 1\,000\,000\,000\,000 \text{ di Ohm}$$

La potenza dissipabile arriva anche a 2 W e sono resistenze che per la loro realizzazione possono operare anche ad alta tensione.

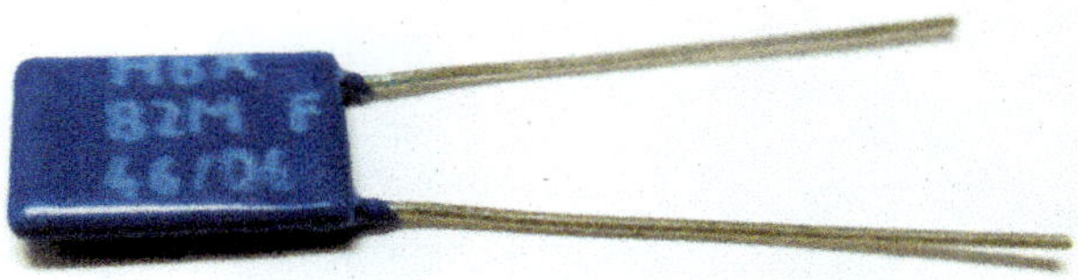

B3.25 Resistore ceramico.

Consigli per la manutenzione

Anche in questo caso valgono le regole già enunciate in precedenza.

Resistenze a film spesso

Le *resistenze a film spesso* sono resistori costruiti metallizzando sotto vuoto una piastrina ceramica che viene poi incisa a forma di greca. In questo modo si riesce a realizzare resistenze non induttive (non sono avvolte) e si possono dissipare potenze anche notevoli, fino a circa 200 W. Queste resistenze vengono poi inserite in appositi contenitori standard, TO-126 o SOT227, come illustrato nelle **figure B3.26** e **B3.27**, che permettono di fissarci sopra un dissipatore di calore per l'utilizzo a potenze elevate.

Consigli per la manutenzione

Anche in questo caso valgono le regole già enunciate in precedenza con particolare rilievo alla dimensione, in quanto spesso sono associate a dissipatori di potenza specificatamente progettati per i loro involucri.

B3.26 Resistore di precisione a film spesso in TO-220.

B3.27 Resistore a film spesso.

Resistenze SMD (Surface Mount Devices)

I componenti SMD devono il loro nome al fatto che sono progettati per essere saldati sui circuiti stampati senza effettuare le forature necessarie per gli altri tipi di componenti |**fig. B3.28**|. Essi sono stati pensati perché spesso il componente elettronico è più piccolo dello spazio necessario a far passare i fili nei fori del circuito stampato.

B3.28 Componenti SMD.

Consigli per la manutenzione
I componenti SMD hanno dimensioni molto piccole, sono dei parallelepipedi con il lato lungo qualche millimetro.
Spesso i componenti SMD sono di dimensioni inferiori al millimetro cubo. Risulta quindi molto difficile provarli perché, senza una specifica attrezzatura, è praticamente impossibile dissaldarli senza dissaldare anche i componenti vicini.
Inoltre è un'impresa anche solo provare a metterli tra i puntalini del tester |fig. B3.29|.

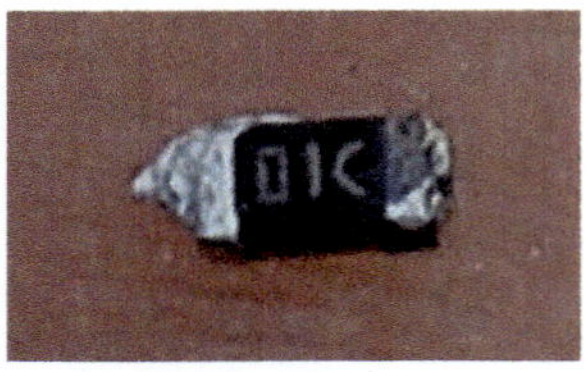

B3.29 Resistenza SMD dissaldata.

Dal punto di vista del manutentore, le resistenze SMD e tutti i componenti realizzati in questa tecnologia non sono oggetto di manutenzione, proprio a causa delle difficoltà connesse alla loro prova.

La ricerca del guasto si arresta una volta individuata la scheda danneggiata, che dovrà essere sostituita integralmente e potrà essere inviata in manutenzione in un centro specializzato se sarà ritenuto economicamente conveniente.

In questa sede è stata appena analizzata una resistenza SMD di dimensioni ridottissime, ma esistono resistenze grandi come intere abitazioni |fig. B3.30|.
È il caso dei resistori che vengono utilizzati come carichi per i generatori di energia elettrica. Infatti prima di metterli in linea devono essere provati e il sistema più semplice è quello di avere a disposizione un carico in grado di assorbire tutta la potenza che il generatore dovrà produrre. Non di rado, questi oggetti appaiono come vere e proprie costruzioni.

B3.30 Banco di carico resistivo.

Potenziometri, trimmer e reostati

Il **potenziometro** è un dispositivo elettromeccanico utilizzato per produrre un valore di resistenza variabile in funzione dello spostamento di un cursore.

Dal punto di vista circuitale è equivalente a un partitore di tensione composto da due resistenze, il cui valore totale rimane costante ed è rappresentato con il simbolo di una resistenza con una freccia obliqua |fig. B3.31|.

B3.31 Simbolo elettronico di un potenziometro.

Il potenziomentro si presenta come dispositivo elettromeccanico con tre piedini, che corrispondono al morsetto centrale (quello che si sposta) e ai due morsetti agli estremi. Esiste una tipo di potenziometro anche nella versione a slitta, quella classica dei mixer |fig. B3.32|.

B3.32 Tipi differenti di potenziometro lineare e circolare.

I potenziometri vengono utilizzati per consentire la regolazione di alcuni fattori nei circuiti elettronici, come la velocità di un mandrino in un controllo numerico oppure la regolazione del volume di una radio |fig. B3.33|, il controllo degli ingressi in un mixer o, ancora, la luminosità di una lampadina. Alle volte i potenziometri trovano impiego anche come trasduttori di posizione, infatti dal valore della resistenza è possibile sapere quale posizione ha assunto l'albero in quel momento.

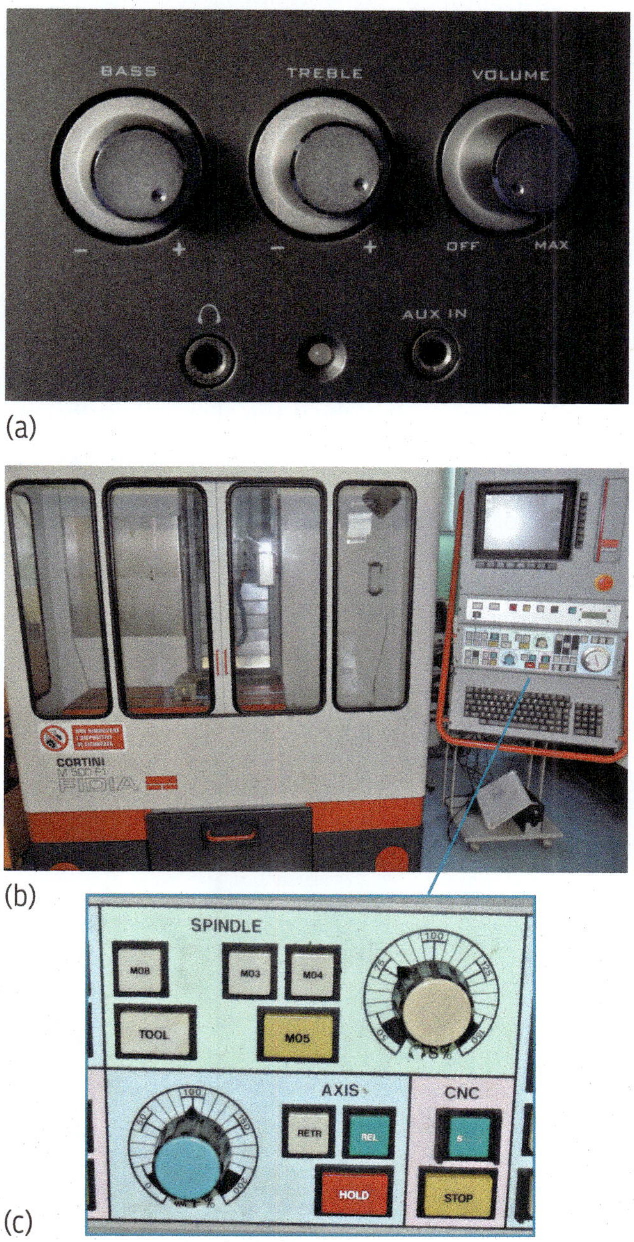

B3.33 a) Utilizzo del potenziometro nella regolazione del volume e dei toni di una radio. b) Utilizzo del potenziometro in un controllo numerico. c) Vista generale e particolare sulle manopole di SPINDLE ed AXIS.

La distinzione tra potenziometri, trimmer e reostati è sostanzialmente meccanica.
Di solito il potenziometro è destinato ad essere inserito in un quadro comandi e quindi presenta un albero sufficientemente lungo da uscire dal quadro per poter essere poi dotato di una manopola.

Il **trimmer** invece viene utilizzato per le operazioni di taratura, che sono destinate a essere fatte raramente. Per questo motivo non presenta un albero, ma un incavo tipo la testa di una vite. Può essere circolare o lineare; in questo caso si afferma che il trimmer è *multigiri*, poiché spesso sono necessari molti giri per andare da un estremo all'altro, permettendo una regolazione più fine |fig. B3.34|.

Spesso il trimmer, dopo aver effettuato la regolazione, viene coperto con una goccia di materiale gommoso e isolante, per evitare che si possa muovere accidentalmente. Normalmente per accedere a un trimmer bisogna ispezionare lo stesso circuito stampato.

B3.34 Esempio di trimmer circolare e multigiri.

Il blocco del trimmer viene effettuato con materiali gommosi, isolanti e molto colorati perché sia facilmente visibile e si capisca che c'è |fig. B3.35|.
La rimozione del blocco non solo potrebbe invalidare la garanzia del costruttore, ma potrebbe creare anche dei malfunzionamenti poiché, nel rimuovere il blocco, il trimmer potrebbe essere spostato accidentalmente dal suo valore originale.

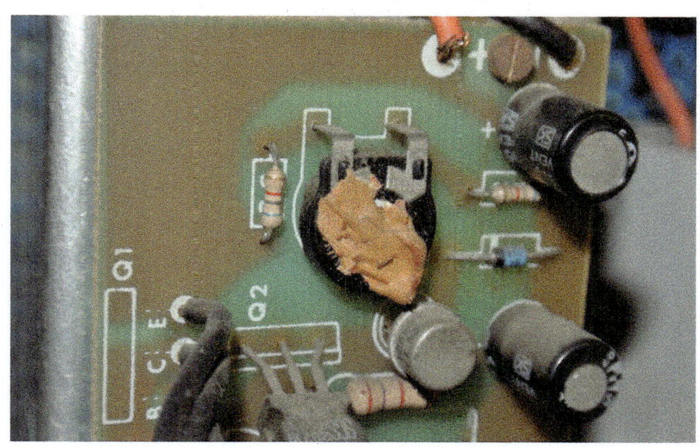

B3.35 La vistosa ed eccessiva quantità di materiale fa capire che il trimmer non deve essere più regolato.

I **reostati** sono utilizzati soprattutto per regolare delle correnti forti. Se per esempio si pone un reostato in serie a una lampadina, è possibile regolarne facilmente la luminosità.

Al giorno d'oggi i reostati |fig. B3.36| non vengono quasi più utilizzati, in quanto le regolazioni di cui si è discusso nelle pagine precedenti vengono effettuate con circuiti elettronici di tipo PWM, molto più piccoli, economici e sostenibili dal punto di vista ambientale.

B3.36 Reostato a filo.

Parametri fondamentali

Di seguito sono riportati i parametri fondamentali che caratterizzano i potenziometri.

- **Resistenza totale**: è il valore nominale della resistenza dell'intero partitore ed è il primo parametro che caratterizza il potenziometro. Essa si misura in ohm, o suoi multipli, e viene normalmente stampigliata sul corpo del potenziometro.
- **Scala di variazione della resistenza**: la variazione della resistenza può avvenire in modo lineare o in modo logaritmico. La *scala lineare* è quella più intuitiva: se si pone il cursore al centro del potenziometro si avranno due valori di resistenza uguali tra il morsetto centrale e i due estremi. La *scala logaritmica* invece prevede che il valore della resistenza vari con il logaritmo dello spostamento dell'albero. Si tratta di una definizione complicata che deve la sua origine alla non linearità con cui l'orecchio umano percepisce le variazioni di volume; in pratica il nostro orecchio percepisce bene le variazioni di volume quando il volume è basso e le percepisce di meno quando il volume è alto; per cui più il rumore è forte, meno ci si accorge se aumenta di volume. Per ovviare a questo inconveniente e rendere lineare la scala offerta alla persona che regola il volume, sono stati introdotti i **potenziometri logaritmici**. Essi riportano la dicitura log stampigliata sul corpo |fig. B3.37|.
- **Potenza dissipata**: riguarda soprattutto i reostati, in quanto trimmer e potenziometri non sono destinati a regolazioni di potenza, ed è espressa in watt e suoi multipli. Per un reostato non è raro parlare di potenze dissipate di vari kilowatt.
- **Protezione dagli agenti esterni**: poiché in alcuni casi i potenziometri possono essere destinati a pannelli di controllo esposti agli agenti esterni o, addirittura, ad atmosfere esplosive, è determinante la protezione dagli agenti esterni normalmente espressa dalla norma EN 60529, recepita dalla norma del Comitato Elettrotecnico Italiano CEI 70-1. Questa norma definisce la protezione con la sigla *IP* seguita da due numeri che indicano diverse classi di protezione, per esempio "IP65" indica "totalmente protetto da polvere e getti d'acqua". Riguardo alle atmosfere esplosive, il rischio è più reale di quel che si pensa, in quanto quasi tutte le sostanze organiche (ad esempio il riso ed il caffè), se ridotte in polvere, possono dare luogo ad atmosfere esplosive.
- **Dimensioni**: sono molto importanti per poter garantire che il potenziometro possa essere inserito nella propria sede e che il suo albero sia sufficientemente lungo da poter essere utilizzato. Questo aspetto riguarda sostanzialmente il produttore del circuito. Nel caso di reostati non è raro parlare di lunghezze intorno al metro.

B3.37 Potenziometri a scala logaritmica: anche riuscire a leggerlo può essere un'impresa.

Dal punto di vista manutentivo i potenziometri e i reostati sono i più soggetti agli interventi di manutenzione, in quanto il loro cursore deve muoversi in accordo alla richiesta dell'utente.

Normalmente, quando un potenziometro inizia a manifestare problemi, il valore della resistenza varia "a scatti" o, se utilizzato per la regolazione del volume, produce suoni che "gracchiano" o "grattano" quando viene mosso.
Tutte definizioni non scientifiche ma soggettive che però rendono l'idea.

In questi casi per tentare un recupero bisogna, dopo aver tolto tensione, pulire bene il potenziometro dalla polvere e altri detriti con l'aiuto di aria compressa secca.
L'aria compressa che tipicamente viene utilizzata nelle officine, soprattutto d'estate, può contenere parecchia acqua che potrebbe creare danni anche ad altri componenti del circuito. Meglio utilizzare una bomboletta di aria compressa di quelle normalmente in vendita per la manutenzione elettrica.
Dopo la pulizia con aria secca si spruzza un *disossidante secco* **|fig. B3.38|** e si muove bene, diverse volte, l'albero del potenziometro da un estremo all'altro.
Quindi si spruzza ancora aria secca per eliminare i detriti e, infine, si finisce con una piccola spruzzata del *disossidante oleoso*, avendo cura di non esagerare per non contaminare altri componenti. L'uso del disossidante oleoso è richiesto per il fatto che il suo film oleoso andrà a prendere il posto del lubrificante messo dal produttore e ormai esausto.
Occorre fare molta attenzione ai disossidanti in quanto possono essere facilmente infiammabili.
Se dopo questa operazione il potenziometro continua a "gracchiare" esso va sostituito senza indugio.

B3.38 I disossidanti per circuiti elettrici sono del tipo secco oppure oleoso.

Non tutti i potenziometri hanno feritoie in cui è possibile soffiare aria o lubrificanti; in tal caso si procede direttamente alla sostituzione. Soprattutto i componenti resistenti alla polvere **|fig. B3.39|** e quelli destinati ad atmosfere esplosive (ATEX) sono sigillati, quindi se manifestano problemi vanno sostituiti con componenti con grado di protezione uguale o superiore.

B3.39 Potenziometro di precisione, classe IP67, resistente a polvere e immersione in acqua.

Nel caso dei reostati, una delle grandezze di primaria importanza da considerare è la potenza dissipabile.

Un'ultima considerazione sui potenziometri in automazione industriale riguarda il fatto che spesso, vengono inseriti in appositi "scheletri" che consentono il loro montaggio nei pannelli **|fig. B3.40a|**, pertanto per accedere al potenziometro vero e proprio bisognerà smontare lo scheletro esterno **|fig. B3.40b|**.

(a)

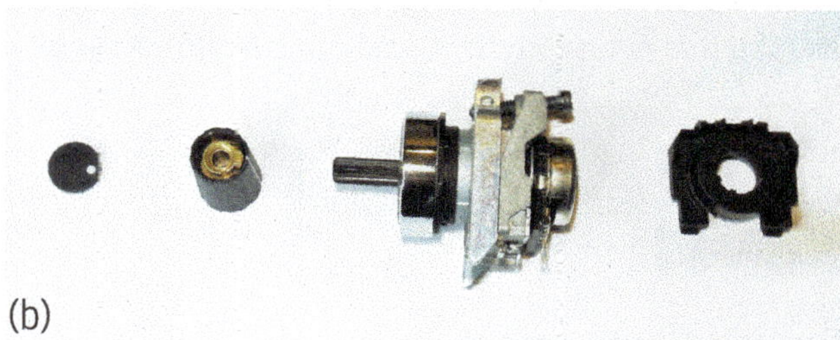

(b)

B3.40 Potenziometri in automazione: a) montato su un pannello; b) "scheletro" smontato.

Condensatori

Dopo la resistenza elettrica, il **condensatore** **|fig. B3.41|** è uno degli elementi più utilizzati nei circuiti elettronici.

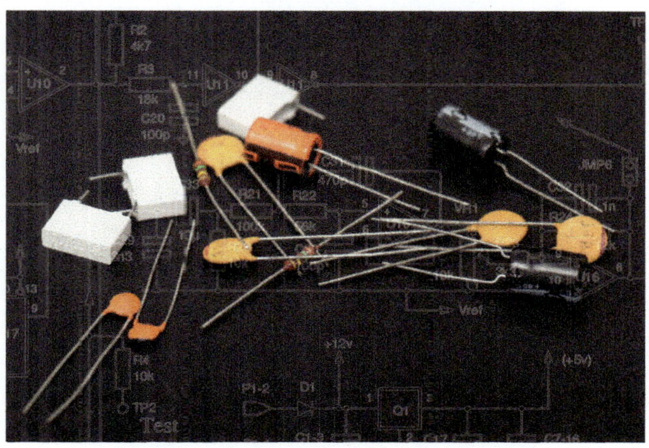

B3.41 Condensatori.

Il condensatore è un componente elettrico passivo, di norma con due terminali, che implementa una data capacità come elemento circuitale. Spesso i terminali dei condensatori sono polarizzati, ovvero devono essere collegati con una polarità ben precisa (condensatori elettrolitici), pena la rottura del condensatore o, peggio, la sua esplosione. Un condensatore è costituito sostanzialmente da due lamine metalliche separate da una sostanza isolante chiamata **dielettrico**.

Se viene misurato con un ohmetro in corrente continua, esso appare come un circuito aperto. Nel caso di condensatori di grande capacità, mettendo i terminali dell'ohmetro in contatto con i terminali del condensatore, si assiste a un breve passaggio di corrente dopodiché il condensatore appare nuovamente come un circuito aperto. Questo tipo di misura, effettuata con un multimetro elettromeccanico, prende il nome di **misura balistica** di un condensatore.

Negli schemi elettrici, i condensatori vengono rappresentati con la simbologia indicata nella **figura B3.42**: si può osservare il simbolo utilizzato per un condensatore non polarizzato |**fig. B3.42a**| e il classico simbolo di un condensatore elettrolitico |**fig. B3.42b**|. In questo caso il lato da connettere al positivo è quello bianco.

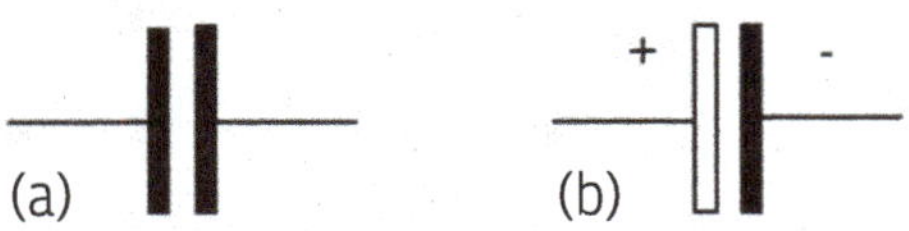

B3.42 Simboli elettrici del condensatore:
a) non polarizzato; b) elettrolitico.

I condensatori vengono utilizzati per una miriade di applicazioni: per disaccoppiare circuiti elettrici; per evitare che i disturbi di alcune apparecchiature si propaghino nei circuiti; per sfasare o rifasare correnti alternate; per accumulare energia in prossimità dei circuiti digitali durante le commutazioni; per livellare la tensione dopo il raddrizzamento ecc.
Le loro dimensioni possono variare da meno di un millimetro per i condensatori SMD |**fig. B3.43**|, a qualche metro per i grossi condensatori dei rifasatori.

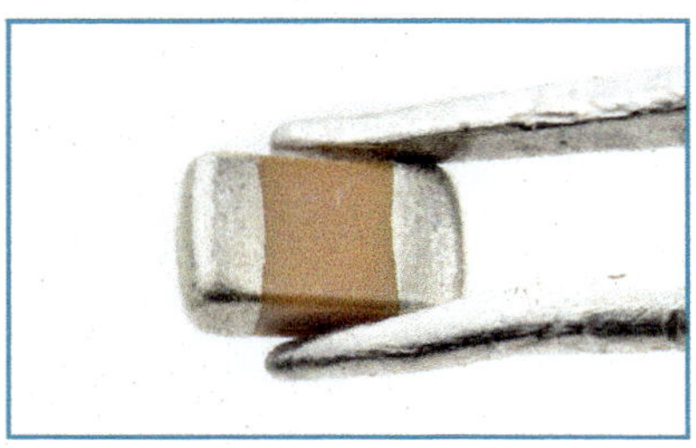

B3.43 Condensatore SMD.

Parametri fondamentali

Di seguito sono riportati i parametri fondamentali di un condensatore.

- **Valore nominale**: si misura tipicamente in sottomultipli del farad (in quanto il farad è un valore grandissimo). Solo nei supercondensatori si arriva a capacità dell'ordine di diverse decine di farad, mentre nei condensatori più comuni si parla di nano farad, micro farad e milli farad:

  $$1\ \text{nF} = 10^{-9}\text{F};\ 1\ \mu\text{F} = 10^{-6}\ \text{F};\ 1\ \text{mF} = 10^{-3}\ \text{F}$$

  Spesso la capacità è stampigliata sul corpo del condensatore ed espressa in pico farad, altre volte viene indicata in micro, nano o milli farad. In alcuni casi viene usato anche un codice a colori, ma questa pratica è poco utilizzata oggi.
- **Tensione massima di esercizio**: è espressa in volt e rappresenta la massima tensione a cui può essere caricato il condensatore senza romperlo (perforazione del dielettrico). Sottoporre un condensatore a una tensione più alta di quella massima ammissibile può portare all'esplosione del condensatore stesso, con il pericolo di ferire chi è vicino.
- **Tolleranza**: è espressa in una percentuale del valore nominale. Come nel caso delle resistenze, esprime il massimo valore percentuale di variazione del valore reale che si può trovare rispetto al valore nominale. La tolleranza non viene indicata quasi mai sul condensatore.
- **Polarizzazione**: indica se il condensatore deve essere collegato rispettando una data polarità oppure se i due terminali sono da considerarsi uguali dal punto di vista elettrico. Di norma, la polarizzazione è legata alla capacità del condensatore nel senso che valori significativi di capacità a tensioni di esercizio anche di centinaia di volt sono realizzabili solo con condensatori polarizzati se si vogliono mantenere piccole le dimensioni. La polarità viene indicata stampigliando "+" o un "–" vicino al corrispondente terminale. Nei condensatori a montaggio verticale il terminale negativo è più corto di quello positivo |**fig. B3.44**|.

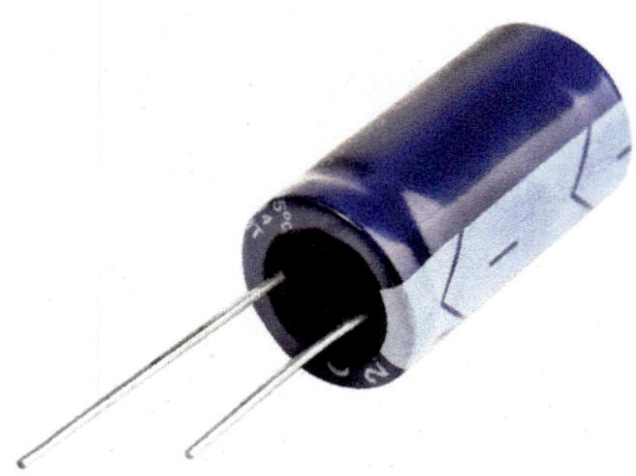

B3.44 Condensatore elettrolitico.

Tipi di condensatore

Esistono vari tipi di condensatore e si differenziano principalmente per le modalità di realizzazione e per il tipo di dielettrico.

Condensatori ceramici

I *condensatori ceramici* utilizzano come dielettrico una sostanza ceramica. Possono essere molto precisi, avere perdite molto basse ed essere molto stabili nel tempo; per questi motivi vengono impiegati maggiormente nei circuiti ad alta frequenza e nei circuiti oscillanti dove tali fattori sono necessari per mantenere nel tempo le caratteristiche del circuito. La maggior parte dei condensatori ceramici è realizzata per metallizzazione delle due facce di un disco di materiale ceramico, da qui la loro caratteristica *forma a disco* |**fig. B3.45**|. Dal punto di vista manutentivo, bisogna considerare che i condensatori ceramici non sono polarizzati e hanno un'induttanza parassita molto bassa per cui, per non sbagliare, è meglio sostituirli con condensatori dello stesso tipo.

B3.45 Condensatori ceramici.

Condensatori avvolti

La maggior parte dei condensatori non polarizzati viene prodotta ponendo due lamine metalliche sulle due facce di una sostanza dielettrica, tipo sandwich, e poi avvolgendo il tutto per ridurne l'ingombro. I terminali vengono poi collegati agli estremi delle lamine e il tutto è ricoperto di una lacca oppure di una sostanza isolante |**fig. B3.46**|. In base al tipo di dielettrico, i *condensatori avvolti* vengono classificati in condensatori in carta, carta metallizzata, film, poliestere, policarbonato ecc.

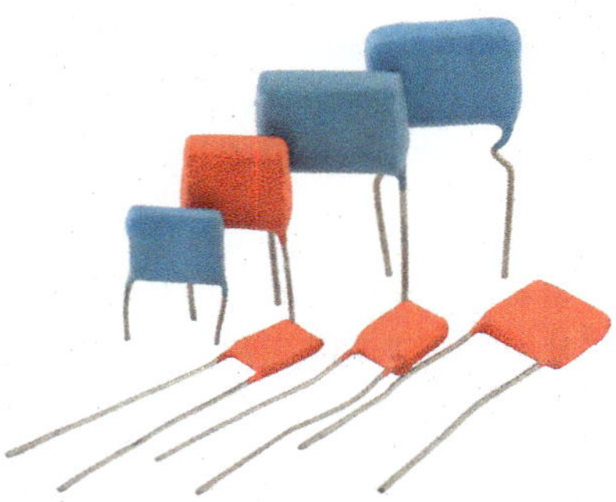

B3.46 Esempi di condensatori avvolti.

Dal punto di vista manutentivo, un condensatore di questo tipo può tranquillamente essere sostituito con un altro avvolto, anche se di tecnologia differente (film, carta, ecc.). Bisogna solo prestare attenzione al valore della capacità, alla tensione massima ammissibile e alla tolleranza, se indicata. Anche se questi condensatori non presentano i pericoli potenziali di un condensatore elettrolitico, occorre sempre sincerarsi che siano completamente scarichi prima di toccarli con le dita.

Condensatori elettrolitici

I *condensatori elettrolitici* sono condensatori polarizzati, prodotti utilizzando come strato isolante un sottilissimo strato di ossido metallico ottenuto tramite elettrolisi, da cui il loro nome. Una volta venivano avvolti e poi messi in tensione per produrre lo strato di ossido; oggi vengono prodotti in modo differente. Un condensatore elettrolitico si presenta come un cilindro con due fili che escono dai lati oppure in coppia da un lato solo (in tal caso si parla di *condensatori a montaggio verticale*). La polarità viene chiaramente indicata sul loro corpo da un segno che identifica almeno un terminale (il positivo o il negativo); spesso però viene indicata la polarità di entrambi i terminali. Nel caso di condensatori a montaggio verticale, il terminale corrispondente al polo negativo, di solito, è più corto. Quasi sempre i condensatori elettrolitici sono inseriti in un cilindretto di alluminio, o altro metallo leggero, sul quale vengono fatte delle incisioni per garantire vie di fuga preferenziali ai gas in caso di bruciatura |**fig. B3.47**|.

B3.47 Incisioni sui condensatori elettrolitici.

Sono condensatori dotati di grande capacità, ma con tolleranze molto ampie e spesso asimmetriche, non di rado si parla di valori di tolleranza che spaziano dal –20% al +50%. Infatti questi condensatori vengono utilizzati spesso per disaccoppiare i circuiti in corrente continua e per livellare la tensione in uscita dagli alimentatori stabilizzati. In tutti questi casi è importante che la capacità non sia più piccola del valore nominale, almeno non sensibilmente, mentre un valore anche decisamente maggiore non crea nessun problema. I condensatori elettrolitici arrivano senza problemi a capacità dell'ordine del millifarad [mF] e tensioni massime di esercizio di qualche centinaio di volt **|fig. B3.48|**.

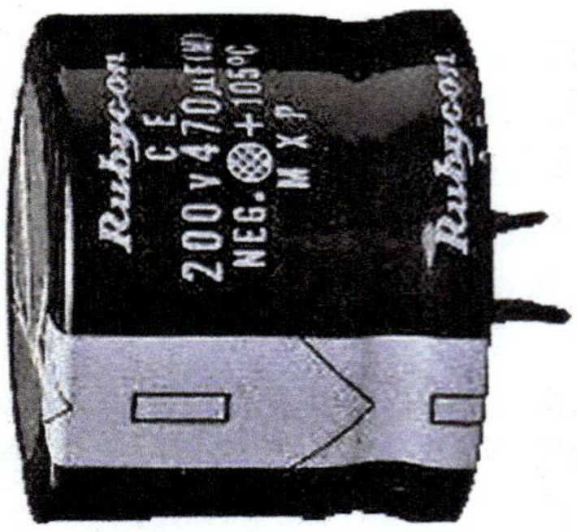

B3.48 Condensatore elettrolitico ad alta tensione.

Quando sono carichi sono molto pericolosi poiché possono dare scariche elettriche con conseguenze mortali. Non basta spegnere un'apparecchiatura per garantire che i condensatori siano scarichi; alle volte ci possono volere decine di minuti perché si scarichino naturalmente sul circuito che alimentano.
Un condensatore elettrolitico va sempre trattato come se fosse carico alla massima tensione ammissibile, quindi se si tratta di 12 V è sostanzialmente innocuo, mentre se si parla di 200 V o di valori superiori, è un vero e proprio pericolo.
Per scaricarli bisogna utilizzare una resistenza di qualche decina di ohm, collegandola mediante fili isolati ai due terminali del condensatore dopo aver tolto la tensione.
La pratica spesso usata di cortocircuitare i due estremi del condensatore con la lama di un cacciavite è da evitare, in quanto potrebbe produrre scintille molto intense con proiezione di frammenti negli occhi e le sovracorrenti in gioco potrebbero danneggiare il condensatore stesso o, peggio, farlo esplodere.

Data la natura del dielettrico, che viene fortemente polarizzato durante l'uso, spesso questi condensatori, dopo essere stati scaricati, tendono a ricaricarsi spontaneamente, anche oltre un terzo del valore iniziale.
Quindi bisogna ricordare che la tranquillità nel maneggiare un condensatore elettrolitico ad alta tensione di lavoro si ottiene solo lasciando la resistenza in contatto con i terminali. In questo modo si ha la garanzia che le cariche riprodotte spontaneamente si scarichino senza danno attraverso il circuito esterno.

Quando un condensatore elettrolitico si brucia, è facile vedere che il suo corpo si deforma a causa dei gas derivanti dall'evaporazione del dielettrico. In alcuni casi l'involucro si apre in modo facilmente visibile.
Anche questa diagnosi visiva va fatta a circuito non alimentato, perché se il condensatore dovesse bruciarsi proprio mentre si sta facendo questo tipo di esame, potrebbero derivarne seri danni agli occhi.

Un condensatore elettrolitico con l'involucro rotto va senz'altro sostituito, poiché è questione di tempo che si bruci completamente.

Diverso è il caso del condensatore di aspetto sano. In tale circostanza bisogna ricordare che la corrente di perdita di un condensatore elettrolitico può arrivare alle decine di milliampere [mA], per cui avere un condensatore elettrolitico che non si presenta come circuito aperto quando si effettua la misurazione con il tester, non vuol dire che sia bruciato!
Bisogna ricorrere ad altre analisi, come la misura balistica o la verifica del mantenimento della carica in un circuito di prova.

Supercondensatori e ultracondensatori

I *supercondensatori* e gli *ultracondensatori* sono condensatori in grado di raggiungere capacità elevatissime, oltre i 5000 F, anche se a tensioni di lavoro piuttosto basse, inferiori a 3 V.
I supercondensatori usano come dielettrico una soluzione a base di carbone attivo a elevata area superficiale, mentre gli ultracondensatori usano un aerogel di carbonio.

Al di là degli aspetti più tecnici i supercondensatori, il cui principio di funzionamento è noto da oltre un secolo, sono entrati in fase di commercializzazione su larga scala da poco più di un decennio.

Il loro principale utilizzo è al posto delle batterie ricaricabili, rispetto alle quali sono più leggeri, hanno correnti di scarica molto più elevate e vita molto più lunga, anche se la loro capacità di immagazzinare energia è ancora sensibilmente inferiore.
Altro impiego è quello di batterie tampone destinate a mantenere l'alimentazione di un circuito durante i cambi delle batterie principali, oppure a mantenere la tensione di alimentazione durante i picchi di corrente improvvisi.

Un esempio di applicazione pratica dei supercondensatori è dato dal loro impiego nelle autovetture: vengono posti in parallelo alla batteria delle autovetture, su cui vengono montati apparati stereo di potenza rilevante per evitare l'abbassamento delle luci durante i picchi di riproduzione sonora.

Un'altra applicazione molto interessante a livello *automotive* riguarda l'impiego di batterie di supercondensatori per accumulare energia elettrica in vetture ibride come l'Honda FCX |**fig. B3.49**|. I supercondensatori sono impiegati per recuperare l'energia nelle frenate e nelle decelerazioni, per poi dare uno spunto aggiuntivo alle celle a combustibile quando serve un'accelerazione in più.

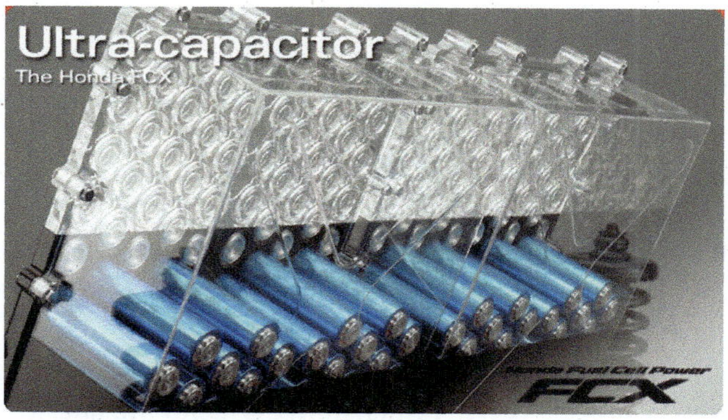

B3.49 Supercondensatore applicato all'autovettura.

Dal punto di vista manutentivo è richiesta la sostituzione con un elemento di pari caratteristiche.

Trasformatori

Un **trasformatore** è una macchina elettrica statica (in quanto priva di parti in movimento), utilizzata per scalare una tensione alternata. Esso lavora solo in corrente alternata, sfruttando i fenomeni dell'elettromagnetismo connessi a campi di forza variabili nel tempo.

È costituito da due avvolgimenti separati e definiti **primario** e **secondario**: il primo è, per convenzione l'avvolgimento a monte del circuito, mentre il secondo è quello a valle. Poiché il trasformatore è una macchina perfettamente simmetrica, la definizione di "primario" e "secondario" può essere invertita |**fig. B3.50**|.

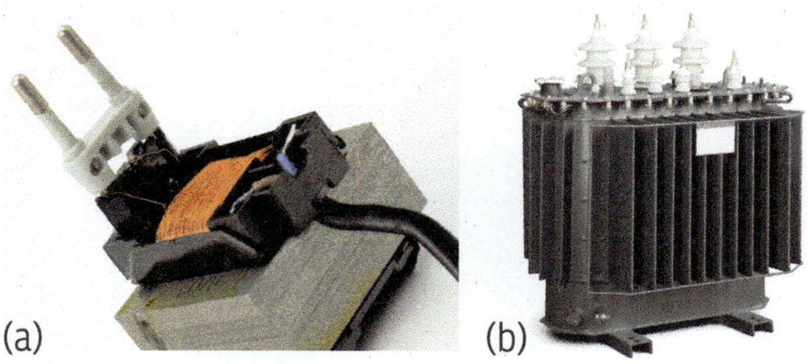

B3.50 Trasformatore: a) per basse tensioni; b) per alte tensioni.

Negli schemi elettronici il trasformatore viene rappresentato come nella **figura B3.51**; nei circuiti elettronici vi sono spesso trasformatori ad avvolgimenti galvanicamente separati.

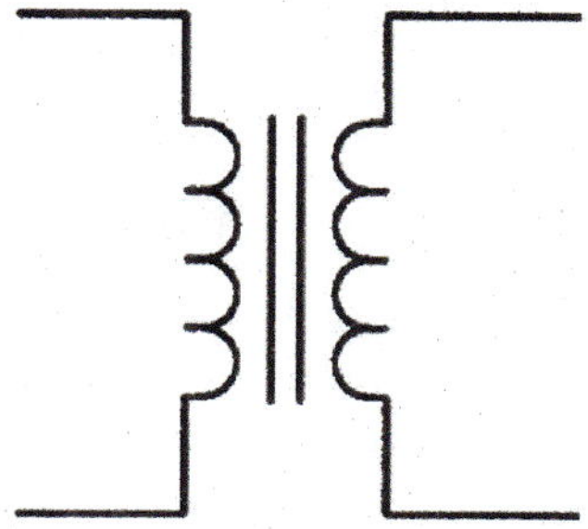

B3.51 Simbolo del trasformatore in Elettronica.

Negli schemi elettromeccanici, invece, la rappresentazione del trasformatore è molto differente e più dettagliata a seconda del tipo; esistono infatti differenti tipologie di trasformatore, monofase e trifase. Nel caso dell'Elettromeccanica, la norma CEI EN 60617-6 definisce i simboli grafici dei vari componenti |**fig. B3.52**|.

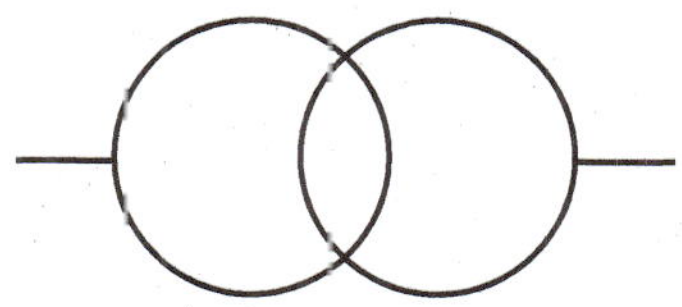

B3.52 Simbolo trasformatore monofase in generale secondo le norme CEI.

I trasformatori vengono principalmente utilizzati per ridurre o aumentare il valore di una tensione alternata, prima di provvedere al suo raddrizzamento e livellamento. Sono utilizzati spesso negli alimentatori, in cui provvedono ad abbassare il valore della tensione di rete da 240 V a 12/14 V.
In altri casi i trasformatori sono utilizzati per isolare galvanicamente due sezioni di un circuito elettrico; in tali circostanze, di norma, non variano il valore della tensione rispetto a quello iniziale.
Infine, nella distribuzione dell'energia elettrica, i trasformatori vengono utilizzati per portare il valore della tensione al valore utilizzato dagli elettrodotti e poi riportarlo al valore della rete elettrica (240 V).
I trasformatori possono avere dimensioni molto piccole, con il lato inferiore anche al centimetro, oppure molto grandi, come i trasformatori delle centrali elettriche |**fig. B3.53**|, il cui lato può misurare anche qualche metro.

B3.53 Trasformatore per l'alta tensione.

Parametri fondamentali

Di seguito si riportano i parametri fondamentali di un trasformatore.

- **Rapporto di trasformazione**: indica il rapporto tra la tensione del secondario e quella del primario. Nel caso classico di un trasformatore utilizzato per produrre 12 V, partendo dai 240 V della rete elettrica, il rapporto di trasformazione sarà pari allo 0,05. Il trasformatore è una macchina simmetrica quindi lo stesso trasformatore, se utilizzato per produrre 240 V partendo da 12 V, avrà un rapporto di trasformazione pari a 20.
- **Potenza reattiva**: indica la potenza apparente in grado di essere trasferita dal trasformatore senza danno, e si misura in voltampere [VA]. Trattando di grandezze alternate, la potenza dovrebbe contenere anche il coseno dello sfasamento tra tensione e corrente, il cos φ, ma nel caso dei trasformatori la massima potenza si ha quando il cos φ è pari a 1. Per evitare confusioni si parla di quindi di voltampere esprimendoli come prodotto tra corrente e tensione. La potenza trasferibile dipende sostanzialmente dal tipo di traferro che viene utilizzato.
- **Tensione di isolamento degli avvolgimenti**: questo parametro viene spesso omesso, ma indica la massima tensione applicabile a un avvolgimento senza che lo strato isolante posto su questo si rompa, con conseguenti scariche elettriche e fusione degli avvolgimenti; viene espresso in volt.

Tipi di trasformatore

Esistono vari tipi di trasformatore, di seguito esposti.

Trasformatori monofase

I *trasformatori monofase* sono utilizzati in Elettronica e hanno un primario e un secondario con un'eventuale presa centrale usata per produrre in uscita due tensioni uguali e opposte in fase. Il nucleo può essere toroidale |fig. B3.54|, a forma di ciambella, o quadro, realizzato con lamelle metalliche sovrapposte che formano una U con la parte sovrapposta |fig. B3.55|. Nei trasformatori di isolamento, il rapporto di trasformazione è pari a 1 o poco più per compensare le perdite nel trasformatore stesso.

B3.54 Trasformatore toroidale.

B3.55 Trasformatore con nucleo a lamelle.

Dal punto di vista manutentivo un trasformatore classico non richiede particolari attività. In caso di bruciatura esso va sostituito con un trasformatore analogo, avente lo stesso rapporto di trasformazione e potenza uguale a quello iniziale. Il più delle volte il problema è l'ingombro del nuovo trasformatore, poiché spesso non combacia con le dimensioni di quello iniziale.
Quando si opera a valle di un trasformatore di isolamento, bisogna porre particolare attenzione al fatto che il circuito è galvanicamente isolato dal primario, per cui eventuali interruttori differenziali posti sul primario non proteggeranno assolutamente chi opera sul secondario.

Trasformatori trifase

I *trasformatori trifase* sono utilizzati nella distribuzione dell'energia elettrica e operano su tensioni trifasi, per cui dispongono di tre avvolgimenti primari e almeno altrettanti secondari. In alcuni casi i tre avvolgimenti hanno tre traferri diversi, più spesso di parla di un unico traferro con tre ramificazioni |fig. B3.56|.
Dal punto di vista manutentivo non richiedono particolari attenzioni e la loro sostituzione va sempre effettuata da personale specializzato, adottando tutte le cautele del caso per evitare che l'alimentazione venga ripristinata durante il lavoro.

B3.56 Trasformatore trifase con i tre avvolgimenti separati.

Autotrasformatori

Gli *autotrasformatori* sono trasformatori in cui il primario viene utilizzato anche come secondario, usufruendo di più prese intermedie. In alcuni casi il secondario è realizzato con un contatto strisciante, per cui il rapporto tra la tensione in ingresso e quella in uscita può variare da 0 fino alla piena tensione d'ingresso |**fig. B3.57**|.

B3.57 Autotrasformatore: ingresso 250 V, uscita 0-250 V.

Circuiti stampati

I **circuiti stampati** sono i supporti fisici su cui vengono realizzati i circuiti elettronici. Essi sono realizzati con materiale isolante, che serve da supporto, e piste metalliche realizzate in rame per le connessioni.

Se i circuiti stampati presentano diversi strati o layer per le connessioni tra i componenti sono definiti **circuiti multilayer**.
I componenti vengono saldati al circuito mediante una brasatura dolce realizzata con leghe di stagno, attraverso appositi fori |**fig. B3.58**| o semplicemente appoggiandoli alle piazzole, come nel caso dei circuiti per componenti a montaggio superficiale (SMD) illustrati nella **figura B3.59**. In quest'ultimo caso, sovente i componenti sono presenti su entrambe le facce del circuito. Talvolta i circuiti stampati contengono entrambi i tipi di componenti |**fig. B3.60**| e spesso vengono sagomati in modo da poter essere inseriti nei propri contenitori |**fig. B3.61**|.

B3.58 Circuito stampato con componenti tradizionali.

B3.59 Esempi di circuito stampato con componenti SMD.

B3.60 Circuito stampato con componenti misti.

B3.61 Circuito stampato sagomato circolarmente.

Dal punto di vista manutentivo, i circuiti stampati non richiedono alcun tipo di intervento, ma possono subire danni anche ingenti durante le riparazioni dei componenti elettronici.

Spesso infatti, per provare un componente, è necessario dissaldarlo e poi ovviamente risaldarlo al suo posto. Le relative operazioni di saldatura devono essere condotte in modo molto veloce, per evitare che il calore della punta del saldatore danneggi anche altri componenti o, addirittura, stacchi le piste dal supporto. In quest'ultimo caso bisognerà provvedere a saldare dei fili per garantire il corretto funzionamento del circuito una volta ripristinato il componente |fig. B3.62|.

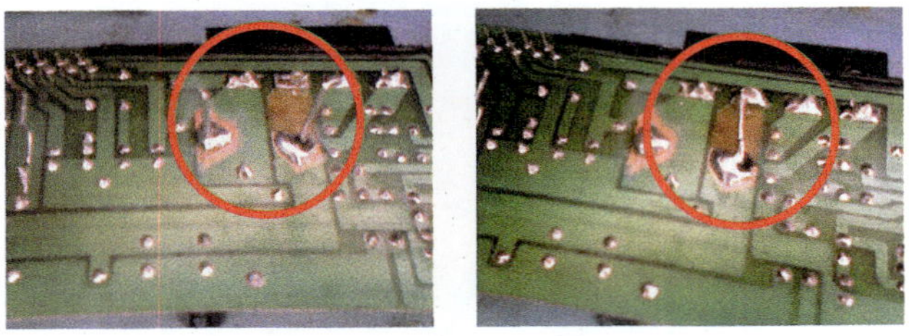

B3.62 Riparazione di una pista danneggiata da componente fuso.

In alcuni casi i circuiti stampati possono presentare dei problemi di connessione dovuti a saldature non corrette, dette **saldature fredde**, o presentare piste interrotte a causa di una eccessiva flessione del circuito stesso.
Individuare questo tipo di guasti è un'impresa molto difficile e possibile solo per le piste esterne al circuito e nelle zone visibili, in quanto non coperte da componenti elettronici.

Nel caso si debba intervenire su una saldatura fredda, basta rifare la stessa, eventualmente eliminando lo stagno iniziale mediante una pompetta aspirastagno.

Si consiglia poi di utilizzare la pasta disossidante per garantire un'adesione migliore dello stagno |fig. B3.63|.

B3.63 Ripresa di una saldatura su un componente SMD.

Nello sfortunato caso in cui si debba riparare una pista, bisognerà eliminare l'isolante presente su questa prima di procedere alla riparazione e poi ripristinarlo.

A tale scopo esistono *lacche isolanti spray*, utili anche per ripristinare la protezione se viene danneggiata durante le misure per la ricerca di un guasto |fig. B3.64|.

B3.64 Ricerca del guasto su un circuito SMD.

Se fosse necessario ripulire un circuito elettronico dopo una riparazione, si può utilizzare alcool isopropilico, avendo cura di non farlo entrare in eventuali trimmer o compensatori.

Relè

Un **relè** è un interruttore, o un gruppo di interruttori, azionato tramite una corrente elettrica che attraversa un elettromagnete. Quest'ultimo può essere realizzato per funzionare in *corrente continua* o in *corrente alternata* ed è una **bobina** o **solenoide**.

I relè |fig. B3.65| sono utilizzati per commutare circuiti elettrici fino a potenze di diversi kilowatt, utilizzando piccole potenze e tensioni per il comando della bobina. I relè per grandi potenze vengono spesso definiti **teleruttori**. Mediante un pulsante che funziona a 12 V è possibile ad es. comandare un teleruttore che pilota una tensione trifase a 22 kV.

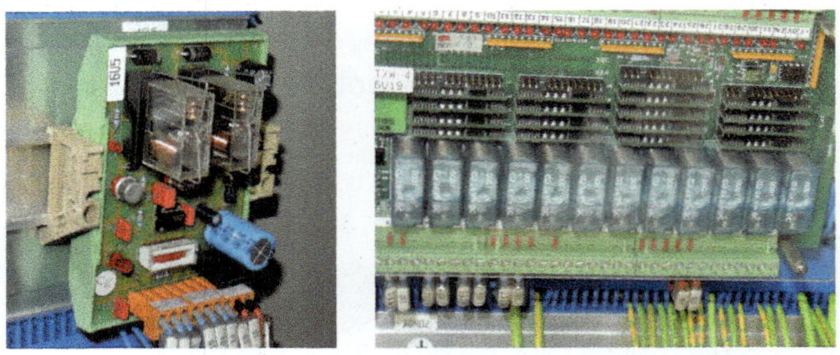

B3.65 Esempi di relè di piccole dimensioni montati in automazione.

Negli schemi elettrici, i relè vengono rappresentati con il simbolo indicato nella **figura B3.66**, in cui è visibile anche lo schema funzionale. Spesso, negli schemi per l'automazione, i contatti dei relè sono rappresentati come interruttori e viene indicato a lato il nome della bobina che li comanda; inoltre, la rappresentazione grafica dei suddetti contatti può differire a seconda che abbiano funzioni aggiuntive come il ritardo alla chiusura o all'apertura **|fig. B3.66|**.

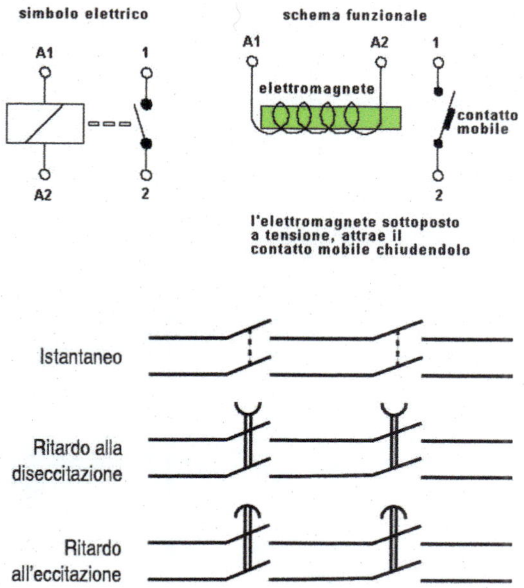

B3.66 Simbolo elettrico del relè.

I contatti del relè possono essere normalmente aperti o normalmente chiusi; inoltre, possono far parte del relè oppure appartenere a gruppi di contatti esterni collegati alla bobina dall'esterno, in tal caso, questi tipi di contatti sono detti **contatti ausiliari** **|fig. B3.67|**.

B3.67 Coppia di relè con sopra montati dei contatti ausiliari.

I relè possono avere dimensioni molto piccole, anche meno di 1 cm di lato (come nel caso dei relè per telecomunicazioni), oppure possono essere molto grandi, come i teleruttori delle centrali elettriche, il cui lato può raggiungere anche più di un metro di lunghezza.

Parametri fondamentali

Di seguito si riportano i parametri fondamentali di un relè.

- **Tensione di lavoro della bobina**: indica la tensione [V] necessaria al corretto funzionamento della bobina e se tale tensione sia continua o alternata. In automazione industriale tutta la parte di controllo lavora normalmente a 24 V DC.
- **Contatti**: il relè può avere contatti differenti in base al numero e alla tipologia, per esempio, 2 contatti normalmente chiusi (NC) e 2 contatti normalmente aperti (NA).
- **Corrente al contatto**: è la massima corrente che può essere commutata da un singolo contatto espressa in ampere.
- **Tensione al contatto**: è la massima tensione che può essere posta su un contatto senza che si verifichino scariche spontanee. Essa è direttamente proporzionale alla distanza fisica tra i contatti o alla tensione di rottura del semiconduttore nei relè allo stato solido. Di norma vale non meno di 250 V.

Tipi di relè

Esistono tantissimi tipi di relè, diversi per forma e applicazione e/o per caratteristiche elettriche.

Relè monostabili

I *relè monostabili* sono i classici relè, in cui una posizione è stabile e l'altra viene raggiunta e mantenuta solo finché la bobina è alimentata. Si comportano come pulsanti e rimangono premuti finché la bobina è alimentata **|fig. B3.68|**.

B3.68 Coppia di relè monostabili trifase detti anche *teleruttori*.

Relè bistabili

I *relè bistabili* sono relè nei quali le posizioni di equilibrio sono due e vengono mantenute entrambe senza necessità di corrente nella bobina.

Essi si comportano come dei flip-flop e i circuiti che li impiegano vengono definiti con memoria |fig. B3.69|.

B3.69 Relè bistabile.

Relè passo - passo

I *relè passo – passo* sono i classici relè con cui vengono accese e spente le luci tramite pulsanti. A ogni eccitazione della bobina, un disco sagomato apre e chiude dei contatti con sequenze prefissate.
L'applicazione classica è quella dell'accensione delle luci di una stanza, ma appartengono a tale categoria anche i programmatori elettromeccanici delle lavatrici e delle lavastoviglie |fig. B3.70|.

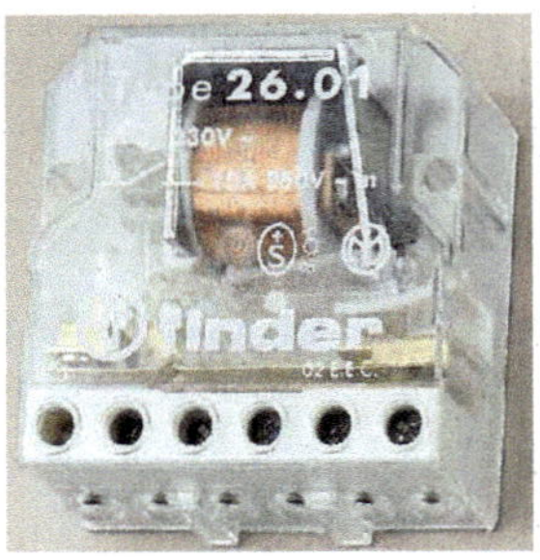

B3.70 Relè passo - passo.

Relè Reed o magnetici

I *relè Reed* o *magnetici* sono relè monostabili in cui i contatti sono avvolti da un cilindro di vetro dotato di atmosfera inerte che isola i contatti dall'atmosfera esterna.
Sono spesso utilizzati in atmosfere esplosive o comunque corrosive, proprio grazie all'isolamento che viene garantito dal vetro in cui sono inseriti i contatti.
Sono realizzati inserendo il contatto *reed* all'interno della bobina stessa |fig. B3.71|.

B3.71 Relè Reed o magnetico.

Relè allo stato solido

I *relè allo stato solido* sono realizzati interamente con semiconduttori e, quindi, sono privi di parti in movimento. Sono estremamente versatili e rispetto ai relè tradizionali sono molto più piccoli, veloci e hanno una vita notevolmente più lunga, se usati correttamente |fig. B3.72|. Dal punto di vista delle correnti commutate i relè allo stato solido non commutano i carichi tipici dei teleruttori. Il loro utilizzo è limitato dal costo decisamente più alto di quello di un relè tradizionale, oltre che dalle correnti e tensioni in gioco.

(a)

(b)

B3.72 a) Relè allo stato solido montato nei propri zoccoli per guida DIN. b) Relè allo stato solido estratto: sono chiaramente visibili i parametri che lo caratterizzano.

Dal punto di vista manutentivo, i principali problemi cui vanno incontro i relè riguardano i contatti che tendono a ossidarsi e/o a incollarsi.
Quando i contatti si aprono o si chiudono possono verificarsi delle scariche elettriche, sotto forma di scintille, che tendono a ossidare la superficie dei contatti; se le scariche sono forti, la superficie dei contatti può letteralmente fondersi e i contatti possono restare incollati anche quando il relè non è più eccitato.
In caso di ossidazione consistente, i contatti non chiuderanno più il circuito anche se si toccano. Per ovviare a tali inconvenienti la maggior parte dei relè utilizza **contatti autopulenti** che, durante la fase di chiusura, vengono strisciati meccanicamente l'uno contro l'altro, realizzando una sorta di pulizia. In ogni caso, dopo un certo numero di cicli, i contatti saranno inutilizzabili e dovranno essere sostituiti. Se il relè lo prevede, i contatti possono essere alloggiati in un corpo a parte, rendendo semplice ed economica la loro sostituzione, diversamente dovrà essere sostituito tutto il relè.

Un caso classico di blocco contatti è quello dei contatti ausiliari che possono facilmente essere sostituiti in blocco |**fig. B3.73**|.

B3.73 Relè con contatti ausiliari e protezione di una bobina con *snubber*.

Spesso, in parallelo ai contatti dei relè o alle bobine vi sono snubber o soppressori d'arco, ovvero circuiti elettronici passivi a due terminali aventi lo scopo di eliminare o ridurre l'arco che si forma alla commutazione del circuito.
Essi sono costituiti da un circuito RC in serie. Per essere efficace, lo *snubber* deve essere posizionato il più vicino possibile ai contatti o alla bobina |**fig. B3.74**|.
Il loro utilizzo non è diffuso, come farebbe pensare il buon senso, e spesso gli impianti si fermano per problemi sui contatti di relè che non sono protetti da questo tipo di dispositivi. L'installazione di soppressori d'arco, come modifica dell'impianto esistente, dovrebbe sempre essere preso in considerazione quando si effettua un intervento manutentivo. Gli *snubber* sono usati anche nei relè allo stato solido, in quanto le sovratensioni all'apertura dei contatti possono facilmente danneggiare il relè.

B3.74 Dettaglio dello *snubber*: è posizionato proprio sopra la bobina e si nota chiaramente il disegno della rete RC.

Interruttori e deviatori

L'**interruttore** è un dispositivo elettrico o elettronico in grado di interrompere un circuito elettrico |**fig. B3.75**|.

Quando si fa riferimento agli interruttori si parla di **circuiti elettrici** ma non sono rari **interruttori wireless** o **magnetici** per i quali è più corretto parlare di "componenti elettronici".

Il **deviatore** interrompe il circuito elettrico deviando la corrente su un altro circuito; se il secondo circuito è aperto il deviatore si comporta come un interruttore.

L'interruttore, per definizione, dispone di due posizioni: aperto e chiuso. Nella posizione "Aperto" il circuito è aperto e quindi non passa corrente elettrica; nella posizione "Chiuso" il circuito è chiuso, quindi la corrente elettrica può passare e il circuito a valle è alimentato.

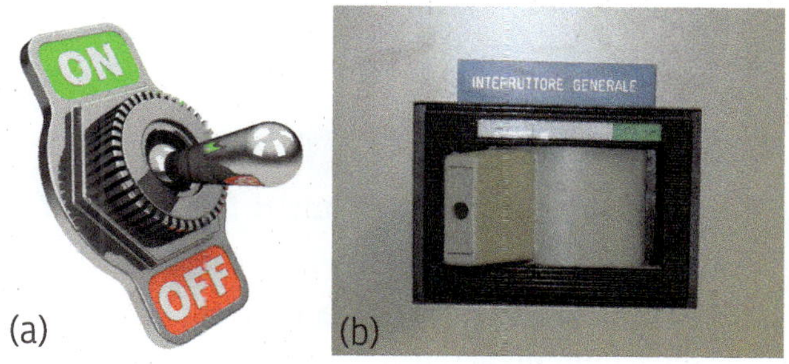

B3.75 a) Interruttore da pannello. b) Interruttore da quadro elettrico.

Un interruttore può interrompere più di un circuito elettrico contemporaneamente, in tal caso si parla di **interruttori multipolari**, intendendo per *polo* ogni singola interruzione. Si pensi, per esempio, all'interruttore bipolare, utilizzato per interrompere entrambi i conduttori su un sistema monofase, oppure all'interruttore tripolare, tipico dei circuiti trifase. Esistono, inoltre, i **deviatori** che prevedono due circuiti.

Negli schemi elettronici gli interruttori e i deviatori sono rappresentati con il simbolo indicato nella **figura B3.76**: da tale rappresentazione è intuitivo vedere il funzionamento del deviatore.

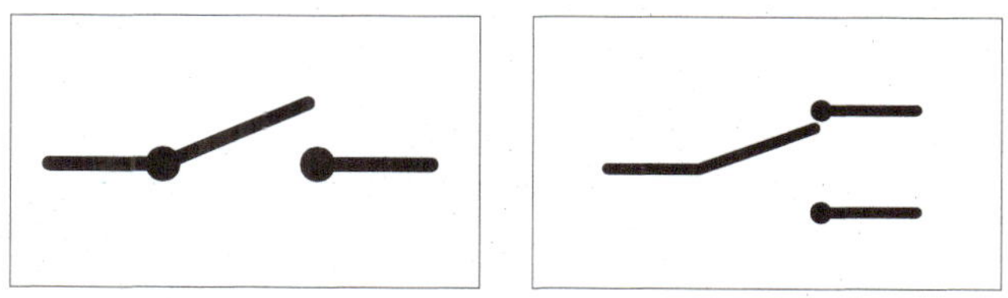

(a) (b)

B3.76 a) Simbolo dell'interruttore. b) Simbolo del deviatore.

Gli interruttori vengono intuitivamente impiegati in tutte quelle occasioni in cui sia necessario interrompere un circuito elettrico e possono avere dimensioni che vanno da qualche millimetro, per i classici DIP Switch |fig. B3.77| a bordo dei circuiti stampati, a un paio di metri per i sezionatori delle centrali elettriche.

B3.77 DIP Switch.

Parametri fondamentali

Di seguito si riportano i parametri fondamentali di un interruttore.

- **Tensione di lavoro**: indica la tensione [V] che può essere commutata senza pericolo per l'interruttore o per l'utilizzatore. Spesso ha a che fare con la tensione di isolamento dell'interruttore stesso.
- **Contatti**: l'interruttore può avere contatti differenti in base al numero e alla tipologia, per esempio 2 contatti normalmente chiusi (NC) e 2 contatti normalmente aperti (NA).
- **Corrente al contatto**: è la massima corrente che può essere commutata da un singolo contatto espressa in ampere.
- **Protezione dagli agenti esterni**: poiché in alcuni casi gli interruttori possono essere destinati a pannelli di controllo esposti agli agenti esterni o, addirittura, ad atmosfere esplosive, è determinante la protezione dagli agenti esterni normalmente espressa dalla norma EN 60529, recepita dalla norma del Comitato Elettrotecnico Italiano CEI 70-1. Questa norma definisce la protezione con la sigla *IP* seguita da due numeri che definiscono diverse classi di protezione, per esempio"IP65" indica "totalmente protetto da polvere e getti d'acqua". Riguardo alle atmosfere esplosive, il rischio è più reale di quel che si pensa, in quanto quasi tutte le sostanze organiche se ridotte in polvere possono dare luogo ad atmosfere esplosive, ad es. riso e caffè.

Tipi di interruttori

Esistono tantissimi tipi di interruttori che si differenziano per dimensione, forma e caratteristiche elettriche. Una prima distinzione viene effettuata dal punto di vista funzionale, mentre le altre distinzioni sono più che altro legate al loro impiego.

- **Interruttore**: un interruttore ha, per definizione, due posizioni fisse e stabili che vengono mantenute indefinitamente nel tempo se esso non viene toccato. Si tratta del classico interruttore.
- **Deviatore**: è un interruttore che chiude comunque un circuito elettrico. In entrambe le posizioni, un circuito è aperto e l'altro è chiuso; essi si scambiano a seconda della posizione dell'interruttore. Un deviatore può sempre essere usato al posto di un interruttore, ma non viceversa.
- **Pulsanti**: gli interruttori possono mantenere la posizione indefinitamente nel tempo, oppure possono mantenerla solo fino a quando è presente una certa pressione esterna; in tal caso si parla di *pulsanti*. Un tipico esempio di pulsante è quello dei tasti del computer o il campanello che, per ovvie ragioni, deve chiudere il circuito solo finché la persona all'esterno mantiene il dito premuto sul pulsante.

B3.78 Pulsanti sulla tastiera del Personal Computer.

Dal punto di vista morfologico, esiste un'immensa varietà di interruttori che si differenziano per dimensioni e forma. In automazione industriale, gli interruttori possono assumere le dimensioni di un blocco di plastica di diverse decine di centimetri di lato per gli interruttori principali. In tal caso l'interruttore viene azionato con una mezza rotazione e interrompe l'alimentazione trifase |**fig. B3.79**|.

(a)

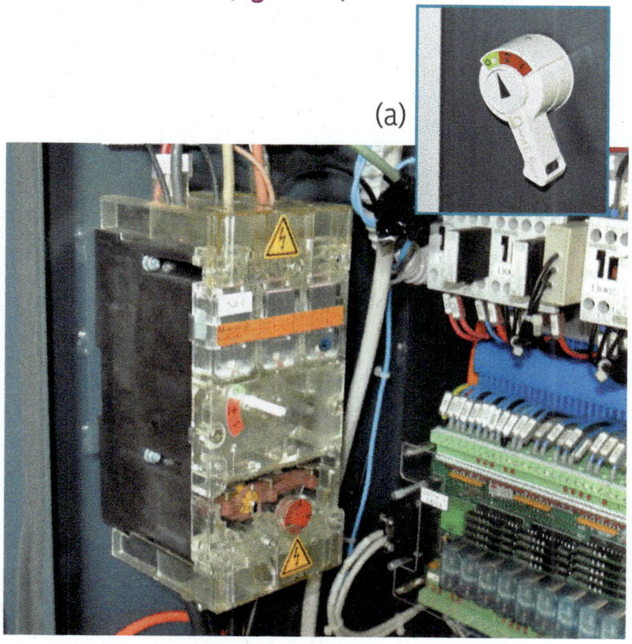

(b)

B3.79 Sezionatore principale di un controllo numerico: a) visto dall'esterno; b) visto dall'interno dell'armadio, sono chiaramente visibili i quattro conduttori dell'alimentazione trifase (3 fasi + neutro).

Gli interruttori a rotazione sono impiegati sulle classiche prese d'officina interbloccate. In tal caso l'alimentazione può essere fornita solo se vi è inserita una presa (per questo sono definite *interbloccate*) e la presa può essere disconnessa solo dopo aver tolto la tensione. Queste prese possono essere dotate di fusibili e/o interruttori differenziali. Le norme di riferimento IEC 309 definiscono i vari aspetti delle spine e delle prese da utilizzare in ambito industriale; in particolare, il colore blu viene utilizzato per spine e prese a 220 V |**fig. B3.80a**|, mentre quello rosso viene usato per spine e prese a 380 V |**fig. B3.80b**|.

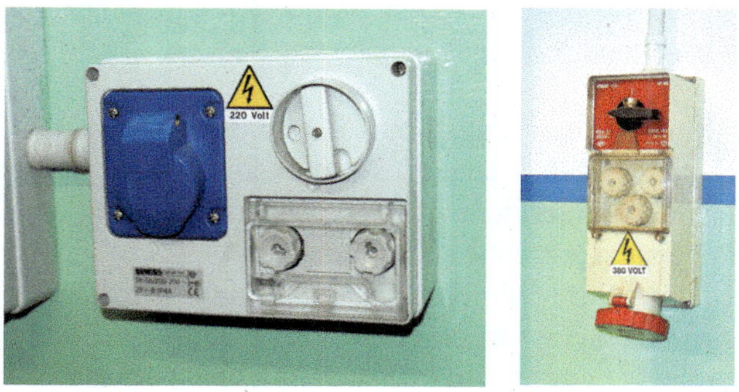

(a) (b)

B3.80 a) Presa interbloccata a 220 V. b) Presa interbloccata a 380 V.

I **finecorsa** sono dei pulsanti utilizzati per segnalare il raggiungimento di una data posizione. La gamma delle loro possibili forme e dimensioni è tale che ne esistono interi cataloghi.
Un tipico impiego di un finecorsa è quello di segnalare il raggiungimento di un piano negli ascensori oppure segnalare che l'oblò della lavatrice è chiuso prima di avviare il lavaggio.

In ambito industriale, un classico uso è quello legato ai ripari delle macchine utensili o degli attrezzi da banco. Per esempio, nella **figura B3.81** è visibile l'impiego di alcuni finecorsa per segnalare che il riparo si trova nella posizione voluta per poter azionare il motore della mola.
Se il riparo viene spostato dalla posizione di protezione, il motore viene fermato nel più breve tempo possibile. È chiaramente visibile una piccola rotellina che ha la funzione di evitare che il braccetto, spostandosi, possa far flettere l'albero del finecorsa.
Al suo interno questi finecorsa hanno due normalissimi pulsanti.

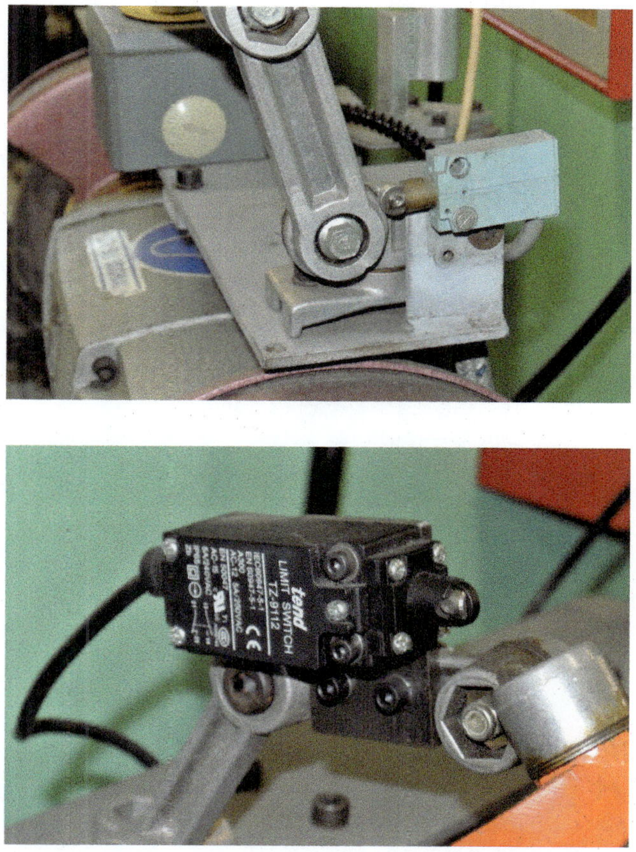

B3.81 Due finecorsa posizionati in corrispondenza di giunti e aventi la funzione di segnalare quando il riparo si trova fuori posto.

In alcuni casi il finecorsa viene dotato di una rotellina decisamente più grande. Ciò accade quando esso deve rotolare lungo un corpo fino a segnalare il raggiungimento di una data posizione indicata da una camma. Questo tipo di finecorsa viene anche utilizzato negli ascensori per segnalare il raggiungimento di un piano **|fig. B3.82|**.

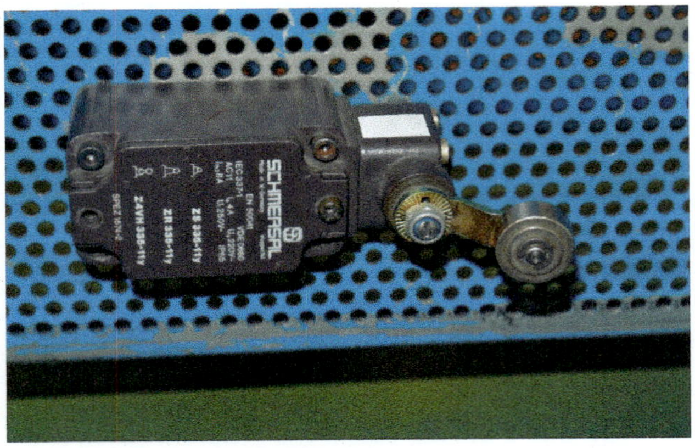

B3.82 Finecorsa con leva rotante e rotella.

Un altro caso classico è quello del finecorsa utilizzato per garantire che i carter di protezione o le porte degli armadi elettrici siano chiusi quando l'apparecchiatura lavora. Il finecorsa viene posizionato proprio in prossimità dell'apertura della porta, in modo da segnalare tempestivamente la sua apertura **|fig. B3.83|**.

B3.83 L'apertura delle porte dell'armadio viene segnalata dal finecorsa, ben visibile nel vista del particolare.

Un'altra grande famiglia di interruttori speciali è costituita dai **magnetotermici** e dai **differenziali**.

I magnetotermici, detti anche **termiche**, sono interruttori che hanno la peculiarità di portarsi automaticamente in posizione "OFF" qualora la corrente nel circuito superi un dato valore **|fig. B3.84|**.

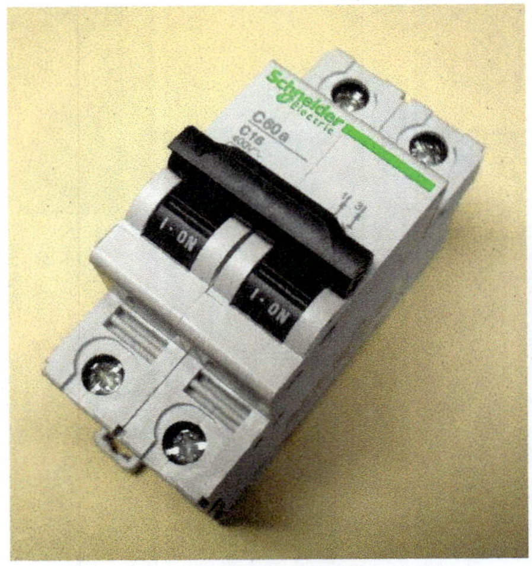

B3.84 Interruttore magnetotermico 400V 10A.

L'interruttore differenziale, invece, si porta in posizione "OFF" se rileva delle dispersioni di corrente verso terra. Spesso viene chiamato anche "Salvavita", in quanto se una persona tocca un conduttore sotto tensione l'interruttore differenziale scatta, interrompendo l'alimentazione **|fig. B3.85|**.

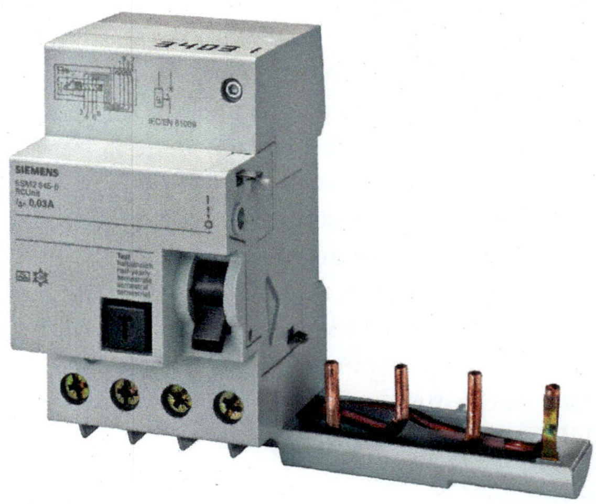

B3.85 Interruttore differenziale trifase 30 mA.

Affinché ciò avvenga senza danno alla persona, l'interruttore differenziale deve intervenire alla soglia dei 30 mA; se interviene a correnti superiori, lo shock per la persona potrebbe essere mortale.
L'interruttore differenziale scatta solo se si ha una scarica di corrente in un circuito diverso da quello che protegge, questo vuol dire che se una persona con scarpe isolate tocca entrambi i conduttori, l'interruttore differenziale **non interviene** e ci possono essere esiti fatali.

Di norma, l'interruttore differenziale è accoppiato con un magnetotermico, in grado di poter interrompere la linea sotto il controllo dello stesso interruttore differenziale. L'accoppiamento tra i due è di tipo meccanico **|fig. B3.86|**.

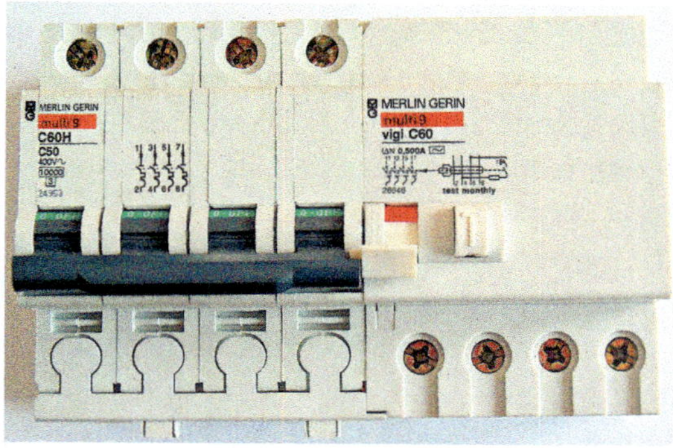

B3.86 Interruttore magnetotermico differenziale trifase da 500 mA: nessuna protezione per l'uomo!

Data l'estrema importanza che gli interruttori differenziali rivestono per la sicurezza dell'uomo, devono essere controllati periodicamente per avere la certezza che siano pronti a intervenire in caso di bisogno. A tale scopo sono dotati di un pulsante di test che serve proprio a verificarne il funzionamento provocandone lo scatto. Se, premendo il tasto di test, il differenziale non stacca l'alimentazione, esso **va immediatamente sostituito**.
Dal punto di vista manutentivo, i principali problemi cui possono incontrare gli interruttori riguardano i contatti che tendono a ossidarsi e/o incollarsi, esattamente come i contatti dei relè; pertanto, come avviene per questi ultimi, se sono prodotti in economia avranno vita breve.

Quando i contatti si aprono, soprattutto nel pilotare carichi induttivi come i motori, si può creare un arco elettrico che consente il passaggio di una corrente anche quando i contatti non si toccano fisicamente più. Se l'estensione dell'arco è piccola e le correnti commutate sono parimenti piccole, il plasma prodotto si disperde e il circuito si interrompe come previsto.
Nel caso di correnti consistenti, il plasma prodotto può mantenere alimentato il circuito e produrre una vera e propria fusione dei contatti. In alcuni casi possono fondersi e accorciarsi al punto da rendere inutilizzabile l'interruttore.

Come avviene per i relè, per ovviare a questi inconvenienti, molti interruttori di certe dimensioni utilizzano **contatti autopulenti**, cioè contatti che durante le fasi di apertura e chiusura vengono strisciati meccanicamente, l'uno contro l'altro, in modo da realizzare una sorta di pulizia.
Dopo un certo numero di cicli, i contatti saranno inutilizzabili e l'interruttore dovrà essere sostituito.

Anche in questo caso è possibile utilizzare *snubber* o soppressori d'arco, ovvero circuiti elettronici passivi a due terminali, per eliminare o ridurre l'arco che si forma alla commutazione del circuito. Altro problema non trascurabile riguarda l'ambiente esterno che può essere estremamente gravoso per l'interruttore. Per esempio, è risaputo che i finecorsa sono spesso esposti a trucioli, olio, acqua e altro materiale di scarto delle lavorazioni **|fig. B3.87|**. Questo materiale, anche in presenza di una pulizia periodica, può accumularsi al punto da rendere difficile il funzionamento del finecorsa. Anche se il materiale di scarto non penetra all'interno del finecorsa (grazie alla protezione IP dagli agenti esterni), esso può incollare le parti meccaniche esterne, rendendo inutilizzabile il finecorsa.

B3.87 Finecorsa in ambiente industriale: si noti l'accumulo di scarti di lavorazione nonostante la pulizia.

Connettori

I **connettori** sono dispositivi utilizzati per garantire continuità tra due circuiti elettrici o elettronici fisicamente separati.

Dal punto di vista costruttivo esistono connettori differenti per forma, dimensione, amperaggio, tensione di isolamento e isolamento degli stessi rispetto all'ambiente esterno **|figg. B3.88, B3.89|**.

B3.88 Esempi di diversi tipi di connettori in ambito ICT.

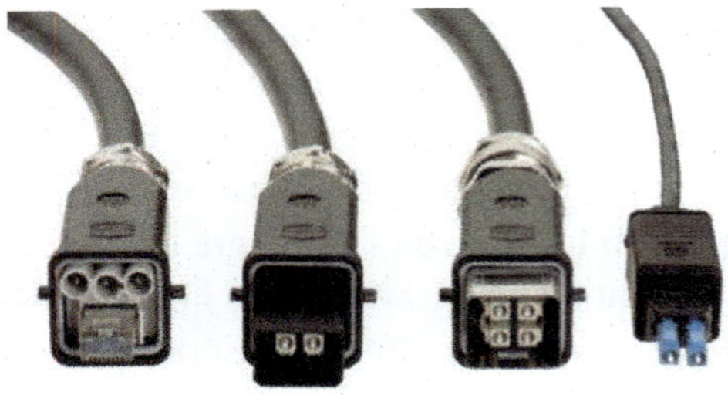

B3.89 Esempi di diversi tipi di connettori in ambito automazione.

Essi possono variare moltissimo a seconda dell'applicazione, in quanto la loro forma e la loro dimensione sono strettamente legate al campo di applicazione dalle tensioni e delle correnti in gioco. Per questo motivo si hanno connettori piccolissimi come il micro USB, che opera fino a 500 mA e con tensioni dell'ordine di 5 V |**fig. B3.90**|, e connettori molto più grandi e resistenti agli ambienti esterni come i connettori Harting, tipicamente utilizzati in automazione |**fig. B3.91**|.

B3.90 Connettore micro USB.

(a)

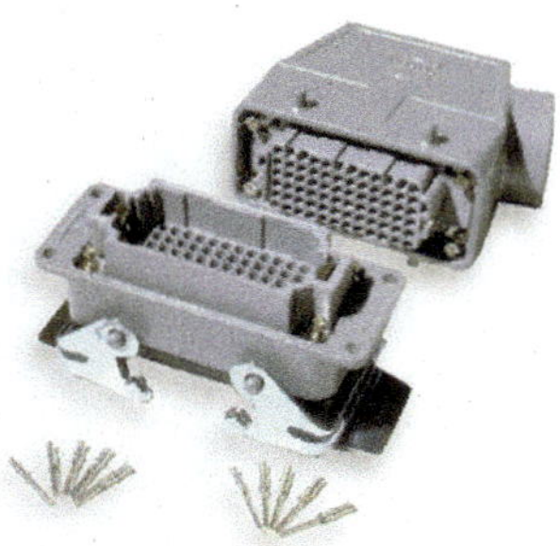

(b)

B3.91 a) Connettori Harting a 10 poli. b) Connettori Harting a 72 poli.

Parametri fondamentali

Di seguito si riportano i parametri fondamentali di un connettore.

- **Tensione di lavoro**: indica la tensione [V] che può essere applicata senza problemi. Dipende dalla distanza fisica tra i vari conduttori e dal loro isolamento e deve essere sufficiente a garantire che non si inneschino archi spontanei.
- **Corrente massima**: è la massima corrente che può essere trasportata da un conduttore del connettore ed è espressa in ampere.
- **Numero di poli**: con il connettore possono essere trasportati diversi poli o canali indipendenti, normalmente si va da 1 polo, nel caso delle classiche spine a banana, a oltre 100 poli, nel caso di alcuni connettori Harting.
- **Protezione dagli agenti esterni**: poiché in alcuni casi i connettori possono essere destinati a pannelli di controllo esposti agli agenti esterni o, addirittura, alle atmosfere esplosive, è determinante la protezione dagli agenti esterni normalmente espressa dalla norma EN 60529, recepita dalla norma del Comitato Elettrotecnico Italiano CEI 70-1. Questa norma definisce la protezione con la sigla *IP* seguita da due numeri che definiscono diverse classi di protezione, per esempio "IP65" indica "totalmente protetto da polvere e getti d'acqua". Riguardo alle atmosfere esplosive, il rischio è più reale di quel che si pensa, in quanto quasi tutte le sostanze organiche, se ridotte in polvere, possono dare luogo ad atmosfere esplosive, ad es. riso e caffè.

Poiché i connettori sono tra i componenti più costosi di un circuito elettronico, spesso vengono scelti in base al loro costo e, non di rado, si opta per saldare direttamente i conduttori al circuito stampato, risparmiando sul connettore e su un possibile punto di rottura. Bisogna infatti ricordare la regola d'oro del progettista: "Quel che non c'è non si può rompere!".

In automazione si utilizzano molto i connettori Harting, caratterizzati da elevata robustezza, capacità di carico elettrico e resistenza agli agenti esterni |**fig. B3.92**|. Essi vengono utilizzati per collegare soprattutto gli armadi elettrici agli impianti |**fig. B3.93**|. Grazie alla presenza dei connettori, gli armadi e gli impianti possono essere trasportati separatamente e poi, in un secondo momento, assemblati.

Dal punto di vista della manutenzione, i connettori possono presentare delle ossidazioni superficiali che danno luogo a contatti effimeri; in questi casi è buona norma staccare il connettore, pulirlo con lo *spray disossidante* (secco o oleoso a seconda dell'impiego)

e poi reinserirlo, ripetendo più volte l'operazione di estrazione e inserimento, per garantire che lo strisciamento dei poli ripulisca la loro superficie.
Se dopo questa operazione il contatto presenta ancora dei problemi, è bene sostituire il connettore o l'intero cavo. Spesso infatti i connettori sono saldati solidalmente ai cavi, proprio per garantire che il contatto sia buono e che ci sia un certo grado di isolamento.
In questi è necessario sostituire l'intero cavo di collegamento.

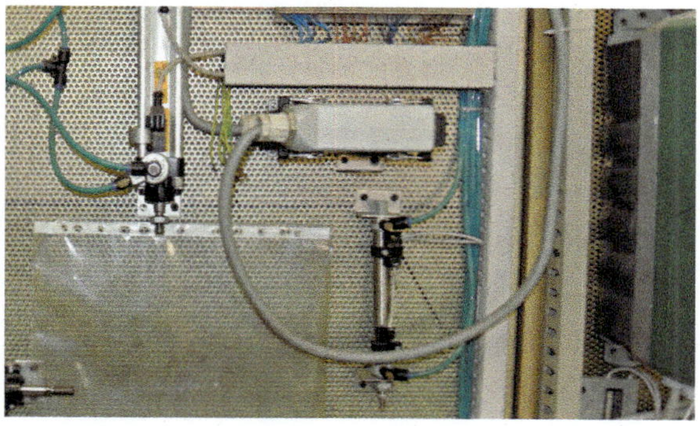

(a)

(b)

B3.92 Connettore Harting a 24 poli: a) montato sul pannello; b) vista interna.

B3.93 Connettori Harting utilizzati per connettere un armadio di controllo all'impianto.

Quando i connettori si trovano in ambienti sporchi è necessario prestare molta attenzione anche alla parte interna del connettore, accertandosi che sia pulita; in caso contrario, il connettore va sostituito senza alcun indugio.

Se i connettori sono saldati si consiglia di verificare che lo stagno usato per saldare i terminali non produca falsi contatti tra i vari poli **|fig. B3.94|**.

B3.94 Connettore a vaschetta saldato.

Infine non bisogna dimenticare che un ruolo molto importante per il funzionamento di un connettore è rivestito dal *conduttore*, che porta i segnali all'altra parte del circuito.

Spesso sono proprio i conduttori, piegati o schiacciati, a produrre malfunzionamenti e contatti intermittenti.

Questo problema può essere difficile da individuare soprattutto quando i cavi e i connettori sono tanti e vicini **|fig. B3.95|**.

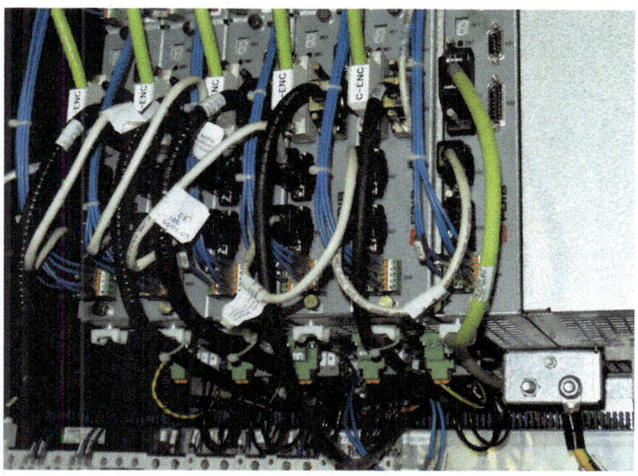

B3.95 Schede controllo assi di un controllo numerico: si notano immediatamente il numero di connettori e la loro diversa tipologia, quasi un'opera d'arte!

Fusibili

Un **fusibile** è un dispositivo elettrico in grado di interrompere un circuito al raggiungimento di una data corrente.

I fusibili **|fig. B3.96|** vengono impiegati per proteggere i circuiti elettrici da eventuali cortocircuiti o sovracorrenti. Dal punto di vista costruttivo, un fusibile è realizzato con un sottile filo conduttore, alloggiato in un tubicino isolante, che costituisce il corpo del fusibile stesso. Al raggiungimento della corrente nominale, il filo fonde provocando l'interruzione del circuito elettrico. Poiché durante l'interruzione del circuito possono verificarsi degli archi elettrici, per i fusibili di un certo amperaggio è prassi riempire il cilindro di materiale estinguente per l'arco elettrico, come la sabbia di quarzo.

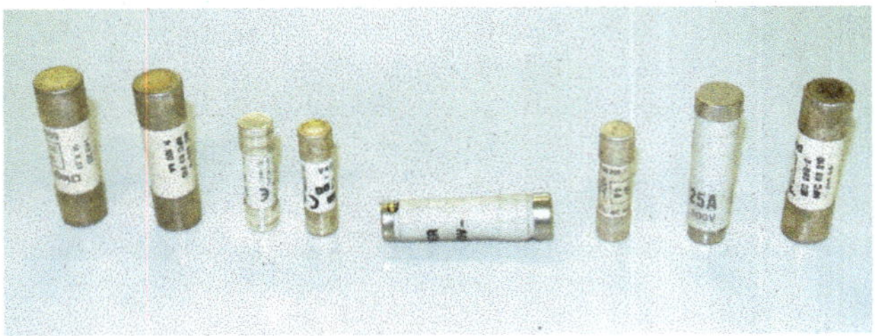

B3.96 Vari tipi di fusibili.

Un fusibile è quindi un elemento circuitale che, una volta che ha operato come richiesto, dovrà essere sostituito. Ovviamente la sostituzione dovrà essere effettuata **dopo** aver rimosso la causa del guasto. Negli schemi elettrici i fusibili vengono rappresentati con il simbolo indicato nella **figura B3.97**.

B3.97 Simbolo elettronico del fusibile.

I fusibili sono impiegati per la protezione dei circuiti elettrici e delle linee di alimentazione e, spesso, sono accoppiati a interruttori magnetotermici. Rispetto a questi ultimi, sono molto più economici e non richiedono verifiche periodiche per assicurarsi che, al momento opportuno, possano scattare. I fusibili hanno il vantaggio di produrre un'interruzione permanente del circuito che garantisce il ripristino dell'alimentazione solo dopo la loro sostituzione. Essi possono avere dimensioni inferiori al centimetro, come i fusibili autoripristinanti SMD, o superiore a qualche decina di centimetri, come i fusibili degli armadi di trasformazione **|fig. B3.98|**.

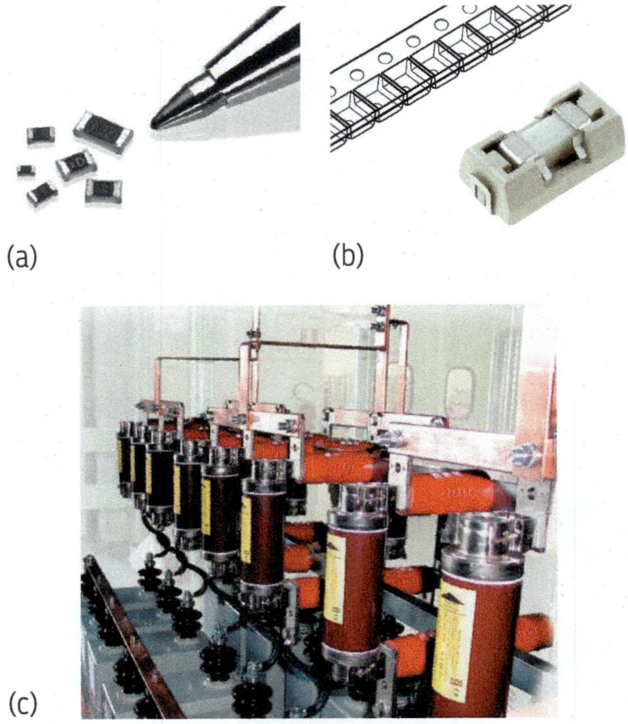

B3.98 a) Fusibili SMD. b) Fusibile SMD dentro il portafusibile. c) Banco di fusibili per alta tensione.

Parametri fondamentali

Di seguito si riportano i parametri fondamentali di un fusibile.

- **Tensione di lavoro**: indica la tensione [V] che può essere interrotta senza problemi. Dipende dalla distanza fisica tra i due estremi del fusibile, che deve essere sufficiente a garantire che non si inneschino archi spontanei. Di norma questo valore viene stampigliato sul corpo del fusibile.
- **Corrente massima**: è la massima corrente, espressa in ampere, raggiunta la quale il fusibile si fonde e il circuito si interrompe. Di norma questo valore viene stampigliato sul corpo del fusibile.
- **Velocità di intervento**: indica con quale velocità il fusibile interviene al raggiungimento della corrente massima ammissibile. Esso viene espresso in termini linguistici ("rapido", "super rapido", "ritardato") e il valore esatto del tempo di intervento può essere ricavato solo dai *data sheet*. Un fusibile rapido o super rapido interviene in breve tempo (decimi di secondo), mentre un fusibile ritardato può intervenire anche dopo qualche secondo che la corrente ha raggiunto e mantenuto il valore massimo. Questo tipo di fusibile è impiegato nella protezione degli alimentatori switching che, quando vengono connessi alla rete elettrica, si presentano come cortocircuiti per un brevissimo lasso di tempo.

Tipi di fusibili

Dal punto di vista costruttivo, esistono due grandi famiglie, identificabili in **fusibili a cartuccia** e **fusibili per autoveicoli**.

Fusibili a cartuccia

I *fusibili a cartuccia* sono cilindretti di materiale isolante con all'interno l'elemento fusibile vero e proprio. Nel caso di amperaggi consistenti possono contenere del materiale inerte, come la sabbia di quarzo, per aiutare ad estinguere l'arco voltaico che si forma all'atto della loro bruciatura. Essi vengono inseriti in appositi portafusibili aventi lo scopo di garantirne l'isolamento verso l'esterno, il posizionamento in un quadro su barra DIN e, ovviamente, il cablaggio. In alcuni casi i fusibili a cartuccia possono avere un estremo che cambia colore quando si fondono, in modo da rendere evidente il loro intervento senza doverli smontare e controllare con un tester. Le applicazioni dei fusibili a cartuccia sono molteplici, solo per citarne alcune, vi sono la protezione delle prese d'officina |**fig. B3.99**|, la protezione degli elementi connessi alle blindo sbarre |**fig. B3.100**|, la protezione dei circuiti elettromeccanici |**fig. B3.101**|, alla protezione dei classici circuiti elettronici con fusibili in vetro montati su circuito stampato |**fig. B3.102**|.

(a)
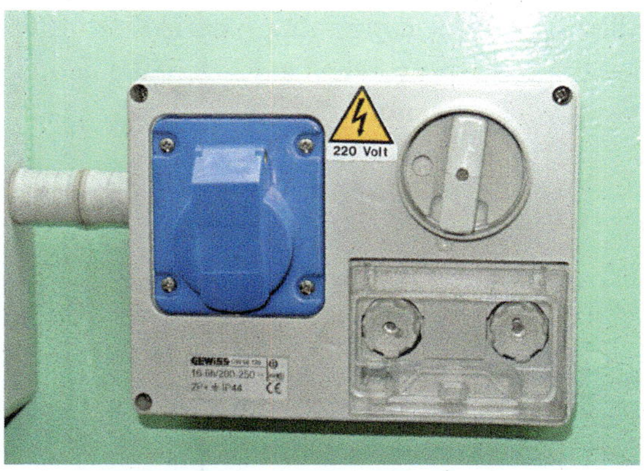

(b)
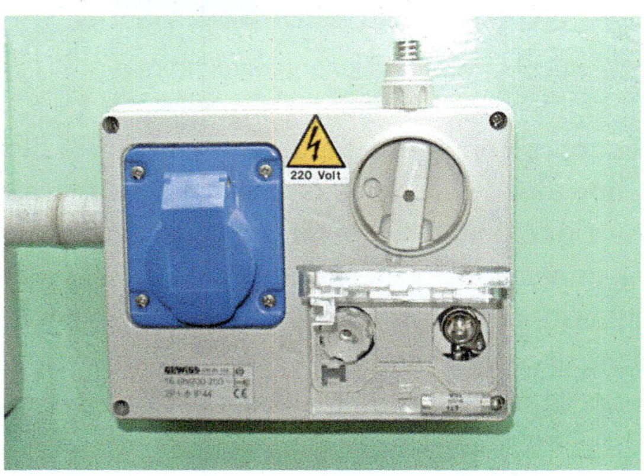

B3.99 Presa da officina protetta con fusibili:
a) sono chiaramente visibili i fori di ispezione che servono per controllare i fusibili senza smontarli;
b) vista dell'alloggiamento e del fusibile una volta smontati.

(a)

(b)

B3.100 Cassetta di derivazione su blindo sbarra: a) chiusa; b) aperta, in cui sono chiaramente visibili i fusibili alloggiati nella parte destra della cassetta.

(a)

(b)
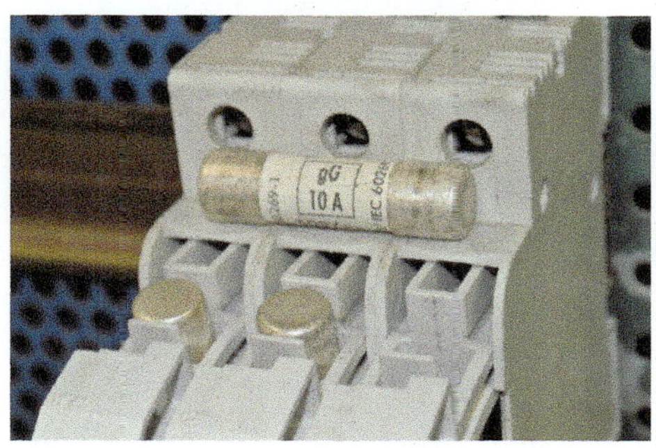

B3.101 Scatola portafusibili da guida DIN: a) chiusa; b) aperta dopo l'estrazione del fusibile.

B3.102 Fusibili montati su portafusibili da circuito stampato.

Come si può facilmente osservare, una delle prime difficoltà può consistere proprio nel trovare il fusibile da sostituire. È il caso classico della presa di alimentazione tipo Personal Computer, che può essere dotata di fusibile |**fig. B3.103**|.

B3.103 Presa portafusibile: nella parte superiore è chiaramente visibile la sezione dedicata al fusibile.

Fusibili per autoveicoli

I *fusibili per autoveicoli* |**fig. B3.104**| sono a forma di parallelepipedo e sono colorati in modo diverso a seconda dell'amperaggio a cui devono intervenire. Sono fusibili che lavorano a 12 - 24 V anche se ne esistono fino a 48 V. Date le basse tensioni continue a cui lavorano, non sono presenti materiali estinguenti per gli archi elettrici. Di norma la plastica di cui sono costituiti è semitrasparente in modo che sia possibile esaminarne lo stato senza smontarli. Sono normalmente del tipo a baionetta.

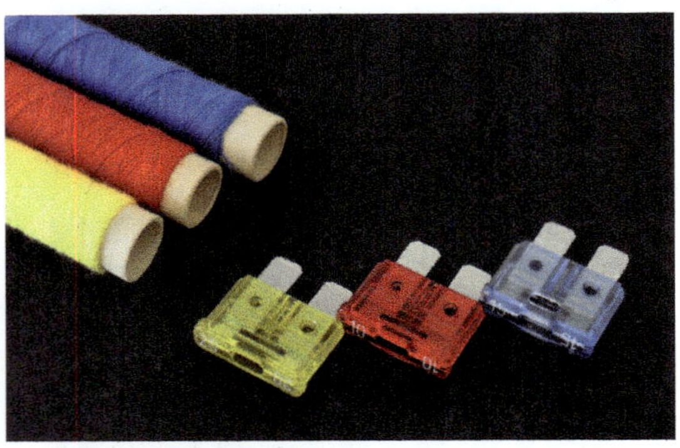

B3.104 Fusibili da autoveicolo, il colore indica l'amperaggio.

Dal punto di vista funzionale, un discorso a parte vale per i **fusibili autoripristinanti** |**fig. B3.105**|. Essi non sono fusibili veri e propri, ma dei componenti che, una volta rimosso il cortocircuito, si ripristinano in modo automatico.
Dal punto di vista costruttivo si tratta di resistenze variabili con la temperatura di tipo PTC, cioè il cui valore aumenta all'aumentare della temperatura, al contrario degli NTC.
In questo tipo di fusibili, all'aumentare della corrente aumenta la temperatura del fusibile il quale, arrivato a un certo punto, presenta una vera e propria impennata interrompendo la corrente nel circuito.
Quando la temperatura ritorna alla normalità la resistenza ritorna a un valore molto basso.
In questi casi bisogna rimuovere la causa del cortocircuito e poi attendere che il fusibile si raffreddi prima di ridare tensione.
Dal punto di vista manutentivo, essi non richiedono particolari attenzioni e soprattutto non vanno sostituiti ogni volta che intervengono.

B3.105 Tipico aspetto di fusibile autoripristinante a 400 mA.

Soppressori di transitori e soppressori d'arco (snubber)

I **soppressori di transitori**, spesso chiamati **snubber**, sono componenti o circuiti elettronici utilizzati per sopprimere i transitori che si verificano all'atto della commutazione dei circuiti elettrici e, in particolare, quando si commuta un carico induttivo come la bobina di un relè |**fig. B3.106**|, il solenoide di una valvola o un motore elettrico.

B3.106 Snubber montato su bobina di un relè.

Gli snubber non hanno parametri fondamentali poiché dipendono dal tipo di circuito utilizzato per questa funzione, pertanto essi saranno analizzati di seguito. La dimensione degli snubber varia da meno di un millimetro, per i componenti per montaggi SMD, a qualche decina di centimetri per gli *snubber* capacitivi, montati su contattori di una certa rilevanza.

Tipi di snubber

Esistono tre tipologie principali di soppressori di transitori che si differenziano sia per le loro caratteristiche sia per ciò da cui devono proteggere.

Snubber capacitivi

Gli snubber capacitivi sono condensatori |**fig. B3.107**| o reti RC |**fig. B3.108**| utilizzati per proteggere i contatti durante le commutazioni, principalmente in corrente alternata. Per sua natura, un condensatore non permette variazioni istantanee di tensione per cui, se posto in parallelo a un contatto o a un circuito elettronico, impedisce le brusche variazioni di tensione che si verificano all'atto della commutazione. In pratica, il condensatore livella i picchi assorbendo corrente. Molto spesso i condensatori sono usati in combinazione con una resistenza costituendo il classico circuito snubber RC. La resistenza rende più dolce la scarica del condensatore sul contatto. Questo circuito può presentarsi come un componente unico o come i due componenti messi in serie. Nell'automazione è piuttosto comune trovare la rete RC già preassemblata come componente da posizionare direttamente sulla bobina o sul contatto |**fig. B3.109**|.

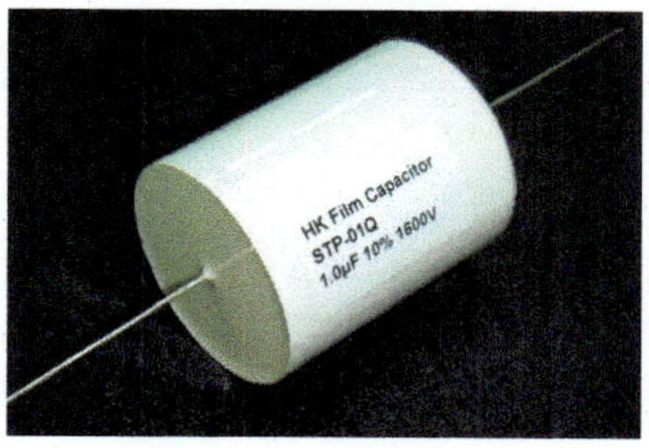

B3.107 Condensatore snubber.

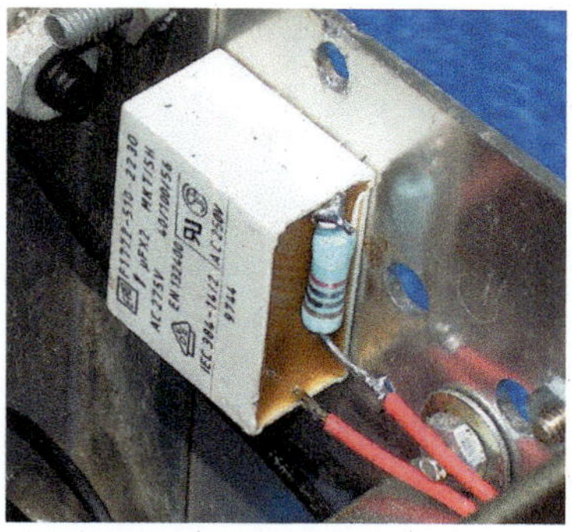

B3.108 Rete RC utilizzata come snubber.

B3.109 Snubber per automazione, su 13KM15 al suo posto e su 14KM3 staccato e posizionato sopra.

Dal punto di vista manutentivo, se uno snubber si brucia esso va sostituito con uno di pari caratteristiche. Spesso l'inserimento di uno snubber prolunga di molto la vita dei contatti di un relè o di un interruttore, piuttosto che la vita di un relè allo stato solido, inoltre si evita tutta una serie di problemi connessi alla compatibilità elettromagnetica.

Snubber a diodo

Nel caso di una commutazione in corrente continua, viene spesso utilizzato un diodo in antiparallelo alla bobina del relè per proteggere il contatto che la pilota |**fig. B3.106**|. Dal punto di vista manutentivo, se uno di questi componenti si brucia esso va sostituito con un diodo di pari caratteristiche e con tensione inversa di rottura uguale o superiore.

Transil o varistori

Il transil è un componente utilizzato per limitare i picchi di tensione. Quando la tensione ai suoi capi supera un dato valore, esso va in conduzione e vi rimane fino a quando la tensione non scende. Di solito è estremamente veloce a inserirsi e molto più lento a spegnersi (si parla comunque di millesimi di secondi). L'aspetto esteriore è quello di un componente a due terminali |**fig. B3.110**|. Considerando che quando il transil interviene agisce da scaricatore, non è raro trovarne con corrente massima notevole |**fig. B3.111**|. Dal punto di vista manutentivo, quando un transil si brucia esso va sostituito con un componente di pari caratteristiche.

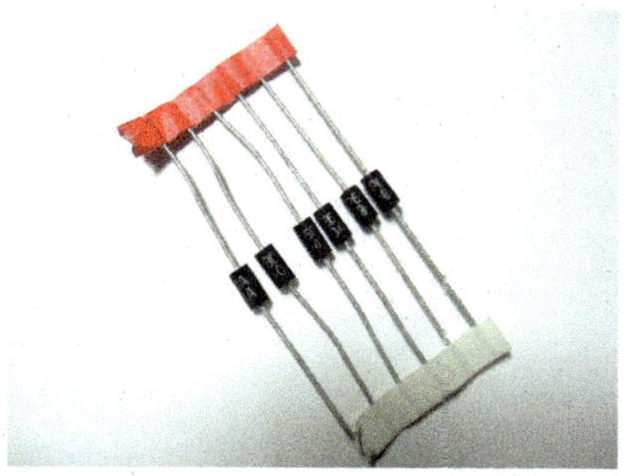

B3.110 Transil.

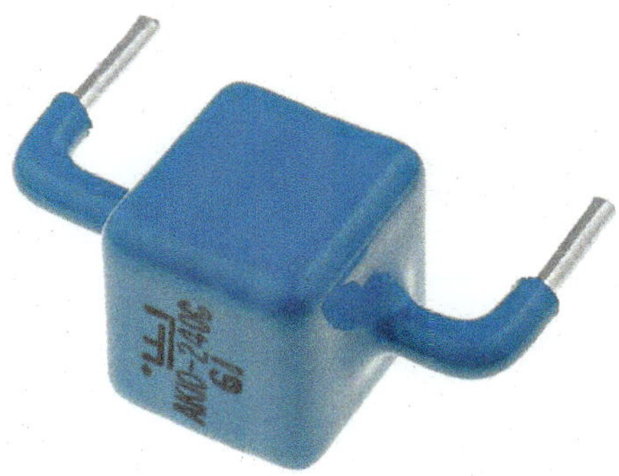

B3.111 Transil da 10 kA.

ESERCITAZIONE GUIDATA B3.1

Componentistica elettrica in automazione

A) Completare la seguente tabella in cui, per ciascun dispositivo elettrico, sono segnalati le caratteristiche specifiche, i campi di applicazione e i prevedibili interventi di manutenzione.

Dispositivi	Caratteristiche specifiche	Campi di applicazione	Prevedibili interventi di manutenzione
Batterie			
Accumulatori			
Resistenze			
Elementi riscaldanti			
Potenziometri			
Reostati			
Condensatori			
Trasformatori			
Interruttori			
Connettori			
Fusibili			

ESERCITAZIONE GUIDATA B3.1

B) Completare la seguente tabella in cui, per ciascun dispositivo elettronico, sono segnalati le caratteristiche specifiche, i campi di applicazione e i prevedibili interventi di manutenzione.

Dispositivi	Caratteristiche specifiche	Campi di applicazione	Prevedibili interventi di manutenzione
Trimmer			
Circuiti stampati			
Relè			
Interruttori			
Connettori			
Soppressori di transitori			
Snubber			

VERIFICA DEGLI OBIETTIVI

1 Le batterie ricaricabili sono una scelta perdente sia dal punto di vista economico che ecologico.

☐ Vero ☐ Falso

2 Quali sono i parametri fondamentali di una batteria ricaricabile?

....

....

3 Elencare i tipi di batterie ricaricabili.

....

....

4 Elencare i parametri fondamentali di una resistenza.

....

....

....

5 Cosa sono i componenti SMD?

....

....

....

6 Il potenziometro è un dispositivo .... utilizzato per produrre un valore di .... variabile in funzione dello spostamento di un ....

7 Indicare la differenza tra potenziometro e trimmer.

....

....

....

8 I potenziometri vengono anche utilizzati come trasduttori di posizione.

☐ Vero ☐ Falso

9 Indicare le specifiche tecniche di un condensatore.

....

....

10 Elencare i tipi di condensatori.

....

....

11 Indicare i parametri fondamentali di un trasformatore.

....

....

....

12 Il trasformatore monofase è il più utilizzato in Elettronica.

☐ Vero ☐ Falso

13 Nella distribuzione dell'energia elettrica si utilizzano trasformatori ....

14 I circuiti stampati sono i .... su cui vengono realizzati i ....

15 Indicare i parametri fondamentali di un relè.

....

....

16 I teleruttori sono dei relè.

☐ Vero ☐ Falso

17 Qual è la differenza tra un interruttore e un deviatore?

....

....

18 Qual è la funzione di un finecorsa?

....

....

....

19 Indicare i parametri fondamentali di un connettore.

....

....

20 Un fusibile è un dispositivo elettrico in grado di .... al raggiungimento di ....

21 Descrivere le tre tipologie di soppressori di transitori.

....

....

....

UNITÀ

B4 DISPOSITIVI TERMOTECNICI

OBIETTIVI

Conoscenze

- La documentazione tecnica dei sistemi per il riscaldamento, il condizionamento e la refrigerazione
- Le tipologie delle risorse energetiche
- Le specifiche tecniche dei componenti e degli schemi dei dispositivi termotecnici per il riscaldamento, il condizionamento e la refrigerazione

Abilità

- Esaminare la documentazione tecnica dei dispositivi termotecnici
- Illustrare le specifiche tecniche dei componenti per il riscaldamento, il condizionamento e la refrigerazione
- Descrivere le tipologie delle risorse energetiche

CONTENUTI

B4.1 Riscaldamento

Gli impianti di riscaldamento

In commercio esistono numerosissime soluzioni di **impianti di riscaldamento**, caratterizzate da una grande quantità di varianti che spaziano dal tradizionale caminetto a legna ai complessi sistemi facenti capo alle centrali termoelettriche, per il teleriscaldamento di interi quartieri urbani. Con riferimento alle definizioni relative agli impianti termici di riscaldamento riportate nel DPR 412/93, la letteratura tecnica prevede diverse modalità di classificazione, alcune delle quali vengono riportate qui di seguito. La principale distinzione ripartisce gli impianti tra **unifamiliari** e **centralizzati**.

L'unifamiliare, il più semplice come conformazione, è costituito dai seguenti gruppi:

- il generatore di acqua per il riscaldamento e l'acqua sanitaria;
- le pompe e le tubature;
- i corpi scaldanti;
- il sistema di regolazione.

Si tratta di un impianto a gestione autonoma, destinato a soddisfare l'esigenza di riscaldamento di unità abitative di piccola cubatura, mono e bifamiliari. Gli impianti centralizzati hanno una potenza al generatore superiore ai 35 kW e necessitano di una centrale termica posta in locali appositi; sono destinati a fornire riscaldamento a grandi complessi abitativi (condomini), a costruzioni civili quali scuole, ospedali, centri commerciali e altro ancora.

Ulteriori distinzioni per classificare gli impianti di riscaldamento riguardano gli organi **terminali di erogazione** (radiatori, ventilconvettori, a pavimento radiante, pannelli) e il **fluido operante** (generalmente acqua calda, ma anche vapore acqueo, olio diatermico, aria). Nel caso specifico degli impianti di riscaldamento ad acqua, si distingue fra gli **impianti ad acqua calda** ($t < 90$ °C) e gli **impianti ad alta temperatura** ($t > t_{ebollizione} - 10$ °C).

Gli organi principali

Generatori di calore per gli impianti di riscaldamento

Oltre ai precedenti criteri di classificazione, le caldaie per riscaldamento si ripartiscono anche in base al **tipo di installazione** che può essere **murale, pensile** oppure **a basamento**. Le prime due tipologie (di piccola potenza) sono montate appese su una parete, all'interno dell'abitazione, oppure all'esterno, sul balcone. La figura B4.1 riporta lo schema e la vista in trasparenza di una caldaia di produzione Vaillant, disponibile in tre allestimenti con potenze dell'ordine di 30 kW.

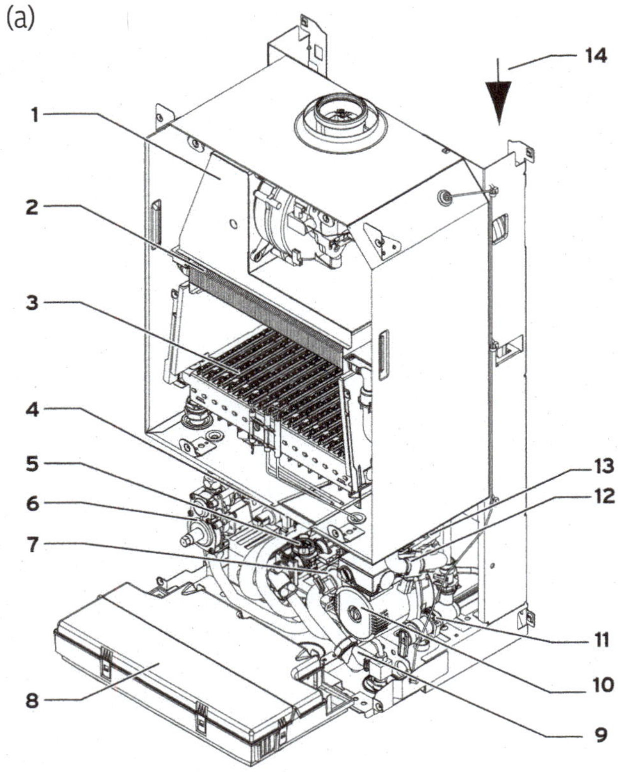

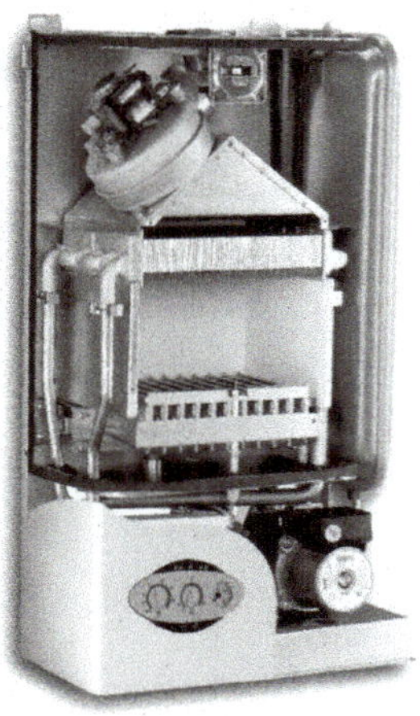

B4.1 Caldaia murale, modello turbo BLOCK plus, di produzione Vaillant Saunier Duval Italia SpA (MI): a) schema interno della caldaia; b) vista frontale in spaccato.

Nella **figura B4.1** si osservano il condotto di tiraggio forzato con elettroventilatore (1), lo scambiatore di calore principale (2), il bruciatore (3) su cui si sviluppa il processo di combustione, il tutto racchiuso in una camera isolata superiore detta **camera stagna**. Immediatamente al disotto della camera, si notano lo scambiatore secondario (4) e il **flussostato** (5); quando giunge la richiesta di acqua calda da parte dell'utenza, scatta il flussostato che invia il suo segnale alla centralina elettronica (8). Essa comanda il gruppo regolatore del gas (6) e la valvola deviatrice (7), che indirizza l'acqua agli scambiatori; in basso a destra, ci sono gli organi di riempimento con il condotto (9), la pompa (10), la valvola di sicurezza (11), due trasduttori di temperatura di tipo NTC (12), il condotto (13) che serve per lo scarico rapido e, infine, la zona in cui eseguire l'allacciamento con il vaso di espansione (14).
Le **caldaie a basamento** poggiano sulla pavimentazione all'interno di un locale apposito, ricavato nelle cantine, nei seminterrati. Sono costruite in ghisa o in acciaio; le prime sono di tipo modulare, con i moduli montati in loco mediante tiranti.
I generatori in acciaio, solitamente del tipo a tubi di fumo, sono indicati per gli impianti di maggior potenza.
Negli impianti di piccole dimensioni, l'eliminazione dei prodotti della combustione dal focolare avviene in modo spontaneo, grazie al fenomeno naturale del tiraggio del camino, incrementabile mediante ventilatore posto nella canna fumaria: in tal caso, la camera di combustione rimane in **depressione**.
Gli impianti di maggior potenza, grazie alla presenza del ventilatore posto nel bruciatore, hanno la camera di combustione **pressurizzata**: la pressione così determinata favorisce la combustione e l'espulsione dei fumi attraverso il camino (**tiraggio forzato**).

Componenti principali degli impianti di riscaldamento

Il bruciatore

Il *bruciatore* è l'apparecchio che genera la miscela aria – combustibile nella proporzione ottimale, dopodiché innesca la fiamma e mantiene viva la combustione. La fiamma deve realizzare la combustione completa del combustibile, evitando la presenza di sostanze incombuste nei fumi le quali, oltre a costituire uno spreco dal punto di vista economico, sono da considerare a tutti gli effetti sostanze inquinanti.

Nel caso di *combustibili gassosi* (metano, GPL), la miscelazione è favorita dalla natura gassosa sia del combustibile sia del comburente. Nel caso di *combustibili liquidi* (gasolio, kerosene), nel bruciatore viene montato un organo, detto **polverizzatore**, che ha il compito di spruzzare il liquido nella camera di combustione fortemente nebulizzato, cioè, in forma di goccioline fini, per ottenere una combustione rapida e completa. Il tipo di bruciatore fondamentale, che è anche il più semplice, è il **bruciatore atmosferico**, il cui schema di base è riportato nella **figura B4.2**. Il funzionamento del bruciatore elementare si basa sul principio del *tubo di Venturi*. Il gas naturale proveniente dalla rete di distribuzione, dopo essere passato attraverso un riduttore di pressione, giunge a un **ugello** che lo inietta ad alta velocità entro il tubo di Venturi.

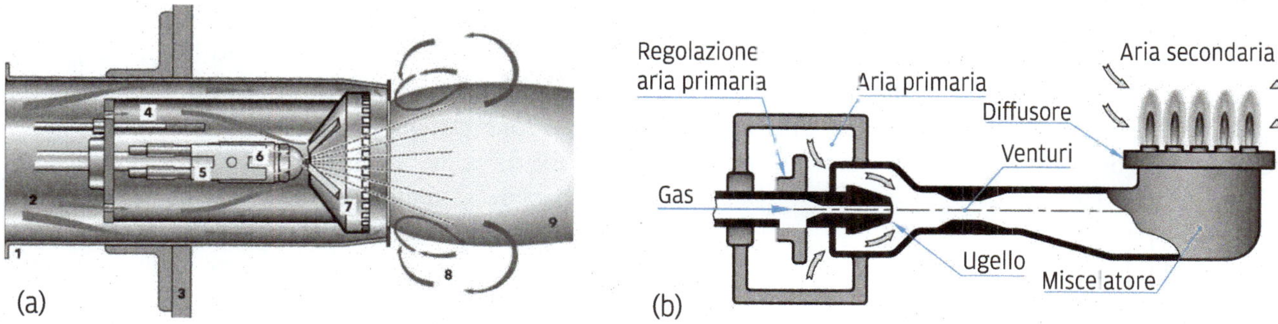

B4.2 Schema di base del bruciatore elementare. a) Vista in trasparenza del bruciatore per combustibili liquidi modello VECTRON ECO: 1) tubo bruciatore; 2) ingresso aria; 3) flangia di fissaggio; 4) sensore fiamma; 5) dispositivo di accensione; 6) portaugello con ugello; 7) disco stabilizzatore del flusso; 8) moti vorticosi di ricircolo dei gas combusti; 9) zona terminale della fiamma, di colore giallo-blu. b) Schema di un bruciatore per combustibili gassosi con in evidenza i flussi d'aria, l'ugello e il tubo di Venturi.

All'interno della sezione ristretta si realizza un ulteriore abbassamento di pressione che funge da richiamo per l'aria primaria, cioè, quella presente nella camera anulare che ospita l'ugello; l'aria viene quindi aspirata nel tubo di Venturi e miscelata con il gas, grazie all'alta velocità del flusso. A valle del tubo di Venturi si ha un vano (**miscelatore**) il cui scopo è di far completare l'effetto di miscelazione; esso termina con una piastra forata (**diffusore**), sui cui fori si innesca e mantiene la fiamma. Dato che l'aria primaria presente nella camera è in quantità limitata, la fiamma si sviluppa dapprima con una miscela decisamente ricca, per poi completarsi grazie alla cosiddetta **aria secondaria** che si trova intorno al diffusore. In seguito all'intervento dell'aria secondaria, il titolo della miscela da ricco è evoluto in povero.
La ragione dello sdoppiamento del titolo della miscela risiede nel fatto che questa inizialmente tende a bruciare senza alcuna difficoltà proprio perché ricca, mentre la miscela povera a valle del diffusore tende a far procedere la combustione grazie all'eccesso d'aria favorendone il completamento.
Un tipo di bruciatore ben più complesso è rappresentato dal **bruciatore multistadio**, così definito perché l'alimentazione può avvenire su uno solo o più stadi, a seconda della potenza termica richiesta da parte dell'utenza. Una regolazione ancor più fine della combustione viene generata nei **bruciatori modulanti,** in cui l'alimentazione viene regolata tramite una valvola comandata da un servomotore, che gestisce la portata di gas e va a interagire con l'elettroventilatore di insufflaggio dell'aria; in tal modo si realizza una regolazione continua della potenza termica, a partire dal valore di massima (di targa) fino a un valore di minima (di mantenimento, o di stand-by). I fumi caldi generati dalla fiamma investono lo **scambiatore di calore**, tramite il quale cedono il loro calore all'acqua destinata a usi civili (acqua sanitaria) o al riscaldamento. In molte realizzazioni, lo scambiatore è sdoppiato per tenere separati i circuiti delle due acque: un bollitore provvede a generare l'acqua calda a uso sanitario.

La canna fumaria

La *canna fumaria* ricopre un ruolo importante per garantire un efficace funzionamento di tutto l'impianto termico, in quanto ha la funzione di smaltire in atmosfera i prodotti della combustione e richiamare nuova aria in ingresso in caldaia.
Il fenomeno naturale del **tiraggio** si basa sul principio fisico dei vasi comunicanti: si immagini di avere un sistema di vasi comunicanti formato da due colonne di fluido, di cui una reale (il camino pieno di fumi caldi, meno densi dell'aria), l'altra virtuale (un ipotetico tubo verticale della stessa altezza del camino formato dall'aria atmosferica esterna).
Se i fluidi avessero la stessa massa volumica, i vasi comunicanti starebbero in perfetto equilibrio; ma ciò non avviene perché la fiamma posta alla base dei due vasi, generando calore, provoca l'espansione dei fumi; all'interno del camino sarà presente una massa di gas caldi a bassa densità, più leggera della massa d'aria contenuta nel vaso comunicante fittizio che si è ipotizzato all'esterno dell'impianto |fig. B4.3|.

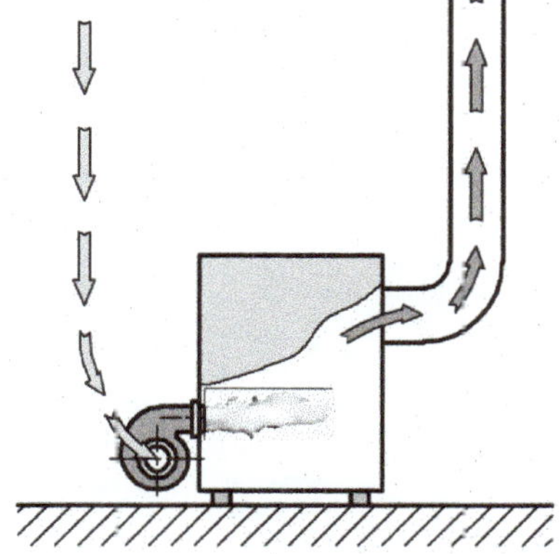

B4.3 Colonne di gas nel sistema caldaia + camino.

Si schematizzi il sistema sotto forma di due vasi comunicanti a U, di cui il sinistro contiene aria e il destro fumi, separati da un setto e con un manometro differenziale posto ai due capi di esso per misurare le differenze di pressione delle due colonne fluide gravanti **|fig. B4.4|**.

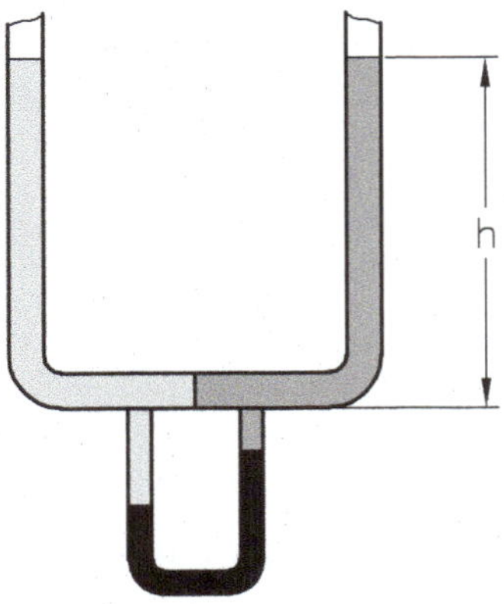

B4.4 Applicazione del principio dei vasi comunicanti.

Levando il setto, si rompe l'equilibrio statico tra i due vasi e nasce una spinta dell'aria esterna, più fredda, più densa e più pesante, che agisce dal basso verso l'alto sulla colonna di fumo nel camino, meno densa e più leggera.

Il fumo sale lungo il camino per poi essere espulso in atmosfera. A contatto con il combustibile, l'aria fredda proveniente dal vaso esterno virtuale prende parte alla combustione, generando altri fumi caldi: si è instaurato un funzionamento continuo del sistema bruciatore – focolare – camino. La differenza di pressione tra l'ambiente esterno e il focolare (in depressione) è di regola molto piccola: una condizione di buon tiraggio si ha già quando la suddetta differenza è dell'ordine di $10 \div 20$ Pa, cioè compresa tra $0{,}1 \div 0{,}2$ millibar.

I terminali di distribuzione

Si tratta di veri e propri corpi scaldanti, il cui compito è irradiare il calore trasferendolo dal fluido termovettore che proviene dalla caldaia all'ambiente. Essi si suddividono in **terminali statici, ventilati** e **radianti**. I *terminali statici* hanno un'ampia superficie di scambio termico con l'aria ambientale, cui cedono il calore che proviene dal fluido termovettore, soprattutto per convezione. L'aria scaldata dal contatto con le piastre calde sale verso il soffitto e, al suo posto, è richiamata aria fredda che giunge dal pavimento: nella camera si è instaurato un moto convettivo. Il componente più diffuso è il **radiatore in ghisa** realizzato per fusione, formato da un numero variabile di elementi **|fig. B4.5a, b|**.

(a)

(b)

(c)

(d)

B4.5 Radiatori:
a) in ghisa di forma classica;
b) in ghisa di forma moderna;
c) in acciaio;
d) in alluminio.

Ogni elemento dispone di quattro fori filettati, due superiori per il passaggio dell'acqua calda e due inferiori per l'uscita dell'acqua fredda. Gli elementi vengono assemblati inserendo nei fori altrettanti manicotti filettati maschio detti **nippli**. Esistono anche radiatori in acciaio, apprezzati per la leggerezza in quanto costruiti con lamiere saldate |**fig. B4.5c**|, e in alluminio, anch'essi di tipo modulare |**fig. B4.5d**|.
I radiatori sono montati in prossimità della parete ma senza contatto diretto, possibilmente sotto le finestre, sollevati da terra. I **termoconvettori** sono i radiatori che realizzano al loro interno un effetto di tiraggio.
I *terminali ventilati*, o *aerotermi*, dispongono di un ventilatore che forza la circolazione dell'aria fredda sullo scambiatore e poi la indirizza nella direzione voluta, che può essere orizzontale o verticale verso il basso: questo principio è adottato per il riscaldamento degli autoveicoli, con la possibilità di dirigere a piacere il getto caldo orientando le bocchette |**fig. B4.6**|.

I **ventilconvettori** derivano dai radiatori in acciaio e, come essi, sono posti a parete e sollevati dal pavimento: spesso hanno bocchette direzionali e ventilatori a più velocità. I *terminali radianti* sono pannelli strutturati in forma di tubo piegato, che si sviluppa a spirale o a serpentina, inseriti a pavimento o a parete. Il calore viene ceduto all'ambiente essenzialmente per irraggiamento. La tecnica di montaggio prevede che i pannelli siano inseriti tra soletta e pavimento, con interposti strati di materiale isolante |**fig. B4.7**|. Potendo sviluppare una superficie di scambio notevole, funzionano senza necessitare di acqua termovettrice particolarmente calda, poiché la temperatura del pavimento si aggira, come valore ottimale, sui 28 ÷ 29 °C. Per il riscaldamento di ambienti molto grandi come i capannoni industriali, si usano le **termostrisce**, che rientrano nella tipologia dei pannelli radianti: si tratta di fasci tubieri montati su piastre metalliche che cedono calore per l'effetto combinato della convezione e dell'irraggiamento.

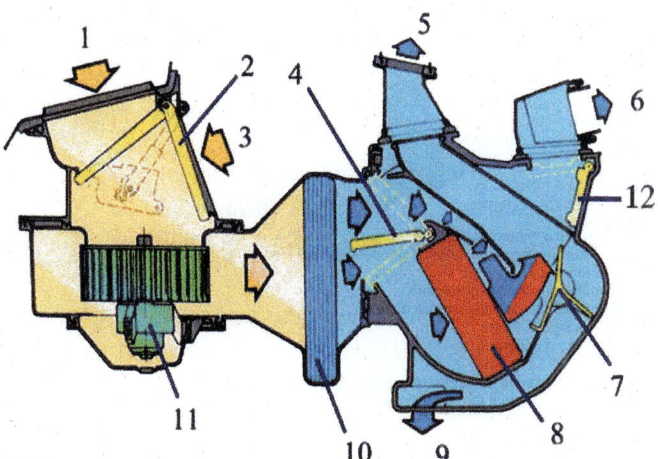

B4.6 Impianto di climatizzazione dell'abitacolo di un autoveicolo. Sezione di un gruppo miscelatore in cui si possono osservare i seguenti componenti: ingresso flusso d'aria esterna (1); portella ricircolo (2); ingresso flusso d'aria dall'abitacolo (3); portella di miscelazione (4); uscita flusso d'aria verso il parabrezza (5); uscita flusso d'aria per le bocchette centrali e laterali (6); portella inferiore di distribuzione dei flussi d'aria (7); gruppo riscaldatore (8); uscita del flusso d'aria inferiore (9); gruppo evaporatore (10); elettroventilatore (11); portella superiore di distribuzione dei flussi d'aria (12) (da: Fiat SpA - Unetversity, "Sistemi di climatizzazione", 2010).

(a)

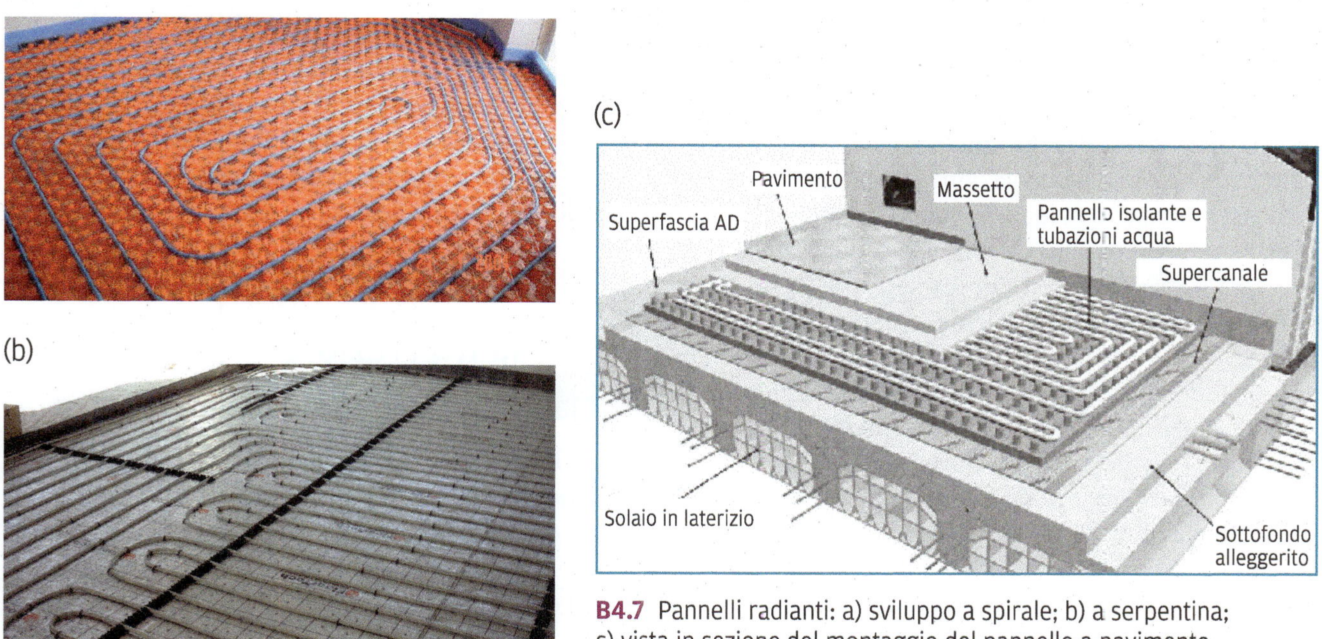

B4.7 Pannelli radianti: a) sviluppo a spirale; b) a serpentina; c) vista in sezione del montaggio del pannello a pavimento.

Regolazione degli impianti di riscaldamento

Gli impianti di riscaldamento necessitano di un **sistema di regolazione** preciso e di pronto intervento: si pensi al fatto che la temperatura di uscita del fluido termovettore dal generatore deve innalzarsi, se la temperatura esterna si abbassa, e ridursi nel caso in cui il clima esterno sia più mite, come durante le giornate invernali caratterizzate da forte insolazione nelle ore centrali del giorno e assenza di vento.
Le regolazioni più efficaci sono senza dubbio quelle automatiche, grazie alle possibilità offerte dall'elettronica e all'evoluzione subita dalle valvole regolatrici. Poter usufruire di una vasta tipologia di valvole, consente di realizzare interventi come la dosatura della portata del fluido termovettore, la regolazione della sua temperatura e il controllo della combustione.
Di seguito viene riportato un esempio di **regolazione climatica** dell'impianto mediante regolazione della temperatura dell'acqua calda in uscita dalla caldaia. Con riferimento alla **figura B4.8**, si consideri un impianto di riscaldamento domestico costituito da caldaia e bruciatore, tubature, terminali e pompe (per ragioni di semplicità non sono riportati la cassa d'aria, i circuiti di riempimento e svuotamento); i componenti del sistema di regolazione sono il regolatore, i sensori, una valvola VM a quattro vie.
Il regolatore R rileva la temperatura esterna t_e tramite il trasduttore di temperatura TE ed elabora il valore ottimale t_{opt} per la temperatura dell'acqua di mandata; tramite un secondo trasduttore TM, viene rilevato il valore attuale della temperatura dell'acqua di mandata t_m e confrontato con il valore ottimale, valutandone lo scostamento (**off-set**) $\Delta t = t_m - t_{opt}$.
Una valvola a tre vie è detta **miscelatrice** se ha due ingressi e un'uscita; è detta, invece, **deviatrice** se ha un ingresso e due uscite. La prima è quindi in grado di regolare la temperatura del fluido in uscita.
La valvola a quattro vie ha un organo mobile che consente la miscelazione di due fluidi oppure divide il circuito in due circuiti a circolazioni separate.
Se l'off-set è positivo (acqua di mandata troppo calda), il regolatore ordina alla valvola VM a quattro vie di orientare l'otturatore in modo da separare i due circuiti, quello di alimentazione delle utenze da quello molto più corto della caldaia. Il termostato TR pone la caldaia in condizione di stand-by abbassandone la fiamma al bruciatore B, in modo da mantenere sempre calda e pronta la piccola portata d'acqua che circola nel circuito minore. Grazie alle rispettive pompe PM di mandata e PC di by-pass, le due portate circolano separatamente e indipendentemente l'una dall'altra; la portata principale circola attraverso le utenze abbassandosi gradualmente di temperatura dato che non transita più per la caldaia. Quando la temperatura t_m è scesa fino a raggiungere il valore t_{opt}, la valvola a quattro vie si apre gradualmente, miscelando in parte la portata principale con l'acqua calda proveniente dalla caldaia nella proporzione ottimale, per stabilizzare la temperatura t_m su valori quanto più prossimi alla temperatura t_{opt}. Se l'off-set diventa negativo, con t_m al disotto di t_{opt}, il regolatore provvede a riattivare la circolazione completa caldaia – utenze – caldaia, riattivando la combustione.

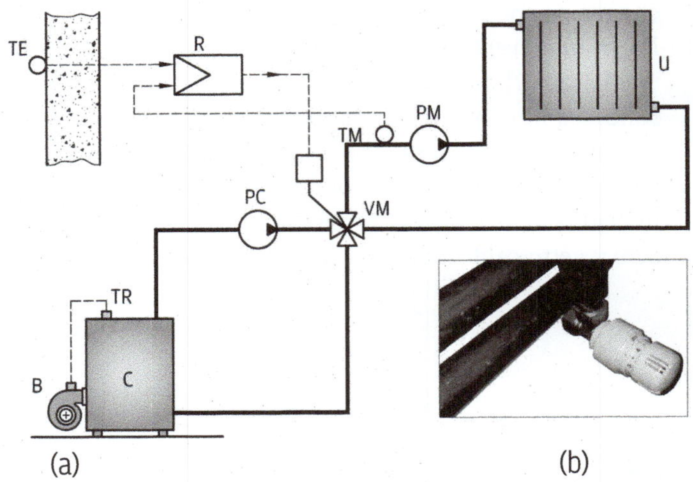

B4.8 a) Schema del sistema di regolazione di un impianto mediante valvola a quattro vie. b) Valvola termostatica montata sull'ingresso dell'acqua calda di un radiatore.

Oltre alla regolazione climatica occorre prevedere un tipo di regolazione riferito a ogni singolo locale, in base alle esigenze di chi vi abita. Il modo più diretto consiste nel montare su ogni terminale di distribuzione una **valvola termostatica** al posto del comune rubinetto. Questo tipo di valvola regolatrice dispone di una scala su cui l'utente fissa il valore di temperatura desiderata nell'ambiente, valore che viene memorizzato in forma di **set-point**. Al suo interno è presente un termostato che, in base alla temperatura raggiunta nell'ambiente e rilevata da un apposito sensore, apre o chiude il passaggio dell'acqua calda.

B4.2 Refrigerazione

Classificazione delle macchine frigorigene

Le **macchine frigorigene** sono sistemi termodinamici appartenenti alla categoria delle **macchine termiche operatrici**; prelevano energia da una fonte esterna (come un motore elettrico o endotermico) e ed eseguono il trasferimento del calore da una sorgente a un'altra.

Le macchine frigorigene si suddividono in *frigoriferi* e *pompe di calore*, secondo la seguente distinzione:

i **frigoriferi** sottraggono calore da corpi a bassa temperatura trasferendolo ad altri a più alta temperatura; le **pompe di calore** riversano calore in un ambiente dopo averlo prelevato da un altro ambiente esterno che si trova a temperatura inferiore.

Nella **figura B4.9** sono riportati gli schemi dei flussi di calore per la macchina frigorifera MF |**fig. B4.9a**| e per la pompa di calore PC |**fig. B4.9b**|. Si nota che i due tipi di macchina termica sottraggono il calore Q_0 dalla sorgente a temperatura inferiore T_0 e riversano il calore Q_1 nella sorgente a temperatura superiore T_1, il tutto mediante la somministrazione del lavoro.
È importante rilevare che le funzioni e gli impieghi delle due macchine sono differenti; infatti, la macchina frigorifera ha come scopo la sottrazione del calore Q_0 dal corpo freddo a temperatura T_0, mentre la pompa di calore ha come scopo il trasferimento del calore Q_1 nell'ambiente caldo a temperatura T_1.

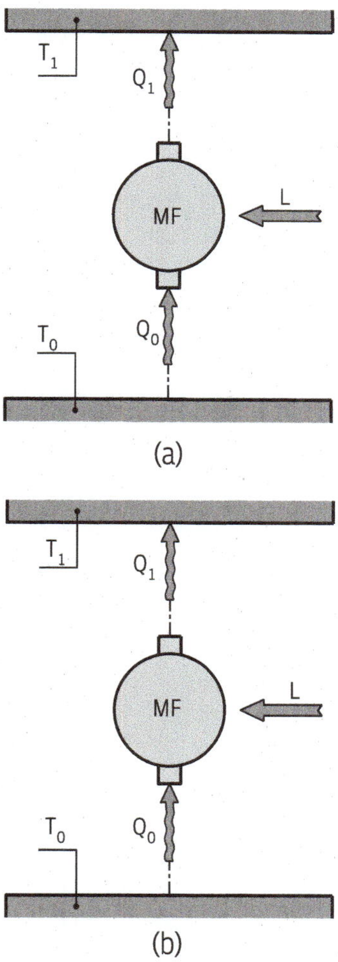

B4.9 Schema dei flussi energetici scambiati e rispettivi ambienti collegati: a) dalla macchina frigorifera; b) dalla pompa di calore.

In entrambe le tipologie, il trasferimento di calore è eseguito mediante macchine termiche funzionanti secondo cicli chiusi percorsi in senso antiorario, detti **cicli frigoriferi**.

Il **ciclo frigorifero** è un ciclo in grado di "spostare" calore da una sezione a un'altra per mezzo di una serie di cambiamenti di stato eseguiti da parte di un fluido; esso non crea freddo, ma trasferisce calore da un corpo freddo a uno caldo.

Mediante la sua evaporazione, il fluido operativo assorbe calore nell'evaporatore e lo cede, condensando in un organo detto **condensatore**, ad altre sostanze.

Le fasi del ciclo sono quattro: evaporazione, compressione, condensazione, espansione (o laminazione).
La **figura B4.10** riporta lo schema a blocchi della macchina frigorifera:

- il tratto 1-2 avviene in un evaporatore, cioè in uno scambiatore di calore all'interno del quale il fluido assorbe il calore Q_0 in bassa temperatura, sottraendolo da un ambiente freddo che si trova a temperatura T_0;
- il tratto 2-3 avviene in un compressore azionato da un motore esterno;
- il tratto 3-4 avviene in un condensatore, ossia in un secondo scambiatore di calore, all'interno del quale il fluido riversa il calore Q_1 in un ambiente caldo alla temperatura T_1;
- il tratto 4-1 avviene grazie a una valvola ideale o a un motore termico, che consentono al fluido di espandere in modo isentropico, mentre sia pressione sia temperatura subiscono una diminuzione. Il lavoro di espansione 4-1 può eventualmente essere utilizzato da una macchina motrice.

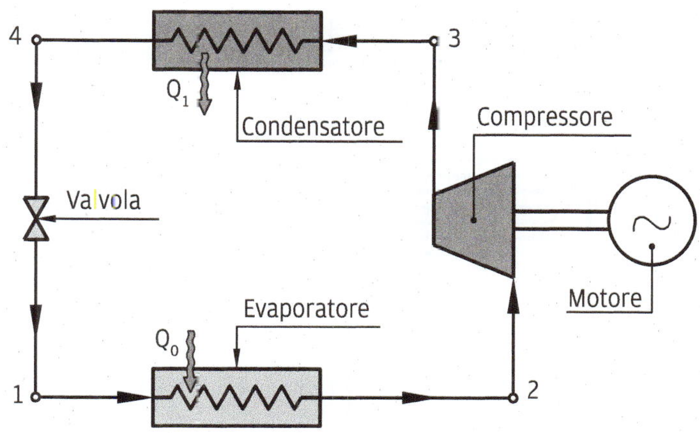

B4.10 Schema a blocchi della macchina frigorifera.

Grandezze caratteristiche della macchina frigorifera

Si definisce **produzione frigorigena** il calore Q_0 sottratto dal ciclo alla sorgente fredda.
L'**efficienza frigorifera** o **grado di efficacia** ε_{fc} del ciclo frigorifero è il rapporto tra la produzione frigorigena Q_0 e il lavoro di compressione L introdotto nel ciclo:

$$\varepsilon_{fc} = \frac{Q_0}{L} = \frac{T_0}{T_1 - T_0} \quad \text{[B4.1]}$$

L'efficienza della macchina frigorifera è tanto maggiore quanto più piccola è la differenza fra le temperature delle due sorgenti; si ponga attenzione, inoltre, al fatto che l'efficienza, essendo espressa come rapporto tra energie, assume la tipica connotazione di un rendimento; non deve tuttavia essere definita con il termine di "rendimento" in quanto può raggiungere valori superiori all'unità, cosa inammissibile per i rendimenti.
Per valutare l'efficienza frigorifera si ricorre al **Coefficient of Performance**, o **coefficiente di prestazione**, comunemente indicato con l'acronimo **COP**. A seconda del campo di applicazione, esso è definito nei seguenti modi:

il **COP di una macchina frigorifera** è il rapporto tra la potenza termica P_0 impiegata per sottrarre calore dalla sorgente fredda e la potenza P di compressione:

$$COP = \frac{P_0}{P}$$

il **COP di una pompa di calore** è il rapporto tra la potenza termica P_1 impiegata per riversare calore nella sorgente calda e la potenza di compressione P:

$$COP = \frac{P_1}{P}$$

Un'altra grandezza utilizzata per valutare l'efficienza di un ciclo frigorifero o di un climatizzatore è la **EER** (*Energy Efficiency Ratio*), che esprime il rapporto tra la resa termica in kilowatt termici e l'assorbimento elettrico totale in kilowatt elettrici.

La **EER**, o **rapporto di efficienza energetica**, è definita come rapporto tra la potenza termica trasferita dalla macchina e la potenza assorbita.

La potenza frigorifera P è pari al rapporto tra il calore Q_0 sottratto e il tempo impiegato. Il fabbricante deve indicare la classificazione delle macchine frigorigene in funzione della loro efficienza energetica, da *A* (più efficiente) a *G* (meno efficiente). Il riferimento per determinare l'efficienza è il **COP medio stagionale**.
La classificazione prevede: A>3,2; B 3,2 ÷ 3; C 3 ÷ 2,8; D 2,8 ÷ 2,6; E 2,6 ÷ 2,4; F 2,4 ÷ 2,2; G<2,2.
La figura B4.11 riporta lo schema di un frigorifero domestico: alla base del frigorifero è posto il compressore (1) che invia il fluido allo stato di vapore surriscaldato al condensatore (2). Qui il vapore cede il suo calore raffreddandosi in una serpentina a contatto con l'aria presente nell'ambiente esterno e si raccoglie sul fondo allo stato liquido. In seguito il fluido esegue la trasformazione di laminazione nel corso del suo moto di trasferimento all'evaporatore (4), lungo il tubo capillare ascendente (3). All'interno dell'evaporatore, posto nella zona superiore del frigorifero, il fluido torna allo stato di vapore grazie al calore assorbito dall'ambiente interno e dai prodotti in esso contenuti; successivamente viene aspirato dal compressore (1) attraverso il tubo aspirante (5). Il condensatore a serpentina è posto su una struttura a forma di scudo, sistemata nella parte posteriore del frigorifero e montata distaccata dalla lamiera di fondo dell'armadio: ciò consente il continuo ricambio d'aria che giunge a contatto con la serpentina rendendo più rapido lo smaltimento del calore Q_1.

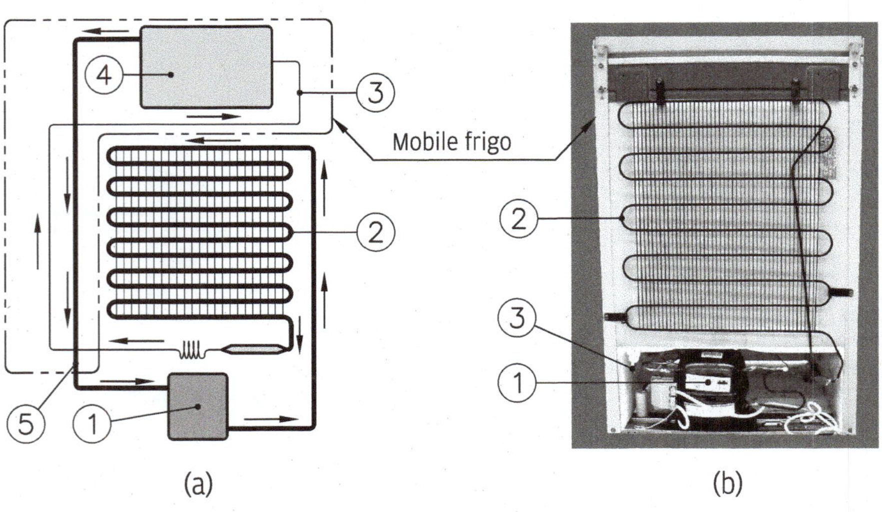

B4.11 Gruppo frigorifero ad armadio per uso domestico, con tubo capillare di laminazione: a) schema; b) vista posteriore di un modello commerciale.

Nelle **figure B4.12** e **B4.13** sono riportate immagini riprese nello stabilimento IARP raffiguranti diverse fasi di montaggio di impianti frigoriferi destinati al settore commerciale.

Ciclo ad assorbimento

Negli *impianti ad assorbimento*, il ciclo termodinamico è privo della compressione meccanica, sostituita da un processo di tipo chimico-fisico, detto **assorbimento**, svolto in un apposito organo detto **assorbitore**.

Il **ciclo ad assorbimento** utilizza inoltre due diversi fluidi per ottenere le basse temperature. Un generatore di vapore impiega il calore fornito da una fonte esterna per fare evaporare il **refrigerante**, generalmente acqua, separandolo da un'altra sostanza detta **assorbente**, in genere bromuro di litio. Il refrigerante evaporato viene condensato in un condensatore e immesso in un evaporatore, dove evapora e raffredda l'acqua destinata a essere distribuita in tutto l'impianto di condizionamento.

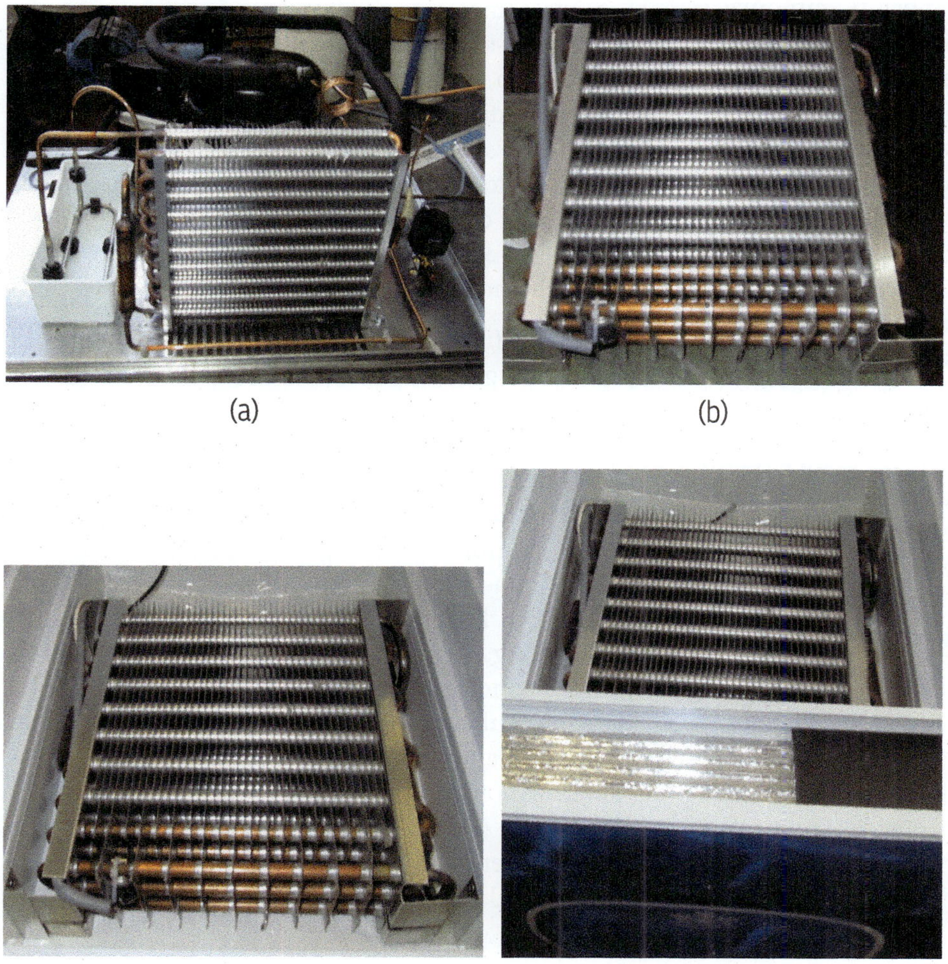

(a) (b) (c) (d)

B4.12 Allestimento del banco per refrigerazione, modello JAZZ per supermarket, di produzione IARP (Casale Monferrato, Alessandria): a) vista generale; b) evaporatore; c-d) montaggio dell'evaporatore nella vasca.

(a) (b)

B4.13 Allestimento del banco per refrigerazione, modello STOK 70 BT per aziende di catering, di produzione IARP (Casale Monferrato, Alessandria):
a) vista del compressore;
b) carrello completo di evaporatore, ventilatore e gruppo compressore.

Successivamente il refrigerante evaporato viene riassorbito dall'assorbente, dopodiché ricomincia il ciclo. Quest'ultimo avviene sotto vuoto, per ottenere l'evaporazione dell'acqua a soli 3 ÷ 4 °C. In altri casi viene usata una soluzione di ammoniaca e acqua, al posto di acqua e bromuro di litio.
La **figura B4.14** illustra lo schema di un impianto ad assorbimento: nell'assorbitore (1) si forma la miscela acqua – ammoniaca; la pompa (2) la mette in pressione e l'invia, attraverso lo scambiatore (9), al separatore (3), dove subisce un incremento di temperatura tramite il riscaldatore (4). I vapori di ammoniaca che si formano passano nel condensatore (5), dove cedono calore e tornano allo stato liquido. Successivamente il liquido transita attraverso una valvola di trafilamento (6) e perviene all'evaporatore (7), all'interno del quale avviene la cessione di calore da parte dell'aria esterna che si raffredda, mentre l'ammoniaca in bassa pressione torna allo stato di vapore e rientra nell'assorbitore (1).
Intanto il fluido nel separatore, impoverito di ammoniaca, viene fatto rientrare nell'assorbitore passando attraverso una valvola regolatrice di pressione (8) e lo scambiatore (9).
Nello schema si nota inoltre la presenza di un circuito supplementare di acqua avente la funzione di raffreddare e regolare la temperatura interna dell'assorbitore (1) e prelevare del calore latente di condensazione dell'ammoniaca nel condensatore (5): l'acqua così riscaldata può essere destinata ad altri impieghi.

Questi tipi di impianto sono molto adatti per produrre acqua o aria fredda da impiegare per il condizionamento di grandi ambienti; trovano particolare applicazione in campo ospedaliero, nei teatri, negli auditorium, nei grandi magazzini, nei supermercati e nei locali pubblici in generale, grazie soprattutto alla silenziosità di funzionamento.

Fluidi frigorigeni

Il **fluido frigorigeno** o **fluido refrigerante** costituisce un elemento fondamentale della macchina frigorifera.

Esso deve rispondere a diversi requisiti, i più importanti dei quali sono elencati qui di seguito.

- Deve possedere un elevato calore latente *r* di vaporizzazione, per poter asportare una notevole quantità di calore dalla sorgente fredda riducendo la portata impiegata nell'impianto.
- Deve possedere un'alta densità quando si presenta allo stato di vapore saturo, così da adottare compressori di dimensioni contenute.
- Deve possedere una temperatura di solidificazione non molto elevata, per non generare ghiaccio all'interno dei condotti dell'impianto.
- Non deve risultare né infiammabile né velenoso per l'uomo, né tossico per l'ambiente.

In passato furono usati la CO_2 e la SO_2, sostituiti in seguito dai gas di tipo freon, principalmente l'R-12 e in epoca più recente l'R-22. I fluidi frigorigeni, denominati **freon**, sono derivati alogenati degli idrocarburi, ottenuti dalla reazione tra l'acido fluoridrico e le sostanze a base di cloro quali il tetracloruro di carbonio o il cloroformio. I gas di tipo freon sono noti come *Cloro-Fluoro-Carburi* e sono designati con la sigla **CFC**. I **clorofluorocarburi** sono responsabili dell'allargamento del **buco dell'ozono** negli strati alti dell'atmosfera, a causa dell'aggressività mostrata dal cloro sulle molecole di O_3 che ne provocano lo smembramento: l'aggressività di un gas nei confronti dell'ozono è misurata mediante il parametro **ODP** (*Potenziale di Deperimento dell'Ozono*). Da qualche anno, i governi di gran parte degli stati del mondo si sono accordati per la messa al bando dei CFC.

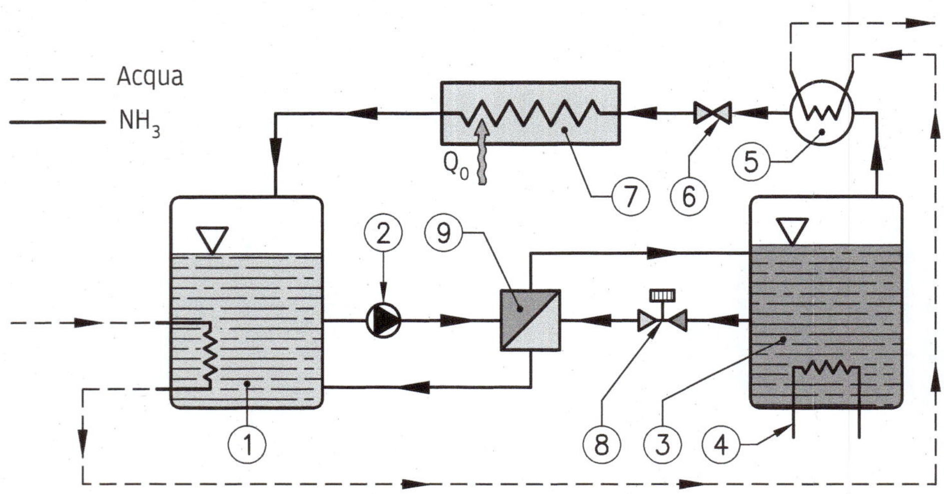

B4.14 Schema di funzionamento di un impianto ad assorbimento.

Il primo atto ufficiale che sancì la necessità di limitare la produzione dei CFC risale al **Protocollo di Montreal** del 16 settembre 1987, sottoscritto dai rappresentanti di 150 Paesi. Con un atto successivo, denominato **Emendamento di Copenhagen** del 14 giugno 1994, fu deliberata la graduale cessazione della produzione dei CFC da raggiungere entro il 1° gennaio 1996.
Gli *Idro-Cloro-Fluoro-Carburi* (**HCFC**) sono varianti dei CFC comprendenti idrogeno; essi evidenziano valori inferiori al parametro ODP, dato che le loro molecole tendono a disperdersi negli strati bassi dell'atmosfera senza raggiungere la stratosfera. Anche gli HCFC, pur risultando meno dannosi dei CFC, sono in corso di abolizione. Attualmente si vanno diffondendo fluidi frigorigeni costituiti da miscele di **idrofluorocarburi** dette **HFC**, caratterizzate dall'essere prive di cloro. I principali prodotti della famiglia degli HFC sono l'R-410 A e l'R-407 C.
Un fluido frigorigeno che trova tuttora ampio impiego negli impianti industriali e nei grandi magazzini frigoriferi è l'ammoniaca NH_3, designata con la sigla R-717. L'ammoniaca, pur avendo ottime proprietà frigorigene, è un fluido infiammabile, tossico per i prodotti con cui viene a contatto e irritante per l'uomo; è adatta esclusivamente per **impianti a centrale remota**, ovvero impianti in cui il locale di compressione è separato dagli altri ambienti di lavoro e si trova a contatto diretto con l'atmosfera.

B4.3 Climatizzazione

Principio di funzionamento

Lo scopo degli **impianti di climatizzazione** è quello di creare e mantenere in un determinato ambiente specifiche condizioni termiche e igrometriche dell'aria.

Mediante opportune azioni correttive, l'impianto deve regolare la temperatura, l'umidità, la velocità di movimento e la qualità, in termini di purezza, dell'aria presente nell'ambiente; deve inoltre eseguire opportuni ricambi d'aria unitamente alla sua filtrazione nel rispetto degli standard acustici.
Di seguito viene descritto il principio di funzionamento di un condizionatore.

- Il fluido termovettore viene compresso e raggiunge la temperatura di circa 80 °C.
- Il fluido termovettore raggiunge lo scambiatore esterno e, transitando all'interno, cede parte del calore all'aria esterna; l'aria investe le superfici radianti alettate grazie alla ventilazione forzata.
- All'interno dello scambiatore il gas si raffredda e cambia stato diventando liquido.
- Il gas liquefatto viene costretto a passare attraverso una strozzatura dove, dilatandosi, si raffredda fino a circa 5 °C.
- Il fluido termovettore arriva all'unità interna, detta *split*. L'evaporatore, con un sistema di ventilazione forzata, genera il freddo nell'ambiente in quanto sottrae calore all'aria circostante.

Affinché tutto questo si trasformi in benessere per la nostra persona, occorre poter **regolare la temperatura** con un termostato, **filtrare** l'aria da polveri e pollini e, infine, bisogna mantenere un **giusto grado di umidità** dell'aria.
Nella **figura B4.15** è riportato lo schema di un impianto di climatizzazione per autovettura.
Occorre ricordare che anche il frigorifero è un sistema di trattamento dell'aria, ma con una diversa finalità. La cella frigorifera cede freddo all'aria interna e i cibi si raffreddano; il calore così sottratto ai cibi viene riversato nell'ambiente esterno attraverso una serpentina posta nel retro del frigo.

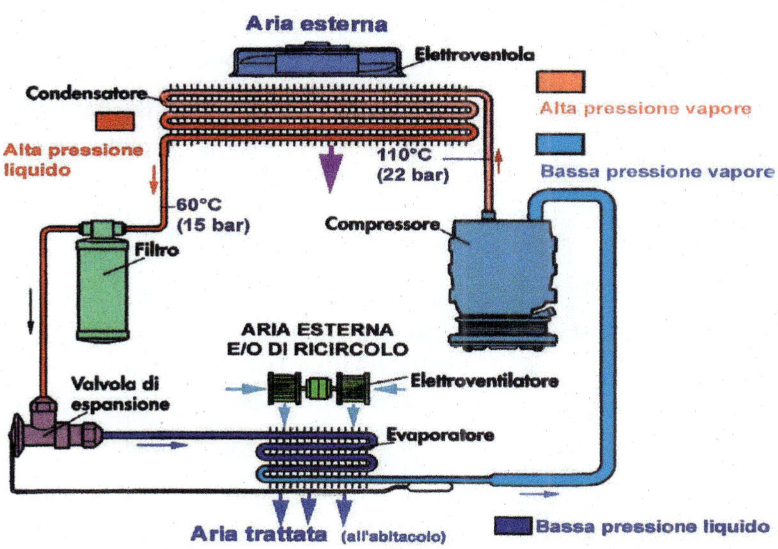

B4.15 Vista schematica in pianta di un impianto di climatizzazione per un autoveicolo (Magneti Marelli After Market Parts and Services, SpA).

Gli impianti di climatizzazione si classificano in:

- **impianti di riscaldamento**, che innalzano e controllano la temperatura dando calore all'ambiente;
- **impianti di refrigerazione** o **raffrescamento**, che riducono e controllano la temperatura sottraendo calore all'ambiente;
- **impianti di condizionamento**, che regolano la temperatura e l'umidità dell'aria presente in un ambiente mantenendole costanti.

Tipologie di impianto

Gli impianti attualmente in commercio presentano una grande varietà di tipologie. Si possono sommariamente schematizzare come segue, in base alla struttura.

- **Monosplit**: serve essenzialmente a raffreddare e a garantire il ricambio dell'aria; è formato da una sezione montata all'esterno del fabbricato e collegata con un'unità interna di diffusione; la diffusione nei locali può avvenire attraverso griglie |fig. B4.16|.
- **Multisplit**: è adatto per climatizzare, riscaldare, deumidificare. È formato da una sezione montata all'esterno del fabbricato, cui sono collegabili fino a nove unità interne di diffusione poste su parete o a pavimento; per applicazioni aziendali si ricorre alla distribuzione nei locali mediante canalizzazioni.
- **Chiller ad acqua**: è adatto per climatizzare e riscaldare locali medi e grandi; produce acqua calda o fredda da distribuire ai terminali.

(a)

(b)

B.4.16 Vista di un gruppo integrato condizionatore + pompa di calore "Split System" da installazione a parete: a) distributore interno; b) gruppo esterno (Aermec SpA, Bevilacqua, Verona).

Parametri caratteristici dell'aria atmosferica

Nello studio delle tecniche di climatizzazione è indispensabile tener presente che l'**aria atmosferica** contiene una certa quantità di vapore acqueo: per questa ragione l'aria atmosferica è anche detta **aria umida**. Con riferimento a un chilogrammo di aria secca, il contenuto igrometrico dell'aria negli ambienti abitati è dell'ordine di qualche decimo di grammo di H_2O_{vap}. Pur trattandosi di una piccola quantità, le sue variazioni risultano determinanti nello stabilire condizioni di benessere.

L'aria umida è costituita da una miscela di gas, principalmente azoto e ossigeno in percentuali in volume rispettivamente del 78% e del 21%, che formano l'aria secca, più una certa quantità di vapore d'acqua.

La pressione totale viene suddivisa in due pressioni parziali, quella dell'aria secca p_a e quella del vapore acqueo p_v.

L'aria secca, nei campi di temperatura concernenti la climatizzazione, si comporta come un gas ideale, così come il vapore d'acqua che la accompagna fino al limite indicato come **saturazione**. Durante la stagione estiva la maggiore temperatura dell'aria consente un più rapido passaggio dallo stato liquido a quello di vapore. Durante la stagione invernale la minor energia disponibile nell'ambiente rende più lento e difficile il passaggio di stato: si può dunque affermare che l'aria è in grado di trattenere quantità sempre maggiori di vapore disciolto al crescere della temperatura.

Nel caso di un abbassamento di temperatura, il valore limite di vapore presente nell'atmosfera si abbassa, obbligando la parte in esubero di vapore a condensare: ciò avviene in natura con la formazione di minute goccioline sospese in aria in forma di nubi; un ulteriore raffreddamento fa sì che le goccioline si accorpino in gocce via via più grandi, dando luogo alle precipitazioni piovose.

Si conclude che a ogni temperatura corrisponde un limite di presenza di vapore disciolto nell'aria, la cui pressione parziale è detta **pressione limite di saturazione** p_s.

A tal proposito si definiscono le seguenti grandezze.

- **Pressione totale** o **pressione barometrica** p_t [Pa]: è la somma delle pressioni parziali dell'aria secca e del vapore acqueo:

$$p_t = p_a + p_v \qquad \text{[B4.2]}$$

- **Umidità assoluta UA**: è la massa volumica del vapore presente nell'atmosfera;
- **Umidità relativa UR:** è il rapporto φ tra la pressione parziale del vapore p_v e la pressione di saturazione p_s. Il valore di φ è compreso tra 0 e 1:

$$\varphi = \frac{\rho_v}{\rho_a} \qquad \text{[B4.3]}$$

- **Umidità specifica US,** o **titolo *x* dell'aria umida**: è il rapporto tra la massa di vapore acqueo e la massa di aria secca contenuta nello stesso volume di aria atmosferica; può essere espresso anche come rapporto tra le masse volumiche del vapore e dell'aria secca:

$$x = \frac{\rho_v}{\rho_a}$$

il titolo dell'aria umida x rappresenta la massa di vapore associata a 1 kg di aria secca e ha come unità di misura il [$kg_{vapore}/kg_{aria\ secca}$]. È espresso dalla seguente formula:

$$x = 0{,}622\,\frac{p_v}{p_a} = 0{,}622\,\frac{\varphi\, p_s}{p_t - \varphi\, p_s} \qquad \text{[B4.4]}$$

- **Temperatura di rugiada** o **punto di rugiada** t_r: è la temperatura dell'aria in condizioni di saturazione; a ogni successivo raffreddamento si ha il fenomeno della *condensa del vapore* contenuto nell'aria, noto come *rugiada*.

I calcoli relativi agli impianti di condizionamento si effettuano con l'uso dei **diagrammi di Mollier dell'aria umida** e di **ASHRAE**, in cui si leggono molte delle grandezze precedentemente definite. Questi diagrammi si presentano in forma di mappa con diverse linee pendenti che permettono di valutare le trasformazioni con scambio di calore e di massa.

Come si ottengono il raffreddamento e la deumidificazione

Si supponga di eseguire un **raffreddamento a titolo costante** dell'aria, ovvero senza sottrarre vapore dall'atmosfera: il raffreddamento continua finché l'aria raggiungere il suo limite di saturazione. Continuando a sottrarre calore all'aria, oltre alla riduzione di temperatura ambientale, si ha la condensazione di parte del vapore in goccioline di liquido (effetto *rugiada*) con riduzione del titolo x; questa riduzione è spiegabile ricordando che il raffreddamento produce una quantità crescente di condensato che si separa dall'aria non facendo più parte della miscela.
Nella pratica costruttiva la trasformazione è svolta nel condizionatore suddividendo la portata in due parti di cui una (detta **di by-pass**) attraversa lo scambiatore senza lambire le superfici refrigeranti e si miscela successivamente con la portata restante che, invece, ha subito il trattamento di raffreddamento e separazione del condensato: con ciò si arriva a ottenere una condizione finale non esattamente nel punto 3 della **figura B4.17** ma in un punto a esso prossimo.

Riscaldamento e umidificazione

L'**umidificazione** è un'operazione eseguita soprattutto nella stagione invernale, quando il riscaldamento dell'ambiente provoca secchezza nell'aria e disagio alla respirazione. Essa si ottiene convogliando la portata di aria secca in un condotto, in cui avvengono scambi di calore e incremento di umidità; l'umidificazione si realizza introducendo vapore oppure portando all'evaporazione una quantità di acqua.
Nella **figura B4.17** si riporta lo schema di un impianto di condizionamento monocondotto. In ogni singola zona vi è un'unità centrale di condizionamento, dove l'aria viene trattata e distribuita nei vari ambienti lungo una serie di canalizzazioni. L'aria trattata proviene in parte dall'esterno, in parte è aria di ricircolo.

Si definisce **UTA** una macchina termica in cui avvengono i **trattamenti dell'aria** prima del suo invio e diffusione nell'ambiente.

Sempre facendo riferimento alla **figura B4.17** si riconoscono i seguenti organi principali: le serrande di ingresso (1), la batteria di preriscaldamento (2), il saturatore (3) che diffonde acqua nebulizzata, la rete snebbiatrice (4) che separa le gocce presenti nel flusso dell'aria, la batteria di raffreddamento e deumidificazione (5), la batteria di postriscaldamento (6) e il ventilatore (7).

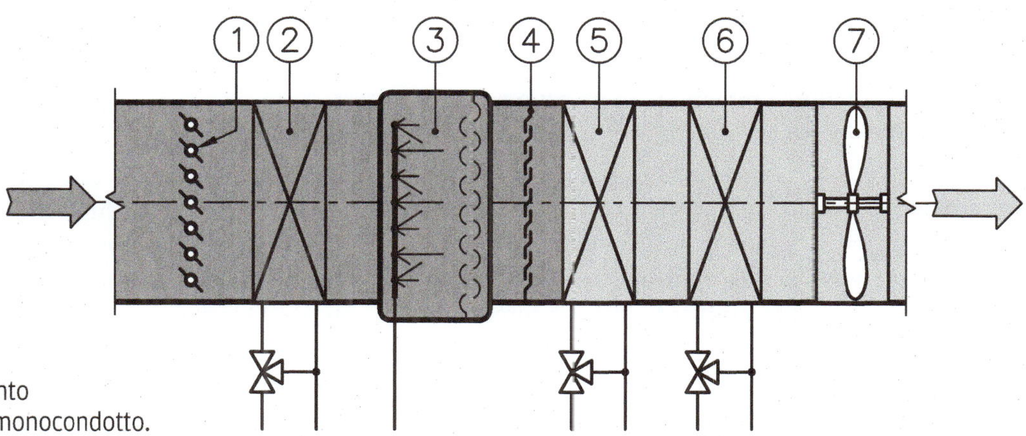

B4.17 Schema di un impianto di condizionamento d'aria monocondotto.

Confortevolezza ambientale

La condizione di benessere ambientale è legata all'esigenza da parte del corpo umano di smaltire nell'ambiente la potenza termica sviluppata in seguito al proprio metabolismo basale. Lo scambio di calore con l'ambiente è dovuto a diversi fenomeni fisici quali la conduzione, la convezione, l'irraggiamento, il riscaldamento dell'aria respirata, l'emissione di aria espirata ad alta umidità, la diffusione di vapore acqueo attraverso la pelle e per sudorazione. Il corpo umano è dotato di un complesso sistema di termoregolazione che interviene sui flussi di calore scambiati con l'esterno, allo scopo di smaltire una giusta quantità di calore, così da garantire il corretto funzionamento dei processi vitali e il mantenimento della temperatura corporea su un valore costante prossimo a 37 °C.

Si ha la **condizione di benessere** quando le condizioni termoigrometriche dell'ambiente sono tali da far avvenire lo scambio di calore da parte del corpo nelle migliori condizioni fisiologiche e senza richiedere eccessivi interventi del complesso sistema naturale di regolazione termica dell'organismo.
Mediante studi sulla fisiologia del corpo umano, prove sperimentali e analisi statistiche, sono state elaborate numerose metodologie che definiscono gli indici per la valutazione del benessere in relazione alle condizioni climatiche e microclimatiche dell'ambiente; si può affermare che la condizione di benessere è legata alla combinazione di più grandezze, principalmente la temperatura, l'umidità e la velocità dell'aria e, secondariamente, la purezza dell'aria e il rumore emesso dall'impianto. Di seguito sono riportati alcuni valori indicativi:

- temperatura dell'aria: $t = 20 \div 25$ °C;
- umidità relativa dell'aria: $\varphi = 35 \div 60\%$;
- velocità dell'aria nell'ambiente: $v = 0{,}10 \div 0{,}25$ m/s;
- filtrazione per tutte le impurità solide di dimensioni maggiori di 50 μm e del 90% di quelle comprese nell'intervallo $50 \div 0{,}5$ μm.

Gli impianti di climatizzazione sono tarati, in base alla stagione, in modo da realizzare in linea di massima le seguenti condizioni ambientali: in inverno $t = 20$ °C e $\varphi = 40 \div 50\%$; in estate $t = 25$ °C e $\varphi = 50 \div 60\%$.

Un ambiente in cui sullo psicrometro si leggono $t_{bs} = 32$ °C e $t_{bu} = 24$ °C, con $\varphi = 52\%$ e con una velocità dell'aria pari a $v_a = 0{,}5$ m/s, equivale, dal punto di vista del benessere, a un altro ambiente in cui la temperatura inferiore $t_{bs} = t_{bu} = 24$ °C, ma con umidità più elevata e con meno ventilazione, per esempio con $\varphi = 100\%$ e con $v_a = 0{,}1$ m/s.

Pompa di calore

Come per tutte le macchine frigorigene, il principio di funzionamento della pompa di calore consiste nel trasferire calore fra due diverse sorgenti. Similmente al climatizzatore, la pompa di calore controlla la temperatura di un ambiente trasferendo energia termica, ma con la possibilità di funzionare reversibilmente sfruttando alternativamente, all'occorrenza, il lato caldo e il lato freddo del sistema.

La **pompa di calore** è un climatizzatore che, per mezzo di una valvola a quattro vie o d'inversione o di smistamento posta a monte o a valle del compressore, inverte il ciclo frigorifero e consente, in base alle stagioni, di riscaldare o di raffreddare un ambiente.

A differenza dei normali climatizzatori, la pompa di calore è una macchina reversibile, essendo in grado di eseguire l'inversione di ciclo, raffreddando un ambiente abitativo d'estate e riscaldandolo d'inverno con elevati valori di efficienza in tutte le condizioni. Eseguendo l'inversione del funzionamento, l'evaporatore e il condensatore invertono i loro ruoli.
A seconda delle sorgenti impiegate, le pompe di calore sono classificate in **aria–aria, aria–acqua, acqua–aria, acqua–acqua**.
Durante la stagione fredda, la pompa di calore preleva il calore dai corpi a bassa temperatura quali il suolo |fig. B4.18a|, l'aria esterna |fig. B4.18c| o anche da superfici esterne quali i tetti |fig. B4.18d|. Una tipologia di pompa di calore è la **Heat Machine**, che esegue un ciclo acqua-acqua assorbendo calore dall'acqua di pozzo |fig. B4.18b| o da acque superficiali (fiume, mare o lago). Malgrado la bassa temperatura ambientale è possibile raffreddare, anche se di poco, l'acqua esterna, restituendola più fredda all'ambiente. In questo modo, il fluido frigorigeno in condensazione è in grado di portare l'acqua di riscaldamento fino a $50 \div 70$ °C.
Il calore prelevato dalla sorgente fredda esterna viene riversato a un fluido intermedio sotto pressione che evapora grazie a tale apporto di energia |fig. B4.19|.
In inverno il fluido viene compresso dal compressore C mosso dal motore M; il fluido passa attraverso la valvola di smistamento S in uno scambiatore ove si condensa, cedendo il suo calore all'ambiente interno, poi transita attraverso una valvola V ove espande isentalpicamente, dopodiché raggiunge l'evaporatore in cui evapora prelevando calore dall'esterno |fig. B4.20a|. In estate la valvola di smistamento S inverte il senso del flusso; il condensatore ora svolge la funzione di scambiatore esterno e l'evaporatore quella di scambiatore interno. Quest'ultimo assorbe calore dall'ambiente interno raffreddandolo e con esso porta il fluido frigorigeno all'evaporazione |fig. B4.20b|. La potenza degli impianti a pompa di calore variano da 20 kW a 100 kW.

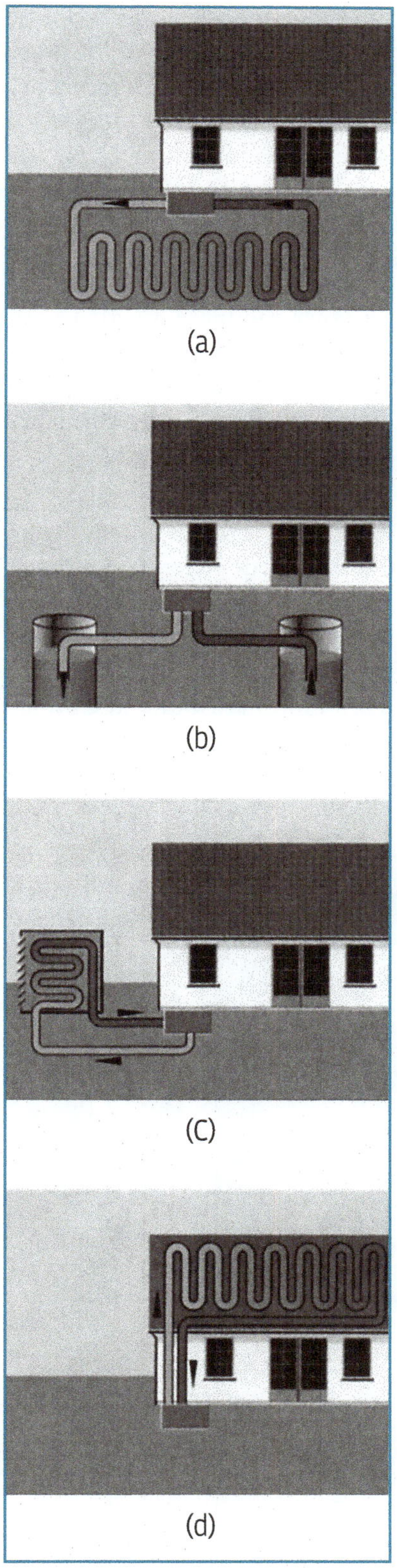

B4.18 Prelievo di calore da sorgenti esterne di diverso genere: a) dal terreno; b) dalle acque di pozzo; c) dall'aria atmosferica; d) da superfici riscaldate dal sole.

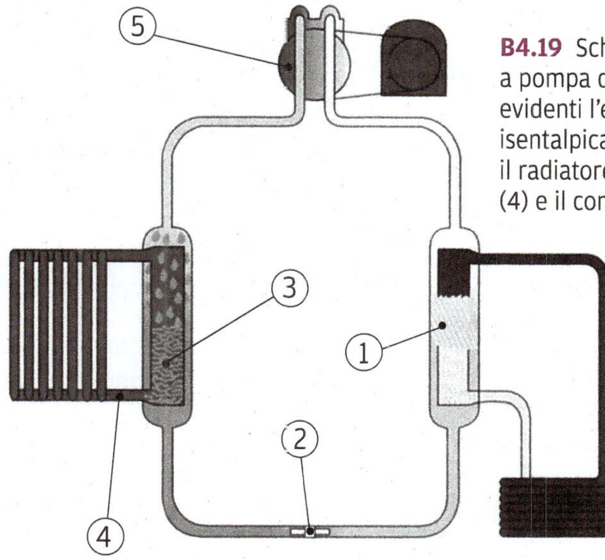

B4.19 Schema di un impianto a pompa di calore, in cui sono evidenti l'evaporatore (1), la valvola isentalpica (2), il condensatore (3), il radiatore per riscaldare l'ambiente (4) e il compressore (5).

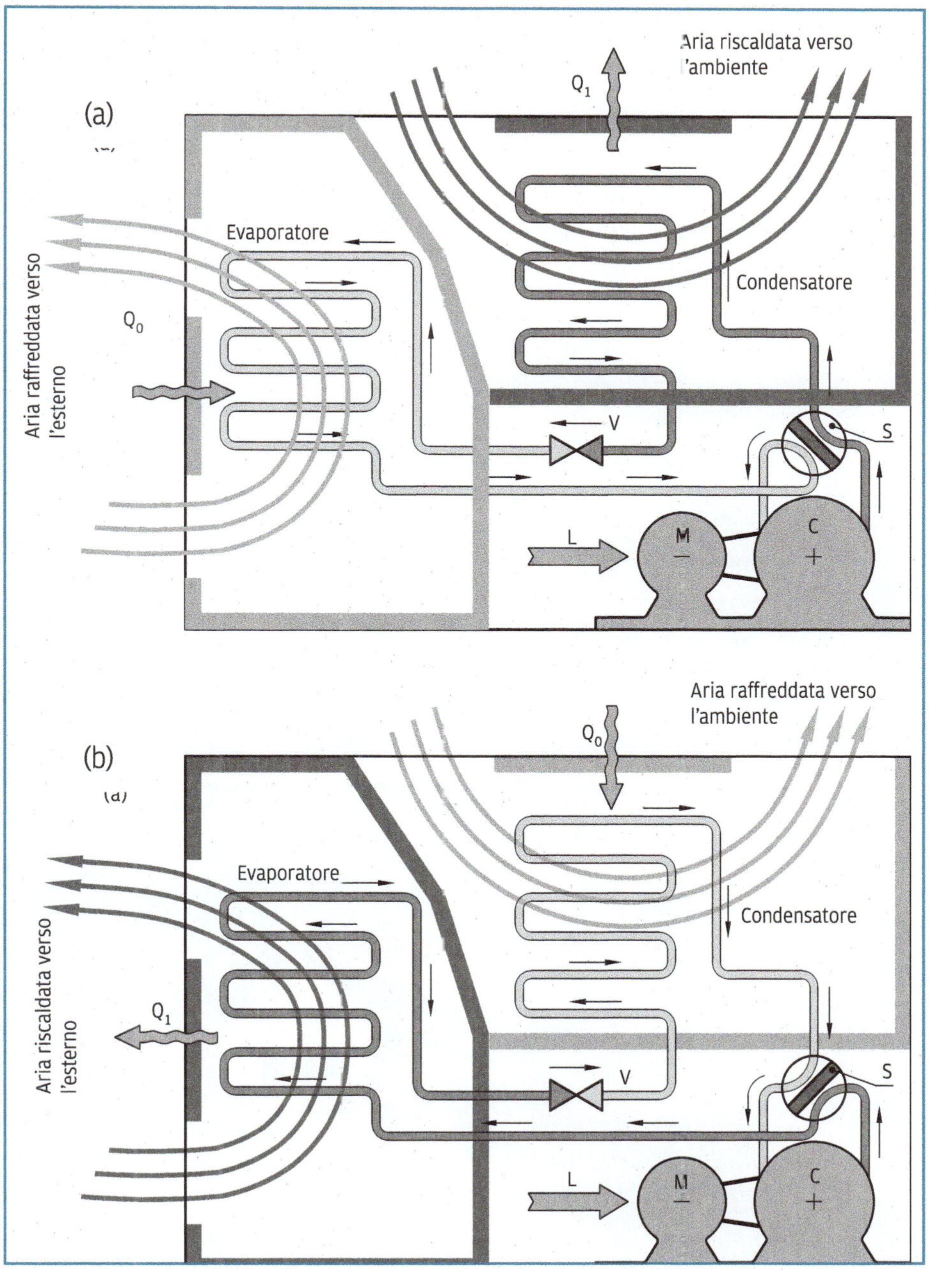

B4.20 Pompa di calore: a) funzionamento invernale; b) funzionamento estivo.

B4.4 Risorse energetiche

Classificazione delle risorse energetiche

Considerazioni iniziali su energia ed ambiente

Gli ultimi decenni del XX secolo hanno lasciato irrisolti diversi gravi problemi a carico di tutti i popoli del mondo, di cui ancora purtroppo non si intravede la soluzione; si tratta dei problemi ecologici riguardanti la difficile coesistenza tra produzione di beni, energia e ambiente |**fig. B4.21**|.

Si definisce **Ecologia** la scienza che studia le forme di vita in rapporto con il territorio e gli interventi necessari per la protezione dell'ambiente.

Non è più possibile occuparsi di macchine e impianti senza porsi il problema di come questi si inseriscono nel contesto ambientale. Per tutti coloro che si occupano di energia è diventato un dovere professionale, oltre che morale, considerare i consumi e le modalità di impiego delle risorse, nonché le pericolosità e i rischi connessi con il loro uso, sia per gli addetti, sia per la popolazione, sia per il territorio.

Sorge di conseguenza, per il mondo della Scuola e della Formazione professionale, l'esigenza di integrare la trattazione di macchine e impianti da un momento di riflessione relativo all'interazione tra l'energia e il punto di vista culturale e sociale. Si ricordi che il termine "energia" richiama alla mente anche altri concetti, quali la *forza lavoro*, l'*erogazione di potenza* ma anche l'idea di *benessere*, di *vita* e di *progresso*.

È meglio rinunciare a voler radunare a tutti i costi concetti lontani tra loro in una sola definizione, per avviare invece una ricerca attraverso i vari aspetti in cui essa si presenta, in modo talora evidente, talaltra nascosto, talvolta addirittura imprevedibile.

Proprietà dell'energia

È opportuno avviare lo studio dell'energia mettendo in evidenza le sue principali proprietà. L'energia si presenta in diverse forme ed è trasformabile da una forma in un'altra. È immediato associare questa caratteristica con il celebre motto attribuito al chimico francese **A.L. Lavoisiér** secondo cui "in natura nulla si crea e nulla si distrugge ma tutto si trasforma".

(a)

(b)

(c)

B4.21 Immagini relative alla produzione di energia e all'ambiente: a) centrale termonucleare di Bugey dans l'Ain (EDF, Francia); b) pecore al pascolo nei pressi di una windfarm nel nord della Germania; c) tetto di un'abitazione con pannelli fotovoltaici.

Il **primo principio della Termodinamica** costituisce l'espressione più completa per tale considerazione iniziale. L'energia non può essere consumata né distrutta, ma solo trasformata. L'energia è **trasferibile** da un corpo a un altro in modo spontaneo o mediante macchine: il calore, per esempio, si trasmette in modo spontaneo da un corpo caldo a uno freddo; il frigorifero è una macchina che trasferisce il calore da corpi freddi ad altri più caldi |fig. B4.22|.

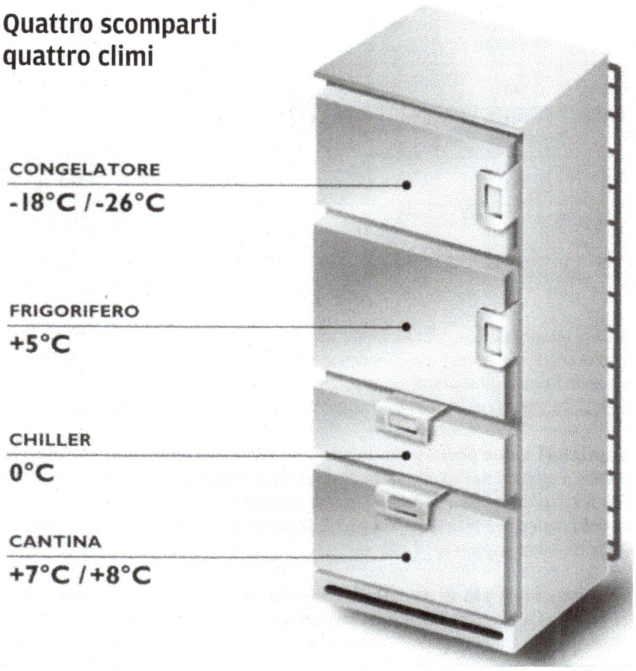

B4.22 Per trasferire il calore da un corpo freddo a uno caldo, il frigorifero deve consumare energia proveniente da una fonte esterna: il suo compressore è mosso da un motore elettrico alimentato dalla rete.

L'energia si accumula ed è **conservabile** anche per un lungo tempo: per esempio, l'acqua di un lago di montagna è in quiete ma, se incanalata in un corso d'acqua naturale o artificiale, è in grado di scendere a valle sviluppando un'energia che, in opportune condizioni, è utilizzabile in modo molto conveniente |fig. B4.23|. La batteria elettrica è un altro esempio di accumulo di energia poiché può erogare una corrente elettrica a una determinata tensione per un periodo di tempo più o meno lungo |fig. B4.24|.

Il **principio di conservazione dell'energia** fornisce la giustificazione teorica a queste osservazioni. L'energia è **misurabile** all'atto del suo impiego ed è anche **calcolabile** con opportune formule matematiche. Per qualunque apparecchiatura o impianto elettrico è possibile eseguire i calcoli di preventivo di consumi di energia elettrica e dei costi da sostenere per il suo funzionamento, in base al tempo di erogazione.

B4.23 Diga di montagna dell'impianto idroelettrico di Place Moulin in alta Valpelline (CVA - Compagnia Valdostana Acque, Châtillon, Aosta).

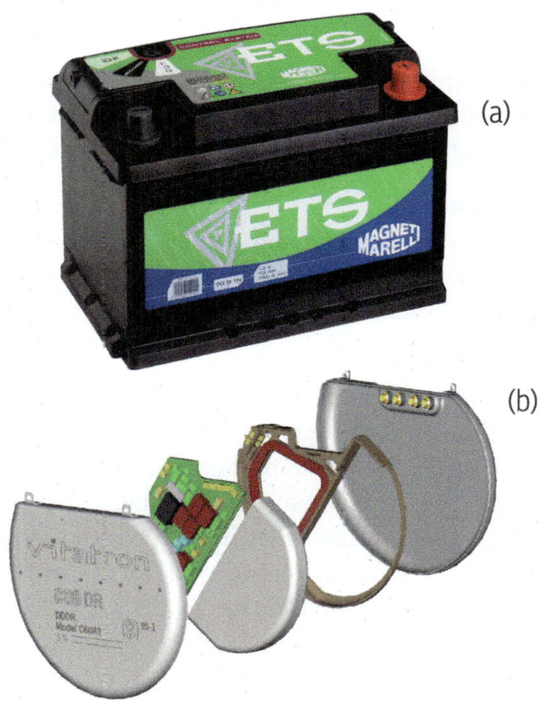

B4.24 a) Batteria per autoveicolo di produzione Magneti Marelli. b) Applicazione della pila in cardiologia: *pace-maker* visto in esploso.

Energia, rendimento e potenza

Per ogni macchina e per qualunque trasformazione è possibile eseguire il **bilancio energetico**. Posto 100% il valore dell'energia introdotta, si valuta quanta energia è stata realmente utilizzata e quanta invece è stata dispersa nell'ambiente in forma di calore e, quindi, inutilizzata. Il bilancio energetico è espresso mediante un parametro adimensionato, detto **rendimento**, comunemente indicato con la lettera η (eta).

Il ***rendimento*** è inteso come rapporto in percentuale tra energia effettivamente utilizzata ed energia fornita:

$$\eta = \frac{\textit{energia utilizzata}}{\textit{energia fornita}} = \frac{\textit{energia fornita} - \textit{energia persa}}{\textit{energia fornita}}$$

Poiché la potenza è il rapporto tra l'energia e il tempo, dividendo numeratore e denominatore per il tempo, si ricava una seconda espressione del rendimento, in funzione della potenza utilizzata e della potenza assorbita:

$$\eta = \frac{\textit{potenza utilizzata}}{\textit{potenza assorbita}} \qquad \text{[B4.5]}$$

Esempio

Eseguire un'ipotesi di massima di bilancio energetico di un frullatore elettrico, valutando il rendimento e tracciando il grafico dei flussi di energia. Attribuire il valore 100 all'energia fornita, 20 alla dispersione in calore da parte del cavo di alimentazione e del motore, 5 alle perdite per attrito (calore dai cuscinetti dell'albero), infine 10% all'attrito e al calore generato dalle lame durante il moto di taglio e di rimescolamento.

Soluzione
Per la **[B4.5]**, il rendimento η vale:

$$\eta = \frac{\textit{energia utilizzata}}{\textit{energia fornita}} = \frac{100-(20+5+10)}{100} = \frac{65}{100} = 65\%$$

Lavoro ed energia si esprimono in **joule** e, pur essendo grandezze analoghe, non sono coincidenti. Formalmente, il lavoro come pure il calore non sono di per sé energie, semmai delle **modalità** attraverso le quali l'energia viene trasferita. Dal punto di vista fisico, il **lavoro** è definito come prodotto di una forza per uno spostamento nella direzione della forza stessa:

$$L = Fs$$

L'**energia** è ottenuta impegnando una potenza per un periodo di tempo durante il quale la sorgente di energia svolge un lavoro:

$$E = Pt$$

La **potenza** è una caratteristica propria di ogni macchina. Una macchina di grande potenza può svolgere lo stesso lavoro di una macchina di piccola potenza ma in tempi più ridotti. Esistono macchinari funzionanti a potenza costante, altri a potenza variabile; una pompa che deve inviare una portata di acqua costante vincendo un dislivello e una distanza ben definiti, opera in condizioni di potenza costante erogando una quantità di energia proporzionale al tempo di funzionamento. Al contrario, il conducente di una motocicletta che con la mano destra "chiude la manetta" impone al motore una riduzione di potenza e, quindi, richiede al mezzo di erogare meno energia:

$$P = \frac{L}{t} \qquad \text{[B4.6]}$$

Le forme dell'energia

La considerazione di base che deriva da quanto esposto precedentemente è che l'**energia è unica** mentre diverse sono le **forme** in cui si manifesta e diversi i **modi** secondo i quali si trasforma.

Energia termica

La forma di energia più immediata è l'**energia termica**: ogni corpo è in grado di scambiare calore con l'ambiente circostante. Un corpo caldo cede spontaneamente il suo calore a corpi più freddi a contatto.

Energia cinetica

Un'altra forma di energia facilmente percepibile è l'**energia cinetica** o di movimento. L'esperienza quotidiana ci insegna che per mettere in movimento qualunque oggetto e per mantenerlo in moto è necessaria la spesa di una certa quantità di energia.

Energia elettrica

Questo tipo di energia è sicuramente la più vicina a noi nella vita quotidiana. L'**energia elettrica** è presente nelle abitazioni e nei luoghi di lavoro in tutto il mondo moderno **|fig. B4.25|**.

B4.25 Il traliccio, elemento caratteristico di un elettrodotto, per il trasporto dell'energia elettrica.

È la forma più direttamente trasformabile in beni di consumo quali l'illuminazione, il riscaldamento, il movimento di motori, il funzionamento di elettrodomestici, la trasmissione via cavo e via etere delle informazioni. La sua produzione e distribuzione costituisce un impegno primario per la società, oltre che una fonte di reddito.

Energia potenziale

Una forma di energia di non immediata intuizione, ma di notevole importanza, è l'**energia potenziale di posizione**: una qualunque massa in stato di quiete, posta a una certa altezza, è dotata di una sua energia. Infatti, se il corpo potesse muoversi scendendo di quota sotto l'azione della gravità, acquisterebbe velocità, trasformando la sua energia potenziale in energia cinetica. Una massa m ferma in posizione z sollevata rispetto a una quota di riferimento, sottoposta all'accelerazione di gravità g, possiede una forma di energia latente E_p, detta per l'appunto **potenziale** ed espressa dalla seguente relazione:

$$E_p = m g z$$

Energia idraulica

In Meccanica dei Fluidi, per **energia idraulica** si intende sia l'**energia di pressione**, tipica di una massa fluida pompata in un cilindro, capace di generare forze verso l'esterno e di imporre spostamenti a organi mobili, sia l'**energia di corrente**, ovvero l'applicazione del concetto di *energia cinetica* a una corrente liquida, posta sotto pressione in tubature oppure libera nei fiumi e nei canali **|fig. B4.26|**.

B4.26 Diga fluviale di Isola Serafini sul Po: l'energia cinetica posseduta dalla corrente di un fiume viene convertita in energia elettrica.

Energia chimica

L'**energia chimica** è presente in tutte le sostanze organiche e inorganiche in grado di liberare energia nel corso di reazioni chimiche: è il caso dei combustibili i quali, attraverso l'ossidazione, trasformano l'energia chimica potenziale in calore. Fenomeno analogo avviene negli organismi viventi che attraverso il metabolismo trasformano i nutrimenti in calore e in movimento degli organi. La pila è un'altra applicazione dell'energia chimica che si trasforma in energia elettrica.

Energia nucleare

Una menzione a parte merita l'**energia nucleare**, basata sulle trasformazioni che avvengono in seguito a spaccatura (**fissione**) o aggregazione (**fusione**) dei nuclei atomici. Da oltre quarant'anni molti Paesi d'Europa e del mondo hanno costruito reattori a fissione per la produzione di energia elettrica; lo sfruttamento della fusione nucleare è ancora in fase di studio.

Purtroppo l'energia nucleare si è resa tristemente famosa per le applicazioni belliche di devastante potenza quali le bombe atomiche sganciate su Hiroshima e Nagasaki il 6 agosto 1945 e per i disastri ambientali di Chernobyl del 26 aprile 1986 e di Fukushima dell'11 marzo 2011.

Energia solare

Per ultimo si ricorda l'**energia solare raggiante** che, oltre a riscaldare il nostro pianeta e a consentire ogni forma di vita umana, animale e vegetale, viene sfruttata sempre più ampiamente per la produzione diretta di energia elettrica e termica.

Le fonti di energia

Le origini delle fonti primarie

La massima parte dell'energia sfruttata negli impieghi odierni è di origine solare; nel corso di milioni di anni, l'energia irradiata dal sole e immagazzinata da sostanze organiche di origine animale e vegetale si è trasformata molto lentamente in materie prime solide, liquide e gassose. È il caso del carbone, del petrolio, del gas naturale, derivati da trasformazioni subite da esseri viventi, riconducibili più in generale alla fotosintesi clorofilliana. Tali fonti di energia sono comunemente dette **fonti primarie** o **energie fossili**.

Appartengono alle fonti primarie anche l'energia idraulica, che è una forma indiretta dell'energia solare, e l'energia nucleare dei metalli radioattivi.

La **fonte primaria** è una fonte di energia che si trova allo stato naturale e che non ha ancora subito trasformazioni a livello di processo tecnologico.

Le materie prime combustibili di questo tipo si formano in tempi lunghissimi, non misurabili secondo la scala dell'esistenza del genere umano; al contrario vengono estratte, preparate e consumate in tempi estremamente brevi: ecco perché sono anche dette **energie esauribili**.

Esistono altre forme di energie primarie di tipo rinnovabile, derivate dall'azione dei raggi solari sul nostro pianeta e disponibili con continuità, dette **energie inesauribili**: energia solare, idrica, eolica, delle maree, calore del sottosuolo, biomasse |tab. B4.1|.

Energie innovative

Lo scenario energetico mondiale risente delle previsioni di un graduale esaurimento delle riserve naturali delle materie prime; sotto la pressione di tali urgenze, è cresciuta l'attenzione verso nuove forme di energia.
Alle fonti di energia innovative sono di solito attribuite le seguenti caratteristiche:

- la **rinnovabilità**, cioè la possibilità della fonte di essere perennemente presente senza consumarsi, rinnovandosi secondo cicli fisici o biologici;
- l'**inesauribilità**, ovvero nessuna dipendenza da giacimenti e scorte conservate nei "magazzini naturali" della terra esauribili in tempi più o meno brevi;
- il **basso impatto ambientale**, ovvero nulla o scarsa emissione di gas carbonico nell'atmosfera;
- l'**operabilità su piccola scala**, ovvero il funzionamento in gruppi generatori di piccola – media potenza, a livello di singola comunità civile o familiare, evitando la costruzione di impianti di grande taglia e quindi le grosse concentrazioni di potenza;
- la **possibilità di integrare** la produzione dell'energia con la tutela dell'ambiente, per esempio ottenendo energia dal riciclo dei rifiuti urbani.

Per la legislazione italiana, le **risorse non rinnovabili** indicano ogni risorsa finita presente in natura che, relativamente alla scala cronologica dell'uomo, una volta esaurita non può essere rinnovata; la maggior parte delle risorse finite possono rinnovarsi solo in un intervallo di tempo geologico e tutti i combustibili fossili e le risorse minerarie rientrano in questa categoria. Le **risorse rinnovabili**, invece, indicano ogni prodotto che in teoria non può essere totalmente consumato grazie alla sua capacità di riprodursi (biologicamente) o di rigenerarsi (fisicamente); le risorse rinnovabili appartengono alle fonti inesauribili (come l'energia solare), al ciclo idrologico, oppure a un sistema biologico (come tutte le piante e gli animali che si riproducono).

I numerosi tipi di energie rinnovabili sono direttamente o indirettamente riconducibili a tre origini |fig. B4.27|: l'irraggiamento solare; il calore della Terra; la rotazione della Terra.

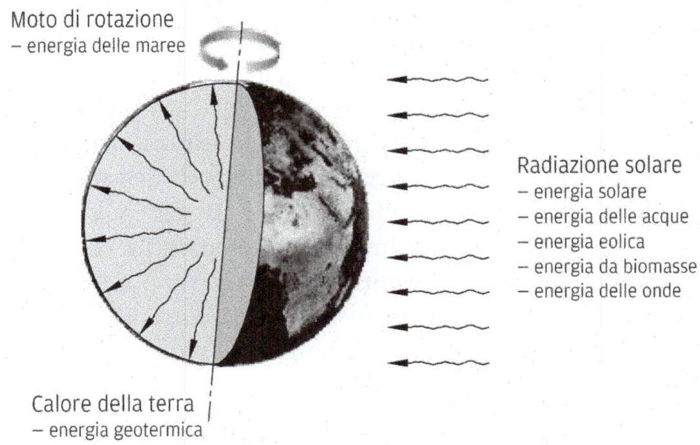

B4.27 Le energie rinnovabili e le loro fonti principali.

TABELLA B4.1 Tipi di energie primarie

Energie primarie	Esauribili	Combustibili fossili	Carbone
			Petrolio
			Gas naturale
		Combustibili nucleari	Uranio
			Torio
	Inesauribili	Energie rinnovabili	Solare
			Idraulica
			Eolica
			Biomasse
			Calore del sottosuolo
			Onde del mare
			Moto delle maree

Energia solare

Lo sfruttamento tecnologico dell'energia solare avviene secondo due modalità:

- la trasformazione dell'energia irraggiata in **calore** mediante scambiatori funzionanti in base all'**effetto fototermico**; in tal caso il calore viene raccolto da un fluido e impiegato o per il riscaldamento di ambienti o per la generazione di elettricità in turbina;
- la trasformazione dell'energia irraggiata in **elettricità** mediante celle a semiconduttori funzionanti in base all'**effetto fotovoltaico**.

Energia eolica

Sulla superficie terrestre i venti sono causati dalla differenza di temperatura e di pressione atmosferica da un luogo all'altro e dal moto di rotazione del pianeta. L'energia totale posseduta dalle masse d'aria in moto sulla Terra è stimata in 2×10^6 TWh annui, ovvero 20 miliardi di kWh, una cifra enorme, il cui sfruttamento darebbe un contributo di rilievo ai fabbisogni energetici dell'umanità. Affinché un sito sia giudicato idoneo per l'installazione di una centrale eolica è indispensabile che il vento soffi a velocità non inferiori a 4 – 5 m/s per almeno 2000 ore/anno. La centrale eolica è detta **windfarm** o **fattoria del vento** |**fig. B4.28**|.

Energia geotermica

È una forma di energia che proviene dal calore endogeno della Terra, generato nelle profondità del sottosuolo; si ritiene che il nucleo della Terra, sottoposto a pressioni dell'ordine di 3500 kbar, si trovi a una temperatura compresa tra i 3000 °C e i 6000 °C.

Il **flusso geotermico** o **HFU** (*Heat Flow Unit*) dovuto al calore endogeno è definito come l'energia per unità di tempo e di area che affiora in superficie e vale una microcaloria per centimetro quadrato al secondo, ovvero $4{,}186 \times 10^{-6}$ J.

Questo tipo di energia può essere utilizzata solo nei luoghi in cui, a brevi profondità, vi sono strati rocciosi permeabili caldi e impregnati di acqua di falda fluente.

Energia dal mare

Il movimento continuo delle **maree** è un'ottima riserva di energia (globalmente valutata in 22 000 TWh annui) e deriva dalla rotazione del pianeta e dalla gravità della luna. Nel mondo esistono solo una trentina di siti in cui si possono costruire impianti di produzione di energia elettrica, poiché il moto periodico delle masse di acqua marina è sfruttabile solo se il dislivello fra alta e bassa marea non è inferiore a tre metri.

B4.28 Panoramica di una windfarm.

Energia dalle biomasse

Dal punto di vista biologico, la **biomassa** indica tutto l'insieme delle forme viventi, animali e vegetali, diffuse sulla Terra che si sviluppano grazie all'energia del sole e al nutrimento attinto dalla terra. Dal punto di vista energetico il campo viene ristretto unicamente alle sostanze destinabili alla produzione di energia.
In ambito energetico la **biomassa** indica qualsiasi sostanza residuale organica, di origine vegetale o animale, per la quale sono prevedibili impieghi connessi alla produzione di energia, con l'esclusione delle materie plastiche e delle sostanze fossili. Le biomasse sono principalmente legna, scarti della lavorazione del legname (trucioli, segatura), scarti agricoli (paglia, pula, lolla, gusci, noccioli) e zootecnici, scarti dell'industria agro-alimentare e dell'attività forestale, sostanze fermentabili, biogas da discarica. Altre forme di biomassa sono rappresentate dalle **colture energetiche**, cioè piante espressamente coltivate per scopi energetici.

Energia dai rifiuti urbani

In Italia si producono oltre 30 milioni di tonnellate annue di rifiuti solidi urbani, in gran parte destinati alle discariche. Solo 2 800 000 t vengono **termovalorizzate**, cioè destinate a impianti di incenerimento per ottenere energia termica ed elettrica e per il recupero delle ceneri a scopi industriali.

Si definisce **termovalorizzazione** il recupero industriale della frazione combustibile del rifiuto solido urbano per produrre energia.

Lo smaltimento dei rifiuti in Italia è regolato dal Decreto Legislativo Ronchi 22/97; esso definisce le condizioni di sicurezza con cui eseguire la raccolta e i successivi trattamenti; impone inoltre a tutti i Comuni di raggiungere il 35% di raccolta differenziata, obiettivo al momento ancora lontano.
In seguito a operazioni di selezione, vengono separati i **rifiuti gassificabili**, cioè in grado di liberare gas metano una volta accumulati in discarica, oppure riducibili in forma di frazione secca adatta all'incenerimento, nota come **CDR** (*Combustibile Derivato dai Rifiuti*). Le ceneri del CDR |fig. B4.29| sono in gran parte destinate alla produzione di fertilizzanti, inoltre contengono una percentuale di metalli recuperabili per cui la massa di inerti che va in discarica costituisce solo il 10% della raccolta iniziale.

Lo sfruttamento dei rifiuti urbani per la produzione di energie pregiate è fortemente influenzato dalla sensibilità civica degli abitanti: il mondo occidentale è sommerso da rifiuti di ogni tipo e le amministrazioni pubbliche si ritrovano sempre più sovente a dover fronteggiare una vera e propria **emergenza rifiuti**.

B4.29 Impianto di selezione dei rifiuti urbani per il recupero di materiali riciclabili e per la separazione della fase destinata all'incenerimento.

Il risparmio energetico

Legislazione

A partire dalla fine degli anni Settanta del secolo scorso, sono state introdotte anche in Italia leggi, decreti e norme finalizzate al contenimento dei consumi energetici degli edifici e degli impianti, unitamente alla riduzione delle emissioni e immissioni di sostanze inquinanti nell'ambiente, alla luce degli allarmi lanciati dal **Protocollo di Kyoto** del 1997 sui danni climatici prodotti dall'effetto serra e dal buco di ozono. Per quanto concerne le costruzioni abitative, furono inizialmente definite le zone climatiche, poi i fabbisogni termici per il riscaldamento e il raffrescamento degli edifici, le prescrizioni sulle progettazione e, in particolare, sull'isolamento termico da ottenere mediante *coibentazioni*. Il primo atto legislativo fu la **Legge 373/76** seguita dal decreto attuativo **DPR 1052/77** e da numerose altre leggi e decreti nel corso dei decenni successivi. Anche l'ente normativo nazionale, l'UNI, ha pubblicato le modalità per l'esecuzione dei calcoli, in particolare le norme **UNI 7357** e **UNI 10334** e successive, relative al calcolo dei fabbisogni di energia e degli scambi termici dell'edificio con il terreno e con l'atmosfera. L'Unione Europea ha pubblicato la **Direttiva Europea 91/02** con la quale definisce gli interventi che gli stati membri devono eseguire e la **Direttiva Europea 93/76** con cui stabilisce l'obbligatorietà delle **certificazioni energetiche degli edifici**.
Gli interventi consistono essenzialmente nell'esecuzione dell'isolamento termico dell'edificio alla luce delle dispersioni attraverso le strutture quali pareti, soffitti, tetto, superfici vetrate. La progettazione deve tener conto della zona climatica in cui l'edificio è presente: sono previste sei zone climatiche indicate dalla lettera *A* alla lettera *F*, in cui *A* comprende le località del Sud a clima più caldo, *B* quelle ad alta quota site nel Nord. La legge distingue anche la modalità di funzionamento dell'impianto, se in modo **continuo**, in **attenuazione**, a **intermittenza**. Viene inoltre chiesto di valutare l'efficacia dell'impianto mediante diversi tipi di parametri (**rendimenti**): essi sono il rendimento di **regolazione**, di **produzione**, di **distribuzione**, di **emissione**. Recenti interventi legislativi hanno aggiornato i limiti delle dispersioni (**trasmittanze**) attraverso i corpi opachi e finestrati, da valutare con l'ausilio di apposite tabelle, imponendo inoltre la **verifica termoigrometrica,** ovvero la verifica della formazione di condense (raggiungimento del punto di rugiada) sulle pareti che separano ambienti caldi da altri più freddi; tali verifiche sono fissate nel **DLgs 192/05** che fissa i criteri di certificazione energetica e gli adempimenti da ottemperare, modificato in seguito con il **DLgs 311/06.**
L'attuale legislazione fissa ruoli e responsabilità per diverse figure professionali, per l'ente pubblico, come pure per il committente; per esempio, il progettista è obbligato a produrre una relazione tecnica da consegnare a cura del committente alle autorità comunali; l'installatore è obbligato a produrrei un certificato di conformità; il committente è obbligato a condurre l'impianto rispettando le norme; il Comune è obbligato a controllare l'avvenuto deposito dei documenti e a eseguire ispezioni; infine anche i costruttori di componenti devono attenersi alle norme vigenti, eseguire prove sperimentali di certificazione sui loro prodotti e produrre la documentazione che accompagna ogni componente.

Normative fiscali

Gli aspetti fiscali e gli incentivi sono regolati dalla **Legge di Stabilità**, emessa ogni fine anno dal Governo in carica, per cui ogni anno vengono introdotte modifiche rilevanti. La **Legge del 2013** prevede detrazioni fiscali nei casi di interventi di **ristrutturazione edilizia** e di **risparmio energetico**, già modificate dal **Decreto Sviluppo del 2012**. È stata infatti prorogata la detrazione fiscale del 55% per il risparmio energetico. A partire dal 1° luglio 2013, l'agevolazione sarà sostituita con la detrazione fiscale del 36% prevista per le spese di ristrutturazioni edilizie. Tali detrazioni prevedono la possibilità di ridurre l'**Irpef** (per le persone fisiche) e l'**Ires** (per le società) per interventi di miglioramento del livello di efficienza energetica degli edifici. Le categorie di intervento interessate sono:

- la riqualificazione energetica degli edifici, ovvero modifiche agli impianti attuali e interventi di ristrutturazione dell'abitazione per migliorare i rendimenti;
- la sostituzione di impianti termici ed elettrici con impianti ad alta efficienza come le caldaie a condensazione;
- il miglioramento termico dell'edificio (finestre, comprensive di infissi, coibentazioni, pavimenti);
- lo sfruttamento di fonti di energia rinnovabili, utilizzando per esempio pannelli per il solare termico (destinato alla produzione di acqua calda sanitaria) e per il solare fotovoltaico (destinato alla produzione di energia elettrica).

Per ciascuno di questi interventi è previsto un tetto massimo alle spese detraibili fiscalmente.

ESERCITAZIONE GUIDATA B4.1

Riscaldamento

Compilare la seguente tabella nella quale, per ciascun dispositivo facente parte di un impianto di *riscaldamento*, si riportano le caratteristiche specifiche e i campi di applicazione; ipotizzare, infine, in cosa possono consistere gli interventi di manutenzione più prevedibili (smontaggio, controlli visivi e dimensionali, pulizia, sostituzione di parti, sostituzione integrale, compilazione di un verbale di intervento ecc.) ed elencarli nella quarta colonna.

Consigli operativi
Compilare la tabella riga per riga, partendo dai diversi organi riportati nella prima colonna, indicando per ognuno dapprima le caratteristiche, poi i campi di applicazione e, infine, ipotizzando quali potrebbero essere le principali operazioni da svolgere in fase di manutenzione.

Organi per il riscaldamento	Caratteristiche specifiche	Campi di applicazione	Prevedibili interventi di manutenzione
Generatori di calore			
Bruciatore			
Canna fumaria			
Radiatore in ghisa			
Ventilconvettori			
Valvola miscelatrice			
Valvola termostatica			

ESERCITAZIONE GUIDATA B4.2

Refrigerazione

Compilare la seguente tabella nella quale, per ciascun dispositivo facente parte di un impianto di *refrigerazione*, si riportano le caratteristiche specifiche e i campi di applicazione; ipotizzare, infine, in cosa possono consistere gli interventi di manutenzione più prevedibili (smontaggio, controlli visivi e dimensionali, pulizia, sostituzione di parti, sostituzione integrale, compilazione di un verbale di intervento ecc.) ed elencarli nella quarta colonna.

Consigli operativi

Compilare la tabella riga per riga, partendo dai diversi organi riportati nella prima colonna, indicando per ognuno dapprima le caratteristiche, poi i campi di applicazione e, infine, ipotizzando quali potrebbero essere le principali operazioni da svolgere in fase di manutenzione.

Organi per la refrigerazione	Caratteristiche specifiche	Campi di applicazione	Prevedibili interventi di manutenzione
Frigorifero			
Pompa di calore			
Gruppo ad assorbimento			
Circuito contenente il fluido operativo			

ESERCITAZIONE GUIDATA B4.3

Climatizzazione

Compilare la seguente tabella nella quale, per ciascun dispositivo facente parte di un impianto di *climatizzazione*, si riportano le caratteristiche specifiche e i campi di applicazione; ipotizzare, infine, in cosa possono consistere gli interventi di manutenzione più prevedibili (smontaggio, controlli visivi e dimensionali, pulizia, sostituzione di parti, sostituzione integrale, compilazione di un verbale di intervento ecc.) ed elencarli nella quarta colonna.

Consigli operativi
Compilare la tabella riga per riga, partendo dai diversi organi riportati nella prima colonna, indicando per ognuno dapprima le caratteristiche, poi i campi di applicazione e, infine, ipotizzando quali potrebbero essere le principali operazioni da svolgere in fase di manutenzione.

Organi per la climatizzazione	Caratteristiche specifiche	Campi di applicazione	Prevedibili interventi di manutenzione
Compressore			
Espansore			
Split			

ESERCITAZIONE GUIDATA B4.4

Risorse energetiche

Compilare la seguente tabella nella quale, per ciascuna *forma di energia*, si riportano le caratteristiche principali (origine fossile oppure rinnovabile), i suoi campi di applicazione (produzione industriale, trazione, usi domestici e civili ecc.); indicare infine, nella quarta colonna, in cosa consistono gli impatti sull'ambiente (forme di inquinamento d'aria, d'acqua e del suolo, esaurimento progressivo delle riserve naturali ecc.) conseguenti all'impiego della suddetta forma di energia.

Consigli operativi
Compilare la tabella riga per riga, partendo dai diversi organi riportati nella prima colonna, indicando per ognuno dapprima le caratteristiche, poi i campi di applicazione e, infine, ipotizzando quali potrebbero essere le principali operazioni da svolgere in fase di manutenzione.

Forma di energia	Caratteristiche specifiche	Campi di applicazione	Impatto ambientale
Energia termica, ottenuta dalla combustione del petrolio e suoi derivati			
Energia termoelettrica			
Energia idroelettrica			
Energia solare			
Energia nucleare			

1 Con riferimento al DPR 412/93, gli impianti di riscaldamento si ripartiscono in due categorie, cioè impianti unifamiliari e:

a) impianti bifamiliari
b) impianti centralizzati
c) impianti inglobati

2 Gli impianti unifamiliari sono formati da quattro gruppi fondamentali:

a) ....
b) ....
c) ....
d) ....

3 Gli impianti di maggior potenza, grazie alla presenza del .... usualmente posto nel ...., hanno la camera di combustione posta in ....

4 Spiegare cosa sono e quale funzione svolgono i terminali di erogazione (max 15 parole).

....
....
....

5 Il polverizzatore è un organo presente nel bruciatore quando esso brucia combustibili gassosi come il metano.

☐ Vero ☐ Falso

6 Illustrare il fenomeno naturale del tiraggio. (max 25 parole)

....
....
....
....

7 Indicare quali, fra le seguenti, sono reali tipologie di bruciatori:

a) bruciatore flocculante
b) bruciatore modulante
c) bruciatore multistadio
d) bruciatore indicizzato

8 I terminali ventilati sono anche noti come aerotermi.

☐ Vero ☐ Falso

9 Elencare tre materiali metallici di impiego frequente per la costruzione di radiatori:

a) ....
b) ....
c) ....

10 Disegnare uno schema d'impianto di climatizzazione per un autoveicolo, dando l'esatta denominazione ai principali componenti che ne fanno parte.

11 I terminali radianti sono pannelli strutturati in forma di .... che viene piegato in modo da svilupparsi in forma di .... o di ....; essi vengono inseriti .... oppure anche ....

12 Descrivere brevemente le termostrisce. (max 25 parole)

....
....
....
....
....

13 Elencare tre parametri fisici su cui si interviene, anche mediante controlli automatici, per operare la regolazione di un impianto termico:

a) ....
b) ....
c) ....

14 Indicare qual è la differenza tra una valvola miscelatrice e una deviatrice (max 15 righe).

....
....

15 Spiegare in cosa consiste la differenza tra i frigoriferi e le pompe di calore (max 15 parole).

....
....
....

16 Tracciare gli schemi dei flussi di calore per un frigorifero e per una pompa di calore.

17 Tracciare lo schema a blocchi per una macchina frigorifera.

18 L'efficienza frigorifera è un altro modo per definire il rendimento di una macchina frigorifera: infatti, essa non può mai superare il valore unitario.

☐ Vero ☐ Falso

19 Illustrare nelle sue linee generali il principio di funzionamento di un impianto frigorifero ad assorbimento (max 30 parole).

....
....
....
....
....

20 I clorofluorocarburi, meglio noti come CFC, sono stati messi al bando in quanto ritenuti fra i maggiori responsabili dell'allargamento del buco di ozono.

☐ Vero ☐ Falso

21 Il Coefficient Of Performance (COP) è il rapporto tra la potenza .... e la potenza ....

22 Indicare qual è lo scopo degli impianti di climatizzazione (max 15 parole).

....
....
....

23 L'aria è in grado di trattenere quantità sempre maggiori di .... al crescere della ....

24 La temperatura di rugiada è quella temperatura al disotto della quale:

a) le nuvole si dissolvono
b) l'ossigeno condensa e forma goccioline
c) il vapore disciolto nell'aria si condensa

25 Indicare quali, fra le seguenti affermazioni sull'energia, possono essere ritenute vere.

a) L'energia è conservabile
b) L'energia può essere creata e poi distrutta
c) L'energia può essere trasportata
d) L'energia può essere comprata e venduta

26 Il rendimento di una qualsiasi macchina può essere espresso come rapporto tra .... e la ....

27 Elencare sei fra le numerose forme in cui si presenta l'energia.

a) ....
b) ....
c) ....
d) ....
e) ....
f) ....

28 Spiegare l'affermazione secondo cui le risorse rinnovabili sono anche inesauribili. (max 20 parole)

....
....
....
....

29 La termovalorizzazione è il recupero industriale della .... dei .... allo scopo di produrre ....

L'addetto alla manutenzione di un impianto è chiamato a causa della segnalazione di uno degli operatori.

L'operatore consegna al manutentore il manuale che contiene lo schema, le specifiche tecniche e la documentazione dell'apparecchiatura.

L'apparecchiatura è costituita dai seguenti componenti:

1) motore a combustione interna;
2) sistema di raffreddamento del motore a combustione interna;
3) giunto;
4) elettrofrizione;
5) variatore continuo di velocità;
6) pompa;
7) circuito oleodinamico.

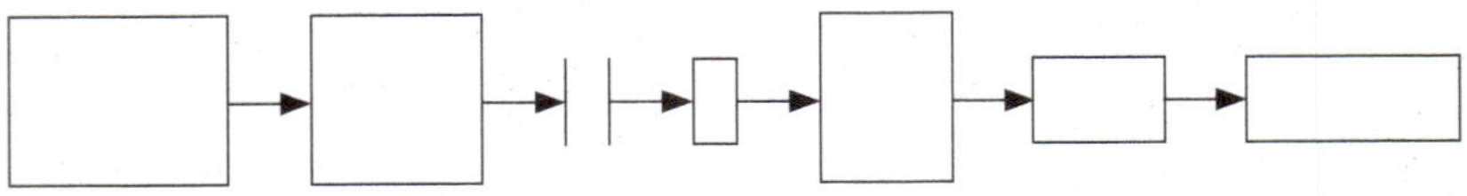

Descrivere le specifiche tecniche relative a ogni elemento dell'apparecchiatura scegliendo uno dei possibili tipi elencati nel testo.

modulo C

TECNICHE DI ASSEMBLAGGIO

PREREQUISITI

Conoscenze

- Il disegno di componenti meccanici e di schemi elementari
- Gli attrezzi meccanici elementari, le colle e i lubrificanti
- Gli strumenti elementari di misura
- Norme di sicurezza fondamentali su attrezzi e liquidi tecnici

Abilità

- Interpretare un disegno tecnico o uno schema elementare
- Utilizzare gli attrezzi meccanici elementari e gli strumenti di misura meccanici, idraulici e termici elementari
- Applicare le norme di sicurezza fondamentali per liquidi, aria, fluidi tecnici

OBIETTIVI

Conoscenze

- Le tecniche e le procedure di assemblaggio e installazione di impianti e apparati o dispositivi meccanici e termici
- Le tecniche e le procedure di installazione di circuiti oleodinamici e pneumatici

Abilità

- Assemblare e installare impianti, dispositivi e apparati meccanici, termici, oleodinamici e pneumatici

Competenze di riferimento

- Utilizzare, attraverso la conoscenza e l'applicazione della normativa sulla sicurezza, strumenti e tecnologie specifiche
- Individuare i componenti che costituiscono il sistema e i vari materiali impiegati, allo scopo di intervenire nel montaggio, nella sostituzione dei componenti e delle parti, nel rispetto delle modalità e delle procedure stabilite

modulo C

VERIFICA dei PREREQUISITI

1 Descrivere l'apparecchio illustrato nella figura sottostante e definire i vari elementi che lo compongono.

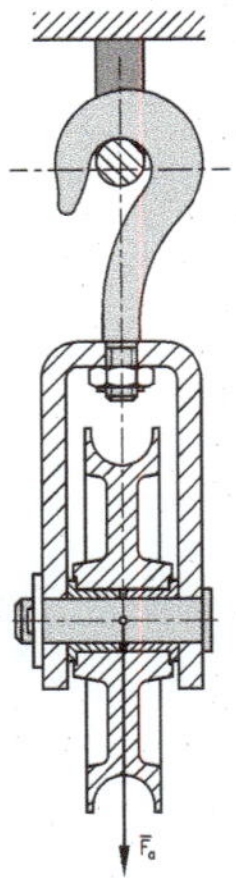

2 Descrivere cosa avviene nel circuito oleodinamico rappresentato dal seguente schema.

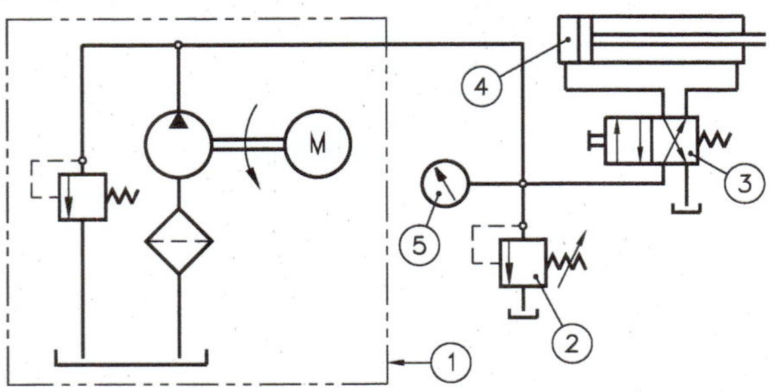

3 Spiegare come si utilizza un calibro ventesimale. (max 30 parole)

4 Illustrare brevemente come si utilizza un manometro. (max 30 parole)

5 Spiegare come si utilizza un termometro. (max 20 parole)

6 Dovendo fare un foro con un trapano, si sceglie un numero di giri al minuto che cresce con il valore del diametro della punta con cui si deve realizzare il foro.

☐ Vero ☐ Falso

7 Per ruotare la testa di una vite si impiegano diversi utensili in base alla sua forma: indicare di seguito quali sono.

8 La forma dei denti di un seghetto è la stessa per qualsiasi materiale da tagliare.

☐ Vero ☐ Falso

9 Indicare con quale numero telefonico si attiva il pronto soccorso?

10 Dare la definizione di *barriere architettoniche*. (max 20 parole)

11 I tubi che trasportano l'aria e il metano hanno lo stesso colore.

☐ Vero ☐ Falso

12 Gli estintori devono essere segnalati a distanza.

☐ Vero ☐ Falso

UNITÀ C1

DISPOSITIVI MECCANICI

OBIETTIVI

Conoscenze

- Le tecniche e le procedure di assemblaggio e installazione di impianti e apparati o dispositivi meccanici
- Le norme sulla sicurezza e sulla tutela ambientale
- Le procedure generali di collaudo ed esercizio

Abilità

- Adottare i dispositivi di prevenzione e protezione prescritti dalle norme per la sicurezza nell'ambiente di lavoro nelle operazioni di assemblaggio, installazione, collaudo e manutenzione di impianti e apparati o dispositivi meccanici
- Individuare le risorse strumentali necessarie all'erogazione del servizio
- Eseguire secondo le procedure gli interventi di assemblaggio, installazione, collaudo e manutenzione di apparati meccanici
- Redigere la documentazione e le attestazioni obbligatorie

CONTENUTI

C1.1 Attrezzi

Classificazione

Come supporto e per meglio effettuare meglio le operazioni classiche della manutenzione meccanica vi sono gli **utensili**, ovvero strumenti di varie forme e tipologie che, opportunamente scelti e utilizzati, consentono al manutentore di operare correttamente e in sicurezza.
Tali attrezzi si possono classificare nelle seguenti tipologie.

- *Chiavi di manovra*: sono utilizzate per le operazioni di avvitatura o svitatura classiche senza particolari problemi legati allo spazio di manovra.
- *Chiavi a bussola*: sono molto versatili e hanno una grande varietà d'uso poiché possono essere utilizzati, di volta in volta, con particolari accessori che consentono loro di operare su diversi tipi di elementi di serraggio.
- *Chiavi a serraggio controllato*: sono adatte per effettuare serraggi con coppie di chiusura ben determinate.
- *Cacciaviti*: sono impiegati per serrare viti di fissaggio, e possono avere diverse forme.
- *Chiavi piegate esagonali*: sono impiegate principalmente nel grande utilizzo della viteria con testa a esagono incassato.
- *Pinze*: sono impiegati soprattutto nelle operazioni di manutenzione e servono a trattenere o movimentare gli oggetti.
- *Tronchesi*: servono per troncare (tagliare) dei particolari.
- *Martelli*: sono utilizzati per vari scopi, il più noto è quello di consentire il piantaggio di elementi.
- *Estrattori*: sono attrezzature che presentano varie forme, servono per estrarre particolari difficilmente estraibili con gli utensili tradizionali; un tipico esempio è quello di estrazione dei cuscinetti a rotolamento dalle loro sedi.
- *Seghetti*: sono attrezzature di largo utilizzo e servono per tagliare pezzi; la forma della dentatura della lama dipende dal materiale da tagliare.
- *Lime*: sono molto utilizzate nella manutenzione e sono costituite da un elemento realizzato in materiale resistente all'usura sul quale sono intagliati dei denti di forma diversa e con passo più o meno grande in funzione della finitura da ottenere. Le forme e le dimensioni delle lime sono di vario tipo.
- *Calibro*: nelle operazioni di manutenzione spesso vi è la necessità di effettuare delle misure dimensionali e il *calibro a nonio* è lo strumento più in uso.

La **figura C1.1** mostra un assortimento tra i più completi di utensili per la manutenzione industriale.

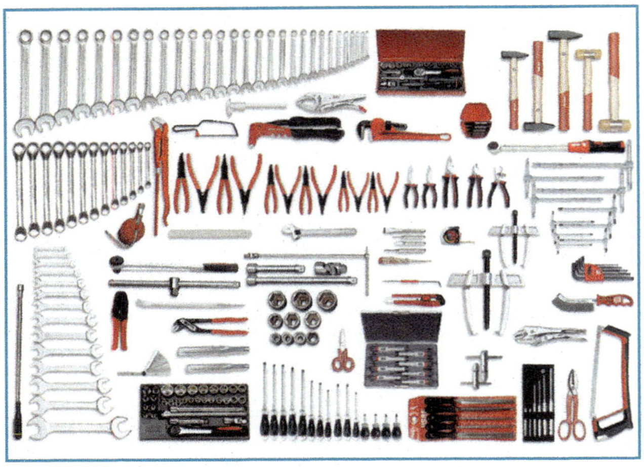

C1.1 Assortimento completo di utensili.

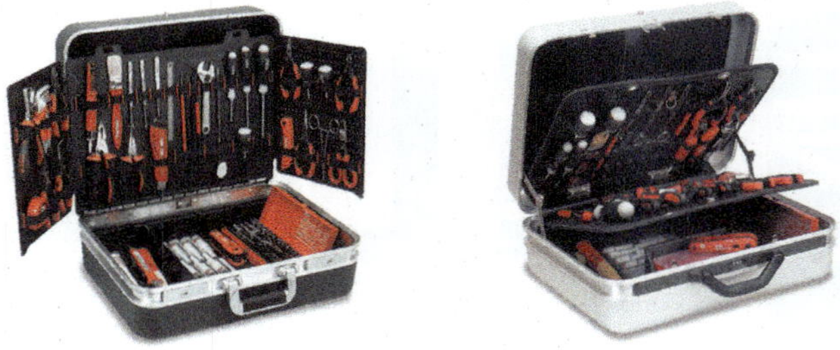

C1.3 Valigetta portatile con utensileria.

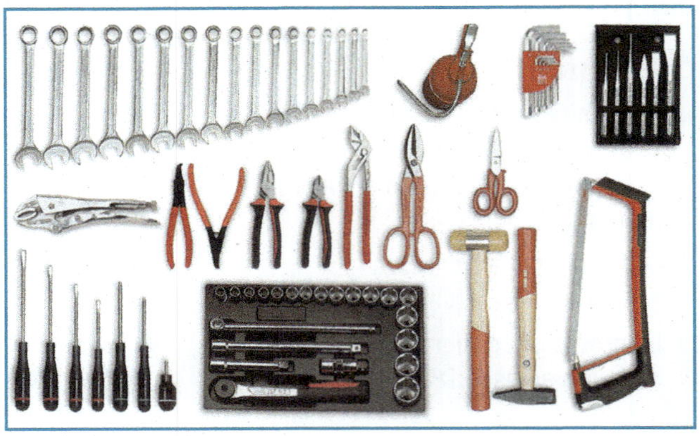

C1.4 Set standard contenuto in una valigetta.

Tipi di attrezzi

Per poter effettuare le operazioni di *montaggio* e *smontaggio* di pezzi, l'operatore ha a disposizione una serie di attrezzi o utensili che gli consentono di portare a termine le tradizionali operazioni di manutenzione meccanica. A supporto del tecnico manutentore vi sono diverse soluzioni che contengono gli attrezzi e gli utensili necessari per poter svolgere una corretta manutenzione, come per esempio i carrelli |**fig. C1.2**| o le valigette portatili |**fig. C1.3**|, attrezzate con specifici utensili da lavoro. La **figura C1.4** mostra un set standard di dotazione per una cassetta di lavoro per operazioni di manutenzione ordinaria, che può arricchirsi di altre attrezzature in funzione delle operazioni da effettuare. La scelta dell'utensile più adatto può essere ricavata da cataloghi cartacei o da fornitori specializzati facilmente reperibili dai siti internet.

C1.2 Carrello attrezzato con utensileria.

Fra gli attrezzi utilizzati durante la manutenzione vi sono le **chiavi**; di seguito sono riportati i tipi principali.

- Le chiavi di manovra combinate |**fig. C1.5a**|.
- Le chiavi di manovra a forchetta doppie |**fig. C1.5b**|.
- Le chiavi regolabili a rullino |**fig. C1.5c**|.
- Le chiavi a pipa doppie |**fig. C1.5d**|.
- Le chiavi a "T" snodate |**fig. C1.5e**|.
- Le chiavi a compasso |**fig. C1.5f**|.
- Le chiavi a settore con nasello |**fig. C1.5g**|.

(a)

(b)

(c)

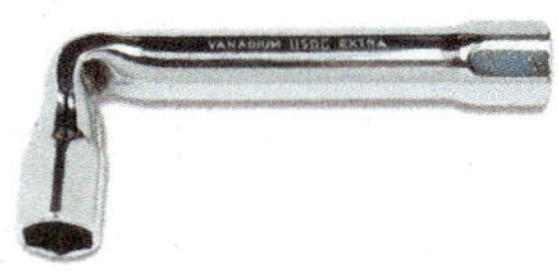

(d)

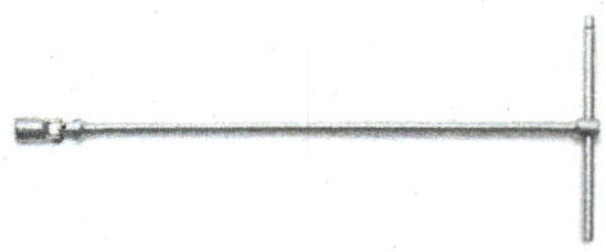

(e)

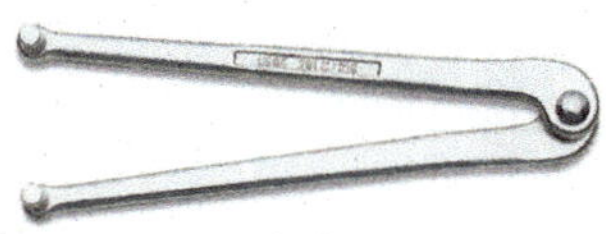

(f)

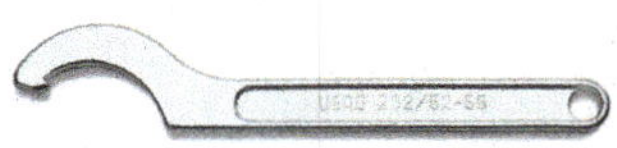

(g)

C1.5 Tipi differenti di chiavi utilizzate nella manutenzione.

- Le chiavi a bussola |**fig. C1.6**|.

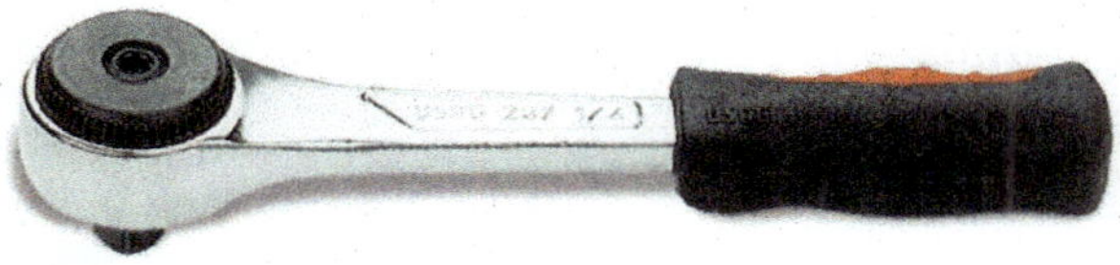

C1.6 Chiave a bussola.

- Gli accessori chiavi a bussola |**fig. C1.7**|.

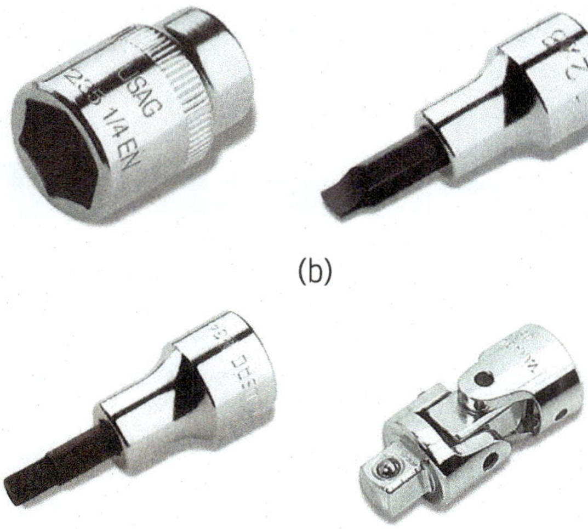

(a) (b)

(c) (d)

C1.7 a) Bussola con bocca esagonale. b) Bussola per viti con intaglio. c) Bussola per viti con esagono incassato. d) Bussola con snodo cardanico.

- Le chiavi piegate esagonali, dette *a brugola* |**fig. C1.8**|.

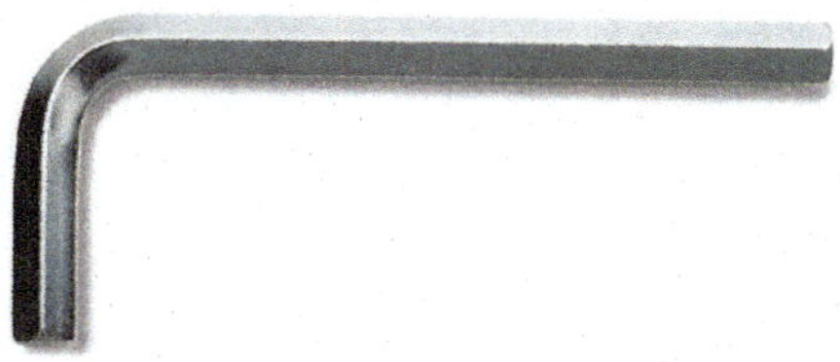

C1.8 Chiave piegata esagonale.

- Il set di chiavi esagonali |**fig. C1.9**|.

C1.9 Set di chiavi piegate esagonali.

Nel caso in cui il serraggio delle viti debba essere effettuato con una determinata coppia (per esempio il serraggio della testata dei motori automobilistici) sono di ausilio all'operatore le cosiddette **chiavi dinamometriche**: esse hanno un sistema meccanico a rigidezza controllato (ovvero regolabile in funzione della coppia di serraggio) che consente, durante l'operazione di serraggio, di non superare il valore stabilito |**fig. C1.10**|. Le *chiavi a cricchetto dinamometriche* consentono di non superare la coppia di serraggio prevista, infatti al raggiungimento della coppia di taratura, il sistema a cricchetto entra in funzione e anche se si continua a spingere sul braccio della chiave, essa non serra ulteriormente la vite, ma ruota a vuoto.

C1.10 Chiave dinamometrica con cricchetto.

Altri utensili molto utilizzati nelle operazioni di manutenzione sono:

- il **cacciavite** |**fig. C1.11**|;

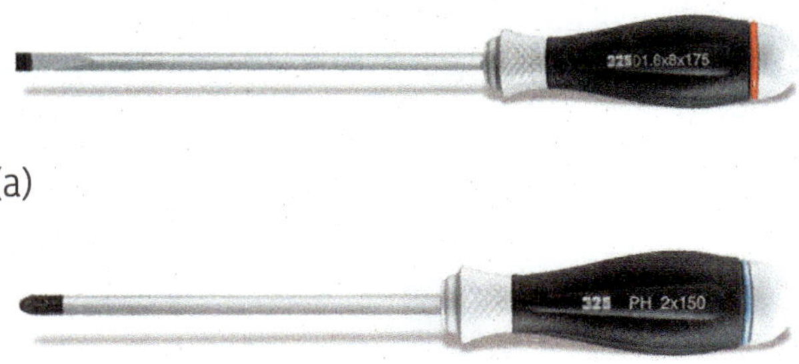

(a)

(b)

C1.11 Tipi differenti di cacciavite: a) per viti con intagli; b) per viti con impronta a croce.

- la **pinza** |**fig. C1.12**|;

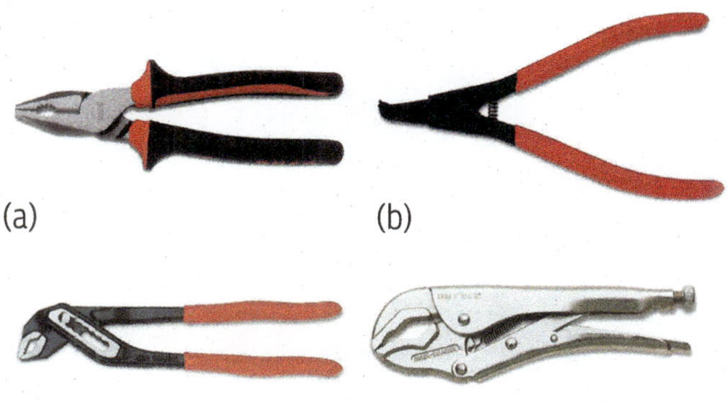

(a) (b)

(c) (d)

C1.12 a) Pinza. b) Pinza a becchi. c) Pinza regolabile a cerniera. d) Pinza regolabile autobloccante.

- le **tronchesi** |fig. C1.13|, utilizzate soprattutto quando nelle operazioni di manutenzione occorre effettuare dei tagli, come per esempio il taglio dei cavetti metallici;

C1.13 Tronchesi a tagliente diagonale.

- il **martello** |fig. C1.14|;

C1.14 Martello.

- l'**estrattore** |fig. C1.15|, uno strumento utilizzato principalmente nei casi in cui le operazioni di manutenzione richiedono l'estrazione di particolari ben determinati;

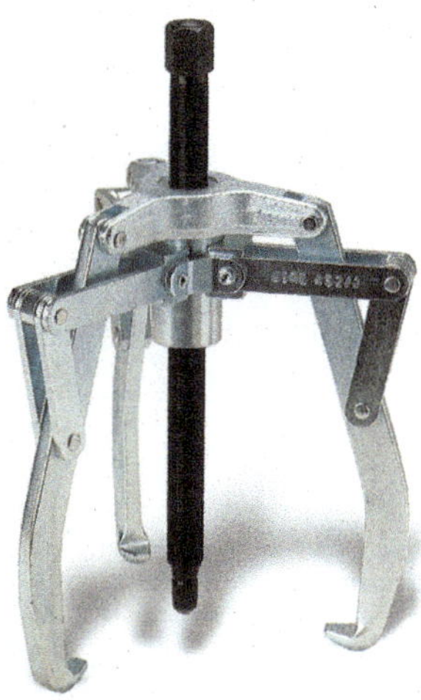

C1.15 Estrattore.

- il **seghetto** |fig. C1.16|;

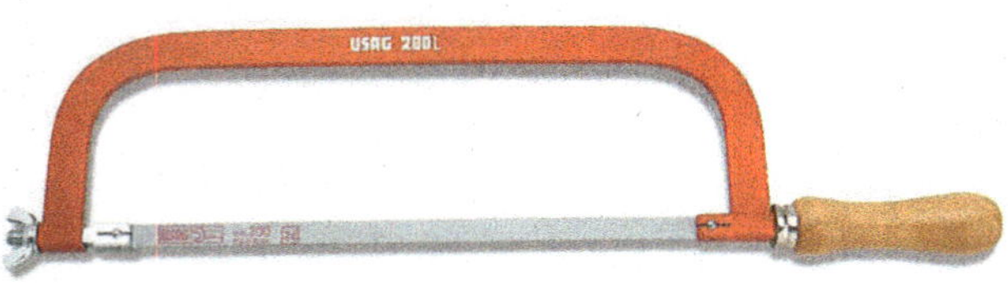

C1.16 Seghetto.

- la **lima** |fig. C1.17|, un utensile ancora oggi molto importante per il manutentore; esistono diverse tipologie di lima, in base alla forma, alle dimensioni e al grado;

(a)

(b)

(c)

(d)

(e)

C1.17 a) Lima quadra. b) Lima triangolare. c) Lima piatta. d) Lima mezza tonda. e) Lima tonda.

- il **calibro** |fig. C1.18|, uno strumento utilizzato soprattutto quando nelle operazioni di manutenzione è necessario effettuare delle misure.

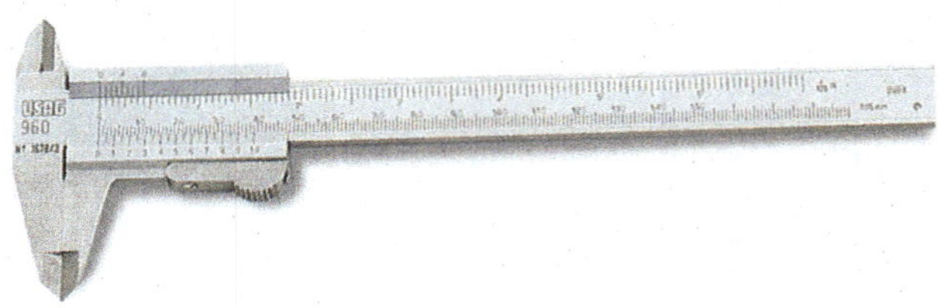

C1.18 Calibro.

C1.2 Tecnologie di unione

Tipi di unione

La maggior parte dei pezzi costruiti vengono assemblati mediante **collegamenti** che possono essere suddivisi in due grandi categorie:

- i *collegamenti smontabili*.
- i *collegamenti fissi*.

- I **collegamenti smontabili** sono ottenuti mediante l'utilizzo di viti di serraggio, o con sistemi di chiavette (lavorano sulle teste per attrito) e linguette (lavorano sui fianchi) che consentono il montaggio e lo smontaggio dei componenti.

- I **collegamenti fissi** sono le giunzioni che non consentono lo smontaggio, tipiche giunzioni fisse sono rappresentate dalle giunzioni saldate oppure ottenute con l'incollaggio di parti.

La **figura C1.19a** mostra il collegamento mediante bullonatura di una parte della struttura della sospensione della motrice Stralis –Iveco; la **figura C1.19b** mostra il collegamento mediante chiavetta di una corona dentata con l'albero di trasmissione.

(a)

(b)

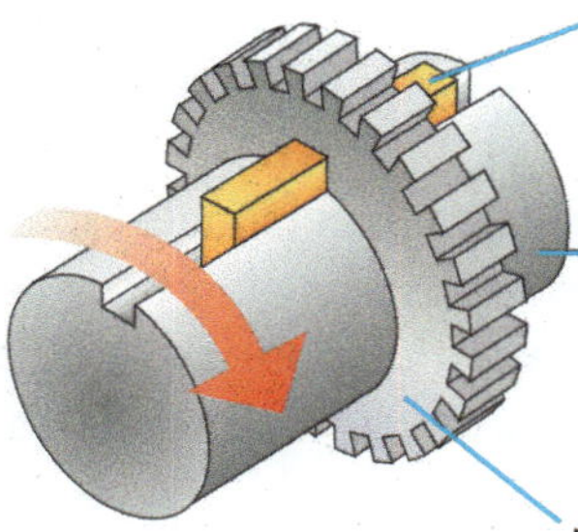

C1.19 a) Esempio di applicazione delle viti di serraggio (Stralis - Iveco). b) Applicazione di una chiavetta per una giunzione smontabile.

La **figura C1.20** mostra la realizzazione di un particolare mediante saldatura.

C1.20 Particolare saldato.

La **figura C1.21** mostra una linea automatica per la realizzazione di porte tamburate ottenute mediante l'incollaggio di pannelli in legno.

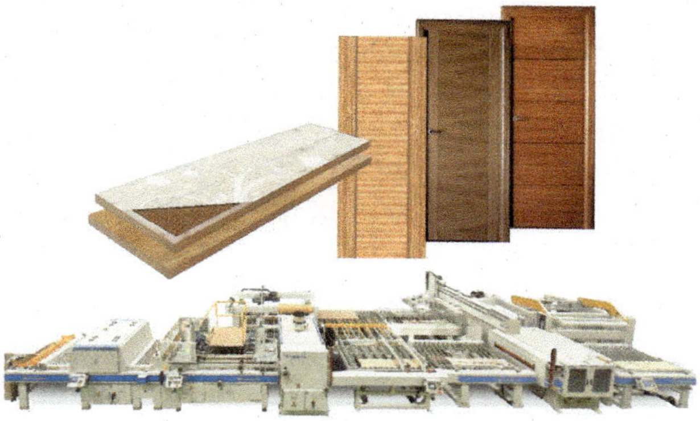

C1.21 Linea produzione porte tamburate (Barberan).

Uso degli attrezzi

Per agevolare il lavoro del manutentore esistono particolari attrezzi che sono stati progettati e costruiti per operazioni ben definite, pertanto è importante conoscerne a fondo le funzionalità e le modalità di utilizzo al fine di impiegare l'attrezzatura in modo corretto, evitando così di danneggiare i particolari da montare o smontare.

È molto importante dunque, prima di utilizzare qualunque attrezzo, leggere le istruzioni riportate nel manuale che correda l'attrezzatura. Per i manutentori che utilizzano per la prima volta un attrezzo, si consiglia di provare a operare su particolari simili in disuso, in modo da riuscire ad acquisire la manualità e la tecnica da adottare.

La **figura C1.22** illustra un esempio di utilizzo di un estrattore per cuscinetti.

C1.22 Esempio di utilizzo di un estrattore per cuscinetti.

Nei casi per esempio di lavorazioni in serie su particolari che devono rispettare l'indicazione di intercambiabilità, esistono in commercio attrezzature standard che consentono di posizionare gli oggetti da lavorare rispettando la corretta posizione. Queste attrezzature sono definite **piastre di centraggio**.

Le piastre di centraggio possiedono una serie di fori con distanze prestabilite e consentono l'inserimento di perni di riferimento sui quali viene appoggiato il particolare da lavorare, in modo da mantenere un posizionamento fisso dell'elemento da lavorare |fig. C1.23|.

C1.23 Piastra di centraggio.

Questa tecnica è utilizzata in vari campi ed esistono attrezzature di posizionamento per pezzi micro, come nel settore dell'orologeria, ma anche per particolari più grandi, come per esempio nel campo industriale dell'*automotive* |fig. C1.24|.

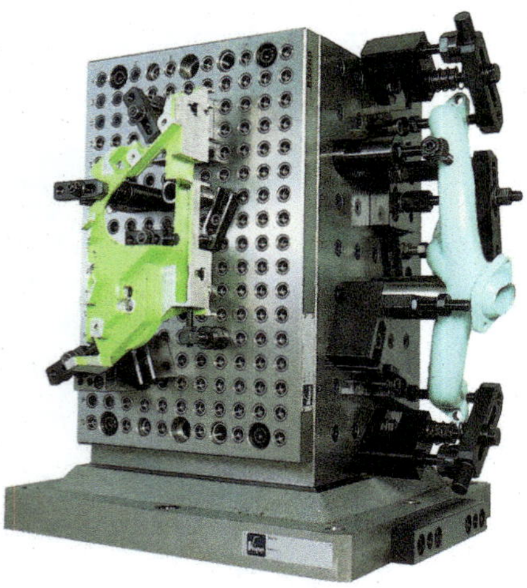

C1.24 Piastra di centraggio multifaccia.

Spesso il tecnico manutentore utilizza degli elettroutensili: il più comune è il **trapano elettrico**.

La figura C1.25 rappresenta un tipico trapano elettrico, utilizzato per esempio quando occorre effettuare piccoli fori di servizio per poter fissare una staffa di sostegno su un macchinario esistente.
L'utilizzo del trapano elettrico manuale, così come altri attrezzi elettrici che portano in rotazione elementi che potrebbero provocare danni, vanno utilizzati da personale esperto, mettendo in atto tutte le misure di sicurezza del caso.

C1.25 Trapano elettrico manuale.

Per effettuare operazioni in ambito manutentivo (per realizzare ad esempio semplici attrezzature di supporto), a volte è necessario utilizzare elementi fissati mediante saldatura.

L'operazione di **saldatura** ad arco elettrico è la tecnica utilizzata nella carpenteria metallica per unire fra di loro, in maniera fissa, particolari principalmente in ferro.

La saldatura deve essere fatta da personale esperto secondo le procedure specifiche. La figura C1.26 mostra l'operazione di saldatura a filo continuo di una piastrina di appoggio per una struttura di supporto.

C1.26 Saldatura a filo continuo di una piastrina di appoggio.

Durante le operazioni di manutenzione spesso è necessario eliminare tracce di sporco dalle parti che si devono assemblare, oppure cercare di pulire zone poco accessibili. In tal caso il tecnico manutentore utilizza particolari *pistole di soffiaggio* alimentate da aria compressa.

Prima di utilizzare le pistole di soffiaggio è bene accertarsi di aver indossato tutti i mezzi protettivi, come gli occhiali antinfortunistici per evitare che particelle spinte dall'aria compressa possano colpire gli occhi, e che nelle vicinanze non vi siano altre attrezzature o persone che potrebbero essere investite dal getto d'aria o dalle particelle da essa trasportate. La **figura C1.27** mostra una tipica pistola di soffiaggio, mentre nella **figura C1.28** è illustrata un'operazione di soffiaggio tipica della pulitura di un particolare meccanico.

C1.27 Pistola di soffiaggio.

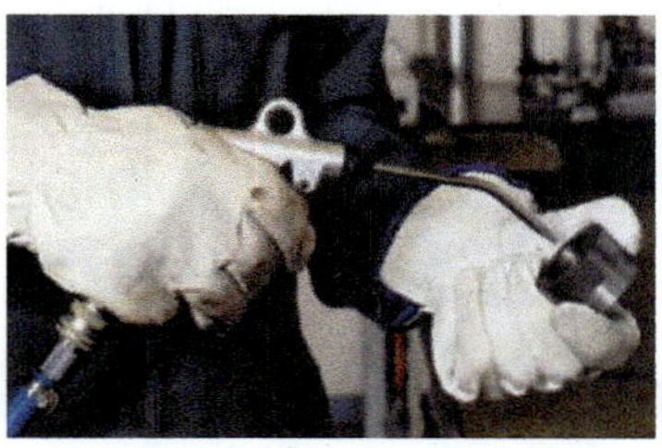

C1.28 Operazione di pulitura mediante soffiaggio di aria compressa.

Durante le operazioni di manutenzione, a volte, può essere necessario realizzare dei *fori filettati*; questi sono ottenuti mediante foratura con un trapano, su cui è montata un'opportuna punta, il cui diametro è funzione del tipo di foro filettato da realizzare (per esempio in Meccanica, per eseguire un foro filettato M6, bisogna forare con una punta avente diametro 5,2 mm). Dopo la foratura, per poter ottenere la filettatura si utilizzano utensili detti *maschi* **|fig. C1.29a|** che, mediante un'operazione manuale di filettatura con un opportuno *giramaschi* **|fig. C1.29b|**, creano la filettature.

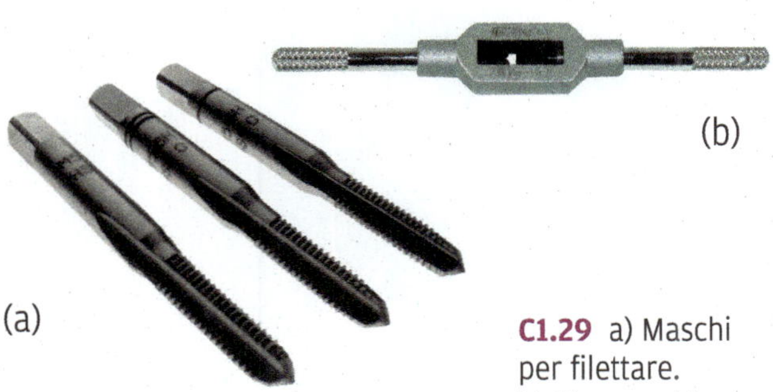

C1.29 a) Maschi per filettare.
b) Giramaschi.

Inserendo il maschio nel giramaschi e operando in modo da ruotare opportunamente l'attrezzo si ottiene la filettatura nel foro **|fig. C1.30|**.

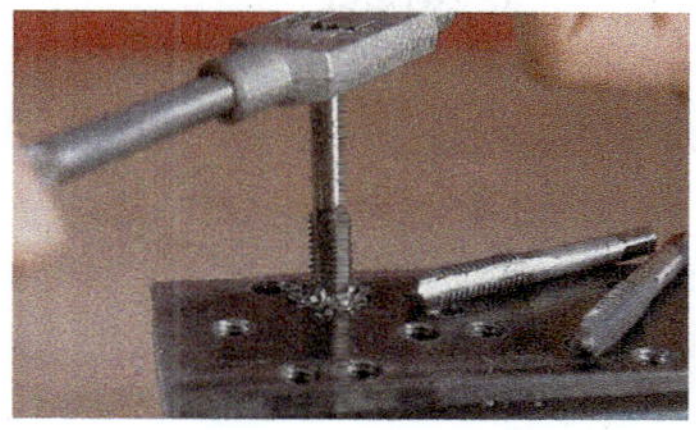

C1.30 Operazione di filettatura manuale.

Uso di attrezzature per il serraggio

Un attrezzo di particolare importanza che si usa nei sistemi di serraggio controllato è la **chiave dinamometrica**. La **figura C1.31** illustra una chiave dinamometrica digitale.

C1.31 Chiave dinamometrica digitale.

La **figura C1.32** mostra lo schema di serraggio di un bullone; come si può notare, la forza applicata dalla mano, in direzione perpendicolare al braccio della chiave, determina la coppia di serraggio, che si traduce in una forza di serraggio fra le piastre da bloccare e, conseguentemente, si crea una tensione che sollecita la vite a trazione. La chiave dinamometrica è proprio quello strumento che consente di stringere la vite fino al valore desiderato di tensione.

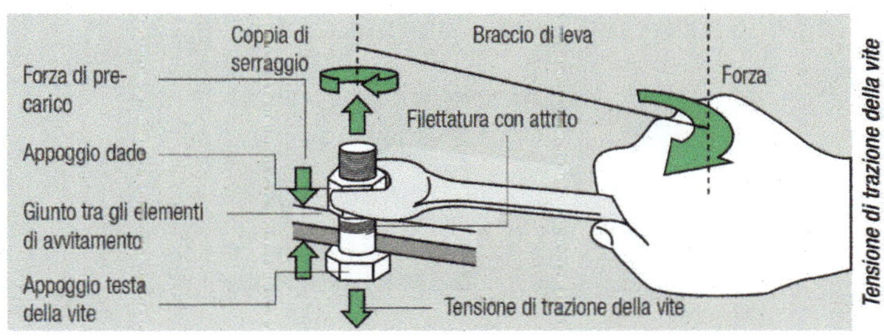

C1.32 Schema di serraggio di un bullone.

La **figura C1.33** mostra l'utilizzo della chiave dinamometrica in campo automobilistico.

C1.33 Applicazione di una chiave dinamometrica.

Esistono **sistemi di serraggio rapido** a leva che, mediante il *principio a ginocchiera*, garantiscono un ottimo serraggio. La **figura C1.34** mostra una serie di sistemi di serraggio rapido. La leva di bloccaggio del pezzo si apre e si chiude velocemente, liberando il piano di lavoro, così da poter mettere e togliere facilmente il pezzo da lavorare. Nella posizione di chiusura, per la cinematica con cui è costruita, il serraggio è irreversibile.

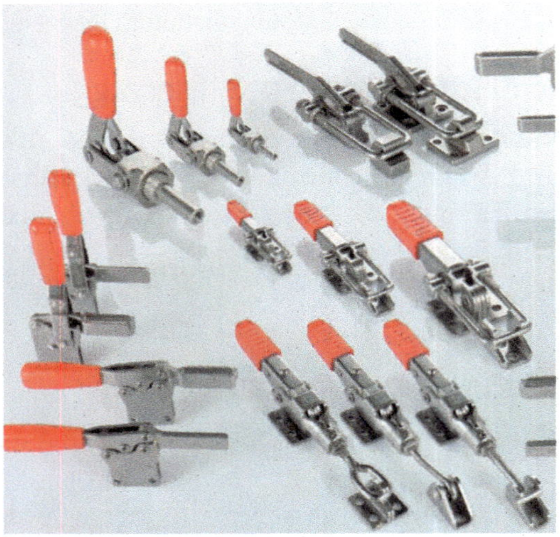

C1.34 Sistemi di serraggio rapido (Speedy Block).

I sistemi di serraggio rapido sono molto utilizzati nell'industria, hanno un costo contenuto e sono facili da utilizzare. La **figura C1.35** mostra l'utilizzo del sistema Speedy Block su un attrezzo per il bloccaggio in più punti di pezzi con grandi dimensione **|fig. C1.35a|** e su un attrezzo di bloccaggio di particolari singoli che devono subire una lavorazione meccanica **|fig. C1.35b|**.

(a)

(b)

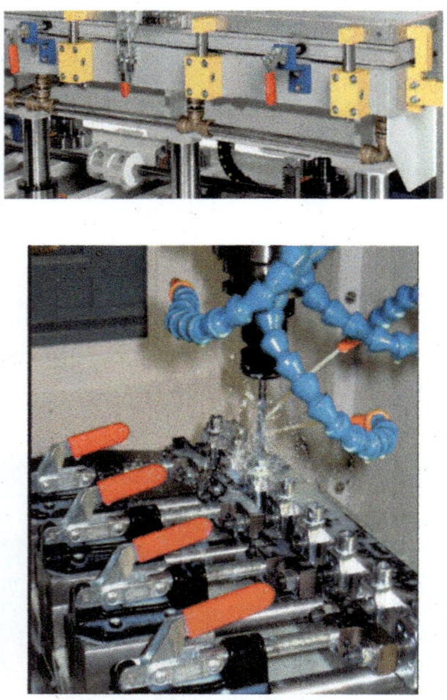

C1.35 Applicazione del serraggio rapido (Speedy Block): a) serraggio multiplo di pezzi grandi; b) serraggio di singoli pezzi.

Altri sistemi di serraggio dei pezzi su cui fare delle operazioni di manutenzione sono rappresentati dalle **morse**.
Di norma, esse vengono classificate in:

- morse di serraggio per lavorazioni manuali;
- morse di serraggio per lavorazioni meccaniche.

Le morse di serraggio per operazioni manuali sono le tradizionali *morse da banco* **|fig. C1.36|**.

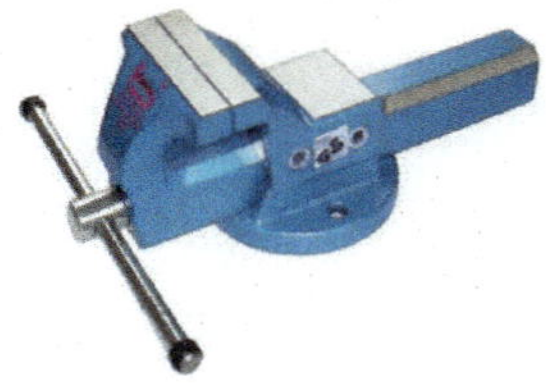

C1.36 Morsa da banco.

La **figura C1.37** illustra le morse di serraggio per lavorazioni meccaniche alle macchine utensili **|fig. C1.37a|** e le morse per lavorazioni meccaniche autocentranti **|fig. C1.37b, c|**.

(a)

(b)

(c)

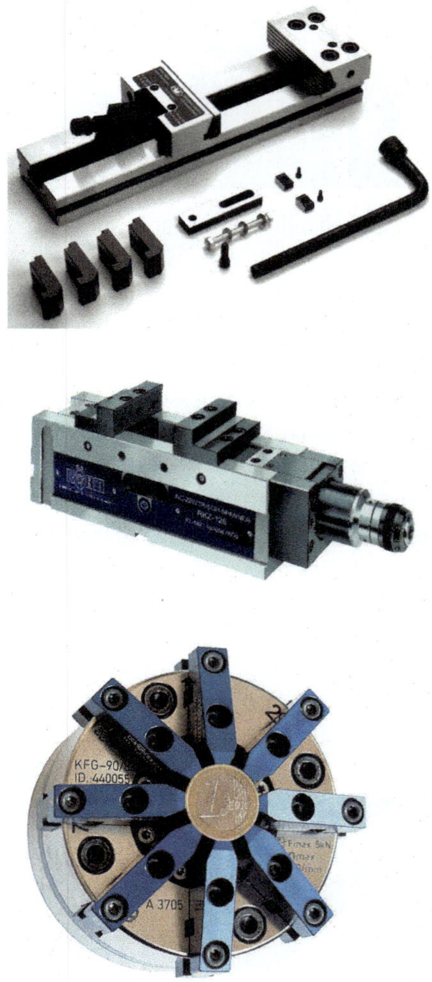

C1.37 a) Morse per lavorazioni meccaniche. b-c) Morse per lavorazioni meccaniche autocentranti.

Esistono altri tipi di morse per applicazioni speciali come quella a 90° |fig. C1.38|.

C1.38 Morsa a 90°.

C1.3 Lubrificazione

Tipi di lubrificazione

La maggior parte delle macchine e degli impianti è costituita da organi meccanici in movimento, poiché tutte le superfici metalliche, anche quelle a bassa rugosità, presentano una finitura che, vista al microscopio, evidenzia una serie di picchi e valli che, se vengono fatte scorrere fra loro, generano il fenomeno dell'**usura**. Per limitare questo fenomeno è opportuno utilizzare un mezzo lubrificante. Una buona **lubrificazione** fra superfici che scorrono con moto relativo consente, infatti, notevoli vantaggi come:

- attenuare il fenomeno dell'usura;
- diminuire la potenza installata;
- diminuire il consumo energetico;
- limitare il fenomeno della corrosione;
- evitare i grippaggi.

Lubrificare equivale a interporre tra le superfici uno strato di **lubrificante** (olio o grasso), in modo tale da impedire che esse striscino direttamente l'una contro l'altra, evitando quindi il contatto metallico tra di esse.

Olio lubrificante

L'**olio lubrificante** è costituito da una *base* e da *additivi*, entrambi finalizzati per specifiche applicazioni, per avere più elevate caratteristiche di lubrificazione.
Le *basi* si distinguono principalmente in *minerali*, *idrogenate* e *sintetiche*.
Le **basi minerali** si ottengono direttamente dalla raffinazione del petrolio; le **basi idrogenate** sono formate da composti minerali trattati con idrogeno in presenza di un catalizzatore; le **basi sintetiche** sono composti chimici studiati su misura al fine di ottenere molecole che presentino proprietà chimiche e fisiche prestabilite.
L'olio, oltre a garantire un'adeguata lubrificazione, consente una valida protezione delle superfici metalliche nei confronti della corrosione e contribuisce a mantenere puliti i componenti con i quali entra in contatto, depositando nei filtri le impurità che raccoglie durante il suo ciclo.
Nei motori automobilistici, dove si adottano sistemi di lubrificazione con circolazione di olio in pressione, l'olio lubrificante contribuisce in misura considerevole al raffreddamento degli organi motore. Proprio per questo motivo, la quantità di olio che viene fatta circolare all'interno del motore stesso è notevolmente più alta di quella che sarebbe necessaria ai fini della sola lubrificazione. La figura C1.39 rappresenta l'utilizzo dell'olio per lubrificare organi meccanici. Un altro tipo di olio è quello cosiddetto al silicone, che si presta per molteplici utilizzi.

C1.39 Olio lubrificante di organi meccanici.

Grasso lubrificante

Il **grasso lubrificante** è un prodotto che può essere in forma solida o semifluida ed è costituito da un agente "ispessente" che viene immesso nell'olio lubrificante in modo tale che, aggiungendo particolari additivi, lo si rende più adatto a specifiche applicazioni. Molte applicazioni meccaniche, infatti, utilizzano il grasso come lubrificante, per esempio i cuscinetti a rotolamento.
La figura C1.40 mostra l'operazione di ingrassaggio di un cuscinetto a sfere. Il grasso lubrificante viene principalmente impiegato quando vi sono problemi di tenuta e, soprattutto, quando ci sono forti pressioni tra gli organi in movimento.

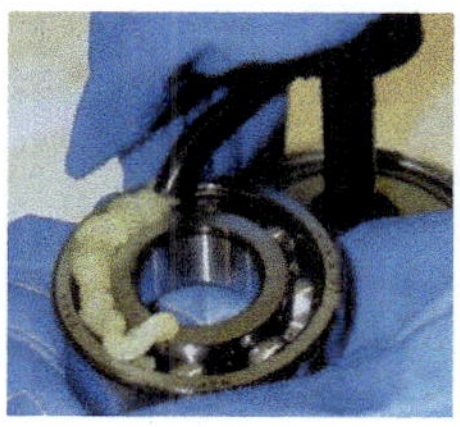

C1.40 Lubrificazione di un cuscinetto a sfere.

Procedure di lubrificazione

La maggior parte degli organi meccanici in movimento relativo necessitano di una adeguata lubrificazione. Esistono in commercio vari tipi di oli e grassi lubrificanti, che meglio si adattano alle specifiche applicazioni, pertanto il tecnico manutentore laddove è previsto l'utilizzo di un lubrificante, deve saper utilizzare quello più adatto.

La **figura C1.41** mostra le maglie di una catena per bicicletta e gli ingranaggi di un grande riduttore che devono essere opportunamente lubrificati.

(a)

(b)

C1.41 a) Maglie di una catena per bicicletta. b) Ingranaggi di un riduttore di grandi dimensioni.

I principali sistemi di lubrificazione utilizzati nell'industria possono essere:

- il sistema di lubrificazione manuale;
- il sistema di lubrificazione a immersione;
- il sistema di lubrificazione in parallelo;
- il sistema di lubrificazione progressivo;
- il sistema di lubrificazione mediante nebulizzazione.

Sistema di lubrificazione manuale

Il **sistema di lubrificazione manuale** è un'operazione che spesso viene eseguita dal manutentore e consiste nel mettere un'adeguata quantità di lubrificante mediante oliatori. Essi, grazie alla pressione manuale su una leva, mediante un apposito beccuccio, erogano la quantità di lubrificante necessario.

La **figura C1.42** illustra una serie di oliatori e ingrassatori manuali.

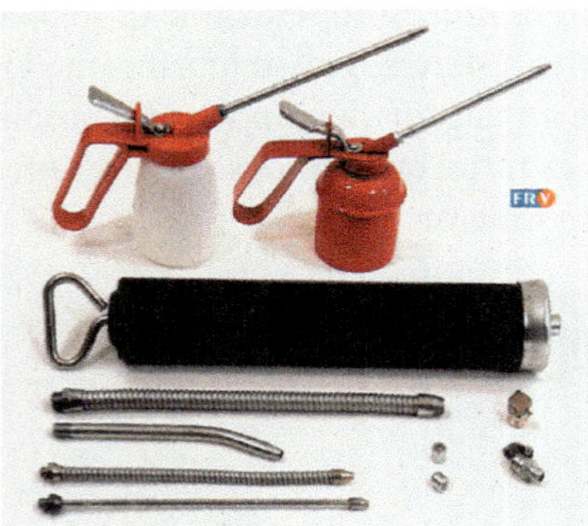

C1.42 Serie di oliatori e ingrassatori manuali.

Sistema di lubrificazione a immersione

Il **sistema di lubrificazione a immersione** è utilizzato molto nei riduttori a ingranaggi per impegni poco gravosi quali nastri trasportatori e azionamenti a bassa potenza. Le ruote dentate sono circondate da un carter contenente olio che viene mantenuto a un certo livello, in modo che tutte le ruote del riduttore e i relativi cuscinetti vi siano immersi parzialmente.

Il moto di rotazione degli alberi e l'uso di oli molto densi fanno sì che l'olio sia trascinato in rotazione dalle ruote dentate e le mantenga lubrificate. Questo sistema è adatto per moti continui e intermittenti a velocità moderate, mentre non è indicato per moti alternativi o per elevate velocità di rotazione dove la forza centrifuga tenderebbe ad allontanare l'olio dalle superfici da lubrificare.

La **figura C1.43** mostra l'esempio di un riduttore a ingranaggi con lubrificazione a immersione.

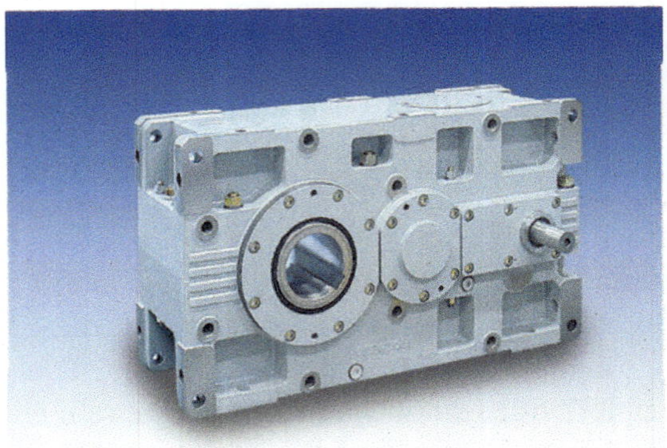

C1.43 Riduttore a ingranaggi (Bonfiglioli).

Sistema di lubrificazione in parallelo

Il **sistema di lubrificazione in parallelo** si basa su un impianto costituito da una pompa che viene attivata da un sistema di comando programmabile e porta in pressione il lubrificante nel circuito, dove le valvole dosatrici tarate per la quantità di lubrificante da rilasciare erogano contemporaneamente il lubrificante.
Il circuito di lubrificazione in parallelo, nel caso in cui un dosatore andasse in blocco, consentirebbe agli altri erogatori di funzionare.

La **figura C1.44** mostra l'esempio di una centralina di lubrificazione.

C1.44 Centralina di lubrificazione (ILC).

La **figura C1.45** mostra lo schema di un sistema di lubrificazione in parallelo.

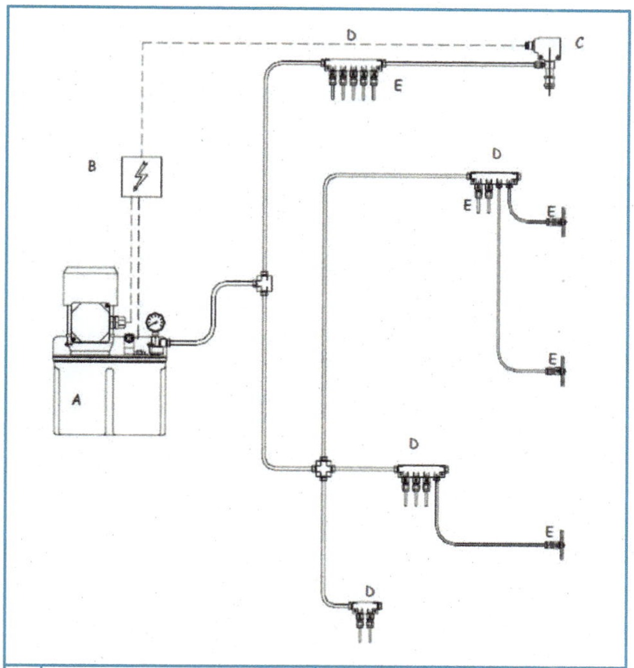

A	ELETTROPOMPA MPT	MPT ELECTRIC PUMP
B	UNITÀ DI CONTROLLO O PLC	ELECTRONIC CARD OR PCL
C	PRESSOSTATO	PRESSURE SWITCH
D	VALVOLE DOSATRICI	VOLUMETRIC METERING UNITS
E	DISTRIBUTORI	MANIFOLD

C1.45 Schema di un sistema di lubrificazione in parallelo.

La **figura C1.46** mostra l'applicazione di un sistema di lubrificazione aria – olio che parallelamente lubrifica due differenti organi meccanici.

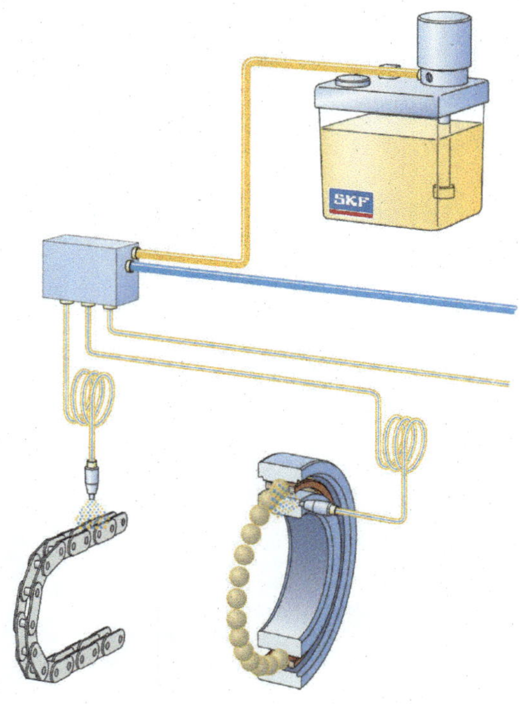

C1.46 Schema di un sistema di lubrificazione aria - olio.

La **figura C1.47** mostra parte di un sistema di lubrificazione in parallelo impiegato su una macchina utensile **|fig. C1.48|**: esso viene attivato dall'operatore azionando la leva, che consente di mettere in pressione l'olio fino a farlo arrivare nei punti dove necessita la lubrificazione.

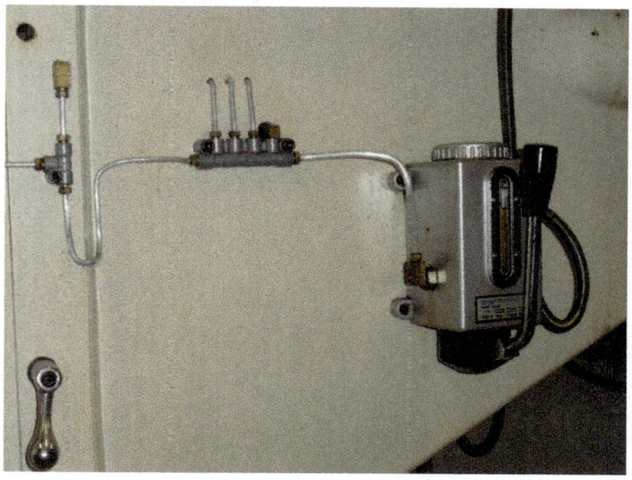

C1.47 Parte di un impianto di lubrificazione in parallelo.

C1.48 Macchina utensile con impianto di lubrificazione in parallelo (Fresatrice Chevalier).

Sistema di lubrificazione progressivo

Il **sistema di lubrificazione progressivo** si basa su un impianto costituito da una pompa che porta in pressione il lubrificante erogato da un distributore che, in successione, consente l'erogazione nei vari punti.

La quantità di lubrificante da erogare è determinata dalla taratura di ciascun elemento del distributore. Poiché il sistema progressivo ha un funzionamento in successione, se anche solo un elemento distributore andasse in blocco, il ciclo verrebbe automaticamente interrotto. La **figura C1.49** mostra lo schema di un impianto di lubrificazione progressivo.

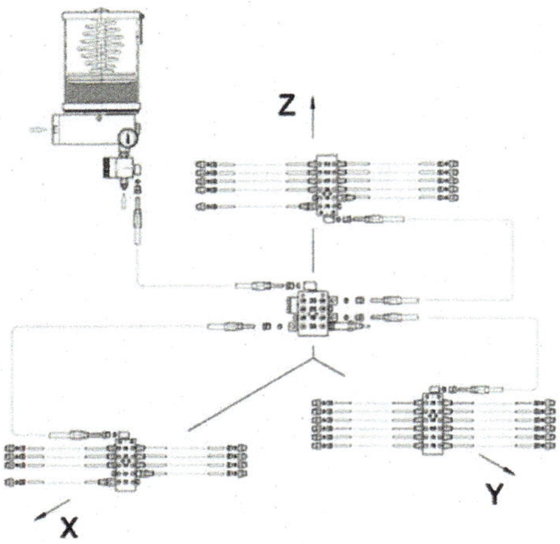

C1.49 Schema di un impianto di lubrificazione progressivo.

La **figura C1.50** mostra lo sviluppo di un circuito di lubrificazione progressivo.

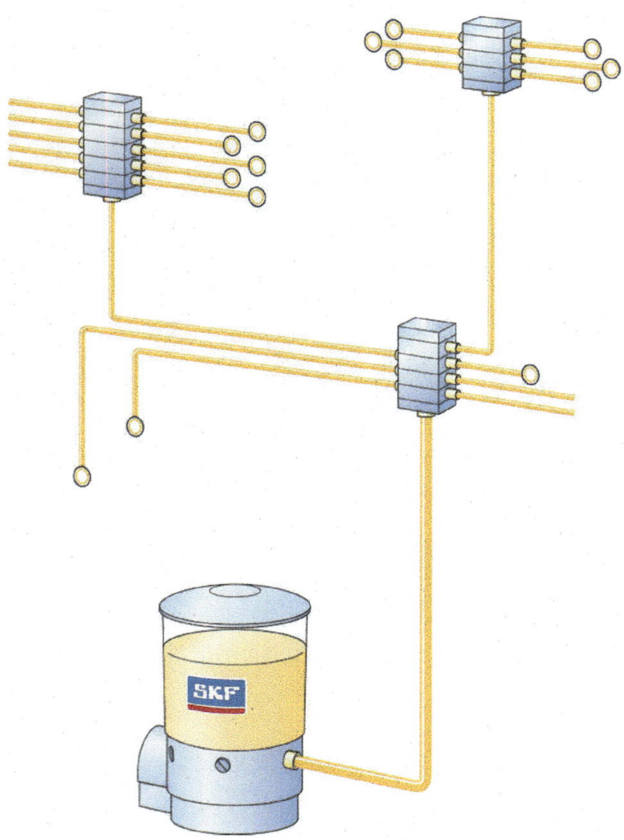

C1.50 Esempio di sviluppo di un circuito di lubrificazione progressivo.

La **figura C1.51** mostra l'esempio di un gruppo di distribuzione progressivo; viene mostrato un sensore elettrico per verificare la funzionalità del ciclo di lubrificazione.

C1.51 Gruppo di distribuzione progressivo.

La **figura C1.52** mostra parte dell'impianto di lubrificazione di un moderno centro di lavoro a controllo numerico, in cui la lubrificazione agli assi di movimento è garantita da un impianto di lubrificazione progressivo.

C1.52 Schema di un impianto di lubrificazione progressivo (Fidia HS664).

La **figura C1.53** mostra un moderno impianto di fresatura ad alta velocità con cinque assi continui di lavoro.

C1.53 Impianto di fresatura ad alta velocità (Fidia HS664).

Sistema di lubrificazione per nebulizzazione

In alcuni casi, il lubrificante che viene rilasciato dai dosatori in piccole quantità è investito da un flusso di aria che lo nebulizza, formando cosi una "nebbia" di olio – aria, trasportata ai punti da lubrificare mediante l'utilizzo dell'aria compressa.
Il **sistema di lubrificazione per nebulizzazione** è usato nelle applicazioni in cui occorrono piccole quantità di lubrificante e dove le velocità relative degli organi rotanti sono molto elevate, per cui una eccessiva quantità di lubrificante renderebbe più difficoltoso il movimento creando turbolenze, con la conseguente frenatura idrodinamica.

La lubrificazione mediante nebulizzazione si utilizza spesso per lubrificare i cuscinetti dei mandrini ad alta velocità. È bene ricordare che l'effetto dell'aria in cui sono contenute le goccioline d'olio svolge anche un'azione di raffreddamento degli organi.
La figura C1.54 mostra un elettromandrino per fresatura ad alta velocità con impianto di lubrificazione per i cuscinetti.

C1.54 Elettromandrino per fresatura ad alta velocità (UKF).

C1.4 Adesivi e sigillanti

Tipologie differenti

La necessità di dover unire o sigillare tra di loro uno o più pezzi ha consentito, gradualmente, di sviluppare tipologie differenti di *adesivi* e *sigillanti* in base alle necessità e alle diverse applicazioni.

Gli **adesivi**, denominati anche **colle**, collegano in maniera strutturale due o più parti, non consentono movimenti relativi fra i pezzi rendendo la giunzione rigida.

I **sigillanti**, invece, tengono uniti i pezzi, permettendo piccoli spostamenti, senza pericolo di distacco o fessurazioni, e spesso vengono utilizzati per sigillare fra loro tubi e raccordi filettati.

Adesivi e sigillanti possono essere considerati come ponti fra elementi, anche di diverso materiale, che devono essere uniti. In una giunzione unita con un adesivo o un sigillante, quello che è particolarmente importante considerare è la **resistenza meccanica** che il giunto presenta. Essa infatti è data dalla *resistenza per adesione* e dalla *resistenza per coesione*.

La **resistenza per adesione** rappresenta la tensione fra l'adesivo e il materiale di base, e viene determinata dalle forze intermolecolari definite **forze di Van der Waals**; poiché la forza di adesione è legata al contatto con la superficie, è importante che questa sia opportunamente pulita o trattata con speciali prodotti per avere il massimo contatto fra adesivo e superficie. La parte di superficie interessata dall'adesivo viene definita *superficie bagnata*.

La **resistenza per coesione** rappresenta la tensione interna dell'adesivo ed è legata alle forze intermolecolari e a quelle fra i legami molecolari dei polimeri.

La figura C1.55 mostra schematicamente il legame per adesione fra la superficie del materiale da incollare e l'adesivo, e il legame per coesione fra le molecole dell'adesivo.

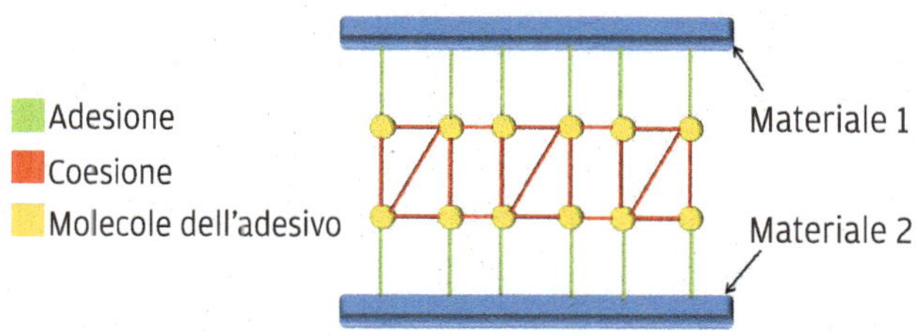

C1.55 Schema dei legami di un giunto incollato.

Nel caso di una giunzione incollata in modo ottimale, deve risultare che la resistenza per adesione e quella per coesione siano paragonabili; se così non fosse, la resistenza della giunzione sarebbe quella minore fra la resistenza per adesione e quella di coesione. La maggior parte degli adesivi sono polimeri i quali, mediante le reazioni chimiche che avvengono nel **processo di polimerizzazione**, passano dallo stato liquido allo stato solido e creano giunzioni rigide.
In funzione delle proprietà e del processo di polimerizzazione, gli adesivi e i sigillanti vengono classificati in varie tipologie, di seguito esposte.

- *Reazione anaerobica*: sono prodotti che polimerizzano a temperatura ambiente e in assenza di ossigeno, mettendo in contatto fra di loro i due pezzi di metallo da incollare con l'adesivo interposto.
- *Esposizione alla luce ultravioletta*: la luce ultravioletta (UV) innesca la polimerizzazione e la durata

dipende dall'intensità e dalla lunghezza d'onda. Si utilizza per incollare fra di loro materiali come vetro – vetro, plastiche trasparenti, metallo – vetro.

- *Reazione anionica*: i cianoacrilati sono prodotti che polimerizzano con l'ausilio dell'umidità relativa dell'aria, la quale inibisce lo stabilizzatore dell'adesivo innescando la reazione di polimerizzazione che avviene in modo ideale se l'umidità è compresa fra il 40% e il 60%. Viene utilizzato principalmente per materie plastiche e metallo – metallo.

La **figura C1.56** mostra un tipico prodotto cianoacrilico, usato principalmente per incollaggi rapidi fra diverse tipologie di materiali.

C1.56 Flacone di colla cianoacrilica (Super Attak - Loctite).

- *Reazione con attivatore*: sono adesivi che polimerizzano a temperatura ambiente con l'ausilio di un attivatore. A seconda del tipo di prodotto, l'adesivo e l'attivatore possono essere miscelati prima dell'applicazione e poi spalmati, altri invece possono essere applicati separatamente. Vengono spesso impiegati per incollaggi strutturali come ad esempio l'incollaggio di parti di piccole imbarcazioni.

La **figura C1.57** mostra una pistola dosatrice per l'applicazione di adesivi bicomponenti.

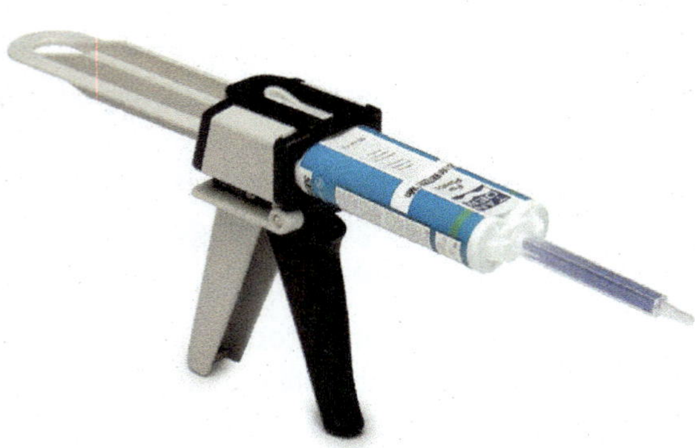

C1.57 Esempio di pistola dosatrice per l'applicazione di adesivi bicomponenti.

- *Polimerizzazione per effetto dell'umidità*: questi particolari adesivi polimerizzano utilizzando le molecole di acqua presenti nell'aria per creare la struttura adesiva. È buona norma che la dimensione del cordone di adesivo non superi i 15 mm, per consentire la diffusione completa delle molecole d'acqua in tutto lo strato adesivo. Questi prodotti presentano una buona resistenza alle temperature (fino a circa 250 °C) e sono largamente utilizzati per la sigillatura di parti in tutti i settori industriali e per il "fai da te".

La **figura C1.58** mostra l'applicazione del silicone per una sigillatura.

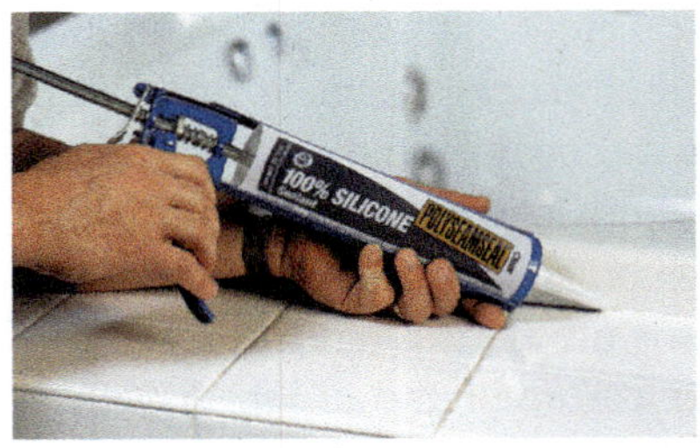

C1.58 Esempio di applicazione del silicone.

- *Polimerizzazione a caldo*: sono adesivi che polimerizzano per effetto del calore; la temperatura di polimerizzazione dipende dal tipo di indurente, mentre il tempo di indurimento dipende anche dalla temperatura, poiché più la temperatura (in relazione al tipo di prodotto) è alta, più velocemente avviene l'indurimento dell'adesivo. Questi adesivi sono molto utilizzati nel settore elettronico per incollare i chip sui circuiti stampati.

La **figura C1.59** mostra lo schema di incollaggio di un CHIP (*Consolidated Highly Integrated Processor*) ovvero "Processore Consolidato Altamente Integrato", sul circuito stampato PCB (*Print, Circuit. Board*).

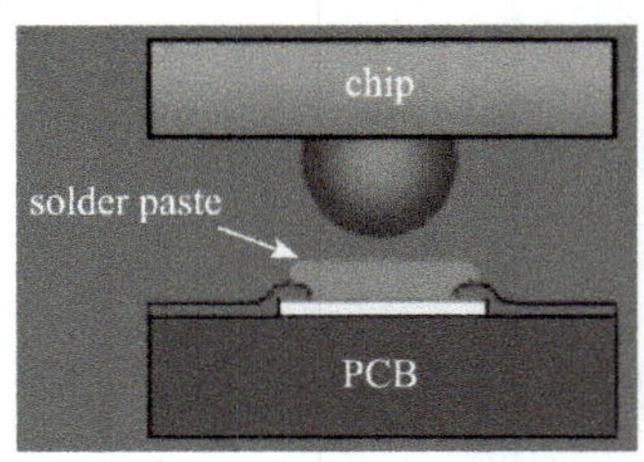

C1.59 Circuito stampato con chip.

La **figura C1.60** mostra un circuito stampato su cui sono fissati i chip.

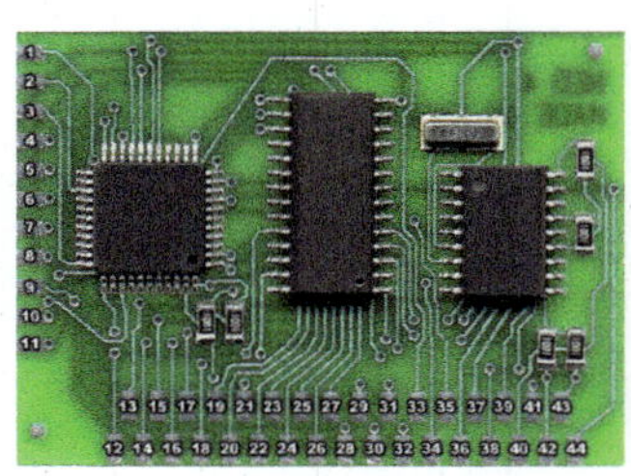

C1.60 Circuito stampato con chip incollati.

Procedure di utilizzo degli adesivi e dei sigillanti

L'uso degli adesivi e dei sigillanti oggi copre un gran numero di applicazioni che, rispetto ad altri metodi più tradizionali, presentano grandi vantaggi. La deposizione del cordone di sigillante, o adesivo, può essere fatto tramite un processo manuale oppure automatizzato. Le procedure per la deposizione degli adesivi seguono principalmente alcune fasi fondamentali:

- comprendere, dalla relativa documentazione, il corretto modo di procedere, avendo cura di rispettare le indicazioni legate all'utilizzo in sicurezza dell'adesivo; l'utilizzatore deve proteggersi (con guanti, occhiali) da un eventuale contatto o inalazione dei prodotti nocivi durante tutta la fase di incollaggio;
- preparare i lembi da incollare predisponendo le superfici ad avere la più ampia zona per l'incollaggio;
- pulire accuratamente le superfici;
- applicare un prodotto specifico (*primer*) per meglio far aderire l'adesivo ai pezzi da incollare;
- stendere il velo di adesivo;
- attendere il tempo necessario per la polimerizzazione, in funzione del tipo dell'adesivo affinché la giunzione abbia le caratteristiche desiderate.

Di seguito sono riportate le principali applicazioni che gli adesivi e sigillanti possono realizzare.

Frenatura di parti filettate

Un sistema semplice, ma molto efficace, per contrastare lo svitamento, dovuto per esempio a vibrazioni della struttura, è quello di depositare dell'adesivo sui filetti delle viti. La **figura. C1.61** mostra la deposizione dell'adesivo sulle parti filettate per creare un effetto di frenatura e limitare lo svitamento.

Sigillatura di raccordi filettati

La **figura C1.62a** mostra l'applicazione di un sigilla raccordi anaerobico, che polimerizza in assenza di aria ed è adatto per qualsiasi raccordo in metallo.

La **figura. C1.62b** mostra l'applicazione di un sigillante siliconico che polimerizza a temperatura ambiente, reagendo all'umidità ambientale, ed è adatto per raccordi in plastica oppure metallo – plastica.

La **figura. C1.62c** mostra l'applicazione di un filo sigilla raccordi multifibra che non indurisce, adatto per sigillare impianti in cui vi siano, acqua, gas e la maggior parte degli oli industriali. Questo sigillante è ottimo per tubazioni in plastica e di metallo.

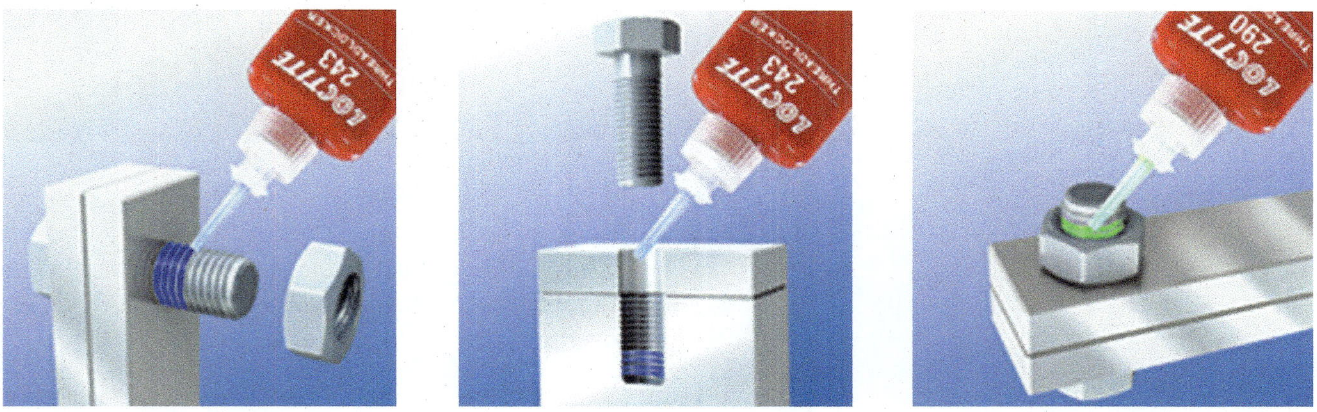

C1.61 Deposizione dell'adesivo sulle parti filettate.

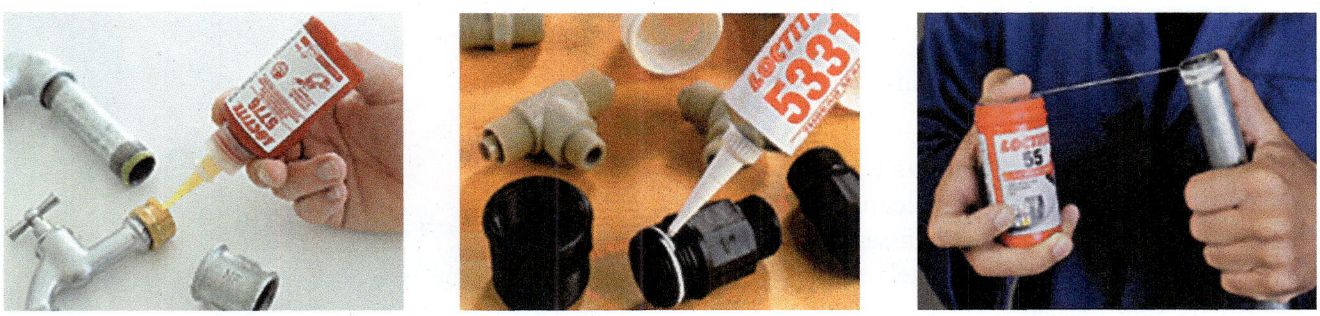

(a) (b) (c)

C1.62 a) Applicazione di un sigilla raccordi anaerobico. b) Applicazione di un sigillante siliconico. c) Applicazione di un filo sigilla raccordi multifibra.

Sigillatura di parti piane

Per poter ottenere una sigillatura fra due parti, la guarnizione viene realizzata applicando un cordone di sigillante liquido. Dopo il montaggio delle due parti; il sigillante si distribuisce fra una flangia e l'altra colmando tutti i giochi (rugosità superficiale e imperfezioni) e consentendo il perfetto contatto tra le due facce. Esso polimerizza e si trasforma in una guarnizione di lunga durata, incollata a entrambe le superfici della flangia. La **figura. C1.63** mostra la deposizione di un cordone di sigillante per la chiusura ermetica di un carter di protezione.

C1.63 Schema dei legami di un giunto incollato.

Incollaggio strutturale

Molte applicazioni necessitano di avere la parti collegate rigidamente fra di loro; a tal fine esistono una serie di *adesivi strutturali* che consentono collegamenti rigidi fra le parti.
La **figura. C1.64** mostra la realizzazione di una moderna scala per interni con l'incollaggio delle lastre di vetro alla struttura.

C1.64 Struttura incollata.

Fanno parte degli adesivi strutturali i prodotti di seguito esposti.

- **Adesivi epossidici**: sono utilizzati per il collegamento rigido fra le parti e, in alcuni casi, sono in grado di sostituire veri e propri fissaggi meccanici; vengono impiegati moltissimo nel settore automobilistico e aerospaziale.
- **Adesivi acrilici**: sono utilizzati anch'essi per il collegamento rigido fra le parti, ma per impieghi meno impegnativi di quelli degli adesivi epossidici.
- **Adesivi al silicone**: consentono un incollaggio abbastanza flessibile, rispetto agli adesivi epossidici e acrilici presentano una buona resistenza alle alte temperature e vengono utilizzati per la loro capacità di assorbire e compensare elasticamente gli stress meccanici dovuti a forze dinamiche; hanno buona capacità di assorbire differenti dilatazioni termiche fra i materiali incollati.

Sistemi automatici di deposizione degli adesivi

Molti adesivi sono utilizzati per realizzare diversi generi di consumo, pertanto sono impiegati nell'industria in impianti automatici di linee di incollaggio e sigillatura.
La **figura. C1.65** mostra una linea automatica per l'incollaggio di parti di calzature.

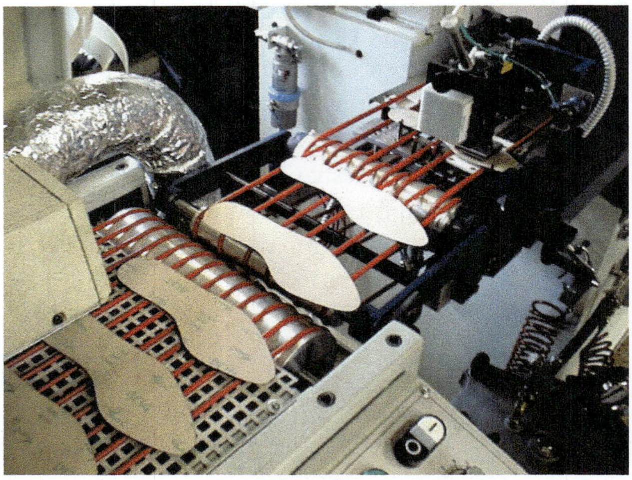

C1.65 Linea di incollaggio per parti di calzature.

La **figura. C1.66** mostra una stazione robotizzata per il montaggio mediante incollaggio di vetri di un'autovettura.

C1.66 Linea robotizzata per l'incollaggio (Comau).

C1.5 Assemblaggio di apparecchi per la trasmissione e la trasformazione del moto

Procedure

L'attività del manutentore è principalmente quella di dover smontare, rimontare o regolare il funzionamento di attrezzature e macchinari |fig. C1.67|.
Per poter effettuare in sicurezza queste operazioni, il manutentore deve prendere in considerazione:

- l'ambiente in cui deve operare (per esempio tenendo conto dei rischi specifici come ad esempio: *rischio elettrico*, rumori, esplosioni o radiazioni ionizzanti ecc.);
- il tipo di componente da montare o sostituire e il suo funzionamento;
- le norme di sicurezza generali e specifiche;
- l'utilizzo dei dispositivi di protezione individuale (DPI);
- gli utensili e le attrezzature da impiegare;
- fasi di montaggio dei particolari;
- la verifica di funzionalità dopo il montaggio;
- la gestione dei rifiuti dopo l'intervento (oli, particolari usurati, materiali inquinanti);
- la compilazione dei documenti tecnici a supporto dell'intervento effettuato.

C1.67 Manutenzione attrezzature e macchinari.

Poiché i sistemi meccanici sono molteplici non è possibile avere un'unica procedura generale, pertanto il manutentore deve attenersi alle procedure stabilite dal costruttore e alle norme generali sulla manutenzione dei componenti. Nel caso non sia possibile avere una documentazione in merito alle operazioni di montaggio e smontaggio dei particolari, il manutentore esperto dovrà elaborare un piano di lavoro che gli consenta di poter intervenire correttamente sul sistema tenendo conto dell'ambiente circostante e dei rischi specifici. In ogni caso e per ogni operazione di manutenzione, è fondamentale fare riferimento alla normativa di sicurezza sugli interventi manutentivi (riferimenti normative vigenti, tra cui il DLgs 81-2008 "Sicurezza sul lavoro" e la norma UNI 11420 "Qualifica del personale di manutenzione").

Esempio di assemblaggio

Di seguito viene riportato un esempio di procedura per l'assemblaggio di un componente meccanico seguendo i punti della procedura generale.

L'ambiente in cui opera il manutentore

Il montaggio del riduttore deve essere effettuato in un azienda A.T.S. Automazione srl, che progetta e costruisce macchine automatiche per l'assemblaggio dei particolari per l'*automotive*. Valutati i rischi specifici con il responsabile della sicurezza e dedotto che è possibile operare in sicurezza, si procede alla successiva fase.

Il tipo di componente da montare o sostituire e il suo funzionamento

Il manutentore monta sull'impianto in costruzione un riduttore a vite senza fine su una tavola girevole.

La figura C1.68 mostra la tavola girevole alla quale è accoppiato il motoriduttore per consentire la rotazione del disco portapezzi, dotato di albero di trasmissione con la linguetta di trascinamento posizionata.

C1.68 Tavola girevole.

La figura C1.69 mostra il motoriduttore che deve essere montato alla tavola tramite la flangia di attacco usufruendo di apposite viti.

C1.69 Motoriduttore e viti.

Le norme di sicurezza generali e specifiche

Per questo tipo di montaggio, le norme di sicurezza sono quelle generali.
Per quanto riguarda i rischi specifici è importante, prima di iniziare a operare, verificare che non vi siano dispositivi elettrici sotto tensione e organi in movimento che potrebbero generare pericolo per il manutentore, che deve effettuare il montaggio del motoriduttore.

L'utilizzo dei dispositivi di protezione individuale (DPI)

Nel caso specifico del montaggio di un motoriduttore, fra i dispositivi di protezione individuale richiesti, il manutentore deve indossare le calzature antinfortunistiche.

Gli utensili e le attrezzature da impiegare

Il montaggio del motoriduttore necessita almeno di chiavi di manovra per avvitare i bulloni del motoriduttore alla tavola rotante.
La **figura C1.70** mostra le attrezzature minime, come la chiave di manovra per bulloni a testa esagonale.
Si evidenziano anche i bulloni con rosetta antisvitamento montata.

C1.70 Chiave di manovra e viti di serraggio.

Il montaggio dei particolari

Come prima operazione vengono inserite le viti nelle loro sedi **|fig. C1.71|**.

C1.71 Posizionamento delle viti.

In seguito si infila la campana del riduttore con la sede linguetta posizionata in modo da consentire l'infilaggio del riduttore sull'albero della tavola **|fig. C1.72|**.

C1.72 Infilaggio del motoriduttore.

Con la flangia del riduttore accoppiata alla flangia della tavola si avvitano manualmente le viti **|fig. C1.73|**.

C1.73 Serraggio manuale delle viti.

Si effettua il serraggio delle viti con la chiave di manovra, chiudendo leggermente tutte le viti in modo incrociato per avere un buon adattamento delle superfici di chiusura. Successivamente si stringono i bulloni fino al loro completo serraggio **|fig. C1.74|**.

C1.74 Serraggio delle viti con la chiave di manovra.

La verifica di funzionalità dopo il montaggio

A montaggio avvenuto, se possibile è bene fare alcune prove di funzionalità a vuoto |fig. C1.75|.

C1.75 Riduttore montato sulla tavola.

La gestione dei rifiuti dopo l'intervento (oli, particolari usurati, materiali inquinanti)

Nel montaggio del motoriduttore, ciò che deve essere principalmente smaltito sono gli imballi, e poiché non vi sono rifiuti tossici o inquinanti, il manutentore non deve fare altro che depositare negli appositi punti di raccolta i materiali da smaltire.

La compilazione dei documenti tecnici a supporto dell'intervento effettuato

Terminata l'operazione di montaggio, verificata la funzionalità, ordinate le attrezzature ed effettuata la pulizia del posto in cui si è operato, normalmente deve essere compilata un'opportuna documentazione, che evidenzia l'avvenuto corretto montaggio del motoriduttore, e consegnata al responsabile dell'impianto.

Esempio di assemblaggio: procedura per la sostituzione del cuscinetto di un motoriduttore

A titolo di esempio, viene indicata la **procedura per la sostituzione di un cuscinetto difettoso**.

Sul banco prova costituito da un motoriduttore Bonfiglioli si riscontra un'elevata rumorosità e un eccessivo surriscaldamento di una delle due parti laterali.

Si ritiene che il malfunzionamento rilevato possa essere dovuto a qualche problema legato al cuscinetto montato sull'albero di uscita del riduttore.
La figura C1.76 mostra il banco con motoriduttore sul quale intervenire per la sostituzione del cuscinetto difettoso.

C1.76 Motoriduttore (Bonfiglioli).

L'ambiente in cui si deve operare

La sostituzione del cuscinetto difettoso viene effettuata nel laboratorio della Scuola Camerana di Torino. Valutati i rischi specifici con il responsabile della sicurezza e dedotto che è possibile operare, si procede alle successive fasi.

Il tipo di componente da montare o sostituire e il suo funzionamento

L'operazione che il manutentore deve effettuare è sostituire il cuscinetto difettoso che sostiene l'albero di uscita su cui è calettata la ruota dentata.
Prima di effettuare la manovra è importante consultare la documentazione fornita dal costruttore, per individuare la tipologia di cuscinetto e averlo disponibile.

Le norme di sicurezza generali e specifiche

Per questo tipo di montaggio le norme di sicurezza sono quelle generali.
Per quanto riguarda i rischi specifici è importante, prima di iniziare a operare, verificare che non vi siano dispositivi elettrici sotto tensione e organi in movimento che potrebbero generare pericolo per il manutentore.
In questo caso il rischio specifico è rappresentato dall'alimentazione elettrica, per cui è fondamentale provvedere a mettere in sicurezza il gruppo su cui il manutentore deve intervenire, sganciando la presa elettrica del motore dalla linea di alimentazione.

L'utilizzo dei dispositivi di protezione individuale (DPI)

Per poter effettuare in sicurezza le operazione relative all'intervento proposto servono i tradizionali DPI, come indumenti da lavoro, scarpe antinfortunistiche, guanti di protezione per oli.

Gli utensili e le attrezzature da impiegare

L'operazione di smontaggio e rimontaggio del gruppo motoriduttore necessita di una serie di attrezzature di base |fig. C1.77| e il relativo banco di lavoro.

C1.77 Cassetta degli attrezzi di base.

Sono inoltre necessari alcuni attrezzi specifici per l'estrazione e il montaggio del cuscinetto quali:

- l'estrattore;
- la boccola piantaggio cuscinetto;
- il tampone di centraggio per l'appoggio estrattore.

La figura C1.78 mostra un esempio di attrezzatura base e specifica per lo smontaggio e il rimontaggio del cuscinetto.

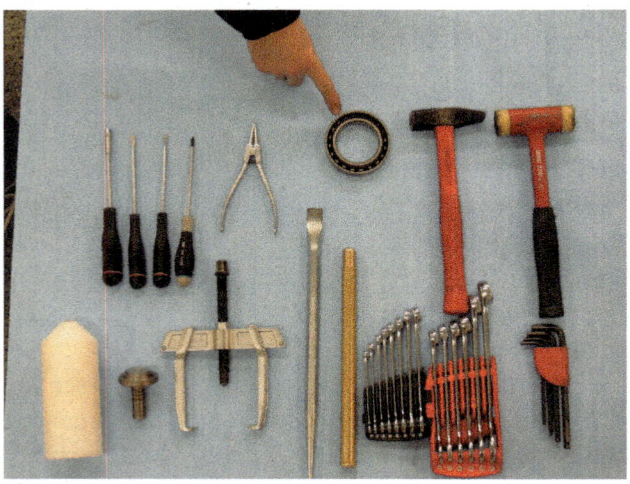

C1.78 Attrezzatura di base e specifica.

La messa in sicurezza: sgancio elettrico della rete di alimentazione

La prima operazione consiste nel mettere in sicurezza dal cosiddetto **rischio elettrico** il banco prova su cui effettuare la manutenzione del cuscinetto. La figura C1.79 mostra il collegamento con la rete elettrica.

C1.79 Collegamento elettrico del banco prova alla linea di alimentazione.

La figura C1.80 mostra l'operazione di sgancio della spina dalla linea elettrica, al fine di evitare il rischio elettrico durante l'operazione di manutenzione.

C1.80 Sgancio dell'alimentazione elettrica.

La figura C1.81 mostra l'operazione di svitamento delle viti che tengono fissato il motore al riduttore.
La figura C1.82 mostra l'operazione che si effettua per indicare la posizione corretta del particolare che deve essere smontato: con un apposito pennarello indelebile si traccia un segno di riferimento fra i due particolari che devono essere smontati. Ciò consente di poter facilmente rimontare in un secondo tempo i particolari nella loro esatta posizione.

C1.81 Svitamento delle viti.

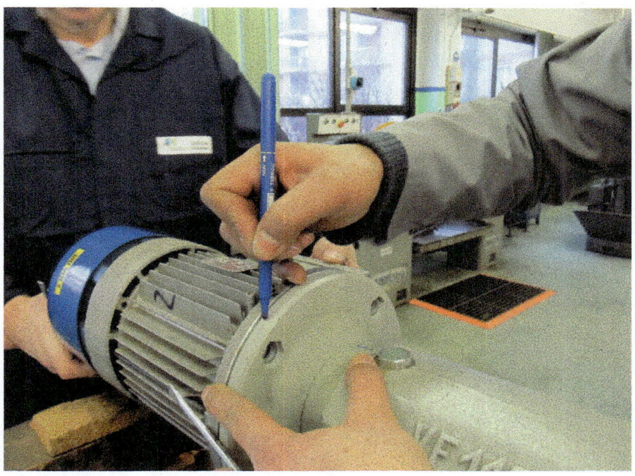

C1.82 Indicazione di posizionamento.

La **figura C1.83a** mostra l'operazione di stacco del motore dalla flangia del riduttore, facendo leva con opportuni attrezzi o anche con adatti cacciaviti inseriti nelle apposite fessure sulla flangia del riduttore.
Nella **figura C1.83b** è illustrata la fase di distacco del motore dal riduttore.
La **figura C1.83c** mostra il riduttore sul quale verrà effettuato l'intervento di manutenzione. Quando è necessario effettuare interventi manutentivi, di norma, se possibile, è consigliabile smontare i componenti che non devono essere sottoposti all'intervento (per esempio lo sgancio del motore elettrico); in questo modo è più semplice eseguire direttamente le operazioni solo sul componente interessato.

(a)

(b)

(c)

C1.83 a) Stacco del motore dal riduttore. b) Motore separato dal riduttore. c) Riduttore senza motore.

La fase successiva prevede di fare fuoriuscire l'olio lubrificante contenuto nel riduttore.
La **figura C1.84** mostra la parte inferiore del riduttore nella quale si trova il tappo di scarico dell'olio.

C1.84 Posizione del tappo dell'olio.

La **figura C1.85** mostra il tappo dell'olio dal quale fare fuoriuscire il lubrificante; questa operazione prevede di adottare alcune semplici prescrizioni, come per esempio l'utilizzo di guanti protettivi e il contenitore dell'olio, che serviranno per lo smaltimento successivo.

C1.85 Tappo dell'olio.

La **figura C1.86** mostra la fuoriuscita dell'olio, raccolto in un'apposita vaschetta.

C1.86 Fuoriuscita dell'olio.

La **figura C1.87** mostra l'operazione di svitamento del grano di posizionamento e di fissaggio del semigiunto.

C1.87 Svitamento del grano di posizionamento.

La **figura C1.88** mostra l'operazione di estrazione del semigiunto con l'utilizzo dell'estrattore.

C1.88 Applicazione dell'estrattore.

La **figura C1.89** mostra lo sfilamento del semigiunto dall'albero.

C1.89 Sfilamento del semigiunto dall'albero.

La **figura C1.90** mostra l'operazione di estrazione dell'anello elastico *seeger* che serve per tenere in posizione fissa assialmente l'albero di uscita del riduttore.

C1.90 Estrazione dell'anello elastico *seeger*.

La **figura C1.91** mostra l'operazione per sfilare l'albero: con un martello in plastica si assestano lievi colpi sulla faccia dell'albero, in modo da farlo scorrere per poterlo estrarre dalla sede.

C1.91 Estrazione dell'albero.

Per portare a termine lo sfilamento dell'albero, la **figura C1.92** mostra l'utilizzo di un apposito tondino in ottone.

C1.92 Sfilamento dell'albero con il tondino di estrazione.

La **figura C1.93** mostra l'operazione di svitamento delle viti del coperchio per raggiungere la zona dove si trova il cuscinetto da sostituire.

C1.93 Svitamento delle viti del coperchio.

La **figura C1.94** mostra l'operazione per ottenere il distacco del coperchio: sempre utilizzando il martello in plastica, si assestano lievi colpi per far ruotare leggermente e alzare il coperchio.

C1.94 Distacco del coperchio.

La **figura C1.95** mostra l'operazione di inizio di sollevamento del coperchio: può essere effettuata utilizzando apposite leve o specifici cacciaviti inseriti nel punto in cui si è generata una piccola luce, a seguito del distacco del coperchio.

C1.95 Sollevamento del coperchio.

La **figura C1.96** mostra l'operazione di apertura del riduttore con il sollevamento del coperchio di protezione.

C1.96 Apertura del riduttore.

La **figura C1.97** mostra i particolari smontati.

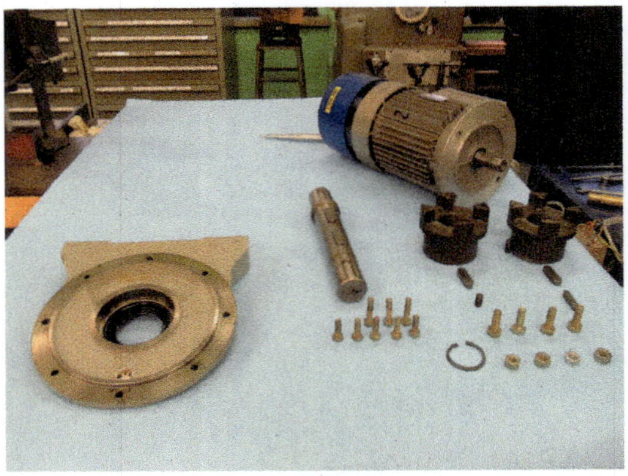

C1.97 Particolari smontati.

La **figura C1.98** mostra l'inserimento di un tampone di appoggio per l'estrattore, che viene utilizzato quando l'albero da cui si estrae il cuscinetto è cavo.

C1.98 Inserimento del tampone di appoggio per l'estrattore.

La **figura C1.99** mostra il posizionamento del tampone di supporto che consentirà di utilizzare l'estrattore.

C1.99 Posizionamento del tampone per l'estrattore.

La **figura C1.100** mostra l'utilizzo dell'estrattore per lo sfilamento del cuscinetto.

C1.100 Utilizzo dell'estrattore.

La **figura C1.101** mostra la fase finale di estrazione del cuscinetto.

C1.101 Vista del cuscinetto all'uscita dell'albero.

La **figura C1.102** mostra il cuscinetto sfilato dall'albero cavo.

C1.102 Cuscinetto estratto.

Terminata l'operazione di estrazione del cuscinetto difettoso, avendo a disposizione un nuovo cuscinetto, si procede al montaggio. Al fine di favorire l'inserimento del cuscinetto nella sua sede, tramite un oliatore a pressione |**fig. C1.103**|, è importante depositare qualche goccia di olio lubrificante sull'anello interno del cuscinetto |**fig. C1.104**|, cercando di distribuirlo manualmente su tutta la superficie dell'anello interno, fino a ottenere un sottile strato di olio.

C1.103 Oliatura dell'anello del cuscinetto.

C1.104 Gocce di olio sull'anello interno.

La **figura C1.105** mostra la fase iniziale di inserimento del cuscinetto sull'albero: l'operazione deve essere effettuata dopo aver pulito accuratamente tutti i pezzi interessati.

C1.105 Inserimento del cuscinetto.

La **figura C1.106** mostra l'utilizzo della boccola di piantaggio del cuscinetto che serve per inserire il cuscinetto nella relativa sede. La boccola di piantaggio consiste in un corpo, normalmente in plastica, con il diametro esterno pari al diametro esterno dell'anello interno del cuscinetto e con un foro interno poco più grande del diametro dell'albero su cui deve alloggiare il cuscinetto.

C1.106 Boccola di piantaggio del cuscinetto.

La **figura C1.107** mostra l'operazione di piantaggio del cuscinetto che avviene utilizzando la boccola in plastica appoggiata al cuscinetto e spinta dall'azione del martello battente.

C1.107 Piantaggio del cuscinetto.

La **figura C1.108** mostra l'operazione di piantaggio del cuscinetto completata.

C1.108 Cuscinetto piantato.

La **figura C1.109** mostra l'inserimento del coperchio di chiusura. Questa operazione deve essere preceduta dalla verifica del buono stato della guarnizione, altrimenti deve essere sostituita con una idonea.

C1.109 Inserimento del coperchio.

La **figura C1.110** mostra l'operazione manuale di utilizzo del martello, che con lievi colpi, consente l'alloggiamento del coperchio nella relativa sede.

C1.110 Alloggiamento del coperchio.

La **figura C1.111** mostra l'inserimento delle viti per la chiusura del coperchio.

C1.111 Montaggio delle viti.

La **figura C1.112** mostra la fase di chiusura delle viti per il bloccaggio del coperchio nella sua sede definitiva. Questa operazione, specialmente su particolari come flangie di dimensioni notevoli, è buona norma che venga effettuata dapprima serrando leggermente tutte le viti e, successivamente, chiudendole con forza seguendo una sequenza ben precisa, in modo che le viti andandosi a serrare, siano contrapposte. Ciò consente un migliore adattamento della flangia e della guarnizione alle loro sedi di appoggio. Per esempio, la **figura C1.112** mostra l'inizio della fase di serraggio, mentre le **figure C1.113, C1.114, C1.115** evidenziano, in successione, il metodo della chiusura delle viti contrapposte. Seguendo questa metodologia si procede a serrare tutte le altre viti.

C1.112 Chiusura della prima vite.

C1.113 Chiusura della seconda vite.

C1.114 Chiusura della terza vite.

C1.115 Chiusura della quarta vite.

La **figura C1.116** mostra una tradizionale operazione di pulizia. Nella operazioni di manutenzione è molto importante fare in modo che i pezzi, le attrezzature, gli utensili siano puliti e ordinati, proprio per evitare che inavvertitamente particolari di vario genere vengano persi oppure, ancor peggio, rimangano intrappolati nel meccanismo e diano problemi di funzionamento della macchina stessa. Un buon manutentore deve essere una persona con spiccato senso dell'ordine e deve possedere una buona metodologia operativa: questo assicura un'elevata qualità dell'operazione effettuata.

C1.116 Pulizia del foro.

La **figura C1.117** mostra la deposizione di alcune gocce di olio lubrificante che manualmente verrà spalmato almeno sull'imbocco della sede per meglio consentire l'inserimento dell'albero.

C1.117 Lubrificazione con olio della sede dell'albero.

La **figura C1.118** mostra il montaggio dell'albero nella sua sede. Prima di attuare questa operazione, devono essere montate le linguette di trascinamento, in particolar modo quella relativa alla ruota dentata che ingrana con la vite senza fine.

C1.118 Montaggio dell'albero.

La **figura C1.119** mostra il montaggio dell'anello *seeger* che mantiene in posizione assiale l'albero di trasmissione.

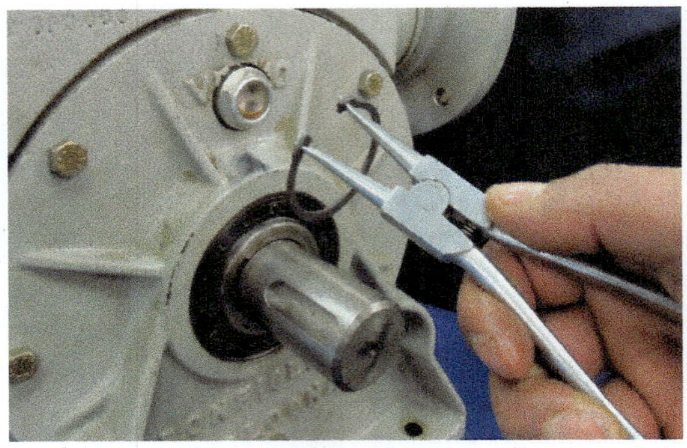

C1.119 Montaggio dell'anello *seeger*.

La **figura C1.120** mostra i due tipi di linguette da montare; quella di dimensioni maggiori va montata sull'albero di trasmissione dove si monteranno i semigiunti, mentre l'altra va posizionata sull'albero del motore elettrico. La linguetta più grande viene disposta sull'albero di uscita che, per il principio di funzionamento dei riduttori a vite senza fine, presenta un maggior momento torcente e un più basso numero di giri rispetto all'albero di ingresso in base al relativo rapporto di trasmissione.

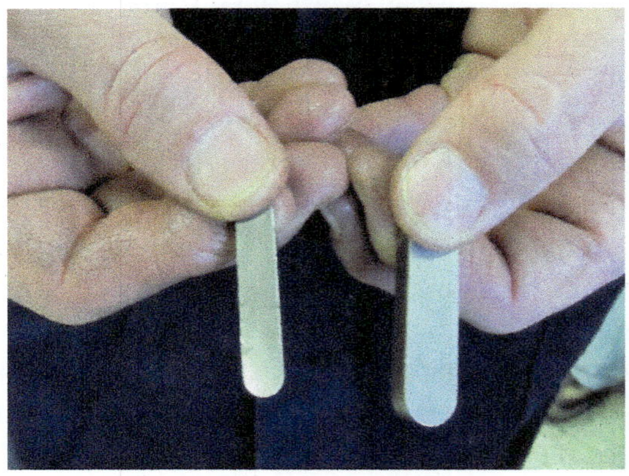

C1.120 Tipi di linguette.

La **figura C1.121** mostra le zone di alloggiamento delle linguette, l'albero di uscita e l'albero di ingresso.

C1.121 Alloggiamento delle linguette.

La **figura C1.122** mostra l'inserimento del semigiunto.

C1.122 Montaggio del semigiunto.

La **figura C1.123** mostra l'inserimento e la chiusura del grano di posizionamento del semigiunto.

C1.123 Montaggio del grano di posizionamento.

La **figura C1.124** mostra l'alloggiamento della linguetta sull'albero motore.

C1.124 Alloggiamento della linguetta sull'albero motore.

La **figura C1.125** mostra l'accoppiamento dell'albero motore al foro del riduttore.

C1.125 Fase di accoppiamento riduttore - motore.

La **figura C1.126** mostra l'accoppiamento in asse fra il riduttore a vite senza fine e il motore elettrico.

C1.126 Accoppiamento con allineamento motore - riduttore.

La **figura C1.127** mostra le viti e i dadi per il serraggio del motore sul riduttore. Dopo aver posizionato il motore rispetto al riduttore secondo l'indicazione fatta con il pennarello indelebile prima dello smontaggio, si procede alla chiusura delle viti.

C1.127 Viti e dadi per il serraggio.

La figura C1.128 mostra l'operazione di chiusura delle viti, che deve essere fatta mediante il serraggio contrapposto delle viti.

C1.128 Serraggio delle viti.

Come ultima operazione legata al montaggio vi è il riempimento del fluido lubrificante; la figura C1.129 mostra l'inserimento del tappo filettato con la guarnizione di tenuta. Successivamente si deve serrare il tappo per evitare la fuoriuscita del lubrificante.

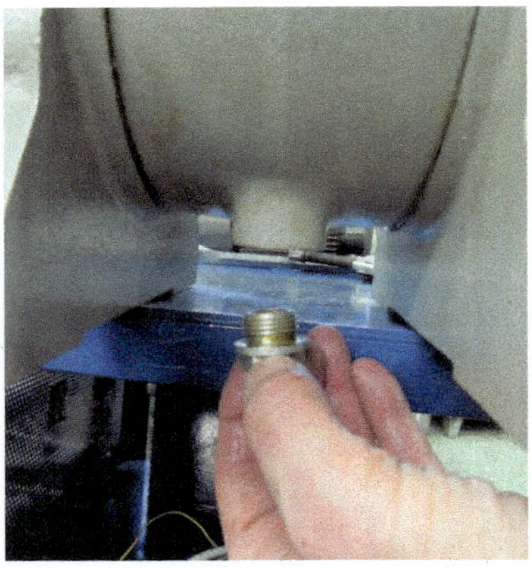

C1.129 Inserimento del tappo per l'olio.

La figura C1.130 mostra il riempimento dell'olio lubrificante adatto, secondo quanto prescritto dalla casa costruttrice.

C1.130 Riempimento con fluido lubrificante.

La figura C1.131 mostra l'indicatore del livello dell'olio. Normalmente il riempimento deve avvenire finché l'indicatore di livello mostra i 3/4 coperti dall'olio. È inutile mettere troppo lubrificante e superare il valore massimo dell'indicatore.

C1.131 Indicatore del livello dell'olio.

La figura C1.132 mostra il tappo di sfiato che permette la fuoriuscita dei vapori d'olio causati dal riscaldamento dei componenti in movimento, evitando inoltre un aumento di pressione all'interno del corpo riduttore. Il manutentore deve quindi verificare che non vi siano impedimenti allo sfiato legati allo sporco.

C1.132 Tappo per lo sfiato dei fumi.

La verifica di funzionalità dopo il montaggio

A montaggio avvenuto, è buona norma fare delle *prove di funzionalità a vuoto* per qualche breve periodo e verificare che non vi siano anomalie nel funzionamento.

La gestione dei rifiuti dopo l'intervento (oli, particolari usurati, materiali inquinanti)

Nel caso specifico della sostituzione del cuscinetto del motoriduttore, è necessario smaltire secondo le procedure aziendali previste l'olio estratto, gli imballi e gli stracci che presentano tracce di inquinanti.

La compilazione dei documenti tecnici a supporto dell'intervento effettuato

Terminata l'operazione di montaggio, verificate la funzionalità, ordinate le attrezzature ed effettuata la pulizia del posto in cui si è operato, deve essere compilata un'opportuna documentazione che evidenzi l'avvenuta sostituzione del cuscinetto del motoriduttore e poi consegnata al responsabile dell'impianto.

C1.6 Assemblaggio di generatori di potenza

Procedure

Nel campo dei **generatori di potenza**, un settore molto sviluppato è quello dell'*automotive* legato ai motori a combustione interna.

Le procedure di manutenzione, sui motori moderni sono dettate oramai in modo preciso dal costruttore, per cui la manualità che il manutentore deve avere è guidata passo passo da procedure e schede di lavoro che accompagnano tutte le fasi dell'intervento. Se il manutentore opera tenendo presente le informazioni contenute nella documentazione tecnica fornita dal costruttore, avrà la certezza di effettuare un corretto intervento.

L'integrazione sempre più forte dell'elettronica e dell'informatica nel settore dell'*automotive*, ha determinato la necessità di avere personale sempre più specializzato nel settore della manutenzione, con specifiche competenze in meccatronica.

La **figura C1.134** mostra, a titolo di esempio, una scheda relativa a una parte di procedura per la sostituzione di una cinghia di distribuzione. Nella documentazione tecnica relativa alla procedura di manutenzione, devono essere identificati i componenti, gli attrezzi e le corrette fasi dell'operazione.

Esempio di manutenzione: sostituzione della cinghia di distribuzione

Nell'ambito della manutenzione di sistemi di generatori di potenza, un'operazione di routine dei motori automobilistici è la **sostituzione della cinghia di distribuzione**.

Essa ha il compito di far ruotare, in maniera sincronizzata, l'albero motore e l'albero a camme ed, essendo un organo che compie milioni di cicli, oltre a essere soggetta a usura è anche sottoposta a fenomeni di fatica. Poiché la sua rottura comporterebbe un gravissimo danno per il motore, ogni casa costruttrice prevede comunque la sostituzione di questo componente dopo un certo numero di chilometri effettuati dall'autovettura, senza aspettare necessariamente che si verifichi una significativa usura.

A titolo di esempio, viene riportata la procedura per la sostituzione della cinghia di distribuzione di un motore con alimentazione a benzina tipo "Fire" FIAT S.p.A.

Dopo aver individuato l'esatto tipo di motore, le varie fasi e le operazioni da seguire devono essere quelle definite dalla procedura indicata dal costruttore. A tal fine, ogni costruttore mette a disposizione delle officine autorizzate una specifica documentazione tecnica a supporto dell'attività di manutenzione.

L'esempio sotto riportato mostra le fasi principali che si susseguono per la sostituzione della cinghia di distribuzione; questa operazione può essere fatta normalmente senza togliere il motore dall'autovettura.

La **figura C1.133** mostra, per maggior chiarezza espositiva, il propulsore tolto dal vano motore, indicando l'operazione preliminare di svitamento delle viti per la successiva rimozione dei carter di protezione della cinghia dentata della distribuzione.

C1.133 Svitamento delle viti per la rimozione del carter.

Contents

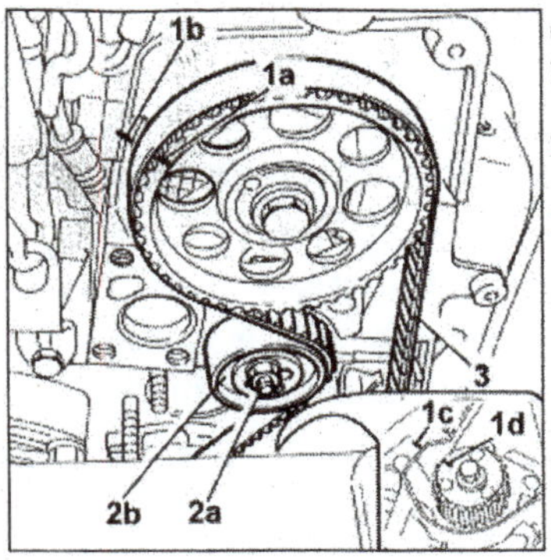

quella presente sulla testa cilindri (1b) e la tacca sulla puleggia conduttrice (1c) con il riferimento (1d) posto sul corpo della pompa olio.

2. Svitare il dado di fissaggio (2a) e allentare il tenditore (2b) mobile della distribuzione.

3. Scalzare e rimuovere la cinghia dentata distribuzione.

VALE PER LE VERSIONI CON: Motori fino a n.

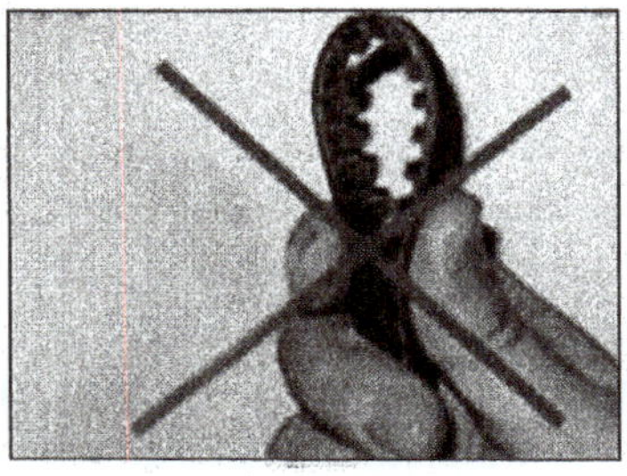

Riattacco (Stacco)

NOTA: La cinghia deve essere maneggiata e montata evitando di provocare piegature ad angolo acuto per non compromettere la struttura della cinghia stessa, in quanto le sollecitazioni indotte da una eccessiva flessione potrebbero portare al danneggiamento non visibile delle fibre interne, il che potrebbe causare la rottura prematura della cinghia durante il funzionamento del motore.

VALE PER LE VERSIONI CON: Motori fino a n.

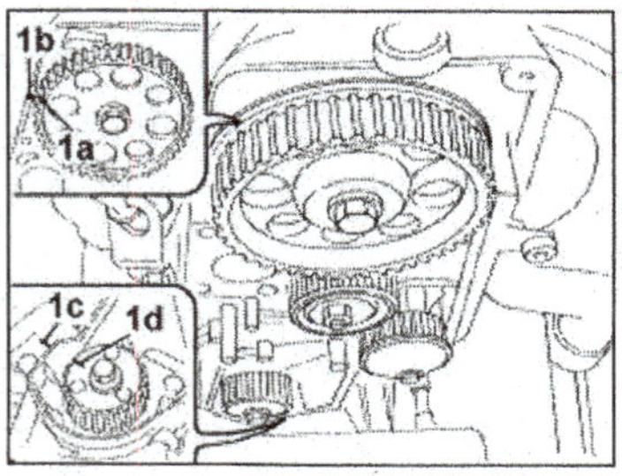

1. Prima di montare la cinghia dentata distribuzione verificare che i riferimenti siano allineati, controllando che la tacca presente sulla puleggia condotta (1a) sia allineata con quella presente sulla testa cilindri (1b) e che la tacca sulla puleggia conduttrice (1c) sia allineata con il riferimento (1d) posto sul corpo della pompa olio.

Qualora le tacche di riferimento non corrispondano agire con piccoli spostamenti sia sull'albero motore che sull'albero distribuzione, in modo tale che a fine operazione i segni coincidano.

VALE PER LE VERSIONI CON: Motori fino a n.

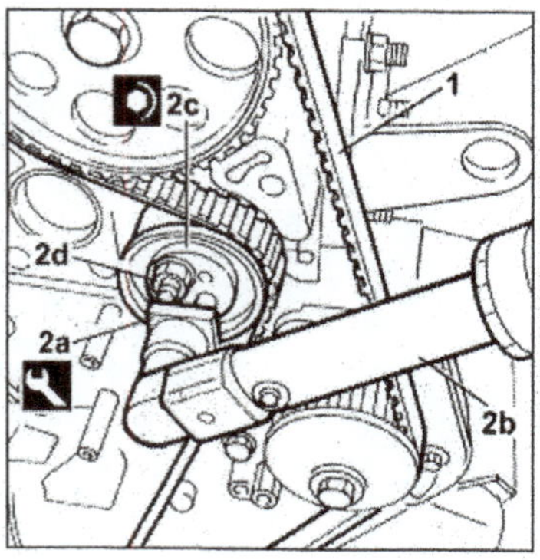

1. Calzare la cinghia dentata distribuzione in sede.

2. Posizionare l'attrezzo (2a) e con una chiave dinamometrica (2b) precaricare il tenditore mobile distribuzione (2c) e avvitare senza serrare il dado di fissaggio (2d).

	Denominazione	Codice
2a	Adattatore	

VALE PER LE VERSIONI CON: Motori fino a n.

C1.134 Esempio di una scheda di manutenzione.

La **figura C1.135** mostra lo smontaggio del carter superiore, per la protezione della cinghia di distribuzione.

C1.135 Smontaggio del carter superiore.

Nel caso in cui più organi in movimento debbano muoversi con posizioni relative ben precise, il tecnico manutentore deve individuare sui componenti i punti di riferimento che la documentazione specifica indica per la successiva messa in fase. La **figura C1.136** mostra una tacca di riferimento della puleggia dentata dell'albero a camme.

C1.136 Tacca di riferimento della puleggia dentata.

Per poter togliere la cinghia è necessario allentare la puleggia che agisce come tenditore. La **figura C1.137** mostra l'operazione per allentare il tenditore agendo con una chiave a T sul dado di serraggio del tenditore stesso.

C1.137 Sblocco del tenditore.

La **figura C1.138** mostra la cinghia smontata dal gruppo di distribuzione.

C1.138 Cinghia dentata smontata.

Prima di montare la nuova cinghia dentata devono essere messe nella corretta posizione angolare le pulegge della distribuzione.
La **figura C1.139** mostra il posizionamento relativo delle due pulegge: in alto si trova la puleggia calettata sull'albero della distribuzione, mentre in basso si trova la puleggia calettata sull'albero motore.

C1.139 Posizionamento delle pulegge.

Esse devono essere posizionate rispetto a riferimenti fissi che si trovano sulla testa cilindri e sul basamento. Sul lato opposto del motore rispetto al gruppo di distribuzione, a seguito del posizionamento delle pulegge, assume una particolare importanza la posizione del volano. Su questo componente, infatti, la tacca "1" dovrà coincidere con il riferimento sul cambio.
La **figura C1.140** mostra la posizione del volano motore.

C1.140 Posizione del volano.

Posizionate le pulegge, si procede all'inserimento della cinghia dentata, la quale deve essere calzata con cura mantenendo in posizione le pulegge dentate.
La **figura C1.141** mostra il montaggio della cinghia; la parte liscia della cinghia deve scorrere sulla puleggia tenditrice.

C1.141 Montaggio della cinghia dentata.

Dopo essere stata montata sulle pulegge, la cinghia dentata deve essere tensionata con un valore ben definito dichiarato dal costruttore; questa operazione viene effettuata con l'ausilio di una chiave dinamometrica tarata al valore richiesto. Con la chiave dinamometrica si mette in tensione la cinghia al valore desiderato e contemporaneamente, tramite la chiave a T, si serra il dato di bloccaggio del tenditore.
La **figura C1.142** mostra la messa in tensione della cinghia e il relativo bloccaggio della puleggia tenditrice.

C1.142 Tensionamento della cinghia e blocco del tenditore.

La **figura C1.143** mostra le principali attrezzature utilizzate per la sostituzione della cinghia dentata.

C1.143 Attrezzature usate per sostituire la cinghia dentata.

Esempio di manutenzione: sostituzione degli anelli sincronizzatori (Porsche 911)

A titolo di esempio viene riportata una parte della procedura per un intervento sul cambio di un'autovettura sportiva.
La **figura C1.144** mostra la *Porsche 911*, sulla quale si è verificato un problema legato alla difficoltà di innesto della 5ª e 6ª marcia; nella fase di innesto delle suddette marce si sente che il cambio "gratta". Si ritiene che questo difetto sia principalmente imputabile agli anelli sincronizzatori.

C1.144 Modello autovettura Porsche 911.

La **figura C1.145** mostra lo spaccato dell'interno vettura nel quale si evidenziano i gruppi meccanici principali, come il motore con il cambio.

C1.145 Spaccato dell'interno vettura della Porsche 911.

Per poter verificare l'effettivo problema rilevato nell'innesto della 5ª e della 6ª marcia, occorre smontare la parte del cambio e i relativi componenti per raggiungere gli anelli sincronizzatori.
Il tecnico manutentore, oltre ad avere una buona manualità operativa, deve conoscere le caratteristiche tecniche, il modo di funzionare dei componenti e anche le sollecitazioni a cui sono sottoposti.
La **figura C1.146** mostra le performance del cambio della Porsche 911: il diagramma indica che con la 5ª marcia l'autovettura arriva a una velocità massima di circa 240 km/h e con la 6ª marcia si può raggiungere una velocità prossima ai 300 km/h.
Prestazioni di questo tipo richiedono un funzionamento ottimale di tutti i componenti ed è fondamentale che al minimo rilevamento di difetto di funzionalità si intervenga per rimuovere il problema, in modo da garantire una guida in sicurezza e con un elevato comfort.

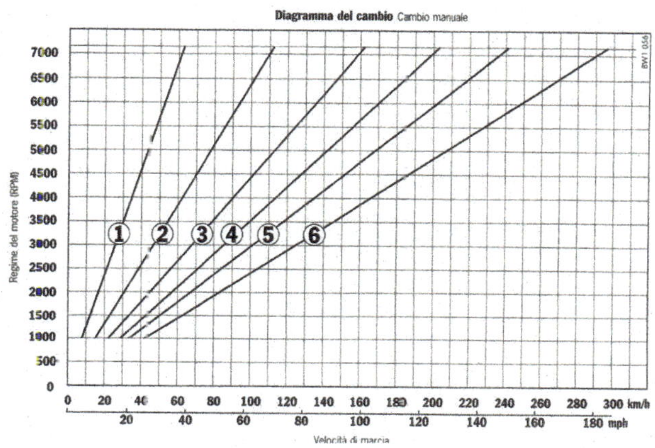

C1.146 Diagramma del cambio, modello autovettura Porsche 911.

La **figura C1.147** mostra il motore con il cambio su un banco di lavoro.

C1.147 Motore e cambio dell'autovettura Porsche 911.

Per poter portare a termine l'operazione di smontaggio dei componenti e valutare così il grado di difettosità degli anelli sincronizzatori, viene proposta parte della procedura prevista dal costruttore.

Lo schema rappresentato nella **figura C1.148** mostra gli ulteriori attrezzi che il tecnico manutentore deve utilizzare oltre alle sue attrezzature base.

La **figura C1.149** mostra lo schema dello spaccato della parte del cambio interessata; i particolari che devono essere controllati sono gli anelli sincronizzatori (11), (25) e (34).

Attrezzi

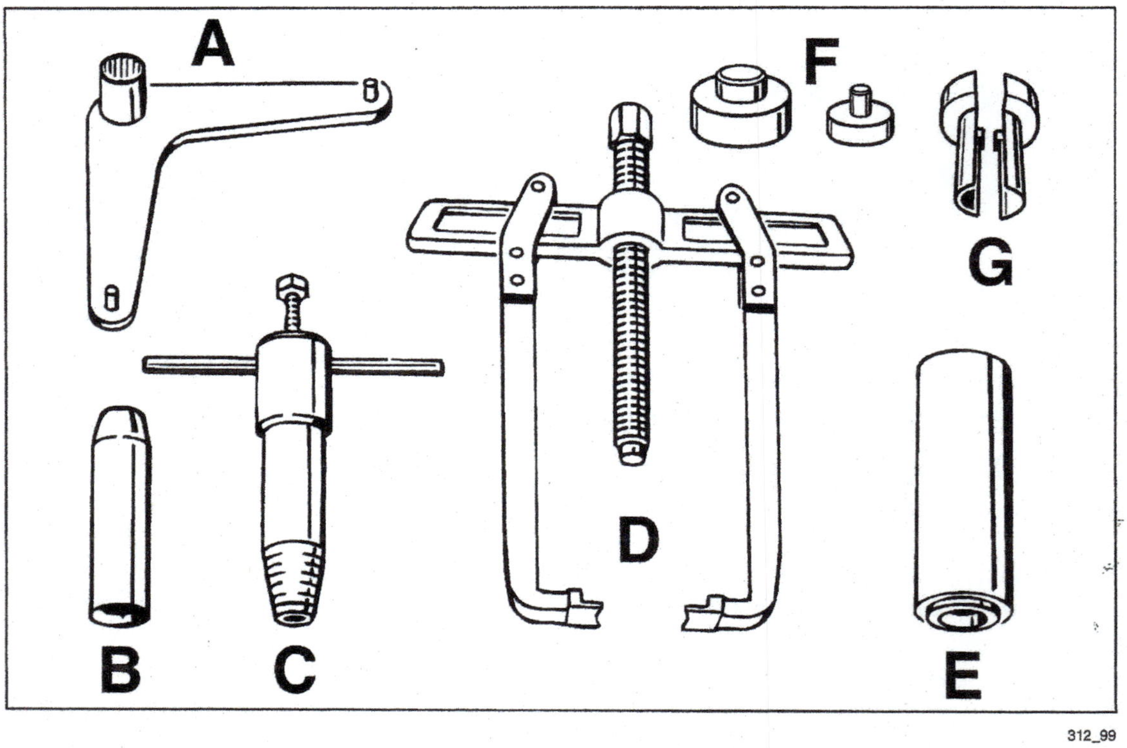

Pos.	Denominazione	Attrezzo speciale	Chiarimenti
A	Squadra di ritegno	A	
B	Manicotto	B	
C	Dispositivo di smontaggio	C	
D	Estrattore	D	con bracci dell'estrattore ....xxx.....
E	Elemento reggispinta	E	
F	Elementi reggispinta	F	
G	Semicuscinetti	G	

C1.148 Schema degli attrezzi per il manutentore.

Scomposizione e assemblaggio del cambio

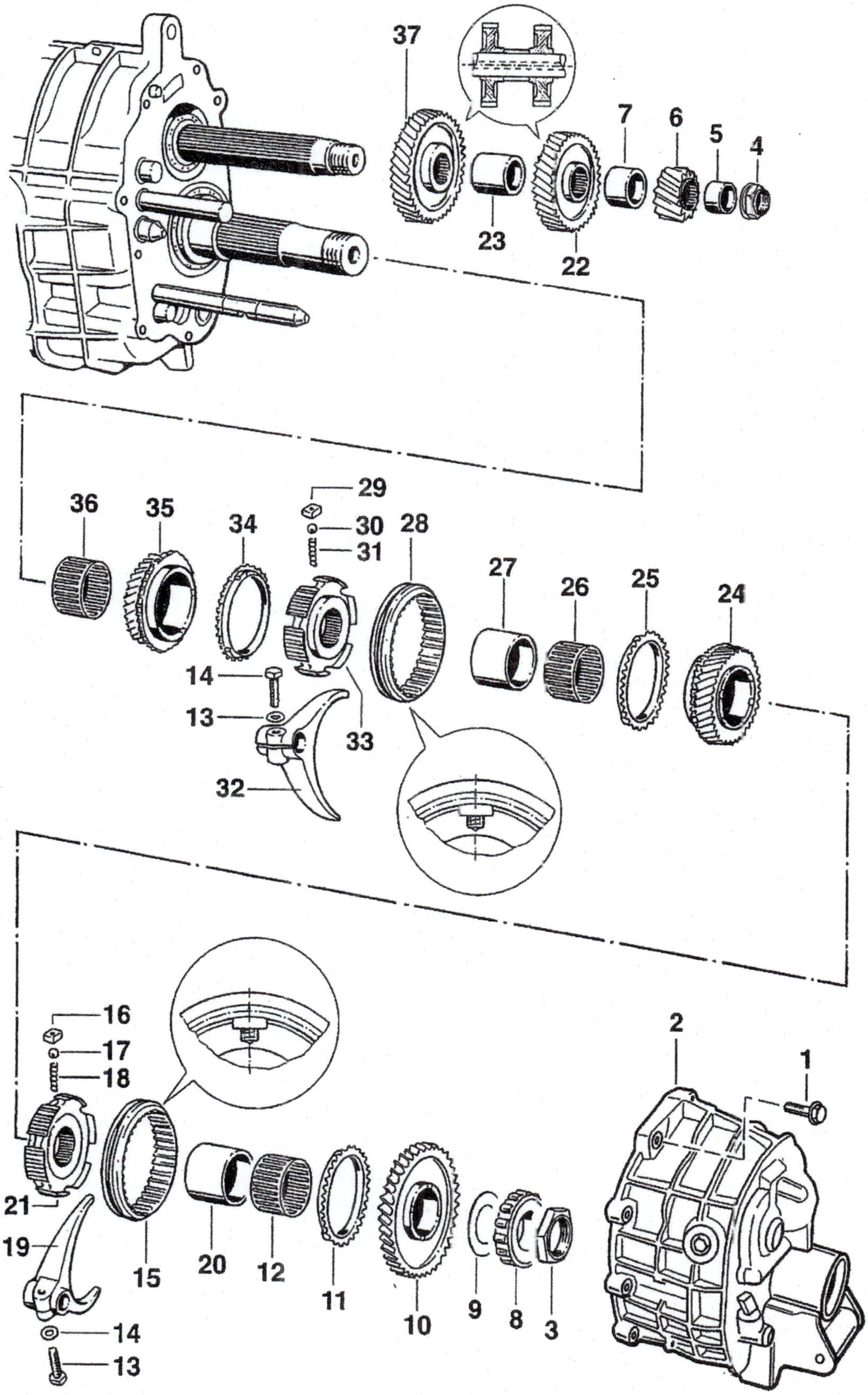

C1.149 Spaccato della scatola posteriore cambio.

La **tabella C1.1** indica, per ciascuno dei particolari, la denominazione, la quantità e le modalità operative da osservare allo smontaggio e al montaggio dei componenti.

TABELLA C1.1 Esempio della scheda di lavoro relativa ai particolari da 1 a 37

N.	Denominazione	Pezzi	Da osservare: allo smontaggio	al montaggio
1	Vite	10		Serrare a 25 Nm
2	Coperchio anteriore del cambio	1		Rendere a tenuta con Loctite 574
3	Dado esagonale (autobloccante)	1	Bloccare l'albero di entrata con l'attrezzo speciale "A" e inserire una marcia	In genere, da sostituire. Serrare a 300 Nm
4	Dado esagonale (autobloccante)	1	Bloccare l'albero di entrata con l'attrezzo speciale "A" ed inserire una marcia	In genere, da sostituire. Serrare a 200 Nm
5	Anello interno del supporto	1	Sfilare attraverso la ruota fissa N. 6	Riscaldare a circa 120 °C
6	Ruota fissa (retromarcia)	1		
7	Bussola distanziale	1		
8	Cuscinetto a rulli cilindrici	1	Sfilare attraverso la ruota folle N. 10	Riscaldare a circa 120 °C
9	Rondella di spinta	1		
10	Ruota folle (retromarcia)	1		
11	Anello sincronizzatore	1	Da contrassegnare per il montaggio successivo	Controllarne l'usura. Montare con il medesimo ingranaggio fisso (nodi ai tasselli di spinta)
12	Gabbia a rullini	1	Da contrassegnare per il montaggio successivo	Montare con il medesimo ingranaggio fisso
13	Vite TE	2		Serrare a 18 Nm
14	Rosetta	2		
15	Manicotto scorrevole	1	Da rimuovere insieme alla forcella d'innesto N. 19, dopo aver inserito una marcia. Durante questa operazione non perdere i particolari sincronizzatori	Le bulinature centralmente ai tasselli di spinta. Il lato a risalto alla ruota folle N. 10
16	Tassello di spinta	3		Il lato convesso al manicotto scorrevole

TABELLA C1.1 Esempio della scheda di lavoro relativa ai particolari da 1 a 37

N.	Denominazione	Pezzi	Da osservare: allo smontaggio	Da osservare: al montaggio
17	Sfera	3		
18	Molla	3		
19	Forcella d'innesto (retromarcia)	1		Fissare l'asta di comando marce con l'attrezzo speciale "G" e regolarla in modo da lasciare ancora del gioco sul manicotto scorrevole a retromarcia inserita. A folle, l'anello sincronizzatore deve poter girare liberamente
20	Anello interno*	1	Da contrassegnare per il montaggio successivo. Sfilare attraverso il manicotto di guida N. 21	Montare con il medesimo ingranaggio fisso. Riscaldare a 120 °C
21	Manicotto di guida (con anello elastico)	1		Il lato aperto dell'anello elastico non deve poggiare sulla zona dei tasselli guida. Da inserire nella corretta posizione insieme al manicotto scorrevole ed alla forcella d'innesto (anello elastico alla ruota folle N. 24)
22	Ruota fissa (5° marcia)	1		Da non scambiare con la ruota fissa N.37. Il collare grande alla bussola distanziale N. 23
23	Bussola distanziale	1		
24	Ruota folle (5° marcia)	1		Non scambiare con la ruota folle N. 35
25	Anello sincronizzatore	1	Da contrassegnare per il montaggio successivo	Controllarne l'usura. Montare con il medesimo ingranaggio fisso (nodi ai tasselli di spinta)
26	Gabbia a rulllini	1	Da contrassegnare per il montaggio successivo	Montare con il medesimo ingranaggio fisso

TABELLA C1.1 **Esempio della scheda di lavoro relativa ai particolari da 1 a 37**

N.	Denominazione	Pezzi	Da osservare: allo smontaggio	Da osservare: al montaggio
27	Anello interno*	1	Da contrassegnare per il montaggio successivo. Da sfilare con i bracci dell'attrezzo speciale "D" attraverso la ruota folle N. 35	Montare con il medesimo ingranaggio fisso. Riscaldare a circa 120 °C
28	Manicotto scorrevole	1		Le bulinature centralmente ai tasselli di spinta
29	Tassello di spinta	3		Il lato convesso al manicotto scorrevole
30	Sfere	3		
31	Molla	3		
32	Forcella d'innesto (5° e 6° marcia)	1	Bloccare l'asta di comando marce (5° e 6° marcia) inserendo una marcia.	Da regolare. A folle il manicotto scorrevole deve trovarsi esattamente al centro tra le ruote folli
33	Manicotto di guida	1		Da inserire insieme al manicotto scorrevole ed alla forcella d'innesto
34	Anello sincronizzatore	1	Da contrassegnare per il montaggio successivo.	Controllarne l'usura. Montare con il medesimo ingranaggio fisso (nodi ai tasselli di spinta)
35	Ruota folle (6° marcia)	1		Da non scambiare con la ruota folle N. 24
36	Gabbia a rullini	1	Da contrassegnare per il montaggio successivo.	Montare con il medesimo ingranaggio fisso
37	Ruota fissa (6° marcia)	1		Da non scambiare con la ruota fissa N. 22 Il collare grande alla bussola distanziale 23

* Condizionati dalle tolleranze (accoppiamento incerto), gli anelli interni del supporto (N. 20 e 27) sull'albero possono presentare sia gioco che pressione

Le figure C1.150, C1.151 mostrano le indicazioni per operare anche con un opportuni attrezzi, come la squadra di ritegno "A" e il supporto "AS1", i quali consentono di svolgere agevolmente le operazioni previste.

Avvertenze per la scomposizione e l'assemblaggio

Scomposizione

Nota

Se durante la scomposizione e l'assemblaggio del cambio le aste di comando marce dovessero spostarsi oltre l'arresto a folle o delle marce, i nottolini d'arresto o le sfere dell'arresto delle aste di comando marce potrebbero sfilarsi inavvertitamente.

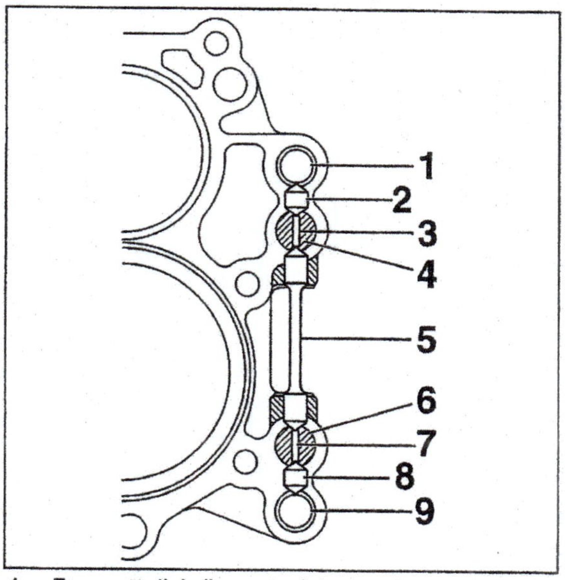

4 e 7 = nottolini d'arresto intermedi 320_99

1. Fissare il cambio con l'attrezzo speciale **AS1** al supporto di montaggio e scaricare l'olio

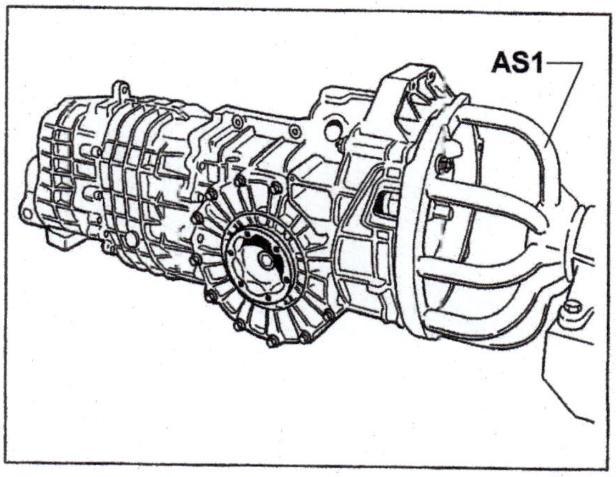

145_99

2. Inserire una marcia, bloccare l'albero di entrata con l'attrezzo speciale **A** e svitare i dadi esagonali per l'albero di entrata e del pignone.

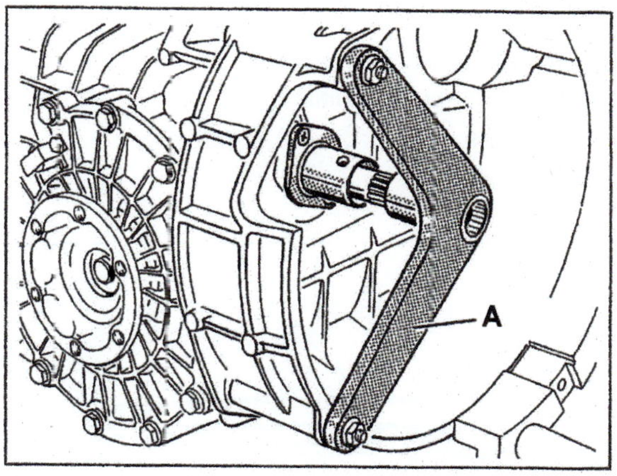

146_99

C1.150 Esempio della scheda di lavoro con le indicazioni operative.

3. Bloccare l'asta di comando della 5a e 6a marcia inserendo una marcia e sfilare l'anello interno del cuscinetto a rullini.

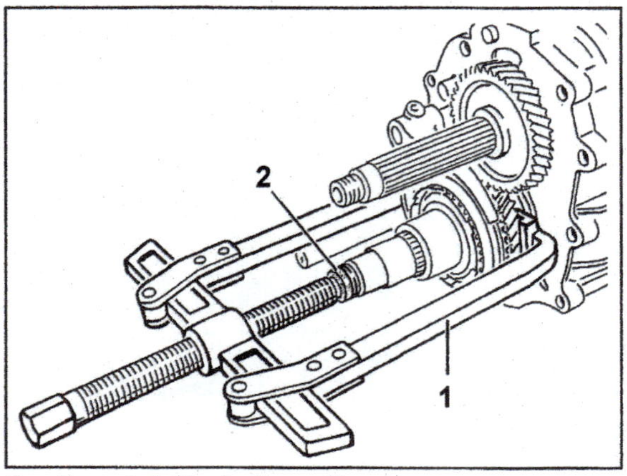

1 – *Bracci dell'estrattore* **D**
2 – *Elemento reggispinta* **F**

Assemblaggio

1. Controllare gli anelli sincronizzatori, spingendo gli anelli sui coni degli ingranaggi fissi e misurando la quota della fessura "H" con uno spessimetro a lamelle.

Distanza di
montaggio (nuova) = minimo 0,9 mm
Limite d'usura = 0,6...0,7 mm

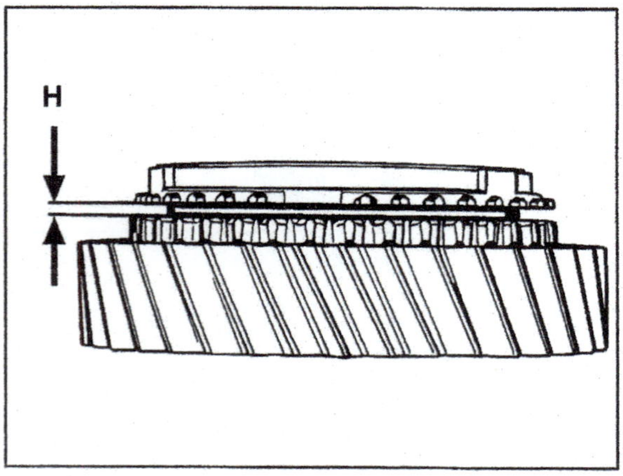

2. Inserire una marcia e montare tutti gli ingranaggi fissi.

3. Portare le aste di comando della 5a e 6a marcia e della retromarcia in posizione di montaggio ed inserire le forcelle d'innesto.

4. Regolare la forcella d'innesto per la retromarcia.
   A tale proposito, fissare l'asta di comando marce con l'attrezzo speciale **G** e regolare la forcella in modo da lasciare ancora del gioco sul manicotto scorrevole a retromarcia inserita. A folle l'anello sincronizzatore deve poter girare liberamente.

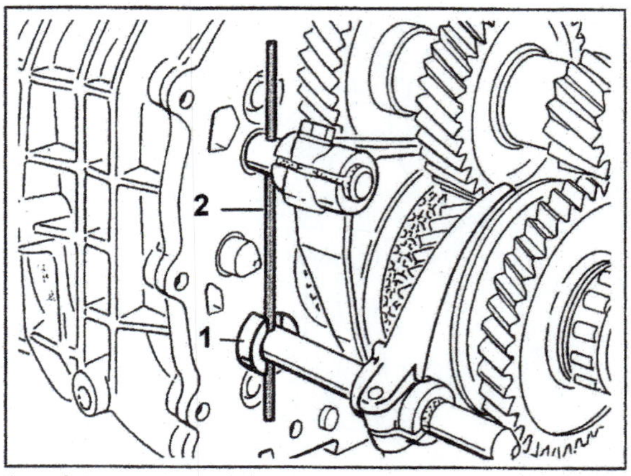

1 – *Attrezzo speciale* **G**
2 – *Vite M6x110*

C1.151 Ulteriore esempio della scheda di lavoro con le indicazioni operative.

ESERCITAZIONE GUIDATA C1.1

Procedura per il cambio di velocità del mandrino di un trapano

Elaborare la procedura per cambiare la velocità del mandrino di un trapano sensitivo, dotato di dispositivo a conopulegge e cinghie trapezoidali schematizzato nella figura sottostante.

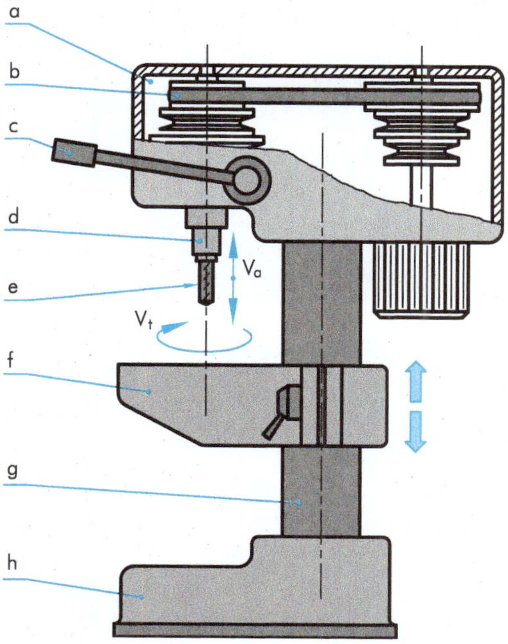

Consigli operativi

a) Approfondire l'argomento della procedura d'intervento per l'attività del manutentore, trattato nel **paragrafo C1.5**.
b) Analizzare il disegno sopra riportato per capire le azioni da compiere per poter cambiare la velocità del mandrino.
c) Elaborare la procedura richiesta dalla consegna.

....
....
....
....
....
....
....
....
....
....
....
....
....
....
....
....
....
....
....
....

ESERCITAZIONE GUIDATA C1.2

Procedura per il cambio olio di un motoveicolo

Elaborare la procedura per la sostituzione dell'olio motore di uno scooter Vespa GTS 300 Piaggio.

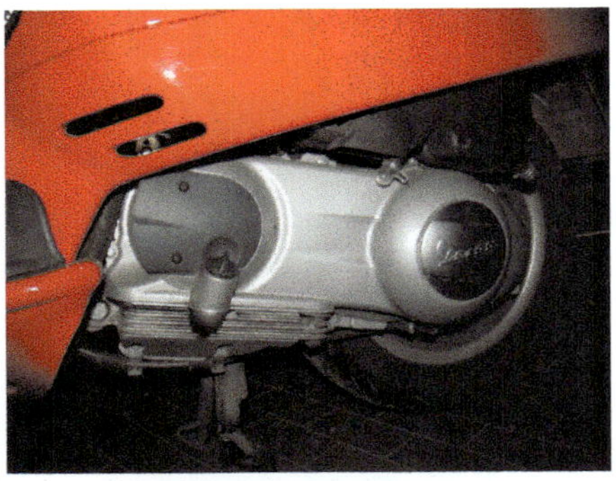

(a)

(b)

(c)

(d)

Consigli operativi

a) Approfondire l'argomento della procedura d'intervento per l'attività del manutentore, trattato nel **paragrafo C1.5**.
b) Analizzare le immagini sopra riportate identificando gli elementi su cui agire, per capire le azioni da compiere per poter sostituire l'olio al motore.
c) Elaborare la procedura richiesta dalla consegna.

ESERCITAZIONE GUIDATA C1.3

Procedura per la sostituzione di una elettropompa per refrigerante per macchina utensile

Elaborare la procedura per la sostituzione del motore elettrico non funzionante abbinato ad una pompa per la lubrificazione e refrigerazione durante l'asportazione di truciolo di una macchina utensile a controllo numerico.

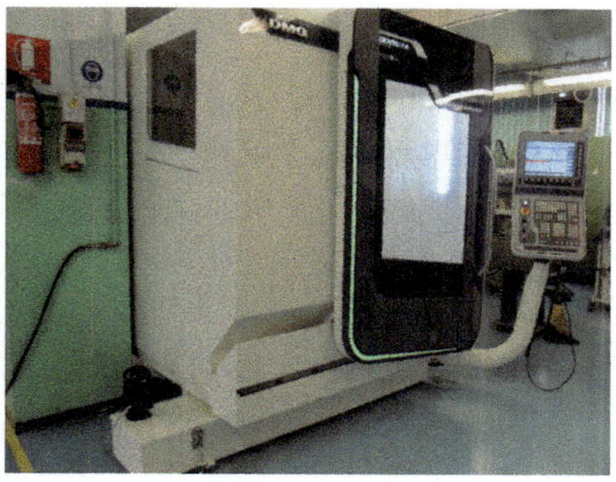
(a)

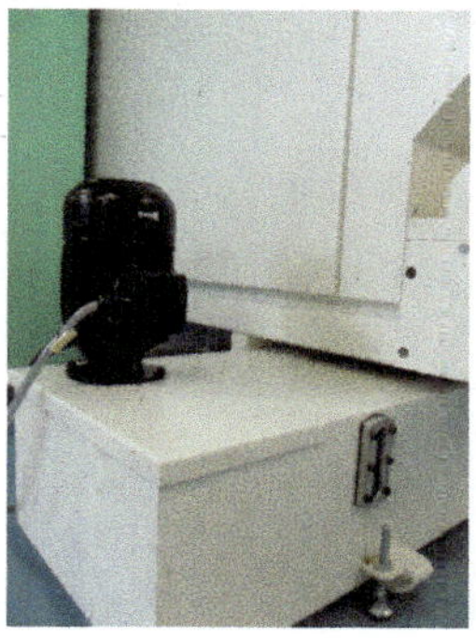
(b)

(c)

(d)

Consigli operativi

a) Approfondire l'argomento della procedura d'intervento per l'attività del manutentore trattato nel **paragrafo C1.5**.
b) Analizzare le immagini riportate identificando gli elementi su cui agire, per capire le azioni da compiere per la sostituzione del motore elettrico.
c) Elaborare la procedura richiesta dalla consegna.

VERIFICA DEGLI OBIETTIVI

1 Indicare l'attrezzo o gli attrezzi per smontare una vite con esagono incassato.

....

....

2 Dovendo smontare un cuscinetto a sfere dalla sua sede, quale attrezzatura si adopera?

....

....

3 Nei carrelli attrezzati con utensileria quali strumenti di misura meccanici si trovano?

....

....

4 Descrivere come avviene la filettatura di un foro (max 20 parole).

....

....

....

5 Indicare i sistemi per il serraggio.

....

....

6 Tra organi meccanici in moto relativo si genera il fenomeno dell'............................ Per limitarlo si .... le superfici a contatto.

7 Per ridurre l'attrito, i cambi delle autovetture sono immersi in un bagno di benzina.
☐ Vero ☐ Falso

8 Descrivere come funziona la lubrificazione in parallelo (max 20 parole).

....

....

....

9 In cosa si differenzia la funzione degli adesivi rispetto ai sigillanti?

....

....

....

....

....

10 Come si evita lo svitamento di un dado a causa di possibili vibrazioni?

....

....

....

....

....

11 In cosa consiste l'operazione che viene effettuata prima di chiudere il carter di una motocicletta?

....

....

....

....

....

12 La deposizione degli adesivi può avvenire con sistemi automatici.
☐ Vero ☐ Falso

13 Seguendo una procedura, il manutentore ripristina in sicurezza e nel rispetto delle norme un macchinario. Si prepari una tabella con le varie fasi applicata all'assemblaggio di un sistema per la trasmissione e la trasformazione del moto.

14 Seguendo una procedura, il manutentore ripristina in sicurezza e nel rispetto delle norme un macchinario. Si prepari una tabella con le varie fasi applicata all'assemblaggio di un sistema motoristico.

UNITÀ C2

DISPOSITIVI OLEODINAMICI E PNEUMATICI

OBIETTIVI

Conoscenze

- Le tecniche e le procedure di assemblaggio e installazione dei circuiti oleodinamici e pneumatici
- Le norme sulla sicurezza e sulla tutela ambientale
- Le procedure generali di collaudo e di esercizio

Abilità

- Adottare i dispositivi di prevenzione e protezione prescritti dalle norme per la sicurezza nell'ambiente di lavoro nelle operazioni di assemblaggio, installazione, collaudo e manutenzione dei circuiti oleodinamici e pneumatici
- Individuare le risorse strumentali necessarie nelle operazioni di assemblaggio, installazione, collaudo e manutenzione dei circuiti oleodinamici e pneumatici
- Eseguire secondo le procedure gli interventi di assemblaggio, installazione, collaudo e manutenzione dei circuiti oleodinamici e pneumatici
- Redigere la documentazione e le attestazioni obbligatorie

CONTENUTI

C2.1 Assemblaggio dei circuiti oleodinamici di potenza

Tutte le operazioni di assemblaggio e manutenzione devono sempre essere pianificate e condotte in condizioni di **sicurezza**; è importante quindi fare riferimento alle norme e alle linee guida esistenti in numerosi campi dell'ingegneria.
Nella **tabella C2.1** viene riportato un elenco delle norme di sicurezza a cui generalmente si può fare riferimento.

TABELLA C2.1 Standard per impianti fluidi

DIN/EN 12100:2011	SICUREZZA DEI MACCHINARI
DIN/EN 418	SICUREZZA DEI MACCHINARI: lo stop di emergenza
DIN/EN 983	SICUREZZA DEI MACCHINARI: sicurezza dei sistemi pneumatici
DIN/EN 13306	MANUTENZIONE

Tra i rischi da considerare nelle operazioni di assemblaggio e manutenzione degli impianti fluidici ci sono, oltre a quelli che possono coinvolgere gli operatori, anche quelli ambientali: per esempio, l'olio che accidentalmente viene perduto a terra rischia di inquinare gravemente il terreno e le falde acquifere. L'operatore deve avere a propria disposizione, prima dell'intervento, tutte le informazioni necessarie, ricavabili da:

- schemi del progetto |**fig. C2.1**|, comprendenti i diagrammi funzionali e circuitali nonché la relativa distinta dei componenti;
- istruzioni per l'impiego del macchinario e caratteristiche dei componenti utilizzati;
- norme di installazione/manutenzione dei componenti utilizzati;
- caratteristiche del fluido da impiegare per valutare i rischi per la salute);
- esperienze dell'officina, raccolte in rapporti di intervento, installazione e analisi di guasti;
- esperienza del personale di officina;
- condizioni dell'ambiente di lavoro (temperatura, rumore, accessibilità, aerazione ecc.);
- piani di allarme;
- norme di sicurezza previste nell'ambiente di lavoro, comprese quelle relative a eventuali rischi di incendio o di esplosione.

Sulla base delle informazioni raccolte occorre fare un'analisi dei rischi e determinare le misure di sicurezza relative: ogni singola operazione di assemblaggio o manutenzione deve essere esaminata preventivamente e il personale deve aver ricevuto una adeguata formazione professionale.

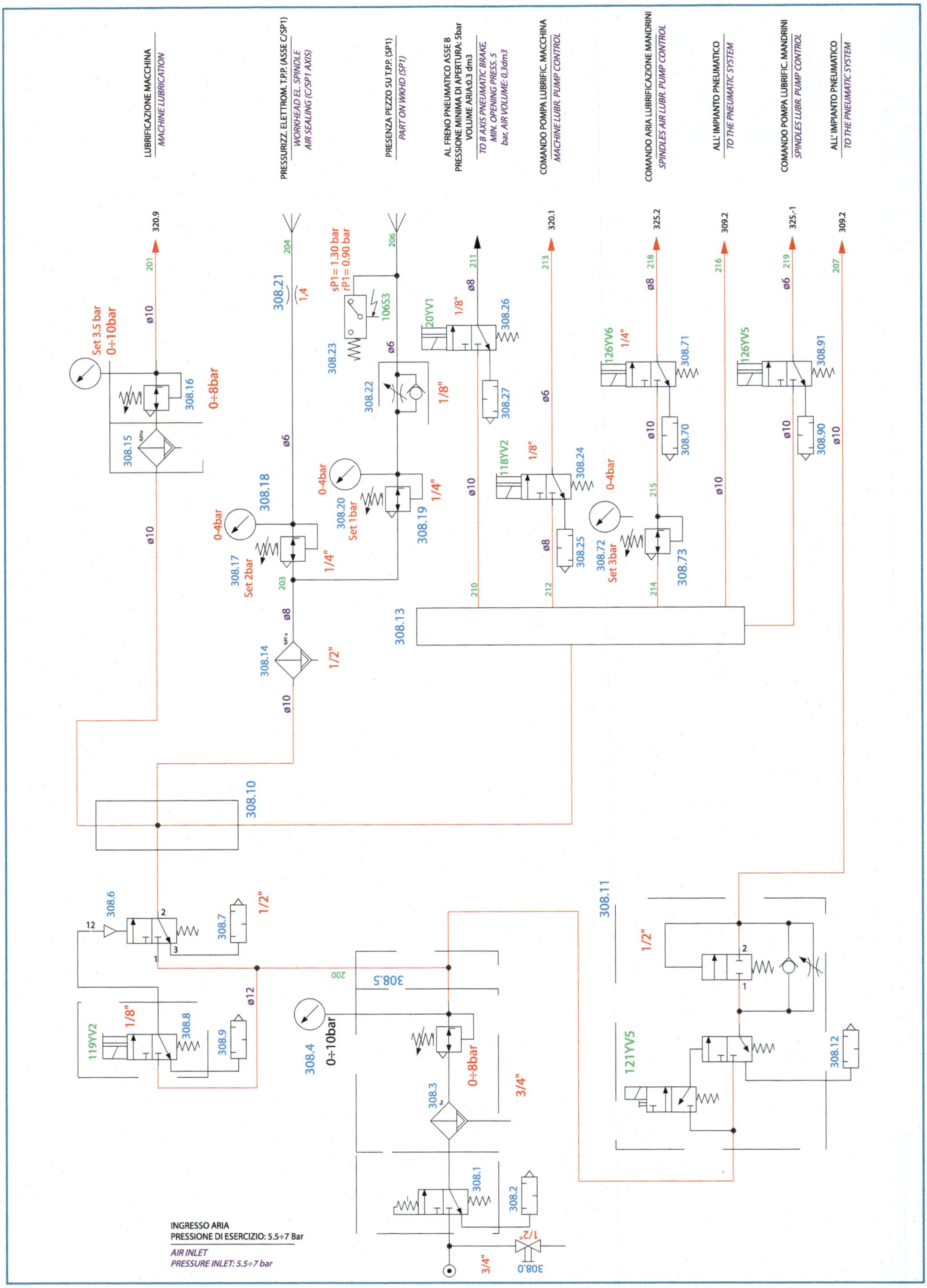

C2.1 Esempio di schema di progetto.

In base ai rischi e alla loro pericolosità che può comportare l'intervento di manutenzione, è necessario predisporre adeguate contromisure di sicurezza, che devono essere illustrate a tutti i tecnici coinvolti nel lavoro. Vi sono poi due elementi fondamentali che non devono essere assolutamente trascurati:

- le responsabilità organizzative delle persone coinvolte nelle varie fasi operative della manutenzione (chi fa cosa?);
- gli strumenti e gli utensili adatti a svolgere le operazioni previste devono poter essere disponibili da subito, incluso i componenti da montare o gli eventuali pezzi di ricambio.

Si tratta di semplici regole organizzative che, spesso, vengono trascurate con grave rischio per i partecipanti e per il buon risultato del lavoro.
Nell'esaminare i rischi è bene ricordare che sovente gli impianti idraulici sono comandati da sistemi elettrici, pertanto anche i rischi dovuti all'energia elettrica devono essere tenuti in forte considerazione: tutti i lavori devono aver luogo in assenza di energia elettrica e l'interruttore principale deve essere lucchettato in posizione di "aperto" **|fig. C2.2|**. Anche ogni altra fonte di energia deve essere separata in modo che nessuno possa inavvertitamente attivare l'impianto, avendo cura di utilizzare uno dei tanti cartelli monitori.

C2.2 Come separare in modo sicuro le fonti di energia.

Le caratteristiche del fluido impiegato, poi, devono essere conosciute, per evitare rischi alla pelle in caso di contatto. In determinate circostanze, l'operatore potrebbe anche dover indossare indumenti protettivi.

Durante l'assemblaggio, e soprattutto negli interventi di manutenzione, può succedere di dover modificare gli schemi funzionali: questa operazione deve sempre avvenire in accordo con il responsabile del progetto e deve, soprattutto, essere documentata da specifiche schede operative **|fig. C2.3|**.

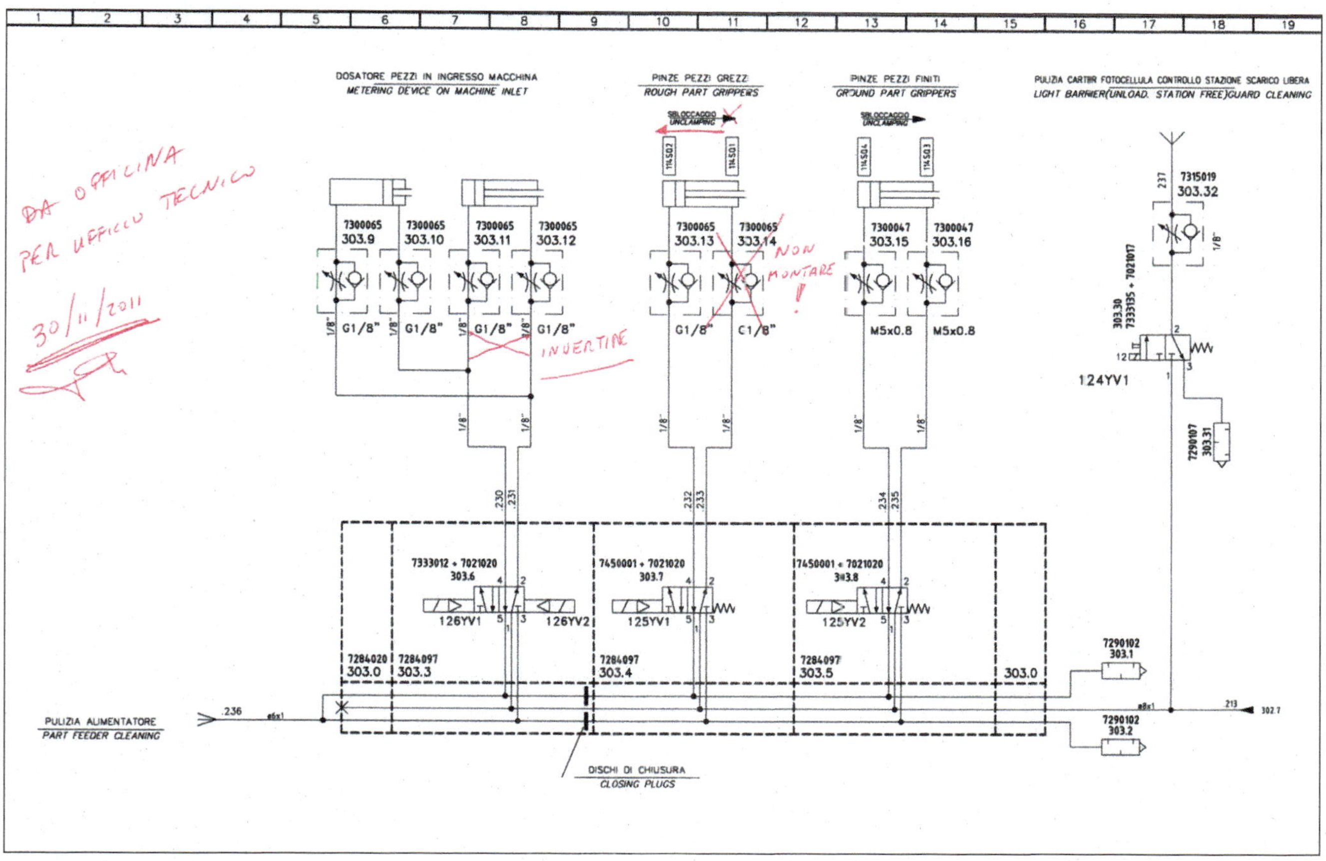

C2.3 Schema di progetto modificato in fase di installazione.

Bisogna prevedere inoltre etichette di riconoscimento per i componenti che man mano vengono montati |fig. C2.4|.

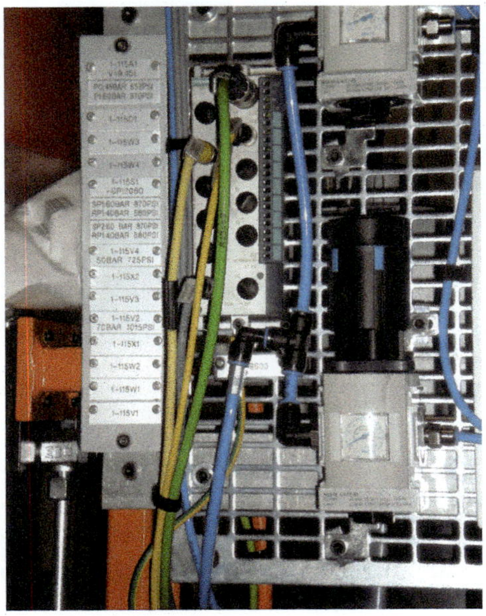

C2.4 Componenti di un impianto etichettato.

Al termine dell'assemblaggio dei singoli componenti secondo lo schema circuitale di progetto, occorre mettere in funzione il sistema, ovvero avviare l'impianto per farlo funzionare alle sue condizioni nominali. Si tratta dell'operazione più complessa, che deve essere eseguita secondo modalità precise illustrate nella procedura seguente.

Procedure di messa in marcia di un impianto oleodinamico

In questo paragrafo sarà illustrata una procedura di messa in marcia di un impianto oleodinamico, allo scopo di evitare gli errori più frequenti.
Per motivi di sicurezza, alla messa in marcia dovrebbero essere presenti soltanto i tecnici direttamente interessati. Di seguito sono riportate le operazioni in sequenza.

1) Controllo del serbatoio.
2) Controllo delle tubazioni di collegamento alle utenze.
3) Allineamento motore – pompa.
4) Carica degli accumulatori.
5) Riempimento con il fluido.
6) Taratura delle pressioni.
7) Flussaggio dei servo-impianti.
8) Avviamento della pompa.
9) Spurgo dell'aria.
10) Messa in esercizio delle valvole di comando.
11) Ulteriori tarature e messe a punto.

Controllo del serbatoio

Per un buon funzionamento dell'impianto, il serbatoio non deve essere a contatto diretto con il pavimento (solitamente è provvisto di appositi piedini) né essere appoggiato a pareti. Non si deve trovare vicino a fonti di calore e deve essere facilmente accessibile per le operazioni di pulizia e manutenzione.
Prima di riempire con il fluido appropriato è assolutamente necessario controllare lo stato del serbatoio ed eseguire un'accurata pulizia. Non utilizzare mai stracci che possano lasciare fili o altre particelle inquinanti.

Controllo delle tubazioni di collegamento alle utenze

Prima della messa in marcia, occorre controllare (almeno a campione nel caso di impianti molto complessi) le tubazioni di collegamento alle utenze |fig. C2.5|.

C2.5 Esempio di tubazioni in ingresso a una macchina.

Dalla pulizia dei tubi dipende il corretto funzionamento e la durata dei componenti del sistema.
Deve essere controllata la correttezza dei collegamenti tra le singole utenze secondo lo schema circuitale, perché un errore nel collegamento può provocare perdite e allagamenti o, peggio, danni all'impianto.

Montaggio dei tubi flessibili

Come è stato osservato nella **unità B2**, una corretta posa dei tubi flessibili aumenta la durata di questi ultimi. Si consiglia di non lasciare il flessibile in torsione o in trazione e non scendere al disotto dei raggi minimi di curvatura statica e dinamica previsti dal tipo di tubo impiegato.
In uscita dalla centralina si usa montare un tratto di tubo flessibile (per alta pressione), per ridurre le vibrazioni trasmesse all'impianto; occorre quindi assicurare i flessibili con cavetti in acciaio per ridurre i rischi in caso di rottura |fig. C2.6|.
I flessibili non devono avere strisciamenti né altre sollecitazioni meccaniche durante i movimenti delle parti mobili cui sono connessi; in caso di rischio, è bene prevedere le opportune protezioni per i tubi oppure montarli all'interno di catenarie |fig. C2.7|.

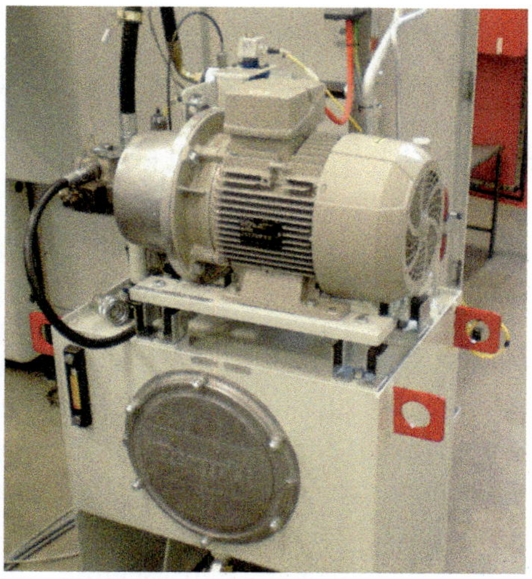

C2.6 Centralina idraulica con i tubi flessibili assicurati da cavetti in acciaio.

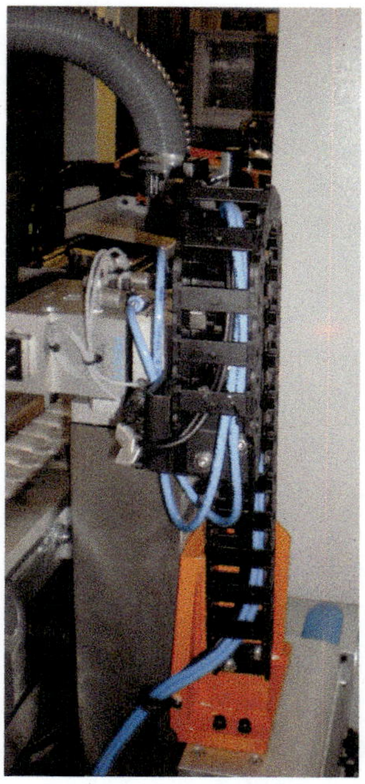

C2.7 Catenaria con tubi pneumatici.

Generalmente le **catenarie** contengono sia le tubazioni flessibili idrauliche sia quelle pneumatiche e per la lubrificazione, inclusi i cavi e i fili dell'impianto elettrico |fig. C2.8|.

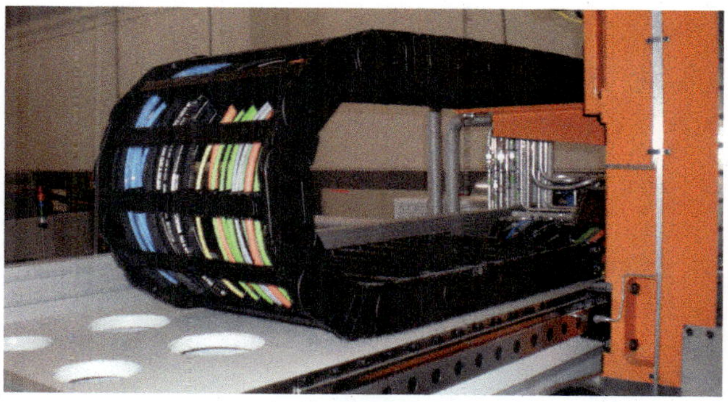

C2.8 Catenaria contenente i tubi per l'aria, l'olio e i cavi elettrici.

Allineamento motore – pompa

Il **motore elettrico** viene generalmente accoppiato alla **pompa** tramite un giunto elastico in grado di compensare modesti disallineamenti angolari e di parallelismo |fig. C2.9|.
Errori di montaggio superiori alla capacità di compensazione del giunto possono creare carichi radiali o assiali al motore oppure alla pompa, rischiando di ridurne la affidabilità. Le caratteristiche dei giunti riportano i valori massimi di disallineamento che devono essere rispettati al montaggio |tab. C2.2|.

C2.9 Giunto elastico per la pompa.

TABELLA C2.2 Caratteristiche tecniche di un giunto elastico

Tipo	Coppia massima [Nm]	Potenza max a n. giri/min				Disallineamento max		
		750	1000	1500	3000	Angolare	Radiale [mm]	Assiale [mm]
ND 48	6,86	0,54	0,72	1,1	2,1	2°	0,4	1
ND 65	38,2	3	4	6	12	2°	0,5	1,6
ND 86	87,3	6,84	9,12	13,7	27,3	2°	0,5	1,8
ND 108	210	16,5	22	33	65,8	2°	0,5	2
ND 143	725	57	76	144	228	2°	0,6	2

Carica degli accumulatori

Gli **accumulatori oleopneumatici** vengono forniti precaricati con azoto secondo tre modalità:

- pregonfiati alla pressione *P* richiesta a schema per il funzionamento dell'impianto;
- pregonfiati a una pressione bassa (circa 5 bar) per l'immagazzinamento;
- pregonfiati alla pressione massima caratteristica.

Prima del montaggio e dell'avviamento occorre verificare e tarare il polmone.
Se l'accumulatore è scarico occorre procedere alla carica utilizzando esclusivamente azoto.
Collegare la bombola di azoto all'accumulatore, tramite l'apposito attacco previsto sull'apparecchio di precarica |**fig. C2.10**|. Aprire il rubinetto della bombola e caricare l'accumulatore fino a leggere sul manometro la pressione desiderata.

C2.10 Apparecchio per la precarica degli accumulatori.

La carica deve raggiungere la pressione di precarica indicata nello schema: durante questa operazione la pressione dell'olio deve essere a zero.
Nel caso di accumulatori con precarica massima, bisogna scaricare il gas con l'opportuna valvola di scarico |**fig. C2.11**|, verificando il valore residuo con il manometro.

C2.11 Centralina con accumulatore e valvola di scarico.

Riempimento con il fluido

Utilizzare sempre l'olio prescritto a schema; la sostituzione con un olio equivalente deve essere discussa con il progettista dell'impianto e il fornitore di olio.

Un'eventuale operazione di **flussaggio** (descritta nel seguito) può essere necessaria, prima del riempimento, se si sospettano possibili inquinamenti del sistema dovuti al trasporto oppure a lunghi periodi di inattività. Il flussaggio è una operazione consigliata negli impianti complessi o con tubazioni molto lunghe.
È bene prevedere una etichetta con l'indicazione del tipo di olio in prossimità del bocchettone di carico.
La carica del serbatoio deve essere eseguita utilizzando un filtro specificato con un grado di filtrazione uguale o superiore a quello dei filtri installati nell'impianto.

Taratura delle pressioni

Tutte le valvole riduttrici di pressione e di sicurezza, come pure i regolatori di pressione delle pompe, devono essere azzerate (con la sola esclusione di eventuali valvole tarate e "piombate").

Flussaggio di servo-impianti

Nel caso di impianti che prevedono l'impiego di servovalvole, o valvole proporzionali, è necessario procedere a un lavaggio del sistema (generalmente definito *flussaggio*) dal quale sono state smontate le servovalvole. Esse saranno sostituite da distributori di uguale grandezza, oppure da piastre neutre appositamente previste.

In tutti gli impianti nuovi, anche se accuratamente montati, possono rimanere tracce di materiali estranei (trucioli, filamenti, residui di gomma ecc.) che potrebbero generare danni o malfunzionamenti.
Si consiglia di cortocircuitare gli attuatori, collegando alimentazione e scarico. È possibile eseguire l'operazione con la pompa di sistema o con una pompa esterna avente però analoghe caratteristiche.

A questo punto viene montato un filtro prima del ritorno dell'olio nel serbatoio, con un grado di filtraggio che sia almeno pari a quello previsto nell'impianto e una capacità adatta alla portata delle pompe.
Può essere utilizzato il fluido previsto a schema oppure un olio più fluido (compatibile con quello di esercizio).
Si procede, poi, a far circolare il liquido in modo che raggiunga la temperatura di esercizio prevista a schema, per un tempo difficile da stabilire, ma che generalmente corrisponde ad almeno 10 volte quello necessario a far circolare tutto il fluido contenuto nel serbatoio.

Esempio

Tempo di flussaggio

- Capienza serbatoio: 1000 l.
- Portata: 80 l/min.

Occorre far circolare 10 volte i 1000 l del serbatoio. Se la portata della pompa è di 80 l/min occorreranno 10 000/80 min, cioè 125 min, ovvero circa 2 h.

Durante il flussaggio è bene battere leggermente sulle tubature, muovendo i tubi flessibili, in modo da rimuovere scorie e trucioli eventualmente presenti.
Al termine del lavaggio dovranno essere sostituite le cartucce filtranti e pulito il filtro di aspirazione.

Avviamento della pompa

Controllare che tensione e frequenza dell'alimentazione elettrica corrispondano ai dati di schema e alle targhette dei motori elettrici o di altre apparecchiature elettroidrauliche.
Se richiesto dal tipo di pompa, occorre "innescarla", cioè riempire la pompa stessa con il fluido, per evitare il funzionamento a secco dei cuscinetti e dei gruppi pompanti |fig. C2.12|.

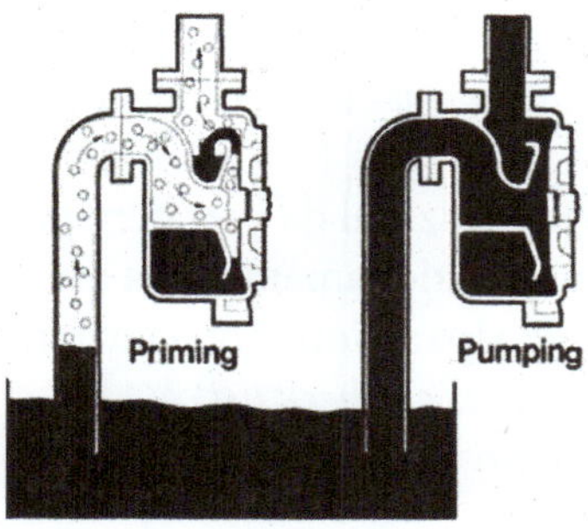

C2.12 Innesco di una pompa.

La maggior parte delle pompe centrifughe non sono auto-innescanti e vengono montate al disotto del livello del liquido che devono pompare, oppure viene previsto un qualche sistema per riempirle di liquido prima dell'avviamento |fig. C2.13|.

C2.13 Pompa con tubo per "innesco".

La lubrificazione degli organi interni delle pompe (e dei motori oleodinamici) è affidata allo stesso fluido idraulico del circuito: all'istante iniziale, la pompa rischia di funzionare senza che siano lubrificati i suoi componenti. Pertanto si raccomanda di depositare in magazzino le pompe, smontate da un sistema, piene di olio, allo scopo di garantire la presenza di un velo di lubrificante all'istante iniziale di avvio. A questo punto si può avviare brevemente a impulsi il motore per verificare il senso di rotazione ed, eventualmente, invertire il collegamento elettrico.

L'innesco della pompa è indicato dal manometro in mandata e dal cambiamento di rumore della pompa stessa (infatti diventa silenziosa).
Mantenere la pompa in esercizio per verificare la tenuta e i collegamenti alle utenze. Se non ci sono errori, portare lentamente la taratura della valvola limitatrice della pressione al valore di schema e bloccarla.
Secondo lo stesso procedimento avviare tutte le pompe dell'impianto.
Le singole pompe devono erogare una portata uniforme e continua (possono essere controllate con il manometro di mandata): forti rumori e crepitii possono essere dovuti all'ingresso dell'aria.

Spurgo dell'aria

Durante queste operazioni, il circuito deve essere liberato dell'aria che contiene: quella racchiusa nel circuito, a causa della sua comprimibilità, può dare origine a vibrazioni, rumore, funzionamento difettoso e usura rapida dei componenti (cavitazione). Per questi motivi è necessario spurgare tutta l'aria dal circuito.
Esistono apposite valvole di sfiato (o disaerazione), da montare sulla mandata della pompa, il cui funzionamento è simile a quello delle valvole delle pentole a pressione.
Poiché l'aria si raccoglie verso l'alto, viene montata la valvola di spurgo nel punto più alto del circuito. In alternativa, può essere utile prevedere un rubinetto manuale di spurgo nella parte alta dell'impianto.
L'aria racchiusa nei cilindri può essere eliminata allentando le apposite valvole di sfiato o i raccordi di collegamento, e facendo compiere più movimenti a ciascuno di essi.
Al termine dell'operazione verificare il livello del fluido nel serbatoio e rabboccare al bisogno.

Messa in esercizio delle valvole di comando

Le valvole di comando devono essere messe in esercizio con portata ridotta e pressione bassa, per evitare danni dovuti ai possibili errori nei circuiti elettrici di comando o nei collegamenti oleodinamici.

Dopo aver verificato che i movimenti sono corretti, aumentare portate e pressioni ai valori di progetto (riportate negli schemi).
Durante queste operazioni tenere sotto controllo:

- il livello del fluido nel serbatoio;
- la temperatura del fluido nel serbatoio;
- i trafilamenti nei componenti;
- la rumorosità delle pompe;
- la temperatura del corpo pompe, dei motori idraulici e di quelli elettrici;
- l'inquinamento o l'intasamento dei filtri.

Altre tarature e messe a punto

Tarare i regolatori della pressione delle pompe e bloccarli. Tarare inoltre le valvole limitatrici di pressione al valore di progetto, le valvole riduttrici e di messa in scarico.
Dopo aver fatto scaricare tutta la portata attraverso la valvola, stabilire la pressione richiesta agendo sull'apposito grano di taratura.
Se la pressione non sale o è pulsante, occorre controllare che l'eventuale pilotaggio elettrico sia corretto.
Tarare quindi i pressostati (normali e differenziali) e le eventuali centraline di refrigerazione sui valori previsti a progetto; infine, mettere a punto i dispositivi di controllo di livello nel serbatoio. Quest'ultima operazione, apparentemente banale, è assai importante per garantire una buona affidabilità al sistema.

- La regolazione del minimo permette di segnalare al più presto le piccole fughe o le perdite dell'impianto.
- La regolazione del massimo permette di segnalare l'eventuale ingresso di acqua (generalmente dagli impianti di raffreddamento) nel serbatoio.

Verificare che le tubazioni siano fissate e non soggette a vibrazioni durante le commutazioni degli organi di controllo (valvole).
Durante i movimenti del macchinario, gli eventuali tubi flessibili non devono sfregare né essere sottoposti a trazioni o torsioni eccessive.

Procedure di assemblaggio e messa in servizio per un intervento manutentivo

Gli **interventi manutentivi** richiedono generalmente operazioni che **devono** essere effettuate con l'**impianto fermo**; ciò significa che tutte le fonti di energia sono state disattivate e bloccate, in modo che nessuno possa rimetterle in funzione per errore: si rimanda alla figura C2.2 per evidenziare come si possano bloccare con lucchetti (lucchettare) le fonti di energia in modo sicuro!

Per aiutare il manutentore a effettuare un intervento si propone qui di seguito una *check list* di accorgimenti che è bene che il manutentore esamini prima di intervenire.

1) Il problema è chiaramente identificato?
2) Posso intervenire da solo o mi occorre qualche aiuto?
3) Sono in grado di utilizzare la macchina da solo?
4) Sono in grado di arrestare in condizioni di sicurezza la macchina da solo?
5) Sono protetto da tutti i rischi che possono sorgere da energia immagazzinata o fluidi compressi (aria compressa in un cilindro, olio in pressione in un polmone ecc.)?
6) Le eventuali zone pericolose sono correttamente isolate?
7) L'aereazione è sufficiente?
8) Il posto di lavoro è sicuro? Non corro rischi?
9) Durante l'intervento posso creare rischi ad altri?
10) Mi occorrono protezioni per evitare il contatto con liquidi pericolosi o irritanti per la pelle?

Dopo un intervento di manutenzione che ha richiesto lo spegnimento del sistema fluidico, è necessario ripetere la procedura di avviamento dell'impianto. In particolare occorre controllare che i componenti e i collegamenti corrispondano a quanto richiesto dagli schemi.
Esistono alcune semplici precauzioni da prendere per evitare pericoli dovuti a malfunzionamenti della macchina o del sistema dopo la riparazione (precauzioni che corrispondono a una semplice *check list*).

1) Tutti i componenti sono stati avvitati dopo il montaggio?
2) Tutti i sistemi di protezione sono stati rimontati e sono attivi?
3) Nessuna persona è presente nell'impianto?
4) L'alimentazione è di nuovo collegata?
5) Tutte le valvole di chiusura sono aperte?
6) Sono stati tolti i cartelli di avvertimento?
7) Chi deve riavviare il macchinario? O meglio, a chi devo consegnare il sistema?

A questo punto occorre ancora controllare il livello del serbatoio e provvedere allo spurgo dell'aria. Seguire con cura le norme per l'avviamento delle pompe e dei motori, specie nel caso in cui non siano autoadescanti. Non modificare le regolazioni di pressione e portata previste a schema.
Tutte le funzioni idrauliche devono essere provate, magari in condizioni di ridotta pressione e portata per evitare rischi.
Verificare che altre persone eventualmente presenti siano a una distanza tale da non correre rischi.

Carichi verticali, che erano stati assicurati prima dell'intervento, possono essere rilasciati solo quando tutte le funzioni idrauliche sono state correttamente ristabilite.
Nel caso di lavori su impianti di *macchine utensili*, occorre comprendere bene il funzionamento dei sistemi di bloccaggio del pezzo e dell'utensile. Normalmente questi sistemi prevedono un funzionamento sicuro: il bloccaggio è assicurato da un sistema meccanico a molla, mentre lo sbloccaggio è assicurato da un sistema con cilindro idraulico.
In base a questo funzionamento, se durante le prove si verifica un improvviso abbassamento della pressione, è possibile che il sistema di bloccaggio si muova per effetto delle molle, con conseguenti pericoli di "pizzicamento".

Errori frequenti nelle procedure di messa in marcia

La prima **messa in marcia** è di fondamentale importanza per la vita successiva del sistema.
In questa fase, sovente, si commettono errori le cui conseguenze saranno visibili soltanto nel lungo periodo. Di seguito ne sono state elencate alcune in base all'esperienza:

- riempimento con fluido non filtrato;
- mancato flussaggio del circuito;
- parti dell'impianto non vengono spurgate dall'aria (in particolare i cilindri);
- mancato allineamento dei cilindri (provoca carichi laterali e usure delle guarnizioni con perdite e trafilamenti nel tempo);
- viti di taratura non bloccate;
- taratura dei pressostati senza considerare l'isteresi di inserzione;
- mancato riempimento delle pompe o dei motori idraulici prima della messa in moto;
- cattivo allineamento di motore e pompa.

Procedure ed esempi di assemblaggio

Ispezione e manutenzione del fluido idraulico

Di seguito si riportano i principali **elementi di ispezione** legati al fluido idraulico.

- *Controllo del livello del fluido nel serbatoio* (normalmente controllato con l'impianto in funzione): un livello troppo basso indica trafilamenti; un livello troppo alto può indicare che le zone più alte si svuotano a causa di ingresso dell'aria, oppure che nel circuito è entrata acqua (per esempio dagli scambiatori olio – acqua) o altri inquinanti a causa di tenute difettose.
- *Verifica della temperatura di funzionamento* (sempre a impianto in funzione): la scarsa efficienza del sistema di scambio calore può essere indice di malfunzionamento o intasamento degli scambiatori o perdita di efficienza delle pompe; anche l'intervento delle valvole limitatrici di pressione a valori troppo bassi provoca un aumento di temperatura del fluido; il funzionamento del sistema al di fuori delle caratteristiche di progetto può essere l'origine di riscaldamento.
- *Controllo visivo della contaminazione del fluido*: consente una valutazione grossolana della torbidità del fluido, del colore rispetto al fluido fresco e la valutazione di depositi nel fondo del serbatoio (vasca). Esistono molti metodi scientifici per determinare l'effettivo grado di inquinamento di un fluido idraulico; se non si è dotati di un laboratorio attrezzato, è generalmente possibile richiedere un'analisi al laboratorio del fornitore.
- *Prelievo del campione da esaminare*: le valutazioni migliori si hanno da campioni prelevati su sistemi in esercizio. Un campionamento statico del serbatoio può fornire risultati non significativi: gli inquinanti possono essersi depositati e non vengono prelevati, mentre rientrano in circolazione con le turbolenze del normale funzionamento. Sovente sono previsti punti di prelievo dalla linea di mandata |fig. C2.14| nelle immediate vicinanze della pompa (spesso sono gli stessi punti previsti per la lettura della pressione). Se il campione è prelevato attraverso un flessibile di misura, è bene scaricare una quantità di fluido sufficiente ad assicurare la pulizia del flessibile, per evitare che particelle presenti nel flessibile stesso falsino i risultati della prova.

C2.14 Prelievo in mandata per l'ispezione del fluido.

In caso di analisi del campione in laboratorio è opportuno richiedere anche l'analisi chimica del campione per evitare danni dovuti alla variazione dell'aggressività del fluido.

I lavori di **manutenzione**, nel caso del fluido oleodinamico, si riducono alle seguenti operazioni.

- *Rabbocco del fluido*: in linea di massima il rabbocco deve essere effettuato con lo stesso olio già presente nel sistema. Questo vale anche per oli che, pur avendo la stessa caratteristica ISO, certamente differiscono per gli additivi. A maggior ragione non è opportuno mescolare oli di marche diverse poiché, in caso di danni, si rischierebbe di non essere coperti dalla garanzia.
- *Monitoraggio della presenza di acqua nell'olio*: la presenza di acqua nell'olio idraulico è una delle cause prime di inquinamento e può portare a danni anche gravi all'impianto. L'acqua può arrivare da perdite nei sistemi di raffreddamento (scambiatori di calore) o dall'aria presente nella vasca. Generalmente si considera che la percentuale di acqua presente nell'olio debba essere inferiore allo 0,2%. Esistono strumenti elettronici che permettono di misurare facilmente la percentuale di acqua nell'olio |fig. C2.15|.

C2.15 Strumento per la misura della percentuale di acqua nell'olio.

Per ridurre la quantità d'acqua presente nell'aria, si utilizzano filtri essiccatori al gel di silice montati sullo sfiato della centralina: nella maggior parte dei serbatoi è presente anche un ricambio d'aria. A seconda dei cicli dell'impianto, l'aria viene aspirata nel serbatoio oppure espulsa. A causa delle diverse temperature nel serbatoio, il vapore acqueo si condensa e l'acqua che si forma favorisce il processo di ossidazione dell'olio ed è responsabile di danni nell'impianto. Grazie ai filtri al *silica gel* |fig. C2.16| il serbatoio può "inspirare" ed "espirare" aria secca. La capacità di assorbimento del granulato di silica gel è visibile grazie al colore, che diventa arancione quando è saturo.

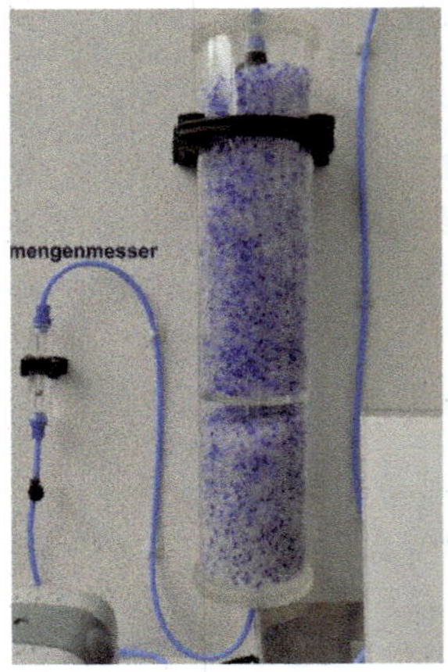

C2.16 Filtro essiccatore in gel di silice.

Nella **tabella C2.3** sono riportate le caratteristiche tecniche dei filtri essiccatori della Rexroth.

- *Sostituzione del fluido*: il fluido deve essere sostituito quando l'analisi chimica mostra variazioni nelle sue caratteristiche (ossidazione, aumento di acidità, variazione di viscosità ecc.) o quando la presenza di particelle contaminanti (particelle non filtrate dai sistemi predisposti nell'impianto) aumenta in modo tale da far prevedere una maggiore usura dei componenti. Anche la forte presenza d'acqua influisce sulla sostituzione del fluido: di norma si utilizza come soglia di accettabilità un valore pari allo 0,2% di acqua nell'olio. Generalmente, nel manuale della macchina o dell'impianto, viene prescritta una sostituzione del fluido regolare e periodica. A ogni sostituzione del fluido è necessario procedere alla pulizia del serbatoio. Sia nel caso di rabbocchi che

TABELLA C2.3 Caratteristiche tecniche dei filtri essiccatori

Tipo	BFSK 45/21	BFSK 60/21	BFSK 90	BFSK 130
q_{max}	42 m³/h	42 m³/h	90 m³/h	90 m³/h
Filtro dell'aria	10 µm	10 µm	10 µm	10 µm
Peso	1,2 kg	1,5 kg	2,7 kg	4 kg
Gel di silice	300 cm³	600 cm³	1000 cm³	2000 cm³
Assorbimento d'acqua	86 ml	172 ml	288 ml	576 ml

di sostituzione occorre filtrare il fluido nuovo utilizzando un filtro la cui qualità deve corrispondere almeno a quella dei filtri di esercizio dell'impianto, come nel caso di avviamento di un impianto.

Filtri: uso e manutenzione

I **filtri** possono essere impiegati in un campo di temperature di esercizio molto esteso, compreso tra −10 °C e +100 °C.
Per limiti superiori è necessario ricorrere ad accorgimenti e componenti particolari.

Le **cartucce** devono essere **sostituite**:

- quando scatta l'indicatore di intasamento installato sul filtro |fig. C2.17|;
- dopo 2000 ore di esercizio oppure dopo un anno dall'installazione;
- in caso di sostituzione del fluido dell'impianto;
- quando si utilizzano filtri a protezione delle servovalvole; in tal caso si consiglia la sostituzione anche dopo le prime 500 ore di funzionamento.

C2.17 Segnale elettrico e visivo di filtro intasato (elemento rosso).

Le cartucce dei filtri sono normalmente sigillate in custodie di plastica: si raccomanda di aprire la confezione solo immediatamente prima della sostituzione.
Le cartucce in carta o in fibra di vetro non sono rigenerabili; al contrario, le cartucce in rete metallica, in tessuto intrecciato, in tubo a fessure o in fibra metallica possono essere pulite.
Nel **sostituire la cartuccia del filtro** è necessario seguire alcune precauzioni:

- togliere la pressione al singolo filtro oppure all'intero impianto;
- svitare il corpo del filtro facendo attenzione a non sporcare la filettatura;
- smontare la cartuccia intasata; il contaminante presente sulla superficie del filtro può fornire utili indicazioni su eventuali avarie dei componenti;
- nel caso di filtri sul ritorno, smontare anche il cestello di raccolta del contaminante;
- il fluido che rimane nel corpo del filtro deve essere scaricato in appositi recipienti poiché, generalmente, è molto inquinato;
- pulire il corpo del filtro usando uno straccio pulito e privo di fibre;
- controllare e sostituire le guarnizioni del corpo;
- montare la nuova cartuccia, verificando che sia identica alla precedente;
- avvitare il corpo del filtro (chiudere il coperchio);
- avviare l'impianto e verificare che non vi siano perdite nel filtro.

In queste occasioni può essere utile controllare, ed eventualmente sostituire, il filtro dell'aria del serbatoio: esso, riducendo il rischio di ingresso di condensa con l'aria durante il funzionamento, riduce anche il rischio di inquinamento.

Uno dei problemi che sovente si presentano nel corso di una manutenzione è legato all'**aumento della finezza** di filtrazione in impianti già in esercizio.
Adottando una cartuccia più fine, occorre considerare che le particelle contaminanti la intaseranno più rapidamente e, quindi, è necessario mettere in conto una riduzione di durata.
Per aumentare la superficie filtrante, si consiglia di montare due unità in parallelo.

Installazione degli accumulatori

Nella generalità delle applicazioni, l'**accumulatore** deve essere installato il più vicino possibile all'utilizzo, in modo da ottenere il massimo rendimento e la massima velocità di risposta.
L'accumulatore può essere montato in ogni posizione, fino a quella orizzontale: la valvola del gas non deve mai essere a un livello inferiore al foro di ingresso del fluido.
La posizione generalmente adottata è quella verticale, con la valvola del gas in alto e il collegamento al circuito idraulico in basso.
La pressione di precarica del gas può essere controllata con il manometro previsto nell'attrezzatura di carica. Le norme non richiedono manometri fissi sul lato gas dell'accumulatore.
La pressione di precarica dell'accumulatore deve risultare pari a 0,7– 0,9 volte la pressione minima di lavoro. In questo modo si evita che la sacca o la membrana possano interferire con la valvola a fungo ed esserne danneggiate.
I circuiti oleodinamici devono impiegare soltanto accumulatori conformi alle prescrizioni antinfortunistiche per recipienti a pressione.

Spesso i componenti disponibili sul mercato sono conformi anche alle norme europee che derivano da quelle tedesche. Il **TÜV** certifica la conformità dei recipienti a pressione rilasciando i relativi certificati di collaudo.
In ogni caso, ogni accumulatore deve essere identificato mediante marchiature leggibili e indelebili nel tempo, riportanti i seguenti dati:

- il nome del costruttore;
- il numero di matricola;
- l'anno di costruzione;
- la pressione massima di esercizio [bar];
- la capacità [l];
- la temperatura di esercizio ammessa (se superiore a 50 °C o inferiore a –5 °C);
- il contrassegno del modello (per recipienti collaudati a campione).

In caso di sostituzione per manutenzione occorre assicurarsi di aver acquistato un prodotto che risponda alle normative più recenti.

Esistono ulteriori norme che riguardano l'installazione di **valvole di sicurezza** contro il superamento della pressione massima ammessa dall'accumulatore.
Sono disponibili sul mercato "blocchi di sicurezza" (sovente definite **valvole TÜV**), direttamente collaudati, tarati e piombati dal produttore.
Tali blocchi devono prevedere un rubinetto di esclusione, indipendente per ogni polmone. Devono essere progettati in modo che non sia possibile bloccare la valvola di sicurezza in posizione "chiusa".
La valvola di sicurezza deve impedire automaticamente che la pressione di esercizio dell'accumulatore venga superata di oltre il 10%. Nei limiti del possibile, la valvola non deve intervenire durante il normale funzionamento del sistema oleodinamico. Inoltre, ciascun accumulatore dovrà essere dotato di un adeguato manometro: il fondo scala deve essere almeno 1,5 volte la massima pressione di esercizio. Nella **figura C2.18** è rappresentato lo schema di un "blocco di sicurezza" con valvola di scarico a comando elettrico o manuale.

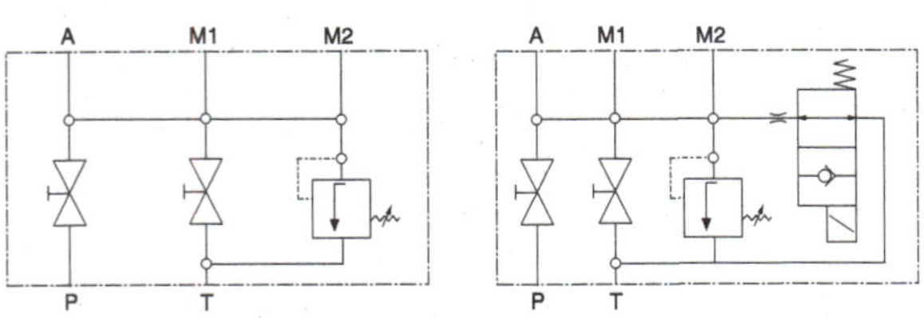

SBA Tipo M
Valvola di scarico a comando manuale

SBA Tipo E
Valvole di scarico a comando manuale ed elettrico

C2.18 Simbolo della valvola di scarico a comando manuale o elettrico.

La **figura C2.19** illustra una valvola di sicurezza manuale della ditta Parker.

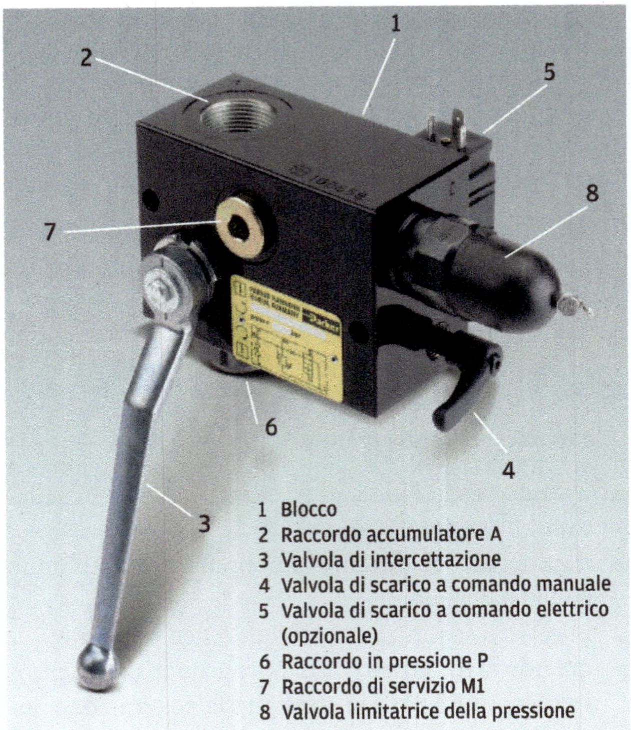

C2.19 Valvola di sicurezza manuale per accumulatore.

Come intervenire in sicurezza

La manutenzione, il riempimento di precarica del polmone con il gas e le stesse misure di pressione richiedono un livello avanzato di conoscenza ed esperienza: normalmente tali operazioni sono eseguite da esperti o direttamente dai tecnici del produttore.
Le norme devono essere rispettate scrupolosamente.
Prima di lavorare sul polmone, occorre ridurre a zero la pressione del sistema e quella del polmone stesso. Controllare con un manometro l'effettiva mancanza di pressione. Si ricordi che, anche in assenza di pressione nel circuito idraulico, il lato con il gas nel polmone è sotto pressione, quindi, in alcuni casi, è bene rimuovere anche questo rischio.

Installazione e manutenzione degli scambiatori di calore

Lo **scambiatore** è installato generalmente su condotte a bassa pressione, così da essere costruito in modo economico (la tenuta stagna è facilmente assicurata sempre grazie alle basse pressioni in gioco). Viene collocato, quindi, sulla condotta che riunisce i ritorni delle varie utenze, prima dello scarico nel serbatoio.
La tenuta stagna assicura che non entri mai acqua nel circuito dell'olio. Oltre a una buona costruzione, è bene che la pressione del lato oleodinamico sia sempre maggiore rispetto a quella dell'acqua di raffreddamento: in caso di guasto, infatti, l'olio entrerebbe nel circuito dell'acqua e non viceversa.

Lo scambiatore viene installato, invece, sulla mandata quando occorre mantenere stabile la temperatura con elevata precisione. Lo scambiatore ad acqua viene generalmente regolato con una valvola termostatica |fig. C2.20|, che modula il flusso dell'acqua in modo da mantenere la temperatura del fluido al valore prefissato.

C2.20 Valvola termostatica.

Il sensore termico è collegato tramite un capillare con la membrana del regolatore del flusso. Il volume del liquido varia proporzionalmente alla temperatura, con una soluzione semplice e affidabile che non necessita né di aria compressa né di elettricità. La temperatura aziona la membrana, che regola il grado di apertura, e quindi la portata, dell'acqua. Impostando il punto di commutazione si determina la temperatura del fluido. I sensori devono essere protetti da una guaina e vengono completamente immersi nel fluido per controllarne la temperatura. Nei casi particolari in cui si richiede un controllo molto preciso della temperatura, si utilizza un regolatore elettronico. L'impiego di una valvola regolatrice comporta una riduzione dell'efficienza dello scambio termico. È importante ricordare che la sostituzione dello scambiatore avviene **sempre** a **impianto fermo**.

Installazione e manutenzione dei cilindri idraulici

I **cilindri idraulici** devono essere installati rispettando le norme del componente. È importante curare l'allineamento dei componenti per evitare deformazioni dello stelo che provocherebbero l'usura precoce delle guarnizioni (e conseguenti trafilamenti) e difficoltà nei movimenti regolari a tutte le velocità.
L'ispezione di tali componenti si limita alla verifica delle perdite e della temperatura che il corpo raggiunge durante il ciclo: una temperatura localmente più alta di quella dell'olio è indice di cattivo allineamento. Nell'intervento, oltre alle normali precauzioni, è consigliabile verificare le seguenti condizioni di rischio:

- se il sistema è stato progettato per mantenere il cilindro in pressione anche in mancanza della pompa; la figura C2.21 riporta lo schema di un cilindro di bloccaggio che prevede al suo interno il sistema di valvole di blocco pilotate;
- se il cilindro ha un comando a molla che può scattare durante le operazioni di smontaggio;
- se il cilindro sostiene un carico verticale che rischia di cadere allo smontaggio.

Si tratta di casi tipici di energia catturata all'interno del sistema anche in caso di arresto dell'impianto, e dovrebbero essere segnalati negli schemi e nelle norme di utilizzo.

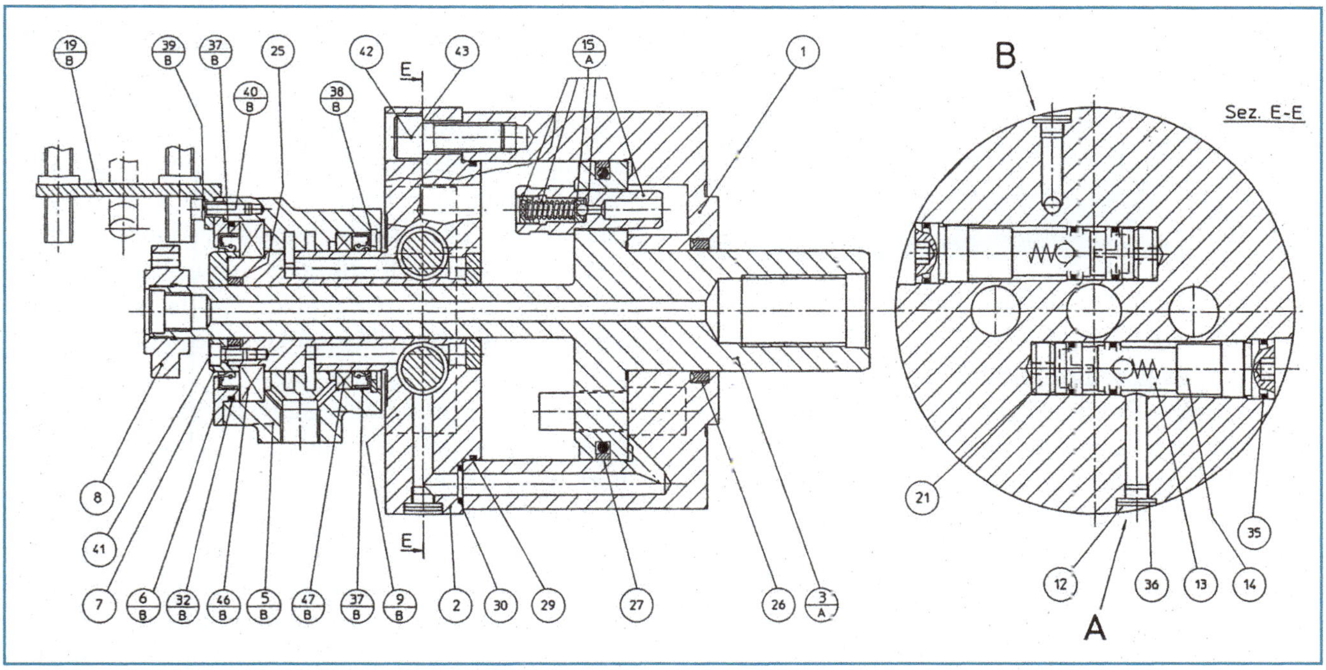

C2.21 Schema di un cilindro di bloccaggio con sicurezza. In sezione E-E si vedono le valvole di bloccaggio pilotate (13).

C2.2 Assemblaggio dei circuiti pneumatici di potenza

Come è stato detto in precedenza, i circuiti pneumatici sono molto simili a quelli oleodinamici e le norme e le procedure da seguire per l'installazione, il montaggio e la manutenzione dei sistemi pneumatici sono gli stessi di quelli oleodinamici.

La presenza dell'aria, tuttavia, comporta alcuni nuovi rischi, legati soprattutto:

- al rumore provocato dallo scarico nell'ambiente dell'aria compressa;
- allo scarico nell'ambiente di aria carica di particelle d'olio usato come lubrificante; l'olio può arrivare dal compressore oppure da lubrificatori previsti nel circuito.

Contro il rumore vengono previsti dei silenziatori |fig. C2.22| nelle uscite di scarico delle valvole e sono costruiti in modo da avere poca influenza sulla velocità dei cilindri.

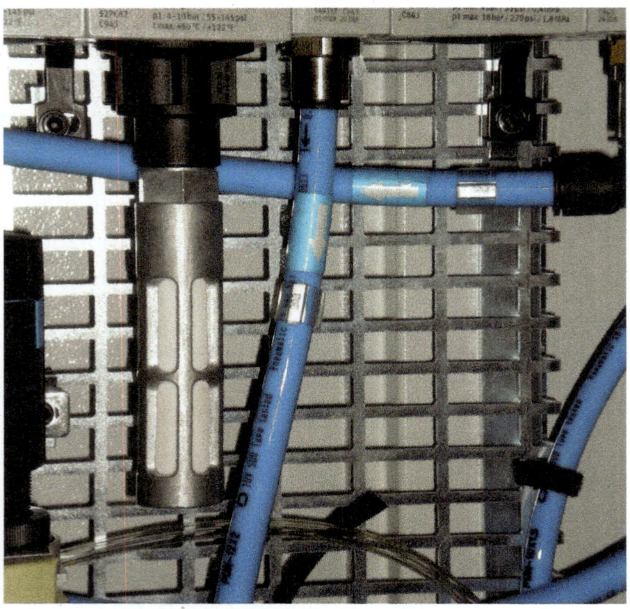

C2.22 Silenziatore per l'impianto pneumatico.

L'aria, per la sua comprimibilità, permette di accumulare energia se confinata sotto pressione: particolare cura deve essere esercitata quando si scollegano i tubi, poiché l'energia viene espulsa così rapidamente e con una forza tale da comportare rischi per il personale.

È importante non dimenticare che eventuali particelle presenti nell'aria potrebbero essere proiettate contro gli occhi, quindi occorre indossare i vari dispositivi di protezione individuale.

Anche nel caso degli impianti pneumatici, i comandi elettrici del sistema devono essere esclusi prima di iniziare lavori di assemblaggio, ispezione o manutenzione. La mandata di aria compressa deve essere isolata e lucchettata come nel caso degli impianti oleodinamici. Gli attuali sistemi pneumatici prevedono una stretta integrazione con i comandi elettrici ed elettronici. In tutti i sistemi pneumatici sono installati sensori che controllano la pressione del circuito e l'effettiva posizione degli attuatori come i cilindri lineari e rotativi.
In genere, nel pistone del cilindro viene inserita una calamita, il cui flusso magnetico può essere intercettato da un sensore (*relè reed*, *sensore di Hall*) che chiude un contatto elettrico utilizzato, poi, dalla logica di macchina. Il corpo del cilindro deve essere di materiale amagnetico come l'alluminio |fig. C2.23|.

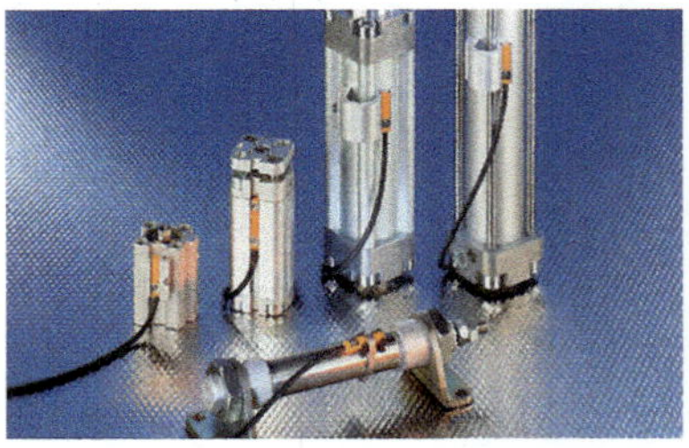

C2.23 Cilindri pneumatici con sensori di fine corsa.

Esistono anche cilindri che utilizzano sensori di prossimità, assai più sicuri, anche se più ingombranti.
Una delle operazioni da svolgere al termine di una installazione o di una manutenzione è proprio quella di controllare che il sensore legga correttamente la posizione del cilindro: in genere, in questa operazione occorre avere la collaborazione di un elettricista che sia a conoscenza del circuito di comando.

Installazione di un impianto pneumatico

Come nel caso precedentemente affrontato dell'impianto oleodinamico, le operazioni di assemblaggio di un impianto pneumatico prendono avvio dagli schemi funzionali del sistema.
Nel caso dell'aria, tutte le operazioni sono semplificate dalla possibilità di utilizzare tubi in materiale plastico, facili da tagliare e preparare, e dai raccordi che generalmente non richiedono l'impiego di particolari attrezzature.
Per illustrare come realizzare il collegamento tra tubi pneumatici si può fare riferimento alle istruzioni riportate nella figura C2.24.
La scelta dei componenti, oltre che il loro dimensionamento, è in genere fatta dal progettista dell'impianto, tenendo conto della situazione ambientale e delle funzioni da svolgere. Sovente, però, la scelta di raccordi, tubi e altri componenti viene lasciata al momento dell'installazione.

John Guest®

Come realizzare una giunzione

I raccordi standard John Guest sono dotati di una pinzetta con dentini in acciaio inox che si aggraffano al tubo e di un O-ring che garantisce una tenuta perfetta.

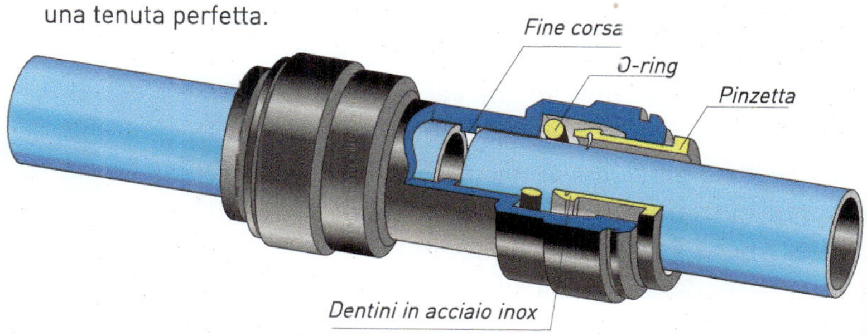

Tubi e raccordi devono essere puliti e non danneggiati.

Tre semplici passi

1 Preparare il tubo

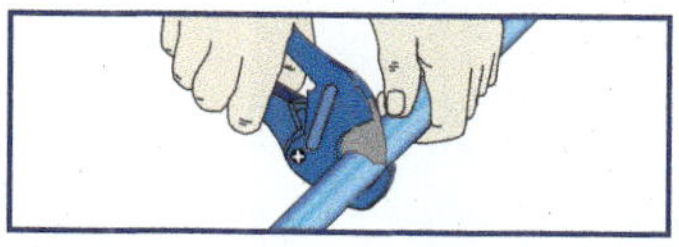

Tubi in nylon. Si consiglia l'uso della pinza tagliatubi John Guest.

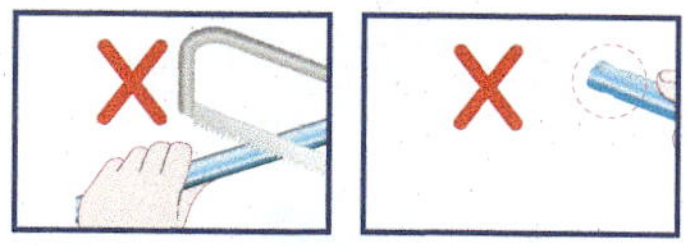

Tubi in alluminio. Non utilizzare seghetti per metalli per tagliare il tubo e rimuovere sbavature e spigoli vivi.

2 Inserire il tubo nel raccordo

Raccordi ø 12-22 | Raccordi ø 28

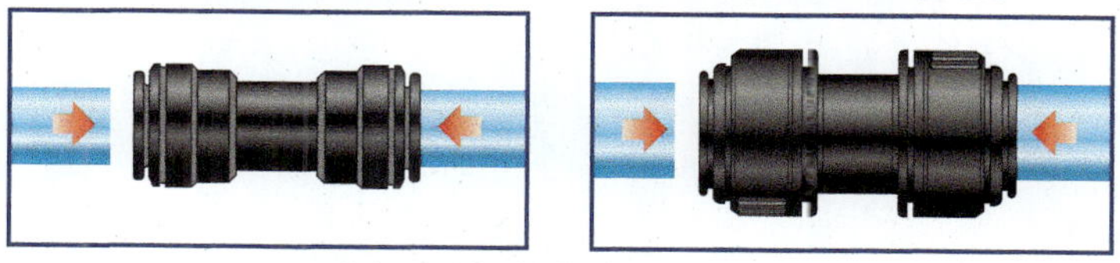

Spingere il tubo fino a fine corsa.

3 Verificare la connessione e collaudare l'impianto

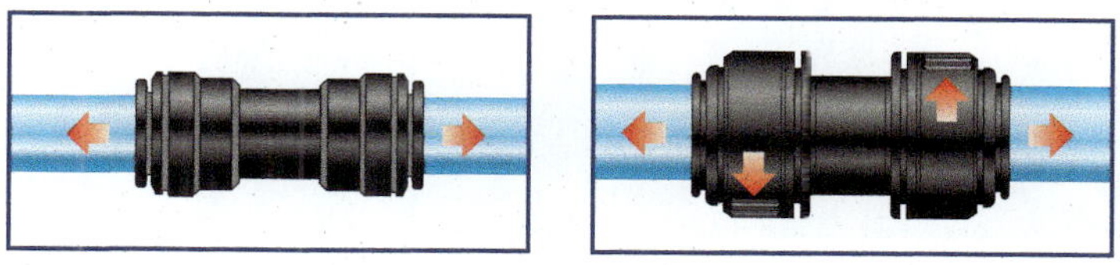

Tirare il tubo per controllare la tenuta.

Per raccordi ø 28, ruotare il colletto di circa 1/4 di giro in senso orario. Bloccando in questo modo la pinzetta in posizione, si riduce il movimento assiale e radiale del tubo nel raccordo.

Scollegamento

Assicurarsi che l'impianto sia depressurizzato

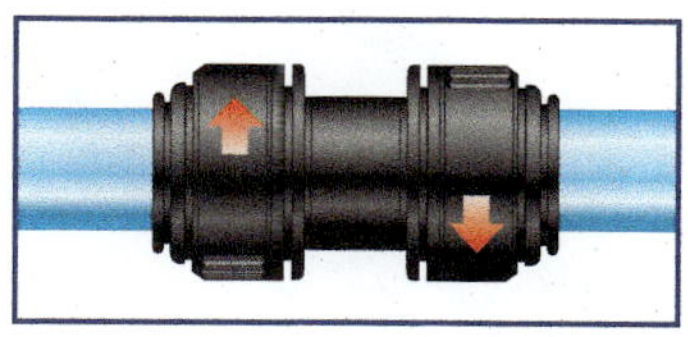

Ruotare il colletto di un 1/4 di giro in senso antiorario.

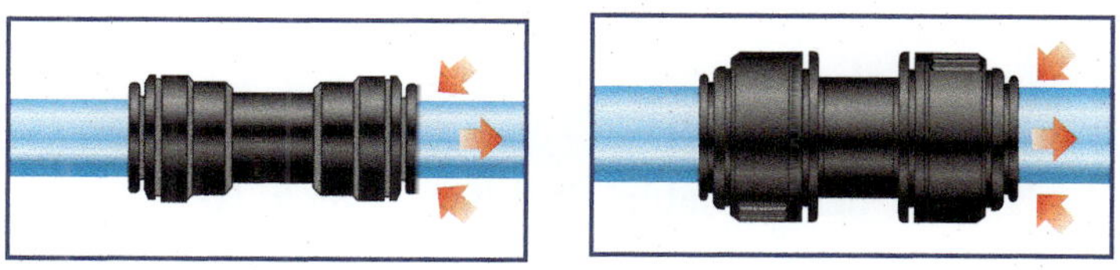

Spingere la pinzetta verso il raccordo e sfilare il tubo. Il raccordo può essere riutilizzato.

C2.24 Pagina di catalogo con le istruzioni per il collegamento di tubi pneumatici in plastica.

Tubi e raccordi

Esistono migliaia di varianti di **raccordi** e **tubi**: nella scelta si consiglia di tenere presente, oltre alla massima pressione e al flusso di lavoro, la temperatura ambiente, l'eventuale contatto con l'acqua e la prossimità a materiale incandescente (saldatura, per esempio). Come è stato già detto, la maggior parte dei **raccordi** è **a pressione**, ma esistono anche raccordi tradizionali **a vite**. Anche i materiali disponibili sono innumerevoli; si passa dalla plastica all'ottone e all'acciaio inox. Esistono, inoltre, *raccordi rotanti* per componenti in movimento |**fig. C2.25**|.

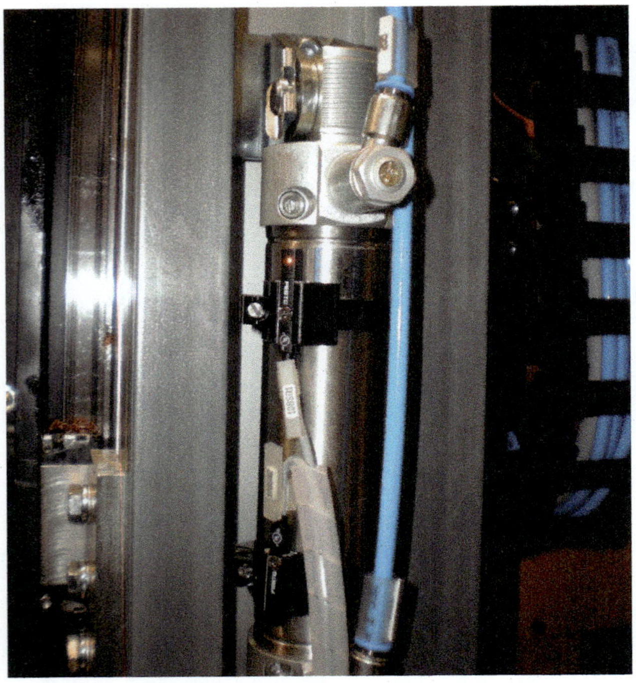

C2.25 Raccordi con regolatore di flusso per la pneumatica.

I **tubi** devono essere tagliati con un apposito strumento |**fig. C2.26**| che non crei sfridi ed eviti l'inquinamento del sistema.

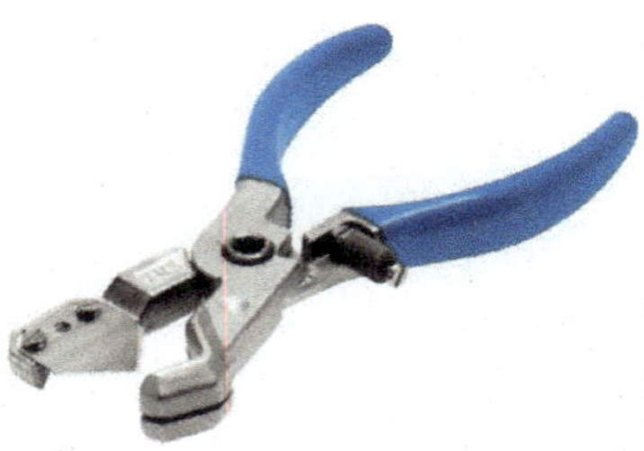

C2.26 Strumento per tagliare i tubi plastici da pneumatica.

Regolatori di flusso

Anche la scelta dei **regolatori di flusso**, sovente lasciata all'installatore, avviene in una gamma molto ampia e deve tenere conto delle condizioni di funzionamento del sistema. Sono prodotti nella stessa gamma di materiali plastici e metallici.

I regolatori di flusso possono essere installati in linea sulle tubazioni oppure direttamente sui cilindri di cui devono controllare la velocità di movimento. La **figura C2.27** illustra un raccordo pneumatico rotante per movimenti limitati.

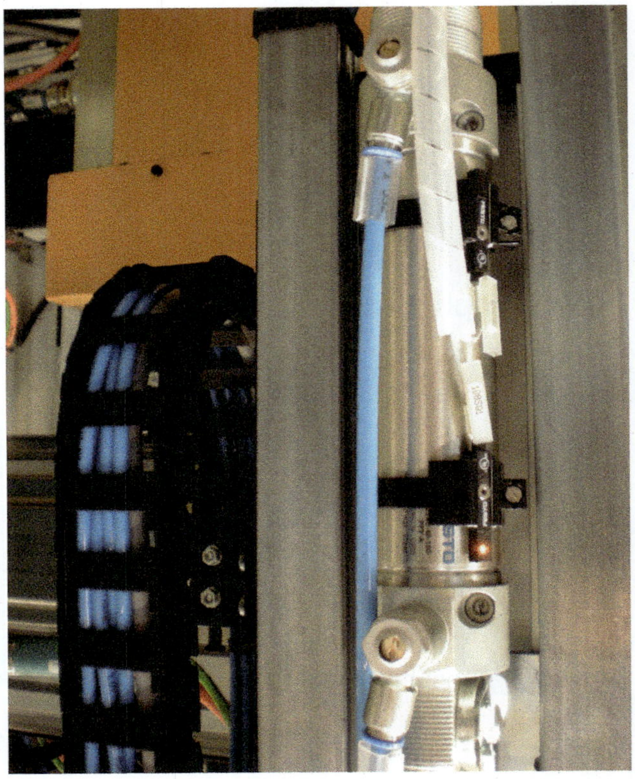

C2.27 Raccordo pneumatico rotante per movimenti limitati.

Distributori e silenziatori

Nei cataloghi esistono numerosi sistemi di distribuzione per semplificare le installazioni: essi offrono da 1–2 linee di ingresso fino a oltre 12 linee di uscita |**fig. C2.28**|.

C2.28 Esempi di sistemi di distribuzione (Manifold).

I silenziatori, in metallo sinterizzato o in polimero, vengono anch'essi scelti in fase di installazione.
Devono essere montati rivolti verso il basso e, se possibile, non ad altezza d'uomo.

Ispezione e manutenzione dei compressori

Per garantire la continuità di funzionamento dei sistemi pneumatici è necessario assicurarsi che l'alimentazione di aria compressa sia:

- alla pressione richiesta;
- secca (senza acqua);
- pulita (senza particelle contaminanti).

I componenti da considerare nell'ispezione del sistema di generazione dell'aria compressa sono:

- il filtro di ingresso;
- il compressore vero e proprio;
- il polmone d'aria;
- l'essiccatore;
- il filtro dell'aria con il separatore d'acqua;
- il regolatore di pressione;
- il lubrificatore, se previsto;
- i punti di drenaggio.

Come regola generale, si può affermare che gli impianti funzionano a 6 bar e che una perdita fino a 0,5 bar dovuta a raccordi, perdite nei tubi e nei raccordi è ragionevole: quindi, il compressore deve essere previsto per funzionare tra 6,5 – 7 bar.
La messa in servizio, la sicurezza e la manutenzione degli impianti sono soggetti a norme di legge le cui violazioni hanno, a partire dal 2005, sanzioni di carattere penale.
In particolare il DM 329/04 prevede una messa in servizio documentata del compressore, mentre il DLgs 81/08, con le successive modifiche (DLgs 106/09), prevede la regolare manutenzione di attrezzature e impianti basati su compressori pneumatici tramite il controllo iniziale, il controllo di una manutenzione conforme alle indicazioni del fornitore, il controllo della corretta installazione e, infine, il controllo dopo ogni nuovo montaggio.
Dal punto di vista del tecnico, queste norme di legge sottolineano l'importanza della formazione professionale degli addetti alla manutenzione, nonché la necessità di mantenere aggiornata la documentazione degli impianti.

Controllo del lubrificatore

L'olio viene atomizzato dalla differenza di pressione che si crea tra la parte alta e la parte bassa del serbatoio contenente il liquido.

Un valore ragionevole di dosaggio d'olio è da 1 a 10 gocce d'olio ogni metro cubo di aria compressa. Empiricamente si può controllare che l'olio che arriva al punto di utilizzo più lontano dal lubrificatore riesca a sporcare leggermente un foglio di carta tenuto vicino allo scarico. Un eventuale gocciolio d'olio è un chiaro sintomo di eccesso di lubrificazione.

A prima vista, l'olio in eccesso presente nel circuito può sembrare utile per gli utilizzi successivi, ma può allo stesso tempo provocare conseguenze inattese (oltre all'inquinamento) come quelle elencate di seguito:

- l'olio tende ad accumularsi nei tubi, per essere poi trascinato agli utilizzi in modo incontrollato;
- l'olio si secca nei periodi di inattività, rendendo impossibile o "gommoso" il movimento dei cilindri;
- l'olio lava il grasso utilizzato per lubrificare i cilindri che non necessitano di alcuna lubrificazione (e questa è la soluzione che viene preferita per nuovi impianti o nuovi componenti).

Ispezione dei filtri dell'aria

Il livello di aria di condensa presente nel bicchierino trasparente deve essere basso: se necessario, scaricare manualmente l'eccesso. La presenza di acqua nel circuito pneumatico deve essere evitata per ridurre i rischi di ossidazione dei componenti.
Anche il filtro deve essere controllato e sostituito se è sporco.

Perdite

Le perdite sono uno dei problemi fondamentali di tutti i sistemi pneumatici e provocano, oltre a malfunzionamenti, un sovraccarico del compressore e un aggravio dei costi. La manutenzione di tubi e raccordi è di fondamentale importanza: si consiglia di chiudere i raccordi regolarmente, sostituendo i componenti (ovvero i tubi e i raccordi) difettosi.

Si consiglia di non utilizzare mezzi chimici (collanti e simili) per la riparazione di componenti con perdite, poiché si rischia di diffondere nell'impianto particelle di collante che potrebbero bloccare i movimenti.
In fase di installazione prima e di manutenzione poi, la ricerca di perdite e trafilamenti è una delle attività più importanti.

ESERCITAZIONE GUIDATA C2.1

Verifica delle conoscenze

A) Quali sono le condizioni fondamentali per operare in sicurezza su un impianto fluidodinamico?

....

....

....

....

B) Come si controlla la presenza di acqua nell'aria e come entra l'acqua negli impianti?

....

....

....

....

C) Come si verificano i filtri dell'aria e quando occorre sostituirli?

....

....

....

....

D) Provare a immaginare una lista di operazioni da fare prima di intervenire su un impianto.

....

....

....

....

1 Tutti gli interventi devono aver luogo in assenza di .... e l'interruttore principale deve essere .... in posizione di ....

2 Le situazioni di pericolo non devono essere descritte da cartelli monitori.

☐ Vero ☐ Falso

3 Descrivere la procedura di messa in marcia di un impianto oleodinamico.

....

....

....

....

....

4 Tutte le operazioni di assemblaggio e di manutenzione devono sempre essere accuratamente pianificate e condotte in condizioni di sicurezza. Indicare nella seguente tabella le principali norme.

5 Indicare in cosa consiste l'allineamento motore – pompa (max 20 parole).

....

....

....

6 Spiegare come avviene la carica degli accumulatori (max 15 parole).

....

....

7 Indicare in cosa consiste il flussaggio di servo-impianti (max 15 parole).

....

....

8 L'aria racchiusa nel circuito può dare origine al funzionamento difettoso e all'usura rapida dei componenti.

☐ Vero ☐ Falso

9 Nella tabella seguente elencare le tarature e le messe a punto dei componenti del sistema oleodinamico.

Componente	Collegato a	Regolato di	Note

10 Le valvole di comando devono essere messe in esercizio con portata .... e pressione .... per evitare danni dovuti ai possibili errori nei circuiti elettrici di comando o nei collegamenti oleodinamici.

11 Elencare quali componenti devono essere controllati durante un intervento manutentivo.

....

....

....

....

12 Gli interventi manutentivi devono essere effettuati con l'impianto in esercizio.

☐ Vero ☐ Falso

13 A che cosa servono i sensori di fine corsa montati sui cilindri? (max 15 parole)

....

....

14 Indicare nella tabella seguente i principali componenti di un impianto pneumatico e per ciascuno annotare come deve avvenire l'assemblaggio.

Componente	Attrezzi montaggio	Pressione, temperatura ecc.	Note per l'assemblaggio

UNITÀ

C3 DISPOSITIVI TERMOTECNICI

OBIETTIVI

Conoscenze

- Le tecniche e procedure di assemblaggio e installazione di impianti e apparati o dispositivi termotecnici
- Le norme sulla sicurezza e sulla tutela ambientale
- Le procedure generali di collaudo ed esercizio

Abilità

- Adottare i dispositivi di prevenzione e protezione prescritti dalle norme per la sicurezza nell'ambiente di lavoro durante le operazioni di assemblaggio, installazione, collaudo e manutenzione di impianti e apparati o dispositivi termotecnici
- Individuare le risorse strumentali necessarie nelle operazioni di assemblaggio, installazione, collaudo e manutenzione di apparati o dispositivi termotecnici
- Eseguire, secondo le procedure, gli interventi di assemblaggio, installazione, collaudo e manutenzione di apparati termotecnici
- Redigere la documentazione e le attestazioni obbligatorie

CONTENUTI

In questa unità vengono descritti gli organi che compongono gli **impianti**, facendo riferimento soprattutto alla loro struttura e alle loro modalità di funzionamento. Lo studio degli **impianti termotecnici** permetterà di apprendere l'**ingegneria di prodotto** degli impianti stessi; successivamente verranno fornite informazioni sulle metodologie di **assemblaggio**.

C3.1 Schemi e dispositivi dei generatori di calore

I **generatori di calore**, comunemente detti **caldaie**, sono complessi di macchine termiche costituite da un insieme di apparecchiature e componenti, la cui funzione è generare calore e inviarlo agli utilizzatori. Il calore può essere generato mediante la combustione, impiegando energia elettrica o solare, sottraendolo da altri fluidi (gas di scarico caldi) prima della loro espulsione in ciminiera. La distribuzione del calore viene eseguita ponendo in circolazione, entro tubature, un **fluido termovettore** che può essere liquido o aeriforme, costituito principalmente da acqua calda, vapore acqueo, aria o altri tipi di liquido, quali oli minerali, detti **fluidi diatermici**.

La combustione e i bruciatori

La **combustione** è un insieme di reazioni chimiche di ossidazione che avvengono tra il combustibile e il comburente in un ambiente detto **camera di combustione** o **focolare**.

I focolari sono strutturati in modo diverso a seconda che il combustibile sia solido (legna, carbone), liquido (gasolio, oli combustibili o nafte, kerosene) o gassoso (GPL, metano). La figura C3.1 riporta lo schema di un focolare per carbone: sul lato destro si osserva una tramoggia riempita di carbone alla cui base è posta una coclea (vite senza fine), che trasferisce il carbone nel focolare; il carbone spinto dal basso verso l'alto dalla vite emerge attraverso un'apertura della griglia, spingendo verso l'alto lo strato di carbone che sta bruciando.

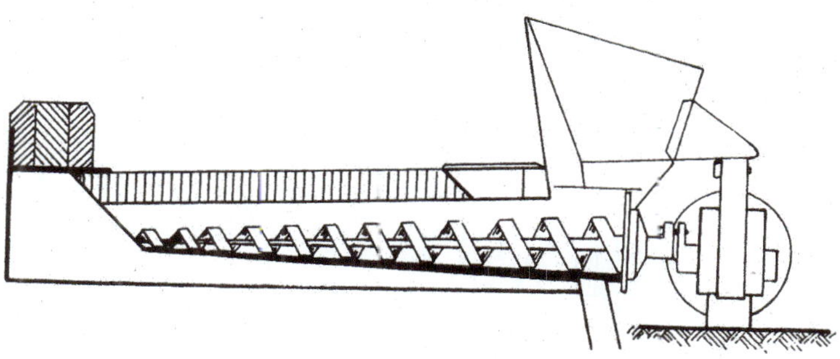

C3.1 Focolare automatico a vite senza fine.

L'aria comburente viene soffiata da un ventilatore e segue lo stesso percorso del carbone. La parte inferiore del focolare, detta **cenerario**, è l'ambiente in cui viene raccolta la cenere che cade dalle griglie.

Il **bruciatore** è un dispositivo che realizza la combustione del combustibile liquido, gassoso o solido finemente polverizzato. Il bruciatore deve realizzare una miscelazione molto intima tra combustibile e comburente, per rendere la combustione veloce e completa: nel caso dei combustibili liquidi, l'operazione è detta **polverizzazione**. Quest'ultima si ottiene principalmente per via meccanica, più raramente pneumatica o per mezzo del vapore.

La **figura C3.2** riporta lo schema di un bruciatore per gasolio. Dal punto di vista dell'assemblaggio, il bruciatore è formato dai seguenti componenti: la carcassa; la presa d'aria munita da una serranda per regolare la portata d'aria entrante; un motore elettrico per porre in rotazione la ventola e la pompa del combustibile; il sistema elettrico di regolazione; un trasformatore per generare la scintilla di accensione tra i due elettrodi; l'ugello spruzzatore; un rivelatore di fiamma a fotoresistenza; la testa di combustione.

La pompa ha il compito di aspirare il gasolio dal serbatoio e iniettarlo ad alta pressione (10 ÷ 20 bar, a seconda del combustibile) nell'ugello. Quest'ultimo presenta dei canali tangenziali |**fig. C3.3**| per poter imprimere alla portata un moto elicoidale che favorisca la polverizzazione nel momento della fuoriuscita. Il bruciatore deve essere dotato di un sensore capace di rilevare la presenza della fiamma (in genere del tipo *a fotoresistenza*), cioè in grado di percepire la luce emessa dalla fiamma: se la fiamma si spegne, cessa l'emissione luminosa e il sensore emette un segnale diretto alla centralina di regolazione e controllo, affinché disinserisca il bruciatore.

La **figura C3.3** illustra la vista in trasparenza di un bruciatore per combustibile liquido. Procedendo da sinistra verso destra, le indicazioni riportate nella parte alta del disegno indicano il motore elettrico con il suo gruppo di alimentazione e regolazione (*Brennermotor*[...]), il sensore di fiamma (*Flammenüberwachung*), la candela per innescare la fiamma (*Elektronisches Zündgerät*), il gruppo elettronico di regolazione della combustione (*Digitaler Feuerungsmanager*[...]), gli staffaggi di montaggio (*Brennergehäuse*[...]) e il miscelatore polverizzatore a tre stadi (*3-stüfige Mischeinrichtung*). Nella parte in basso, sempre procedendo da sinistra verso destra, si osservano il ventilatore (*Gebläserad*), la griglia di protezione (*Schutzgitter*), il gruppo regolatore dell'apertura della finestra di ingresso dell'aria (*Stellantrieb*[...]), la finestra di ingresso dell'aria (*Luftklappe*), la pompa dell'olio combustibile (*Ölpumpe*), il coperchio insonorizzante (*Geräuschgedämmtes Ansauggehäuse*), il cablaggio a innesto rapido ([...]*Kabeldurchführung*) e le valvole magnetiche (*Magnetventile*).

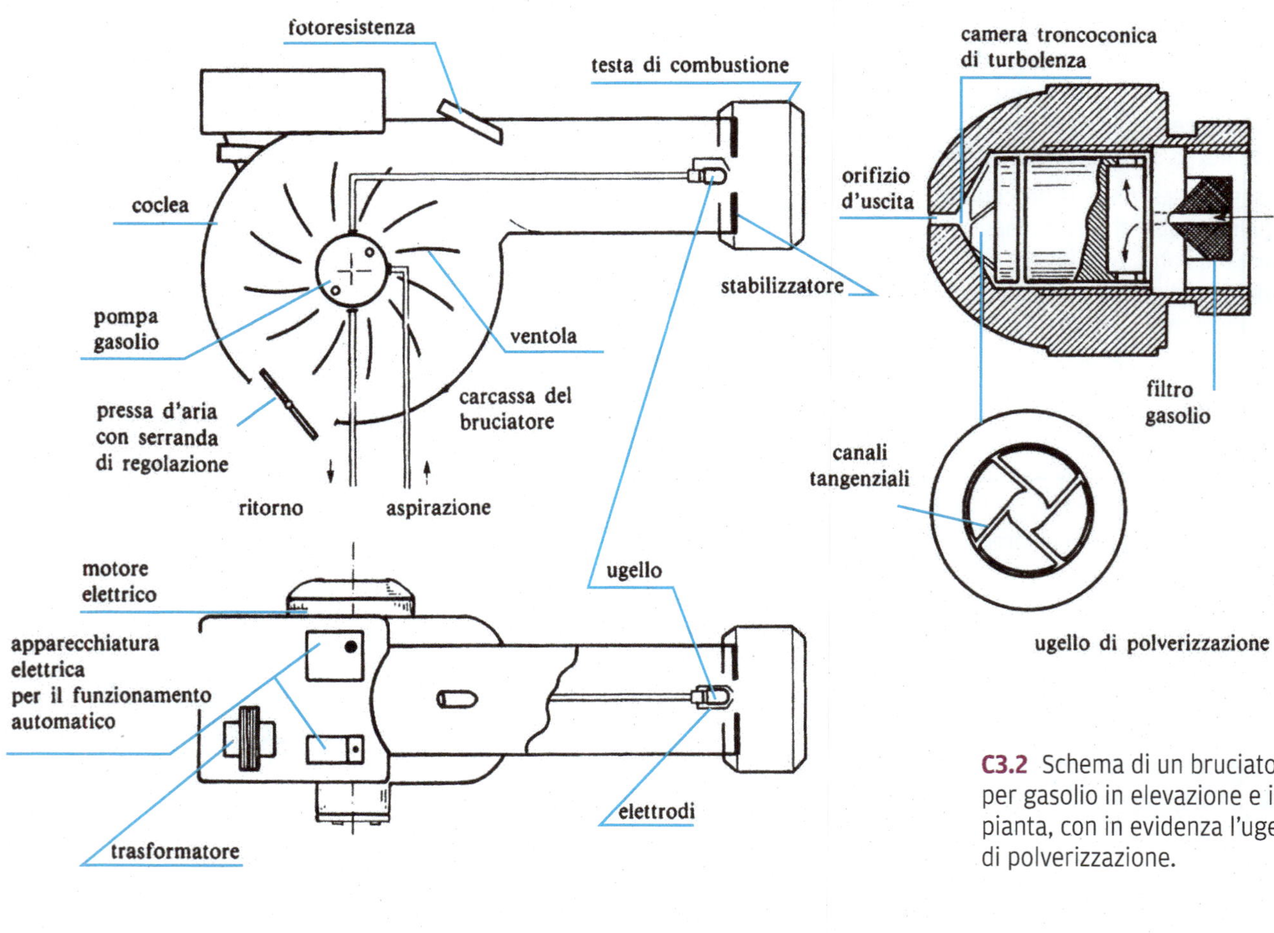

C3.2 Schema di un bruciatore per gasolio in elevazione e in pianta, con in evidenza l'ugello di polverizzazione.

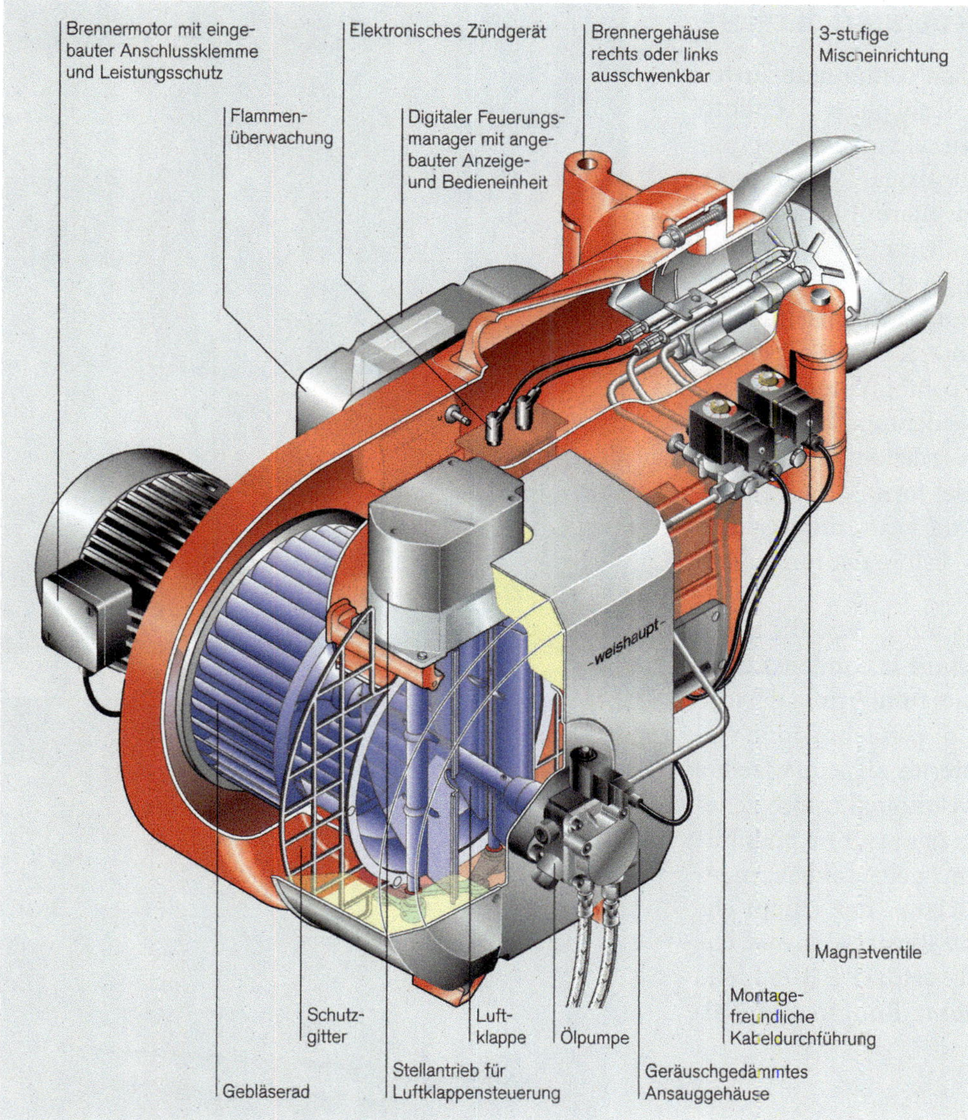

C3.3 Vista in trasparenza di un bruciatore per combustibile liquido (Weishaupt GmbH, Schwendi, Germania).

Nella **figura C3.4** si può osservare la vista esterna di un altro bruciatore, per combustibile gassoso, mentre la **figura C3.5** riporta l'immagine di una grossa caldaia per la produzione di vapore, con in primo piano un bruciatore bicombustibile, in grado di funzionare sia a gas sia a olio.

C3.4 Vista esterna di un bruciatore per gas.

C3.5 Caldaia allestita con un bruciatore di tipo bicombustibile.

Organi principali dei generatori di calore

La configurazione di una caldaia comprende l'involucro (detto anche **fasciame**), il focolare, i condotti per il fumo e per il fluido da riscaldare e/o evaporare, costituito principalmente da acqua. I generatori a combustione devono inoltre ospitare il bruciatore e la camera di combustione. La **figura C3.6** riporta un impianto completo di produzione del vapore per applicazioni industriali; in essa sono evidenziati la caldaia, il corpo cilindrico inferiore, il corpo superiore, i percorsi dei fumi e dell'aria comburente. Quest'ultima viene preriscaldata a spese dei fumi caldi, prima di essere insufflata in due canalizzazioni di alimentazione, una entrante alla base del forno e l'altra poco al disotto dei bruciatori. L'acqua viene preriscaldata in uno scambiatore che sottrae calore dai fumi, detto **economizzatore**.

Le **caldaie a condensazione** sono generatori a elevato rendimento, nei quali avviene la condensazione del vapore acqueo contenuto nei fumi prima del loro ingresso nel camino. Il calore di condensazione viene recuperato per essere trasferito all'acqua fredda di ritorno, prima di essere investito dal calore generato con la combustione. Nella **figura C3.7** è possibile osservare una vista dell'interno della caldaia, mentre la **figura C3.8** riporta gli schemi dei gruppi che la compongono e la **figura C3.9** illustra il *layout* che mostra la loro disposizione; la caldaia è il modello **Multidea Eco Box** di produzione **Bongioanni Caldaie Srl**.

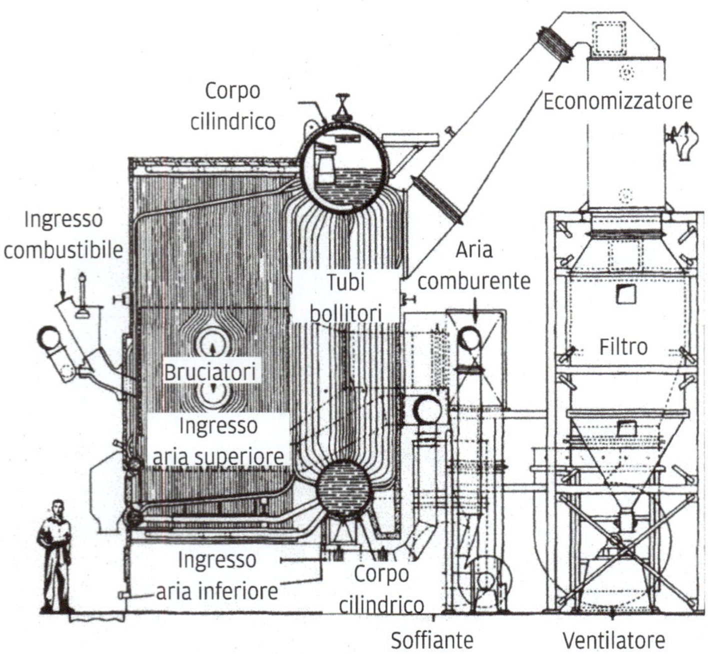

C3.6 Caldaia industriale a tubi d'acqua tipo Towerpack con due collettori cilindrici (Babcock & Wilcox, Ohio, USA).

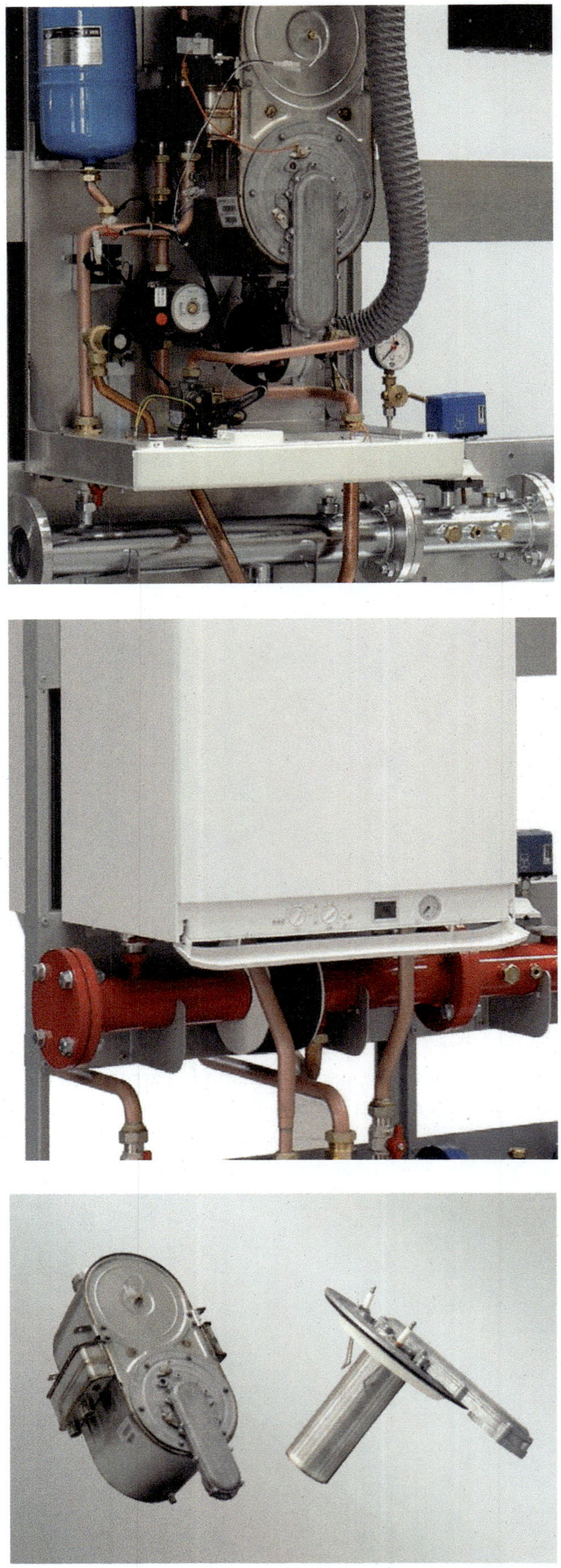

C3.7 Vista dell'interno della caldaia modello Multidea Eco Box (Bongioanni Caldaie Srl).

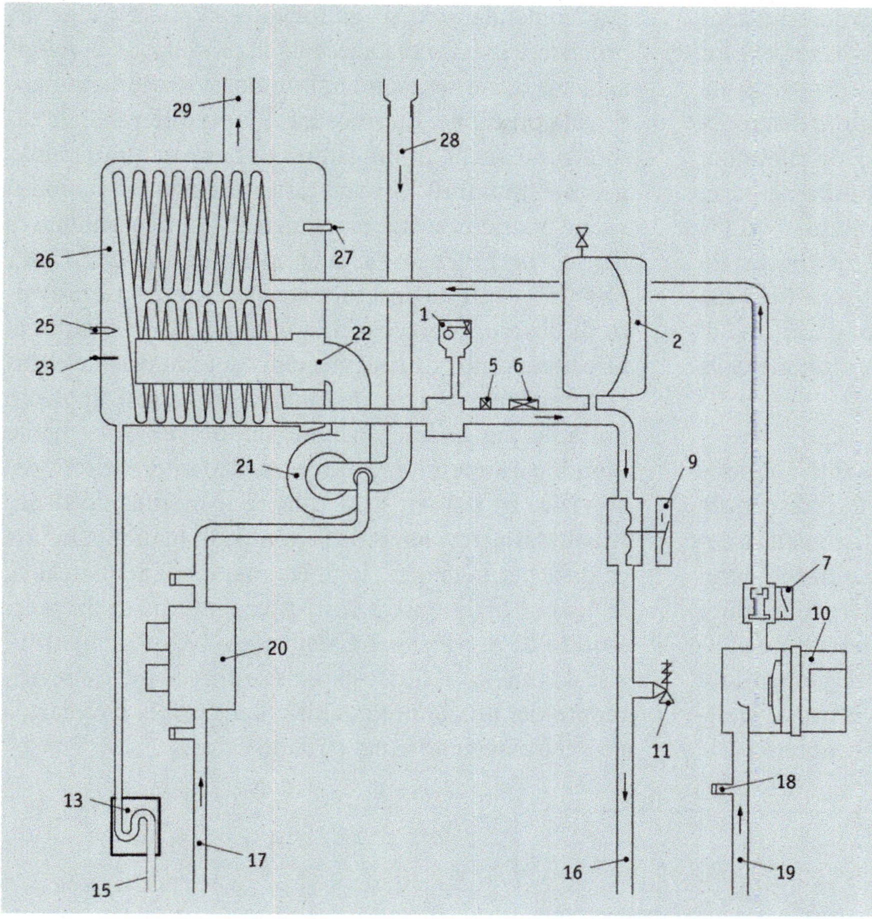

Legenda

1 - Valvola sfiato automatica
2 - Vaso d'espansione
3 - Accenditore remoto
4 - Scarico sfiato
5 - Sonda NTC riscaldamento
6 - Termostato di sicurezza
7 - Flussostato riscaldamento
8 - Trasformatore 230V ~ / 24V ~
9 - Pressostato di minima
10 - Pompa
11 - Valvola di sicurezza (5 bar)
12 - Scarico valvola di sicurezza (5 bar)
13 - Sifone scarico condensa
14 - Pannello comandi
15 - Tubo scarico condensa
16 - Tubo mandata riscaldamento
17 - Entrata gas
18 - Rubinetto scarico caldaia
19 - Tubo ritorno riscaldamento
20 - Valvola gas
21 - Ventilatore
22 - Bruciatore
23 - Elettrodo di rilevazione fiamma
24 - Spioncino controllo fiamma
25 - Elettrodo di accensione
26 - Scambiatore primario condensante
27 - Sonda fumi
28 - Tubo aspirazione aria
29 - Attacco condotto espulsione fumi

C3.8 Schema dei componenti della caldaia modello Multidea Eco Box (Bongioanni Caldaie Srl).

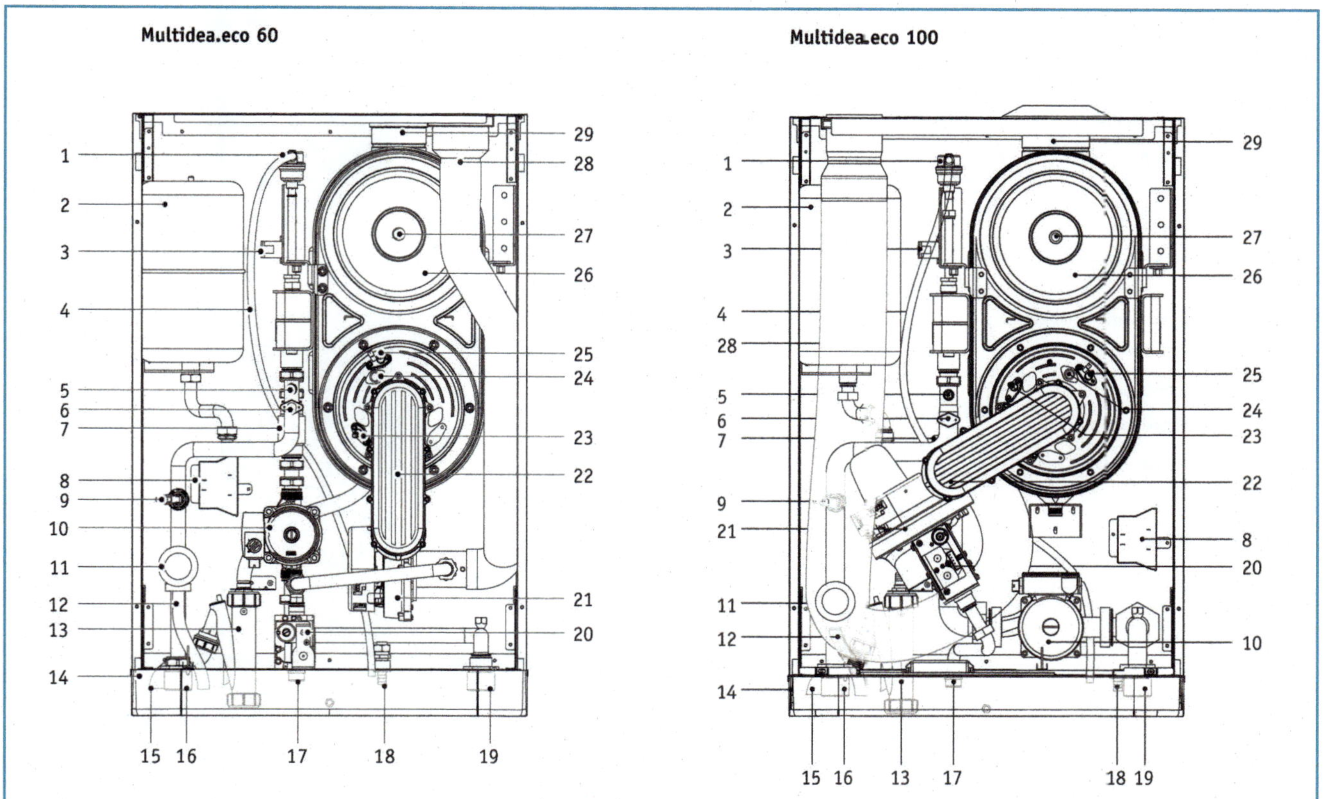

C3.9 Schema di montaggio per la caldaia Multidea Eco Box (Bongioanni Caldaie Srl, S. Defendente di Cervasca, Cuneo).

Come si può osservare, sono evidenti numerosi dispositivi di misurazione, di comando e di sicurezza e la loro rappresentazione mediante la simbologia prescritta dalle vigenti norme; sono presenti un sensore di temperatura sulla mandata dell'acqua calda (5), un rilevatore di fiamma (23), una sonda della temperatura dei fumi (27), un termostato di sicurezza (6), un flussostato (7) che misura la portata dell'acqua entrante, un pressostato (9) di minima sulla condotta dell'acqua calda in uscita e tre valvole: una per lo sfiato (1) in automatico, una di sicurezza (11) sulla mandata e una di regolazione della portata dei gas (20).

I **pressostati** e i **termostati** sono dispositivi elettromeccanici che svolgono la funzione di interruttore con logica **ON-OFF**. Sono regolabili sui valori desiderati rispettivamente di pressione e di temperatura: quando il fluido raggiunge il valore di taratura (valore di minima o di massima), l'interruttore scatta aprendo o chiudendo il circuito di comando a seconda che sia impostato come contatto NC (normalmente chiuso) o NA (normalmente aperto).

Essi comandano lo spegnimento e la riaccensione del bruciatore in base alla necessità di produzione di calore, nel caso di surriscaldamenti o improvvisi innalzamenti della pressione. I termostati di tipo **differenziale** dispongono anche di un campo di temperatura tarabile, per esempio, di 10 °C: in tal caso, se arrestano la combustione quando l'acqua raggiunge 85 °C, riaccendono la fiamma del bruciatore se la temperatura scende a 75 °C. La figura C3.10 mostra un **pressostato** e un **termostato di blocco**: sono così chiamati perché, in seguito al loro intervento di spegnimento automatico del bruciatore, occorre agire manualmente su un apposito pulsante per la riaccensione, dopo aver ovviamente identificato e rimosso la causa dell'interruzione del servizio. La figura C3.11a mostra il montaggio di un **flussostato** che comanda la pompa di mandata in una caldaia per la generazione istantanea di acqua calda; la figura C3.11b mostra la struttura interna di un pressostato di produzione Caleffi SpA. Negli impianti di riscaldamento, il flussostato deve provocare lo spegnimento del bruciatore qualora mancasse la circolazione del fluido vettore nel circuito caldaia.

(a)

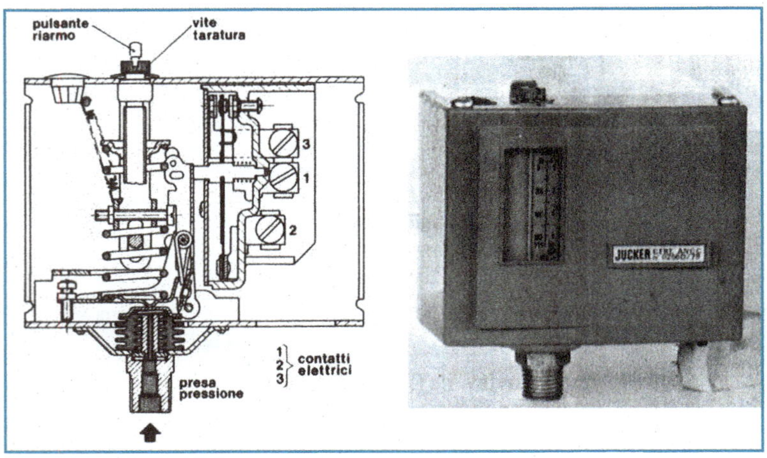

(b)

C3.10 Due componenti dei generatori di calore: a) pressostato; b) termostato.

(a)

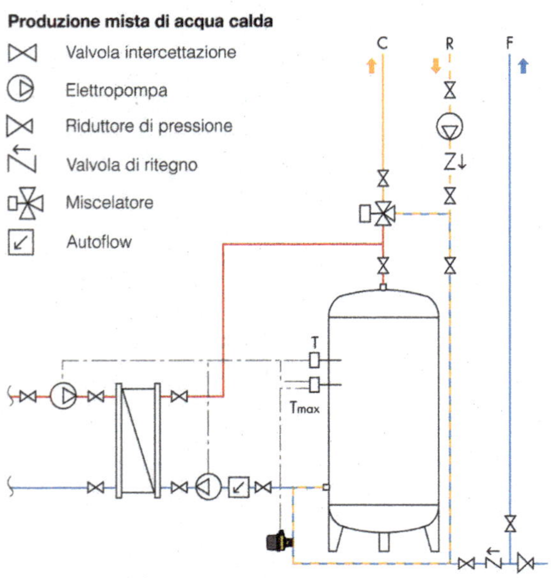

(b)

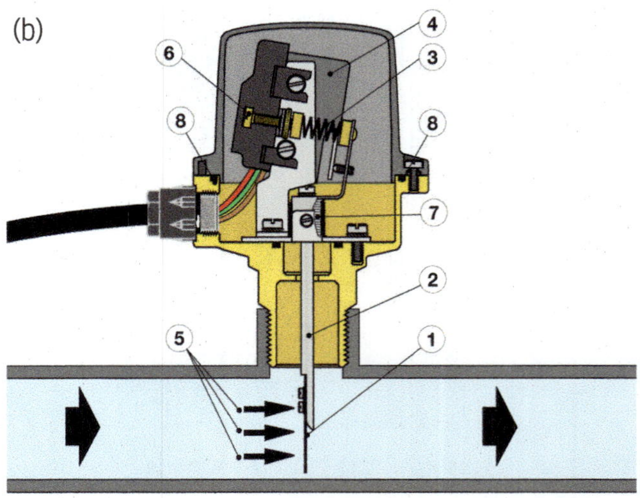

C3.11 a) Schema di montaggio di un flussostato. b) Struttura di un flussostato (Caleffi SpA, Fontaneto d'Agogna, Novara).

La mancanza di circolazione, infatti, pregiudicherebbe l'intervento dei dispositivi di sicurezza e protezione sensibili alla temperatura. Il flussostato è costituito da una lamella (1) solidale a un'asta di comando (2), a sua volta collegata, nella parte superiore, a una molla di contrasto regolabile (3). L'insieme, ruotando intorno a un perno sotto l'azione del flusso d'acqua, aziona un microinterruttore contenuto in un involucro di protezione (4). In condizioni di riposo, la molla di contrasto mantiene aperto il contatto del microinterruttore. Quando la portata del fluido aumenta sino a raggiungere il **valore di intervento**, la spinta idrodinamica (5), esercitata sulla lamella (1) dal flusso, vince la forza di contrasto esercitata dalla molla tarabile (3) e fa chiudere il contatto del microinterruttore. Se, invece, la portata diminuisce fino a raggiungere il valore di portata di intervento, la spinta del flusso sulla lamella non è sufficiente a vincere la forza di contrasto esercitata dalla molla regolabile: la lamella torna in posizione di riposo, aprendo il contatto del microinterruttore. I valori di intervento in chiusura (flusso in aumento) e apertura (flusso in diminuzione) del microinterruttore possono essere modificati agendo sulla vite di regolazione (6).
Un ruolo indispensabile per assicurare un corretto funzionamento della caldaia e dell'impianto termotecnico in generale è svolto dalle **valvole di sicurezza**, la cui presenza è resa obbligatoria dalle vigenti normative. Esse hanno lo scopo di scaricare nell'atmosfera il fluido contenuto nel generatore, nel caso in cui la pressione raggiunga il valore massimo di taratura della valvola. All'interno della valvola vi è un tappo mobile detto **otturatore**, tenuto in posizione da un peso interno oppure da una leva caricata esternamente con un peso o da una molla. Quando la pressione supera il valore di taratura, la forza da essa esercitata vince il peso o il carico della molla, per cui l'otturatore si solleva e apre il condotto di scarico facendo uscire una parte di fluido all'esterno, in modo da abbassare la pressione; al raggiungimento di un valore di pressione inferiore a quello di taratura, la valvola si richiude automaticamente. Nella figura C3.12 si osservano due tipi di valvola di sicurezza di produzione Besa.
Un altro tipo di valvola di sicurezza è la **valvola di scarico termico**, così chiamata perché si apre quando viene superata la temperatura di sicurezza. Il suo principio di funzionamento consiste in un elemento, immerso nell'acqua, costruito con materiale a elevato coefficiente di dilatazione termica; pertanto la sua dilatazione a caldo apre il vano di scarico per l'acqua troppo calda.
In modo del tutto analogo operano le **valvole di intercettazione del combustibile**, anch'esse sensibili alla temperatura del fluido scaldato in uscita dalla caldaia; l'otturatore si sposta su indicazione dell'elemento sensibile e intercetta la mandata del combustibile.

Caldaie in acciaio

Le **caldaie in acciaio** sono costruite con lamiere calandrate, tubi mandrinati e parti ottenute per imbutitura. La figura C3.13 riporta una caldaia aperta con in primo piano un elemento del fasciame sezionato: si osservi lo spessore notevole della lamiera, la cui curvatura è stata ottenuta mediante calandratura; i collegamenti, invece, sono stati ottenuti mediante chiodatura a ribadire e imbullonatura. I tubi di colore rosso costituiscono il surriscaldatore.

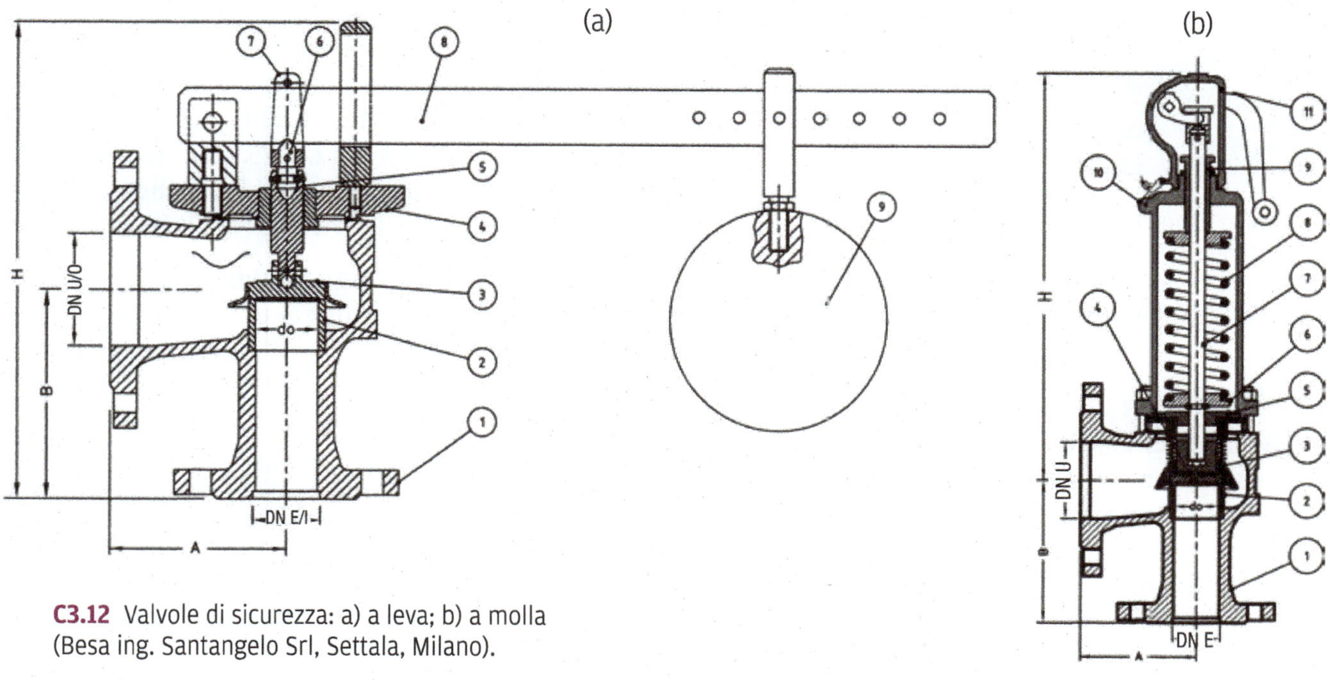

C3.12 Valvole di sicurezza: a) a leva; b) a molla (Besa ing. Santangelo Srl, Settala, Milano).

C3.13 Caldaia sezionata con in evidenza la struttura del fasciame e i diversi fasci tubieri.

La **figura C3.14** mostra una caldaia in acciaio aperta, vista dalla parte del gruppo surriscaldatore, formato da un fascio di tubi di fumo: ciascun tubo di fumo ospita al suo interno un tubo di diametro minore, in cui scorre vapore saturo secco che viene surriscaldato a temperature maggiori di quella di ebollizione.

C3.14 Sezione di una caldaia e del suo gruppo surriscaldatore: si notino i tre tubi di fumo sezionati per evidenziare la presenza, al loro interno, di un tubo più piccolo contenente il vapore.

Caldaie in ghisa

Le **caldaie in ghisa** sono costituite da elementi a forma di anello, assemblati mediante perni tubolari biconici o filettati, detti **nippli**, in modo da formare un pacco. A montaggio ultimato dei suoi elementi, la caldaia presenta un condotto di grandi dimensioni, posto in zona centrale in cui passano i fumi, e una serie di altri condotti di diametro minore in cui passa l'acqua, ovviamente stretti al fondo in modo da non avere perdite. Variando il numero degli elementi anulari, si può ottenere una vasta gamma di potenze disponibili. Il maggior pregio della ghisa rispetto all'acciaio è la *colabilità*, per cui è possibile ottenere forme anche complesse per fusione; altro pregio è la maggior *resistenza alla corrosione*. La tecnologia della costruzione e montaggio risulta economicamente più onerosa rispetto a quella dell'acciaio.

Norme di installazione

Il montaggio del generatore di calore richiede una serie di cautele e controlli da eseguire scrupolosamente per una buona riuscita del funzionamento dell'impianto nel suo complesso; i principali sono elencati qui di seguito.
Innanzitutto occorre verificare il locale caldaie, tenendo conto dello spazio e dell'accessibilità: quest'ultimo può risultare un fattore decisivo in caso di guasto, e soprattutto di incendio, potendo o meno consentire un facile accesso all'impianto; il pavimento deve essere livellato e deve poter sostenere il peso della caldaia; è opportuno procedere all'esecuzione di un battuto in calcestruzzo, in modo da montare la caldaia sollevata da terra, consentendo così una rapida pulizia e un facile smaltimento in caso di perdite di liquido.
Per gli **impianti a gas** esistono norme specifiche sull'aerazione del locale caldaia, come il **DM del 12.4.1996** del Ministero dell'Interno, oppure le **norme UNI-CIG**, di cui alla **Legge del 6.12.1971**, e altre successive emanate dall'Autorità per l'Energia Elettrica e il Gas (AEEG) e/o dagli enti locali.
Occorre inoltre assicurarsi che l'impianto operi nel pieno rispetto di tutte le norme di sicurezza: le leggi di riferimento sono la **Legge n. 46 del 5.5.1990** "Norme sulla sicurezza degli impianti" e i relativi decreti applicativi, il **DM del 28.4.2005** del Ministero dell'Interno e il **DM del 1.12.1975** sulla sicurezza degli apparecchi contenenti liquidi caldi che rinvia alle prescrizioni emesse dall'ANCC (ora ISPESL).

Per le **caldaie a combustibile liquido** occorre controllare la centratura, la lunghezza e la larghezza della fiamma generata dal bruciatore, assumendo come riferimento l'asse della camera di combustione: la fiamma deve essere regolata in modo che non giunga a lambire il fondo del focolare né le pareti.

Tutte le caldaie e i bruciatori devono essere dotati delle rispettive targhe riportanti il nome del fabbricante e la denominazione del modello, i dati caratteristici quali la potenza del focolare, la potenza utile e la pressione di esercizio.

C3.2 Schemi e dispositivi degli impianti di riscaldamento

Gli impianti di riscaldamento sono formati da tre sistemi principali: il **generatore** di calore, le **tubature di distribuzione** e gli **utilizzatori**, o corpi scaldanti.

Il sistema più utilizzato per riscaldare gli ambienti è **ad acqua calda**, così detto perché la caldaia genera una portata d'acqua a temperatura inferiore ai 100 °C, per non provocare l'ebollizione. La figura C3.15 riporta due schemi di distribuzione dell'acqua calda nei riscaldamenti domestici: il primo è detto **a pioggia**, in quanto l'acqua calda viene distribuita dall'alto verso il basso; il secondo è **a sorgente**, poiché l'acqua calda viene distribuita dal basso verso l'alto.

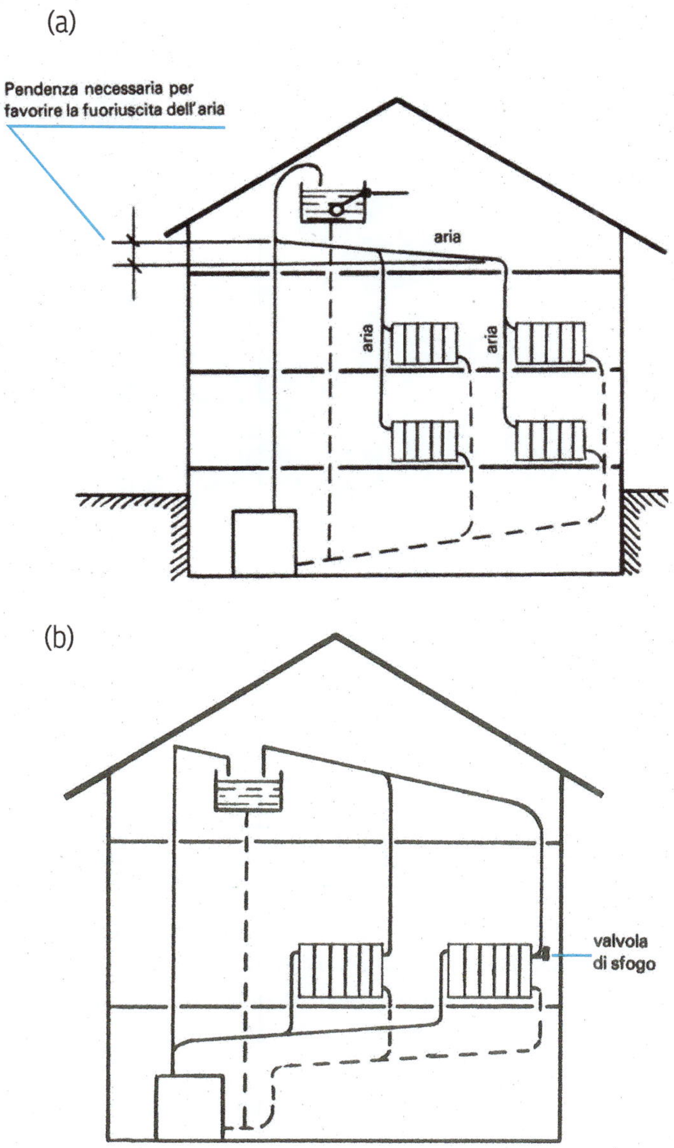

C3.15 Impianti di riscaldamento: a) a pioggia; b) a sorgente. Si noti il vaso di espansione di tipo aperto nel punto più alto dell'impianto.

Le linee continue rappresentano la parte di circuito di mandata, mentre quelle tratteggiate indicano la parte di ritorno dell'acqua fredda. Si noti la presenza di un tubo che collega direttamente il fondo della vasca con la caldaia, detto **tubo di carico**; è obbligatorio che un'eventuale pompa di circolazione sulla mandata sia posta a valle del tubo di carico.

L'impianto comprende anche i **vasi di espansione** e i **gruppi di pompaggio.** Il vaso di espansione consente la dilatazione dell'acqua all'interno del circuito idraulico, dovuto all'aumento di temperatura nella caldaia. Il vaso di espansione è **aperto** quando ha la forma di vasca aperta, con il pelo libero a contatto con l'atmosfera: in tal caso, viene montato nel punto più alto dell'impianto, generalmente sottotetto; è munito di un rubinetto a galleggiante per il reintegro dell'acqua persa a causa dell'evaporazione o per le perdite nel circuito. L'impianto è a vaso di espansione **chiuso** quando è completamente sigillato, senza superfici a diretto contatto con l'atmosfera: il circuito, quindi, è sigillato e pressurizzato e il vaso di espansione, detto anche **cassa d'aria** o **polmone,** è una bombola chiusa in cui è presente una camera d'aria, spesso racchiusa in una membrana, il cui volume varia a seconda delle variazioni del volume massico dell'acqua circolante e delle oscillazioni della pressione interna. La figura C3.16 mostra un impianto con cassa d'aria pressurizzata.

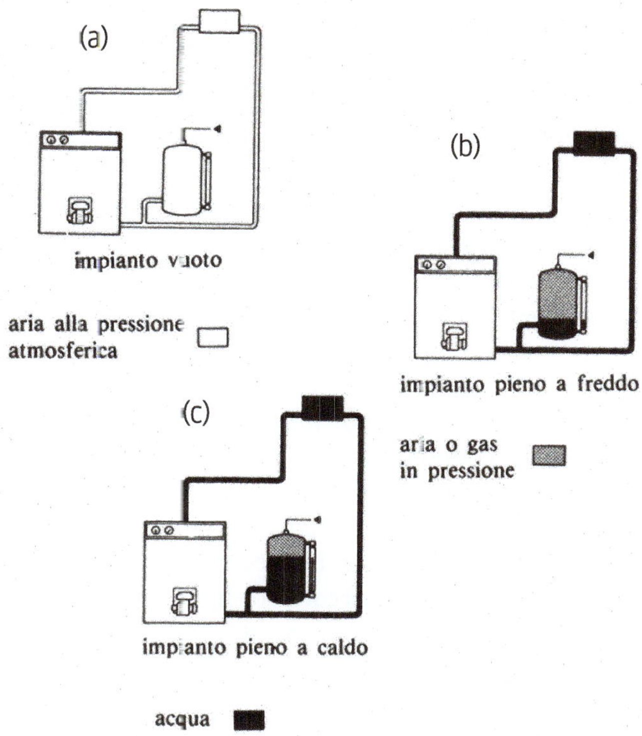

C3.16 Impianto con vaso di espansione pressurizzato: a) impianto spento e tubi vuoti; b) impianto pieno e freddo; c) impianto pieno, funzionante a caldo con l'acqua che ha subito una dilatazione.

Gli **utilizzatori** sono i corpi scaldanti, ovvero gli apparecchi che trasferiscono il calore dall'acqua circolante nel loro interno all'ambiente. I più diffusi sono il **radiatore** a elementi verticali, in ghisa o alluminio, e le **piastre radianti**; i **termoconvettori** sono formati da un fascio di tubi orizzontali alettati, inseriti in un mobiletto con griglia superiore che genera l'effetto camino. I **ventilconvettori** e gli **aerotermi** sono scambiatori di calore con un ventilatore che preleva l'aria fredda dal basso e la soffia sul fascio di tubi, migliorando lo scambio termico e creando una corrente di aria calda orientabile. I **pannelli radianti** sono fasci di tubi a serpentina annegati nei pavimenti.
La caldaia viene alimentata con l'acqua proveniente dall'acquedotto per cui, oltre a un rubinetto di scarico per lo svuotamento, occorre prevedere una **valvola di ritegno** (di non ritorno) per impedire che l'acqua della caldaia possa rigurgitare nell'acquedotto. Completano l'allestimento della caldaia il **manometro** per misurare la pressione e l'**idrometro** per visualizzare il livello d'acqua in caldaia. Sulla sommità della caldaia deve essere presente un termometro con la scala fino a 120 °C; all'uscita della caldaia deve essere applicato un pozzetto per ospitare un termometro manuale, allo scopo di controllare il buon funzionamento del termometro fisso. Nel caso dei combustibili liquidi, la normativa prevede, per la portata del combustibile, l'impiego di tubature metalliche montate rigidamente, collegate al bruciatore mediante tubature flessibili.

Pompe

La circolazione dell'acqua nell'impianto può avvenire in modo spontaneo, poiché l'acqua calda che esce dalla caldaia è meno densa dell'acqua fredda di ritorno, in uscita dai radiatori: la prima, infatti, tende a salire, mentre la seconda tende a scendere. Per ragioni di contenimento dei costi è obbligatorio adottare tubi di diametro ridotto, pertanto, dovendo servire con l'acqua calda anche le utenze più lontane dalla caldaia, cosa assai frequente negli impianti centralizzati che servono più condomini o grandi caseggiati (ospedali, scuole, uffici), risulta indispensabile dotare l'impianto di un **sistema di pompaggio**: si è passati così dalla circolazione naturale a quella meccanica o forzata. Le **pompe** sono dette **di ricircolo** poiché devono generare la portata imprimendo una velocità stabile a tutta la colonna d'acqua, vincendo le perdite di carico dovute agli attriti incontrati dal liquido nel suo moto. Le pompe utilizzate sono di tipo **centrifugo**, per il fatto che l'organo pompante è un disco palettato rotante; la *pompa centrifuga* ha la bocca di ingresso posizionata sull'asse del corpo della pompa e il collettore di uscita tangenziale.

Essa trasmette energia all'acqua ponendola in movimento: tale energia si ripartisce in **portata** (la massa cui viene impressa la velocità) e **prevalenza** (la differenza tra la pressione in uscita e quella in ingresso, misurata in metri di colonna d'acqua).
Negli impianti di riscaldamento, vi sono in genere due o tre pompe, di cui una di riserva che viene attivata in caso di forte richiesta. In passato erano montate di regola sul ritorno dell'acqua fredda in caldaia, poste a terra su un telaio di supporto e provviste di saracinesche, a monte e a valle, e di valvole di non ritorno. Le soluzioni attuali consentono il montaggio direttamente sul tubo di mandata dell'acqua calda, a breve distanza dalla caldaia: in tal caso sono dette **circolatori**.
La **figura C3.17** mostra una pompa per acqua calda sdoppiata in due unità operanti in parallelo; a seconda della versione, la potenza assorbita va da 240 W a 975 W, con una prevalenza massima di 11 m, in grado di pompare acqua a una temperatura di esercizio massima di 130 °C; quando entrambi i gruppi sono in funzionamento, la portata massima giunge fino a 1600 l/min.

C3.17 Circolatori gemelli con bocche flangiate, modello FC G (Lowara SpA, Montecchio Maggiore, Vicenza).

Impianti solari per la produzione di acqua calda sanitaria

Gli **impianti termici a energia solare** si basano sulla tecnologia dei **pannelli solari**. Essi sono di due tipi: **fotovoltaici** e **fototermici**.
I primi trasformano l'energia irradiata dal sole in energia elettrica; i secondi, che costituiscono l'argomento della presente trattazione, trasferiscono l'energia del sole all'acqua circolante nel pannello riscaldandola.

Gli impianti solari sono formati dai seguenti sistemi:

- il **collettore** (detto comunemente **pannello**);
- un serbatoio **di accumulo**;
- un **circuito idraulico** formato dalla tubazione, dalle pompe e da componenti vari.

I pannelli consistono in una piastra rettangolare, inscatolata ermeticamente, nella quale è ricavato un fascio di tubi paralleli, il cui scopo è catturare i raggi solari per trasferire la loro energia all'acqua circolante nel fascio di tubi. Nella **figura C3.18** viene descritto un impianto completo: l'acqua riscaldata nel collettore (*Kollektor*) viene inviata nel serbatoio di accumulo (*Kombispeicher*) per cedere il suo calore all'acqua in esso contenuta mediante uno scambiatore (*Wärmeübertrager*). La circolazione è assicurata da una pompa (*Solarkreispumpe*).

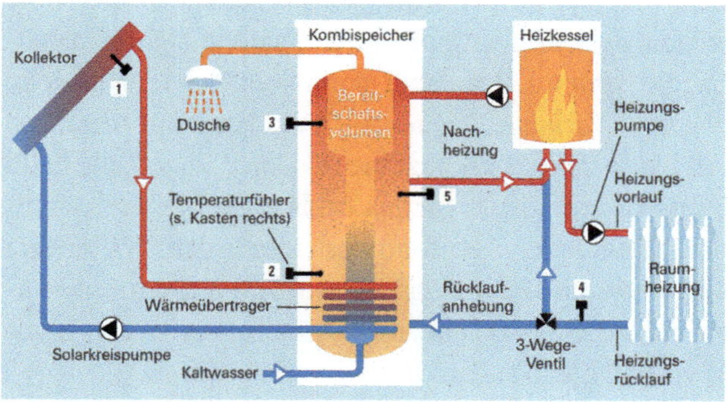

C3.18 Schema completo di un impianto solare per la produzione di acqua calda sanitaria.
Sensori di temperatura dell'acqua: 1) sul pannello solare; 2) sul serbatoio di accumulo; 3) sul serbatoio interno lato ingresso dal pannello; 4) sul tubo di ritorno dai termosifoni; 5) sull'uscita dal serbatoio di accumulo.

Al serbatoio di accumulo vengono inviate due portate di acqua separate fra di loro: la prima proviene dalla rete acquedottistica (*Kaltwasser*) e viene accumulata in un serbatoio minore interno (*Bereitschaftsvolumen*), così da risultare pronta per un uso immediato (*Dusche*); la seconda occupa la maggior parte del volume interno ed è destinata al riscaldamento (*Nachheizung*). Se l'energia solare è sufficiente per scaldare l'acqua nel serbatoio d'accumulo, essa viene inviata (*Heizungvorlauf*) ai termosifoni (*Raumheizung*) posti nei diversi ambienti della casa; la tubatura (*Heizungsrücklauf*) di ritorno presenta una valvola a tre vie (*3-Wege-Ventil*), che indirizza l'acqua direttamente al serbatoio (*Rücklaufanhebung*). Nelle prime ore del mattino o in caso di debole soleggiamento, interviene una caldaia (*Heizkessel*) che preleva l'acqua dal serbatoio, la riscalda inviandone una parte indietro al serbatoio (*Nachheizung*) mentre l'altra viene pompata (*Heizungspumpe*) ai radiatori (*Heizungsvorlauf*); la valvola a tre vie scatta deviando la portata di ritorno in direzione della caldaia. Numerosi sensori di temperatura (numerati da 1 a 5) e altri di portata informano la centralina di regolazione (non rappresentata nello schema) della situazione e delle richieste da parte dell'utenza.

C3.3 Schemi degli impianti di depurazione dei fumi

Lo schema della **figura C3.19** indica un impianto per la depurazione dei fumi (*Abgasreinigung*) per l'installazione di trattamento dei rifiuti solidi urbani (RSU).

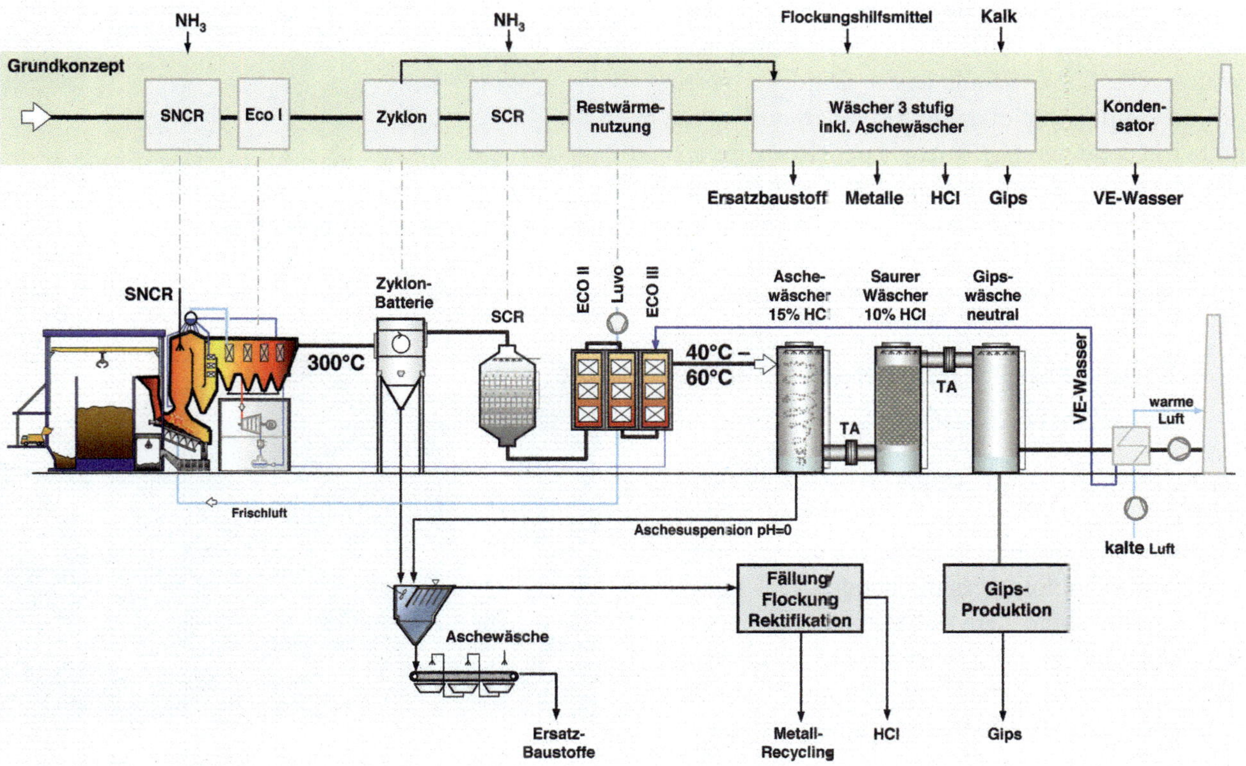

C3.19 Impianto per la depurazione dei fumi (Schwaben - GmbH, Stoccarda, Germania).

Tale impianto consente di recuperare materiali riciclabili (*Wertstofferzeugung*). Osservando l'immagine da sinistra a destra, si notano i diversi gruppi disposti secondo la logica della sequenza delle operazioni di depurazione.

L'indifferenziato conferito al magazzino di stoccaggio viene bruciato nel forno (SNCR). Nel generatore di vapore a recupero (*Eco I*) i fumi caldi cedono una buona parte del loro calore all'acqua, che vaporizza e pone in rotazione le turbine per la produzione di energia elettrica. I fumi che escono alla temperatura di circa 300 °C transitano attraverso una batteria di separatori a ciclone (*Zyklon*) che trattengono le polveri; esse subiscono altri trattamenti di precipitazione (*Fällung*), flocculazione (*Flockung*) e rettificazione (*Rektifikation*), che portano al recupero di metalli pregiati quali zinco, cadmio, rame, piombo, mercurio (*Metall – Recycling*), acido cloridrico, gesso (*Gips*). La parte più pesante delle scorie e delle ceneri che si deposita sul fondo della tramoggia viene lavata (*Aschenwäsche*) e destinata alla produzione di mattonelle per l'edilizia (*Ersatz – Baustoffe*).

I fumi uscenti dai cicloni sono inviati in uno *scrubber* (SCR) in cui viene spruzzata ammoniaca e, successivamente, in un gruppo di scambiatori (*Eco II, Luvo, Eco III*) in cui vengono raffreddati fino a 40 ÷ 60 °C.
Lo scambiatore funge anche da preriscaldatore per l'aria di combustione (*Frischluft*). I fumi passano ora in un gruppo di tre reattori (*Wäscher 3 stüfig*[...]) al cui interno si avviano reazioni con l'ammoniaca, la calce e con altre sostanze flocculanti che portano alla separazione di materiali solidi vari: si tratta di materiale utilizzato nell'edilizia, metalli, acido cloridrico, gesso. Un ultimo scambiatore di calore (*Kondensator*) estrae l'umidità e la condensa (*VE Wasser*) per riscaldare una portata d'aria (*kalte Luft*, *warme Luft*). L'ultima fase consiste nell'espulsione dei fumi depurati nell'atmosfera tramite **ciminiera**.

C3.4 Schemi degli impianti di climatizzazione

Lo scopo principale degli **impianti di condizionamento** è stabilire in un ambiente abitativo le migliori condizioni di temperatura, umidità, portata e purezza dell'aria, controllandole e mantenendole nel tempo, al fine di garantire uno stato di benessere alle persone presenti. Negli ultimi anni, la tendenza è di costruire impianti in grado di operare sia d'estate, rinfrescando gli ambienti, sia d'inverno riscaldandoli. In tal caso, all'impianto è richiesto di eseguire, a seconda delle condizioni climatiche esterne, della stagione e della richiesta, le seguenti operazioni: filtrazione dell'aria; raffreddamento; riscaldamento; deumidificazione; umidificazione; ricambio dell'aria.
Questo tipo d'impianto completo è spesso indicato con l'acronimo **HVAC** (*Heating Ventilation and Air Conditioning*). Nella **figura C3.20** è rappresentato uno schema semplificato di un impianto HVAC per un edificio di grandi dimensioni: si può osservare l'impianto centralizzato comprendente i generatori di acqua calda (*Boiler*) e fredda (*Chiller*), il circuito dell'aria in mandata (*Supply*) e in ritorno (*Return*), calda in inverno e fredda d'estate, i gruppi di ventilazione (*Fan*) e pompaggio (*Pump*), regolabili come velocità di rotazione (*VFD = Variable Frequency Device*); sul lato destro si nota la torre di evaporazione (*Cooling Tower*) che ha lo scopo di raffreddare l'acqua calda proveniente dal condensatore del chiller: sono costruite in lamiera zincata anticorrosione e funzionano soffiando una corrente d'aria dal basso verso l'alto, mentre dall'alto viene spruzzata verso il basso l'acqua da raffreddare **|fig. C3.21|**.

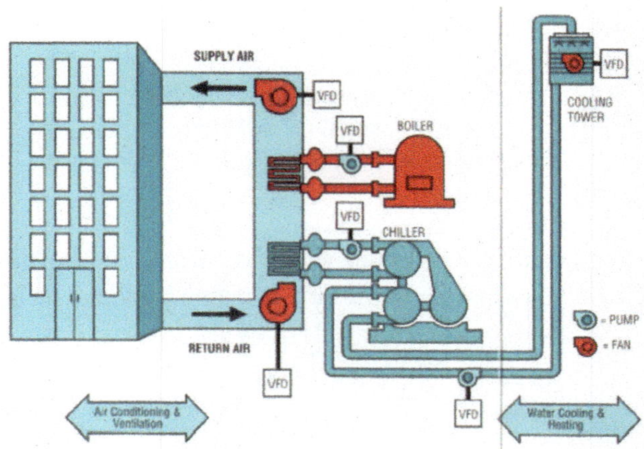

C3.20 Schema di funzionamento di un impianto HVAC per un grosso edificio, con in evidenza il gruppo frigorigeno (chiller) e il generatore di calore (boiler).

C3.21 Torre di condensazione di produzione Baltimore Aircoil Co (Baltimora, Maryland, USA).

La **figura C3.22** riporta la vista di un gruppo per la produzione di acqua fredda (chiller) adottato in un impianto centralizzato di climatizzazione di un'università statunitense: esso produce una portata di 7000 galloni/min di acqua fredda alla temperatura di 40 °F.

C3.22 Vista di un gruppo chiller facente parte dell'impianto di climatizzazione di un'università.

Esempio

Trasformare i dati tecnici riferiti alla **figura C3.22**, passando dai valori espressi secondo le unità di misura statunitensi a quelle previste dal SI.

Soluzione

Sapendo che un gallone USA equivale a 3,785 l, la portata vale:

$$7000 \times 3{,}785 = 26\,495 \text{ l/min} = 441{,}6 \text{ l/h}$$

La temperatura viene trasformata da gradi Fahrenheit in gradi centigradi, secondo la seguente formula:

$$t\,[°C] = 5/9\,(t\,[°F] - 32) = 5/9\,(40 - 32) = 4{,}5\,°C$$

UTA

Nell'**unità di trattamento dell'aria** (**UTA**) avviene il vero e proprio condizionamento dell'aria da inviare negli ambienti |**fig. C3.23**|; essa è formata da un tubo di flusso a più stadi, nel quale l'aria da trattare transita attraverso filtri, scambiatori alimentati dall'acqua calda o fredda prodotta dai generatori e, infine, umidificatori.

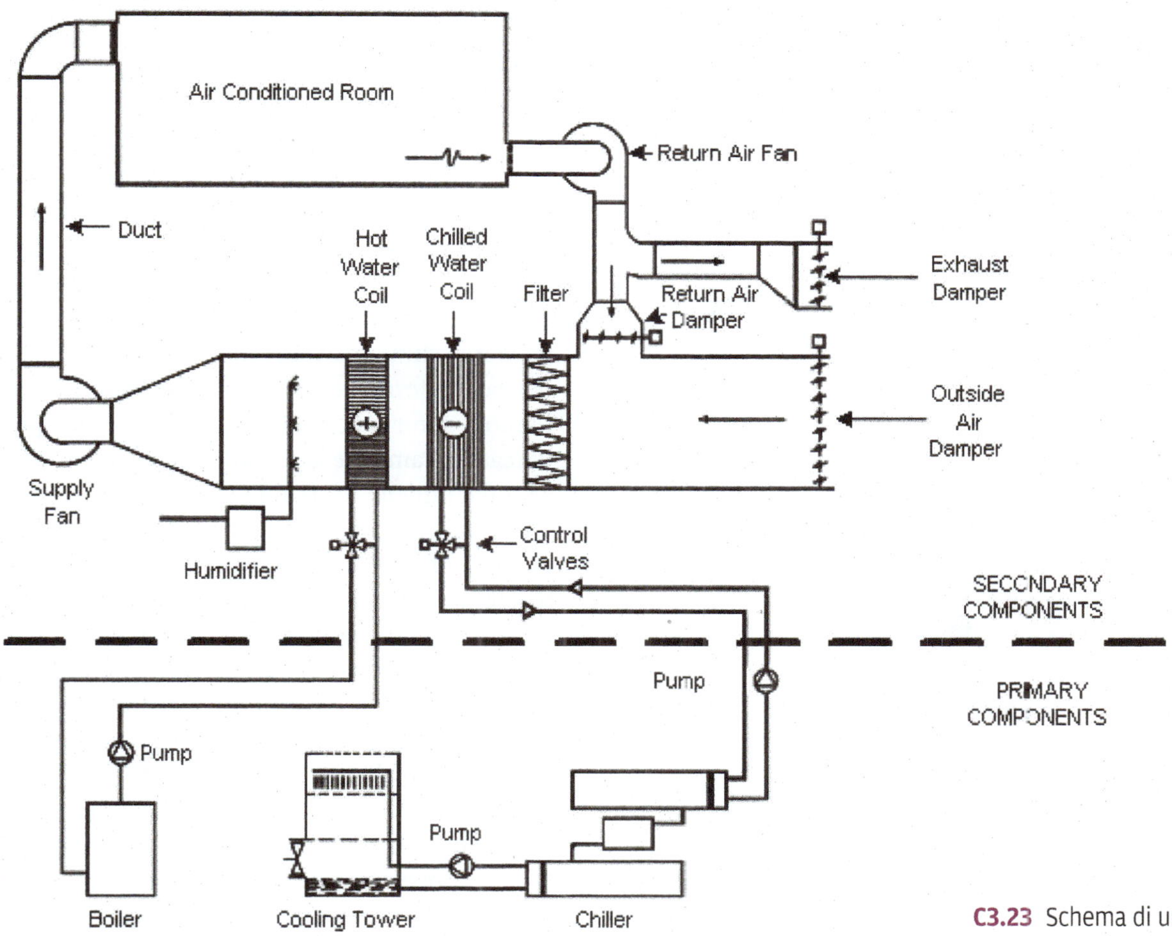

C3.23 Schema di un'UTA.

Di seguito si riportano le operazioni selezionabili in base alle esigenze che possono essere eseguite nell'UTA:

- filtraggio;
- miscelazione;
- ventilazione;
- riscaldamento;
- deumidificazione e raffreddamento;
- umidificazione;
- recupero del calore.

La **figura C3.23** mostra la struttura di un'UTA all'interno di un impianto completo: nella zona inferiore dell'immagine sono raffigurati i componenti primari, ovvero il boiler, il chiller e la torre di raffreddamento con le relative pompe di ricircolo. L'aria esterna fa il suo ingresso nell'UTA dal lato destro, viene filtrata e poi transita attraverso gli scambiatori ad acqua fredda e calda, per giungere infine alla batteria di spruzzatori per l'umidificazione dell'aria calda. Un ventilatore soffia l'aria nel condotto che sfocia nell'ambiente da condizionare. Un secondo ventilatore aspira l'aria che in parte viene inviata all'UTA, come portata di ricircolo, in parte viene espulsa all'esterno.

Impianti ad aria

Una tipologia di **impianto di condizionamento** assai diffusa è quella **ad aria**, monocondotto, a portata costante. Esso dispone di un'UTA centralizzata, in cui viene trattata tutta l'aria e dalla quale si diparte la rete di condotti che servono i vari ambienti. Essendo la portata costante, la regolazione avviene mediante termostati che controllano la temperatura dell'aria uscente. Gli impianti a portata variabile presentano, all'interno dell'UTA, delle serrande motorizzate che si chiudono parzialmente per regolare la portata.
Gli impianti a doppio canale presentano due condotti, uno per l'aria fredda e l'altro per l'aria calda |**fig. C3.24**|.

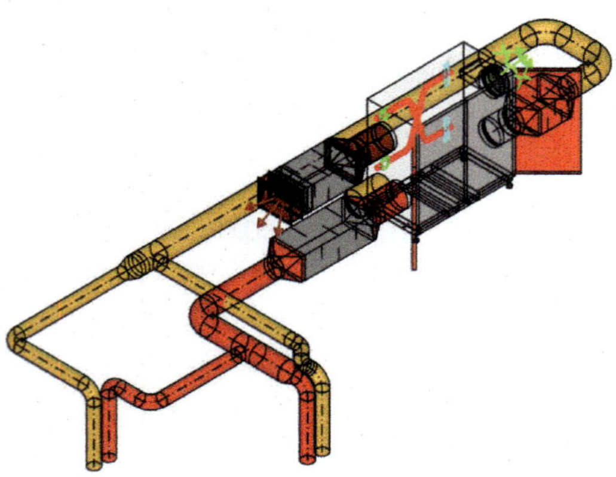

C3.24 Schema di un impianto a doppio canale: le tubature rosse conducono l'aria calda; le tubature gialle conducono l'aria fredda.

Prima di sfociare negli ambienti, i due condotti convergono in un'unica camera in cui le due portate sono miscelate in opportune proporzioni, in base alla regolazione del termostato operata dagli utenti della singola stanza.

Impianti ad acqua

Gli impianti di condizionamento più diffusi sono del tipo ad acqua, in cui un'UTA centralizzata riscalda o raffredda una portata d'acqua che viene pompata a batterie di ventilconvettori, dalla quale si diparte la rete di condotti che servono i vari ambienti. Essendo la portata costante, la regolazione avviene mediante termostati che controllano la temperatura dell'aria uscente. Gli impianti a portata variabile presentano, all'interno dell'UTA, delle serrande motorizzate che si chiudono parzialmente per regolare la portata.

C3.5 Assemblaggio di dispositivi e apparecchi

La durata degli impianti e dei loro organi

Il costruttore dell'impianto, delle apparecchiature, del macchinario o del veicolo identifica e qualifica con opportune procedure i **componenti progettati a tempo**, differenziandoli da quelli previsti con una **durata illimitata**. Questi ultimi sono progettati e installati nella previsione di non dover mai essere sottoposti a interventi di manutenzione, se non in casi particolari e molto distanti negli anni: a tale gruppo appartengono gli organi portanti, i pilastri, la struttura dell'impianto e le sue travature, le costruzioni civili (capannoni, tetti, intelaiature, fondazioni), le parti del macchinario prodotte per fusione o stampaggio (il telaio delle macchine utensili, i longheroni degli autocarri e dei vagoni ferroviari, il carrello dei locomotori), i contenitori di forma cilindrica, all'interno dei quali sono ubicate le camere e le tubature in cui avvengono le reazioni chimiche, costruiti mediante lamiere giuntate.
La **figura C3.25** riporta un esempio di reattore chimico aperto in fase di sollevamento e montaggio. Gli organi progettati a tempo devono operare per un periodo fisso, spesso in modo continuativo, senza manifestare guasti di rilievo. Il *periodo fisso* viene espresso in termini di ore di lavoro o di percorrenza, al termine del quale tali organi devono obbligatoriamente essere sostituiti con altri nuovi. Con questo tipo di progettazione e manutenzione si interviene sul sistema prima ancora che dia segni di cedimento, consentendo all'utente di preventivare i periodi di fermo macchina con conseguente stop programmato della produzione.

C3.25 Vista di un impianto termochimico in fase di allestimento.

Operando in questo modo si minimizzano i rischi di danni conseguenti a impreviste rotture catastrofiche, essendo nota la durata dei vari organi: occorre ricordare come la rottura di alcuni organi, magari anche di piccole dimensioni ma di importanza strategica, quali ad esempio i cuscinetti volventi, causerebbe danni gravi all'impianto: la loro sostituzione prima del cedimento ha lo scopo di limitare quanto più possibile i danni dovuti a guasti improvvisi. Le prove sperimentali di fatica e di qualità permettono al costruttore di definire ormai con una precisione decisamente elevata la durata del componente operante sotto sforzo, consentendo di redigere piani di manutenzione cadenzati, da affidare al medesimo cliente e ai suoi servizi di manutenzione interni, oppure appoggiandosi a ditte specializzate esterne, o rivolgendosi direttamente al servizio di manutenzione istituito del fabbricante stesso.

Smontaggio e assemblaggio

I sistemi di **assemblaggio** degli organi sono riconducibili alle seguenti tipologie: giunzioni correnti smontabili e giunzioni correnti fisse.

Le **giunzioni smontabili** sono previste laddove si ritiene di dover intervenire più volte durante la vita dell'impianto, con operazioni ripetute di smontaggio e rimontaggio allo scopo di eseguire controlli, pulizie e sostituzioni; il principale metodo di giunzione corrente smontabile è costituito dagli *organi filettati*: viti, bulloni, agugioni e organi a essi collegati.

Le **giunzioni fisse** sono da preferire qualora non sia previsto alcun intervento né di smontaggio né di modifica al componente in tempi relativamente brevi: in tal caso si ricorre alla *chiodatura* o alla *saldatura*. Anche in questo caso è possibile eseguire modifiche e smontaggi, ma in via del tutto eccezionale come incidenti in seguito ai quali la riparazione richiede la sostituzione di parti: è il caso delle carrozzerie dei veicoli, degli elementi strutturali di ponti, capannoni, travature, dei telai delle macchine utensili e dei veicoli ferroviari, delle strutture navali e aeronautiche. La **figura C3.26** riporta un'immagine fotografica di un impianto chimico in costruzione: l'impalcatura esterna è formata da travi imbullonate, dovendo essere smontata al termine dell'installazione e volendo recuperare tutta la palificazione e la bulloneria per nuove costruzioni; l'impianto chimico sarà formato da parti saldate se non smontabili, altre imbullonate se smontabili.

C3.26 Impianto chimico in corso di montaggio (Schwaben - GmbH, Stoccarda, Germania).

Mandrinatura

Un tipo di giunzione corrente fissa è il montaggio dei tubi nelle caldaie mediante **mandrinatura**. Tale operazione consiste in un montaggio per forzatura, in seguito al quale il fascio tubiero risulta rigidamente incastrato sulle piastre di estremità, eseguendo i moti naturali di allungamento a caldo solidalmente con le piastre di sostegno strutturale. Lo smontaggio dei tubi e la loro sostituzione avvengono dopo tempi molto lunghi di lavoro oppure in caso eccezionale di rottura locale della parete di un tubo, magari difettoso a livello cristallino o di matrice acciaiosa; un difetto esaltato dai ripetuti stress termoelastici cui la parete del tubo è sottoposta. La **figura C3.27** mostra due fotografie riprese all'interno di un'officina ferroviaria per la manutenzione di locomotive a vapore d'epoca: nella **figura C3.27a** si osservano due caldaie ferroviarie in lavorazione, una vista dal lato della camera a fumo, l'altra dal lato dello sportello di caricamento del carbone nel forno; nella **figura C3.27b** si osserva una caldaia durante la fase della chiodatura esterna del fasciame.

(a) (b)

C3.27 Manutenzione del forno e sostituzione delle tubature interne nelle caldaie durante i lavori di manutenzione periodica delle locomotive (Officine Interlok, Berlino, Germania):
a) operazioni di saldatura; b) chiodatura esterna del fasciame.

La **mandrinatura** è l'operazione di montaggio del tubo nella caldaia e consiste nella deformazione del tubo mediante allargatura del bordo così da montarlo forzato nel foro della piastra della caldaia che l'ospita. La mandrinatura risulta efficace se l'acciaio del tubo viene deformato sino a superare il suo carico di snervamento, ma restando entro e non oltre il suo carico di rottura; contemporaneamente la piastra tubiera forata che ospita i tubi non deve essere sollecitata oltre il suo carico di snervamento. La procedura dovrà prevedere una mandrinatura uniforme da un capo all'altro della porzione mandrinata del tubo, senza generare deformazioni inaccettabili, quali per esempio la solcatura sulla porzione mandrinata. La mandrinatura ottimale deve essere eseguita in un'unica soluzione. La percentuale di schiacciamento è un parametro che deve essere definito in anticipo con grande precisione: di norma è stabilito dal costruttore o dall'azienda che esegue i lavori, spesso dopo aver eseguito diverse prove sul simulacro in cui si definiscono i carichi di sfilaggio e i valori di coppia torcente che l'utensile mandrinatore posizionato all'interno trasmette al bordo del tubo.
La **figura C3.28** mostra lo schema del piantaggio del tubo, con la svasatura del bordo del tubo ottenuta in seguito alla mandrinatura, visibile nel particolare ingrandito.

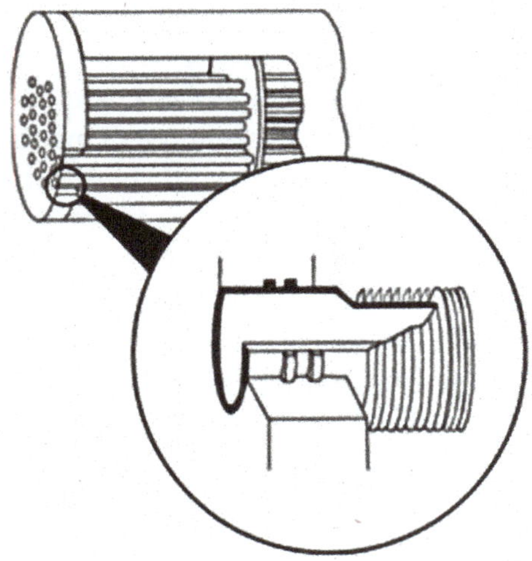

C3.28 Schema di una caldaia avente il fascio tubiero piantato per mandrinatura, con in evidenza la forma assunta dal tubo dopo l'esecuzione della mandrinatura (Battaglia Snc, San Biagio di Argenta, Ferrara).

Le fasi della mandrinatura sono le seguenti:

- sbloccaggio dei tubi da sostituire con eventuale rimozione della saldatura e sfilaggio degli stessi con particolare cura affinché non danneggino le piastre tubiere e l'interno dei fori;
- ripristino e pulizia delle piastre tubiere;
- posizionamento dei tubi nuovi;
- mandrinatura elettronica;
- lamatura finale;
- prove idrauliche di tenuta e controllo di eventuali trafilamenti;
- emissione dei documenti di certificazione della mandrinatura.

Nella **figura C3.29** si può osservare un'immagine fotografica di un'operazione di smontaggio dei tubi nel condensatore di una centrale termoelettrica; tale lavorazione è eseguita mediante estrattore automatico idraulico Grippul 20.

C3.29 Tubature interne montate mediante mandrinatura nel condensatore della centrale termoelettrica ENEL di Piombino (Battaglia Snc, San Biagio di Argenta, Ferrara).

Saldatura dei tubi

La **saldatura** è un procedimento di giunzione che collega le parti tra loro in modo permanente, realizzando la continuità del materiale.
La saldatura si basa sulla fusione del materiale in una zona ben definita, in seguito all'apporto del calore.

La fusione localizzata può essere eseguita sul materiale delle parti stesse da unire (**saldatura autogena**) oppure interessare un materiale estraneo detto materiale di apporto (**saldatura eterogena** o **brasatura**). Nella **figura C3.30** si osserva un'operazione di saldatura di tubi.

C3.30 Operazioni di saldatura dei tubi.

Nelle **figure C3.31** e **C3.32** si osserva come, tramite gli appositi attrezzi, sia possibile ottenere l'allineamento dei tubi prima dell'inizio dell'operazione di saldatura.

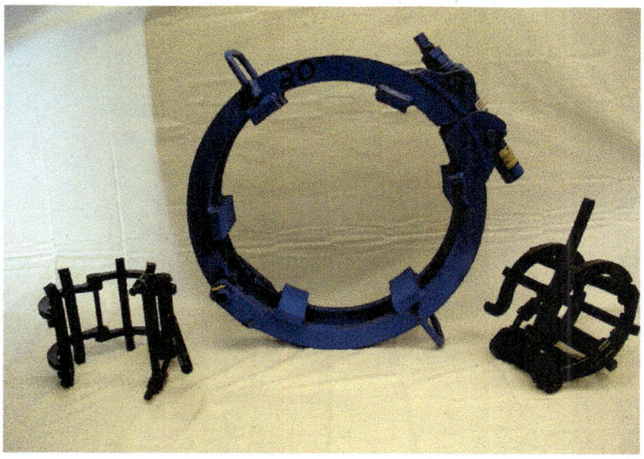

C3.31 Attrezzi per tenere in posizione i tubi da saldare.

La saldatura realizza un collegamento permanente che si differenzia da altri collegamenti permanenti (per esempio chiodatura o incollatura) che non realizzano la continuità del materiale.

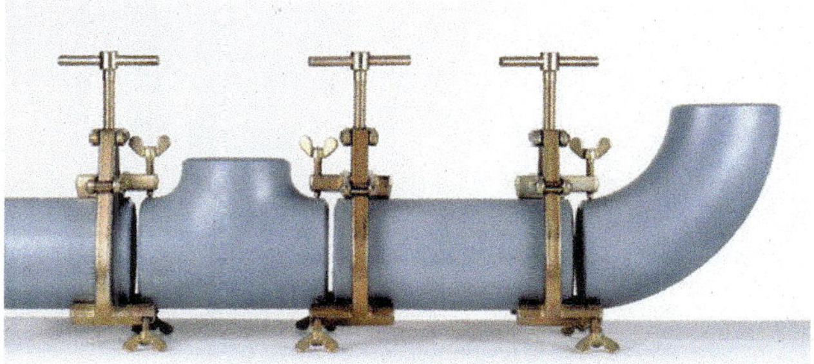

C3.32 Attrezzi per il serraggio dei tubi in posizione allineata.

La **giunzione dei tubi in acciaio** è di norma saldata e può essere:

- **a bicchiere**, per saldatura a sovrapposizione (conformi alle prescrizioni dell'Appendice C della norma UNI EN 10224), in cui un'estremità del tubo viene sagomata a bicchiere;
- **per saldatura di testa** (secondo il punto 7.10 della norma UNI EN 10224), pertanto le due estremità del tubo devono essere opportunamente preparate in funzione dello spessore dei tubi; si ottengono lembi retti, per spessori ≤3,2 mm, oppure lembi smussati a 30°, per spessori >3,2 mm (**cianfrinatura**).

Le norme prevedono due tipi di giunto a bicchiere:

- **a bicchiere cilindrico**, utilizzato per tubazioni fino a un diametro di 125 mm compreso; questo tipo di giunzione ha il vantaggio di realizzare una perfetta coassialità fra i vari tubi contigui, ma ha lo svantaggio di non permettere deviazioni a causa del minimo gioco fra le estremità da giuntare;
- **a bicchiere sferico**, per diametri da 150 mm fino a 900 mm; questo tipo di giunzione consente di realizzare deviazioni angolari senza ricorrere a pezzi speciali (curve).

Coloritura dei tubi

I sistemi di identificazione delle tubazioni e delle canalizzazioni non interrate convoglianti fluidi sono dettagliatamente descritti nella norma UNI 5634-97.

Nella **tabella C3.1** sono riportati i colori identificativi e il loro significato, allo scopo di riconoscere immediatamente il fluido convogliato; possono essere apposti su tutta la tubazione o su bande di larghezza minima di 230 mm; larghezze maggiori sono previste progressivamente con l'aumentare del diametro.
Applicando la colorazione a bande, il colore di sfondo deve essere diverso da ogni altro previsto da questa norma. Per le tubazioni convoglianti aria in depressione, destinate ad apparecchiature che lavorano sotto vuoto, si usa il colore blu; per i fluidi pericolosi, oltre al colore di base deve essere presente il simbolo di pericolo e il nome o la formula del fluido.

TABELLA C3.1 Normativa sulla coloritura dei tubi in campo industriale e impiantistico (da *www.oppo.it*)

Fluido	Colore base
Estinzione incendi	Rosso (RAL 3000)
Acqua	Verde (RAL 6032)
Vapore ad acqua riscaldata	Grigio Argento (RAL 9006)
Aria	Azzurro chiaro
Oli minerali, liquidi combustibili e/o infiammabili	Marrone (RAL 8007)
Gas allo stato gassoso o liquefatto (esclusa l'aria)	Giallo ocra (RAL 1024)
Acidi	Arancione (RAL 2010)
Fluidi pericolosi	Giallo (RAL 1021)

ESERCITAZIONE GUIDATA C3.1

Schemi e dispositivi dei generatori di calore

Compilare la seguente tabella in cui, per ciascun dispositivo termotecnico, si riportano la denominazione dei principali organi che lo compongono e la rispettiva operazione svolta.

Consigli operativi
Compilare la tabella partendo dai diversi dispositivi citati nella prima colonna, elencando per ognuno i principali organi che li compongono e le operazioni che svolgono.

Dispositivo	Organi componenti	Funzione svolta
Bruciatore per combustibile liquido		
Generatore di vapore		
Caldaia a condensazione		
Organi di misurazione		
Organi di sicurezza		

ESERCITAZIONE GUIDATA C3.2

Schemi e dispositivi degli impianti di riscaldamento

Compilare la seguente tabella in cui, per ciascun dispositivo termotecnico, si riportano, nella seconda colonna, la denominazione delle principali tipologie e, nella terza, una descrizione sintetica.

Consigli operativi
Compilare la tabella riga per riga, partendo dai diversi dispositivi citati nella prima e nella seconda colonna, fornendo per ognuno una breve presentazione.

Funzioni	Gruppi	Operazione svolta
Schemi principali della distribuzione dell'acqua calda	A sorgente	
	A pioggia	
Vaso di espansione	Di tipo aperto	
	Di tipo chiuso	
Utilizzatori	Radiatore	
	Termoconvettore	
	Ventilconvettore	
	Pannello radiante	

ESERCITAZIONE GUIDATA C3.3

Schemi di impianti di climatizzazione

Compilare la seguente tabella in modo da descrivere in cosa consiste un'UTA e quali sono i gruppi che la compongono.

Consigli operativi
Compilare la tabella elencando nella prima colonna le sette funzioni svolte all'interno di un'UTA, nella seconda colonna i gruppi che le svolgono e, nella terza colonna, in base a quale principio tali funzioni vengono realizzate.

Funzioni	Gruppi	Operazione svolta

ESERCITAZIONE GUIDATA C3.4

Assemblaggio di dispositivi e apparecchi

Completare la seguente tabella descrivendo brevemente le due operazioni di montaggio dei tubi e presentando la normativa sui colori esterni dei tubi per l'immediata identificazione del fluido che vi scorre.

Operazione	Descrizione dell'operazione
Mandrinatura	
Saldatura	
Coloratura	

1 Indicare quali sono i principali componenti che si possono osservare smontando un generatore di calore.

....

....

2 Esistono caldaie in cui si impiegano bruciatori di tipo bicombustibile.

☐ Vero ☐ Falso

3 Nel montaggio di un generatore di calore, indicare dove vanno collocati il pressostato e il termostato.

....

....

....

4 Descrivere con uno schema una valvola di sicurezza.

5 Durante il montaggio di un generatore di calore si richiede di eseguire una serie di controlli e di rispettare alcune cautele. Quali?

....

....

....

....

6 Le principali tipologie degli impianti di riscaldamento sono a .... e a

....

7 Fra i più diffusi corpi scaldanti vi sono il .... a elementi .... e le .... Sono diffusi anche i .... e gli ....

8 La circolazione dell'acqua nell'impianto avviene sempre e solo in modo spontaneo.

☐ Vero ☐ Falso

9 Descrivere con uno schema il funzionamento di un impianto solare per la produzione di acqua calda sanitaria.

10 Indicare quali sono i principali gruppi che si osservano quando si smonta un impianto di depurazione dei fumi.

....

....

....

11 Elencare le sei operazioni richieste a un impianto di climatizzazione.

....

....

....

12 In cosa consiste l'operazione di mandrinatura?

....

....

....

13 La giunzione dei tubi in acciaio è di norma saldata.

☐ Vero ☐ Falso

14 Indicare i colori utilizzati per le seguenti tipologie di tubazioni non interrate.

a) Aria: ....

b) Gas: ....

c) Acqua: ....

d) Acqua antincendio: ....

Si deve effettuare la manutenzione di un impianto di movimentazione materiali. Il movimento è dato da un cilindro idraulico mosso dal circuito il cui schema è rappresentato nella figura sottostante. La pompa è collegata a un motore elettrico attraverso un riduttore di velocità a ingranaggi.

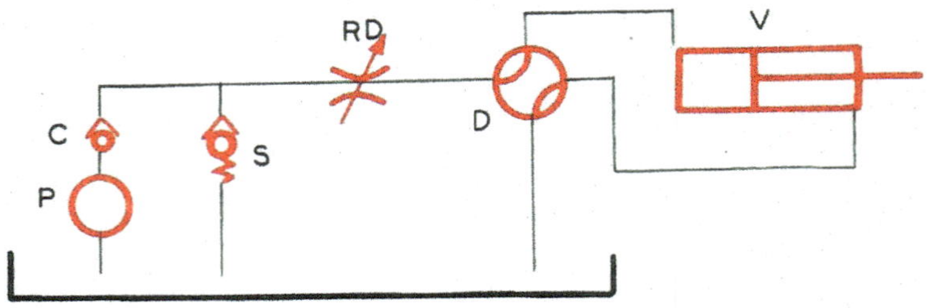

- P = pompa a ingranaggi;
- C = valvola antiritorno;
- S = valvola di sicurezza;
- RD = regolatore di portata;
- D = distributore rotativo a quattro vie;
- V = cilindro idraulico.

Descrivere le varie fasi, gli attrezzi, le norme di sicurezza per effettuare la manutenzione del riduttore, del circuito oleodinamico, infine il collaudo e la rimessa in marcia.

Nel corso degli interventi si riscontra che alcuni tratti del fascio tubiero sono danneggiati dalla ruggine, per cui occorre provvedere alla loro sostituzione. Illustrare le diverse tipologie di giunzione dei tubi, scegliendo la più opportuna per questo caso, caratterizzato da tubi a piccolo diametro che conducono olio in pressione; indicare, inoltre, gli attrezzi necessari per eseguire le giunzione dei tratti di tubo.

modulo D

CARATTERISTICHE DI MACCHINE E IMPIANTI

PREREQUISITI

Conoscenze

- Gli schemi di impianti elementari dei mezzi di trasporto e dei settori industriali di base
- Le caratteristiche delle produzioni industriali e delle macchine da produzione
- Le norme di sicurezza fondamentali relative alle macchine e agli impianti

Abilità

- Leggere lo schema elementare di un impianto o di una macchina
- Individuare le caratteristiche delle produzioni industriali
- Individuare le norme di sicurezza fondamentali per le macchine e gli impianti

OBIETTIVI

Conoscenze

- Caratteristiche di funzionamento e specifiche di macchine e di impianti meccanici, termici, elettrici ed elettronici
- Documentazione tecnica di macchine e impianti

Abilità

- Interpretare i dati e le caratteristiche tecniche di macchine, apparati e impianti
- Verificare la corrispondenza fra le caratteristiche rilevate e le specifiche tecniche dichiarate di macchine e impianti
- Redigere documentazione e attestazioni obbligatorie di macchine e impianti

Competenze di riferimento

- Utilizzare la documentazione tecnica prevista dalla normativa per la corretta funzionalità di apparecchiature, impianti e sistemi tecnici
- Individuare i componenti del sistema e i vari materiali impiegati, per intervenire nel montaggio, nella sostituzione dei componenti e delle parti, nel rispetto delle modalità e delle procedure stabilite
- Analizzare il valore, i limiti e i rischi delle varie soluzioni tecniche per la vita sociale e culturale, salvaguardando la sicurezza nei luoghi di vita e di lavoro, per la tutela della persona, dell’ambiente e del territorio

modulo D

VERIFICA dei PREREQUISITI

1 Elencare gli elementi presenti nello schema idraulico illustrato nella figura.

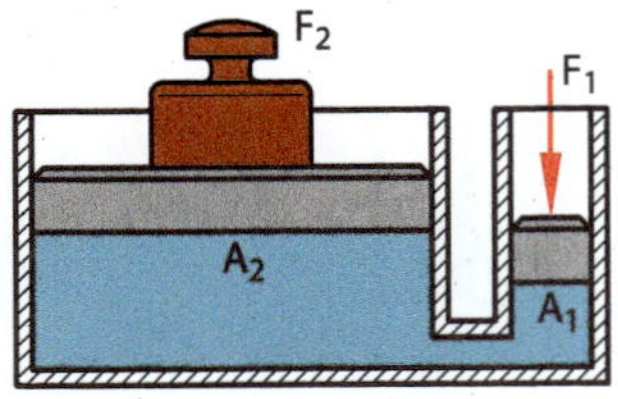

....

....

....

2 Descrivere gli elementi che compongono i due circuiti elettrici riportati nella figura e illustrarne il funzionamento.

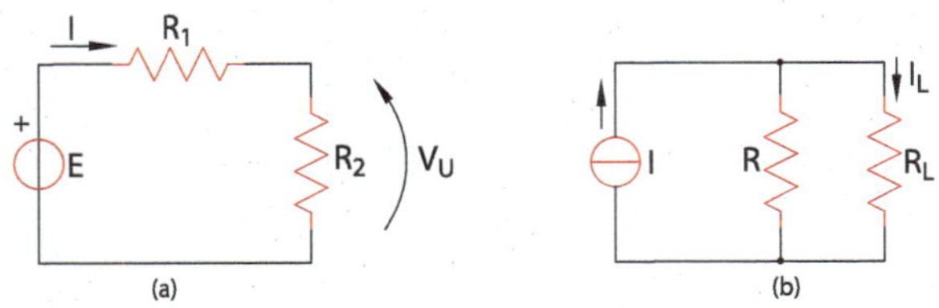

....

....

....

3 Il legno è un materiale utilizzato per produzioni industriali.

☐ Vero ☐ Falso

4 Descrivere le varie fasi della produzione dell'acciaio (max 15 parole).

....

....

....

5 Tutte le materie plastiche sono riutilizzate negli stampi.

☐ Vero ☐ Falso

6 Indicare le varie parti dello schema riportato nella figura:

a) ....; b) ....; c) ....;
d) ....; e) ....; f) ....;
g) ....; h) ....

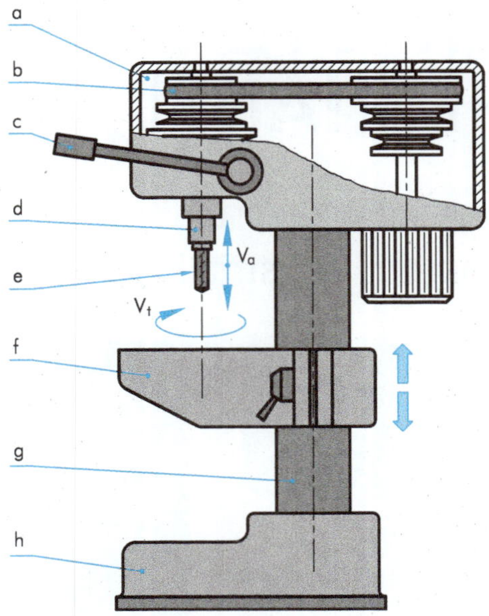

7 Indicare quali sono le principali produzioni eseguibili con il tornio parallelo illustrato nella figura.

....

....

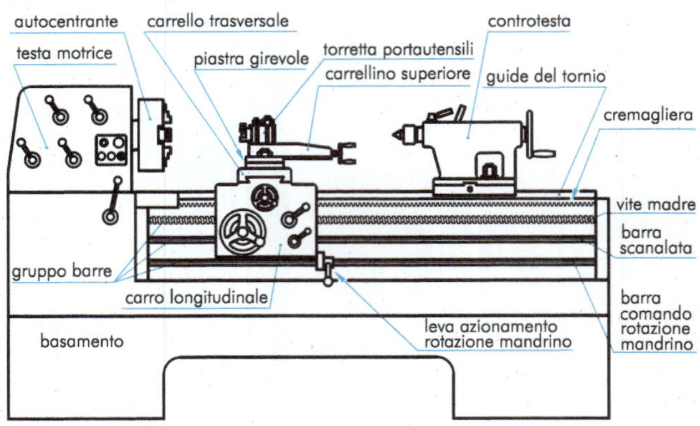

8 Esistono saldatrici per produzioni industriali in serie.

☐ Vero ☐ Falso

9 Quale macchina si utilizza per ottenere il cofano di un'autovettura?

....

10 Salendo su un'autovettura, qual è la prima norma di sicurezza da rispettare?

....

UNITÀ D1 MEZZI DI TRASPORTO

OBIETTIVI

Conoscenze

- Le caratteristiche di funzionamento e le specifiche dei mezzi di trasporto
- La funzionalità dei mezzi di trasporto
- Gli impianti costituenti i mezzi di trasporto

Abilità

- Esaminare la documentazione relativa ai mezzi di trasporto
- Descrivere la funzionalità dei sistemi costituenti i mezzi di trasporto
- Illustrare le specifiche tecniche degli impianti costituenti i mezzi di trasporto

CONTENUTI

D1.1 Definizioni e settori di impiego

I **mezzi di trasporto** sono utilizzati per realizzare la mobilità sia delle persone sia delle cose. Si spostano sul terreno, sul/nel mare, nell'atmosfera e oltre, nello spazio interplanetario. Lo schema della **figura D1.1** classifica ed elenca i veicoli utilizzati sia come mezzi per il trasporto di merci sia come macchine per muovere gli uomini. Per garantire un funzionamento corretto e sicuro, ognuno dei mezzi citati necessita, chi più chi meno, di essere controllato periodicamente mediante **interventi di manutenzione**. Fino a non molto tempo fa, tali interventi potevano in massima parte essere svolti da personale generico dotato della consueta attrezzatura da officina o da bricolage; ora il livello di complessità è tale per cui risulta indispensabile l'intervento di una persona competente, il **manutentore**, in grado di impiegare strumentazioni sofisticate.

Struttura dei mezzi

Alcuni organi sono comuni per tutti i mezzi di trasporto, come gli organi di propulsione, strutturali, di regolazione e controllo.

Propulsione

La **trazione** può essere **elettrica** oppure **termica**; quest'ultima è a sua volta ripartita in base al motore, che può essere a *combustione interna* (motori a benzina o gas, a Diesel, turbine a gas) o *esterna* (motore a vapore a pistoni, ormai in disuso e turbine a vapore). La **trasmissione** può essere **meccanica** (frizione e cambio di velocità), **idraulica** (convertitori di coppia) o **elettrica** (in c.c. o in c.a.). Spesso sono presenti ponti riduttori/inversori o differenziali. La forza motrice viene erogata tramite ruote, cingoli, assi, carrelli con sale, eliche, ugelli.

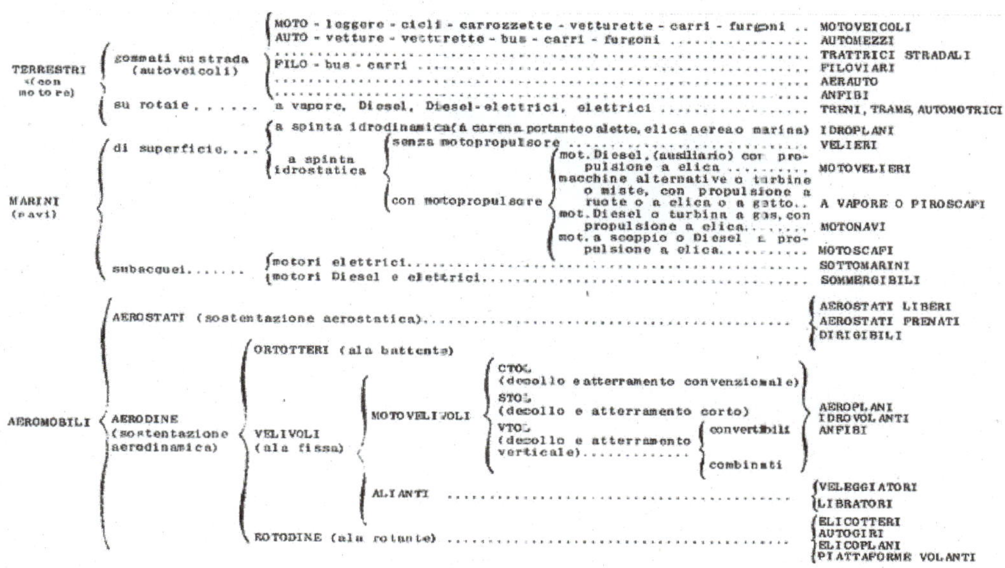

D1.1 Classificazione dei veicoli terrestri, nautici e aerei.

Struttura

La struttura è la cosiddetta **carrozzeria**, assai differenziata come architettura a seconda che il mezzo sia un autoveicolo, una macchina operatrice, una nave o un aereo.

Regolazione e controllo

Si tratta dell'insieme degli organi del sistema direzionale (sterzo, timone, alettoni), di frenatura, sospensione, e degli impianti di bordo; tali sistemi sono sempre più complessi man mano che si passa da un moto-autoveicolo a un treno ad alta velocità, alla nautica da diporto, alle grandi navi da trasporto, agli aerei, alle astronavi.

Caratteristiche fondamentali dei mezzi

Ogni mezzo possiede alcune caratteristiche fondamentali quali la destinazione (trasporto viaggiatori o merci), le dimensioni e il peso, le prestazioni e i consumi, l'allestimento dei sistemi di sicurezza (controllo della frenatura, della stabilità su strada, presenza di sistemi ERTMS/ETCS per la marcia in sicurezza dei veicoli ferroviari, sistemi di trasmissione e controllo satellitare delle rotte per navi e aerei ecc.).
La **figura D1.2** riporta la foto del famoso incidente ferroviario avvenuto a Parigi nella Gare de Montparnasse il 22 ottobre 1895, in seguito al quale fu deciso di rivedere i criteri di progettazione e funzionamento dei sistemi frenanti per renderli maggiormente sicuri.
Prima di essere messi in circolazione, tutti i veicoli devono essere controllati e approvati dagli Enti di controllo di competenza: i veicoli stradali, per esempio, sono omologati dal **Ministero delle Infrastrutture e dei Trasporti**, il quale emette specifici documenti di marcatura e identificazione (targa, carta di circolazione).

D1.2 Incidente ferroviario dovuto a un guasto al freno continuo (Parigi, 1895).

Tipologie di veicolo stradale

Il **Codice della Strada**, o **Testo Unico sulla circolazione stradale**, fu emanato nel 1959; nel corso degli anni, ha subito aggiornamenti nel 1992, nel 2003 e nel 2011. In analogia con quanto emanato dall'Unione Europea, in esso sono riportate le definizioni dei vari tipi di veicolo: nell'**articolo 54** del Codice della Strada sono elencati i principali tipi di autoveicoli riconosciuti, ognuno con una sua propria definizione che ne stabilisce caratteristiche e finalità:

- autovettura;
- autobus;
- autocarro;
- trattore stradale;
- autoveicolo per trasporto specifico;
- autoveicolo per uso speciale;
- autotreno;
- autoarticolato;
- autosnodato;
- autocaravan;
- mezzo d'opera.

Si definisce **autoveicolo** un veicolo a motore con almeno quattro ruote, con una massa complessiva non superiore a 3500 kg; caratterizzato da propulsione autonoma, l'autoveicolo ha lo scopo di trasportare su strada persone e cose, in misura diversa a seconda della categoria di appartenenza.

L'autoveicolo può anche non essere predisposto per il trasporto: alcuni sono per uso speciale, il cui utilizzo è determinato dalle attrezzature o apparecchiature permanentemente installate. L'**autocarro** comprende una vasta tipologia di veicoli, comunemente detti **camion**, il cui scopo è il trasporto di cose. Hanno un ampio vano di carico destinato a contenere il *carico pagante* (portata o capacità). La carrozzeria può essere costituita da un cassone (fisso, ribaltabile o intercambiabile, con o senza sponde), da un furgone (fisso o intercambiabile, con pareti rigide o telonate, per trasporto di animali vivi o di tipo frigorifero), da una cisterna per diversi tipi di liquidi; può comprendere apparecchiature da lavoro come gru o piattaforme montacarichi. I posti a sedere (normalmente 1 o 2, di fianco al conducente) sono destinati al trasporto delle persone addette all'uso o al trasporto delle cose stesse. Negli ultimi anni, grazie alle agevolazioni fiscali nell'acquisto e gestione dei mezzi commerciali, le case costruttrici hanno omologato come autocarro i mezzi leggeri derivati dalle autovetture di serie (vengono asportati i sedili posteriori, inserita una paratia di separazione tra la zona di guida e il vano di carico e oscurati i finestrini posteriori) e dai fuoristrada, purché abbiano le previste caratteristiche tecniche.

Nell'articolo 203 del Regolamento, invece, viene fornita una lista più dettagliata di autoveicoli per trasporto specifico e autoveicoli per uso speciale.

Evoluzione degli autoveicoli

Negli ultimi venti anni gli autoveicoli hanno subito profonde trasformazioni, con interventi migliorativi volti principalmente ai seguenti scopi:

- riduzione di consumi ed emissioni;
- evoluzione dei sistemi di sicurezza, attiva e passiva;
- aumento dell'affidabilità dei componenti con conseguente riduzione degli interventi manutentivi;
- miglioramento del comfort, della *driveability* e dell'*handling;*
- flessibilità nella definizione dell'allestimento per offrire alla clientela allestimenti personalizzati, senza incrementi vistosi al prezzo di listino.

Particolarmente apprezzati dalla clientela sono stati gli interventi innovativi dei costruttori destinati alle prime due voci dell'elenco, in relazione ai notevoli vantaggi apportati in termini di economia di gestione e di sicurezza di marcia.
Questi interventi si basano sulle recenti scoperte dell'elettronica e dell'informatica, il cui massiccio inserimento nel settore dell'autoveicolo ha creato nuove necessità dal punto di vista manutentivo, in termini sia di strumentazione diagnostica sia di gestione ricambi e, soprattutto, di formazione del personale di assistenza tecnica.

Controllo delle emissioni

Dai primi anni Novanta sono entrate in vigore severe norme comunitarie, a partire dalla Direttiva 91/441 CEE, meglio nota come **Euro 1**, in seguito alle quali i fabbricanti hanno introdotto nuovi dispositivi per ridurre drasticamente (fino al 90%) le emissioni gassose inquinanti degli autoveicoli, allo scopo di salvaguardare l'ambiente e la salute umana.

Tali dispositivi sono le **marmitte catalitiche bivalenti e trivalenti** |fig. D1.3|, le **valvole EGR**, le **trappole del particolato**, il **catalizzatore DeNOx**, i **filtri selettivi SCR a urea**.
La marmitta catalitica è formata da un telaio ceramico (1) su cui è deposto un primo strato (2) detto **washcoat** e lo strato catalitico attivo (3); il telaio ceramico è a nido d'ape (4); il catalizzatore è avvolto da uno schermo termoisolante (5) e dal contenitore esterno (6) in acciaio.

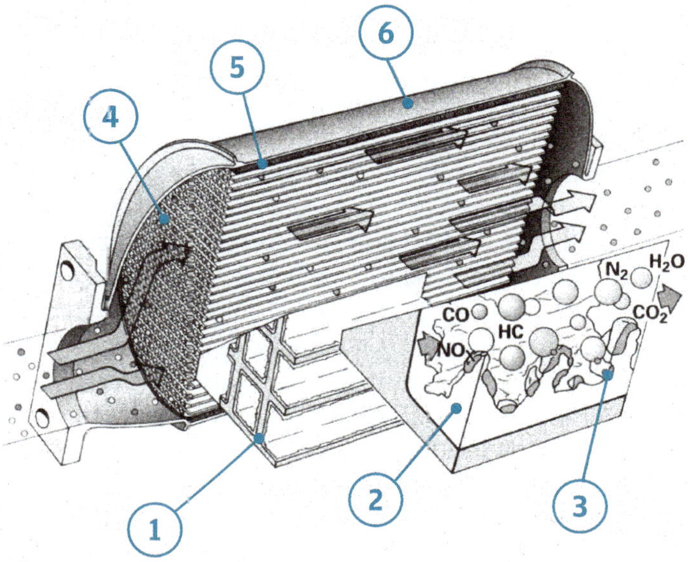

D1.3 Vista in trasparenza di una marmitta catalitica trivalente.

Le sostanze abbattute sono il monossido di carbonio **CO**, gli ossidi di azoto **NOx**, gli idrocarburi incombusti **HC**, le particelle solide e liquide note come **particolato**.
Le successive direttive che hanno imposto limiti sempre più severi sono entrate in vigore secondo le tempistiche riportate nella **tabella D1.1**.

TABELLA D1.1 Entrata in vigore delle Direttive e dei Regolamenti CEE

Anno di immatricolazione	Classe
Fino al 1992	Euro 0
Dal 1992 al 1997	Euro 1
Dal 1996 al 2000	Euro 2
Dal 1999 al 2006	Euro 3
Dal 2006 al 2010	Euro 4
Dal 2011 al 2014	Euro 5
Dal 1° settembre 2015	Euro 6

Le nuove normative Euro 5 ed Euro 6 acquisiscono la denominazione di "Regolamento" e non più di "Direttiva": ciò le rende immediatamente applicabili senza che i singoli Stati debbano emettere appositi decreti.

Sistemi di sicurezza

I **sistemi di sicurezza passiva** hanno la funzione di limitare quanto più possibile i danni a persone (occupanti e pedoni) e cose in caso di incidente.

I **sistemi di sicurezza attiva** servono a fornire aiuto al conducente al fine di prevenire incidenti, offrendo un contributo di tipo preventivo alla sicurezza in marcia.

Nel corso degli ultimi due decenni, particolare cura è stata dedicata allo sviluppo di sistemi di sicurezza attiva e passiva per l'autoveicolo e, soprattutto, per tutelare l'incolumità del conducente e dei passeggeri; tra i più importanti si citano le **cinture di sicurezza**, gli **air-bags** e altri sistemi il cui funzionamento si basa sull'intervento in automatico dell'impianto frenante, su tutte o solo alcune delle ruote del veicolo, come i sistemi di assistenza alla frenatura con funzione di antibloccaggio (**ABS**) e di ripartitore della frenata (**EBD**), di controllo della trattività (**TCS / ASR**) e della tenuta di strada (**ESP**), dell'antibloccaggio ruote da freno motore in rilascio (**MSR**), dell'automatismo per partenza su strade in pendenza (**Hill holder**), dell'assistenza in caso di frenata di emergenza (**HBA**).
La stessa accoglienza del conducente a bordo è stata oggetto di interessanti evoluzioni quali, per esempio:

- il sedile in grado di memorizzare gli assetti guida e le condizioni microclimatiche preferite dal guidatore;
- i sistemi di controllo e prevenzione dei colpi di sonno improvvisi da parte del guidatore, mediante scannerizzazione della pupilla e dei moti delle palpebre;
- il **NCM** (*Nodo Controllo Motore*) dotato di capacità di apprendimento; grazie a questa funzione, il NCM è in grado di elaborare, attraverso la memorizzazione dei parametri provenienti dai numerosi organi di rilevamento dati su motore e cambio, la personalità di guida del conducente, così da definire nel tempo un *mission profile* standard che, in caso di malfunzionamento di qualche sensore, è in grado di supplire ai parametri mancanti e di consentire la marcia di ritorno del veicolo in modalità *recovery* e in condizioni di adeguata sicurezza di viaggio.

Nei prossimi anni si assisterà a un incremento dei sistemi di sicurezza attiva (telecamere e controlli radar) per prevenire collisioni e investimenti di pedoni, potenziamento dei sistemi di *cruise control* per mantenere la traiettoria entro la propria corsia e per sottrarre, momentaneamente, il controllo della guida al conducente in caso di incidente imminente, intervenendo direttamente su frenatura e sterzatura in tempi rapidissimi, di molto inferiori a quelli della reazione umana.
La **figura D1.4** riporta un esempio di applicazione dei vari dispositivi di sicurezza su una vettura moderna: si notano i freni a disco (1), i sensori di velocità della ruota (2), la centralina air-bag (11) e i sistemi di gonfiaggio dei vari air-bags (3 - 5 - 6 - 7 - 8), la centralina comprendente l'unità di governo dei sistemi ABS + TCS + ESP (4), il gruppo di regolazione oleodinamica dell'ESP (9), il sensore dell'angolo di sterzatura (10), il rilevatore frontale di distanza da altri oggetti presenti sulla strada (12), il sensore di pre-crash (13), il gruppo freno (14), la leva del freno a mano (15), il sensore di accelerazione veicolo (16), il sensore di presenza di un passeggero su sedile (17) e, infine, le cinture di sicurezza con arrotolatore (18). A tutti questi sensori si possono aggiungere quelli relativi alla pressione dei pneumatici, particolarmente utili sui grossi monovolume e sui SUV.

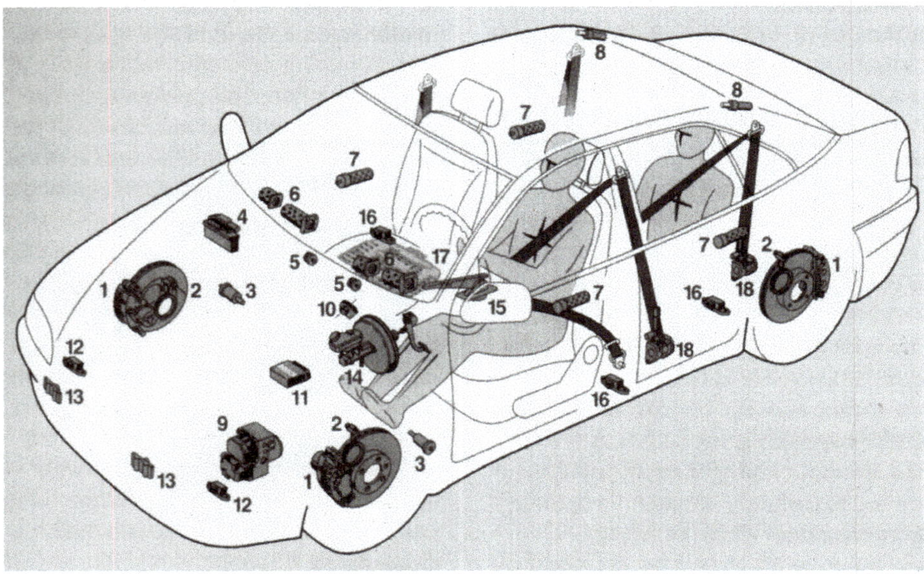

D1.4 Schema generale dei sistemi di sicurezza presenti su un'autovettura (Disegno Robert BOSCH GmbH, Stoccarda).

D1.2 Mezzi di trasporto su strada: l'autovettura

Come esempi di motore e di autovetture sono stati presi in considerazione prodotti attuali di grande diffusione: il motore **1.6 Multijet** e due autovetture, la **FIAT 500** e l'**Alfa Romeo MiTo**.

Lo scopo è di esaminare l'autovettura in quanto sistema complesso, equivalente a un impianto industriale, costituito da diversi sottoinsiemi caratterizzati da un alto grado di funzionalità e di interconnessione, il tutto per raggiungere il fine per cui il sistema stesso è stato pensato e costruito: il trasporto di persone in condizioni di sicurezza, affidabilità ed economia di gestione.

Il motore

In questo capitolo viene descritto un motore Diesel particolarmente significativo per la sua modernità e affidabilità, ovvero il **motore 1.6 Multijet Turbo 16 valvole Common Rail** di produzione FPT destinato, nelle sue varianti, a equipaggiare numerosi modelli quali le FIAT Grande Punto e Bravo, la Lancia Delta, l'Alfa Romeo MiTo.

La **figura D1.5** illustra la vista del motopropulsore completo; la **tabella D1.2** riporta la sua scheda tecnica.

D1.5 Vista del motopropulsore completo (Fiat SpA - Unetversity, "Motore 1.6 M Jet", 2010).

TABELLA D1.2 Dati principali del motore 1.6 Multijet (Fiat SpA - Unetversity, "Motore 1.6 M Jet", 2010)

Motore		
Motore (tipo)	198A 3000	
Cilindrata (Alesaggio per corsa)	1592 (79,5 × 80,5)	
Rapporto di compressione	16,5:1	
Potenza max (kW - giri/min)	77 – 4000	
Coppia max (Nm - giri/min)	290 – 1500	
Regime al minimo motore (giri/min)	850±20	
Valvole di aspirazione (Apertura/Chiusura)	–10° prima del PMS /1,5° dopo il PMS	
Valvole di scarico (Apertura/Chiusura)	40° prima del PMI- /40° dopo PMS	
Olio motore SELENIA K P.E.	SAE 5W-30 qualificazione Fiat 9.55535-s1	
Gestione motore		
Centralina elettronica (Marca - Tipo)	BOSCH EDC16 C39	
Sonda Lambda (Marca - Tipo)	BOSCH LSU 4.9 DS	
Turbocompressione (Marca - Tipo)	HONEYWELL tipo GT 1446Z	
Emissioni/consumi combustibile		
Emissioni max CO_2 allo scarico (g/km)	Combinato	129
Consumi combustibile (l/100 km)	Urbano	6,2
	Extraurbano	4,1
	Combinato	4,9

Caratterizzato da un elevato livello di elettronica di regolazione e controllo, il motore 1.6 Multijet Turbo 16 valvole Common Rail nasce in versione Euro 4 ed è attualmente commercializzato in versione Euro 5.

La **figura D1.6** riporta lo schema di gestione del motore nell'allestimento da 105 CV Euro 5.

Come di consueto, il motopropulsore è vincolato sull'autotelaio mediante due supporti dotati di tampone in gomma, più due bielle di reazione per il contenimento delle coppie di rovesciamento. La **tabella D1.3** riporta l'elenco dei principali sensori e attuatori presenti, il loro scopo, il rispettivo principio fisico di funzionamento e la connessione alla rete CAN.

Schema gestione motore 1.6 16 v Multijet 105 CV euro 5

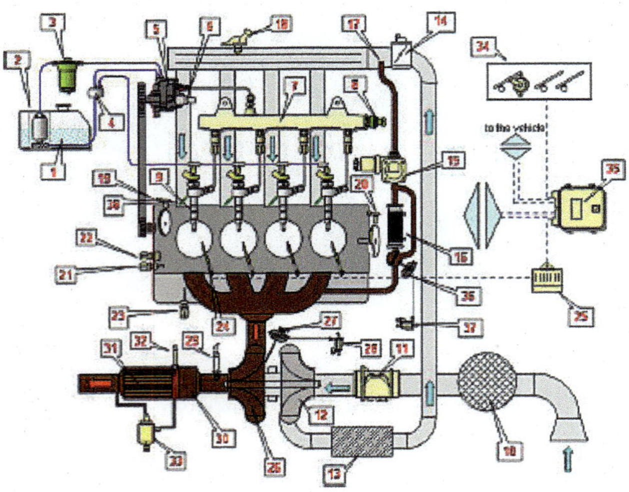

1) Serbatoio combustibile
2) Elettropompa combustibile ausiliaria
3) Filtro combustibile
4) Smorzatore pressione ricircolo combustibile
5) Pompa alta pressione
6) Regolatore di portata combustibile
7) Rail combustibile
8) Sensore pressione combustibile
9) Elettroiniettori
10) Filtro aria
11) Debimetro
12) Compressore aria
13) Intercooler
14) Farfalla motorizzata
15) Valvola EGR
16) Scambiatore di calore gas EGR
17) Entrata gas EGR in aspirazione
18) Sensore temperatura e pressione aria aspirata
19) Sensore di giri
20) Sensore di fase
21) Sensore temperatura liquido di raffreddamento
22) Sensore pressione olio motore
23) Sensore livello olio motore
24) Candelette di preriscaldo
25) Centralina preriscaldo candelette
26) Turbina
27) Attuatore pneumatico *waste gate*
28) Elettrovalvola comando attuatore pneumatico *waste gate*
29) Sonda lambda
30) Catalizzatore
31) Filtro particolato (DPF)
32) Sensore temperatura gas di scarico
33) Punti rilievo pressione a monte e a valle filtro articolato (DPF)
34) Potenziometro pedale acceleratore
35) Nodo controllo motore
36) Bay-pass raffreddamento gas EGR
37) Attuatore pneumatico comando bay-pass raffreddamento gas EGR
38) Deflettori fissi *swirl* su collettore aspirazione

D1.6 Schema di gestione del motore nella versione da 105 CV Euro 5 (Fiat SpA - Unetversity, "Motore 1.6 M Jet", 2010).

TABELLA D1.3 Sensori e attuatori del motore 1.6 Multijet (Fiat SpA - Unetversity, "Motore 1.6 M Jet", 2010)

Sensore	Funzione/grandezza misurata	Principio fisico	Connessione alla rete CAN
Sensore di giri	Frequenza di rotazione del motore	Sensore induttivo	2 pin
Sensore di fase	Posizione angolare dell'asse a camme	Ad effetto Hall	3 pin
Sensore di temperatura	Temperatura del liquido di raffreddamento	NTC	2 pin
Sensore di pressione	Temperatura e pressione dell'aria aspirata	NTC	4 pin
Debimetro	Portata massica dell'aria aspirata	A film caldo a 20 °C; digitale	4 pin
Sensore di pressione	Pressione combustibile nel rail	Piezoresistivo a caratteristica lineare	3 pin
Sensore di acqua	Presenza acqua nel filtro del gasolio	Sensore chimico	5 pin
Sensore di posizione	Posizione del pedale dell'acceleratore	Due potenziometri in parallelo	6 pin
Sonda lambda (λ)	Sensore ceramico sensibile alla presenza di O_2 nel gas di scarico	Tre layers a base di ossido di zirconio	6 pin
Sensore di temperatura	Salto di temperatura dei gas di scarico, tra entrata e uscita del catalizzatore	PTC	
Sensore di pressione	Salto di pressione tra ingresso e uscita nel DPF	Membrana sensibile	3 pin
Sensore di pressione	Pressione dell'olio insufficiente nel circuito di lubrificazione del motore	Monocontatto	1 pin

TABELLA D1.3 Sensori e attuatori del motore 1.6 Multijet (Fiat SpA - Unetversity, "Motore 1.6 M Jet", 2010)

Sensore	Funzione/grandezza misurata	Principio fisico	Connessione alla rete CAN
Attuatore a farfalla	Corpo farfallato di regolazione della portata d'aria in aspirazione	Comando motorizzato	6 pin
Regolatore della portata	Valvola regolatrice della portata di gasolio in ingresso alla pompa ad alta pressione	Elettrovalvola alimentata in PWM	2 pin
Iniettori	Elettroiniettori che eseguono le 3 - 5 iniezioni multiple	Elettrovalvola	2 pin
Valvola Waste Gate	Elettrovalvola che gestisce la pressione di sovralimentazione erogata dal turbo	Elettromagnete che comanda un otturatore che modula il segnale di vuoto da inviare all'attuatore pneumatico della valvola Waste Gate	2 pin
Valvola comando turbo	Elettrovalvola di comando del turbo a geometria variabile	Elettromagnete che comanda un otturatore che modula il segnale di vuoto da inviare all'attuatore pneumatico dell'orientamento delle palette	2 pin
Valvola comando EGR	Valvola elettropneumatica di comando dell'attuatore di by-pass	Elettromagnete con logica ON-OFF	2 pin
Pompa combustibile	Elettropompa a bassa pressione, sommersa nel serbatoio del combustibile	Motore elettrico a magnete permanente più potenziometro a galleggiante di misurazione del livello combustibile	2 + 1 pin

L'autovettura

In questo paragrafo viene inizialmente presentata la **FIAT 500**: la figura D1.7 riporta il cosiddetto *figurino*, ovvero il disegno della forma dell'autovettura con le dimensioni e gli ingombri.

La figura D1.8 mostra il vano anteriore privo di motopropulsore: si notano il radiatore, la traversa anteriore comprendente le sospensioni di tipo McPherson, la barra antirollio, i semiassi della trasmissione, i freni e lo sterzo di tipo elettroassistito mediante servoguida.

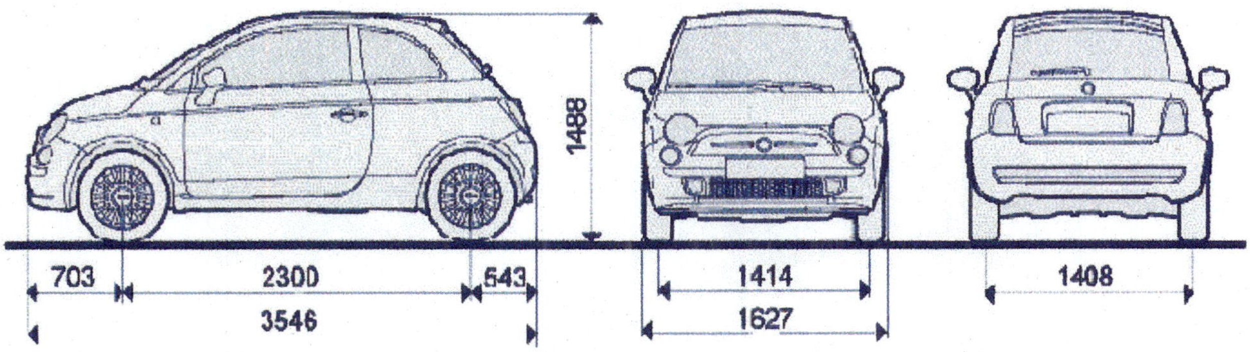

D1.7 Dimensioni e ingombri della Fiat 500 (Magneti Marelli After Market Parts and Services, SpA).

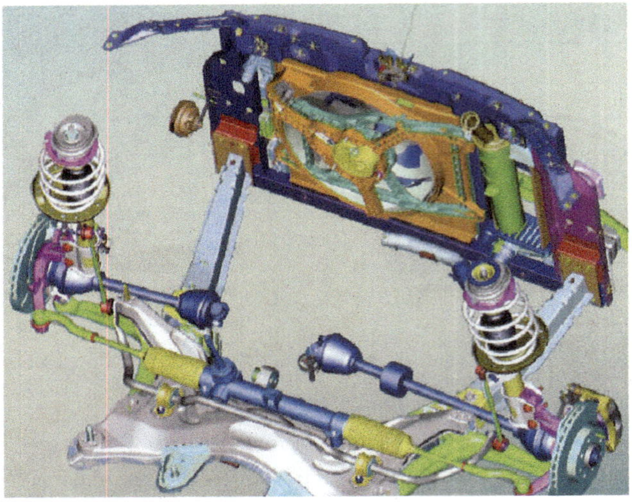

D1.8 Vano motore della Fiat 500 (Magneti Marelli After Market Parts and Services, SpA).

La **figura D1.9a** riporta la vista della sospensione posteriore a bracci longitudinali interconnessi, mentre la **figura D1.9b** illustra lo schema del circuito dell'impianto frenante; infine, la **figura D1.9c** riporta lo schema a blocchi del sistema ABS con i suoi collegamenti alle ruote e alla rete CAN.

La **tabella D1.4** riporta il tipo di cambio e i rapporti delle marce per l'autovettura Fiat 500 a seconda della motorizzazione.

TABELLA D1.4 Rapporti delle marce

MOTORIZZAZIONE	1.2 bz	1.3 M Jet	1.4 bz
CAMBIO	C514	C514R	C514
Prima	3,909	3,909	3,545
Seconda	2,158	2,158	2,158
Terza	1,48	1,345	1,48
Quarta	1,121	0,974	1,121
Quinta	0,897	0,766	0,921
Sesta	-	-	0,766
RM	3,818	3,818	3,818

(Magneti Marelli After Market Parts and Services, SpA)

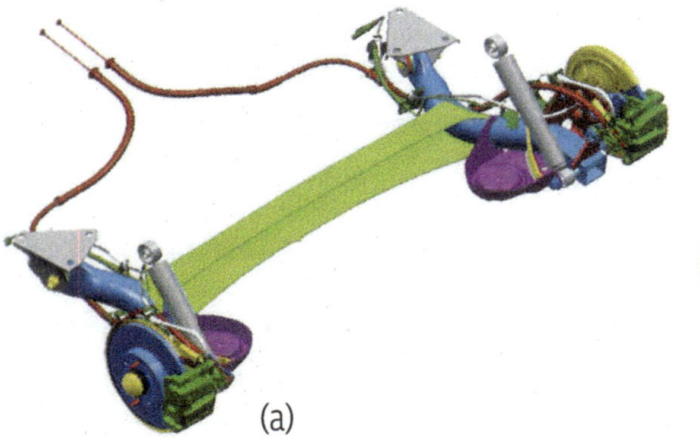

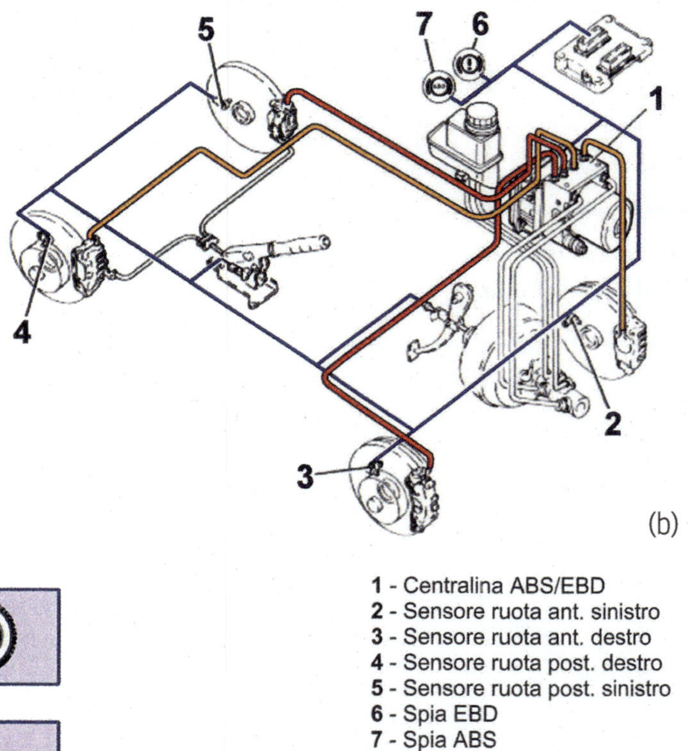

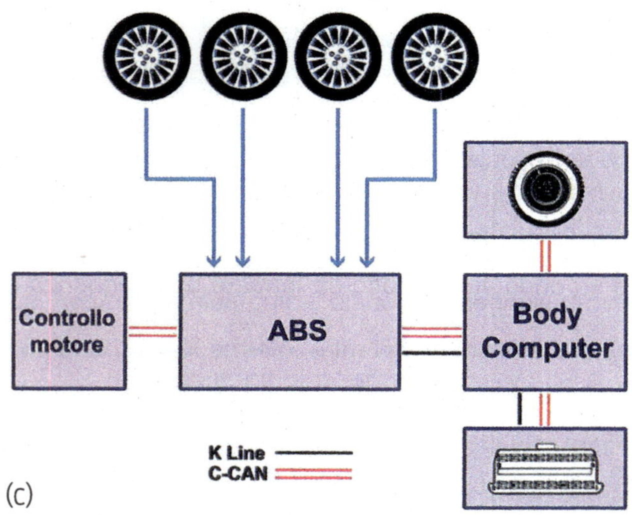

D1.9 a) Sospensione posteriore. b) Impianto frenante della Fiat 500. c) Schema a blocchi del sistema ABS (Magneti Marelli After Market Parts and Services, SpA).

Per quanto attiene l'impianto elettrico dell'autovettura, nella **figura D1.10** si possono vedere la localizzazione dei componenti elettrici e i punti di massa.

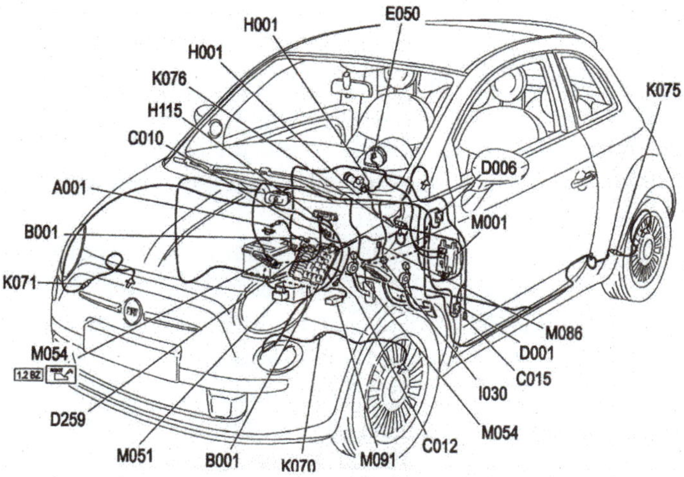

A001	Batteria	K088	Sensore temperatura aria superiore
B001	Centralina di derivazione	M001	Body Computer
C010	Massa anteriore sinistra	M010	Centralina controllo motore
C015	Massa plancia lato guida	M070	Centralina climatizzazione
C016	Massa gruppo condizionatore	N080	Attuatore sportello distribuzione
D008	Giunzione anteriore condizionatore riscaldatore	N081	Attuatore sportello di miscellazione
D031	Giunzione porta anteriore destra	N082	Attuatore sportello di ricircolo
K086	Sensore antibrina	N085	Elettroventola abitacolo
K087	Sensore temperatura aria inferiore	P061	Retrovisore lato passeggero

D1.10 Localizzazione dei componenti elettrici e punti di massa della Fiat 500 (Magneti Marelli After Market Parts and Services, SpA).

Il sistema di ritenuta

I test **Euro NCAP** certificano il grado di protezione degli occupanti in caso di incidente e del pedone in caso di investimento: la Fiat 500 risulta essere, nella sua categoria, tra le più alte come punteggio.

Nella **figura D1.11** è riportata la vista in trasparenza dell'autovettura, con in evidenza le cinture con doppio pretensionatore e gli air-bags, entrambi dispositivi pirotecnici la cui manutenzione va eseguita da personale qualificato.

L'air-bag è un dispositivo di grande utilità, ma che necessita di cautele in fase sia di diagnosi delle anomalie sia di interventi sostitutivi: per esempio, in seguito a un urto di elevata intensità, o tre di minore intensità, la centralina deve essere sostituita, dopodiché occorre avviare una procedura di memorizzazione dati denominata **riarmo**: questa operazione è indispensabile per consentire alla nuova centralina di essere "accettata" dal sistema e di poter dialogare con i sensori e con le altre centraline attraverso la rete CAN.

La rete di comunicazione

L'impianto elettronico di bordo di seguito descritto è quello della vettura **Alfa Romeo MiTo**.
Esso si basa sul principio della **rete CAN** (*Controller Area Network*).

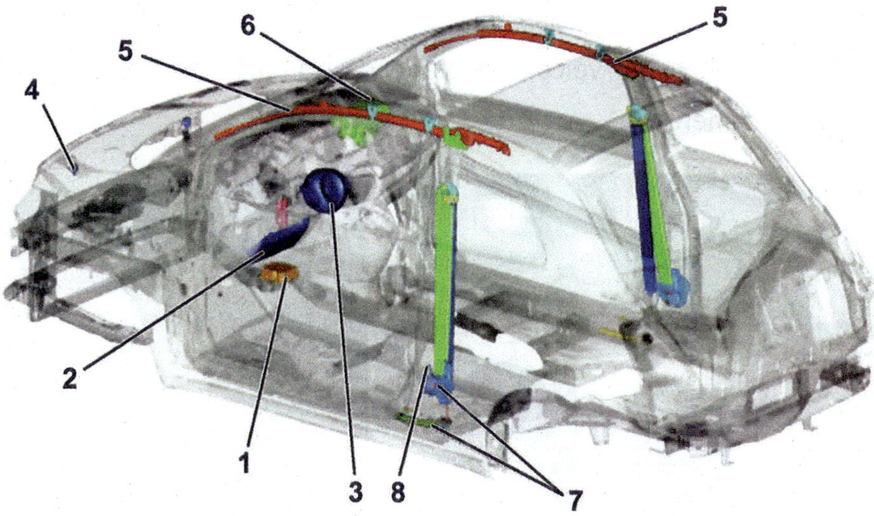

D1.11 Schema dei sistemi di ritenuta (air-bags e cinture di sicurezza) per la vettura Fiat 500 (Magneti Marelli After Market Parts and Services, SpA).

1. Centralina di controllo elettronica	**5.** Air-bag laterali a tendina
2. Air-bag ginocchia lato guida	**6.** Air-bag lato passeggero
3. Air-bag frontale lato guida	**7.** Doppi pretensionatori delle cinture anteriori
4. Sensore di rilevazione urto frontale	**8.** Sensore di urto laterale nei montanti centrali

Nell'immagine non sono visibili gli air-bag laterali inseriti nello schienale dei sedili anteriori

L'esigenza di coordinare le funzioni di un sempre maggior numero di centraline (a loro volta connesse con numerosi sensori), la necessità di ridurre i cablaggi interni divenuti chilometrici, la tendenza a mettere in comune fra le diverse centraline i segnali provenienti da tutti i sensori hanno portato i costruttori, soprattutto a partire dagli anni Novanta, a inserire nell'autovettura una vera e propria rete interna di trasmissione dati, particolarmente efficace se si tiene conto dell'estrema rapidità (dell'ordine del millesimo di secondo) del trasporto delle informazioni. La tendenza evolutiva è di potenziare sempre di più le facoltà da parte dell'autoveicolo a interagire con l'esterno: si pensi alle connessioni con internet e con i sistemi GPS.
La diffusione delle **reti CAN** sugli impianti elettrici di bordo dei veicoli ha consentito un aumento del numero delle centraline destinate ad assolvere le diverse funzioni dell'autovettura, ma anche una loro razionalizzazione: in particolare, una notevole semplificazione è stata ottenuta accorpando le due ECU dell'accensione e dell'iniezione elettronica in un unico gruppo, detto **centralina controllo motore** o **NCM** (*Nodo Controllo Motore*). La rete CAN è il principale sistema di trasmissione dati su autoveicolo; è un bus seriale di comunicazione di tipo **broadcast**, per segnali digitali. Si tratta di un cablaggio in forma di doppino, che si sviluppa ad anello e collega tutte le centraline, inserite sulla rete in parallelo: ogni centralina riconosce dalla rete i dati di sua competenza, li estrae e poi mette a disposizione di tutte le altre i dati da lei elaborati, inoltrandoli sulla rete e attribuendo loro una scala di priorità.

La centralina master (**Body Computer**) assolve alla funzione di coordinamento delle attività delle varie ECU |fig. D1.12|, mentre la centralina **EOBD** consente il collegamento con gli strumenti diagnostici di officina.
Sulla vettura **Alfa Romeo MiTo**, la struttura CAN, riportata nello schema a blocchi della figura D1.13, si compone di due reti di comunicazione, rispettivamente ad alta e bassa velocità: la **rete C-CAN** (500 kbit/s) per il controllo motore e la **rete B-CAN** (50 kbit/s) per la gestione delle funzioni standard di carrozzeria e info-telematica.
Si notano la centralina controllo motore (20), la presa per la diagnosi EOBD (280), il Body Computer (300), la centralina della guida elettrica EPS (340), la centralina ABS/ESP (370), il sensore di accelerazione trasversale e di imbardata (375), la centralina del cambio TCT (420), il modulo della leva selettrice del cambio (421) e la ECU di controllo degli ammortizzatori (680).

La *European on-board diagnosis*

A partire dal 2000 per i motori a benzina e dal 2003 per i Diesel, tutte le autovetture devono essere dotate di un sistema unificato per rilevare i principali parametri di funzionamento del motore, per controllare la qualità del sistema di controllo delle emissioni e per evidenziare malfunzionamenti di componenti e sensori, individuando in questo modo la causa del difetto segnalato in assistenza tecnica. A tale scopo, sia i costruttori degli autoveicoli sia i principali fornitori di componentistica dispongono di strumenti atti a interfacciarsi con la rete di comunicazione dell'autovettura, denominati **scan tool**.

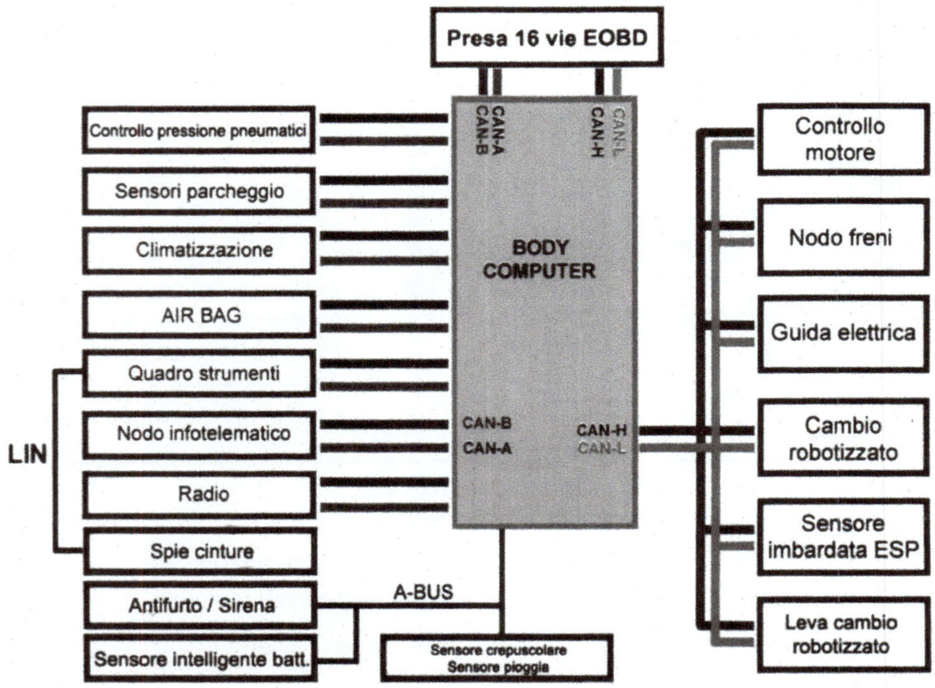

D1.12 Schema della rete CAN per l'autovettura Alfa Romeo MiTo: si può notare, in posizione centrale, il Body Computer e, in alto a destra, il nodo controllo motore NCM (Magneti Marelli After Market Parts and Services, SpA).

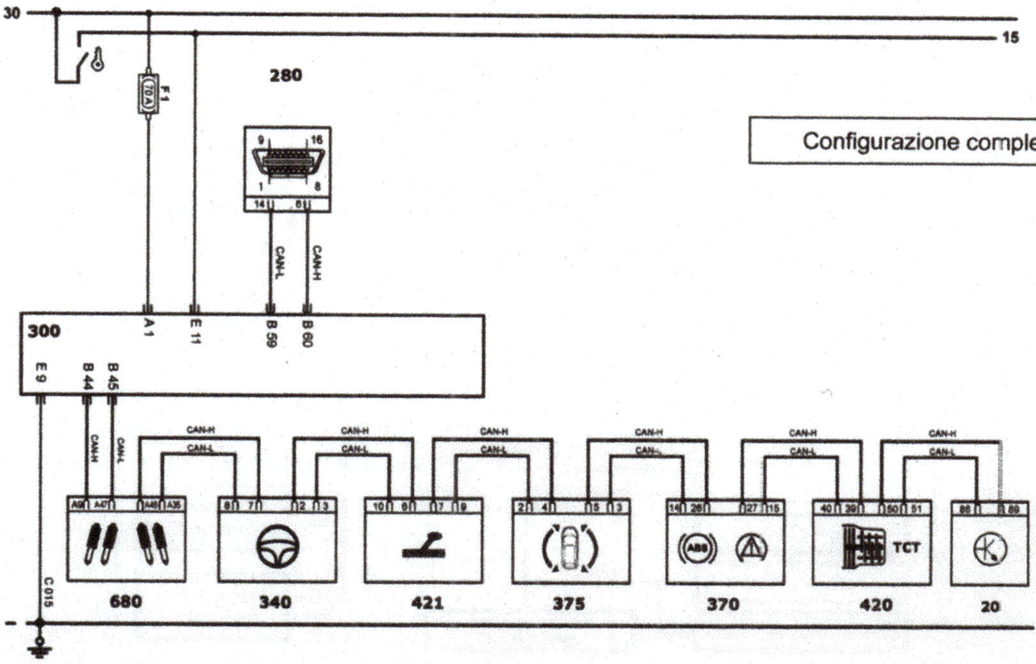

D1.13 Schema elettrico della rete C-CAN ad alta velocità per l'autovettura Alfa Romeo MiTo: si noti la centralina controllo motore (20), la cui funzione è eseguire il comando dell'iniezione, dell'accensione e il controllo della combustione, in base ai comandi provenienti dal conducente e ai segnali inviati dai sensori posti sul motore (Magneti Marelli After Market Parts and Services, SpA).

Gli *scan tool* sono strutturati in forma di PC con video e possono svolgere anche funzioni di tipo più generale (voltmetro, oscilloscopio), poiché possono essere collegati a sensori esterni, quali trasduttori di pressione e resistenze per simulare il funzionamento dell'air-bag evitando, ovviamente, l'attivazione involontaria delle cariche pirotecniche, lo spinterometro, le pinze amperometriche e altri ancora. Sono abilitate per riprogrammare le centraline, nel caso di una campagna di miglioramento del prodotto circolante lanciata dal fabbricante.
In assistenza tecnica, si collega lo strumento di indagine con l'apposita presa che si trova sotto la plancia, nella zona sinistra sottostante al volante, in corrispondenza della centralina **Body**. Lo strumento può dialogare con le centraline della rete CAN eseguendo diagnosi seriali ad alta velocità; esso controlla la correttezza dei parametri rilevati durante il funzionamento, verifica eventuali malfunzionamenti da parte di sensori in avaria e delle spie di segnalazione avaria, simula condizioni diverse di funzionamento mediante l'immissione nella rete di segnali campione, a fronte dei quali la centralina, sottoposta a interrogazione, deve fornire una serie di dati predeterminati. La **figura D1.14** illustra due esempi di tali strumenti: l'**Examiner**, in dotazione della rete assistenziale del gruppo Fiat, e il **Tester Plus** della Magneti Marelli, in grado di eseguire indagini multimarca poiché dotato dei protocolli specifici delle diverse marche; la Magneti Marelli emette periodicamente CD-Rom con gli aggiornamenti, per consentire all'officina privata di manutenzione l'allineamento costante con il parco veicoli circolante.

(a)

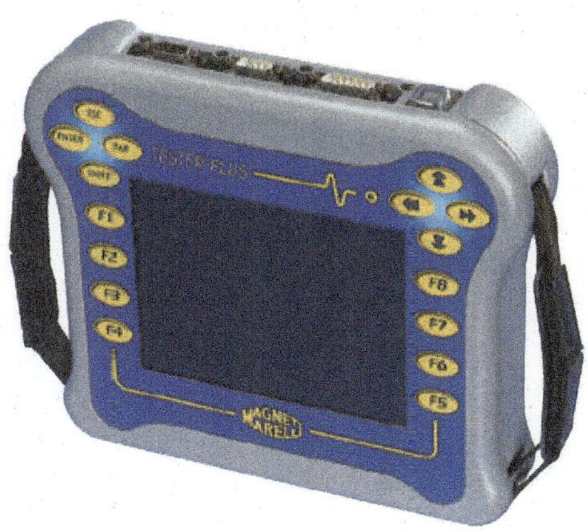

(b)

D1.14 a) Examiner (Fiat SpA - Unetversity, "Examiner-Utilizzo di base", 2010). b) Tester Plus (Magneti Marelli After Market Parts and Services, SpA).

Le attività di manutenzione per gli autoveicoli e i veicoli industriali sono organizzate secondo una sequenza di interventi, comunemente denominati **tagliandi**, aventi cadenza chilometrica o temporale, al fine di minimizzare il fermo del veicolo.

D1.3 Mezzi di trasporto su rotaia: il treno regionale e gli elettrotreni per l'alta velocità

I mezzi presi come esempio e descritti, in questa sede, nelle loro caratteristiche prestazionali sono un treno regionale e un elettrotreno ad alta velocità. Il primo è un treno per il trasporto regionale, con un posizionamento intermedio fra trasporto urbano e servizio interurbano sulle linee principali: la **Piattaforma Coradia**, di produzione **Alstom**, comprende una serie di mezzi in diverse varianti, a trazione elettrica o Diesel, a uno o due piani, con possibilità di modularità, ovvero di agganciamento di più unità con comando multiplo ad agente unico: ciò significa che un solo macchinista comanda, in contemporanea, le motorizzazioni e i gruppi frenanti ripartiti sulle varie unità che compongono il convoglio. La Piattaforma Coradia è in grado di trasportare, a seconda dell'allestimento, da 70 a 810 persone. È studiato in particolare per offrire facilità di funzionamento e manutenzione.

Nella tabella D1.5 è riportato un estratto della scheda tecnica relativa alla versione per conto di **FNM**, marcata **ETR 245**, contenente i principali dati geometrici e prestazionali del mezzo.
Il fabbricante fornisce le seguenti informazioni supplementari.

- **Comfort e accessibilità**: l'ingresso alle carrozze "a raso" del marciapiede facilita la salita dei passeggeri, mentre le pedane retrattili, installate su ogni porta, permettono un accesso agevole anche ai passeggeri a ridotta capacità motoria. I treni hanno livelli di rumorosità ridotti grazie alle tecniche di modellazione dei campi aeroacustici.
- **Allestimenti interni**: ogni carrozza è dotata di aria condizionata, schermi luminosi interni visibili da ogni punto del treno per le informazioni, impianto di sonorizzazione, scritte in Braille, prese di corrente a 220 V per l'alimentazione di cellulari e PC portatili.
- **Sicurezza**: ogni treno è dotato di un impianto di video sorveglianza, apparecchiature anticollisione e di un sistema *anticlimber*, che impedisce il sormonto tra casse in caso di incidente. La cabina del conducente è compatibile con il sistema di sicurezza di marcia dei treni denominato **ERTMS** (*European Rail Traffic Management System*), mentre l'articolazione dei treni garantisce una sicurezza dei passeggeri ottimale.

TABELLA D1.5 Dati geometrici e prestazionali dell'ETR 245 (Alstom Transportation SpA, Savigliano, CN)

	Dettagli tecnici
Configurazione	5 carrozze articolate (M-T-T-T-M)
Velocità massima	160 km/h
Potenza installata	2000 kW continuativa
Motorizzazione	4 motori asincroni da 512 kW continuativi
Scartamento	1435 mm
Altezza dalla piattaforma	600 mm
Porte	5 per lato
Ampiezza porte	1300 mm
Posti a sedere	230 (1 per disabili in carrozzella)
Lunghezza treno	82,2 m
Larghezza carrozze	2950 mm
Passo sedili	1800 mm per la configurazione vis-à-vis; 900 mm per la configurazione a correre

- **Rispetto dell'ambiente**: i treni della famiglia Coradia rispondono alla politica di sostenibilità ambientale di Alstom, e sono riciclabili per il 95%. La motorizzazione ripartita ottimizza le fasi di frenatura e accelerazione di ogni vettura, consentendo la diminuzione del livello di consumo di energia.

Nella **figura D1.15** si possono osservare due immagini dell'elettrotreno.

(a)

(b)

D1.15 Viste del treno regionale Coradia Meridian nella versione ETR 245 per FNM: a) in fase di produzione nello stabilimento di Savigliano; b) vista del frontale (Alstom Transportation SpA, Savigliano, Cuneo).

Nella **figura D1.17** compare il layout dell'ETR 245 con la disposizione dei principali componenti elettronici e meccanici. Si osservino in particolare la composizione del complesso, bloccata in cinque elementi, la presenza di due carrelli motore con passo 2400 mm, posti in corrispondenza delle cabine di guida, e di quattro carrelli portanti con passo 2700 mm, posti in corrispondenza degli intercomunicanti, quindi in posizione intermedia fra due casse. Ogni carrello motore è azionato da un proprio dispositivo di potenza per la trazione (*Power Pack*).

L'elettrotreno illustrato nella **figura D1.16** è l'ultima versione dell'elettrotreno ad alta velocità ad assetto variabile **ETR 610**, noto come **Pendolino**, un mezzo che ha conquistato da subito la fiducia di molti enti ferroviari di Europa e Cina e, soprattutto, del popolo dei passeggeri grazie ai suoi elevati livelli di sicurezza e di comfort di marcia. Di seguito sono riportati alcuni dati caratteristici della **Piattaforma Pendolino**.

- **Lunghezza:** da 108,8 m a 239,8 m, a seconda della composizione.
- **Larghezza:** 2830 mm.
- **Capacità:** da 216 a 638 passeggeri.
- **Velocità commerciale:** 200-275 km/h.
- **Ordini:** 430 Pendolino, elettrici o Diesel, che circolano in 11 Paesi.

D1.16 Elettrotreno ETR 610 Pendolino ricoverato nel Deposito di Roma San. Lorenzo (Alstom Transportation SpA, Savigliano, Cuneo).

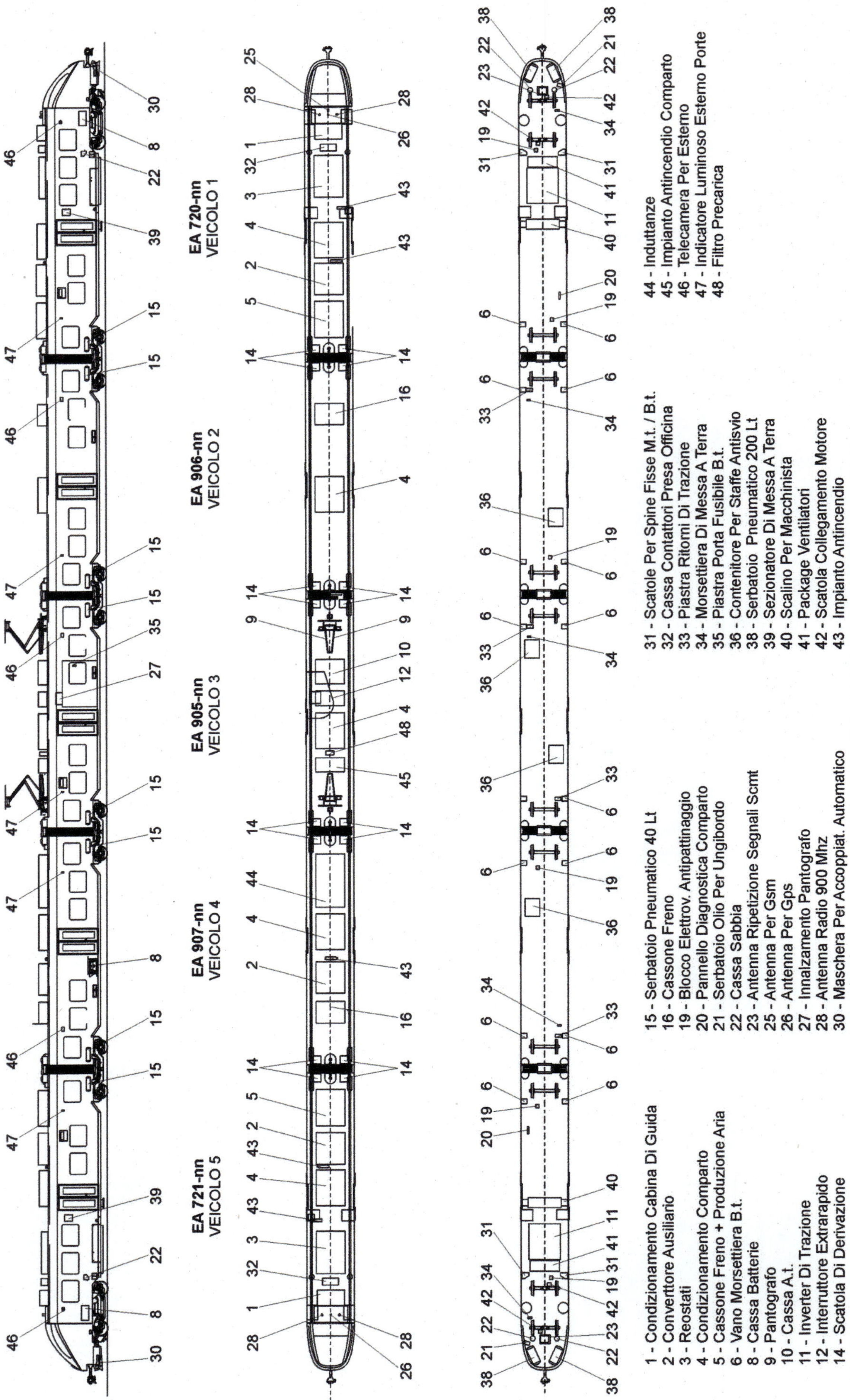

D1.17 Layout delle apparecchiature elettroniche e meccaniche dell'ETR 245 (Alstom Transportation SpA, Savigliano, CN).

Manutenzione dei mezzi

Innanzitutto si deve tener presente come i veicoli ferroviari siano caratterizzati da una elevata longevità in quanto la loro vita media è di molto maggiore, per esempio, di quella degli autoveicoli: per molti treni la vita prevista è di trenta anni, con delle percorrenze accumulate nel corso della loro vita di circa dieci milioni di chilometri, in diversi casi anche di più. In particolare, per un treno ad alta velocità è normale un accumulo di 400 000 km/anno, per un totale prossimo ai dodici milioni di chilometri nell'arco della sua vita: risulta quindi indispensabile, da parte del costruttore, prevedere piani di manutenzione finalizzati al raggiungimento delle suddette percorrenze.
La conseguenza di ciò è l'elevata incidenza dei costi di manutenzione erogati nel corso della vita del mezzo, per cui si può tranquillamente affermare che nel complesso il costo della manutenzione risulta superiore al costo d'acquisto del treno. Occorre tener presente come il parametro fondamentale di un piano di valutazione economica per un treno è il ricavo per passeggero e per chilometro.

Il governo italiano ha recentemente istituito mediante il DM 4/2012, un ente di controllo denominato **ANSF** (*Agenzia Nazionale per la Sicurezza Ferroviaria*), la cui *mission* è fissare le regole per l'esecuzione delle operazioni di manutenzione. Ogni impresa che svolge le manutenzioni deve essere iscritta a un apposito albo dei manutentori, deve eseguire corsi di formazione per il personale e provvedere alla certificazione delle competenze professionali. L'ANSF attribuisce all'impresa proprietaria del treno la responsabilità di identificare un'**ECM** (*Entity in Charge of Maintenance*), ovvero l'ente incaricato di eseguire gli interventi di manutenzione: in molti casi esso risiede nell'ambito degli impianti interni del proprietario, risultando quindi costituita dal proprio personale specializzato operante nei depositi attrezzati. In alternativa, l'acquirente del treno può delegare il costruttore stesso del treno come ECM.
Il costruttore elabora i piani di manutenzione per mantenere i mezzi di sua fabbricazione nelle migliori condizioni operative, alla luce non solo delle elevate prestazioni e sollecitazioni cui essi sono sottoposti per gran parte della sua vita su rotaia, ma anche delle esigenze di sicurezza indispensabili per i passeggeri come pure per il territorio sul quale si sviluppa la rete ferroviaria destinata a ospitare mezzi in grado di superare i 300 km/h. Il piano di manutenzione diventa pertanto una parte assai rilevante del contratto di vendita del mezzo alle compagnie ferroviarie.
I **piani di manutenzione** sono articolati su due livelli, il *Piano di primo livello* e il *Piano di secondo livello*.

Il **Piano di primo livello** prevede una serie di interventi manutentivi programmati, ovvero con cadenze fisse; esso è articolato su un arco di 1 200 000 km, al termine dei quali viene ripetuto ciclicamente. Consiste in una serie di controlli e interventi eseguibili con l'attrezzatura di comune dotazione nei Depositi Locomotive.
Il **Piano di secondo livello** comprende interventi di rilevante entità su componenti e gruppi, quali lo smontaggio dei motori e la revisione dei riduttori; sono previsti interventi pesanti come lo smontaggio delle sospensioni primarie e secondarie e degli assali, il loro controllo sui banchi di prova per testarne l'integrità e la funzionalità. Il piano di secondo livello non può essere svolto in deposito, poiché richiede l'utilizzo delle attrezzature tipiche di un'officina specializzata.
La figura D1.18 illustra un elettrotreno ad alta velocità della **Piattaforma AGV** (*Automotrice a Grande Vitesse*) in fase di allestimento presso il costruttore Alstom. È costituita da un sistema di più casse in composizione fissa le cui prestazioni sono di seguito evidenziate.

- **Modularità**: da 7 a 14 carrozze, con una lunghezza variabile da 130 m a 250 m.
- **Posti a sedere**: da 250 a 650.
- **Massa**: da 270 t a 510 t.
- **Potenza**: da 6000 kW a 12 000 kW (22 kW/t).
- **Apparecchiature di trazione**: convertitori di trazione IGBT con raffreddamento ad acqua; motori a magneti permanenti.
- **Alimentazione**: elettrotreno alimentabile sotto le reti in monofase a 25 kV / 50 Hz oppure a 15 kV / 16,7 Hz e in corrente continua a 3 kV oppure a 1,5 kV.
- **Velocità**: 360 km/h di velocità commerciale, potendo superare la soglia dei 1000 km in 3 ore e aumentare l'attrattiva del treno rispetto agli altri mezzi di trasporto.

D1.18 Elettrotreno AGV in fase di costruzione (Alstom Transportation SpA, Savigliano, Cuneo).

ESERCITAZIONE GUIDATA D1.1

Definizioni e settori di impiego

A) Compilare la tabella elencando per ogni dispositivo le sue principali tipologie adottate sui diversi mezzi terrestri, aerei e navali.

Dispositivo	Principali tipologie
Motore	
Trasmissione	
Organi del moto	

B) Compilare la tabella descrivendo la destinazione d'uso dei mezzi di trasporto stradali citati, in ottemperanza a quanto previsto dal vigente Codice della Strada.

Dispositivo	Principali tipologie
Autoveicolo	
Autocarro	
Autobus	
Trattore stradale	

ESERCITAZIONE GUIDATA D1.2

Esempio di un mezzo di trasporto su strada: i sistemi di sicurezza dell'autovettura

La seguente tabella è dedicata ad alcuni fra i principali sistemi di sicurezza adottati sui più moderni autoveicoli. Compilare la tabella elencando nella prima colonna la sigla con cui vengono comunemente indicati, nella seconda la loro denominazione e nella terza le funzioni svolte.

Sistema di sicurezza	Denominazione	Operazione svolta
a)		
b)		
c)		
d)		
e)		
f)		

ESERCITAZIONE GUIDATA D1.3

Esempio di un mezzo di trasporto su strada: l'autovettura

La seguente tabella è relativa alla sensoristica presente sui motori di ultima generazione. Compilare la tabella elencando nella prima colonna cinque tipi di trasduttore, nella seconda la grandezza misurata e nella terza il principio di funzionamento del trasduttore.

Sensore	Grandezza misurata	Principio fisico
a)		
b)		
c)		
d)		
e)		

Esempio di un mezzo di trasporto su rotaia: il treno

La seguente tabella riguarda gli interventi manutentivi eseguiti sui veicoli ferroviari: essi sono di due tipi. Specificare per ciascuno in cosa consistono gli interventi manutentivi previsti.

Denominazione	Tipologia di intervento
Piano di primo livello	
Piano di secondo livello	

ESERCITAZIONE GUIDATA D1.4

Esempio di un mezzo di trasporto su rotaia: il treno

La seguente tabella riporta nella prima colonna una serie di termini tecnici specifici del settore ferroviario. Specificare il significato di ciascun termine eseguendo una ricerca su internet oppure intervistando tecnici e/o operatori specialisti nel settore ferroviario.

Termine	Spiegazione del termine
a) Scartamento	
b) Rodiggio	
c) Pantografo	
d) Organi di repulsione	
e) Sospensione primaria, sospensione secondaria	

1 Definire alcune caratteristiche fondamentali dei mezzi di trasporto.

....

....

....

2 Indicare gli organi che sono comuni per tutti i mezzi di trasporto.

....

....

....

3 Sterzo, timone, alettoni appartengono al sistema direzionale di uno dei mezzi di trasporto.

☐ Vero ☐ Falso

4 Si definisce *autoveicolo* un veicolo a motore con almeno .... ruote, con una massa complessiva non superiore a .... kg; caratterizzato da ...., l'autoveicolo ha di solito lo scopo di trasportare su strada ....

5 Le marmitte catalitiche permettono di aumentare la velocità degli autoveicoli.

☐ Vero ☐ Falso

6 Indicare la differenza tra sicurezza attiva e passiva (max 20 parole).

....

....

....

7 Elencare alcuni dei sistemi di sicurezza presenti su un autoveicolo.

....

....

....

8 Esaminando l'autovettura come un sistema complesso, equivalente a un impianto industriale costituito da diversi sottoinsiemi, indicarne le caratteristiche e disegnare uno schema con le diverse parti.

....

....

....

....

9 Come per l'auto, indicare le caratteristiche di un treno e disegnare uno schema con le diverse parti in evidenza.

....

....

....

....

UNITÀ D2

IMPIANTI INDUSTRIALI

OBIETTIVI

Conoscenze

- Le caratteristiche di un impianto industriale
- Gli impianti dei vari settori di produzione
- La funzionalità di un impianto industriale

Abilità

- Esaminare la documentazione relativa agli impianti industriali
- Illustrare le specifiche tecniche degli impianti dei vari settori di produzione
- Descrivere la funzionalità dei sistemi costituenti gli impianti industriali

CONTENUTI

D2.1 Struttura di un impianto industriale

Gli impianti industriali sono costituiti dall'insieme di tutti quegli elementi di supporto necessari alla conduzione dei macchinari e alla movimentazione dei materiali all'interno della fabbrica |fig. D2.1|.

D2.1 Esempio di impianto industriale: un moderno magazzino automatizzato.

Gli **impianti industriali** si possono suddividere nelle seguenti categorie.

- Sistemi di adduzione, immagazzinamento, trasporto e scarico dei materiali e del prodotto finito, sia di tipo *indipendente* e *semovente* (carrelli, pallet, sistemi filoguidati, gru a carro ponte ecc.), sia di tipo *a percorso fisso e preordinato* (catene, trasferitori a slitta, rulliere, tappeti mobili, saliscendi), sia di tipo *strutturalmente incorporato* (quali pompe, tubi, serbatoi di accumulo ecc.) |fig. D2.2|.

D2.2 Skid di trasporto per carrozzerie lungo la linea produttiva.

- Sistemi di riscaldamento, raffreddamento, controllo e regolazione della temperatura, indispensabili per determinare e mantenere costanti le condizioni necessarie a mantenere operativa l'attività dello stabilimento, in particolare reazioni chimiche o trattamenti termici |fig. D2.3|.
- Sistemi di fornitura e distribuzione di corrente elettrica, sia per illuminazione sia per il funzionamento specifico dei singoli macchinari cui sono destinati |fig. D2.4|.
- Sistemi fluidodinamici, per la fornitura di aria compressa e/o olio in pressione, richiesti dove la molteplicità di elementi da movimentare o il valore delle forze in gioco rende necessario o più economico il comando di tali unità mediante cilindri e pistoni |fig. D2.5|.
- Sistemi di misura, controllo e monitorizzazione, per la sorveglianza continua del processo e delle variabili che ne determinano la stabilità, la costanza del risultato e la qualità del prodotto finito |fig. D2.6|.

D2.3 Forno industriale a carro per trattamenti termici.

D2.4 Cabina industriale di distribuzione dell'energia elettrica.

D2.5 Impianto per la produzione di aria compressa con essiccatore.

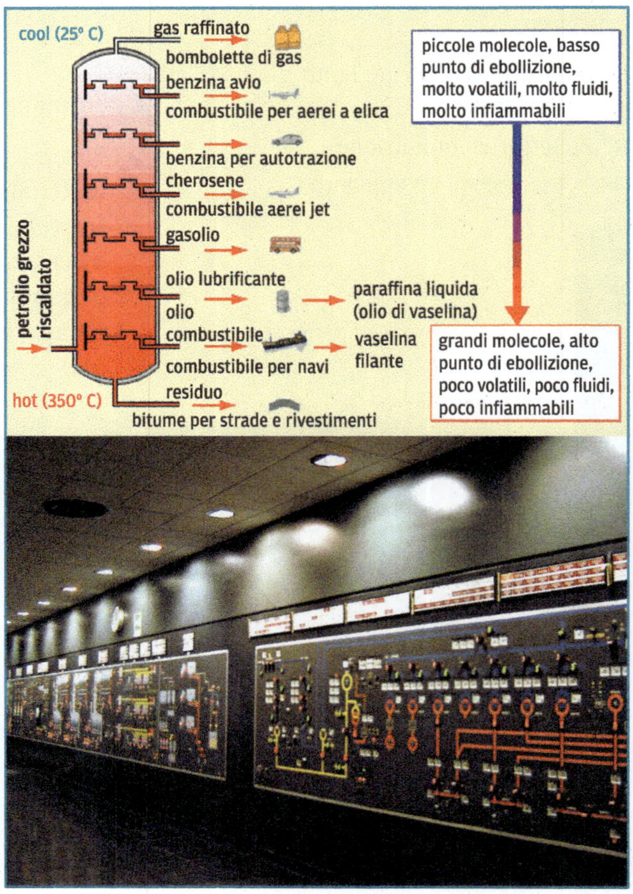

D2.6 Impianto petrolchimico di distillazione frazionata con sistema remoto di acquisizione e controllo delle temperature.

- Sistemi e impianti di lubrificazione e ingrassaggio necessari a mantenere inalterate le condizioni di lavoro dei macchinari e delle strutture, garantendo il minimo di attrito e usura fra le parti |fig. D2.7|.

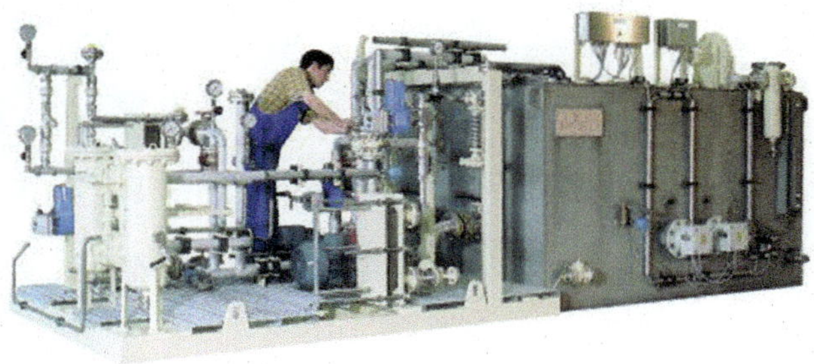

D2.7 Impianto di lubrificazione centralizzato.

- Sistemi accessori destinati al riciclo, al riutilizzo, alla trasformazione o al recupero dei materiali di scarto della lavorazione (come i trucioli metallici), comprensivi di sistemi di filtraggio, depurazione, trattamento oli esausti ecc. |fig. D2.8|.

D2.8 Impianto industriale per il trattamento delle acque.

La manutenzione degli impianti industriali riveste un'importanza fondamentale e strategica per il buon funzionamento della fabbrica: tutta l'attività aziendale può essere compromessa in assenza o in caso di guasto di anche uno solo dei servizi affidati agli impianti di supporto. Pertanto gli impianti industriali devono dare la garanzia di massima affidabilità e disponibilità al 100%; spesso devono sopperire alla continuità di servizio anche in caso di guasto parziale o in condizioni di sovraccarico.
Nell'ambiente industriale è importante rispettare specifiche regole di logistica, alcune delle quali sono riportate qui di seguito.

- Non si può produrre nulla se vengono a mancare le fonti primarie di alimentazione, in termini di energia, materie prime, servizi necessari all'avviamento degli impianti.

Soddisfatta la prima condizione, vale la seconda:

- è inutile produrre se non si sa come movimentare, trasportare, montare, imballare, spedire, la merce prodotta.

Per tali ragioni, gli impianti industriali sono progettati e costruiti con strutture ridondanti, in modo tale che, in caso di guasto, possa automaticamente subentrare l'elemento di riserva, il componente duplicato, sempre mantenuto in condizioni di perfetta efficienza e pronto a intervenire a sostegno o in sostituzione dell'elemento difettoso.

D2.2 Settori di produzione

Un impianto industriale può assumere aspetti e caratteristiche totalmente diverse a seconda del tipo di azienda a cui si rivolge e del tipo di servizio fornito.

- Nell'azienda chimica, l'impianto industriale |fig. D2.9| è di solito un sistema a ciclo continuo, dove spesso risulta indistinguibile il macchinario di produzione (torri o serbatoi di reazione) dall'insieme di servizi a questi ultimi collegato (pompe, tubi, serbatoi di accumulo, scambiatori, miscelatori ecc.).

D2.9 Esempio di un impianto industriale nel settore chimico.

Nell'azienda metalmeccanica, gli impianti industriali sono principalmente collegati alle attività di movimentazione dei materiali e supporto alla gestione dei macchinari. Gli impianti assumono caratteristiche differenti a seconda del tipo di operazione di supporto che sono chiamati a eseguire e se si tratta di materie prime o grezzi **|fig. D2.10|**, di semilavorati **|figg. D2.11 e D2.12|**, di semifiniti o finiti **|fig. D2.13|** oppure di impianti per il recupero sfridi e il trattamento degli scarti di lavorazione **|fig. D2.14|**.

D2.13 Esempio di impianto industriale: catena di montaggio e finitura autoveicoli.

D2.10 Carro ponte per il trasporto di tubi e fasciami di materiali vari.

D2.14 Impianto di trattamento trucioli, filtrazione e recupero oli da taglio.

D2.12 Carrello filoguidato con basamenti motore.

D2.11 Robot industriale.

Cambiando il *settore di produzione*, gli impianti industriali assumono di volta in volta connotazioni e caratteristiche differenti.

- Nell'industria alimentare, è fondamentale che gli impianti si contraddistiguano per la pulizia e l'igiene assoluta **|fig. D2.15|**. A tale scopo, le loro strutture sono esclusivamente costruite in acciaio inox, trasporti e movimentazioni sono in teflon o nylon, mentre boccole e rulliere sono sempre in plastica autolubrificante, assolutamente esenti da oli minerali e derivati del petrolio.
- Sempre nel settore alimentare, interessanti risultano le problematiche specifiche legate al dosaggio degli ingredienti e ai sistemi di imballaggio automatizzati in atmosfera controllata **|fig. D2.16|**.
- Nell'industria tessile, gli impianti devono garantire la continuità di rifornimento della materia prima (filo), nell'esatta tonalità di colore richiesta per proseguire la lavorazione del medesimo tessuto (lotto produttivo) iniziato in precedenza **|fig. D2.17|**.
- Nell'industria cosmetica, gli aspetti più significativi degli impianti industriali sono legati a problematiche di packaging, ovvero alla movimentazione e all'imballaggio di particolari diversi per forma (estetica) e dimensione (contenuto). Questa infinità di prodotti e versioni deve trovare una collocazione in cartoni e contenitori più grandi aventi dimensioni standard idonee per la spedizione all'ingrosso **|fig. D2.18|**.

D2.15 Impianto alimentare per l'industria conserviera.

D2.16 Impianto industriale di imbottigliamento, etichettatura e imballaggio.

D2.17 Carrello a guida automatica (AGV) per movimentare i vasi nelle filature.

D2.18 Impianto di trasporto a catena flessibile per l'industria cosmetica.

- Nell'industria della carta, gli impianti devono garantire il mantenimento di spessore e densità costanti nelle fasi di calandratura, pressatura ed essiccazione, che producono il rullo di carta finito |fig. D2.19|. I rulli delle calandre sono divisi in settori e "gonfiati" con olio in pressione per modificarne la bombatura, così da uniformare la trazione trasversale. I cilindri idraulici regolano la pressione fra i rulli, modificando la trazione longitudinale.
- Problematiche simili, ma più complesse per via della temperatura si incontrano nelle fonderie e negli impianti di laminazione del metallo, relativi all'industria pesante per la produzione dei *coils* (bobine) di lamiera d'acciaio |fig. D2.20|.
  Anche in questo caso la costanza di spessore della lamiera e la stabilità del processo per mantenerne invariate le proprietà di elasticità e malleabilità risultano di primaria importanza.

D2.19 Impianto di produzione della carta.

D2.20 Laminatoio a caldo nell'industria pesante.

D2.3 Esempio di un impianto

In uno stabilimento industriale vi sono alcune aree destinate alla produzione del prodotto finito, altre che ospitano i servizi indispensabili al funzionamento dell'impianto, meglio conosciuti come gli **impianti tecnici di esercizio industriale**.
Gli impianti tecnici necessari a qualsiasi produzione sono gli impianti termotecnici, elettrici, di illuminazione, idraulici e antincendio, per la distribuzione di fluidi in pressione (acqua, olio, aria), per scarichi liquidi, per la depurazione di fumi, trasporti interni.
Un impianto industriale, come pure un impianto tecnico, è costituito da macchine più o meno complesse, al cui interno sono presenti numerosi sistemi e componenti base delle varie tecnologie, di cui è importante essere a conoscenza per approfondire e comprendere la struttura di un impianto.
A tal proposito, sarà esaminato un impianto di produzione nel settore alimentare dolciario: si tratta di uno stabilimento che produce torte e gelati |fig. D2.21|.
La definizione delle aree e la loro ubicazione (layout) assumono un'importanza fondamentale per lo sviluppo degli impianti e dei servizi, caratterizzando la logistica e la movimentazione interna dei prodotti e dei semilavorati. Esigenze diverse di distribuzione energetica, locali con uffici e personale addetto alle linee produttive, la presenza contemporanea di sistemi di cottura (forni) e di raffreddamento (frigoriferi) condizionano la distribuzione delle aree.
Le esigenze di illuminazione dei vari locali, la disposizione dei punti luce, di interruttori e prese di servizio richiedono lo sviluppo di disegni in tre dimensioni (3D), dove tali necessità sono opportunamente identificate e definite |fig. D2.22|.
Luci di sicurezza,vie di fuga e relativo posizionamento e identificazione sono altrettanto importanti a livello di pianificazione e progettazione di impianto.
Dallo sviluppo di tali studi, derivano le diverse viste in pianta, con separazione delle diverse tipologie di impianti: illuminazione, distribuzione elettrica e di potenza a macchinari e servizi, impianti termici e riscaldamento civile, camere climatiche, forni, asportazione fumi, ecc.
A questo livello risultano chiare caratteristiche e componenti dell'impianto industriale.

1 Area uffici
2 Centrale termica
3 Camera calda
4 Magazzino
5 Locale produzione 1
6 Locale produzione 2
7 Abbattitore 1
8 Abbattitore 2
9 Anticella
10 Locale spedizioni
11 Locale tecnico
12 Deposito attrezzature
13 Cella

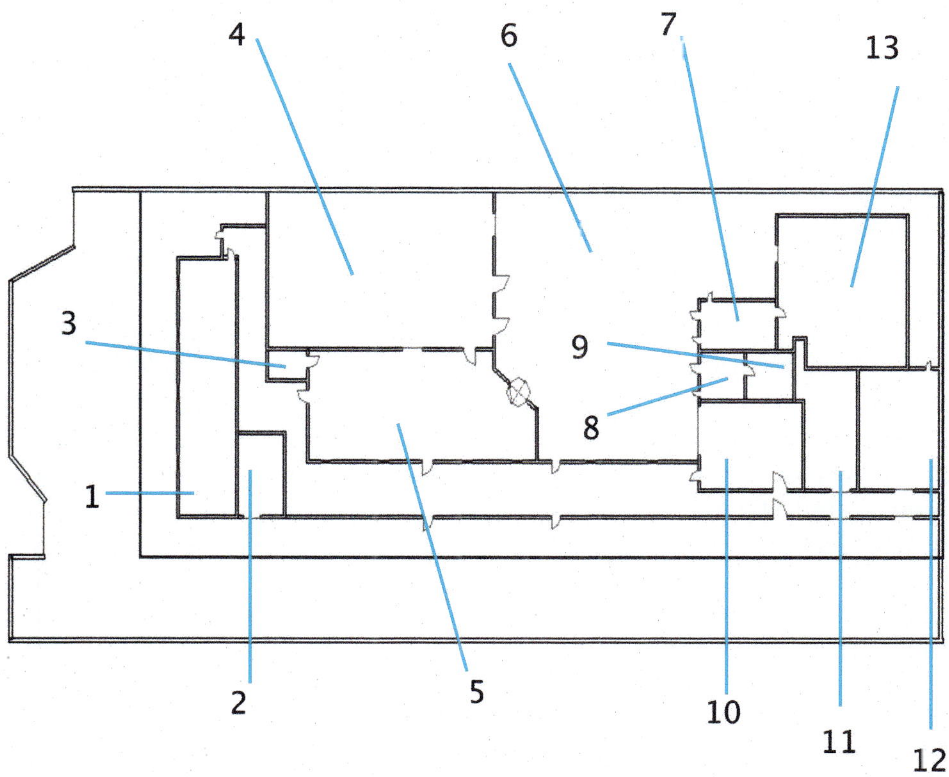

D2.21 Stabilimento industriale dolciario.

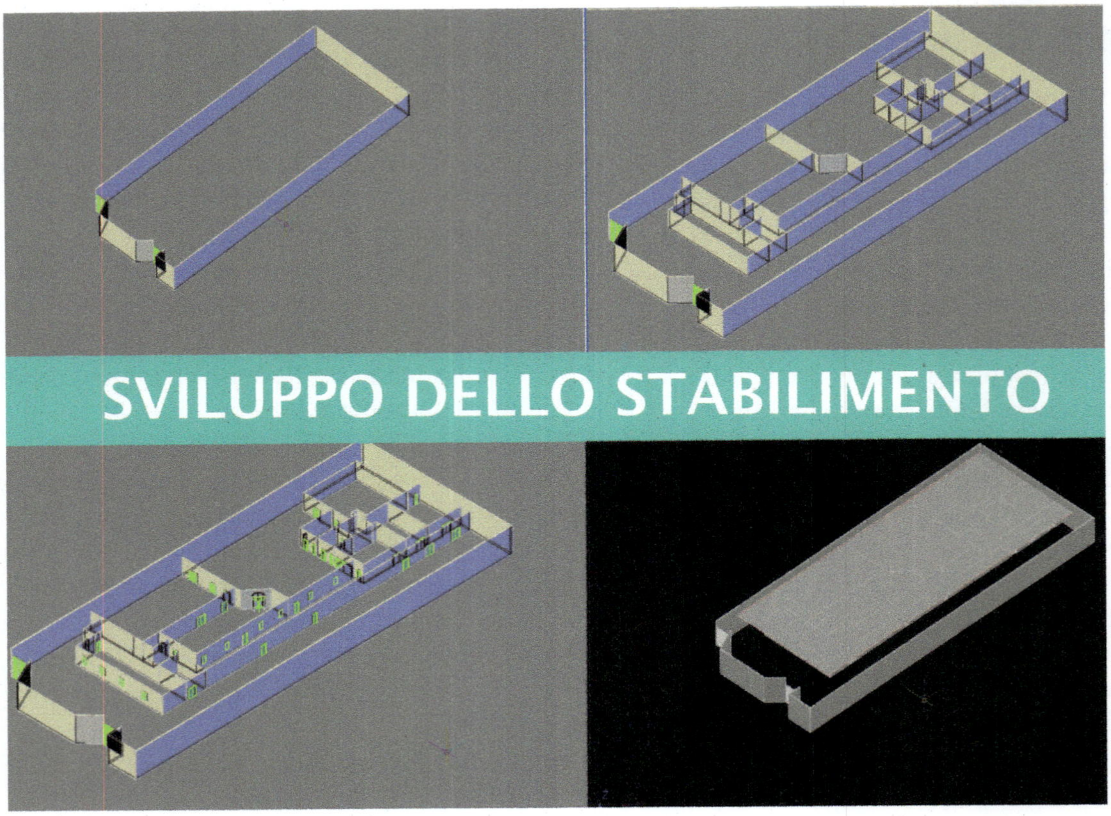

D2.22 Stabilimento in 3D.

Caratteristiche

L'impianto industriale preso ad esempio produce torte surgelate e gelati che distribuisce in tutto il mondo. In generale, qualsiasi sia il prodotto di un impianto, sono sempre presenti le parti che saranno esaminate di seguito (qualcuna di più o di meno). Nella produzione, partendo dalle materie prime, si prepara la base secca delle torte sulla quale sarà collocata la farcitura fredda. L'impianto ha una capacità produttiva di 2500 torte/giorno, per le quali sono previste la movimentazione di: 250 kg di farina; 100 uova fresche; 300 litri di latte; 500 kg di zucchero; 50/100 elementi ausiliari (addensanti, canditi, contenitori, imballi ecc.). I locali di magazzino hanno capacità e scorte a rotazione continua per un'autonomia di 3 giorni continuativi di produzione. Il forno di cottura continuo per la preparazione della base secca ha una potenza 2 kW con alimentazione a gas metano con bruciatore da 70 000 kcal/h. Le celle frigorifere di conservazione hanno un volume di 1100 m^3, per poter ospitare, mantenere e conservare il prodotto finito a –20 °C fino a 5 giorni in attesa della spedizione. La potenza elettrica impegnata per i compressori delle celle climatiche è di 40 kW, fornita direttamente dal quadro elettrico di zona. Per altri macchinari (impastatrici, gelatiere, produzione creme e farciture nei diversi gusti) sono previste prese di potenza trifase per una potenza complessiva di 12 kW. L'impianto di illuminazione dello stabilimento assorbirà ulteriori 7,5 kW. Lo stabilimento è alimentato in media tensione con opportuni quadri di distribuzione per complessivi 65 kW (2 + 40 + 12 + 7,5 = 61,5) di potenza totale installata.

Componenti

Guardando la planimetria si possono osservare i seguenti componenti: gli uffici; la centrale termica; il magazzino delle materie prime e dei semilavorati (oltre a un locale per i detergenti); due locali di produzione (producendo torte surgelate, la base è pan di spagna, pasta frolla, pasta sfoglia, che si ottiene dalla farina e va cotta, quindi occorre un locale produzione per i prodotti caldi e uno per i prodotti freddi da porre sul pan di spagna); la cella 1, ovvero un locale a –20 °C che contiene torte e gelati pronti per la spedizione (detto per questo "magazzino dei prodotti finiti"); l'abbattitore 1 e 2, per abbassare la temperatura a –20 °C dei prodotti finiti nel secondo locale di produzione; il locale spedizioni, in cui vengono caricati i contenitori dei prodotti finiti; l'anticella, che permette di trasferire i prodotti finiti surgelati dalla cella al locale spedizioni senza innalzare la temperatura della cella frigorifera; il locale tecnico per le operazioni di servizio; il deposito attrezzature, in cui si trovano le attrezzature funzionali alla produzione.

ESERCITAZIONE GUIDATA D2.1

Definizione caratteristiche impianti

A) È richiesta la manutenzione di un impianto industriale; per impostare il lavoro si decide di controllare lo schema dell'impianto, le sue caratteristiche e i componenti. Disegnare lo schema di un impianto, per esempio dolciario, ed elencarne le caratteristiche.

....

....

....

B) Completare la seguente tabella elencando le tipologie e le caratteristiche dei principali settori industriali.

Settori industriali	Caratteristiche
a)	
b)	
c)	
d)	
e)	
f)	
g)	

VERIFICA DEGLI OBIETTIVI

1 Lo stabilimento industriale è costituito dalla .... e dagli impianti ....

2 Elencare i vari settori di produzione industriale.

....

....

....

....

3 Nell'azienda chimica, l'impianto industriale è di solito un sistema a ciclo discontinuo.

☐ Vero ☐ Falso

4 Per una produzione di grande serie servono sistemi di servizio per movimentare i manufatti da una macchina all'altra. Quali?

....

....

....

5 Cosa caratterizza l'industria alimentare?

....

....

....

....

....

6 Nel settore alimentare, interessanti risultano le problematiche specifiche legate al .... e ai ....

7 Dare la definizione di *packaging*?

....

....

....

....

8 Disegnare lo schema di un impianto industriale con l'indicazione degli impianti tecnici.

UNITÀ

D3 IMPIANTI TECNICI

OBIETTIVI

Conoscenze

- Le caratteristiche e la funzionalità degli impianti termici in un complesso industriale
- Le caratteristiche e la funzionalità degli impianti per la distribuzione e per il trattamento dei fluidi in un complesso industriale
- Le caratteristiche e la funzionalità dell'impianto elettrico in un complesso industriale

Abilità

- Esaminare la documentazione e illustrare le specifiche tecniche di un impianto termico in un complesso industriale
- Esaminare la documentazione e illustrare le specifiche tecniche di un impianto per la distribuzione o per il trattamento dei fluidi in un complesso industriale
- Esaminare la documentazione e illustrare le specifiche tecniche di un impianto elettrico in un complesso industriale

CONTENUTI

D3.1 Impianti termici industriali

Caratteristiche generali

Gli **impianti termici industriali** comprendono una vasta tipologia di impianti, non solo quelli relativi agli insediamenti produttivi (fabbriche) ma anche quelli operanti negli ospedali, scuole e università, aeroporti, stazioni ferroviarie, teatri e auditorium, palazzetti sportivi, centri commerciali, ministeri, uffici pubblici e caserme.
La progettazione, la costruzione e l'allestimento di un impianto industriale si basa sullo studio preliminare di un documento denominato *plant layout*. Esso consiste nel dimensionamento e nella messa a disegno di tutte le parti che compongono l'impianto: la disposizione dei macchinari e del personale in funzione del ciclo di lavorazione; i materiali da lavorare, movimentare e immagazzinare; il fabbisogno e la distribuzione dei servomezzi. In questa unità sono descritte le modalità di distribuzione dei **servomezzi** (detti anche **servizi generali**), che riguardano i sistemi di approvvigionamento e distribuzione dell'acqua, la produzione e distribuzione dell'aria compressa e dell'energia elettrica (forza motrice, illuminazione) e lo smaltimento degli scarichi; inoltre comprendono anche gli impianti di riscaldamento, climatizzazione e refrigerazione.

Molte tipologie di impianti industriali, come le industrie chimiche, petrolchimiche, farmaceutiche, alimentari, tessili e cartiere, necessitano di una grande quantità di fluido ad alta temperatura, indispensabile per l'esecuzione dei processi lavorativi; tale fluido può essere acqua calda oppure vapore acqueo. L'acqua calda viene inviata pressurizzata agli impianti di produzione attraverso condotte rivestite da materiale isolante, come illustrato nella **figura D3.1**.

D3.1 Vista di un impianto industriale di grandi dimensioni, con inquadratura dal basso: i tubi all'aperto che convogliano fluido ad alta temperatura sono avvolti da materiale coibente e ulteriormente protetti da una guaina metallica (Italtermica F.lli Campolo Srl, Roma).

Di regola l'acqua calda viene pressurizzata prima di fare l'ingresso in caldaia, allo scopo di raggiungere temperature superiori ai 100 °C senza che per questo si avvii l'ebollizione spontanea: è risaputo, infatti, che l'ebollizione dell'acqua ha inizio alla temperatura di 100 °C solo se si trova alla pressione atmosferica.
Se il circuito termico è sigillato (ciò vuol dire che il liquido non può avere alcun contatto con l'atmosfera), l'ebollizione inizia a temperature superiori ai 100 °C.

La tabella D3.1 riporta la **temperatura di ebollizione** dell'acqua e il **volume massico** di un chilogrammo di acqua e di un chilogrammo di vapore, a fronte di diversi valori di **pressione interna** al generatore. Si noti come, alla pressione di 1 bar, la temperatura di ebollizione dell'acqua non coincide con i 100 °C poiché il bar, come unità di misura della pressione, risulta lievemente inferiore all'atmosfera secondo la seguente formula:

$$1 \text{ atm} = 1{,}016 \text{ bar}$$

Nel caso di una caldaia in cui il liquido contenuto si trova alla pressione atmosferica, la pressione interna dell'acqua, rilevata mediante manometro, vale **zero**: infatti, la pressione letta su manometro, detta **pressione manometrica**, equivale a una **pressione differenziale**, ovvero misurata prendendo come riferimento proprio la pressione atmosferica.
Per esempio, se la pressione interna di una caldaia o di una tubatura letta su manometro segna il valore di 3,5 bar, ciò significa che la **pressione reale** o **assoluta** cui è sottoposto il liquido è pari a:

$$p_{assoluta} = p_{manometrica} + p_{atmosferica} = 3{,}5 + 1 = 4{,}5 \text{ bar}$$

I valori della pressione riportati nella tabella D3.1 sono di tipo assoluto e sono espressi in bar. Se l'interno della caldaia raggiunge valori di pressione inferiori a 1 bar, vuol dire che è in **depressione**, per cui la temperatura di ebollizione risulta inferiore ai 100 °C.
La figura D3.2 riporta l'immagine di alcune tubature che conducono fluidi ad alta pressione e temperatura; in essa si nota la complessità del layout dell'impianto. La presenza di contenitori cilindrici in posizione sollevata consente di accumulare il surplus di fluido prodotto e di mantenerlo a lungo nelle condizioni ottimali di pressione e temperatura, rendendolo immediatamente disponibile nel caso in cui la produzione richiedesse improvvisi picchi di portata.

D3.2 Impianto industriale di grandi dimensioni: si notino il diametro notevole di numerosi tubi e la presenza di collettori cilindrici coibentati con funzione di accumulatore di fluido (Italtermica F.lli Campolo Srl, Roma).

TABELLA D3.1 Caratteristiche fisiche del vapore acqueo

Pressione [bar]	Temperatura [°C]	Volume massico dell'acqua [m³/kg]	Volume massico del vapore [m³/kg]
0,05	33	1×10^{-3}	28,2
0,1	46	$1{,}01 \times 10^{-3}$	14,7
0,5	81	$1{,}03 \times 10^{-3}$	3,24
1	99	$1{,}04 \times 10^{-3}$	1,69
1,25	106	$1{,}05 \times 10^{-3}$	1,37
1,75	116	$1{,}06 \times 10^{-3}$	1,00
2	120	$1{,}06 \times 10^{-3}$	0,89
3	134	$1{,}07 \times 10^{-3}$	0,61
5	148	$1{,}09 \times 10^{-3}$	0,41
10	180	$1{,}13 \times 10^{-3}$	0,19
20	212	$1{,}17 \times 10^{-3}$	0,10
50	264	$1{,}29 \times 10^{-3}$	39×10^{-3}
100	311	$1{,}45 \times 10^{-3}$	18×10^{-3}
130	331	$1{,}58 \times 10^{-3}$	13×10^{-3}
160	347	$1{,}71 \times 10^{-3}$	93×10^{-4}

Componenti

Generatori di calore

Si definiscono **generatori di calore** gli impianti termici che apportano un aumento di temperatura al fluido termovettore che transita al loro interno.
Nei **generatori di vapore** si realizza anche l'evaporazione del fluido trattato.

Ogni impianto di riscaldamento comprende tre gruppi fondamentali: il generatore di calore, le tubazioni per la distribuzione del fluido riscaldato e gli apparecchi utilizzatori.
Un **impianto termico industriale** è composto dalle seguenti parti principali: la caldaia, il complesso delle tubature dell'acqua e del vapore e gli organi di scambio termico; gli impianti di trattamento dei fumi; i condotti dei fumi e la ciminiera; gli impianti di pretrattamento delle acque; gli impianti di preparazione del combustibile; i sistemi di avviamento, controllo e regolazione, sicurezza. La letteratura tecnica adotta numerose modalità di classificazione delle caldaie, la principale delle quali fa riferimento al prodotto che transita nel fascio tubiero interno: si distingue fra **caldaie a tubi di fumo** o **a tubi d'acqua** a seconda che nelle tubature interne passino i prodotti della combustione oppure il liquido da scaldare e/o evaporare.
Nella figura D3.3 è riportata una vista in semitrasparenza di una **caldaia a fluido diatermico**, al cui interno scorre un fluido non acquoso, bensì di origine minerale o organica, caratterizzato da un'elevata temperatura di ebollizione. Queste caldaie possono funzionare con temperature comprese tra 170 ÷ 340 °C, pur restando a pressione atmosferica. Il fascio tubiero ha l'andamento a spirale a più principi per garantire in ogni tratto la perfetta circolabilità del fluido ed evitare ristagni o surriscaldamenti.

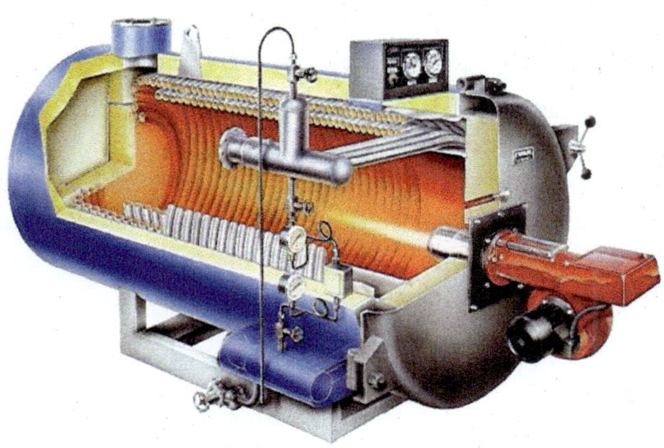

D3.3 Caldaia a fluido diatermico: si notino il bruciatore a gasolio sulla destra e il fascio tubiero che si sviluppa ad elica cilindrica allo scopo di rivestire la parete interna.

La figura D3.4 riporta la vista di due caldaie in grado di usare legna e biomasse come combustibili. La legna è una fonte di energia rinnovabile che trova sempre maggiore impiego anche in impianti di grandi dimensioni proprio perché consente una gestione sostenibile delle risorse naturali: il legno destinato alla combustione proviene dagli scarti di lavorazione delle segherie e delle fabbriche di mobili e dalla raccolta dei prodotti di sottobosco in seguito alla pulizia di boschi e foreste. Il continuo aumento dei combustibili fossili determina una richiesta sempre crescente per le fonti di energia rinnovabili, quali le caldaie a biomassa.

D3.4 Due caldaie della serie Pyrot di produzione Viessmann. Queste caldaie accettano come combustibile pellet, cippato, bricchette di legno e scarti di legno.
La gamma prodotto offre potenze da 90 a 480 kW.
(Viessmann S.r.l. Balconi di Pescantina Verona).

Scambiatori di calore

Gli **scambiatori di calore** sono organi attraversati da due fluidi a differente temperatura, al cui interno avviene il passaggio di energia termica dal fluido più caldo al più freddo.

Negli scambiatori i due fluidi non devono entrare in contatto diretto né devono mescolarsi tra di loro: il passaggio del calore avviene attraverso superfici metalliche formate da piastre o tubature.

Il condensatore

Il **condensatore** è uno scambiatore in grado di sottrarre il calore di vaporizzazione (**calore latente**) al vapore introdotto, trasformandolo in liquido; a contatto con il fascio tubiero, al cui interno scorre un fluido freddo (in genere acqua), il vapore che occupa la camera crea una nebbia di condensa che si trasforma in gocce, che colano lungo le superfici di scambio e cadono per gravità; il condensato è prelevato dal fondo mediante pompe di estrazione che, oltre a svuotare lo scambiatore, creano un vuoto che funge da richiamo per il nuovo vapore entrante. Nei **condensatori a miscelazione** il passaggio di stato avviene in seguito al rimescolamento del vapore con il suo stesso liquido freddo.

L'evaporatore

L'**evaporatore** è uno scambiatore in cui il liquido introdotto riceve l'apporto di calore da un fluido esterno ad alta pressione e temperatura, come la massa fluente dei fumi caldi prodotti della combustione che lambiscono il fascio tubiero pieno del liquido da evaporare: all'interno del tubo, si formano bolle che risalgono veloci e si radunano in un collettore cilindrico, posto sulla sommità, in cui il vapore si separa dal liquido. Nei tubi il liquido è passato allo stato di vapore in seguito all'assorbimento del calore di riscaldamento e del calore di vaporizzazione.

Il surriscaldatore

Il **surriscaldatore** è uno scambiatore in cui viene introdotto un flusso continuo di gas, o vapore saturo secco, per innalzarne la temperatura mantenendo il più possibile invariata la sua pressione. I pacchi di surriscaldatori vengono inseriti, in posizione affiancata, all'interno del condotto in cui scorre il fluido caldo, e sono orientati in modo da essere investiti efficacemente dal liquido.

Il rigeneratore

Il **rigeneratore** è uno scambiatore in cui vengono introdotti i due fluidi alternativamente. Il materiale interno s'innalza di temperatura durante il transito del fluido caldo, per poi cedere il calore immagazzinato al fluido freddo nel successivo passaggio.
Lo scambiatore a fascio tubiero rettilineo consiste in un corpo formato da tubi paralleli |fig. D3.5| percorsi da un primo fluido (*fluido interno*), ai cui estremi sono poste due camere che fungono da collettori di ingresso nello scambiatore e di uscita.

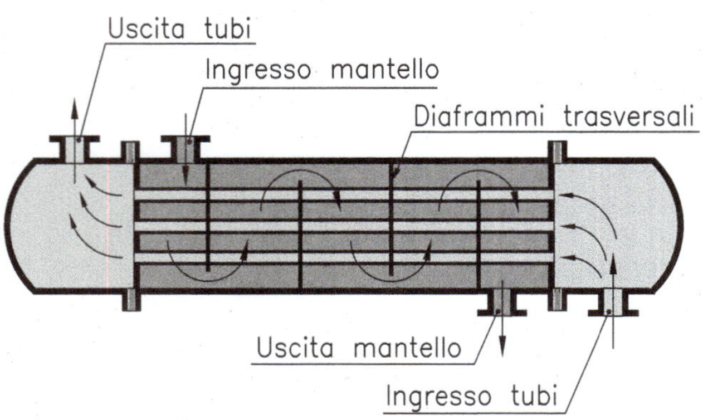

D3.5 Scambiatore a fascio tubiero: schema interno con evidenziati i percorsi dei due fluidi.

Nella **figura D3.6** si osservano due fotografie riprese nel corso della costruzione degli scambiatori.

(a)

(b)

D3.6 a) Vista del fascio tubiero interno, di produzione Bertocchi Impianti Srl (Gandino, BG).
b) Vista dal lato di una delle camere di estremità (Hülsenbusch Apparatebau GmbH (Kempen, Germania).

Il fascio tubiero è racchiuso ermeticamente in un contenitore esterno cilindrico (**mantello**), su cui sono montati due collettori per l'ingresso e l'uscita del secondo fluido destinato a scorrere all'esterno dei tubi. Per ottenere un efficace scambio di calore occorre che lungo tutto il suo percorso il fluido esterno avvolga completamente il fascio tubiero senza interrompere il contatto.

Impianti di riscaldamento industriale

Il riscaldamento degli ambienti deve portare la temperatura interna a un livello che garantisca uno stato di benessere per le persone presenti e immettere all'interno del calore in modo continuo, per reintegrare il calore che viene disperso verso l'esterno. Il calore si propaga in modo spontaneo dall'interno degli edifici caldi verso l'esterno, poiché l'atmosfera si trova a temperatura minore. Tale fenomeno è evidente nei periodi invernali di maggior rigore (per esempio nel febbraio 2012, in molte zone dell'Italia, la temperatura scese al disotto dei –20 °C per diversi giorni, anche in pianura).

Caratteristiche

La **figura D3.7** illustra un impianto di riscaldamento industriale ad acqua surriscaldata.
Dalla condotta 1, uscente dalla centrale termica (CT), esce vapore per i forni, mentre il condensato ritorna alla CT dalla condotta 2.

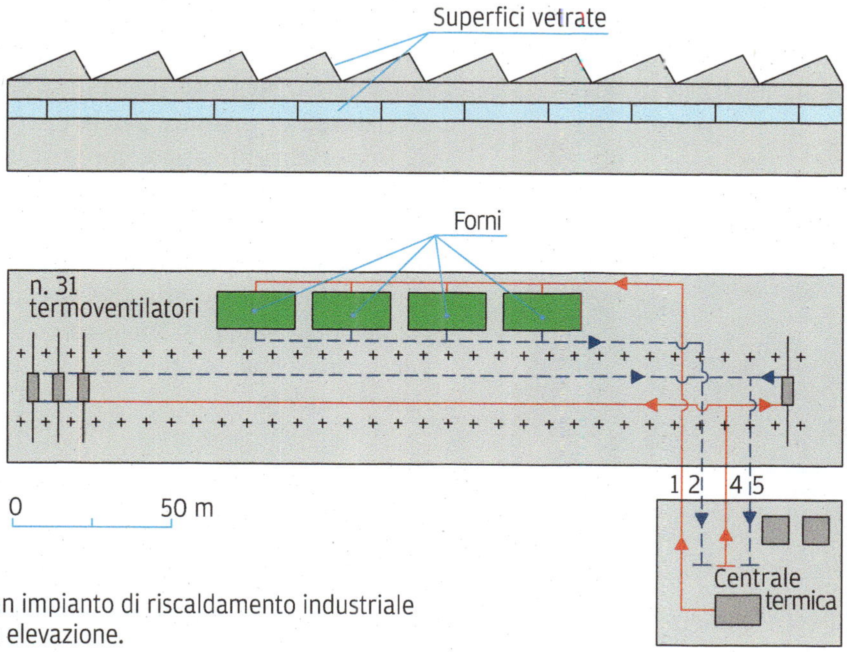

D3.7 Esempio di un impianto di riscaldamento industriale visto in pianta e in elevazione.

Nella CT vi è uno scambiatore acqua surriscaldata – vapore, da cui esce l'acqua surriscaldata a 140 °C per riscaldamento; mediante la condotta 4 esso alimenta gli aerotermi (termoventilatori) collocati nel capannone industriale. La condotta 5 riporta l'acqua surriscaldata a 100 °C alla centrale termica.

L'impianto di riscaldamento, oltre alle condotte di mandata e ritorno, comprende 31 aerotermi posti nella parte alta centrale del capannone. Ciascun aerotermo invia aria calda all'ambiente attraverso 30 bocchette (15 per parte), orientate in modo da dirigere il getto di aria calda dall'alto in basso. Nella centrale termica sono collocati due generatori di vapore, un serbatoio di raccolta condensa e uno scambiatore acqua surriscaldata – vapore. La **figura D3.8** riporta la vista assonometrica del progetto eseguito a CAD delle condotte di aria calda e fredda per la climatizzazione di un vasto edificio. L'immagine in primo piano è la vista orientata a sud-ovest, le altre tre sono orientate a S-E, N-E, N-O.

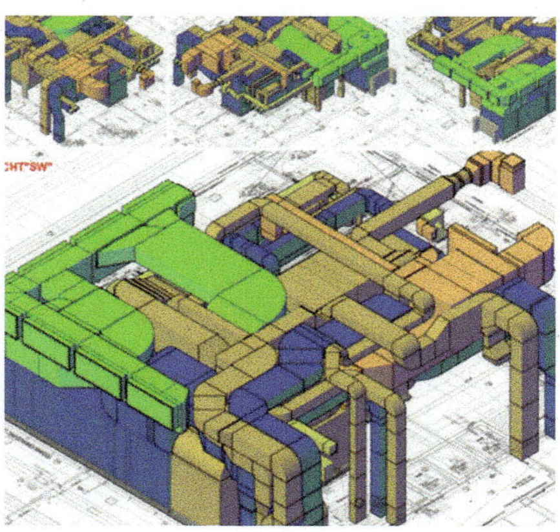

D3.8 Vista in assonometria isometrica delle condotte di aria calda e fredda in un impianto di riscaldamento di grandi dimensioni.

Impianti industriali di cogenerazione

La **cogenerazione** è la produzione congiunta di energia elettrica e termica, quest'ultima sotto forma di acqua calda pressurizzata o di vapore.

L'energia elettrica viene prodotta da un alternatore azionato da una macchina a combustione interna rotante (motore Diesel di tipo marino o turbina a gas), mentre l'energia termica è ottenuta sottraendo gran parte del calore contenuto nei gas di scarico della macchina a combustione interna, attraverso uno scambiatore detto **GVR** (*Generatore di Vapore a Recupero*).

Con la cogenerazione l'energia termica contenuta nei prodotti di scarico della combustione non viene dispersa, ma recuperata in alta percentuale, raggiungendo così rendimenti anche superiori all'80%. I vantaggi economici e ambientali legati alla produzione contemporanea di energia elettrica e termica sono notevoli, soprattutto nel caso di utilizzi contemporanei e prolungati delle suddette energie: si pensi inoltre alla convenienza derivante dal fatto che viene abolita la caldaia tradizionale e si raggiunge un forte grado di indipendenza energetica, non dovendo più acquistare energia elettrica dalla rete.

La **figura D3.9** mostra un impianto di cogenerazione formato da un motore Diesel da 16 cilindri di grande potenza (3600 kVA) cui è accoppiato il generatore di corrente (a destra). Il gruppo di scambio termico (a sinistra) preleva calore dall'acqua di raffreddamento del motore, ma anche dall'olio di lubrificazione e dai gas di scarico per trasferirlo, tramite gli scambiatori, all'acqua pompata alla rete di riscaldamento industriale. Il motore è stato adattato per funzionare a olio vegetale, di colza e di girasole, anziché gasolio.

D3.9 Impianto industriale di cogenerazione; allestimento a cura di Bötschi (Trimmis, Svizzera).

D3.2 Distribuzione e trattamento dei fluidi

L'acqua e l'aria compressa sono fondamentali nel ciclo produttivo di ogni tipo di industria.
L'acqua, per esempio, è utilizzata come ingrediente in molti prodotti dell'industria alimentare |**fig. D3.10**|, serve per eseguire lavaggi e raffreddamenti per tutti gli usi igienico – sanitari e, infine, consente di alimentare la rete antincendio. L'aria compressa, invece, serve per eseguire soffiaggi attraverso ugelli e pistole a spruzzo, è utilizzata come comburente per azionare organi pneumatici, come gli attrezzi di serraggio, gli stoni e i martelli, e serve come forza motrice nelle macchine automatiche, per la rete di posta pneumatica interna. Nell'impianto industriale sono presenti diverse reti di tubature per la distribuzione dei fluidi, principalmente aria compressa, acqua (industriale, potabile e antincendio), vapore, gas. Altre reti da considerare a parte sono quelle specifiche per la climatizzazione degli ambienti: esse sono destinate a convogliare acqua o aria che, a seconda della tipologia dell'impianto, possono essere ad alta temperatura per il riscaldamento oppure a bassa temperatura per il raffrescamento.

L'acqua industriale

Alla luce dei molteplici impieghi dell'acqua, i fabbisogni risultano estremamente variabili a seconda del tipo di industria. Possono tuttavia essere individuate alcune operazioni comuni relative alla gestione delle acque: l'**approvvigionamento**, la **preparazione**, l'**utilizzazione** e la **depurazione delle acque residue**.
L'approvvigionamento avviene prelevando la portata necessaria dalle acque naturali, superficiali (corsi d'acqua) o in profondità (falda). Nel primo caso, l'acqua prelevata dal fiume deve prima essere accumulata in vasche a cielo aperto, nelle quali possa rallentare e dissabbiarsi spontaneamente per gravità. Nel secondo caso occorre scavare pozzi spesso assai profondi, impiantare centrali di pompaggio e serbatoi di compenso. Se è indispensabile utilizzare l'acqua potabile, occorre allacciarsi alla rete acquedottistica. La **figura D3.11** riporta lo schema di allacciamento e della rete di distribuzione, mentre la **figura D3.12** riporta un esempio di pozzo e serbatoio sopraelevato.

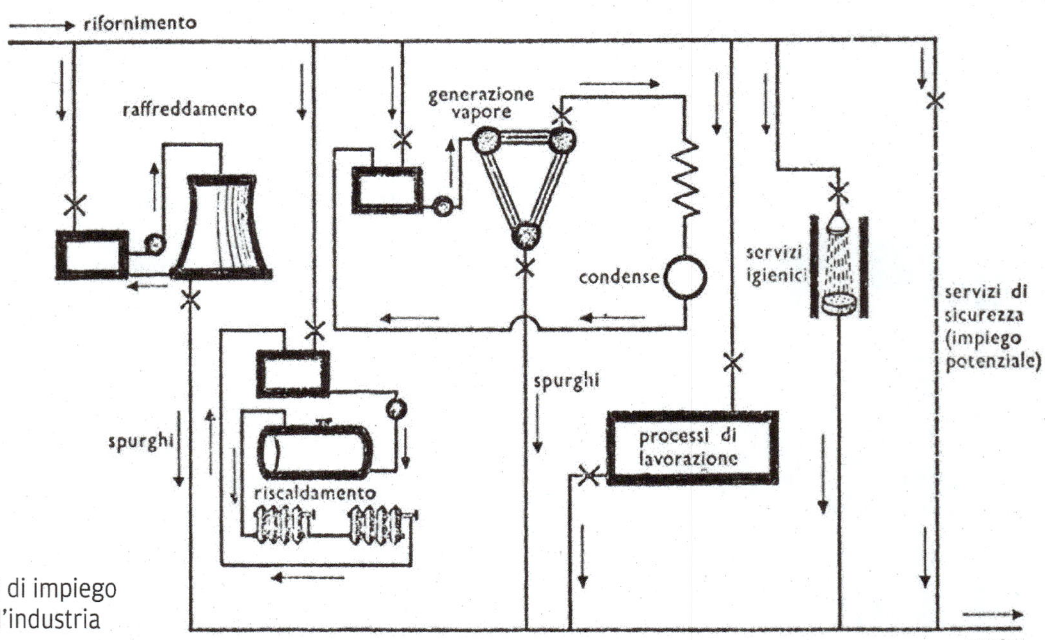

D3.10 Esempi di impiego dell'acqua nell'industria

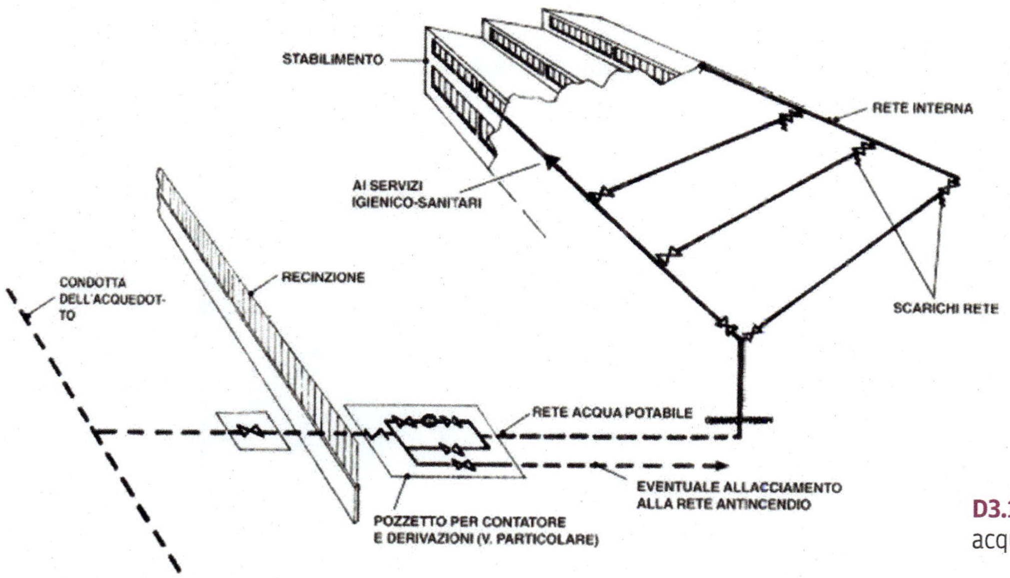

D3.11 Allacciamento alla rete acquedottistica.

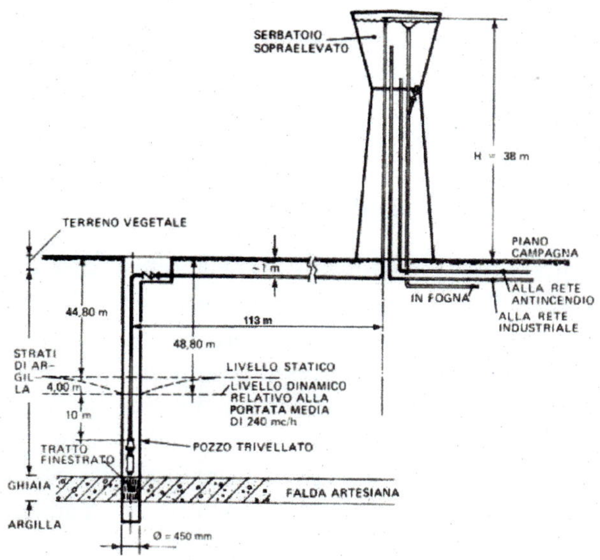

D3.12 Pozzo con pompa sommersa e serbatoio sopraelevato.

La rete di distribuzione

Le **reti idrauliche** per la **distribuzione dell'acqua** alle utenze prevedono una **linea generale** e le **derivazioni secondarie**.
La *distribuzione generale* è formata dalla rete principale comune a tutti i gruppi di utenza, ovvero al tratto di tubo che sta a monte delle derivazioni.
Le *derivazioni secondarie* sono rappresentate dalle reti che collegano le singole utenze alla linea generale.
La distribuzione generale può essere a **pettine** oppure **ad anello** (o **maglia**), come illustrato nella **figura D3.13**.
In tal caso è possibile effettuare riparazioni lungo la rete parzializzandola localmente, senza dover arrestare il funzionamento generale dell'impianto.

Ogni linea di allacciamento alle utenze dispone, nella parte iniziale, di saracinesche che, se vengono chiuse, possono isolarla dal resto dell'impianto, consentendo di eseguire riparazioni e modifiche.

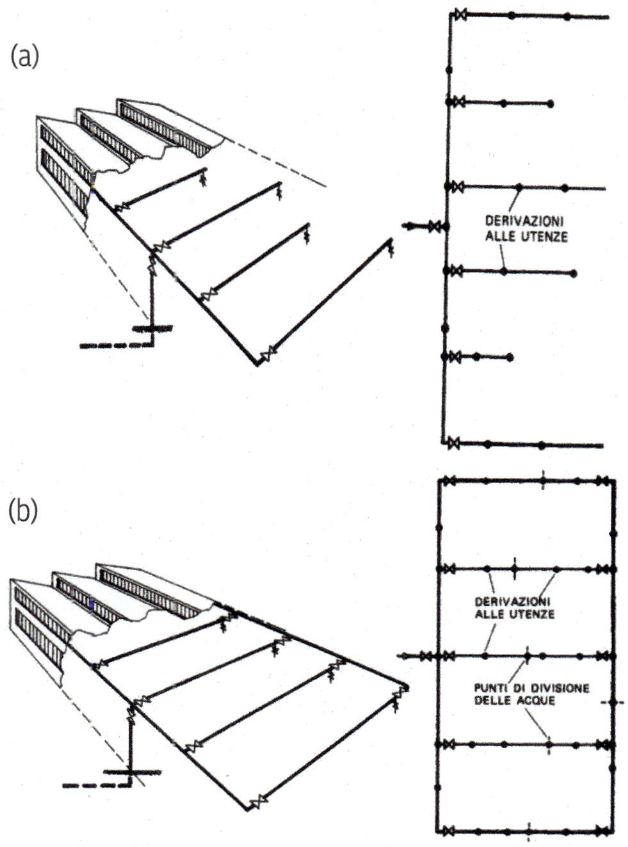

D3.13 Vista in prospettiva e in pianta della rete: a) a pettine; b) a maglia.

Nel caso di allacciamento alla rete idrica pubblica, la pressione fornita dall'ente acquedottistico nel punto

di innesto potrebbe non essere adeguata, risultando troppo bassa o troppo alta. Infatti, se l'impianto si trova a una quota inferiore rispetto alla condotta dell'acquedotto, la pressione in ingresso potrebbe risultare troppo alta e causare guasti alle rubinetterie e problemi di tenuta alle guarnizioni: in tal caso occorre montare delle **valvole riduttrici di pressione**.
Se invece lo stabilimento si trova a quota superiore o semplicemente a notevole distanza dalla rete pubblica, la pressione risulta insufficiente a garantire un approvvigionamento adeguato: in tal caso occorre montare un dispositivo in grado di aumentare e stabilizzare la pressione. Si può ricorrere a un **serbatoio sopraelevato** |fig. D3.12| oppure a un'**autoclave** |fig. D3.14|.

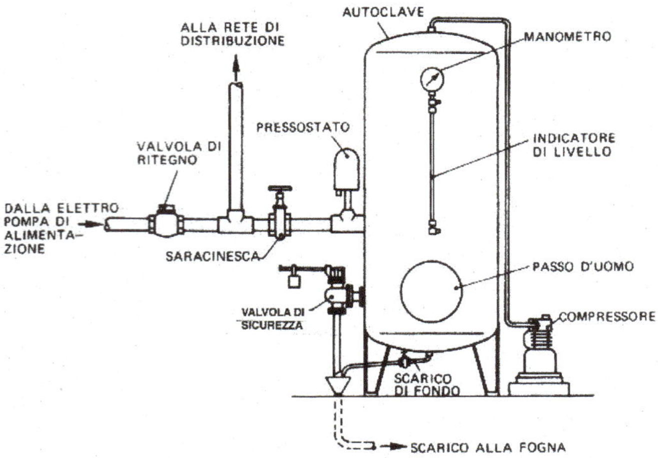

D3.14 Impianto di incremento e stabilizzazione della pressione di alimentazione mediante autoclave.

L'**autoclave** è un sistema formato da un serbatoio cilindrico ermeticamente chiuso, nel quale viene immessa l'acqua e mantenuta a una pressione circa costante. La pressione può essere ottenuta dopo essere stata compressa da una pompa, oppure immettendo aria precompressa, in modo da creare un cuscino sovrastante che trasmetta la pressione al liquido tramite una membrana. La figura D3.15 mostra una piccola autoclave a **cassa d'aria**, in semisezione. Dovendo installare le tubazioni in posizione sollevata rispetto al pavimento, in genere a **filo catena**, cioè in prossimità della soffittatura del fabbricato, occorre prevedere la loro coibentazione, avente una duplice funzione: limitare la dispersione di calore, in caso di acqua calda; anticondensa in caso di acqua fredda, infatti, se non ci fosse lo strato protettivo esterno, si avrebbe la condensazione sui tubi dell'umidità atmosferica, causata dalla differenza di temperatura fra l'ambiente e le tubazioni stesse, con conseguente gocciolamento del condensato. Occorre ricordare che nell'aria atmosferica è sempre presente una certa quantità di vapore acqueo disciolto, maggiore in estate, minore in inverno. Questo vapore a contatto con la parete fredda del tubo si condensa e crea un continuo gocciolamento.

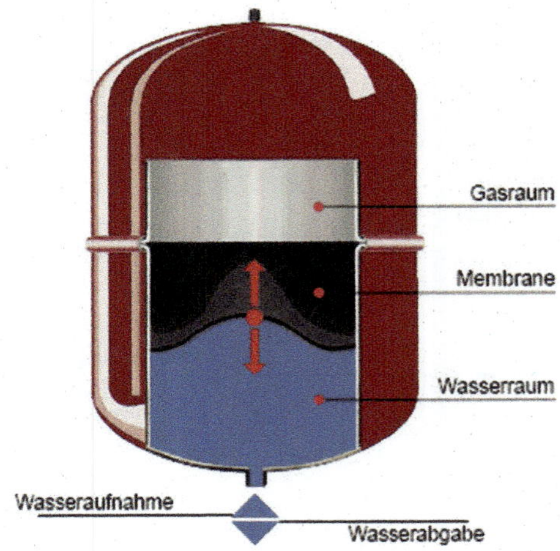

D3.15 Vista in semisezione di un'autoclave; si riconoscono il vano superiore occupato dall'aria compressa (*Gasraum*), la membrana, il vano inferiore occupato dall'acqua (*Wasserraum*) e la connessione alla tubatura che consente l'ingresso (*Wasseraufnahme*) o l'uscita (*Wasserabgabe*) dell'acqua a seconda delle richieste da parte dell'utenza.

L'aria compressa

Per un corretto funzionamento della **rete di distribuzione dell'aria compressa**, è importante che la pressione giunga anche nei punti più lontani della rete, senza subire cadute di pressione superiori al 10%, e che l'aria giunga disoleata e priva di condense. Anche in questo caso la rete può essere a maglie o a pettine; il primo tipo |fig. D3.17| favorisce la possibilità per l'aria di giungere all'utenza passando per vie parallele. Nella figura D3.16 si osservano tre sottoreti allacciate alla linea principale e dotate ciascuna del separatore di condensa.

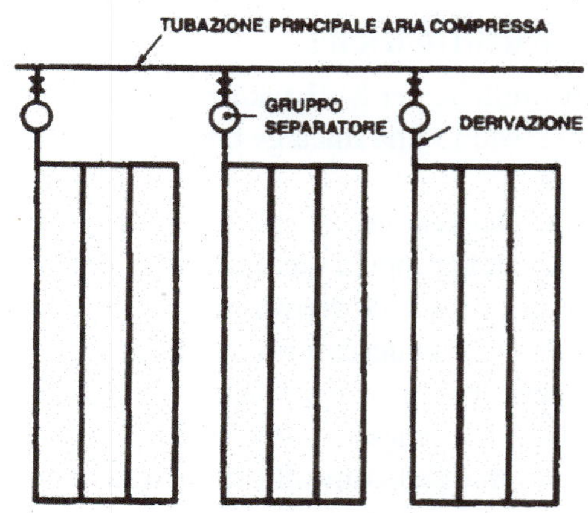

D3.16 Schema con tre sottoreti più i separatori di condensa.

La rete è installata o all'interno di cunicoli, ricavati sotto il pavimento, o a filo catena: in quest'ultimo caso è appesa al soffitto oppure transita in fori praticati nelle *capriate*, cioè nelle strutture che sostengono il tetto. Se la rete risulta molto ampia, ovvero con una lunghezza superiore a 50 m, e si hanno richieste istantanee notevoli di portata d'aria da parte di alcune utenze speciali, si consiglia l'adozione di serbatoi di compenso, da sistemare il più lontano possibile dal serbatoio principale, oppure in prossimità delle utenze a maggior portata. Nello schema della **figura D3.17** si osserva la sala compressori ubicata in un apposito locale, sia per ragioni di sicurezza sia per contenere la rumorosità.

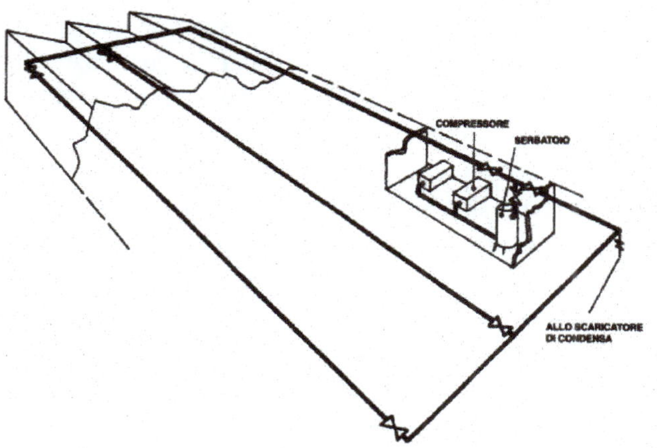

D3.17 Rete di distribuzione a maglie dell'aria compressa, con in evidenza la sala compressori.

La **figura D3.18** riporta la vista in pianta di una sala compressori. Si possono notare, da sinistra verso destra, i tre compressori in parallelo, il serbatoio di accumulo seguito dal gruppo di filtraggio ed essiccazione. Nella sala compressori, oltre ai compressori, si trovano sistemi per lo smorzamento delle vibrazioni, lo spurgo della condensa e l'essicamento dell'aria compressa.

Gli **smorzatori** hanno il compito di attenuare le vibrazioni dell'aria in uscita dal compressore, allo scopo di ridurre la rumorosità e i rischi connessi con la possibilità che tratti di tubatura entrino in vibrazione pure loro, eccitati dalla forza trasmessa dalla colonna fluida.
Il **refrigeratore** abbassa la temperatura dell'aria compressa mantenendo la pressione invariata, così da aumentarne la densità e favorire l'eliminazione di una prima parte di umidità e olio dall'aria.
Il **separatore di condensa** trattiene la condensa provocata dal raffreddamento dell'aria avvenuto nel refrigeratore. L'**essiccatore** elimina la condensa residua. Come si può osservare dalla **figura D3.18**, il serbatoio è solitamente posto all'interno della sala compressori.

I serbatoi sono di forma cilindrica e muniti di scarico, manometro, valvola di sicurezza, pressostato per il comando della regolazione, portello di ispezione a passo d'uomo. La sala compressori spesso è fornita di un ventilatore per asportare il calore, soprattutto nei periodi estivi.

Scarichi e pretrattamenti liquidi

La presenza sul territorio di comunità abitative e impianti produttivi, agricoli e industriali, crea una serie di impatti sull'ambiente circostante, in particolare sulle acque. Diventa indispensabile attivare e sostenere interventi di **protezione delle acque naturali** (di superficie e del sottosuolo) e di **trattamento specifico** a seconda della sostanze contenute dal singolo corso d'acqua scaricato nelle fogne e nei corsi d'acqua naturali, quali fiumi, laghi, mari. La presenza di inquinamento può essere individuata in seguito alla mancanza di **ossigeno**, alla presenza di **sostanze tossiche**, alla brusca variazione della **temperatura** del corso d'acqua ricevente.

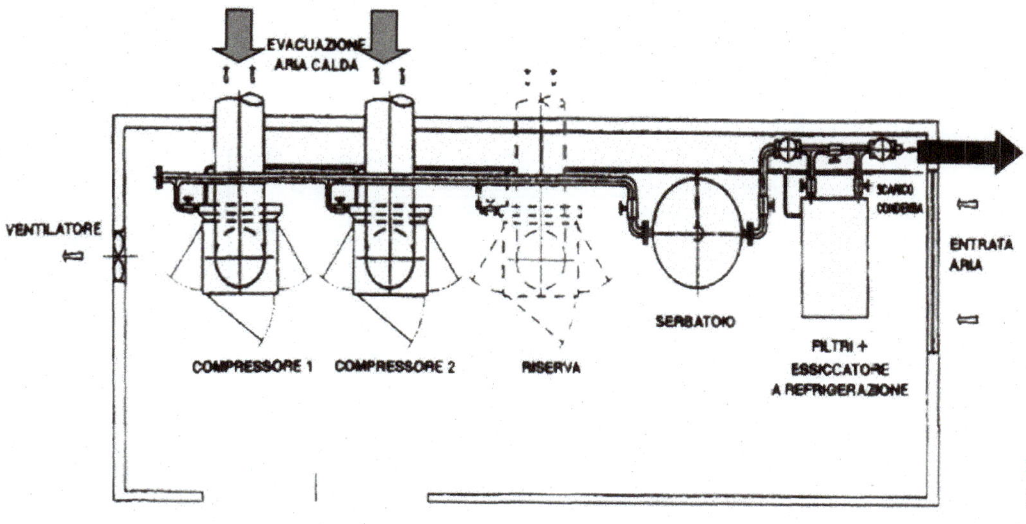

D3.18 Vista in pianta di una sala compressori.

Valutazione del carico inquinante organico

Nel caso di acque inquinate principalmente da sostanze organiche, quali le acque residue urbane, il più importante parametro di misura del grado di inquinamento è una grandezza fisica rilevata sperimentalmente, ovvero il **BOD** (*Biochemical Oxigen Demand*): esso indica la quantità in milligrammi di ossigeno utilizzato da una popolazione microbica per demolire il materiale organico presente in un litro di acqua inquinata. La demolizione può dirsi completa indicativamente in venti giorni ma, per motivi pratici, il tempo standard di rilevamento è fissato in cinque giorni, da cui la sigla **BOD_5** che rappresenta all'incirca i 2/3 della richiesta di ossigeno totale. I liquami di fognatura domestica denunciano un BOD_5 pari a 50÷200 ppm; in alcuni effluenti industriali si sono raggiunte le 20 000 ppm.

Le sostanze organiche scaricate in acqua vengono aggredite da microrganismi che le trasformano in sostanze a struttura via via più semplice.
I processi di demolizione avvengono in due fasi: l'**ossidazione** (o **catabolismo**), con emissione di energia, e la **sintesi** (o **anabolismo**), durante la quale i microrganismi utilizzano l'energia prodotta nel catabolismo per accrescersi e moltiplicarsi. Se però le sostanze inquinanti consumano l'ossigeno presente nell'acqua, l'opera dei **batteri aerobi** viene a mancare. Al loro posto intervengono i **batteri anaerobi** che catturano l'ossigeno presente nei nitrati, solfati, fosfati, riducendoli a sostanze maleodoranti e nocive, quali ammoniaca, idrogeno solforato e fosforato. Esaurito l'ossigeno disponibile a livello molecolare, i batteri anaerobi combinano carbonio e idrogeno producendo metano. A questo punto l'acqua si trova nello stato di **anaerobiosi permanente**, ovvero di inquinamento irreversibile, non essendo più in grado di autodepurarsi.

Le conseguenze che ne derivano sono:

- la sparizione di piante acquatiche e pesci;
- la comparsa di un acqua torbida e maleodorante, per la presenza di residui in decomposizione;
- lo sviluppo di schiume e materia putrefatta;
- la diffusione di microrganismi patogeni.

Un'efficace soluzione per favorire l'autodepurazione, adottata fin dall'antichità, consiste nel riossigenare il corso d'acqua con sbarramenti distanziati, in modo da far compiere all'acqua una sequenza di salti e di imprimere vortici per catturare altra aria. Il ciclo base per la **depurazione di acque reflue** è suddiviso in tre fasi: il *trattamento primario*, *secondario* e *terziario*.
Il **trattamento primario** si attua tramite procedimenti meccanici chiarificativi, per separare le sostanze solide sospese: esso comprende la **grigliatura**, la **desabbiatura** e la **deoleazione**. Inizialmente si separano le sostanze sospese facendo passare l'acqua attraverso una griglia a sbarre (**grigliatura**) e poi in lunghe **vasche desabbiatrici**, in modo che il materiale solido in sospensione si depositi sul fondo per gravità; in uscita l'acqua si presenta chiarificata.
Con il **trattamento secondario** si eliminano le sostanze organiche che consumano ossigeno, attraverso trasformazioni di **bioconversione aerobica**, grazie all'azione di microrganismi specifici. Il **letto percolatore** è un esempio di vasca circolare di filtrazione |fig. D3.19|. Spesso si ricorre a procedimenti detti **a fanghi attivi**: l'acqua si miscela con i fanghi attivi e con l'aria proveniente da tubi porosi di fondo.
Il **trattamento terziario** rimuove le sostanze detergenti e i composti a base di azoto e fosforo, e distruggere i microrganismi patogeni ancora presenti. I principali metodi sono la **coagulazione chimica**, l'**adsorbimento**, lo **scambio ionico**, l'**ossidazione chimica** e l'**osmosi inversa**.

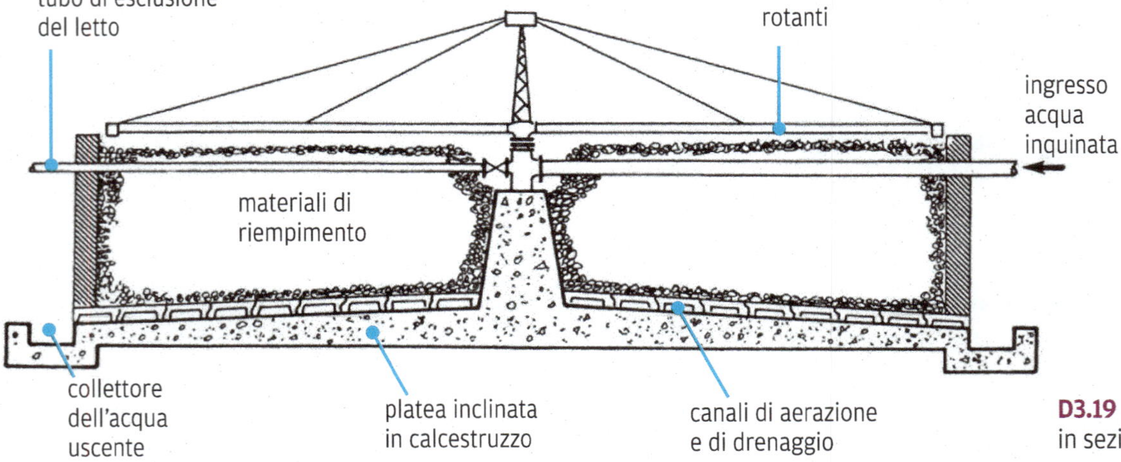

D3.19 Letto percolatore in sezione verticale.

Mediante l'**osmosi inversa** le acque vengono demineralizzate e dissalate; essa in grado di trattenere, oltre ai sali disciolti, le sostanze organiche e i batteri. Mediante una pompa ad alta pressione, l'acqua ricca di sali attraversa le membrane disposte in moduli purificandosi; il residuo concentrato che non attraversa le membrane è inviato allo scarico. La figura D3.20 riporta la vista d'insieme di un gruppo a osmosi inversa.

D3.20 Vista di un impianto di filtraggio ad osmosi, di produzione Idrodepurex Srl (Virgilio, Mantova).

Un grave problema di inquinamento industriale è costituito dalla presenza di metalli pesanti come il **cianuro** e il **cromo**. L'eliminazione degli ioni inorganici tossici di tipo CN^- è ottenuto mediante ossidazione con cloro gassoso o anche grazie all'azione di microrganismi.

Pretrattamento delle acque per impieghi industriali

L'acqua prelevata non possiede i requisiti per poter essere inviata agli usi industriali: anche l'acqua potabile, pur essendo limpida e adatta per la preparazione dei cibi, non può essere subito destinata a impieghi industriali, poiché contiene sostanze disciolte che, pur avendo un buon sapore, possono innescare reazioni chimiche indesiderate. Nella **centrale per il pretrattamento delle acque** l'acqua naturale, ormai priva di sabbia e di torbidità, viene filtrata per eliminare anche i più piccoli sedimenti solidi, dopodiché passa in reattori chimici nei quali avvengono reazioni chimiche di **decalcificazione**, **demineralizzazione** e **degasazione**. L'acqua viene addolcita (o decalcificata) e privata del carbonato di calcio e della silice che generano incrostazioni, soprattutto nei tubi in cui scorre acqua ad alta temperatura e nelle caldaie.
Essa deve essere demineralizzata, ovvero i metalli allo stato ionico (ferro, cromo, manganese) devono essere eliminati per evitare ossidazioni negli impianti con formazione di sali metallici: si pensi a quanto può essere pericoloso la loro entrata in circolazione nell'industria alimentare, enologica, farmaceutica e dei cosmetici. Deve essere degasata in quanto l'ossigeno e l'azoto dell'aria disciolti possono avviare reazioni di ossidazione; particolarmente grave è la presenza di biossido di carbonio, che genera reazioni di tipo acido. In molte applicazioni industriali si rende necessaria anche la soppressione dei microrganismi presenti nelle acque attraverso interventi di **sterilizzazione**.

La potabilizzazione delle acque

Gli enti acquedottistici prelevano l'acqua da potabilizzare da sorgenti naturali, dalle falde e dai fiumi.
I trattamenti di potabilizzazione comprendono, oltre a quelli descritti in precedenza, alcuni processi specifici per ottenere la disinfezione totale dell'acqua e renderla gradevole come sapore.
Molto usati sono i trattamenti a base di cloro e suoi composti, ozono e permanganato di potassio.
L'irraggiamento mediante **raggi ultravioletti** ha un forte effetto battericida. Oltre alle consuete filtrazioni, si ricorre alla **microfiltrazione** e all'**ultrafiltrazione** per filtrare corpi fino a 0,005 μm.
La figura D3.21 riporta lo schema a blocchi dell'impianto PO 3 per la potabilizzazione delle acque (SMAT, Torino). Esso prevede le seguenti fasi: una presa dal fiume Po, con annesso bacino di **lagunaggio**, per ottenere una prima sedimentazione; il pompaggio agli impianti di trattamento (10 km); la **predecantazione** in bacino circolare; l'immissione di **carbone attivo**, **ozonazione** e **disinfezione** con biossido di cloro; l'**ossidazione** con ipoclorito di sodio; la **chiarificazione cyclofloc** in bacini circolari, con aggiunta di composti di alluminio; la **doppia filtrazione** su carbone attivo; la **disinfezione** finale a biossido di cloro.

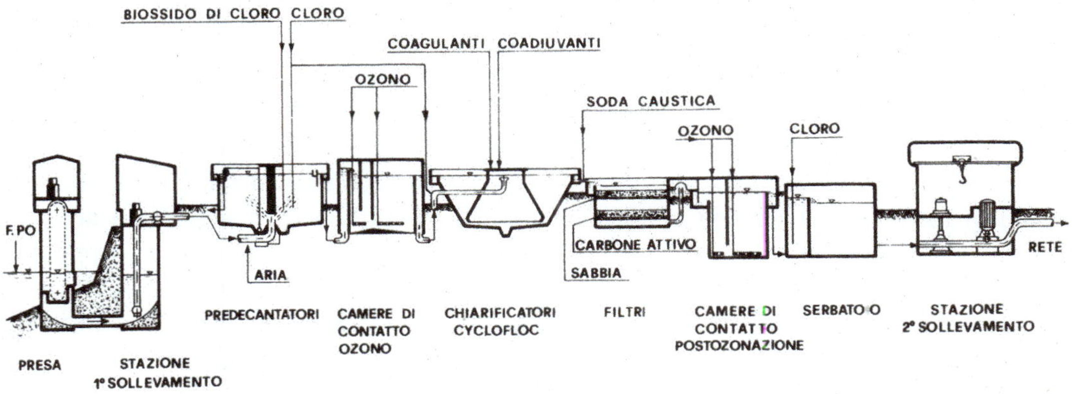

D3.21 Schema a blocchi dell'impianto di potabilizzazione PO 3 di Torino (SMAT SpA).

La legislazione vigente

La legislazione nazionale ed europea si è sviluppata secondo due indirizzi: il primo, di tipo sanitario, che disciplina la qualità delle acque a uso potabile; il secondo, di tipo ambientale, finalizzato alla protezione delle risorse. Le caratteristiche delle **acque potabili** sono fissate dal **Dl 31/2001**. In ambito comunitario furono emanate la Direttiva Quadro sulle Politiche dell'acqua **(2000/60/EC)** e la Direttiva sulle caratteristiche delle acque per consumo umano **(1998/83/EC)**.

Il 29 aprile 2006 entrò in vigore il **DLgs n. 152 del 3.4.2006**: esso, insieme alle successive integrazioni, costituisce la normativa nazionale sulla tutela dell'ambiente. Il Parlamento Italiano, con la **Legge 61 del 1994**, ha affidato le competenze ad apposite Agenzie Regionali denominate **ARPA** (*Agenzia Regionale per la Protezione dell'Ambiente*), istituite ognuna con specifiche leggi regionali e diventate centri deputati alla vigilanza e al controllo ambientale.

Fumi e polveri

L'aria delle città e degli ambienti di lavoro è spesso inquinata a causa delle emissioni gassose e polverulente liberate da camini, veicoli, impianti industriali e agricoli. Esistono diversi sistemi impiegati negli impianti industriali per controllare polveri, fumi, gas e vapori.

Gli **impianti di aspirazione** sono dotati di **cappe** che convogliano, verso opportuni depuratori, i flussi d'aria provenienti dalle sorgenti inquinanti. Il moto del flusso d'aria viene generato da un elettroventilatore.

Gli **impianti di depurazione** possono essere **a secco** o **a umido**. I **depuratori a secco** si basano su principi fisici di natura meccanica o elettrostatica; fra i primi, i più usati sono i **cicloni** e i **multicicloni**, nei quali la portata è costretta a compiere un moto elicoidale per poter uscire, inducendo quindi le particelle solide, spinte dalla loro forza centrifuga, a urtare contro la parete e cadere sul fondo, da dove verranno poi smaltite.

Esistono poi i **depuratori meccanici a maniche**, la cui struttura metallica tubolare contiene un tessuto filtrante che trattiene le particelle.

I **depuratori a umido** prevedono un lavaggio dell'aria inquinata con un liquido (normalmente acqua) che bagna e appesantisce le particelle, sottraendole alla corrente. I più usati sono gli idrofiltri ad azione centrifuga e i **depolveratori a umido**: questi ultimi, basati sul principio del tubo di Venturi ascendente, funzionano grazie all'iniezione di acqua nella gola Venturi; la velocità dell'aria è tale da polverizzare finemente l'acqua di lavaggio determinando l'intima miscelazione con le polveri.

Nel diffusore Venturi, la velocità dell'aria diminuisce, favorendo la cattura delle particelle di polvere da parte delle goccioline d'acqua.

Nei **depuratori elettrostatici**, i gas inquinanti vengono fatti passare attraverso un campo elettrostatico ad alta tensione, formato da due gruppi di elettrodi (a piastre o a tubi), che attira le particelle solide e impedisce loro di proseguire. Con la sigla "VOC" si intendono le sostanze diluite in aria prodotte da vari composti chimici quali i **solventi organici volatili** evaporati durante le fasi di processi industriali o anche durante le operazioni di movimentazione. All'interno dei reattori riportati nella **figura D3.22** avviene un processo depurativo che comprende le seguenti fasi:

- eventuale diluizione del flusso inquinato con aria pulita;
- parziale frammentazione delle molecole di VOC provocata da un campo ionizzante (10 000 V);
- riscaldamento del flusso con bruciatore o resistenze elettriche;
- ossidazione finale operata da un letto catalitico a bassa temperatura (200 – 300 °C);
- recupero di calore con rendimento fino a 70%.

D3.22 Vista di due reattori per VOC di produzione Interconsult Srl (Bellinzago Novarese, Novara).

I **depuratori scrubber** abbattono le sostanze che generano cattivi odori. Se l'inquinante odorigeno è ben identificato, si ricorre a un solo stadio e un solo reagente specifico mentre, nella maggioranza dei casi, con odorigeni eterogenei, è necessario ricorrere a 2 o 3 stadi con reagenti diversi. La soluzione pluristadio è realizzata facendo passare l'aria da trattare in un gruppo di più torri verticali in serie.

Esempi d'impianti

Le sostanze liquide ottenute in seguito al trattamento possono essere di diverso tipo: acque di condensa, da destinare agli impianti di trattamento, oppure oli vari, da conferire ai centri di raccolta degli oli esausti. In altri casi si ottengono sottoprodotti che trovano impiego in vari campi industriali: dai fanghi si possono ottenere mastici; dagli oli esausti si ottengono altri tipi di olio lubrificante. Nello schema riportato nella **figura D3.23** si notano diversi trattamenti per la depurazione dei fumi e delle ceneri da essi trasportate, da realizzare in appositi reattori posti in sequenza, all'interno dei quali vengono introdotte diverse sostanze chimiche come l'idrossido di ammonio (N_4OH), l'idrossido di potassio (KOH) più latte di calce seguito da idrossido di calcio $Ca(OH)_2$, meglio noto come "calce spenta". I reattori producono scorie, ceneri solide e altri prodotti che possono trovare sbocchi commerciali.
Altre sostanze utilizzate nei depuratori sono l'ammoniaca (NH_3) e l'idrossido di sodio (NaOH). Queste e altre sostanze introdotte hanno lo scopo di abbattere gli ossidi di zolfo e di azoto, fortemente velenosi e inquinanti: i primi vengono ossidati per ottenere gesso; i secondi vengono ridotti a N_2 e O_2 oppure trasformati in nitrato di ammonio. Di seguito sono riportate alcune reazioni chimiche significative:

$$SO_2 + 2\,NaOH \rightarrow Na_2SO_3 + H_2O$$

$$Na_2SO_3 + CaCO_3 \rightarrow CaSO_4 + NaOH + CO_2$$

$$2\,CaSO_4 + O_2 \rightarrow Ca_2SO_4$$

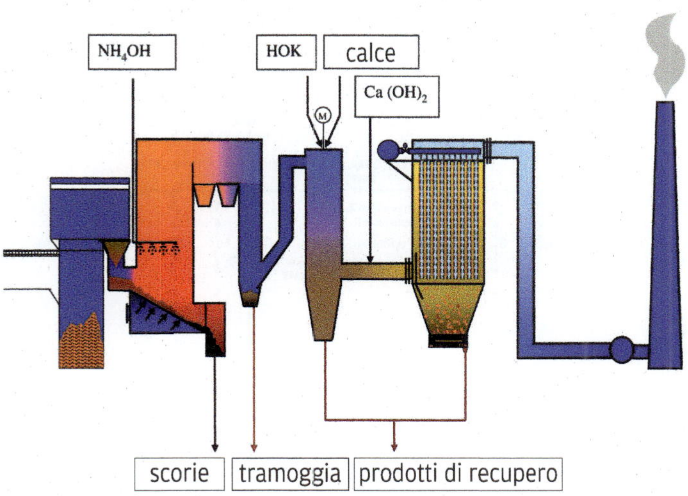

D3.23 Schema a blocchi del sistema di depurazione dei fumi generati in un termovalorizzatore in seguito alla combustione dei rifiuti solidi urbani; il trattamento porta alla produzione di altri prodotti per i quali esistono impieghi industriali (Schwaben-ing, Stoccarda, Germania).

Con queste reazioni l'anidride solforosa è stata trasformata in zolfo, contenente una percentuale di umidità inferiore al 10%.
L'impianto di aspirazione **|fig. D3.24|** è costituito dalla cappa (C_a) che aspira le polveri prodotte dalla lavorazione industriale e termina con un condotto (C_o) che la collega a un depuratore (D_e). Quest'ultimo è unito a un elettroventilatore che invia l'aria aspirata-depurata al condotto di scarico (C_s).

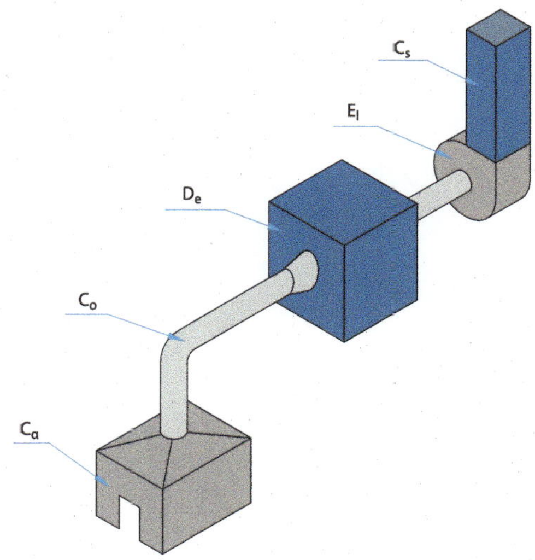

D3.24 Impianto di aspirazione e filtraggio dell'aria.

D3.3 Impianti elettrici

In fabbrica gli **impianti elettrici** assolvono il compito di distribuire l'energia elettrica ai macchinari e ai sistemi produttivi di stabilimento e consentono l'illuminazione nei reparti e negli uffici.
Di norma, l'energia elettrica viene distribuita mediante sistemi trifase. Tale metodo risulta particolarmente efficiente per le ragioni di seguito esposte.

a) Con solo 3 fili, che portano 3 tensioni sinusoidali sfasate fra loro di 120°, si trasferisce all'utenza una potenza complessiva elevata, pari a:

$$P = \sqrt{3}\,V I \cos\varphi$$

in cui V è la tensione di fase (di solito 380 V), I è la corrente di linea assorbita dal carico, φ è l'angolo di fase fra la tensione e la corrente. Quest'ultimo dipende dal carico: qualora fosse puramente resistivo, si avrebbe $\varphi = 0$ e $\cos\varphi = 1$, quindi la potenza sarebbe espressa dalla seguente formula:

$$P = \sqrt{3}\,V I$$

b) Non sono necessari cavi per il ritorno di corrente al generatore, a differenza dei sistemi monofase che richiedono sempre un cavo di **neutro** per tale scopo.

c) È possibile ricostruire in cabina elettrica, mediante un collegamento a stella degli avvolgimenti secondari del trasformatore, il terminale di centro stella pari 0 V e, quindi, distribuire all'utenza tre derivazioni monofase a 220 V per l'illuminazione elettrica, partendo da una sola sorgente trifase **|fig. D3.25|**.

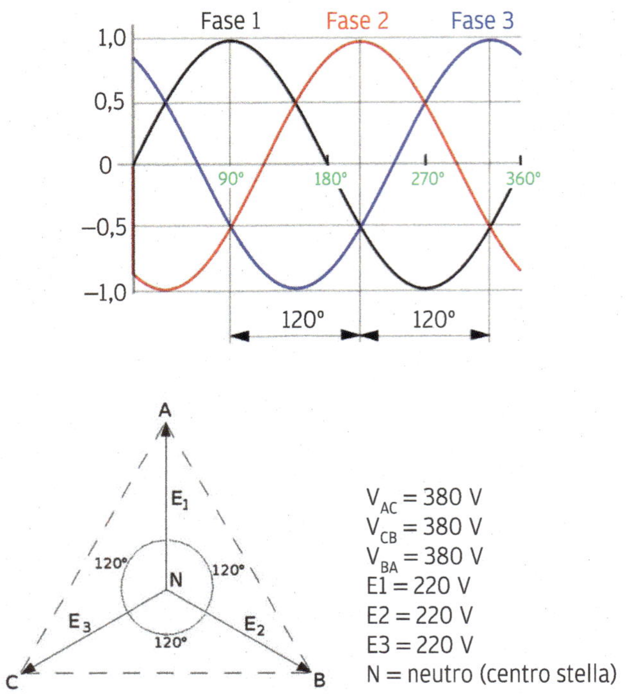

D3.25 Rappresentazione nel tempo e vettoriale delle tensioni trifasi e monofasi.

La **figura D3.26a** riporta un collegamento a triangolo mediante barre rigide montate su supporti isolanti (lato media tensione), mentre la **figura D3.26b** riporta un collegamento a stella mediante barre di giunzione in rame nichelato (lato bassa tensione).

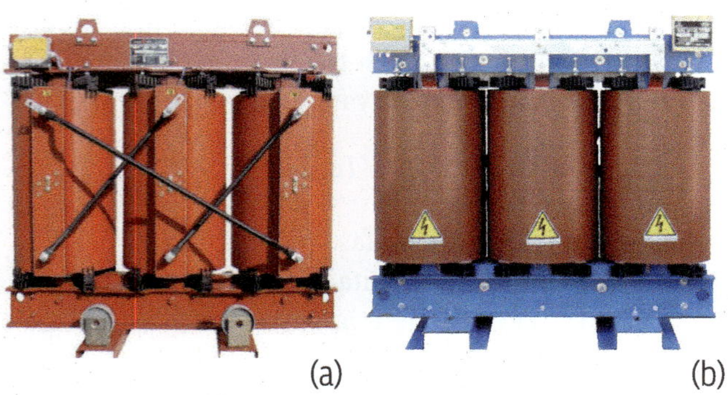

D3.26 Collegamento di un trasformatore trifase: a) lato media tensione; b) lato bassa tensione.

Schema

La **figura D3.27** riporta gli schemi generici per ogni impianto di trasformazione e distribuzione della corrente elettrica; naturalmente, da una situazione generica e semplice con un solo trasformatore, si arriva a impianti complessi e distribuiti, con trasformatori multipli e che possono cooperare in parallelo (quando il carico supera la capacità di un solo elemento) o che possono essere singolarmente isolati e separati per operazioni di ispezione/manutenzione **|fig. D3.28|**.

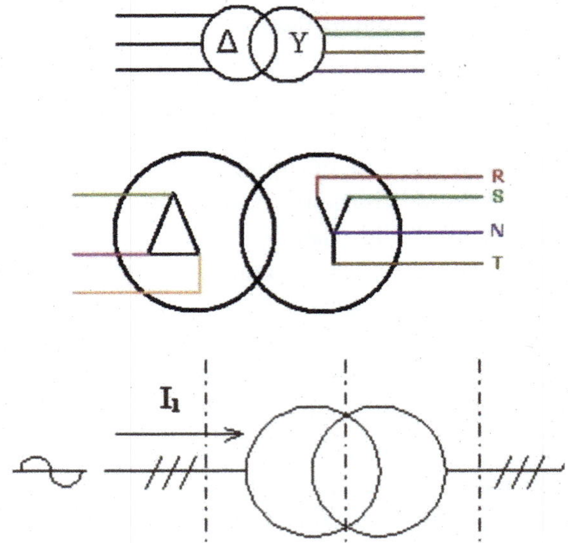

D3.27 Rappresentazione multifilare e unifilare per il collegamento del trasformatore trifase.

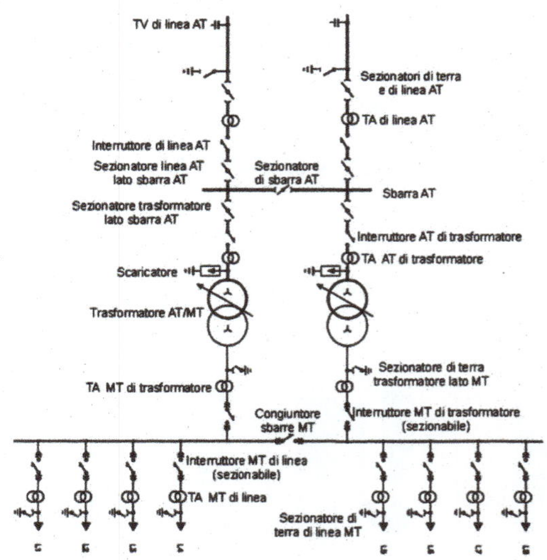

D3.28 Impianto elettrico complesso (cabina di distribuzione primaria).

Tutti gli impianti elettrici sono dotati di sezionatori (necessari per separare e isolare i diversi tronchi di linea e utenza) e interruttori dotati di protezioni magnetotermiche (necessarie per limitare la corrente e la potenza massima erogate alla disponibilità effettiva dell'impianto).

Si noti come, in impianti elettrici di tipo complesso, si trovino sempre *congiuntori* che consentono un collegamento bidirezionale di corrente, trasferendo la potenza da un lato all'altro dell'impianto partendo da sorgenti separate e indipendenti oppure accomunate a supportare il carico globale.
Tali congiuntori, che da un lato risultano molto utili e molto comodi per i suddetti scopi, dall'altro rappresentano un elemento di pericolosità latente, in quanto possono creare ritorni di tensione verso zone dell'impianto pensate, inizialmente, come scollegate o isolate.

Componenti

In ogni impianto elettrico, il sezionamento e l'inserzione dei carichi alle varie derivazioni vengono sempre eseguiti mediante interruttori automatici e sezionatori.

Interruttori automatici

Gli **interruttori automatici** interrompono rapidamente il passaggio di corrente verso il carico, scollegandolo. Sono caratterizzati da un'*elevata velocità di apertura dei contatti* e sono in grado di *estinguere rapidamente l'arco elettrico* che si forma in conseguenza di tale apertura repentina del circuito |fig. D3.29|.

A tale scopo i contatti degli interruttori automatici sono rivestiti con leghe speciali (nichel, cromo, rodio, platino) che presentano un'elevata resistenza alla corrosione da arco elettrico; sono inoltre sempre dotati di dispositivi spegniarco che, sfruttando le forze elettromagnetiche che tendono a far passare la corrente all'esterno dei conduttori, ne allungano il percorso, facilitando il disinnesco dell'arco medesimo.

D3.29 Interruttore automatico motorizzato per cabine elettriche.

Gli interruttori automatici sono normalmente associati a dispositivi magnetotermici di protezione, che causano lo sgancio automatico dell'interruttore quando la corrente raggiunge i limiti di assorbimento supportati dalla linea o dal carico |figg. D3.30, D3.31|.

D3.30 Interruttori automatici modulari.

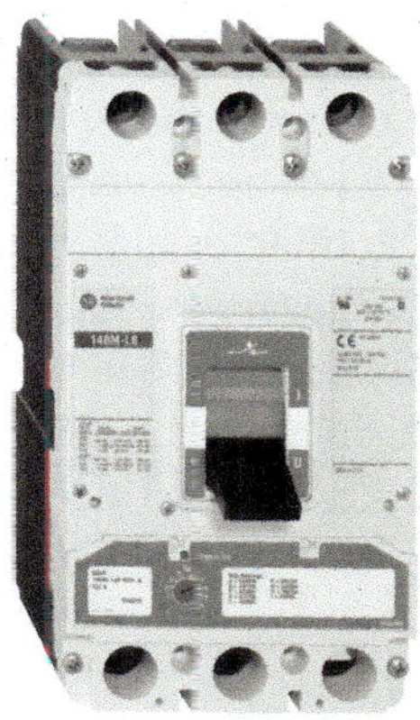

D3.31 Interruttore automatico per quadri elettrici industriali.

Sezionatori

I **sezionatori** |fig. D3.32| garantiscono l'isolamento, mantenendo le parti a distanza di sicurezza, in modo che neanche una momentanea sovratensione di linea potrebbe propagarsi a valle del circuito sezionato. Essi hanno un movimento lento e operano normalmente (sia in apertura che in chiusura) solo in assenza di corrente (ovvero quando gli interruttori automatici hanno già scollegato il carico e interrotto il passaggio di corrente).

D3.32 Sezionatori rotativi per l'alta tensione.

In numerose situazioni i sezionatori ospitano al loro interno i fusibili di protezione del circuito |fig. D3.33|, assolvendo quindi la doppia funzione di *isolamento* (separazione galvanica) e *protezione* del circuito.

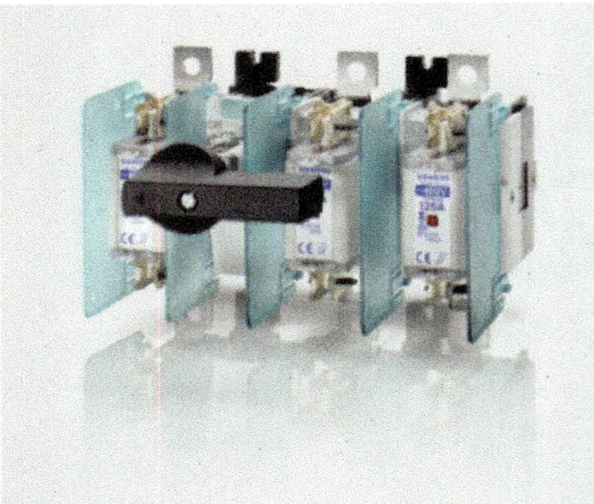

D3.33 Sezionatori a leva per impianti industriali con fusibile.

Sezionatori di terra

Negli impianti elettrici, nelle cabine e nei quadri di distribuzione, dopo aver aperto i sezionatori di linea, è necessario (obbligatorio sulle linee di alta e media tensione) provvedere anche a collegare a terra le linee elettriche sezionate dalla sorgente.
Questa operazione scarica a terra le cariche elettrostatiche accumulate nella capacità intrinseca delle linee stesse, azzerando completamente le pericolose tensioni residue latenti.

I sezionatori riportati nella figura D3.34 provvedono a tale scopo, ruotando i coltelli dal lato A.T. quando sono chiusi e verso terra quando sono aperti.

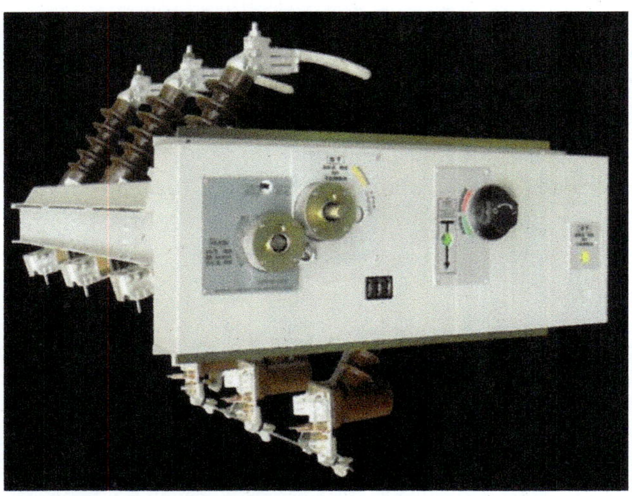

D3.34 Sezionatori a doppia manovra con coltelli A.T. e coltelli di terra.

Solo la messa a terra dell'impianto (sia lato rete che lato utenza) garantisce la sicurezza dell'operatore nell'approccio a un trasformatore in cabina di distribuzione, evitando sia le scariche di tensioni residue da rete di tipo elettrostatico, sia i ritorni di tensione derivanti da richiusure intempestive di altre parti di impianto, per esempio fra T_2 e T_1 |fig. D3.35|.

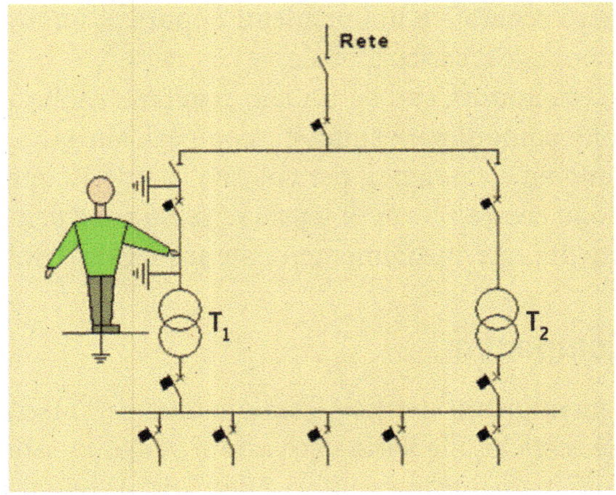

D3.35 Messa a terra in sicurezza in una cabina elettrica multiutenza/pluritrasformatore.

Barre di rame

Per realizzare il collegamento e la distribuzione di corrente elettrica a impianti industriali che assorbono amperaggi molto elevati, i cavi sono sostituiti da **barre di rame rigido** |fig. D3.36|, montate su supporti isolanti. Quando le correnti superano 1 kA, le forze elettrodinamiche sono tali che non è raro vedere le barre muoversi e flettersi nonostante il fissaggio rigido. I dadi e i bulloni di giunzione dei vari tronchi di barre devono essere ispezionati regolarmente, in quanto le dilatazioni e i restringimenti continui causati dal riscaldamento e dal raffreddamento conseguenti al passaggio e alla riduzione di corrente, ne causano l'allentamento e la conseguente riduzione della resistenza di contatto.

D3.36 Barre di rame per distribuzione di corrente in B.T.

Blindosbarre

Dalle barre di rame presenti in cabina elettrica si dipartono in derivazione le **blindosbarre** |fig. D3.37|, che alimentano le varie officine dello stabilimento, con ulteriori sottocabine di smistamento con interruttori automatici e sezionatori di separazione.
Ad ogni livello di sezionamento e di distribuzione, la portata di corrente complessiva si riduce e, contemporaneamente, si riduce anche la dimensione delle barre e degli interruttori automatici necessari per trattare correnti sempre più piccole.

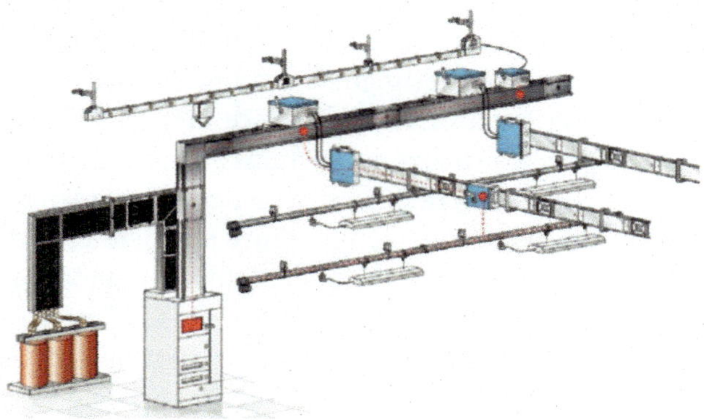

D3.37 Distribuzione di corrente (monofase e trifase) in officina con blindosbarre.

Cassette di derivazione e portafusibili

Sono l'ultimo elemento della catena di distribuzione dell'energia elettrica per un impianto industriale. Da ogni cassetta |fig. D3.38| si dipartono i cavi elettrici di alimentazione per le macchine in officina. Le discese sono protette da pastorali (tubi rigidi), che collegano la cassetta di derivazione alla macchina o al suo armadio elettrico.

D3.38 Cassette di derivazione e portafusibili.

La sostituzione dei fusibili all'interno delle cassette di derivazione va fatta in assenza di corrente al carico, **sempre** dopo aver sganciato l'interruttore di alimentazione.
La velocità di apertura di un portello portafusibili "a mano" non è comparabile con la velocità e il potere di interruzione di un interruttore automatico.
Se il circuito è ancora percorso da corrente, si determina un arco elettrico conseguente all'apertura o alla richiusura dei fusibili-sezionatori.
Il corpo del portafusibile (in materiale plastico isolante) può carbonizzarsi, perdendo il suo potere isolante; i coltelli dei fusibili si saldano ai contatti dei portafusibili, rendendo impossibile l'apertura del portello all'intervento successivo; la zona di contatto, corrosa dall'arco elettrico, aumenta la sua resistenza e peggiora la conduzione di corrente.
La figura D3.39 illustra le conseguenze di una cattiva manutenzione agli impianti elettrici in termini di dispersioni e surriscaldamento localizzato.

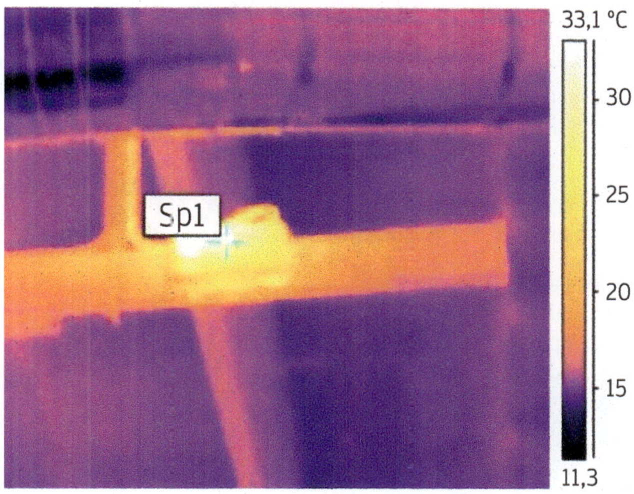

D3.39 Immagine termografica di una cassetta di derivazione.

Caratteristiche degli impianti elettrici

La scelta di un componente di ricambio per un impianto elettrico riveste un'importanza fondamentale per la buona riuscita dell'intervento di manutenzione e per il risultato finale che si desidera ottenere.
In generale occorre rispettare i parametri elettrici del componente originale, in termini di potenza elettrica [W, VA], tensione [V], corrente nominale di esercizio [A].
Talvolta queste caratteristiche basilari di un componente elettrico non sono sufficienti a descriverne completamente il comportamento, e occorre quindi fare un'analisi più approfondita e dettagliata.

Caratteristiche dei contatti e degli interruttori magnetotermici

1) La **corrente nominale I_n** corrisponde al valore che determina lo scatto della protezione termica del dispositivo. La protezione termica limita la massima corrente (potenza) che l'interruttore può erogare al carico. Essa protegge quindi i dispositivi a valle (come per esempio i motori) da condizioni di sovraccarico. Se il sovraccarico è lieve (per esempio supera del 5% o 10% il valore della corrente nominale) lo scatto della protezione avverrà di sicuro, ma non immediatamente: occorre infatti un po' di tempo affinché l'elemento sensibile (bimetallo) raggiunga la temperatura di scatto |fig. D3.40|.

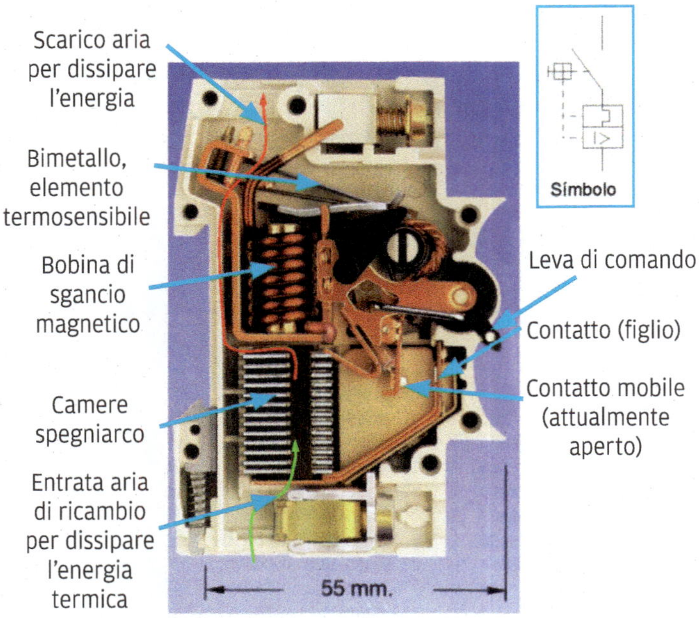

D3.40 Struttura di un interruttore magnetotermico unipolare.

2) La **corrente termica I_{th}** rappresenta la massima corrente sopportabile **con continuità** dai contatti dell'interruttore senza che questi possano danneggiarsi o surriscaldarsi. Nella maggior parte dei casi:

$$I_{th} > I_n$$

3) La **corrente magnetica I_m** corrisponde al valore di corrente che produce l'attrazione sufficiente a sganciare l'ancora che trattiene la molla di scatto del dispositivo. Normalmente:

$$I_m \cong 10 \times I_n \div 40 \times I_n$$

La protezione magnetica è immediata (pochi millesimi di secondo) al raggiungimento della corrente di soglia, ma opera solo su elevati livelli di corrente, che si realizzano esclusivamente in caso di cortocircuito. La protezione magnetica evita quindi danni ulteriori all'impianto di alimentazione in caso di guasto o cortocircuito del carico.

4) Il **potere di interruzione** rappresenta la capacità di un interruttore di riuscire comunque a interrompere l'arco elettrico e aprire il circuito anche quando i contatti, sottoposti allo sforzo più gravoso, tendono a incollarsi e a saldarsi. In caso di cortocircuito, la salita della corrente è rapidissima, limitata solo dalla impedenza della linea di alimentazione e dalla sezione del cavo. Nei pochi millisecondi di tempo di risposta dello sganciatore magnetico, la corrente continua a salire, e raggiunge comunque valori elevatissimi (migliaia di ampere, kA).

5) La **curva caratteristica** definisce i tempi di intervento della protezione termica e il rapporto fra questa e la corrente magnetica. Serve per adattare le caratteristiche dell'interruttore magnetotermico a quelle del carico, evitando interventi inopportuni e indesiderati della protezione. Gli interruttori magnetotermici con curva caratteristica *C* |fig. D3.41|, avendo una corrente I_m variabile da 5 a 10 I_n, sono adatti al comando di motori asincroni, in quanto tali motori presentano una corrente di spunto all'avviamento corrispondente ai limiti sopra indicati. La curva *B* è riservata a carichi elettrici puramente resistivi o con lievi variazioni di resistenza elettrica fra partenza a freddo e regime a caldo (per esempio negli impianti di illuminazione). La curva *D* si utilizza viceversa per alimentare macchinari con tempi di avviamento molto lunghi e correnti di spunto elevate. Fanno parte di questa categoria le lampade al sodio per l'illuminazione stradale e gli impianti di aerazione industriali, dotati di grandi ventole con elevata inerzia e tempi di avviamento di parecchi minuti.

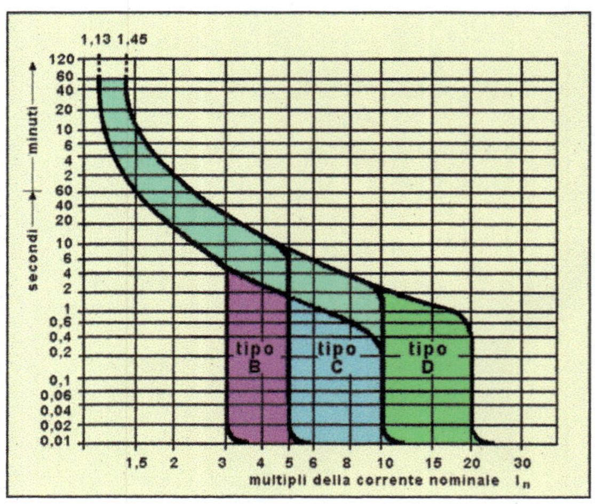

D3.41 Curve caratteristiche B, C, D per interruttori magnetotermici.

Adeguamento del potere di interruzione all'impianto

Man mano ci si avvicina al trasformatore di distribuzione, cambia la sezione dei cavi o delle barre, aumenta la portata di corrente e, quindi, cambiano anche la "taglia" e le caratteristiche dell'interruttore automatico adatto a proteggere l'impianto a valle, in particolare il suo potere di interruzione contro le correnti di cortocircuito |fig. D3.42|.

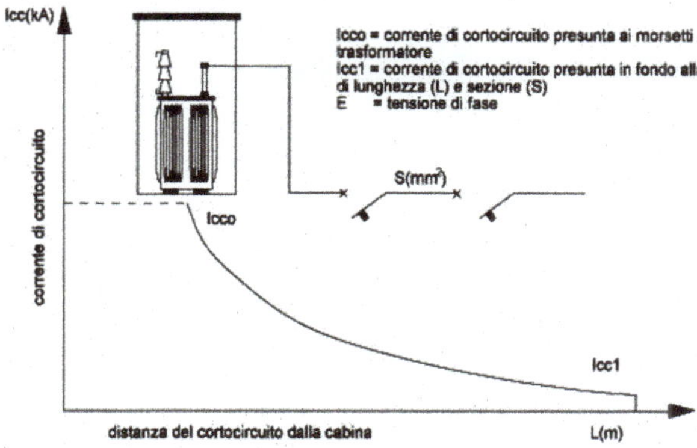

D3.42 Corrente di cortocircuito e potere di interruzione.

Gli interruttori magnetotermici modulari per uso civile dispongono di un potere di interruzione di almeno 4500 A. Gli interruttori automatici monoblocco per grossi edifici civili e impianti industriali medi hanno potere di interruzione intorno ai 20 kA.
Gli interruttori per alta corrente utilizzati nei quadri elettrici per cabine di distribuzione hanno potere di interruzione intorno ai 100 kA.
Per gli interruttori utilizzati nei quadri di distribuzione elettrica, non bastano più le camere spegniarco in aria libera, così come visti in precedenza per gli interruttori modulari a uso civile. In presenza di tensioni e correnti elevate, occorre letteralmente "soffocare" l'arco elettrico, attraverso il passaggio in un materiale denso e isolante.
A tale scopo si utilizzano gli interruttori con contatti immersi in SF_6 (esafluoruro di zolfo), un materiale che non si degrada neanche al passaggio dell'arco elettrico. Questa tipologia di interruttori sostituisce i più vecchi interruttori con contatti a bagno d'olio, oggi obsoleti.
L'olio utilizzato nei trasformatori e negli interruttori è un olio speciale, con particolari additivi che ne aumentano la resistenza all'ossidazione nel tempo. Tale olio, se sottoposto ad arco elettrico, brucia, producendo residui carboniosi, e diossine (sostanze molto tossiche).
Nelle vecchie cabine elettriche con trasformatori a bagno d'olio, si possono osservare le valvole di massima pressione che consentono lo sfogo dei gas che possono generarsi in presenza di archi elettrici (per esempio conseguenti alla caduta di un fulmine sulla linea).

Gli oli esausti provenienti da trasformatori e interruttori sono un rifiuto speciale molto pericoloso in termini di tossicità e devono essere inviati agli appositi centri di raccolta e smaltimento. Per tali ragioni, sia i trasformatori sia gli interruttori a bagno d'olio sono sostituiti con i più moderni trasformatori a secco e con interruttori in SF_6 |fig. D3.43|.
Tali interruttori automatici si trovano montati all'interno del quadro di distribuzione, da cui sporge frontalmente soltanto il pannello di comando.
Sul pannello di comando, oltre ai pulsanti "ON" e "OFF", si trova un contacolpi, in quanto la vita utile di tali interruttori è limitata a un numero di interventi predeterminato, oltre al quale si rende necessario un intervento di revisione dei contatti. La leva di estrazione consente la movimentazione del gruppo carrellato |fig. D3.44|, per una facile sostituzione/manutenzione alla scadenza del periodo di revisione.

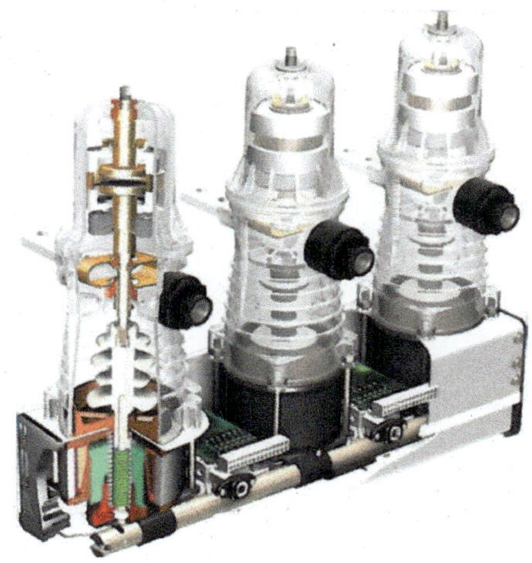

D3.43 Interruttore di media tensione con contatti immersi in SF_6.

D3.44 Gruppo carrellato con interruttore da quadro elettrico di media tensione.

ESERCITAZIONE GUIDATA D3.1

Impianti termici industriali

La progettazione, la costruzione e l'allestimento di un impianto industriale si basa sullo studio di un documento preliminare denominato *plant layout*. Esso riguarda tutti i gruppi, le macchine, le installazioni, di regola presenti in ogni impianto industriale. Si chiede di prendere in considerazione i seguenti tre gruppi presenti in ogni plant layout.

A) Compilare la tabella elencando nella colonna di destra le analisi che devono essere condotte, allo scopo di prevedere un funzionamento regolare e ottimale dell'impianto.

Oggetto di studio	Indagini da condurre, studio da eseguire
Macchinari	
Personale	
Servomezzi	

B) Compilare la tabella elencando quattro tra i principali organi di un *generatore di vapore*, specificando nella seconda colonna la funzione da essi svolta.

Dispositivo	Operazione svolta
a)	
b)	
c)	
d)	

ESERCITAZIONE GUIDATA D3.2

Impianti termici industriali

A) Compilare la tabella scrivendo le caratteristiche specifiche per i tre tipi di caldaia elencati.

Caldaia	Caratteristiche specifiche
A tubi di fumo	
A tubi d'acqua	
A fluido diatermico	

B) La seguente tabella è dedicata agli *scambiatori di calore*. Compilare la tabella elencando per ogni scambiatore l'operazione svolta e il suo principio di funzionamento.

Tipo di scambiatore	Operazione svolta	Principio costruttivo svolto
Condensatore a fascio tubiero		
Condensatore a miscelazione		
Evaporatore		
Surriscaldatore		
Rigeneratore		

ESERCITAZIONE GUIDATA D3.3

Distribuzione e trattamento dei fluidi

La seguente tabella riguarda le problematiche legate al prelievo dell'acqua a fini industriali e per le operazioni di trattamento e di distribuzione interna. La captazione, l'impiego e il rilascio delle acque sono operazioni complesse e delicate che possono causare problemi anche molto gravi di natura ambientale, i cui effetti possono risultare dannosi per anni ed anni. Occorre agire secondo le indicazioni delle leggi e delle normative e, in ogni caso, nel pieno rispetto dell'ambiente in cui opera l'impianto.

Indicazioni per la compilazione
Compilare la tabella elencando le diverse modalità di esecuzione e/o le principali soluzioni impiantistiche segnalando eventuali apparecchiature da installare.

Fase	Modalità di esecuzione, tipo di impianto
Approvvigionamento	
Pretrattamento	
Rete di distribuzione	
Trattamento delle acque reflue	Trattamento primario .... Trattamento secondario .... Trattamento terziario ....

ESERCITAZIONE GUIDATA D3.4

Produzione e distribuzione dell'aria compressa

A) La seguente tabella riguarda gli impianti per la produzione dell'aria compressa. Elencare i principali dispositivi presenti in una sala compressori, specificando la loro esatta denominazione e l'operazione svolta.

Consigli operativi
Per compilare la tabella si consiglia di prendere come riferimento la **figura D3.18**, in cui è riportata la vista in pianta di una sala compressori; si presti attenzione ai vari dispositivi raffigurati e a quelli elencati nel testo, quindi identificarne quattro e dare una breve descrizione della funzione svolta.

Dispositivo	Funzione
a)	
b)	
c)	
d)	

B) La seguente tabella riguarda gli impianti di depurazione dei fumi: essi sono di due tipi, a secco e a umido. Specificare i rispettivi principi di funzionamento e indicare le apparecchiature facenti capo alle due tipologie.

Principio fisico	Tipo di apparecchiatura
a)	
b)	

VERIFICA DEGLI OBIETTIVI

1 Quali sono i campi di utilizzo più importanti degli impianti termici nelle produzioni industriali?

....

....

....

....

2 Il plant layout è un .... di un .... su cui sono disposti .... e .... in funzione del ....

3 Elencare quali tipologie di impianto industriale richiedono la produzione di una grande quantità di fluido ad alta temperatura.

....

....

....

4 La pressione che si legge sul .... di una caldaia è nota come pressione ....

5 Disegnare uno schema della centrale termica di un impianto industriale indicando le parti più importanti.

....

....

....

....

....

6 Mediante quale liquido avviene il trasporto del calore nelle caldaie a fluido diatermico?

a) Fluido acquoso

b) Olio minerale

c) Gasolio

7 Negli scambiatori di calore lo scambio termico fra i due fluidi a differente temperatura si realizza mediante rimescolamento.

☐ Vero ☐ Falso

8 Elencare quattro tipi di scambiatori di calore e descriverne la funzione.

1) ....

2) ....

3) ....

4) ....

9 Disegnare uno schema di impianto di riscaldamento industriale indicandone i componenti.

....

....

....

10 La cogenerazione è un moderno sistema utilizzato in impianti anche di dimensioni molto grandi per la produzione .... quest'ultima sotto forma di ....

11 Gli impieghi dell'acqua sono molteplici. Quali sono le operazioni comuni relative alla gestione delle acque?

....

....

12 Disegnare uno schema di massima di una rete idrica.

13 Indicare quali sono i principali elementi presenti nel collegamento fra acquedotto e stabilimento.

....

....

....

14 Impostare una schema elementare in cui si evidenziano gli elementi che compongono una sala compressori.

15 Il BOD è una grandezza impiegata in campo ambientale per misurare il grado di .... e individua ....

16 Elencare in cosa consiste il ciclo base per depurare le acque reflue.

17 Illustrare i sistemi impiegati negli impianti industriali per controllare polveri, fumi, gas e vapori (max 25 parole).

18 Gli impianti elettrici in fabbrica assolvono al compito di .... ai macchinari e sistemi produttivi di stabilimento, nonché ai compiti ausiliari di .... nei reparti e negli uffici.

19 La seguente relazione $P = \sqrt{3} V I \cos\varphi$ permette di calcolare il valore della .... in funzione di tre grandezze. Attribuire l'esatta denominazione a ciascuna delle tre grandezze che compaiono a secondo membro:

a) ....; b) ....;
c) ....

20 La relazione espressa nella domanda precedente è valida:

a) solo in corrente alternata monofase
b) solo in corrente alternata trifase
c) in corrente alternata monofase e trifase

21 Spiegare in cosa consiste la differenza tra un collegamento a triangolo e un collegamento a stella dal punto di vista sia dell'allacciamento dei cavi sia dell'impiego del neutro.

22 Tutti gli impianti elettrici sono dotati per legge di .... e .... devono essere provvisti di protezioni ....

23 Indicare quali sono i principali componenti di un impianto elettrico industriale.

24 Quali parametri devono essere rispettati nella sostituzione di un componente di un impianto elettrico?

Un impianto industriale per la manutenzione e certificazione degli autoveicoli deve essere revisionato. Si decide quindi di controllare macchinari e impianti ausiliari per certificarne l'affidabilità operativa come pure la sicurezza di funzionamento.

Dovranno quindi subire un intervento di controllo e revisione:

1) le macchine utensili;
2) le macchine a funzionamento oleodinamico di sollevamento dei veicoli;
3) l'impianto d'aria compressa;
4) l'impianto di riscaldamento e raffrescamento ambientale;
5) l'impianto elettrico e gli apparecchi elettronici.

Dei cinque sistemi precedentemente elencati, da sottoporre a controllo:

- quali caratteristiche saranno oggetto d'esame e quali particolari dovranno essere eventualmente sostituiti?
- quali sono gli strumenti per la diagnostica *on-board* su vettura che richiedono taratura e aggiornamento della banca dati?

Di alcuni dei suddetti sistemi si chiede di disegnare lo schema che è di regola allegato alla documentazione fornita dal produttore a corredo della macchina o dell'impianto.

modulo E

SICUREZZA E AMBIENTE

Prerequisiti

Conoscenze

- Il disegno tecnico
- La consultazione del web

Abilità

- Leggere disegni e schemi elementari
- Utilizzare il web per reperire informazioni utili

Obiettivi

Conoscenze

- Le norme sulla sicurezza
- La tutela ambientale

Abilità

- Interpretare e utilizzare le leggi e le norme sulla sicurezza
- Effettuare i lavori secondo procedure di sicurezza utilizzando gli opportuni dispositivi di protezione individuale
- Valutare i rischi derivanti dai vari tipi d'inquinamento
- Effettuare i lavori di manutenzione nel rispetto delle norme ambientali

Competenze di riferimento

- Analizzare il valore, i limiti e i rischi delle varie soluzioni tecniche con particolare attenzione alla sicurezza nei luoghi di vita e di lavoro, alla tutela della persona, dell'ambiente e del territorio

modulo E

VERIFICA dei PREREQUISITI

1 ◗ Per tracciare delle rette parallele si utilizzano due squadrette.

☐ Vero ☐ Falso

2 ◗ Indicare il nome dei componenti elettrici rappresentati schematicamente nella seguente figura.

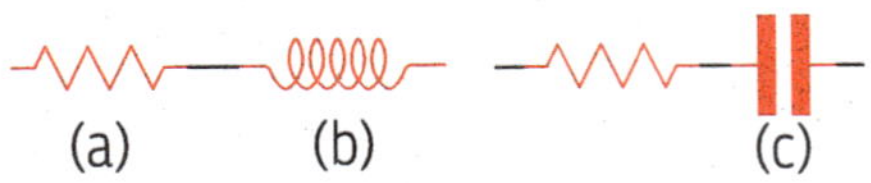

a) ....

b) ....

c) ....

3 ◗ Indicare il nome dei componenti pneumatici rappresentati schematicamente nella seguente figura.

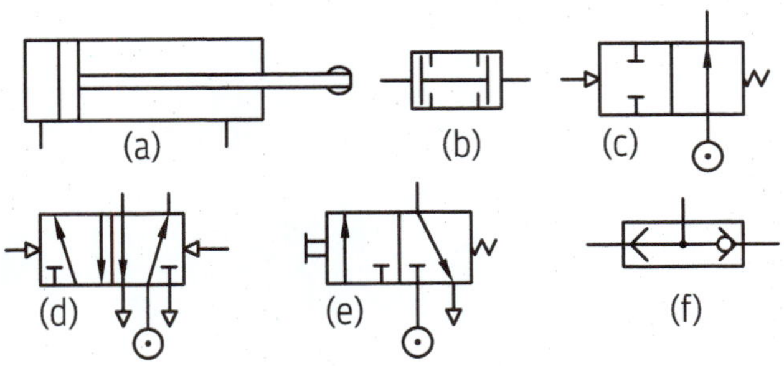

a) ....

b) ....

c) ....

d) ....

e) ....

4 ◗ Si definisce *infortunio* un evento .... e .... generalmente traumatico che danneggia la .... di una persona.

5 ◗ Indicare quali sono le tre regole del primo soccorso.

1) ....

2) ....

3) ....

6 ◗ La forma circolare è utilizzata negli ambienti di lavoro per cartelli di pericolo.

☐ Vero ☐ Falso

7 ◗ La forma rotonda o rettangolare di un segnale con simbolo bianco su fondo azzurro indica:

1) avvertimento
2) segnale complementare
3) una prescrizione
4) divieto

8 ◗ Le prese di corrente devono avere una protezione contro l'.................... di corpi estranei diversi dalla ....

9 ◗ Per spegnere un incendio su apparecchiature elettriche in tensione può essere utilizzata l'acqua.

☐ Vero ☐ Falso

UNITÀ

E1 SICUREZZA NELLA MANUTENZIONE

OBIETTIVI

Conoscenze

- Le norme sulla sicurezza nei lavori di manutenzione

Abilità

- Adottare le leggi e le norme sulla sicurezza nell'ambiente di lavoro
- Eseguire le prescrizioni degli enti preposti alla sicurezza
- Utilizzare le procedure, adottando i dispositivi di prevenzione, nei lavori meccanici, termotecnici ed elettrici
- Eseguire gli interventi di manutenzione adottando i dispositivi di protezione individuale

CONTENUTI

E1.1 Sistemi di sicurezza

Nelle attività di manutenzione che comprendono la ricerca e la soluzione dei guasti è di fondamentale importanza l'attività in sicurezza. Per eliminare i rischi per la salute e la sicurezza dei lavoratori è necessario attuare tutte le norme comportamentali previste relative alle misure di prevenzione e di protezione. Poiché normalmente le operazioni di manutenzione comportano situazioni a rischio elevato, occorre una maggiore attenzione da parte dei manutentori.
Purtroppo, il 50% degli infortuni è causato da una cattiva gestione della sicurezza ad opera delle stesse persone che dovrebbero invece garantirla; ecco perché è importante prevedere diverse azioni di sicurezza debitamente organizzate che prevengano gli infortuni e gli incidenti.

Leggi e norme sulla sicurezza nella manutenzione

La normativa in materia di sicurezza e salute nei luoghi di lavoro è contenuta nel **DLgs n. 81 del 9.4.2008**, detto anche **TUSL** (*Testo Unico in materia di Salute e Sicurezza nei Luoghi di Lavoro*).
Esso è costituito da 306 articoli, suddivisi in 13 titoli |tab. E1.1|.
Oltre al DLgs 81/2008, esistono altre norme emanate da enti mondiali, europei e nazionali, che trattano i vari aspetti della sicurezza in generale e contengono anche i riferimenti alla sicurezza nella manutenzione, come, per esempio, le **norme CEI** (*Comitato Elettrotecnico Italiano*) relative alla **manutenzione degli impianti elettrici** (CEI 0-10:2002: "Guida alla manutenzione degli impianti elettrici"). Le leggi e le norme sulla manutenzione e sulla sicurezza possono essere consultate principalmente nei siti internet di seguito elencati: **UNI**: *www.uni.com*; **CEI**: *www.ceiuni.it*; **ISO**: *www.iso.ch*.

TABELLA E1.1 Struttura del DLgs 81/2008

Titolo	Articoli	Contenuti
I	1-61	Principi comuni (disposizioni generali, sistema istituzionale, gestione della previdenza nei luoghi di lavoro, disposizioni penali)
II	62-68	Luoghi di lavoro (disposizioni generali, sanzioni)
III	69-87	Uso delle attrezzature di lavoro e dei dispositivi di protezione individuale (uso delle attrezzature di lavoro, uso dei dispositivi di protezione individuale, impianti e apparecchiature elettriche)
IV	88-160	Cantieri temporanei o mobili (misure per la salute e la sicurezza nei cantieri temporanei o mobili, norme per la prevenzione degli infortuni sul lavoro nelle costruzioni e nei lavori in quota, sanzioni)

TABELLA E1.1 Struttura del DLgs 81/2008

Titolo	Articoli	Contenuti
V	161-166	Segnaletica di salute e sicurezza sul lavoro (disposizioni generali, sanzioni)
VI	167-171	Movimentazione manuale dei carichi (disposizioni generali, sanzioni)
VII	172-179	Attrezzature munite di videoterminali (disposizioni generali, obblighi del datore di lavoro, dei dirigenti e dei preposti, sanzioni)
VIII	180-220	Agenti fisici (disposizioni generali, protezione dei lavoratori contro i rischi di esposizione al rumore, alle vibrazioni, ai campi elettromagnetici e alle radiazioni ottiche durante il lavoro, sanzioni)
IX	221-265	Sostanze pericolose (protezione da agenti chimici, da agenti cancerogeni e mutageni e dai rischi connessi all'esposizione all'amianto, sanzioni)
X	266-286	Esposizione ad agenti biologici (obblighi del datore di lavoro, sorveglianza sanitaria, sanzioni)
XI	287-297	Protezione da atmosfere esplosive (disposizioni generali, obblighi del datore di lavoro, sanzioni)
XII	298-303	Disposizioni diverse in materia penale e procedura penale
XIII	304-306	Disposizioni finali

Azioni di sicurezza nella manutenzione

Per attivare un sistema di sicurezza occorre prevedere:

- le responsabilità dei soggetti incaricati della sicurezza all'interno dell'organizzazione della manutenzione aziendale;
- le istruzioni operative di sicurezza che gli operatori devono seguire nello svolgimento del loro lavoro;
- i documenti previsti dall'azienda, in conformità delle norme, per rispondere a specifiche problematiche in sicurezza;
- i manuali operativi, in cui sono contenute le istruzioni di lavoro per un impianto e i rischi a esso connessi;
- la scheda macchina, contenente le istruzioni di sicurezza;
- i moduli di lavoro autorizzabili per operare in situazioni di rischio su macchine o impianti con la disponibilità di protezioni individuali o collettive.

I responsabili della sicurezza devono verificare che i manutentori rispettino:

- la postura **|fig. E1.1a|**, per esempio sollevare un carico senza flettere il corpo **|fig. E1.1b|**;
- l'uso corretto dei dispositivi di protezione individuale **|fig. E1.2|**;

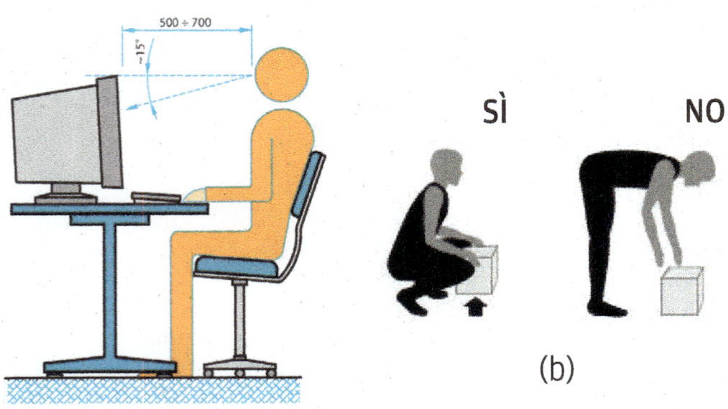

(a) (b)

E1.1 Esempi di postura: a) davanti al computer; b) sollevamento di un carico.

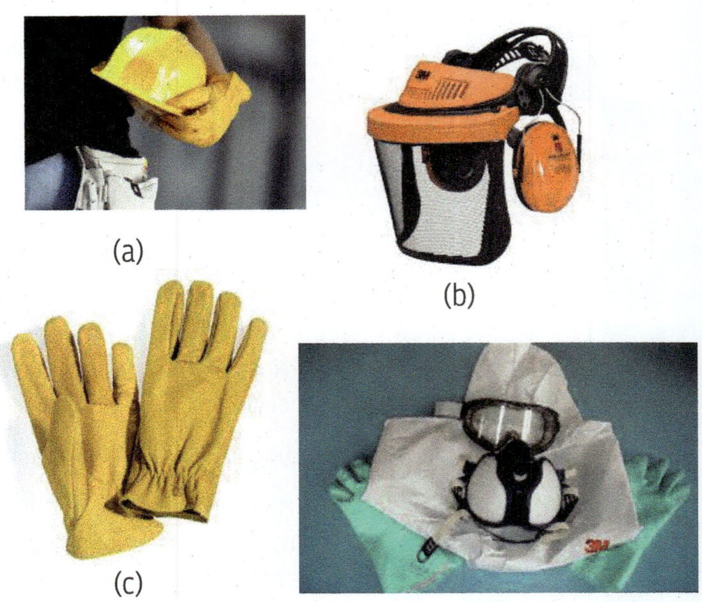

(a) (b) (c) (d)

E1.2 Dispositivi di protezione individuale (DPI): a) casco; b) maschera e cuffia; c) guanti; d) tuta di sicurezza.

- l'uso corretto di procedure e istruzioni |fig. E1.3|;
- l'uso corretto di attrezzature e utensili |fig. E1.4|.

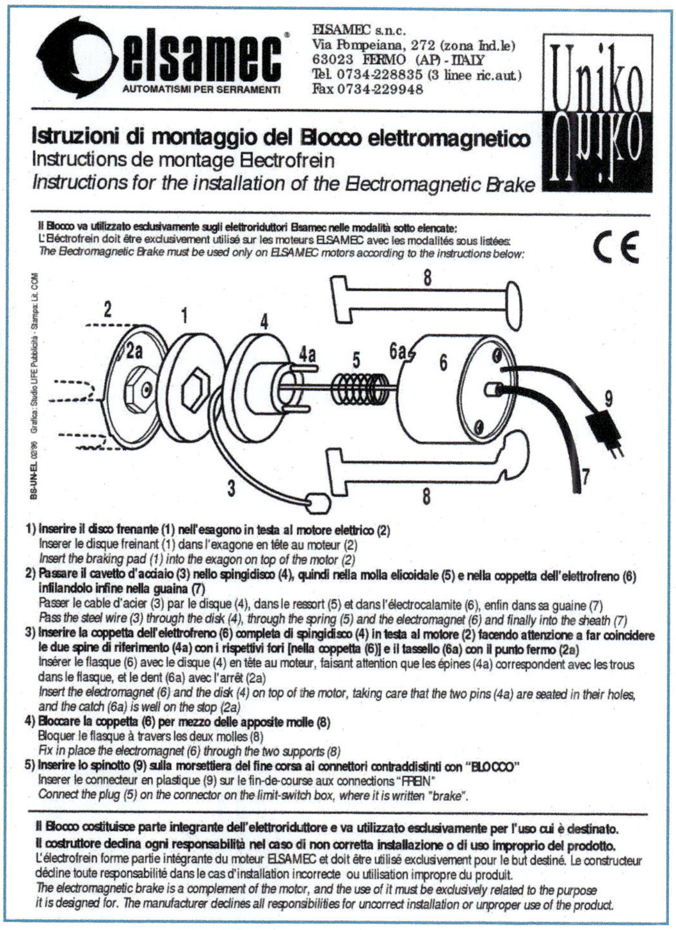
ELSAMEC s.n.c.
Via Pompeiana, 272 (zona Ind.le)
63023 FERMO (AP) - ITALY
Tel. 0734-228835 (3 linee ric.aut.)
Fax 0734-229948

AUTOMATISMI PER SERRAMENTI

Uniko

Istruzioni di montaggio del Blocco elettromagnetico
Instructions de montage Electrofrein
Instructions for the installation of the Electromagnetic Brake

Il Blocco va utilizzato esclusivamente sugli elettroriduttori Elsamec nelle modalità sotto elencate:
L'Eléctrofrein doit être exclusivement utilisé sur les moteurs ELSAMEC avec les modalités sous listées:
The Electromagnetic Brake must be used only on ELSAMEC motors according to the instructions below:

BS-UN-EL 02/96 Grafica: Studio LIFE Pubblicità - Stampa: Lit. COM

1) **Inserire il disco frenante (1) nell'esagono in testa al motore elettrico (2)**
Inserer le disque freinant (1) dans l'exagone en tête au moteur (2)
Insert the braking pad (1) into the exagon on top of the motor (2)
2) **Passare il cavetto d'acciaio (3) nello spingidisco (4), quindi nella molla elicoidale (5) e nella coppetta dell'elettrofreno (6) infilandolo infine nella guaina (7)**
Passer le cable d'acier (3) par le disque (4), dans le ressort (5) et dans l'électrocalamite (6), enfin dans sa guaine (7)
Pass the steel wire (3) through the disk (4), through the spring (5) and the electromagnet (6) and finally into the sheath (7)
3) **Inserire la coppetta dell'elettrofreno (6) completa di spingidisco (4) in testa al motore (2) facendo attenzione a far coincidere le due spine di riferimento (4a) con i rispettivi fori [nella coppetta (6)] e il tassello (6a) con il punto fermo (2a)**
Insérer le flasque (6) avec le disque (4) en tête au moteur, faisant attention que les épines (4a) correspondent avec les trous dans le flasque, et le dent (6a) avec l'arrêt (2a)
Insert the electromagnet (6) and the disk (4) on top of the motor, taking care that the two pins (4a) are seated in their holes, and the catch (6a) is well on the stop (2a)
4) **Bloccare la coppetta (6) per mezzo delle apposite molle (8)**
Bloquer le flasque à travers les deux molles (8)
Fix in place the electromagnet (6) through the two supports (8)
5) **Inserire lo spinotto (9) sulla morsettiera del fine corsa ai connettori contraddistinti con "BLOCCO"**
Inserer le connecteur en plastique (9) sur le fin-de-course aux connections "FREIN"
Connect the plug (5) on the connector on the limit-switch box, where it is written "brake".

Il Blocco costituisce parte integrante dell'elettroriduttore e va utilizzato esclusivamente per l'uso cui è destinato.
Il costruttore declina ogni responsabilità nel caso di non corretta installazione o di uso improprio del prodotto.
L'électrofrein forme partie intégrante du moteur ELSAMEC et doit être utilisé exclusivement pour le but destiné. Le constructeur décline toute responsabilité dans le cas d'installation incorrecte ou utilisation impropre du produit.
The electromagnetic brake is a complement of the motor, and the use of it must be exclusively related to the purpose it is designed for. The manufacturer declines all responsibilities for uncorrect installation or unproper use of the product.

E1.3 Esempio di istruzioni di montaggio.

Degli atteggiamenti di rischio comportamentale soprattutto due sono quelli che provocano incidenti:

- la distrazione;
- il non rispetto delle regole.

Occorre, quindi, segnalare il pericolo che potrebbe derivare da atteggiamenti di rischio con gli appositi messaggi visivi |fig. E1.5|.

E1.5 Esempio d messaggi visivi.

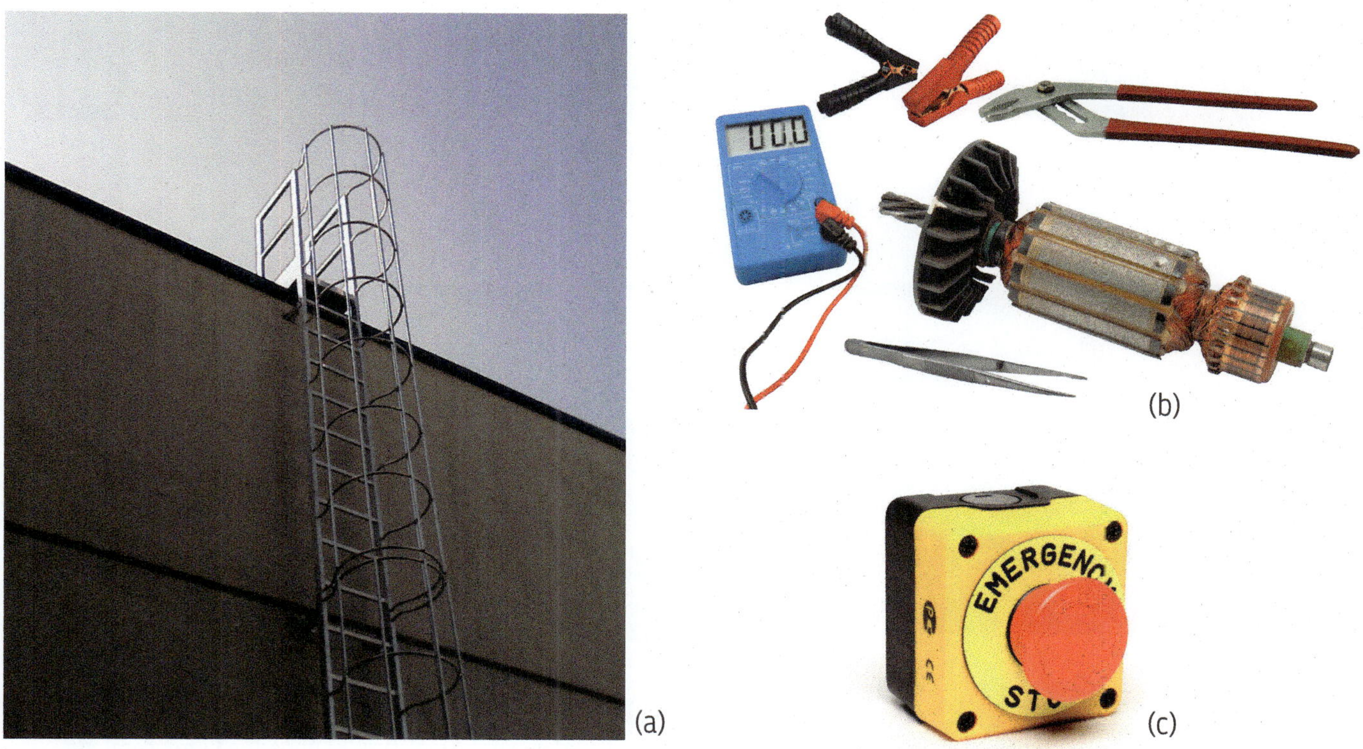

(a) (b) (c)

E1.4 Attrezzature e utensili: a) scala a pioli; b) attrezzi per controllo del rotore motore elettrico; c) pulsante di sicurezza.

E1.2 Dispositivi e azioni di prevenzione

Sono di seguito elencati i **dispositivi** e le **azioni di prevenzione** utilizzati nelle fasi di manutenzione di apparecchiature e impianti.

Lavori elettrici

Per l'esecuzione della manutenzione su impianti elettrici o comunque mossi da energia elettrica, siano essi di grandi o piccole dimensioni, valgono le seguenti regole:

- disinserire l'alimentazione |fig. E1.6a|;
- adottare mezzi materiali per impedire la reinserzione dell'alimentazione |fig. E1.6b|;
- controllare che le parti oggetto di manutenzione siano effettivamente fuori tensione |fig. E1.6c|;
- mettere a terra e in cortocircuito le parti su cui si opera |fig. E1.6d|;
- applicare schermi o protezioni idonee a impedire il contatto delle persone (nonché degli attrezzi e dei materiali da esse maneggiati) con eventuali altre parti in tensione situate nelle vicinanze |fig. E1.6e|.

Lavori meccanici

Per l'esecuzione della manutenzione su parti meccaniche valgono le seguenti regole:

- se la macchina o l'impianto in manutenzione possiede dei movimenti, disinserire l'alimentazione meccanica o elettrica;
- adottare mezzi materiali per impedire la reinserzione dell'alimentazione, quindi pedali, leve, pulsanti di comando di messa in moto vanno protetti contro l'azionamento accidentale da parte di oggetti o persone |fig. E1.7a|;
- applicare, attorno alla zona di lavoro, la segnaletica e le protezioni atte a impedire danni al personale |fig. E1.7b|;
- custodire attrezzi, utensili e materiali per la manutenzione in apposite borse per evitare che gli oggetti siano di intralcio |fig. E1.7c|.

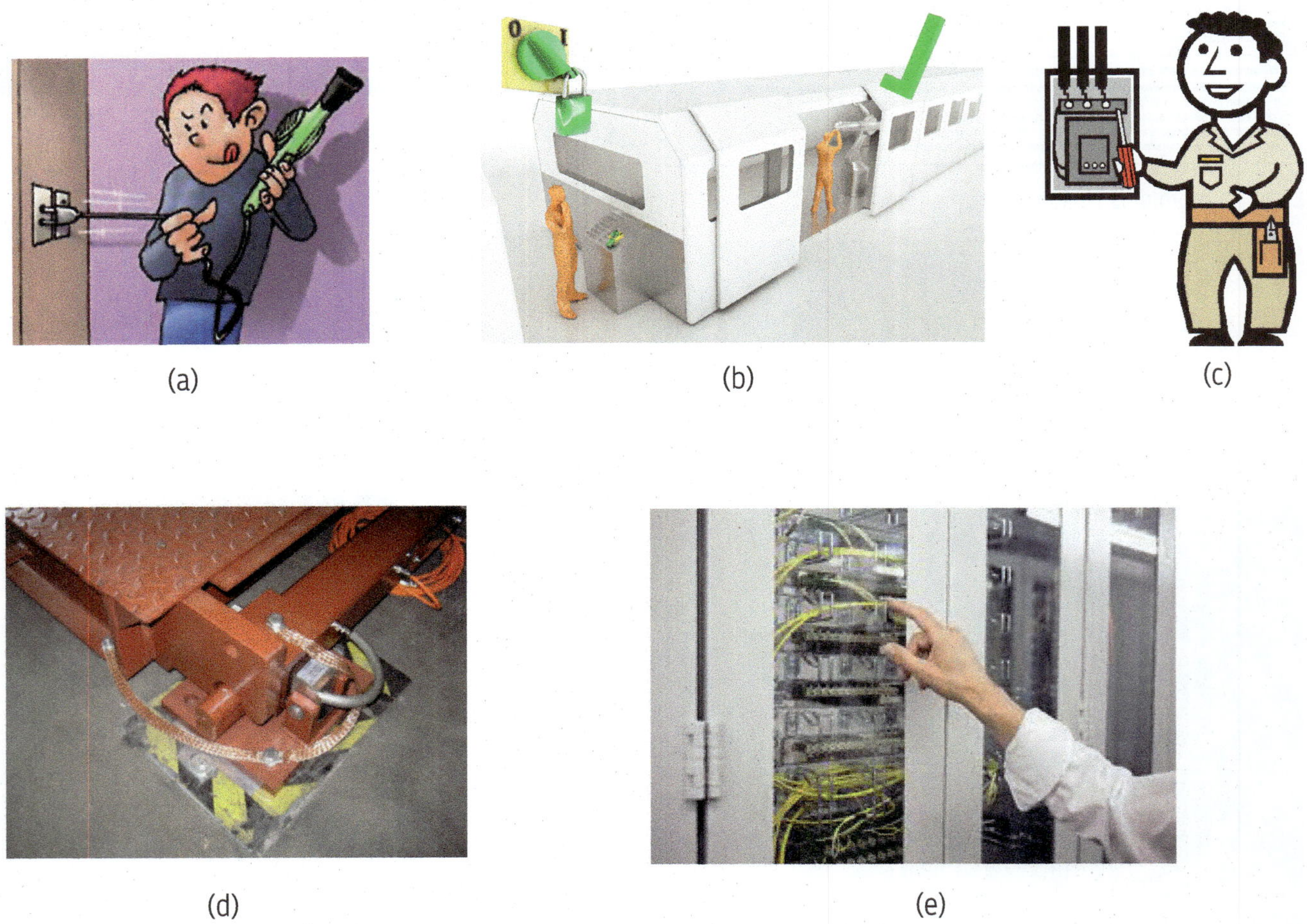

E1.6 Regole per la manutenzione di impianti elettrici: a) eliminare l'alimentazione elettrica; b) impedire la reinserzione dell'alimentazione; c) verificare la messa fuori tensione; d) mettere a terra l'impianto; e) utilizzare le protezioni.

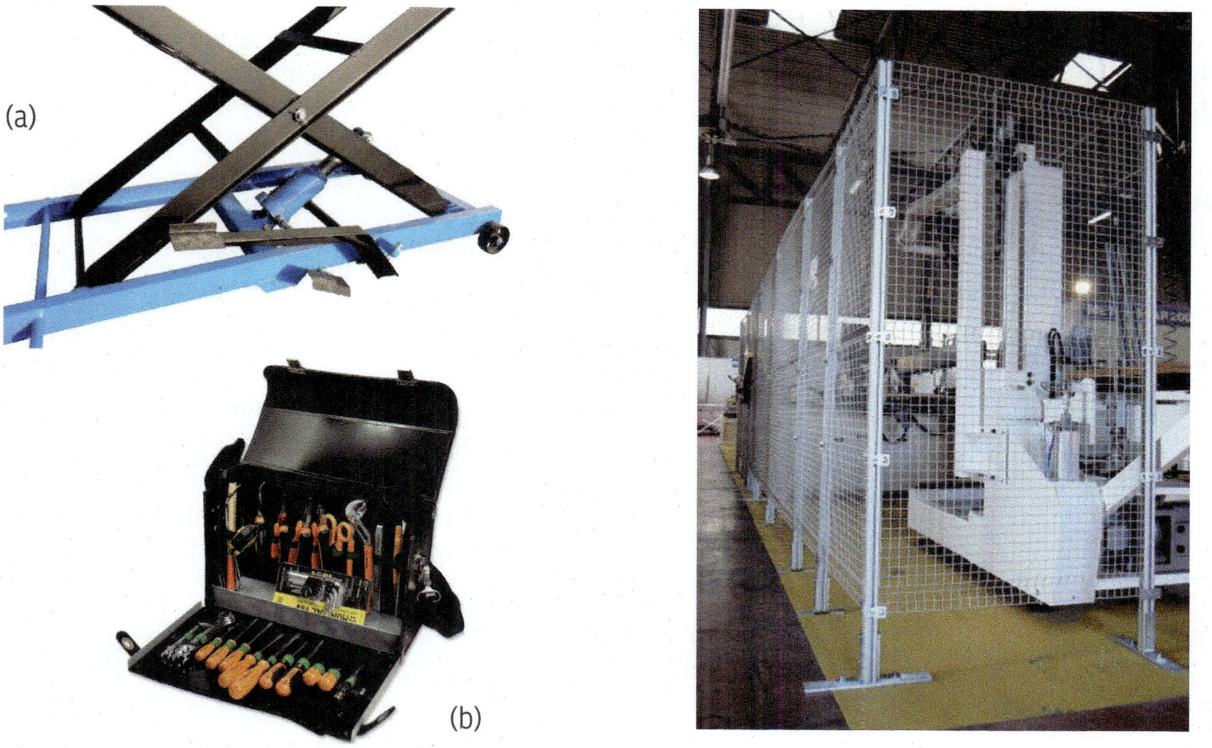

E1.7 Sicurezze nella manutenzione meccanica: a) sistema di sicurezza del ponte sollevatore; b) borsa con attrezzi; c) zona protetta per la manutenzione.

Lavori termotecnici

Per l'esecuzione della manutenzione su parti o impianti termotecnici valgono le seguenti regole:

- disinserire l'alimentazione, meccanica o elettrica, dell'impianto in manutenzione |**fig. E1.8a**|;
- disinserire l'alimentazione del combustibile |**fig. E1.8b**|;
- disinserire l'alimentazione dell'acqua |**fig. E1.8c**|;
- applicare attorno alla zona di lavoro la segnaletica e le protezioni atte a impedire danni al personale non manutentivo;
- custodire in area non accessibile attrezzature a gas per la manutenzione |**fig. E1.8d**|.

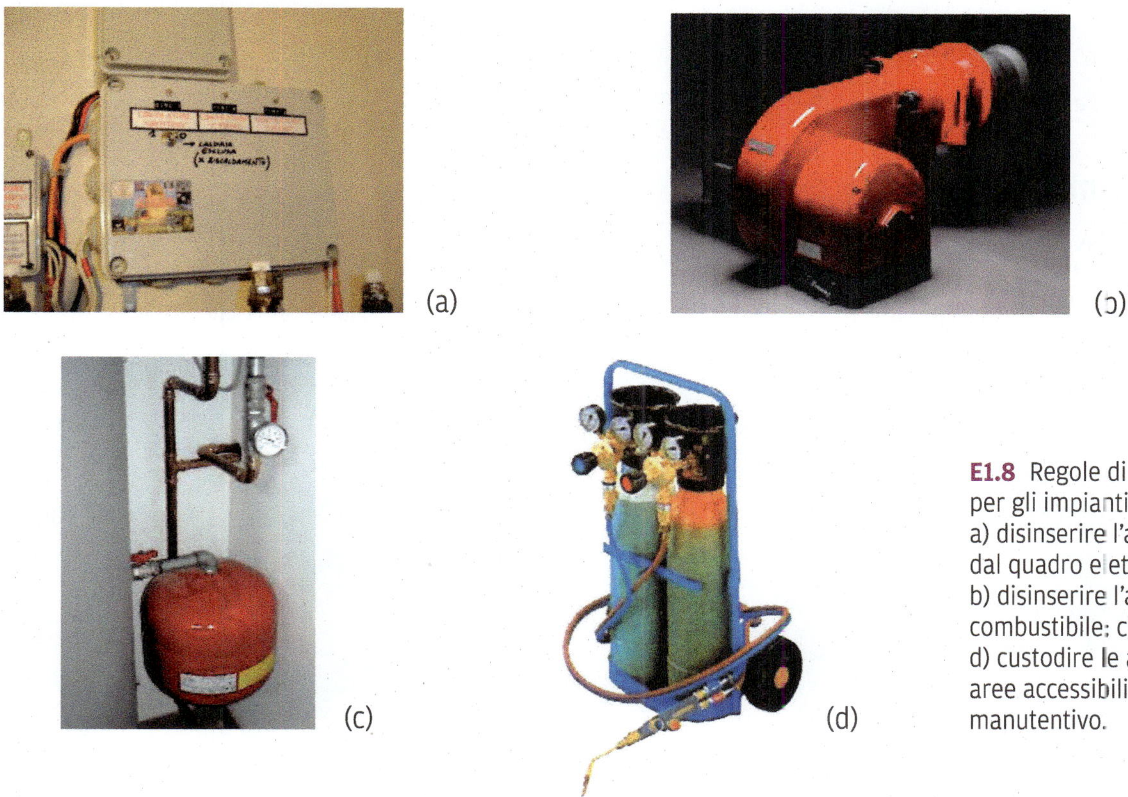

E1.8 Regole di manutenzione per gli impianti termotecnici: a) disinserire l'alimentazione dal quadro elettrico; b) disinserire l'alimentazione del combustibile; c) chiudere l'acqua; d) custodire le attrezzature in aree accessibili al solo personale manutentivo.

E1.3 Dispositivi di protezione individuale (DPI)

Di seguito sono presentati i **dispositivi** fondamentali **di protezione individuale** (DPI) da utilizzare in relazione ai vari rischi.

Rumore

Poiché il **rumore** può provocare una riduzione temporanea o permanente dell'udito, occorre utilizzare mezzi di protezione come ripari antirumore e protettori auricolari quali inserti auricolari e cuffie |fig. E1.9|.

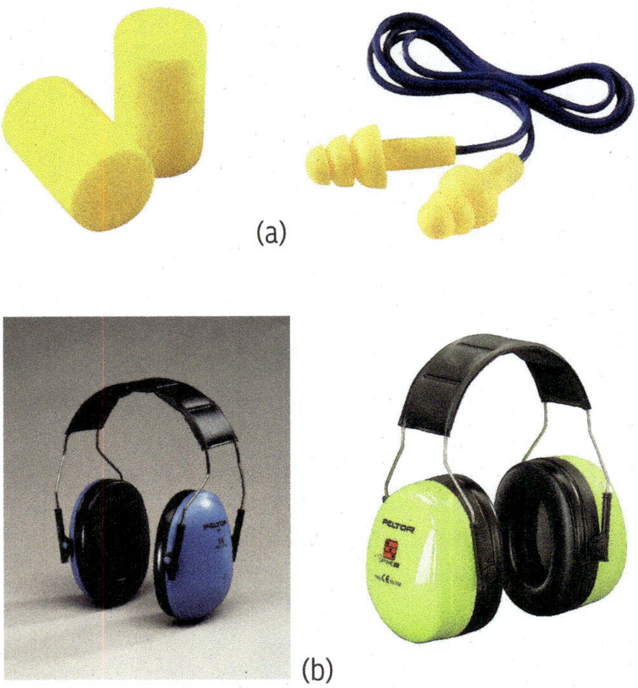

(a) (b)

E1.9 DPI antirumore: a) inserti auricolari; b) cuffie.

Rischi meccanici

Nell'esecuzione di lavori meccanici, è importante l'utilizzo dei dispositivi di protezione. Quando si mola un utensile, per esempio, è necessario l'uso di **occhiali**.

I **guanti** sono essenziali per le lavorazioni con macchine che producono trucioli (escluso il trapano). Le **scarpe** con suole di gomma molto spesse sono indispensabili per l'impiego di attrezzature che producono vibrazioni. Il **casco** deve essere utilizzato in ambienti dove sono presenti carichi sospesi che spesso sono mossi per essere lavorati o immagazzinati |fig. E1.10|.

Rischi termici

I lavori che devono essere eseguiti su apparecchiature termiche, come generatori di calore o di vapore, o nei reparti e nelle lavorazioni ove esistano possibilità di incendio, impongono l'uso di dispositivi di protezione come **guanti** e **indumenti atermici** |fig. E1.11|.

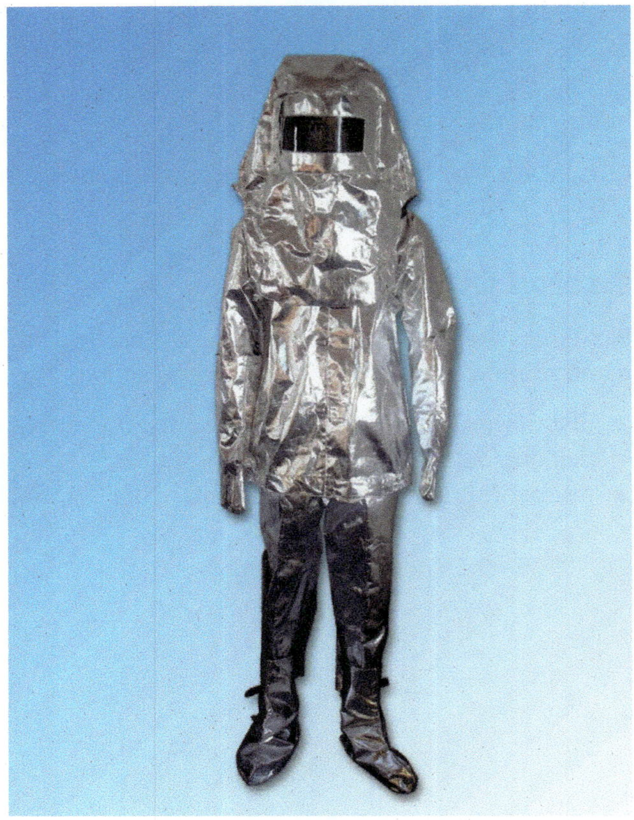

E1.11 Dispositivi di protezione per rischi termici.

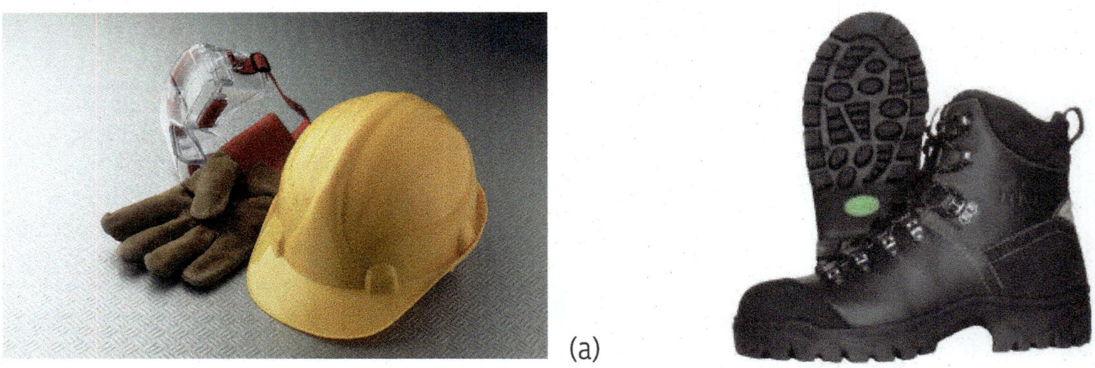

(a) (b)

E1.10 DPI per lavori meccanici: a) occhiali, guanti e casco; b) scarpe.

Rischi elettrici

Anche se a bassa tensione, l'elettricità costituisce un grave rischio. È importante utilizzare **guanti** e **scarponi** per isolare completamente il proprio corpo durante le operazioni di manutenzione |fig. E1.12|.

E1.12 Utilizzo dei DPI durante la manutenzione su un'apparecchiatura elettrica.

Rischi chimici

Quando si devono maneggiare liquidi o sostanze che potrebbero sviluppare gas nocivi alla salute, deve essere impiegata la maschera. Nei laboratori chimici è anche indispensabile l'utilizzo di cappe aspiranti.

La maschera e gli indumenti protettivi sono indispensabili quando è certa la presenza di gas e o di vapori |fig. E1.13a| in ambienti di lavoro. Se esistono bocchette di captazione, devono essere collocate il più vicino possibile alle sorgenti di emissione. Durante il lavoro occorre evitare di porsi in corrispondenza della direzione del flusso di gas, fumi o polveri.
Nel travaso di liquidi chimici è necessario osservare le indicazioni riportate sulle apposite etichette e utilizzare oltre alla maschera anche i guanti |fig. E1.13b|.

(a)

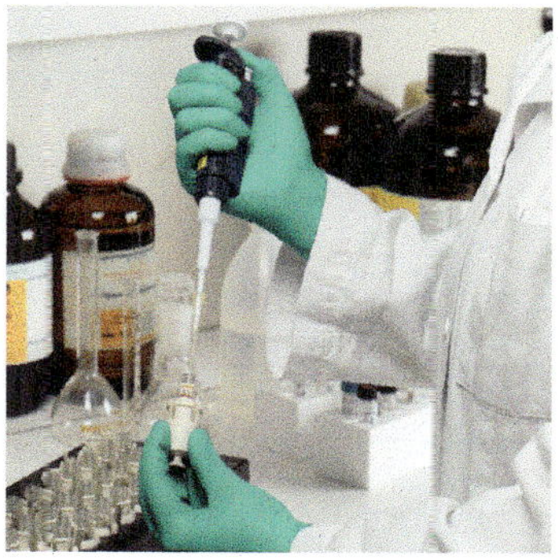

(b)

E1.13 a) DPI per ambiente con gas e vapori.
b) DPI per travasare liquidi pericolosi.

Rischi biologici

Il rischio biologico è spesso sottostimato in molti luoghi di lavoro. Gli ambienti di lavoro e gli impianti in essi funzionanti, come gli impianti aeraulici, possono essere contaminati biologicamente per la presenza di materie prime, fluidi biologici, polvere organica o per una gestione non oculata sia degli ambienti sia degli impianti relativamente all'igiene e alla pulizia. Nei casi in cui il rischio biologico sia certo, devono essere utilizzati dispositivi di protezione individuale come indumenti, maschere e guanti |fig. E1.14|.

E1.14 DPI contro i rischi biologici.

ESERCITAZIONE GUIDATA E1.1

Testo unico

A) Il Testo Unico in materia di Salute e Sicurezza nei Luoghi di Lavoro è costituito da 306 articoli, suddivisi in 13 titoli. Indicare nella tabella seguente i titoli e i relativi contenuti espressi al massimo con 10 parole.

Titolo	Contenuti

B) Indicare nella tabella seguente i dispositivi di protezione individuale in relazione al tipo di rischio.

Tipo di rischio	DPI
Rumore	a) .... b) .... c) ....
Lavori meccanici	d) .... e) .... f) .... g) ....
Lavori elettrici	h) .... i) .... l) .... m) ....
Lavori termotecnici	n) .... o) .... p) .... q) ....
Chimico	r) .... s) .... t) .... u) ....
Biologico	v) .... z) ....

ESERCITAZIONE GUIDATA E1.2

Smaltimento rifiuti di lavorazione

A) L'officina di manutenzione di un'azienda deve svuotare il cassone dei trucioli prodotti dalle macchine utensili. Elencare nella tabella seguente le fasi che si devono seguire, secondo le norme, per eliminare questo tipo di rifiuti industrial.

Fase	Descrizione

B) Un manutentore ha sostituito alcuni componenti elettrici ed elettronici da un quadro elettricc di un impianto industriale. Elencare nella tabella seguente le fasi che si devono seguire, secondo le norme, per eliminare questo tipo di rifiuti industriali.

Fase	Descrizione

1 Il .... degli infortuni è causato da una .... della sicurezza da parte delle persone a ciò incaricate.

2 Indicare a quale legge i lavoratori e gli imprenditori devono attenersi in materia di sicurezza e salute.

....

....

....

....

3 Elencare i principali siti internet in cui sono enumerate le norme sulla sicurezza e sulla salute.

....

....

....

....

4 Individuare almeno quattro azioni necessarie per attivare un sistema di sicurezza.

1) ....
2) ....
3) ....
4) ....

5 Se si deve sollevare un carico, non bisogna flettere il tronco.

☐ Vero ☐ Falso

6 Indicare quali sono i due atteggiamenti di rischio comportamentale che provocano incidenti.

a) ....
b) ....

7 Elencare le cinque azioni di prevenzione da adottare nella manutenzione di impianti elettrici.

a) ....
b) ....
c) ....
d) ....
e) ....

8 Elencare le cinque azioni di prevenzione da adottare nella manutenzione di impianti termotecnici.

a) ....
b) ....
c) ....
d) ....
e) ....

9 Non è necessario custodire in area non accessibile attrezzature a gas per la manutenzione.

☐ Vero ☐ Falso

10 Indicare quali sono i dispositivi di protezione individuale per il rischio rumore.

a) ....
b) ....

UNITÀ
E2 TUTELA AMBIENTALE

OBIETTIVI

Conoscenze
- Le principali fonti d'inquinamento
- Gli elementi inquinanti dell'aria, dell'acqua e del suolo
- Gli enti preposti al controllo dell'inquinamento

Abilità
- Individuare gli elementi inquinanti e i loro effetti
- Tenere comportamenti corretti e consapevoli nel trattamento dei rifiuti
- Utilizzare le opportunità fornite dagli enti preposti all'antinquinamento

CONTENUTI

E2.1 Inquinamento

L'**inquinamento** è l'alterazione della qualità e delle caratteristiche ambientali di un ecosistema; di solito ha origine da comportamenti umani non corretti poiché è provocato da scarti di lavorazione, da fumi, da scarichi di acque contaminate ecc.

L'ambiente è in grado di rigenerarsi e decontaminarsi nel tempo a patto che l'immissione di elementi dannosi non superi la soglia di tollerabilità, oltre la quale gli inquinanti si accumulano provocando seri danni all'ecosistema |fig. E2.1|.

E2.1 Autovetture in coda, fonte d'inquinamento ambientale.

I comportamenti virtuosi, quali quelli previsti dalla normativa UNI EN ISO 14001 e 14004, possono aiutare le aziende al rispetto del territorio in cui operano. Un'industria che voglia identificare il proprio impatto ambientale deve considerare l'effetto dei suoi comportamenti sul territorio, quali:

a) le emissioni in atmosfera;
b) gli scarichi nei corpi idrici (fiumi, mari ecc.);
c) i rilasci nel suolo;
d) l'utilizzo delle materie prime e delle risorse naturali;
e) l'utilizzo dell'energia;
f) l'energia emessa, per esempio calore, radiazioni, vibrazioni;
g) i rifiuti e i sottoprodotti.

Gli aspetti ambientali sono fortemente influenzati dalle attività, dai prodotti e dai servizi di un'impresa, tra i quali i più rilevanti sono:

- la progettazione e lo sviluppo;
- i processi produttivi;
- l'imballaggio e il trasporto;
- la prestazione ambientale e la prassi in uso presso appaltatori e fornitori;
- la gestione dei rifiuti;
- l'estrazione e la distribuzione di materie prime e risorse naturali;
- la distribuzione, l'uso e il fine vita dei prodotti.

Nella manutenzione deve essere limitato l'uso di materiali e componenti non riciclabili. Aumentare il tempo di funzionamento di un impianto e ridurre la frequenza dei guasti devono essere obiettivi della manutenzione che, se correttamente eseguita, aiuta a conservare gli standard di sicurezza e di tutela ambientale. Il rischio d'inquinamento durante la manutenzione è reale se:

- non si utilizzano gli appositi contenitori per carta e cartone, polistirolo, sacchetti di plastica ecc.;
- si disperdono nell'ambiente oli combustibili esausti, rifiuti di origine chimica e acqua inquinata da metalli pesanti |fig. E2.2|;
- si immettono in atmosfera gas per i sistemi di raffreddamento e gas per le lampade;
- si abbandonano sul territorio apparecchiature elettroniche, pile e accumulatori, materiali radioattivi e sostanze chimiche;
- non si riciclano componenti meccanici e metalli vari.

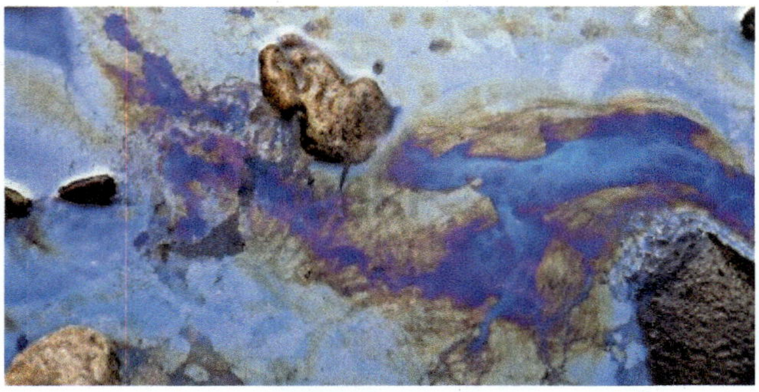

E2.2 Superficie liquida ricoperta da un velo di olio e di benzina.

Grado di tossicità degli elementi

La **tossicità** di un elemento si misura con il parametro **DL50** (*Dose Letale*): esso rappresenta la dose che, somministrata in un lotto di individui statisticamente significativo come numero, porta alla morte del 50% della popolazione.
L'unità di misura del DL50 è costituita dai milligrammi di sostanza per chilogrammo di peso [mg/kg] dell'individuo sottoposto all'azione dell'inquinante. La **tabella E2.1** riporta, a titolo d'esempio, la suddivisione della pericolosità degli elementi o formulati chimici, per una popolazione di cavie da laboratorio, in tre categorie |fig. E2.3|:

- **molto tossiche**, contraddistinte dalla lettera "**T+**";
- **tossiche**, contraddistinte dalla lettera "**T**";
- **nocive**, contraddistinte dalla lettera "**Xn**";
- **irritanti**, contraddistinte dalla lettera "**Xi**".

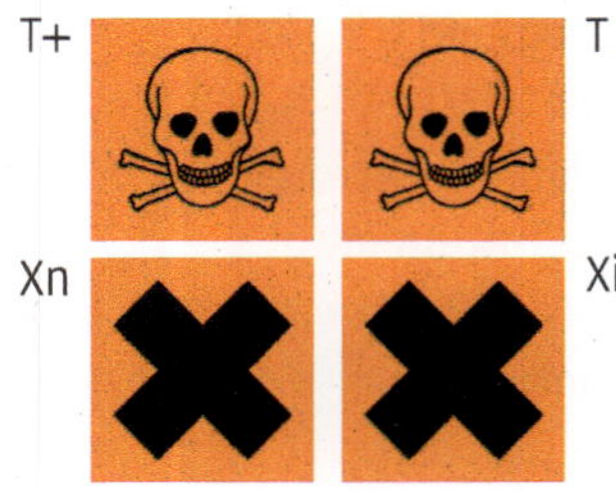

E2.3 Simboli e lettere indicanti la pericolosità di un elemento.

La **tabella E2.2** riporta il probabile valore DL50 per un essere umano di circa 70 kg.

TABELLA E2.1 Definizione della categoria in funzione del valore DL50

Categoria	DL50 per via orale [mg/kg]	DL50 per via cutanea [mg/kg]
Molto tossica	<25	<50
Tossica	25 ÷ 200	50 ÷ 400
Nociva	200 ÷ 2000	400 ÷ 2000

TABELLA E2.2 Valore DL50 per l'assunzione orale di alcune sostanze per un uomo di 70 kg

Categoria	Elemento	DL50 [mg/kg]
Molto tossica	Cianuro di potassio	3
	Stricnina	2
	Nicotina	1
	Diossina	0,001
	Tossina botulinica	0,00001
Tossica	Acido acetilsalicilico	300
	Caffeina	150
Nociva	Solfato ferroso	1500
	Malathion (insetticida)	1300
	Metanolo	1000

Sostanze cancerogene

Anche in questo caso la normativa individua le tre categorie di seguito indicate.

- **Categoria 1**: appartengono a questa categoria gli elementi che sono noti per i loro effetti cancerogeni sull'uomo; gli studi hanno dimostrato *in modo inequivocabile* il nesso fra l'esposizione alla sostanza e l'insorgenza di tumori nell'uomo.
- **Categoria 2**: appartengono a questa categoria gli elementi che si ritiene possano avere un *probabile effetto cancerogeno* dimostrato dallo studio su animali o su popolazioni umane che sono state esposte a tali sostanze.
- **Categoria 3**: appartengono a questa categoria gli elementi che sono sospettati di procurare la malattia, ma per i quali *non esistono prove incontrovertibili o sufficienti* per stabilire un nesso fra esposizione alla sostanza e l'insorgenza del cancro.

Tipi di inquinamento

Il problema dell'**inquinamento** può essere affrontato da vari punti di vista. Una prima suddivisione potrebbe essere:

- **interno** (*indoor*), intendendo le modificazioni che avvengono all'interno di spazi confinati quali gli edifici civili, gli uffici, le industrie ecc.;
- **esterno** (*outdoor*), quando le problematiche si sviluppano in ambiente esterno.

Un altro metodo per distinguere il tipo d'inquinamento, soprattutto quello esterno, considera la sua **estensione**:

- **locale**, quando si concretizza in zone ben delimitate del territorio, dove è meno problematico individuarne le cause e intervenire con le leggi e gli strumenti del luogo;
- **globale**, dovuto a più cause che si verificano in nazioni diverse, ma che interessano ampie aree del pianeta; l'intervento è spesso difficoltoso e scarsamente efficace, dovendo tener conto degli interessi nazionali, di differenti legislazioni, diverse sensibilità ecologiche ecc.

L'inquinamento può anche essere catalogato in base alla provenienza degli elementi contaminanti. Per esempio i rifiuti possono essere distinti in:

- industriali;
- urbani;
- metallici;
- chimici;
- materiali elettrici:
- materiali elettronici ecc.

In sintesi però, per semplificare, si può affermare che l'inquinamento si manifesta secondo tre tipologie principali che saranno trattate in quest'opera e che si possono riassumere nel seguente modo:

- **inquinamento dell'aria**;
- **inquinamento dell'acqua**;
- **inquinamento del suolo**.

E2.2 Inquinamento dell'aria

L'**inquinamento atmosferico** è dovuto alla presenza nell'aria di elementi che causano conseguenze misurabili sull'essere umano, sugli animali o sulla vegetazione. Queste sostanze, di solito, non sono presenti nella normale composizione dell'atmosfera o sono presenti in quantità inferiori e non pericolose |**fig. E2.4**|.

E2.4 Fumi inquinanti industriali.

La concentrazione degli inquinanti nell'aria è determinata da diversi fattori, quali:

- il numero delle sorgenti inquinanti;
- la quantità dei contaminanti presenti nelle emissioni;
- la distanza dai punti di emissione;
- la velocità di ricaduta al suolo;
- la situazione morfologica delle aree interessate all'inquinamento;
- le condizioni meteorologiche, locali e su grande scala.

Fra i principali inquinanti si ricordano:

- gli ossidi di zolfo;
- gli ossidi di azoto;
- il monossido e il biossido di carbonio;
- il particolato;
- il radon e l'ozono.

Ossidi di zolfo

Gli **ossidi di zolfo** presenti in atmosfera sono l'anidride solforosa SO_2, contenuta in grande quantità, e l'anidride solforica SO_3; questi composti possono anche essere indicati con il termine generico $\mathbf{SO_x}$.
Sono gli inquinanti più diffusi, più aggressivi e pericolosi, emessi in grande quantità dalle sorgenti dovute alle esigenze umane.

Le emissioni di biossido di zolfo possono essere naturali e in gran parte dovute all'attività vulcanica; consistono in circa 20 milioni di tonnellate l'anno. Le emissioni dovute alle attività umane sono circa 160 milioni di tonnellate/anno e almeno il 90% sono prodotte nell'emisfero nord del pianeta.

Gli SO_x derivano principalmente dalla combustione di carboni fossili e dei derivati del petrolio, da lavorazioni come la produzione di acido solforico e l'incenerimento dei rifiuti.
In Italia la produzione di questi ossidi è dovuta per il 5% agli impianti di riscaldamento, per il 40% a lavorazioni industriali e per oltre il 50% alla produzione di energia elettrica.

La concentrazione naturale degli ossidi di zolfo, in genere, non supera gli 0,5 mg/m^3; nelle nostre aree urbane si possono raggiungere concentrazioni di 50 mg/m^3, mentre in alcune grandi città delle nazioni in via di sviluppo sono spesso rilevate concentrazioni di 250 ÷ 300 mg/m^3.

Gli ossidi di zolfo provocano irritazione alle mucose e all'apparato respiratorio; se in concentrazioni elevate, possono provocare anche un aumento del battito cardiaco e del ritmo respiratorio.
Questi ossidi, e in minor misura quelli di azoto, sono i principali responsabili delle **piogge acide** che provocano l'acidificazione delle acque di superficie e danneggiano la vegetazione. Oltretutto, le piogge acide causano il degrado dei materiali da costruzione, delle statue e delle sculture che rappresentano il nostro grande patrimonio culturale.

Ossidi di azoto

Questi ossidi sono comunemente indicati con la sigla $\mathbf{NO_x}$, sono costituiti dal monossido di azoto NO e dal biossido NO_2. Il biossido è molto corrosivo e irritante; alla sua presenza è dovuto il colore giallognolo delle foschie che ricoprono le città fortemente trafficate |fig. E2.5|. La concentrazione naturale del monossido di azoto è di 0,2 ÷ 10 µg/m^3; nell'aria inquinata delle grandi città, esso può raggiungere la concentrazione di 80 ÷ 900 µg/m^3.

E2.5 Cappa di smog sulle città industriali.

Gli NO_x sono prodotti naturalmente dalla decomposizione di materiali organici, dall'azione dei fulmini, dagli incendi e dalle emissioni vulcaniche. La principale fonte di ossido di azoto è data dalle combustioni che avvengono nei motori degli autoveicoli. I motori Diesel emettono più ossidi di azoto e particolati rispetto ai motori a benzina, i quali però disperdono più ossido di carbonio e idrocarburi incombusti.
In Italia sono emesse in atmosfera circa 2 milioni di tonnellate all'anno di ossidi di azoto, di cui circa la metà è dovuta al traffico degli autoveicoli.
Il biossido di azoto è un gas irritante per le mucose ed è responsabile dell'insorgere di alterazioni delle funzioni polmonari quali bronchiti croniche, asma ed enfisema polmonare.

Monossido e biossido di carbonio

Il **monossido di carbonio** CO è un gas molto pericoloso poiché infiammabile e tossico. La sua pericolosità per l'uomo è dovuta alla formazione, con l'emoglobina del sangue, della **carbossiemoglobina**, che impedisce l'ossigenazione dei tessuti. A basse concentrazioni, provoca emicranie, debolezza diffusa, giramenti di testa, ma a concentrazioni elevate può avere esiti letali.
L'anidride carbonica CO_2 contribuisce alla formazione dei gas che procurano l'effetto serra, concausa del rapido riscaldamento del nostro pianeta.

Particolato

Il **particolato** è rappresentato da particelle solide che, a causa delle loro piccole dimensioni, rimangono facilmente in sospensione nell'aria. In funzione della loro grandezza, si può distinguere fra: **fumi** ed **esalazioni**, quando le particelle hanno un diametro di 0,5 ÷ 2 mm; **polveri**, se le particelle hanno un diametro superiore a 2 mm.

Il particolato è spesso individuato dalla sigla $\mathbf{PM_x}$; per esempio "PM_{10}" indica l'insieme delle polveri che hanno diametro inferiore a 10 mm.

Particolarmente pericolose per le persone anziane e per i bambini sono le **polveri più fini** ($PM_{2,5}$), poiché sono **respirabili** e possono entrare nei polmoni.

La loro presenza nell'atmosfera, per cause non naturali, è dovuta:

- all'utilizzo dei combustibili fossili per il riscaldamento domestico, per le centrali termoelettriche ecc. |fig. E2.6|;
- agli scarichi degli autoveicoli, all'usura dei pneumatici, dei freni e del manto stradale;
- a processi industriali (fonderie, miniere, cementifici ecc.);
- alle attività agricole.

E2.6 Scarichi in atmosfera di una centrale termoelettrica di un Paese emergente.

I particolati favoriscono la formazione di nebbie, costituendo i nuclei attorno ai quali si condensano le gocce d'acqua, di conseguenza, favoriscono il verificarsi dei fenomeni delle nebbie e delle piogge acide.
Il particolato può danneggiare i circuiti elettrici ed elettronici, insudiciare gli edifici e le opere d'arte, inoltre, depositandosi sulle foglie, funge da schermo per la luce, disturbando il processo di fotosintesi.

Radon e ozono

Il **radon** (Rn) è un gas naturale, nobile e radioattivo, che si sprigiona dal suolo e si diffonde nell'aria delle abitazioni, dove rimane imprigionato. È molto pericoloso e si stima che rappresenti la seconda causa di morte per tumore ai polmoni dopo il fumo di sigaretta.
Queste considerazioni non devono comunque creare allarmismi ingiustificati. Se si ritiene di vivere in un ambiente a rischio, è sufficiente aerare bene gli ambienti in cui si vive ed, eventualmente, sigillare il terreno su cui sorge la casa.
L'**ozono** è un gas tossico di colore bluastro, costituito da molecole instabili formate da tre atomi di ossigeno (O_3); queste molecole si scindono facilmente, liberando ossigeno molecolare e un atomo di ossigeno molto reattivo:

$$O_3 \rightarrow O_2 + O$$

Per queste sue caratteristiche, l'ozono è un energico ossidante in grado di rovinare materiali organici e inorganici. L'ozono, presente nella stratosfera (cioè la fascia dell'atmosfera che va da 10 km a 50 km di altezza), risulta molto utile poiché costituisce una fascia protettiva nei confronti delle radiazioni ultraviolette generate dal sole.
A causa degli inquinanti rilasciati in atmosfera, sul mare antartico la fascia di ozono si è molto ridotta, provocando il fenomeno del **buco dell'ozono**. Anche una zona al Polo Nord riporta gli stessi problemi, preludendo alla formazione di un altro buco dalla parte opposta.

Nella bassa atmosfera, le attività umane che producono ozono sono il traffico automobilistico, i processi di combustione, l'evaporazione dei carburanti, i solventi ecc. Nei confronti dell'uomo, esso provoca irritazione agli occhi e alla gola, irritazioni all'apparato respiratorio, tosse e respirazione difficoltosa.
Nelle piante provoca una riduzione nella crescita, clorosi e necrosi delle foglie.

E2.3 Inquinamento dell'acqua

Sulla Terra sono presenti circa un miliardo e mezzo di m^3 di acqua, il 97% dei quali è costituito da acqua salata dei mari. Il restante 3% è formato da acqua dolce, ma circa il 2% è congelato nelle calotte polari e, quindi, difficilmente utilizzabile |fig. E2.7|.
Inquinare l'acqua significa modificarne le caratteristiche chimiche, biologiche o fisiche, in modo tale da renderla inadatta all'utilizzo cui è destinata.

E2.7 Iceberg di acqua dolce al Polo Nord.

Le principali fonti d'inquinamento delle acque sono:

- le lavorazioni industriali;
- le lavorazioni agricole;
- gli scarichi civili.

Inquinamento industriale delle acque

Gli scarichi industriali, se non controllati e depurati, possono immettere nei corsi d'acqua quantità rilevanti d'inquinanti, fra questi si ricordano |fig. E2.8|:

- i metalli, quali cromo, arsenico, cadmio, piombo e mercurio;
- gli oli esausti;
- le acque di lavaggio.

E2.8 Moria di pesci dovuta all'inquinamento.

Cromo

Il **cromo** è un metallo argento-grigio, brillante, fragile e duro, utilizzato nell'industria per via delle sue molteplici proprietà, infatti serve principalmente per:

- l'operazione di cromatura, cioè il ricoprimento della superficie di un metallo ossidabile con uno strato protettivo di cromo |fig. E2.9|;
- la produzione di acciai inossidabili che contengono al minimo un 12% di cromo;
- la colorazione verde dei vetri;
- la produzione delle vernici;
- la produzione dei nastri magnetici.

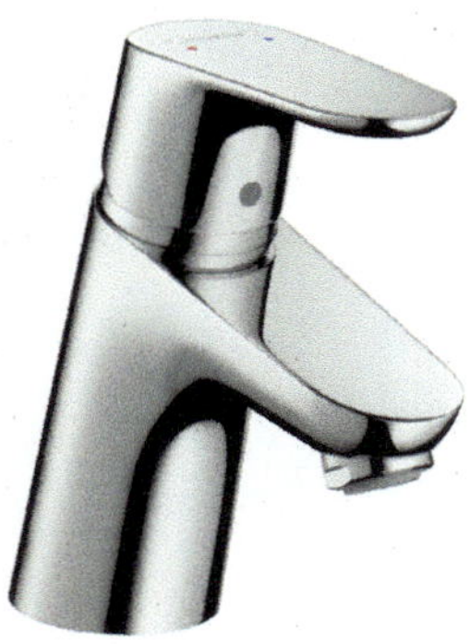

E2.9 Rubinetto cromato.

Se non viene utilizzato e smaltito con tutte le precauzioni del caso, il cromo è un metallo che può provocare tumori nelle prime vie aeree, allo stomaco e ai polmoni, ed è attivo anche a concentrazioni molto basse.
Il **cromo esavalente** si scioglie nell'acqua e rappresenta un grave problema per le falde.
La massima concentrazione ammessa per il consumo umano è di 5 mg/l, ma nelle zone industriali si arriva spesso a concentrazioni assai superiori.

Arsenico

L'**arsenico** è un elemento molto tossico; gli esseri umani possono esserne esposti attraverso cibo, acqua e aria. I principali utilizzi sono:

- la produzione di pigmenti per l'industria vetraria, per i fuochi pirotecnici e per la concia delle pelli;
- la produzione di medicali;
- la produzione dei semiconduttori (arseniuro di gallio).

Un'elevata quantità di arsenico, circa 80 000 tonnellate all'anno, sono prodotte a livello planetario dall'utilizzo di combustibili fossili. Si possono trovare livelli elevati di arsenico in pesci e frutti di mare che l'assorbono dall'acqua; il consumo di alimenti contenenti arsenico inorganico rappresenta un pericolo per la salute umana. L'esposizione molto alta ad arsenico inorganico può causare sterilità, disturbi alla pelle, bassa resistenza alle infezioni, disturbi al cuore, danni al cervello e alla struttura del DNA.

Cadmio

Il **cadmio** è un metallo duttile, molto malleabile e si presenta di colore bianco-argento; è ottenuto come sottoprodotto nella produzione di zinco, piombo e rame.
I principali utilizzi sono:

- la produzione di batterie (con il nichel);
- il rivestimento di protezione di oggetti d'acciaio;
- la produzione della plastica.

Nel 2011, l'Unione Europea emanò un regolamento che ridusse l'utilizzo di tale metallo nelle plastiche e lo eliminò dalla fabbricazione dei gioielli per evitare forme allergiche. L'assorbimento del cadmio avviene attraverso il cibo; un'esposizione prolungata può provocare:

- mal di stomaco e vomito;
- danni ai polmoni;
- infertilità;
- danni al sistema immunitario.

Piombo

Il **piombo** è un metallo molto pesante e tenero, ma poco duttile e malleabile a causa del suo grano cristallino che risulta essere molto grossolano.

Le principali applicazioni industriali del cadmio sono:

- i pigmenti per vernici;
- le leghe antifrizione;
- le leghe per brasatura;
- gli elementi per accumulatori |fig. E2.10|;
- gli schermi di protezione.

(a)

(b)

E2.10 Accumulatori: a) batterie esauste;
b) contenitore per la raccolta differenziata.

L'organismo umano assorbe piombo dall'aria e attraverso cibi e bevande. La gran parte è espulsa, il resto si accumula nello scheletro. L'intossicazione da piombo, nota come **saturnismo**, si manifesta soprattutto nei bambini, causando danni neurologici che portano a una riduzione dell'intelligenza, alla perdita della memoria a breve termine, a problemi nell'apprendimento e nella coordinazione.

Mercurio

Il **mercurio** è un metallo di colore bianco-argenteo, liquido a temperatura ambiente (temperatura di fusione −38,9 °C) e notevolmente volatile.
In passato l'industria utilizzava il mercurio nelle costruzioni elettriche d'interruttori e di raddrizzatori, nelle batterie, per la fabbricazione di lampade d'illuminazione e di termometri a bulbo.
Oggi, per queste applicazioni, il mercurio viene sostituito da materiali e tecnologie meno pericolose; un dato rilevante è che solo nei computer dismessi entro il 2004 si ebbero circa 200 tonnellate di questo metallo. Per la sua facilità di amalgamarsi con l'oro, in molti Paesi emergenti il mercurio è purtroppo ancora utilizzato per il recupero di questo metallo prezioso dai suoi minerali.

La fonte più grande di mercurio in acqua è costituita dalle centrali elettriche alimentate a carbone. Si può valutare che siano circa 7000 le tonnellate di mercurio liberate ogni anno nell'ambiente come sottoprodotto delle attività umane.
Il mercurio organico e suoi sali sono velocemente assimilati dagli organismi acquatici, si accumulano soprattutto nei pesci predatori, consumati poi dall'uomo.
Gli effetti del mercurio sugli esseri umani sono:

- danni al sistema nervoso;
- danneggiamento delle funzioni cerebrali;
- danni al DNA e danni cromosomici;
- reazioni allergiche;
- difetti neonatali e aborti.

Oli esausti

L'olio usato, se smaltito in modo improprio, diventa un pericoloso rifiuto inquinante.
Gli **oli esausti** sono riconducibili a:

- lubrificanti minerali o sintetici per motori a combustione interna;
- lubrificanti industriali;
- oli emulsionabili da taglio;
- oli per circuiti idraulici;
- oli vegetali per la cucina.

L'olio ha la capacità di espandersi sulla superficie dell'acqua; un cambio d'olio per auto può ricoprire più di un ettaro di superficie. Questa sottilissima patina impedisce gli scambi d'ossigeno con l'atmosfera a danno della flora e della fauna sottostanti. Particolarmente grave appare la situazione per gli oli da cucina. Lo scarto può essere valutato in 600 000 ÷ 700 000 t/anno e, di questo, solamente un 10% è recuperato. L'abitudine di versare l'olio da cucina nello scarico del lavandino, oltre ai danni prima descritti, crea gravissimi problemi di depurazione delle acque con spese energetiche elevatissime; infatti, per depurare 1 kg di olio vegetale occorrono almeno 3 kWh di energia. Gli scarti degli oli devono essere avviati presso i centri di raccolta del consorzio obbligatorio oli usati |fig. E2.11|.

E2.11 Punto di raccolta degli oli esausti.

Lavorazioni agricole

L'inquinamento delle acque causato dalle attività agricole è in gran parte dovuto a:

- nitrati;
- fosforo;
- fitofarmaci.

Nitrati

L'**inquinamento da nitrati** delle acque è dovuto a coltivazioni intensive che comportano un elevato utilizzo di concimi chimici e agli allevamenti di bestiame.
L'inquinamento delle acque provocato dai nitrati, problema comune a tutti i Paesi europei, è così grave da essere preso in considerazione da diverse norme di legge, fra le quali si ricordano il DLgs n. 109 del 12.5.2006 e la Direttiva Europea 91/766 detta anche **Direttiva nitrati**.

Queste norme disciplinano l'utilizzo delle deiezioni degli allevamenti industriali, indicando le quantità che possono essere impiegate per concimare e le località in cui l'utilizzo è consentito.
Un uso scorretto dei **concimi azotati** (principalmente per la forma nitrica che, essendo solubile, viene dispersa nelle falde acquifere) può provocare gravi inquinamenti. La forma ammoniacale, essendo trattenuta dal potere assorbente del terreno, viene rilasciata gradatamente e quindi può essere utilizzata al meglio dalle piante.

La presenza eccessiva di nitrati nell'acqua può recare, in genere, grave danno agli ecosistemi; infatti, l'azoto assieme al fosforo, è uno dei principali responsabili dell'**eutrofizzazione** dei corpi idrici. La presenza di elementi nutritivi inorganici causa eccessiva fioritura di alghe e vegetazione nei corsi d'acqua |fig. E2.12|; in condizioni di luce scarsa o di temperature elevate, questi vegetali possono morire, decomporsi e produrre acqua qualitativamente sgradevole, per esempio avente cattivo odore.

E2.12 Fenomeno dell'eutrofizzazione.

Fosforo

Il **fosforo** è uno degli elementi che influisce maggiormente nell'inquinamento idrico, specialmente quello marino. È poco solubile nell'acqua e, giungendovi molto facilmente con gli scarichi di fertilizzanti e pesticidi, è in grado di provocare malattie ai pesci e a chi li consuma.

Di seguito sono riportate le principali cause della presenza del fosforo nell'acqua.

- **Concimazioni fosfatiche**: i concimi a base di fosforo possono essere **organici**, a base di ossa o loro derivati, oppure **inorganici** (perfosfati); il fosforo è un elemento che si sposta nelle falde per dilavamento meno facilmente dell'azoto.
- **Scarichi zootecnici**: il fosforo deriva dalla decomposizione delle sostanze organiche scaricate dagli allevamenti intensivi, particolarmente inquinanti sono quelli di pollame e di suino.

Il fosforo è velenoso, con una dose letale per un uomo di appena 50 milligrammi nella sua forma pura, e può causare ustioni al solo contatto.
L'avvelenamento provoca necrosi del tessuto osseo, osteoporosi, danni renali e al sistema nervoso.

Fitofarmaci

I **fitofarmaci** sono quei prodotti, di sintesi o naturali, utilizzati in agricoltura per contrastare le malattie infettive, i parassiti o gli infestanti che possono colpire le coltivazioni.
I fitofarmaci possono essere suddivisi in:

- **anticrittogamici**, ovvero agenti chimici, in genere di sintesi, impiegati per prevenire e combattere le malattie delle piante causate da funghi e da batteri;
- **insetticidi** e **acaricidi**, cioè prodotti specifici che possono agire per contatto, ingestione o per asfissia, provocando la morte degli insetti;
- **diserbanti**, utilizzati per tenere sotto controllo le erbe infestanti; possono essere *selettivi*, cioè agire solo su alcune erbe e non sulle culture, oppure *totali* e agire su tutte le piante.

I casi più comuni d'inquinamento delle acque da fitofarmaci sono proprio legati all'impiego dei diserbanti, in particolare quelli destinati all'uso in acqua nella coltivazione del riso, oppure quelli molto solubili che per dilavamento finiscono nei corsi d'acqua o nelle falde.
I fitofarmaci possono essere molto resistenti alla degradazione, soprattutto i composti clorurati; si ricorda il DDT, che pur essendo stato messo al bando da parecchi anni, lo si trova ancora in commercio e nelle catene alimentari.

I prodotti fitosanitari sono classificati, in funzione della loro pericolosità, nel seguente modo:

- **molto tossici**, contraddistinti dalla lettera "T+";
- **tossici**, contraddistinti dalla lettera "**T**";
- **nocivi**, contraddistinti dalla lettera "**Xn**";
- **irritanti**, contraddistinti dalla lettera "**Xi**".

I formulati della classe T+, T e Xn sono particolarmente pericolosi e possono essere venduti solo a personale specializzato e dotato di apposito patentino che ne autorizza l'uso.
Molto importante è il rispetto del **periodo di carenza**, cioè il tempo minimo che deve trascorrere dal trattamento a quando il prodotto può essere consumato o commercializzato |fig. E2.13|.

E2.13 Trattamento con fitofarmaci in un campo.

I prodotti fitosanitari possono avere conseguenze gravi sulla salute umana. Il contatto può dare origine a intossicazioni acute e croniche; gli effetti più gravi possono essere mutageni e cancerogeni. Sono spesso assimilati da residui contenuti negli alimenti di origine vegetale e animale oppure nell'acqua.

Scarichi civili

L'inquinamento urbano proviene soprattutto dalle fognature. Il consumo medio giornaliero di una persona supera i 200 litri di acqua potabile; quest'acqua, oltre a residui organici e rifiuti di natura varia, contiene detersivi che finiscono negli scarichi e poi talvolta, senza alcun trattamento di depurazione, nei fiumi e infine in mare.
In passato, il fosforo è stato largamente utilizzato nella fabbricazione dei detersivi, come coadiuvante dei tensioattivi; con la Legge n. 7 del 24.2.1986, il contenuto massimo di fosforo nei detersivi è stato limitato all'1%.

Inquinamento biologico

L'**inquinamento biologico** si verifica con l'introduzione, voluta o casuale, di specie animali o vegetali non appartenenti all'ecosistema.

L'immissione di nuove specie in un ambiente diverso dall'originario può provocare danni gravi, a partire dalla scomparsa degli organismi autoctoni che prima occupavano la stessa nicchia ecologica.

E2.4 Inquinamento del suolo

L'**inquinamento del suolo** consiste nell'accumulo di sostanze pericolose tale da provocare alterazioni delle proprietà chimico – fisiche e biologiche del terreno |fig. E2.14|.

E2.14 Discarica abusiva sul bordo strada, grave esempio di inciviltà.

Le cause dell'inquinamento del suolo sono in parte quelle viste nel caso dell'inquinamento dell'aria e delle acque; esse sono dovute allo smaltimento di rifiuti, di liquami e scarti derivanti da attività industriali. Fonti d'inquinamento diretto sono le lavorazioni agricole in cui si fa un largo impiego di sostanze chimiche quali fertilizzanti, antiparassitari e diserbanti. Anche gli allevamenti intensivi di bestiame, che producono grandi quantità di liquami organici, sono fonti di contaminazione dei suoli.
L'inquinamento del suolo può essere di tipo:

- locale o circoscritto;
- diffuso.

La **contaminazione circoscritta** è dovuta alla presenza di una fonte inquinante ben definita e limitata come estensione. Si verifica, per esempio, sui siti di insediamenti industriali dai quali si hanno sversamenti sui terreni circostanti di sostanze pericolose, nelle **discariche** non realizzate con sufficienti criteri di sicurezza. L'interramento di rifiuti pericolosi da parte della malavita organizzata è, sul nostro territorio, una triste realtà che mette a repentaglio la salute delle persone in diverse regioni.

La **contaminazione diffusa** dei suoli deriva, invece, da più fonti di inquinamento presenti nel territorio, non facilmente individuabili; spesso sono imputabili a tecniche di raccolta dei rifiuti e a trattamenti delle acque non appropriati. Le pratiche agricole intensive, descritte in precedenza, sono un esempio d'inquinamento diffuso.

E2.5 Controllo dell'inquinamento

Il controllo e il contrasto dell'inquinamento rientrano fra i compiti di diversi enti e consorzi, alcuni dei quali vengono di seguito menzionati.

Ministero dell'Ambiente e della Tutela del Territorio

Il Ministero dell'Ambiente ha come compito istituzionale la programmazione e il finanziamento, a livello nazionale, di azioni ambientali definendone le strategie, gli strumenti d'azione e le risorse necessarie. Il Ministero, nella sua azione di promozione e di controllo, si avvale degli Organismi di supporto di seguito descritti.

Comando Carabinieri per la Tutela dell'Ambiente

Il Comando Carabinieri per la Tutela dell'Ambiente, composto da personale specializzato in legislazione e cultura dell'ambiente, assolve funzioni di polizia giudiziaria in materia ambientale. I settori d'intervento sono la tutela del paesaggio e il contrasto all'inquinamento del suolo, idrico, atmosferico e acustico.

Reparto Ambientale Marino del Corpo delle Capitanerie di Porto

Il Reparto Ambientale Marino svolge attività di raccordo tra il Ministero dell'Ambiente e della Tutela del Territorio e del Mare e il Comando generale del Corpo delle Capitanerie di Porto in tutte le questioni coinvolgenti compiti in materia di tutela dell'ambiente marino e delle coste.

Corpo Forestale dello Stato

Il Corpo Forestale dello Stato è una forza di polizia a ordinamento civile, specializzata nella tutela del patrimonio naturale e paesaggistico.
Il *1515* è il numero gratuito di pronto intervento per qualsiasi tipo di emergenza ambientale, attivo 24 ore su 24, grazie al quale gli uomini del Corpo Forestale dello Stato rispondono alle diverse richieste di tutela del patrimonio naturale e paesaggistico, tutela del patrimonio agroambientale, difesa contro gli incendi boschivi, protezione civile e di pubblico soccorso segnalate direttamente dai cittadini.

Fra gli enti vigilati dal Ministero si ricorda l'**ISPRA** (*Istituto Superiore per la Protezione e la Ricerca Ambientale*), un ente di ricerca italiano nato nel 2008 dall'accorpamento dei seguenti tre enti controllati dal Ministero dell'Ambiente e della Tutela del Territorio e del Mare:

- Agenzia per la Protezione dell'Ambiente e per i Servizi Tecnici;
- Istituto Centrale per la Ricerca Scientifica e Tecnologica Applicata al Mare;
- Istituto Nazionale per la Fauna Selvatica.

Agenzie Regionali per la Protezione Ambientale

Con l'entrata in vigore della Legge n. 61 del 1994, le regioni hanno trasformato i Presidi Multizonali di Prevenzione in agenzie regionali ARPA, organizzate a loro volta in dipartimenti provinciali.
Le principali funzioni demandate alle agenzie regionali sono:

- il controllo dell'inquinamento acustico, elettromagnetico, dell'aria, delle acque e dei suoli;
- la vigilanza sul rispetto delle normative vigenti;
- il monitoraggio dell'ambiente;
- il supporto agli enti con funzioni di programmazione ambientale.

Consorzio Nazionale Acciaio: *www.consorzio-acciaio.org*

È il consorzio nazionale che si occupa del recupero e del riciclo degli imballaggi usati in acciaio.
Con la raccolta differenziata, gli operatori del Consorzio raccolgono questo prezioso rifiuto e lo preparano per essere riportato in acciaieria, dove viene fuso nei forni per produrre nuovo acciaio.

Consorzio Obbligatorio degli Oli Usati: *www.coou.it*

Il Consorzio Obbligatorio degli Oli Usati garantisce in tutta Italia la raccolta e il riutilizzo dell'olio esausto e promuove iniziative d'informazione verso i cittadini affinché adottino comportamenti ambientali più consapevoli **|fig. E2.15|**.

E2.15 Mezzo di trasporto degli oli esausti.

Il lubrificante raccolto è rigenerato in appositi impianti per produrre nuovo olio base con le stesse caratteristiche di quello originario; con gli scarti si producono gasolio e bitume. L'olio non rigenerabile è utilizzato in impianti autorizzati (principalmente cementifici) come combustibile.

Consorzio Imballaggi Alluminio (CIAL): *www.cial.it*

Il consorzio svolge l'attività di recupero degli imballaggi attraverso una rete di operatori convenzionati, che si occupano della raccolta in migliaia di comuni italiani. Collaborano con il CIAL anche enti no profit come Avis e Aido, organizzando eventi promozionali nei quali sono esposte al pubblico sculture artistiche realizzate con le lattine di alluminio. Con il progetto "Raccolta Solidale®", CiAl ha deciso di consolidare e ampliare questa partnership, coinvolgendo il maggior numero possibile di organizzazioni in modo continuativo.

Consorzio Obbligatorio Batterie al piombo esauste e rifiuti piombosi (COBAT): *www.cobat.it*

IL COBAT, nato come consorzio per la gestione delle batterie al piombo esauste, è oggi un sistema di raccolta e riciclo di un'ampia gamma di rifiuti, fra i quali si ricordano:

- pile ed accumulatori;
- RAEE (*Rifiuti di Apparecchiature Elettriche ed Elettroniche*);
- pneumatici fuori uso;
- moduli fotovoltaici a fine vita |**fig. E2.16**|.

E2.16 Moduli fotovoltaici da smaltire.

Consorzio Nazionale Eco-Trattamento Rifiuto Tecnologico (CERTO): *www.ecorec.it*

Questo consorzio raggruppa operatori che svolgono le attività di filiera nella raccolta e riciclo dei rifiuti tecnologici. Si occupa della **logistica**, cioè del ritiro e dello stoccaggio dei materiali, e del **trattamento** dei rifiuti tecnologici, cioè dello smontaggio, della separazione e delle lavorazioni per il recupero su tutto il territorio nazionale.

Raccolta differenziata dei rifiuti

Gli enti prima descritti si basano tutti sul fatto che il rifiuto è selezionato all'origine da chi lo produce.
Anche a livello familiare si può contribuire egregiamente a ridurre la quantità di rifiuti domestici destinati alle discariche. La **differenziazione** degli scarti deve riguardare soprattutto |**fig. E2.17**|:

- la carta;
- la plastica;
- i metalli;
- il vetro;
- la frazione umida.

E2.17 Contenitori per la raccolta differenziata.

ESERCITAZIONE GUIDATA E2.1

Raccolta differenziata dei rifiuti

S'immagini di avere un'officina meccanica per riparazione di autovetture all'indirizzo dove abita l'allievo. Compilare il questionario e rispondere ai vari quesiti.

Allievo ....

Città .... Provincia ....

Indirizzo .... Cap ....

Nella città è attiva la raccolta differenziata?

☐ Sì ☐ No

Qual è la ditta che si occupa della raccolta rifiuti?

Nome e ragione sociale: ....

Indirizzo .... Città .... Numero di telefono: ....

A) Indicare la metodologia per lo smaltimento degli oli esausti.

....

....

....

Indirizzo del centro di raccolta più vicino:

....

Numero di telefono: ....

B) Specificare quali altri rifiuti sono prodotti dall'officina e come devono essere smaltiti. Compilare la tabella che segue.

Tipo di rifiuto	Ente addetto allo smaltimento	Indirizzo e numero di telefono

Consigli operativi

Per affrontare correttamente l'esercitazione occorre disporre di un computer collegato a Internet.
I dati riportati devono essere quelli reali e riferiti all'anno appena trascorso.

ESERCITAZIONE GUIDATA E2.2

Qualità dell'acqua

L'acqua è potabile quando può essere bevuta o impiegata nella preparazione degli alimenti senza pregiudizio alcuno per la salute. I contaminanti (di natura chimica o microbiologica) che l'acqua può raccogliere durante il suo ciclo sono pericolosi se presenti in quantità superiore ai limiti consentiti.
Dopo aver fornito i dati richiesti, rispondere al quesito.

Allievo ....

Città di residenza .... Provincia ....

Indirizzo .... Cap ....

Qual è la ditta o l'ente che si occupa della distribuzione dell'acqua potabile?

Nome e ragione sociale: ....

Indirizzo .... Città .... Numero di telefono: ....

A) Ricercare i dati dell'ultima analisi effettuata sull'acqua potabile che è fruibile nella residenza sopra indicata e confrontare i valori con i limiti stabiliti per legge. Compilare la tabella che segue.

Tipo di inquinamento	Parametro	Valore limite (DLgs n. 31)	Valori rilevati
Microbiologico	Escherichia coli (E. coli)	0 [numero/100 ml]	
	Enterococchi	0 [numero/100 ml]	
Chimico	Cloruri	250 [mg/l]	
	Solfati	250 [mg/l]	
	Nitrati	50 [mg/l]	
	Nitriti	0,50 [mg/l]	
	Sodio	200 [mg/l]	
	Rame	10 [mg/l]	
	Totale antiparassitari	0,50 [μg/l]	
	Arsenico	10 [μg/l]	
	Benzene	1,0 [μg/l]	
	Cadmio	5,0 [μg/l]	
	Cromo	50 [μg/l]	
	Rame	10 [μg/l]	
	Cianuro	50 [μg/l]	
	Piombo	10 [μg/l]	
	Mercurio	1,0 [μg/l]	
	Nichel	20 [μg/l]	
	Idrocarburi aromatici	0,10 [μg/l]	

Consigli operativi

Per affrontare correttamente l'esercitazione occorre disporre di un computer collegato a Internet.
I dati riportati devono essere quelli reali e riferiti all'ultima analisi disponibile.

ESERCITAZIONE GUIDATA E2.3

Smaltimento degli oli da cucina esausti.

Si immagini di dover organizzare lo smaltimento corretto degli oli da cucina esausti per un condominio di 40 famiglie. Per semplicità si consideri che l'indirizzo della costruzione sia lo stesso dove è residente l'allievo.

1) Stilare un regolamento in 5 ÷ 7 punti per organizzare la raccolta.
2) Individuare una ditta che si occupi dello smaltimento.
3) Procurare il materiale necessario e valutarne i costi.
4) Redigere una relazione tecnica in cui siano evidenziati:
   - l'indirizzo del caseggiato;
   - la città e la provincia;
   - il nome, l'indirizzo e il numero di telefono della ditta contattata;
   - il regolamento della raccolta da fornire ai condomini;
   - una tabella in cui siano riportati i materiali, con i relativi costi, necessari al progetto;
   - la spesa totale del servizio.

Consigli operativi
Per affrontare correttamente l'esercitazione occorre disporre di un computer collegato a Internet.
La ditta deve essere esistente e suoi dati reali.

Esempio di raccolta di olio da cucina esausto.

1 Dare la definizione di inquinamento. (max 30 parole)

....

....

....

....

2 Indicare almeno quattro attività industriali che possono influenzare l'impatto ambientale di un'azienda.

1) ....
2) ....
3) ....
4) ....
5) ....

3 Un formulato chimico di classe T+ può essere venduto e utilizzato liberamente poiché non pericoloso.

☐ Vero ☐ Falso

4 Indicare il significato della sigla "DL50". (max 40 parole)

....

....

....

....

....

5 Quali sono i due elementi chimici maggiormente responsabili delle piogge acide?

1) ....
2) ....

6 I motori Diesel emettono meno ossidi di azoto e particolati rispetto ai motori a benzina.

☐ Vero ☐ Falso

7 Il valore PM10 indica l'insieme delle .... che hanno .... inferiore a 10 µm.

8 Per depurare 1 kg di olio alimentare gettato nel lavandino occorrono almeno:

a) 0,3 kWha
b) 3,0 kWh
c) 30 kWh
d) 300 kWh

9 Quali sono le due fonti principali di inquinamento da nitrati?

1) ....
2) ....

10 Dovendo smaltire accumulatori usati, a quale consorzio ci si deve rivolgere?

....

....

....

....

....

....

11 Indicare quali sono le cinque frazioni principali in cui si suddivide la raccolta differenziata dei rifiuti.

1) ....
2) ....
3) ....
4) ....
5) ....

12 Dovendo segnalare un incendio boschivo, a chi ci si deve rivolgere e quale numero telefonico si deve comporre?

Ente: ....
Numero di telefono: ....

Si deve attrezzare una valigetta porta-attrezzi da dare in dotazione a manutentori d'impianti elettrici domestici.
L'attrezzatura contenuta nella valigetta deve permettere l'esecuzione, in totale sicurezza, degli interventi più comuni che un impianto elettrico di un appartamento, o di un piccolo ufficio, possa richiedere. La massa totale dell'attrezzatura non deve superare i 15 kg.
Definire le caratteristiche dei vari utensili e attrezzi scelti, riportando i risultati nella seguente tabella.

N.	Utensile/attrezzo	Descrizione e caratteristiche	Massa [kg]
1	Pinza universale	Manici isolanti. Beta 1150/200MQ	0,322
2	Cesoia tagliacavi	Impugnature bimateriale isolanti. Beta 1132/230BM	0,394
3	Set cacciaviti		
4	Avvitatore		

Dispositivi di protezione individuale previsti

N.	DPI	Descrizione e caratteristiche	Note
1	Scarpe	Scarpe per elettricisti B.T. EN 347 senza parti metalliche	Abbigliamento
2	Tappeto isolante		Dotazione
3			

modulo F

MONTAGGIO DI APPARECCHIATURE ELETTRICHE E DI SISTEMI DI PROTEZIONE

F1 Sistemi di protezione

F2 Dispositivi elettrici ed elettronici

PREREQUISITI

Conoscenze

- Il disegno di schemi elettrici elementari
- Gli attrezzi elettrici elementari
- Gli strumenti elettrici elementari di misura
- Le norme di sicurezza fondamentali su attrezzi e impianti elettrici

Abilità

- Leggere uno schema elettrico elementare
- Utilizzare gli attrezzi elettrici elementari e gli strumenti di misura
- Applicare le norme di sicurezza fondamentali per gli impianti elettrici

OBIETTIVI

Conoscenze

- Le tecniche e le procedure di assemblaggio e installazione di impianti e di apparati o dispositivi elettrici ed elettronici
- Le tecniche e le procedure di installazione e montaggio di apparecchiature elettriche e sistemi di protezione
- Le norme sulla sicurezza e sulla tutela ambientale
- Le procedure negli interventi di manutenzione
- Le procedure generali di collaudo ed esercizio
- La struttura dei manuali di manutenzione

Abilità

- Osservare le norme di tutela della salute e dell'ambiente nelle operazioni di collaudo, esercizio e manutenzione
- Adottare i dispositivi di prevenzione e di protezione prescritti dalle norme per la sicurezza nell'ambiente di lavoro
- Assemblare e installare impianti, dispositivi e apparati elettrici ed elettronici

Competenze di riferimento

- utilizzare, attraverso la conoscenza e l'applicazione della normativa sulla sicurezza, strumenti e tecnologie specifiche
- utilizzare la documentazione tecnica prevista dalla normativa per garantire la corretta funzionalità di apparecchiature, impianti e sistemi tecnici
- individuare i componenti che costituiscono il sistema e i vari materiali impiegati, allo scopo di intervenire nel montaggio, nella sostituzione dei componenti e delle parti, nel rispetto delle modalità e delle procedure stabilite
- garantire e certificare la messa a punto degli impianti e delle macchine a regola d'arte, collaborando alla fase di collaudo e di installazione

modulo F

VERIFICA dei PREREQUISITI

1 ▶ **Indicare i valori di tensione *V* e corrente *I* disponibili ai morsetti degli avvolgimenti secondari dei circuiti A, B, C.**

a) Circuito A: *V* = ... *I* = ...
b) Circuito B: *V* = ... *I* = ...
c) Circuito C: *V* = ... *I* = ...

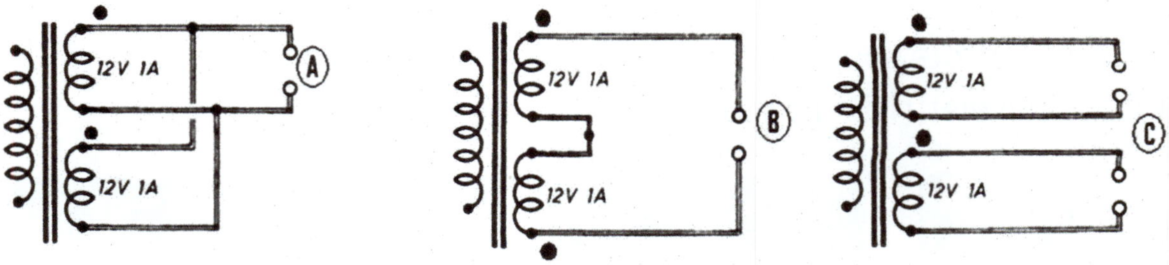

2 ▶ **Indicare quale tra i circuiti rappresentati nella figura seguente, potrebbe essere utilizzato per realizzare il funzionamento continuo o a impulsi di un motore.**

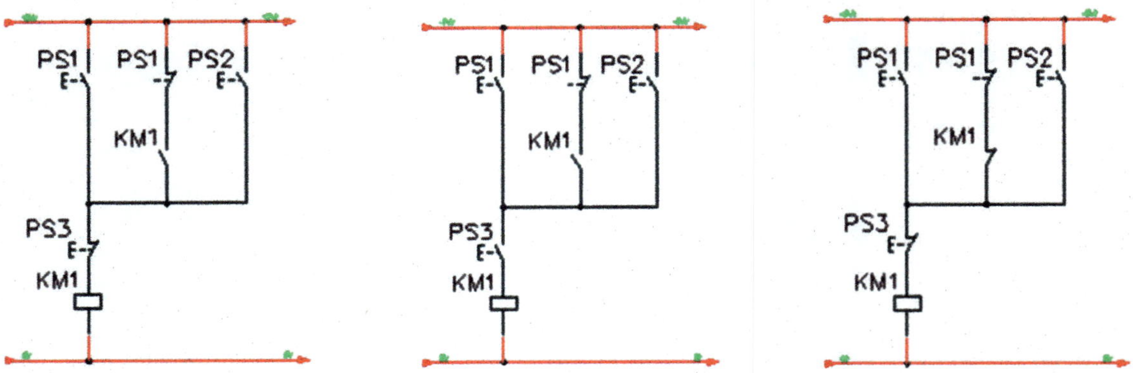

3 ▶ **Elencare 5 attrezzi elettrici ed elettronici e spiegarne l'uso.**

Attrezzo	Uso

4 ▶ **Spiegare l'uso di un multimetro (tester).**

....
....
....
....
....

5 ▶ **Quale tra i dispositivi potrebbero essere utilizzati per ottenere una protezione da sovraccarichi e cortocircuiti?**

a) Interruttori magnetotermici
b) Impianto di terra
c) Interruttori differenziali
d) Dispositivi a doppio isolamento

6 ▶ **Dovendo sostituire una presa incassata in una parete, quali norme antinfortunistiche si devono seguire?**

....
....

7 ▶ **Per togliere dalla presa di corrente la spina di un piccolo elettrodomestico, si deve tirare con energia il filo elettrico.**

☐ Vero ☐ Falso

8 ▶ **Se si hanno le mani bagnate non bisogna utilizzare apparecchi elettrici perché si rischia la folgorazione. Quale grandezza elettrica diminuisce provocando questo pericolo?**

....

UNITÀ F1 SISTEMI DI PROTEZIONE

OBIETTIVI

Conoscenze

- Le tecniche e le procedure di assemblaggio e installazione di apparati o dispositivi di protezione
- Le norme sulla sicurezza e sulla tutela ambientale
- Le procedure generali di collaudo e di esercizio

Abilità

- Adottare i dispositivi di prevenzione e protezione prescritti dalle norme per la sicurezza nell'ambiente di lavoro durante l'assemblaggio, l'installazione, il collaudo e la manutenzione di dispositivi di protezione elettrici ed elettronici
- Individuare le risorse strumentali necessarie all'erogazione del servizio
- Eseguire, secondo le procedure, gli interventi di assemblaggio, installazione, collaudo e manutenzione di apparati di protezione elettrici ed elettronici
- Redigere la documentazione e le attestazioni obbligatorie

CONTENUTI

F1.1 Rischio elettrico

Qualunque attività di manutenzione elettrica su impianti industriali non può essere svolta professionalmente e con conoscenza di causa se non sono noti gli elementi di rischio connessi con tale attività, e se tali rischi non si affrontano con competenza e serietà, senza sottovalutarne effetti e conseguenze.
Spesso capita di affrontare situazioni a rischio eccessivo con troppa leggerezza ed estrema disinvoltura; altre volte, invece, si assiste a eccessi di cautela o titubanza laddove sarebbe richiesta un'azione sicura o, quantomeno, una pronta risposta alla situazione di pericolo e un rapido contenimento delle possibili conseguenze.
A proposito di **impianti elettrici**, i possibili rischi dipendono da due fattori principali:

a) l'**arco elettrico**, che si realizza quando la corrente elettrica supera la barriera costituita dal materiale isolante, passa attraverso l'aria, ionizzando i gas in essa contenuti;
b) la **folgorazione (elettrocuzione o scossa elettrica)**, che si verifica quando la corrente elettrica, superata la barriera isolante costituita dalla pelle, passa all'interno del nostro corpo.

Mentre le persone inesperte temono e sono terrorizzate dalla folgorazione, raramente si ha la corretta percezione del reale pericolo rappresentato dall'arco elettrico, anche se tale pericolo risulta di gran lunga più elevato, in particolare negli impianti industriali, in cui le elevate correnti e potenze in gioco ne rendono più gravi gli effetti.

Arco elettrico

Nell'approcciare un impianto elettrico, uno dei rischi più sottovalutati è quello dell'**arco elettrico**, inteso come conseguenza di un cortocircuito, spesso causato da una banale disattenzione, come la caduta di un utensile metallico, il ripiegarsi di un cavo non ben fissato ecc.
In tal caso l'operatore è sottoposto a una violenta esplosione |fig. F1.1|, causando a sua volta movimenti inconsulti e imprevedibili che, spesso, aggravano una situazione già critica di per sé.

F1.1 Conseguenze di un cortocircuito e relativo arco elettrico.

I raggi ultravioletti generati dall'arco elettrico lasciano la persona inebetita e accecata dal bagliore, incapace di reagire in modo corretto.

Il calore generato dall'arco elettrico produce ustioni, genera fiamme, incendia il vestiario, con conseguenze drammatiche anche indipendentemente da un contemporaneo shock elettrico da contatto. Proiezioni di metallo fuso possono colpire viso, occhi, mani, con tutte le conseguenze e complicazioni del caso.

La corrente di cortocircuito, e quindi l'intensità dell'arco elettrico, è limitata dalla sezione del cavo e dalla distanza dalla sorgente. L'installazione di appositi interruttori automatici con adeguato potere di interruzione può limitare la corrente e la durata del cortocircuito |par. D3.3|. La zona più pericolosa di un impianto elettrico è quella delle barre di rame collegate direttamente al trasformatore della cabina di distribuzione elettrica |fig. F1.2|, in quanto totalmente priva di interruttori di protezione.

È severamente vietato introdurre utensili metallici non isolati in tale zona. Oltre agli effetti devastanti di un cortocircuito di questo tipo (incendio o esplosione del trasformatore) occorre considerare che, quando la corrente supera i 10 kA, si sviluppano forze elettrodinamiche elevate, che possono scagliare corpi metallici a elevata distanza, aumentando i rischi per l'incolumità degli addetti.

F1.2 Grave pericolo da caduta oggetti metallici sulle barre di distribuzione.

Altrettanto grave è il rischio derivante dal sezionamento o dalla tranciatura di un cavo, erroneamente ritenuto non più sotto tensione o non percorso da corrente. In questo caso si sommano i rischi di folgorazione a quelli dell'arco elettrico.
Anche nella fortunata ipotesi di aver utilizzato un utensile isolato per l'operazione, evitando la folgorazione, si innesca un successivo arco elettrico quando si separano i due tronconi: in un circuito induttivo, ogni interruzione di corrente determina un'elevata sovratensione, con il conseguente innesco di un arco elettrico.
I due tronconi di cavo, non ben fissati alle estremità, possono essere ancora soggetti a un "effetto molla" residuo: l'arco elettrico può nascere in un punto e trasferirsi in un altro, oppure scaricarsi a terra.

Quando le correnti di esercizio sono elevate (>40 A), l'arco elettrico risulta incontrollabile sia in estensione sia in direzione, difficilmente estinguibile, in particolare se le tensioni sono elevate (380 V, 500 V), giungendo pertanto a coprire distanze notevoli |fig. F1.3|. Se i terminali non sono ancora bruciati o fusi, il cavo è unipolare, l'unica azione possibile e corretta in questo caso è ricongiungere i due tronconi, spegnendo l'arco.

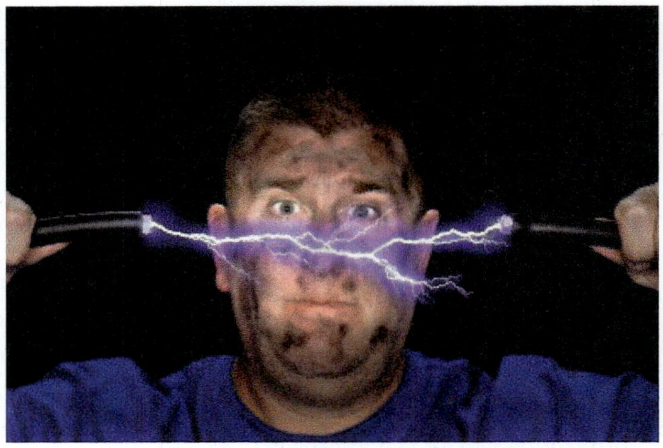

F1.3 Incontrollabilità dell'arco elettrico.

Folgorazione (elettrocuzione)

Di seguito sono riportati i principali effetti della corrente elettrica sul corpo umano, dovuti all'elettrocuzione, in ordine crescente di gravità, corrispondenti a crescenti livelli di corrente e di durata di esposizione.

- **Nessuna reazione**: per correnti inferiori a 0,5 mA ci si trova al disotto della soglia di percezione: non si avverte neanche quel lieve formicolio che si sente mettendo i terminali di una pila a contatto della lingua per provarne la funzionalità.
- **Formicolio, crampi**: la corrente elettrica sovrappone il suo effetto a quello del comando muscolare proveniente dal cervello, anch'esso operante come impulso elettrico. Oltre un determinato livello, la corrente elettrica prende il sopravvento, causando un primo livello di rigidità e di difficoltà al movimento.
- **Tetanizzazione**: impulsi di corrente ripetuti e ravvicinati fra loro, senza adeguato periodo di sosta e rilassamento muscolare, causano il totale irrigidimento del muscolo; il malcapitato vorrebbe staccarsi

dalla spiacevole situazione in cui si trova, ma non ci riesce e non controlla più il movimento degli arti nella zona colpita.

- **Arresto della respirazione**: il blocco muscolare si estende a livello della muscolatura involontaria, impedendo la normale respirazione. Una buona parte dei folgorati muore per asfissia, se non interviene qualcuno a salvarli con prontezza e competenza (senza rimanere folgorati a propria volta).
- **Fibrillazione, arresto cardiaco**: gli impulsi elettrici a 50 Hz si sovrappongono alla frequenza normale del battito cardiaco, obbligandolo a pulsazioni troppo ravvicinate e fuori fase rispetto ai normali ritmi. Le valvole cardiache non fanno in tempo ad aprirsi e richiudersi, i ventricoli sono scoordinati con gli atrii, la pompa cardiaca non riesce più a fare il suo lavoro. Elevati livelli di corrente determinano uno shock elettrico così intenso da mandare in blocco il muscolo cardiaco[1].
- **Ustioni**: quando la corrente supera determinati livelli, la potenza sviluppata provoca il riscaldamento delle parti colpite, inizialmente localizzato (arrossamento), quindi la cottura (sbiancamento della pelle) e, infine, la comparsa di vere e proprie bruciature, sia a livello della pelle che dei muscoli.

Le variabili che influenzano gli effetti della corrente elettrica sul corpo umano sono: l'intensità della corrente; la durata del contatto; lo stato della pelle e le condizioni di isolamento; il percorso della corrente all'interno del corpo; la superficie e la pressione di contatto; la frequenza della corrente.

L'**intensità della corrente**, a sua volta, dipende dalla *tensione* e dalla *resistenza* del corpo umano, il cui valore è differente da un individuo all'altro.
Per convenzione, la resistenza del corpo umano si approssima al valor medio universalmente riconosciuto, pari a 2 kΩ (braccia, tronco, gambe), senza considerare la resistenza della pelle, in quanto quest'ultima rappresenta una barriera isolante facilmente superabile.
Sebbene sia vero che una zona localizzata di pelle asciutta presenti un'elevata resistenza elettrica (da 30 kΩ a 200 kΩ), con l'immersione in acqua, tale resistenza si abbassa, fino quasi a scomparire, perché la pelle si inumidisce, formando un esteso parallelo di tante resistenze contigue.
Il medesimo fenomeno può verificarsi quando la pelle è sudata, a seguito di tagli o screpolature, e in particolar modo quando, a seguito di un primo passaggio di corrente elettrica, la pelle si "cuoce", sbiancandosi e perdendo le sue proprietà.
Il diagramma riportato nella **figura F1.4** individua i diversi effetti della corrente sul corpo umano, a seconda dell'intensità e della durata del contatto (*corrente alternata*).
Occorre a questo punto sfatare la falsa credenza popolare secondo cui, prendendo la "scossa elettrica" da certi tipi di tensione (alcuni affermano 220 V, altri 500 V alternata), "si resta attaccati", mentre da altre tensioni (alcuni affermano 380 V alternata, altri 600 V in continua) si viene sbalzati con violenza a distanza (tanta è la forza della corrente elettrica). Si tratta di un'idea assolutamente fantasiosa e priva di fondamento scientifico.
In caso di forti scosse elettriche, con correnti che superano la soglia di tetanizzazione, la reazione del muscolo colpito può essere violenta, con contrazioni o estensioni a scatto.

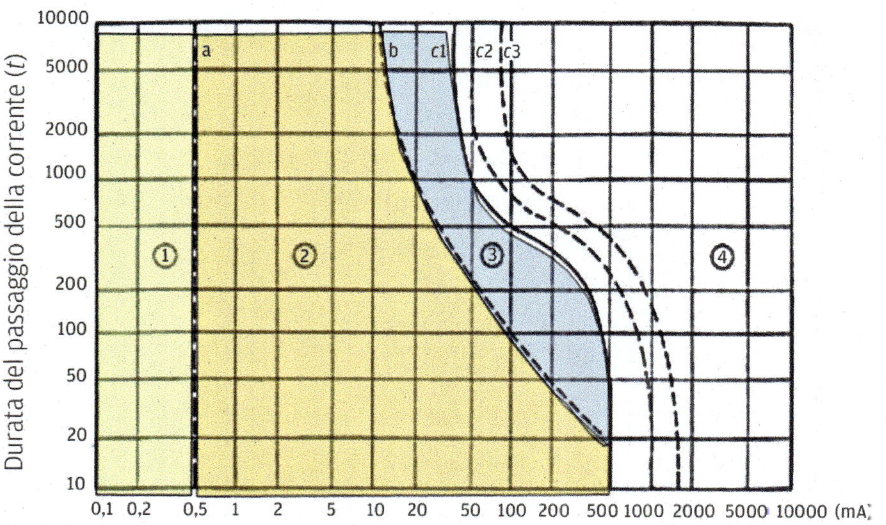

F1.4 Diagramma di pericolosità della corrente elettrica sul corpo umano:
Curva a) soglia di percezione
Curva b) soglia di tetanizzazione e difficoltà respiratorie
Curve c) soglia di fibrillazione ventricolare:
- c1, per il 5% della popolazione
- c2, per il 50% della popolazione
- c3, per il 95% della popolazione

Oltre c3) Arresto cardiaco, arresto respiratorio, gravi ustioni

1 Impulsi di forte intensità (5A) ma di breve durata, possono bloccare il cuore in fibrillazione; quindi, seguiti da opportuno tempo di rilassamento, consentire la ripresa del normale ritmo cardiaco: come tali sono usati nei defibrillatori presenti negli ospedali e nei centri di soccorso.

Per questa ragione sembra che sia la corrente elettrica a scagliarci lontano, mentre ciò capita solo nel fortunato caso in cui siano coinvolti in maggioranza i muscoli estensori. Non è raro infatti trovare i soggetti colpiti da forti folgorazione con traumi e disarticolazioni conseguenti a tali violente reazioni muscolari. Negli altri casi, purtroppo, i muscoli adduttori si contraggono e succede esattamente il contrario.

Modo di contatto

Contatto diretto

Il **contatto diretto** si verifica quando si entra in contatto con una parte attiva dell'impianto e cioè con conduttori che sono **normalmente in tensione**, per esempio i conduttori di una linea elettrica.

Nel contatto diretto |fig. F1.5|, la scarica elettrica può realizzarsi con ritorno di corrente verso il generatore, come per un qualunque utilizzatore, oppure come dispersione e scarica verso terra, attraversando tutto il corpo.

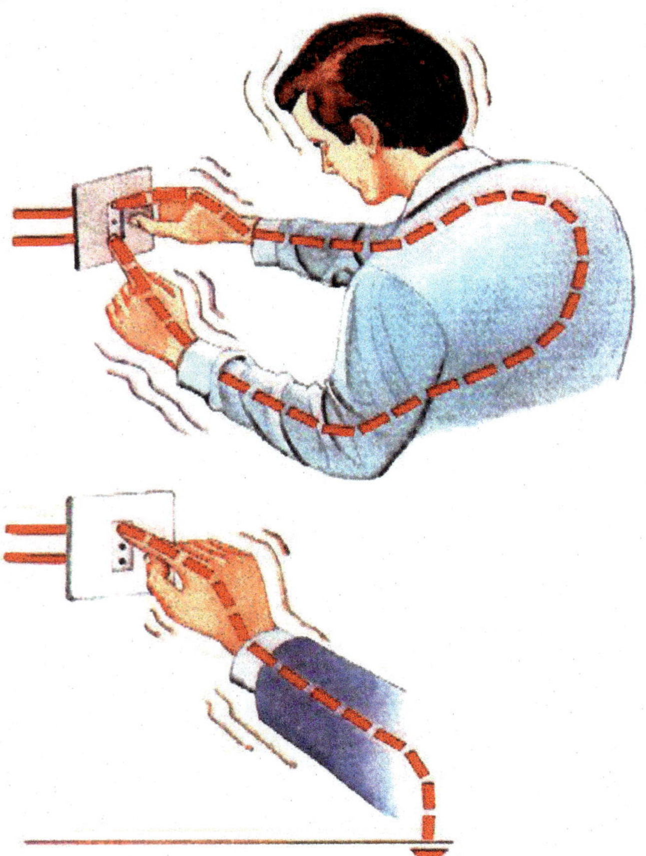

F1.5 Contatto diretto.

Contatto indiretto

Il **contatto indiretto** si realizza quando una persona entra in contatto con una parte dell'impianto (carcassa metallica o involucro protettivo) presupposta essere **non in tensione**, ma che diventa tale per **cedimento dell'isolamento** delle parti elettriche interne.

Mentre ci si può difendere dal contatto diretto, mantenendosi a distanza dal pericolo visibile, nel contatto indiretto |fig. F1.6|, essendo un pericolo invisibile, ci si può difendere solo mediante un adeguato sistema di protezione previsto da specifiche norme (CEI 64-8 art. 23-6).

F1.6 Contatto indiretto.

L'effetto di un contatto dipende ulteriormente dal **percorso della corrente**, a seconda che quest'ultimo coinvolga la zona da cui si dipartono le terminazioni nervose che sovrintendono alla respirazione e alla trasmissione degli impulsi al cuore.
Il "fattore di percorso" |tab. F1.1| indica la gravità relativa del contatto a parità di corrente.

TABELLA F1.1 Fattore di percorso

Percorso della corrente	Fattore di percorso
Mano sinistra - piede sinistro, piede destro o piede	1,0
Mani - piedi	1,0
Mano sinistra - mano destra	0,4
Mano sinistra - piede sinistro, piede destro o piede	0,8
Schiena - mano destra	0,3
Schiena - mano sinistra	0,7
Torace - mano destra	1,3
Torace - mano sinistra	1,5
Glutei - mano sinistra, mano destra o entrambe le mani	0,7

Fortunatamente, per un contatto diretto mano-mano, il fattore di percorso è solo 0,4.

F1.2 Sistemi di protezione dalle folgorazioni

Data la natura del **rischio elettrico**, è possibile predisporre adeguate contromisure per operare nelle migliori condizioni di sicurezza.
Il tipo di protezione scelta (o l'utilizzo di più metodi di protezione combinati) dipende da un'adeguata valutazione del rischio nelle diverse situazioni di lavoro e nei vari ambienti. In generale vengono previste le seguenti contromisure per evitare spiacevoli incidenti.

a) Per la **protezione contro contatti indiretti**:
- messa a terra di contenitori e involucri metallici;
- interruzione dell'alimentazione (interruttore differenziale);
- separazione elettrica;
- uso di alimentazioni di sicurezza;
- misure per impedire tensioni pericolose;
- attrezzi e materiali con isolamento in classe II.

b) Per la **protezioni contro contatti diretti** e **arco elettrico**:
- isolamento delle parti attive;
- involucri e barriere;
- inserimento di ostacoli e messa fuori portata (distanze di sicurezza);
- uso dei dispositivi di protezione individuale (DPI).

Occorre in primo luogo distinguere e classificare gli impianti elettrici in base al tipo di appartenenza. A tale scopo, le norme vigenti (**CEI 64/8**) definiscono quattro categorie riportate dettagliatamente nella **tabella F1.2**. Di seguito sono indicate alcune "regole guida".

- Negli impianti di alta e media tensione (Cat. 3 o Cat. 2) non esiste nessun tipo di DPI o protezione isolante che possa salvaguardare un addetto dall'accesso a tali livelli di tensione. In conseguenza, l'unico modo per poter operare su tali impianti è quello della *interruzione delle alimentazioni* con relativo *sezionamento* e successiva *messa a terra*. Si parla in questo caso di **lavori elettrici fuori tensione**, ovvero con l'impianto scollegato e messo in sicurezza.
- Negli impianti a bassa tensione (Cat. 1, tutti gli impianti elettrici civili e industriali) è possibile operare in entrambe le modalità: sia fuori tensione (eliminando quindi il rischio alla fonte), sia in tensione (in tal caso utilizzando tutte le protezioni, i metodi e le norme operative che saranno analizzate in seguito). Si parla in questo caso di **lavori elettrici sotto tensione**.
- Negli impianti o sistemi di alimentazione a bassissima tensione, si utilizzano tensioni così deboli che di per sé impediscono la folgorazione. Solo particolari condizioni ambientali, a seconda del tipo specifico, potrebbero richiedere precauzioni aggiuntive.

TABELLA F1.2 Classificazione impianti elettrici secondo la norma CEI 64/8

Categoria	Tensione di esercizio	Definizione
0	$Vn \leq 50$ V in corrente alternata $Vn \leq 120$ V in corrente continua	Bassissima tensione
1	50 V < $Vn \leq 1000$ V in corrente alternata 120 V < $Vn \leq 1500$ V in corrente continua	Bassa tensione
2	1 kV < $Vn \leq 30$ kV in corrente alternata 1,5 kV < $Vn \leq 30$ kV in corrente continua	Media tensione
3	$Vn > 30$ kV, sia in corrente alternata che in corrente continua	Alta tensione

Distanze di sicurezza

Il primo livello di protezione si ottiene mantenendo e osservando le opportune distanze di sicurezza dalle parti attive sotto tensione **|fig. F1.7|**.

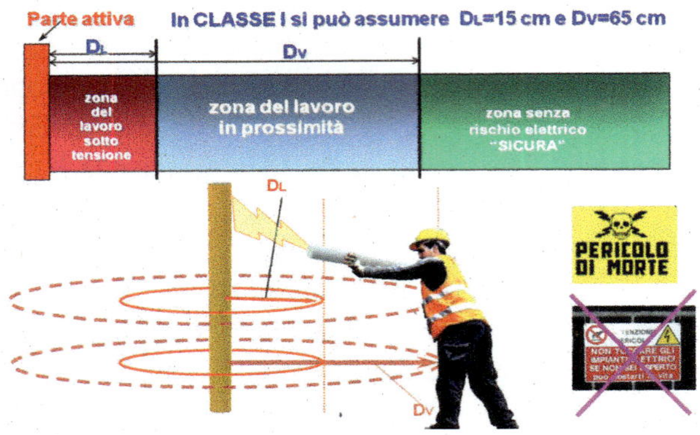

F1.7 Distanze di sicurezza da parti attive in tensione.

La norma CEI 11-27 individua due tipi di distanze di sicurezza da parti attive in tensione.

- **Distanza limite (D_L)**: il volume che circonda la parte attiva fino a una distanza D_L è detto **zona di lavoro sotto tensione** e i lavori svolti entro questa zona sono **lavori elettrici sotto tensione a contatto,** indipendentemente dal fatto che tale limite venga superato con una parte del corpo o da un utensile tenuto in mano.
- **Distanza di prossimità (D_V)**: la zona prossima è un volume di rispetto intorno alla zona di lavoro sotto tensione, all'interno del quale sono poste particolari restrizioni per gli operatori: si richiede l'uso di elementi di separazione e segregazione per impedirne l'accesso (anche momentaneo).

La norma CEI 11-27 definisce i valori delle distanze D_L e D_V per le varie tensioni di esercizio, illustrate nella **figura F1.8**.

Il mancato rispetto di queste indicazioni comporta gravi conseguenze: è noto il caso di un pescatore che è rimasto folgorato per aver superato tali limiti, passando troppo vicino a una linea di media tensione con la sua lunga canna da pesca.

Esempio

Occorre valutare i rischi connessi a un'attività di pulizia e sostituzione degli isolatori in una centrale di media tensione (20 kV), svolti fuori tensione, ma in prossimità di linee elettriche in tensione.
Il supero del limite D_V avviene non solo in fase operativa, ma soprattutto nella fase di trasporto della scala.

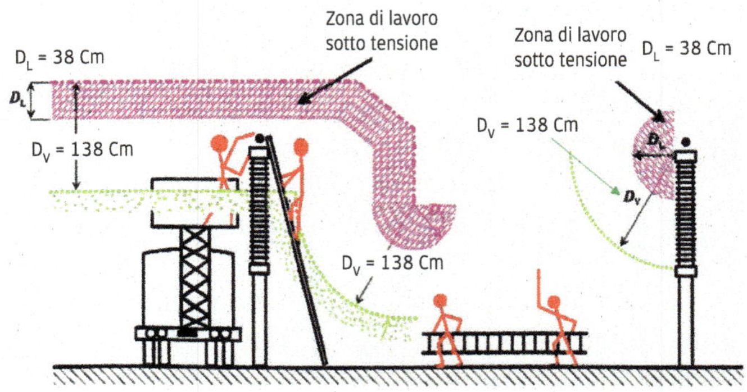

F1.9 Valutazione delle distanze di sicurezza da parti attive in tensione.

V_n [kV]	D_L [mm]	D_V [mm]
≤1	150	650
10	150	1150
15	200	1200
20	280	1280
30	400	1400
45	600	1600
66	780	1780
132	1520	3520
150	1670	3670
220	1300	4300
380	3940	5940

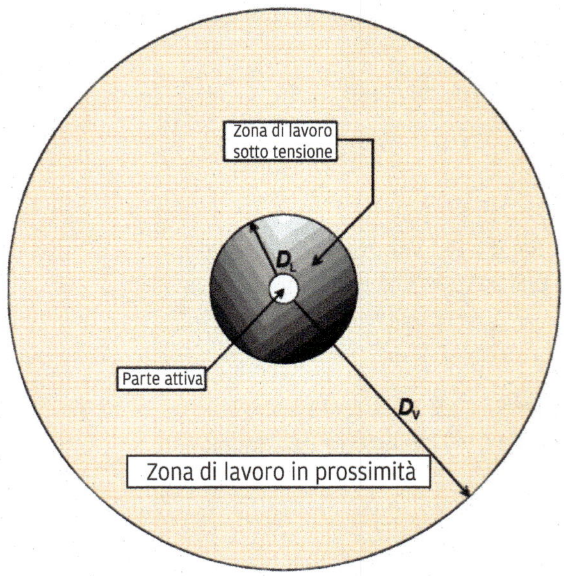

D_L = Distanza limite
D_V = Distanza di prossimità

F1.8 Andamento delle distanze di sicurezza D_L e D_V al variare della tensione (sono indicati in arancione i valori standard delle linee elettriche di bassa, media e alta tensione).

Per quanto riguarda i casi più usuali (impianti in categoria 1, lavori elettrici in bassa tensione), le distanze stabilite dalla norma (D_L = 15 cm, D_V = 65 cm) non sono calcolate come **rigidità dielettrica** o caratteristica di isolamento dell'aria (secca o umida) ma, molto più semplicemente, come distanze raggiungibili operativamente con la mano, con un utensile da questa tenuto (D_L = 15 cm) o con un braccio (D_V = 65 cm).
Si tratta quindi di un criterio ergonomico, che tiene conto dei possibili movimenti in area di lavoro, sia di tipo strettamente operativo, sia di tipo involontario, inconsulto, o dovuti a semplice disattenzione: la regola fondamentale della sicurezza è sempre quella di non fare troppo affidamento sulle proprie capacità di prontezza e reazione, quasi andandosi volutamente a cacciare in zone a rischio e cercando di superare i propri limiti con eccesso di spavalderia.
Le cronache quotidiane sono troppo sovente funestate da "casi banali" e incidenti vari causati da carrellisti che, con le forche alzate, hanno toccato le linee elettriche aeree, oppure di gru per edilizia che con il loro cavo d'acciaio si sono avvicinati eccessivamente ai cavi ad alta tensione o, ancora, di scavatrici stradali che hanno tranciato cavi interrati.

Messa a terra di involucri e contenitori metallici

Tale pratica rappresenta il principale sistema di protezione da contatto indiretto realizzato fin dai tempi più remoti dell'elettricità.
Collegando a terra le masse metalliche dei contenitori si ottiene un triplice scopo **|fig. F1.10|**:

- si trova una via di dispersione delle correnti elettriche conseguenti a una perdita di isolamento;
- si mantiene la massa metallica del contenitore al potenziale di terra (in caso di scarica verso terra a un potenziale comunque molto basso e non pericoloso);
- qualora la perdita di isolamento fosse grave, si generano correnti di fuga verso terra elevate, con il conseguente intervento di fusibili e/o interruttori automatici, proteggendo sia l'utente sia l'impianto.

La **messa a terra** si realizza creando un sistema di **conduttori equipotenziali** che collegano fra loro non solo tutti gli involucri metallici delle apparecchiature elettriche, ma anche tutte le parti metalliche dell'edificio e tutte le tubature degli impianti acqua e riscaldamento (masse estranee); tale sistema comprende i ferri e le armature metalliche dei pilastri e delle travi di cemento armato, in modo da formare una "gabbia di Faraday" che avvolga completamente l'edificio **|fig. F1.11|**.

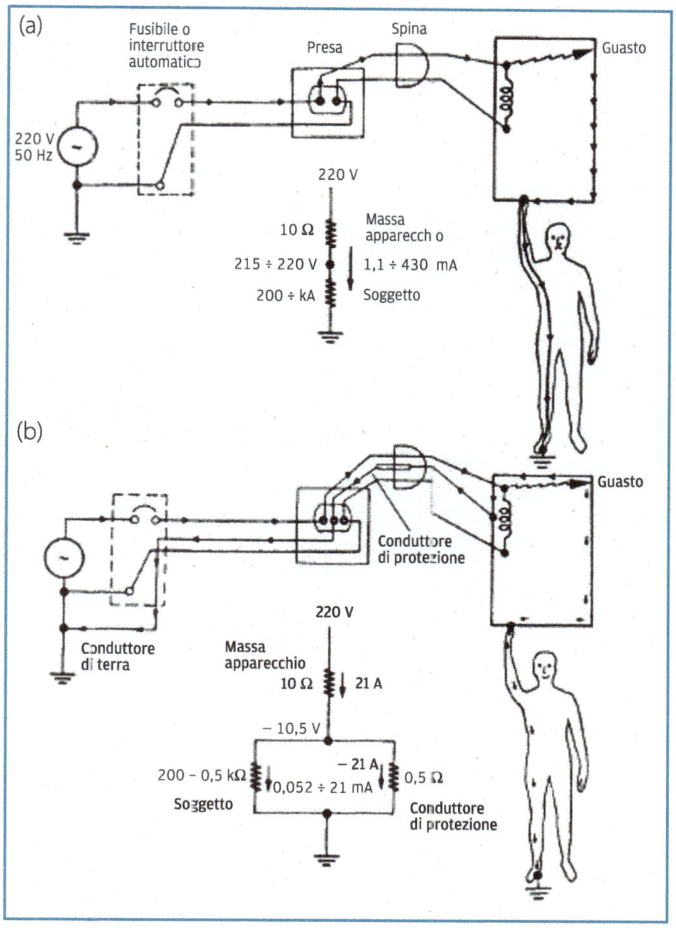

F1.10 Analisi di dispersione di corrente dalla resistenza di un boiler di uso civile: a) senza messa a terra; b) con involucro collegato a terra.

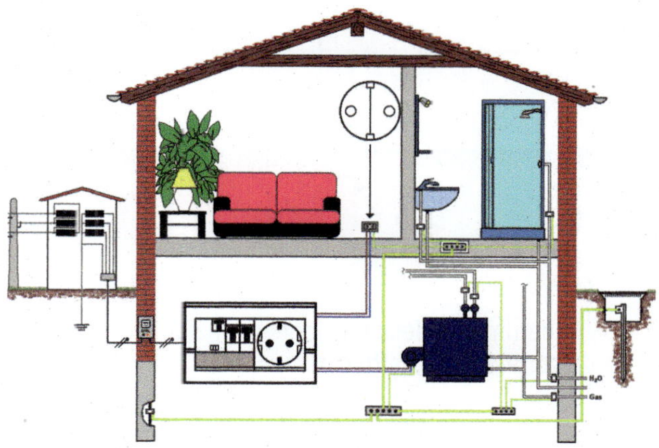

F1.11 Sistema di messa a terra di un edificio.

Si ottiene in tal modo anche l'ulteriore protezione addizionale contro fulmini e scariche elettrostatiche, che in conseguenza transitano all'esterno delle parti metalliche senza penetrare all'interno dell'edificio.

Il collegamento di terra termina solitamente in un pozzetto di terra ispezionabile **|fig. F1.12|**, dove un lungo picchetto a crociera (di solito in ferro zincato) funge da dispersore delle correnti elettriche nel terreno.

F1.12 Pozzetto di terra ispezionabile con picchetto dispersore.

Numerosi picchetti sono collegati in parallelo tra di loro, in modo da minimizzare l'impedenza di terra dell'edificio, uniformando e distribuendo al meglio la dispersione nel terreno **|fig. F1.13|**.

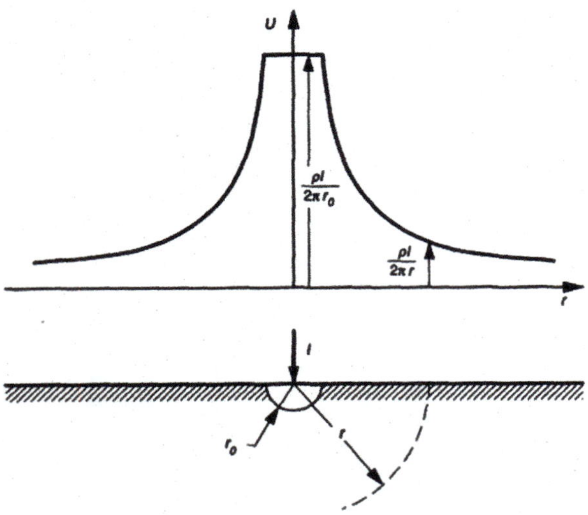

F1.13 Abbattimento della tensione in funzione della distanza dal picchetto di terra.

La conduzione di corrente nel terreno non avviene come nei metalli, bensì per dispersione di cariche elettriche, grazie alla presenza dell'umidità e dei sali minerali presenti nel terreno stesso.
È quindi necessario verificare periodicamente la resistenza di terra e il mantenimento delle sue caratteristiche di dispersione.

La verifica si attua sconnettendo il singolo picchetto di terra dalla barra di distribuzione che lo collega all'impianto e a tutti gli altri picchetti, quindi misurandone la resistenza con l'apposito strumento **|fig. F1.14|**.

F1.14 Barra di terra con morsetto apribile per ispezione del singolo picchetto.

Per la misura della resistenza di terra si utilizza il **metodo voltamperometrico** **|fig. F1.15|**, iniettando una corrente nel terreno (a distanza 4-5 volte la lunghezza del picchetto) mediante una sonda di prova.

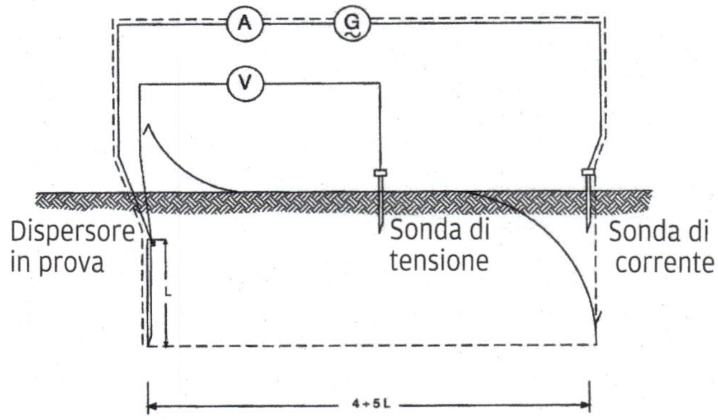

F1.15 Misura della resistenza di terra con il metodo voltamperometrico.

La distanza indicata è necessaria per dare adito alle correnti di disperdersi nel terreno. Per evitare errori di misura, la sonda di misura di tensione viene posta a metà percorso. Il rapporto V/I misura la resistenza di terra del picchetto in esame.
Il procedimento e il calcolo sono automatizzati nei moderni strumenti di misura della resistenza di terra, fornendo direttamente il risultato in Ω.
La resistenza di terra di un impianto deve essere coordinata con la massima corrente di dispersione I_d, assicurando che tale corrente non determini tensioni pericolose (≤50 V c.a.). Si avrà pertanto le seguente condizione: $R \leq 50/I_d$.

Più elevate sono le potenze installate, più grandi sono le correnti di cortocircuito, migliore la resistenza di terra dell'impianto e del singolo picchetto |fig. F1.16|.

F1.16 Un moderno strumento digitale per la misura della resistenza di terra.

Isolamento delle parti attive

La protezione più semplice dai contatti diretti si ottiene mediante la **segregazione**, ovvero impedendo l'accesso dell'uomo alle parti attive. Nei quadri elettrici industriali non è mai ammesso il contatto diretto con le parti attive.

- Le viti di fissaggio dei capocorda e delle barre di alimentazione sugli interruttori generali devono sempre essere protette dall'accesso mediante pannelli in plexiglass, sui quali sono stampate le opportune indicazioni che avvisano delle conseguenze in caso di rimozione.
- Morsettiere e terminali sono sempre rivestiti in plastica, lasciando scoperti solo i fori di accesso alle viti: il contatto con parti attive deve essere conseguente a un'azione volontaria.
- Tappi isolanti in plastica, elementi coprimorsetto, rendono impossibile il contatto diretto con fili e parti scoperte.
- I passacavi sono sempre dotati di stringicavo, i quali impediscono lo scorrimento delle guaine isolanti e la scopertura dei singoli conduttori non protetti.

La sigla "IP" (*International Protection*) definisce i livelli di protezione che i vari tipi di involucri e contenitori oppongono alla penetrazione da elementi esterni.
Nel **codice IP**, alle lettere *IP* fanno seguito due cifre indipendenti e talvolta alcune lettere.
Nel caso in cui il grado di protezione corrispondente a una delle cifre non sia precisato (perché non è necessario o perché non è conosciuto), viene sostituito con la lettera *X*.
La **prima cifra del codice IP** indica simultaneamente la protezione delle persone contro l'accesso a parti pericolose e la protezione dei materiali contro la penetrazione dei corpi estranei |tab. F1.3|.
La **seconda cifra** indica il grado di protezione contro gli effetti dannosi della penetrazione dell'acqua. Le prove sono effettuate con acqua dolce senza agenti tensioattivi |tab. F1.3|.

TABELLA F1.3 Codice IP: cifre significative

Protezione contro oggetti solidi		Protezione contro liquidi	
1ª cifra	Descrizione	2ª cifra	Descrizione
0	Nessuna protezione	0	Nessuna protezione
1	Protezione da oggetti solidi di diametro maggiore di 50 mm	1	Protezione da gocce d'acqua provenienti dall'alto
2	Protezione da oggetti solidi di diametro maggiore di 12 mm	2	Protezione da gocce d'acqua deviate, rispetto alla verticale, al massimo di 15°
3	Protezione da oggetti solidi di diametro maggiore di 2,5 mm	3	Protezione da spruzzi d'acqua con l'inclinazione massima di 60°
4	Protezione da oggetti solidi di diametro maggiore di 1 mm	4	Protezione da spruzzi d'acqua provenienti da ogni direzione
5	Protezione da polveri: l'ingresso non ne è del tutto impedito, ma l'apparecchiatura è in grado di funzionare ancora	5	Protezione da getti d'acqua a bassa pressione provenienti da ogni direzione
6	Protezione totale da polveri	6	Protezione da onde marine o da forte getto d'acqua proveniente da qualsiasi direzione
-	-	7	Protezione contro l'immersione per un periodo limitato e a precise condizioni di pressione
-	-	8	Protezione contro l'immersione continua a precise condizioni di pressione

La **lettera addizionale** deve essere usata solo se la protezione contro l'accesso è superiore a quella definita con la prima cifra caratteristica. Esso designa il livello di inaccessibilità dell'involucro alle dita o alla mano, oppure a oggetti impugnati da una persona, lasciandoli a una distanza adeguata dalle parti pericolose |tab. F1.4|.

TABELLA F1.4 Codice IP: lettera addizionale

Lettera addizionale	Protezione
A	Protetto contro l'accesso con la mano (50 mm)
B	Protetto contro l'accesso con il dito (12 × 80 mm)
C	Protetto contro l'accesso con l'attrezzo (2,5 × 100 mm)
D	Protetto contro l'accesso con il filo (1 mm)

In conseguenza di quanto definito sopra, tutte le apparecchiature elettriche, sia civili che industriali, devono avere un grado di protezione pari ad almeno IPXXB, ovvero impedire un contatto diretto per accesso, anche involontario, con un dito.
Gli elettrodomestici con marchio **IMQ** sono sottoposti, fra l'altro, a questo test di verifica.
Normalmente un quadro elettrico per uso civile, oppure il semplice contenitore dell'interruttore generale di casa, ha un *grado di protezione IP20* |fig. F1.17|, ovvero non risulta protetto dall'acqua, è impossibile l'accesso ai contatti elettrici con un dito o corpi solidi aventi diametro >12 mm, ma risulta possibile accedervi all'interno con un cacciavite per eseguire lavori di manutenzione/sostituzione o collegamento di prese, cavi, ecc.

F1.17 Un piccolo quadro elettrico con grado di protezione IP20.

Per un quadro elettrico industriale si richiede un *grado di protezione IP42* o *IP43* |fig. F1.18|: le porte risultano bloccate con saliscendi; le guarnizioni in gommaspugna sul bordo impediscono l'accesso tramite fili oppure parti con dimensioni <1 mm; le ventole di areazione dispongono di griglie inclinate che proteggono dalla penetrazione di spruzzi d'acqua.

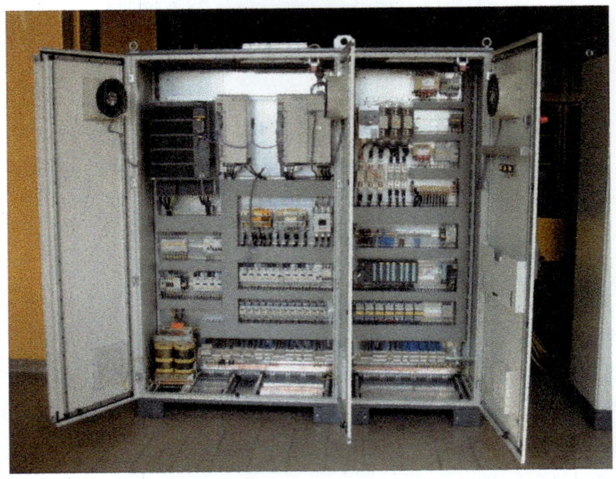

F1.18 Un quadro elettrico industriale con grado di protezione IP42.

Per una protezione IP43 si richiede l'utilizzo di un condizionatore con scambiatore termico, che separi le parti elettriche da quelle di ventilazione.

Barriere, impedimenti e protezioni

Quando si eseguono dei lavori di manutenzione su impianti elettrici industriali, spesso coesistono lavori **fuori tensione** (l'elemento su cui si interviene è scollegato dalla rete) con **lavori in prossimità** (altri elementi attivi a distanza inferiore di D_v).

Occorre in questo caso evitare l'accesso dell'operatore alla zona pericolosa, garantendo nel contempo che l'eventuale caduta di fili di rame, utensili ecc. possa generare un cortocircuito o un arco elettrico.
La segregazione si realizza applicando un **telo protettivo isolante** |fig. F1.19|.

Un **protettore** è un elemento di materiale isolante utilizzato durante il lavoro per coprire le parti attive allo scopo di prevenire contatti accidentali. Il protettore è sempre di materiale isolante, *non è permanentemente in opera ma viene installato prima di iniziare il lavoro e rimosso al termine.*

Il protettore, per sua natura, è vicinissimo (spesso a contatto) alle parti attive, quindi la sua installazione e la sua rimozione devono essere effettuate con tecniche di lavoro sotto tensione, ovvero utilizzando i dispositivi di protezione personale opportuni.

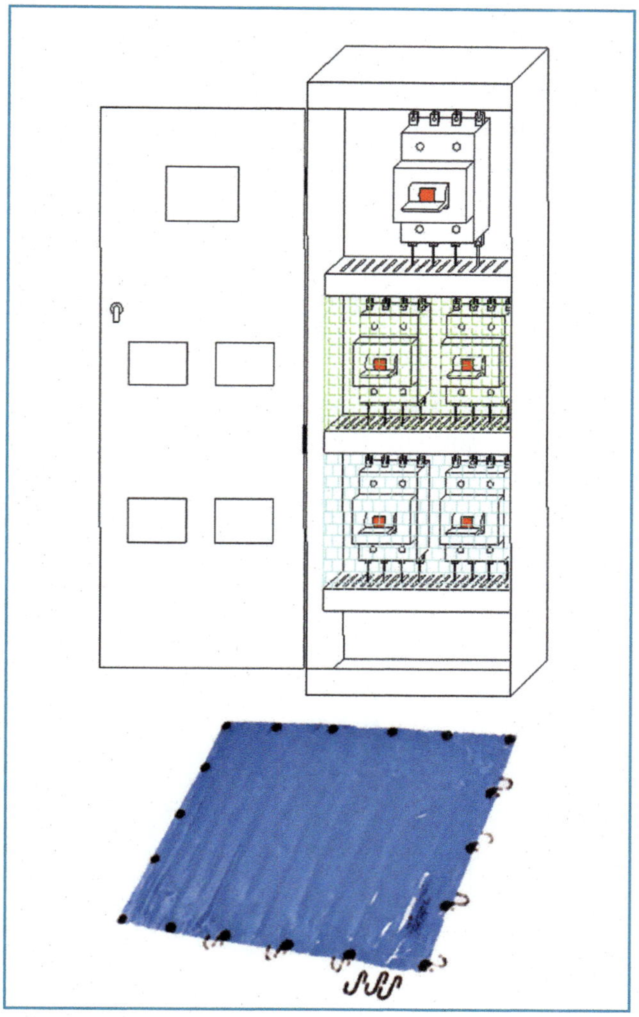

F1.19 Segregazione mediante teli protettivi isolanti.

Lavori in prossimità di parti elettriche si possono configurare anche solo eseguendo lavori di muratura o di verniciatura, pertanto anche in questo caso si impone l'adozione di barriere o protezioni |fig. F1.20|.

La **barriera** è un riparo che assicura la protezione contro i contatti diretti in tutte le direzioni abituali di accesso. Può essere installata permanentemente o messa in opera in occasione dei lavori.

Le barriere costituiscono segregazioni soprattutto di superfici calpestabili e impediscono l'accesso camminando, ma possono trovarsi anche in altre situazioni (ad esempio all'interno di un quadro elettrico). Possono essere di materiale qualsiasi e devono essere installate sempre al di fuori della zona di limite. Per realizzare barriere permanenti, si utilizzano grigliati metallici 4 × 4 cm collegati a terra.

Per la protezione di cavi e contatti mobili, normalmente si utilizzano cappucci isolanti, come quelli illustrati nella **figura F1.21**.

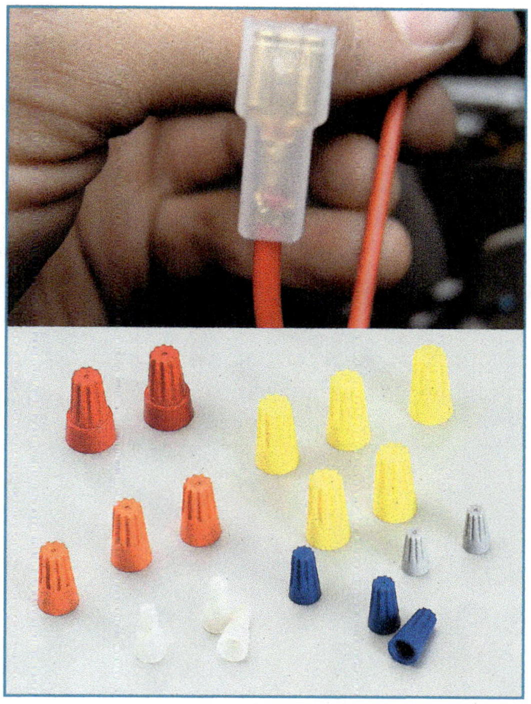

F1.21 Protezione mediante cappucci isolanti.

Risulta evidente come queste "banali" precauzioni possano salvare impianti e utenti da possibili cortocircuiti e relative conseguenze.

Non bisogna mai lasciare cavi scoperti o a penzoloni all'interno di quadri o armadi elettrici, in particolare se si stanno eseguendo lavori sotto tensione; è importante usare sempre cappucci e fissacavi.

F1.20 Segregazione mediante barriere o impedimenti.

I cappucci a vite sono più efficaci e stabili in posizione, più pratici del nastro isolante da applicare e rimuovere.
Le conseguenze di mancata attenzione verso questi "banali" dispositivi di protezione possono essere gravi anche nel caso di impianti a bassa o bassissima tensione, erroneamente ritenuti sicuri in assoluto.
A titolo d'esempio si pensi alle conseguenze causate da un cortocircuito sulla batteria dell'automobile: un banale contatto sviluppa correnti in grado di fondere e saldare il metallo venuto in contatto con i morsetti; dopo breve tempo, l'elettrolita della batteria incomincia a bollire; la pressione interna sale e la batteria può esplodere, spruzzando acido solforico dappertutto e ustionando il malcapitato.

È per tale ragione che i morsetti della batteria dell'auto sono dotati di opportuni tappi di protezione in plastica |fig. F1.22|, imperdibili, stabilmente agganciati al cavo o alla piastra di supporto: si consiglia di rimetterli sempre in posizione, anche se sono stati scoperti per una partenza d'emergenza con cavi e pinze collegati a un'altra auto.

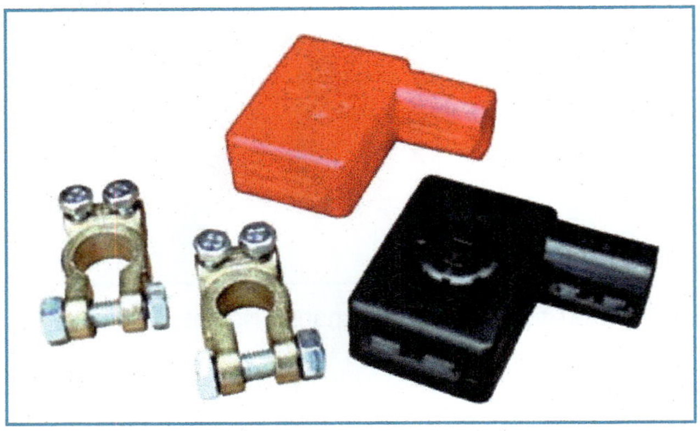

F1.22 Morsetti e tappi coprimorsetto di una batteria dell'automobile.

Interruzione automatica del circuito

Questa operazione consiste nell'interruzione del circuito elettrico da parte di un dispositivo di protezione automatico in caso di circolazione di corrente verso terra.
Ciò si realizza mediante l'interruttore automatico differenziale |fig. F1.23|.
L'interruttore differenziale opera in base al seguente principio di funzionamento:

- il **sensore** verifica se la somma delle correnti che passano nei conduttori (con il loro segno) è diversa da zero; il sensore più comunemente impiegato è un trasformatore toroidale;
- l'**amplificatore** amplifica il minuscolo segnale prodotto dal sensore, portandone il valore al livello richiesto;
- il **dispositivo a soglia** verifica il raggiungimento del segnale differenziale amplificato al valore di soglia previsto;
- la **bobina di sgancio**, comandata dal dispositivo a soglia, attira l'ancora e libera la molla di riarmo dell'interruttore magnetotermico.

Ne consegue che il dispositivo presenta:

- una **soglia minima di intervento** (sensibilità in mA), al disotto della quale non interviene;
- un **tempo minimo di intervento**, necessario per il funzionamento della catena dei componenti sopra elencati (tempo standard ≅ 40 ms).

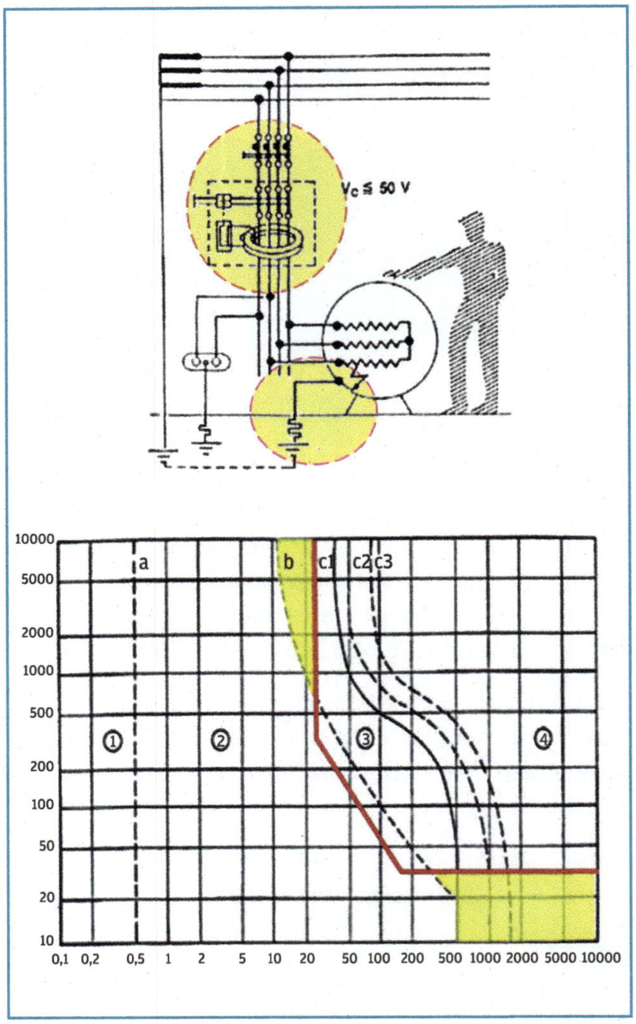

F1.23 Interruttore differenziale e curva d'intervento della protezione.

I due limiti precedentemente indicati sono rappresentati sul grafico della sensibilità del corpo umano alle correnti elettriche, definendo **due aree di scopertura residue** (zone in giallo).

Malgrado l'adozione di interruttori differenziali "salvavita" abbia enormemente contribuito alla riduzione degli incidenti di natura elettrica, le norme di sicurezza vigenti stabiliscono che un interruttore differenziale determina solo una **protezione aggiuntiva**, che deve comunque essere affiancata ad **altre misure di sicurezza prioritarie**.

Infatti, la protezione differenziale opera solo in caso di contatti accidentali con fuga di corrente verso terra, ma è assolutamente inefficace in caso di contatto diretto (per esempio mano-mano), in particolare, in presenza di scarpe o pavimenti isolanti.

La presenza di una **terra** costituisce in questo caso la vera garanzia di operatività e funzionalità del dispositivo, in assenza della quale verrebbe a mancare la **via di fuga** di corrente in base alla quale opera il dispositivo stesso. Infine, l'interruttore differenziale non protegge dalle scosse elettriche derivanti da fenomeni elettrici di altra natura come:

- le tensioni derivanti dalla carica residua dei condensatori;
- le tensioni continue o raddrizzate (se non per particolari modelli di interruttore differenziale concepiti specificatamente allo scopo);
- le sovratensioni derivanti da interruzione di corrente su bobine o avvolgimenti (per esempio la scintilla di una candela dell'automobile, proveniente dallo spinterogeno, la sovratensione di innesco di una lampada al neon, proveniente dal reattore ecc.).

Classificazione

In base alla norma CEI EN 61008, l'interruttore differenziale è caratterizzato dai seguenti parametri.

- **Tipologia** (forma d'onda della corrente di dispersione rilevata):
  - **AC**: solo corrente alternata, per uso generale;
  - **A**: correnti alternate e unidirezionali pulsanti, per utenze con apparecchiature elettroniche, raddrizzatori, strumentazioni;
  - **B**: correnti alternate, pulsanti e continue, per utenze con regolatori e variatori di velocità (inverter), caricabatterie, UPS, alimentatori a commutazione ecc.

- **Sensibilità** (valore di corrente differenziale $I\Delta n$ che determina l'intervento della protezione):
  - **10 mA**: alta sensibilità, per apparecchiature elettromedicali, dove gli elettrodi sono in contatto diretto con l'uomo;
  - **30 mA**: utenze standard per uso civile e industriale su apparecchiature di piccola potenza;
  - **100 mA**: utenze industriali di media potenza (10 – 100 kW);
  - **500 mA**: utenze industriali di elevata potenza, quadri elettrici di officina ecc.

- **Tempo di intervento**:
  - **istantanei**: rapidi o generali (tempo di intervento standard ≅ 40 ms);
  - **tipo S** (selettivi): prevedono il ritardo nell'intervento e si installano a monte di altri interruttori differenziali rapidi per garantirne la selettività e circoscrivere il fuori servizio alla sola porzione di impianto colpita da un eventuale guasto.

- **Livello di immunità** (protezione contro gli scatti intempestivi dovuti a sovratensioni transitorie (fulmini, disturbi sulla rete ecc.), misurata come corrente impulsiva (onda 8-20 μs):
  - **250A**: immunità standard ai disturbi di rete (minimo di norma);
  - **3000A**: buona immunità ai disturbi di rete;
  - **5000A-HF**: elevata immunità ai disturbi di rete e contro armoniche generate da dispositivi elettronici che operano ad alta frequenza (inverter, alimentatori switching).

- **Struttura costruttiva** (integrazione):
  - **modulari**: l'interruttore differenziale è integrato con l'interruttore magnetotermico, che a sua volta può essere **unipolare** o **bipolare** (per uso civile), **tripolare** o **tetrapolare** (trifase + neutro, per uso industriale);
  - **puri**: il gruppo differenziale è un dispositivo a sé stante, sensibile alla sola corrente di guasto a terra; devono essere usati in serie a un interruttore automatico o a un fusibile che li protegga dalle sovracorrenti;
  - **blocchi**: componibili, da associare a un interruttore magnetotermico separato, di cui è possibile scegliere in modo indipendente il numero di poli (2, 3, 4) e la curva caratteristica (B, C, D).

A livello di stabilimento, è possibile utilizzare una catena di interruttori differenziali con diversa e progressiva sensibilità e selettività, realizzando la migliore copertura e livello di sicurezza, coordinandone le caratteristiche con l'impianto di terra: $I\Delta n < 50/R$.

Attrezzi e materiali con isolamento in classe II

In alcuni casi è indispensabile usare componenti o attrezzi muniti di **doppio isolamento**, ovvero di isolamento rinforzato. Il sistema consiste nell'applicare sulle parti attive **due isolamenti distinti** in cascata.
Tali apparecchi sono denominati di **classe II** e sono privi del collegamento di terra |fig. F1.24|.

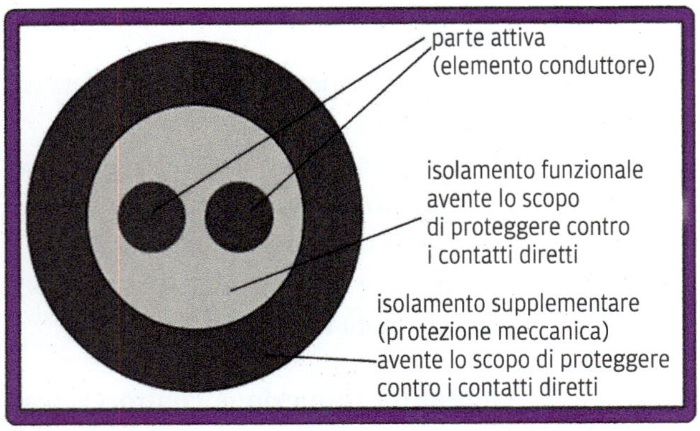

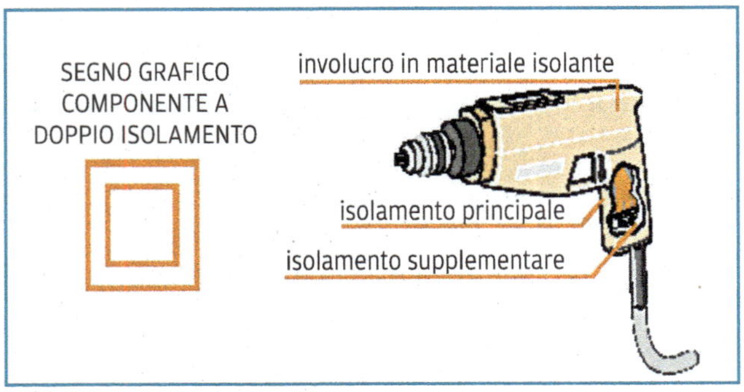

F1.24 Doppio isolamento nel cavo e all'interno di attrezzi in classe II.

Molti attrezzi con il simbolo del doppio isolamento hanno anche un grado di protezione IP64, che li rende idonei a operare in ambienti umidi o all'aperto, in cantiere.
L'adozione di apparecchiature con doppio isolamento si rende necessaria per esempio quando, forando un muro, la punta metallica potrebbe incontrare un conduttore attivo nel suo percorso.
È evidente, in questo caso, che l'utilizzo di un attrezzo collegato a terra determinerebbe un cortocircuito, con sviluppo di arco elettrico ed eventuale sgancio dell'interruttore generale o differenziale, cui è collegato l'attrezzo medesimo.
Al contrario, usando un attrezzo con doppio isolamento, non succede assolutamente nulla, tuttalpiù, possono andare in tensione la punta e il mandrino (quest'ultimo non può essere toccato mentre il trapano gira e per quanto concerne la punta è nel muro); se dovesse capitare un cortocircuito per contatto della punta su più conduttori, si sgancerebbe l'interruttore dell'impianto colpito, e non quello che alimenta l'attrezzo, garantendo così l'estrazione della punta e non il suo bloccaggio nella situazione pericolosa.
Il mantenimento delle proprietà di doppio isolamento nel tempo è la garanzia della sicurezza di utilizzo di questi dispositivi: in particolare sono da tenere sotto controllo le spelature del cavo e la fuoriuscita dei conduttori dalla guaina esterna di protezione, nonché le eventuali rotture nel corpo di plastica dell'involucro e del manico esterno.
Ogni danneggiamento al doppio isolamento costituisce infatti una pericolosa via di dispersione di corrente a terra attraverso il nostro corpo (è infatti assente il conduttore di terra). Per tale ragione occorre immediatamente riparare cordoni e cavi spelacchiati o fili scoperti, eliminare e sostituire manici e involucri crepati o rotti.

Separazione elettrica

La **separazione elettrica** |fig. F1.25| è realizzata alimentando il circuito mediante un trasformatore di isolamento o un generatore elettrico indipendente, con secondario isolato da terra.

Tutte le masse del circuito separato devono essere collegate tra loro a un **conduttore equipotenziale indipendente**, evitando collegamenti al conduttore di terra a primario; tutti i circuiti utilizzatori devono essere protetti dalle **sovracorrenti**.

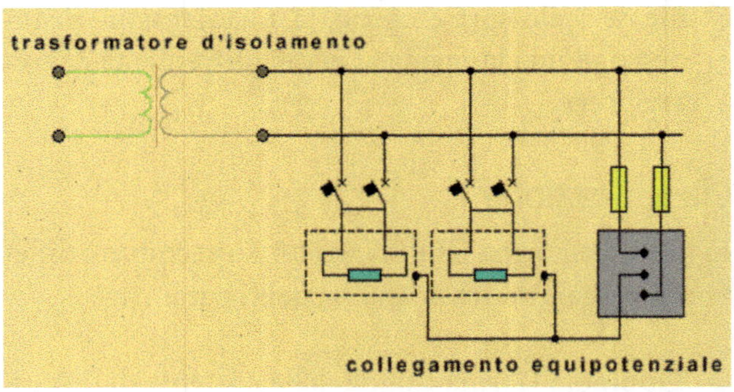

F1.25 Separazione elettrica: schema applicativo con 2 utenze e 1 presa.

Data la struttura del circuito, occorre una perdita di isolamento fra due utenze per avere una circolazione di corrente sul collegamento equipotenziale, con conseguente apertura dei dispositivi di protezione (fusibili o magnetotermici). Se una sola utenza ha una perdita di isolamento, non può circolare corrente verso terra, non si crea alcuna differenza di potenziale fra terra e masse coinvolte (il conduttore equipotenziale rimane libero e flottante).

Si impone la sicurezza mediante separazione elettrica quando bisogna operare in mancanza di impianti di terra, per esempio in caso di vecchi edifici che non ne sono dotati, oppure in caso di apparecchiature installate su elementi mobili (fiere, mercati, giostre) o, ancora, per eseguire lavori elettrici su navi in costruzione, quando la carena risulta di fatto isolata da terra perché tenuta all'asciutto e fuori dall'acqua. In quest'ultimo caso è la stessa struttura metallica della nave che funge da elemento equipotenziale cui sono collegate tutte le masse.

Nei **lavori a potenziale**, l'operatore opera mantenendosi allo *stesso potenziale della parte attiva* e restando isolato da qualunque altra parte a potenziale diverso. Tali sono i lavori su linee aeree di tranvie (600 V) e ferrovie (3 kV) svolti su cestello mobile, isolato da terra e portato a contatto con linea in tensione.
In questo caso gli attrezzi elettrici che l'operatore usa mentre si trova nel cestello sono alimentati con un trasformatore di separazione: non vi è infatti altro modo per risolvere il problema di isolamento delle masse sul cestello (a potenziale) rispetto alla terra della rete.

Si osservi infine che, nei lavori a potenziale, non sussiste un particolare tipo di rischio: tutti gli uccelli si posano normalmente su cavi e linee aeree in tensione senza assolutamente restarne folgorati. Il problema nasce sempre quando si toccano due punti a potenziale diverso (la tensione è infatti una **differenza di potenziale**); pertanto, nei lavori a potenziale, la situazione si capovolge e il rischio diventa reale quando si devono toccare parti a terra.

Uso di alimentazioni di sicurezza

Le alimentazioni di sicurezza sono un'ulteriore variante del metodo della separazione elettrica, abbinate a tensioni di esercizio basse o bassissime, talvolta con l'inserimento di un trasformatore a doppio isolamento, in particolare quando non è disponibile un conduttore equipotenziale cui collegare le masse.
Si tratta quindi di sistemi elettrici in categoria 0, che servono per alimentare attrezzi di lavoro in situazioni che espongono l'utilizzatore al rischio di un contatto diretto a causa di archi o scariche elettriche sulle rispettive masse.
I sistemi di alimentazione di sicurezza sono suddivisi in tre categorie:

- **SELV** (*Safety Extra-Low Voltage*): bassissima tensione di sicurezza;
- **PELV** (*Protective Extra Low Voltage*): bassissima tensione di protezione;
- **FELV** (*Functional Extra Low Voltage*): bassissima tensione funzionale.

Sistema SELV

Il Sistema **SELV** è alimentato da una sorgente autonoma di sicurezza (U_2 <25 V c.a. o U_2 <60 V c.c.), ha una separazione galvanica verso gli altri sistemi elettrici (doppio isolamento) e non ha punti a terra **|fig. F1.26|**.

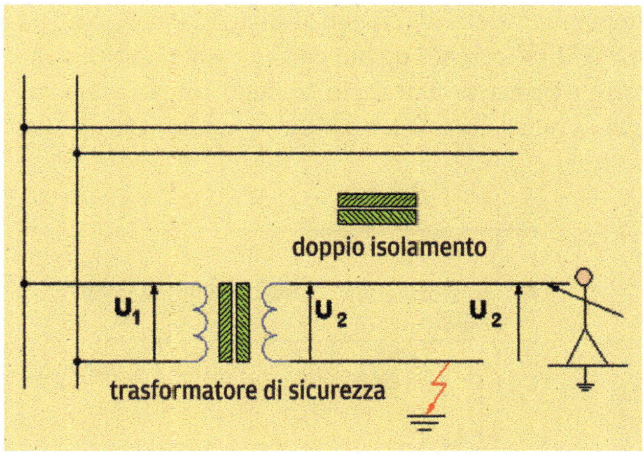

F1.26 Schema applicativo del sistema SELV.

In caso di guasto a terra di un polo del circuito secondario del trasformatore, tra la persona e la terra si stabilisce una tensione non superiore a quella del secondario stesso (U_2).

Attrezzi elettrici alimentati a batteria e involucro a doppio isolamento rientrano nella categoria SELV.
Il sistema SELV si utilizza quando si opera in ambienti a elevato rischio, in presenza di umidità e condizioni particolari (per esempio nei cunicoli in vicinanza a parti attive), quando la stessa sudorazione personale costituisce una via di possibile folgorazione, oppure quando le difficoltà di movimento rendono difficile il controllo di posizione di utensili e attrezzi, determinando un rischio di possibile contatto, anche involontario.
Tali sistemi sono impiegati anche nell'edilizia civile: il campanello di sicurezza oggi richiesto dalla normativa vigente sopra ogni doccia, è alimentato da un trasformatore a doppio isolamento, con secondario a bassissima tensione (12 V c.a.), ovvero da un sistema SELV.

È infatti vietato introdurre la tensione di rete 220 V in ambienti a elevata umidità come la doccia: in questo caso non è sufficiente il corpo in plastica dell'interruttore per impedire una possibile via di scarica di corrente; anche la corda di nylon che aziona l'interruttore del campanello, quando è bagnata e intrisa d'acqua, non può essere considerata un isolamento sufficiente.

Sistema PELV

Il **Sistema PELV** |fig. F1.27| è un sistema a bassissima tensione, alimentato da una sorgente di sicurezza e con una separazione di protezione verso gli altri sistemi elettrici, ma **con un punto collegato a terra**, a volte per ragioni funzionali, altre volte per ragioni di sicurezza, come accade per i circuiti di comando degli impianti industriali (circuiti ausiliari). Non è sicuro come il SELV perché l'utente può, in caso di guasto verso terra a primario, entrare in contatto con una tensione più elevata della sola tensione al secondario ($U_2 + U_T$).

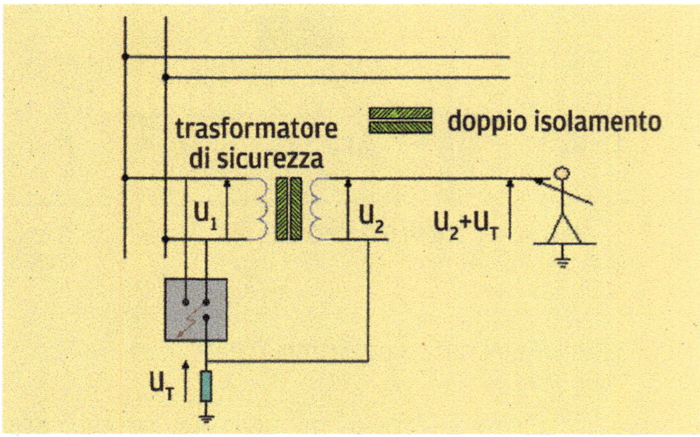

F1.27 Schema applicativo del sistema PELV.

Attrezzi elettrici alimentati da convertitori (*inverter*) dotati di trasformatori con schermo metallico fra primario e secondario collegato a terra rientrano nella categoria PELV. Negli impianti industriali questo si realizza per i circuiti di comando (circuiti ausiliari) a 24 V d.c., quando tale sorgente deriva da un alimentatore elettronico dotato del simbolo di doppio isolamento. La protezione PELV è assicurata per contatti diretti su piccole superfici solo in ambienti asciutti all'interno di un edificio con collegamento equipotenziale principale di terra. Qualora non sussistano tali condizioni, occorre passare a un livello di sicurezza più elevato, cioè a un impianto di tipo SELV |fig. F1.28|.

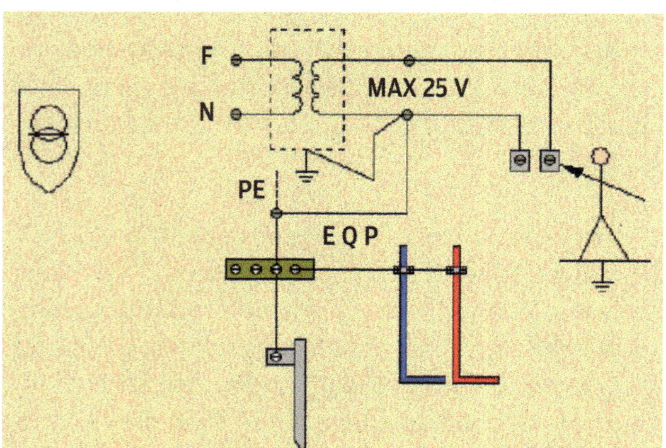

F1.28 Ambiente di utilizzo del sistema PELV.

Sistema FELV

Se viene a mancare o la garanzia sulla sorgente o la separazione galvanica di protezione del circuito secondario verso i sistemi elettrici a tensione maggiore, il **sistema** è denominato **FELV**, ovvero a bassissima tensione funzionale. L'alimentazione FELV deriva da un trasformatore ordinario, un autotrasformatore, un alimentatore elettronico senza adeguato isolamento tra ingresso e uscita. Si può quindi temere un passaggio della tensione primaria sul secondario |fig. F1.29|.

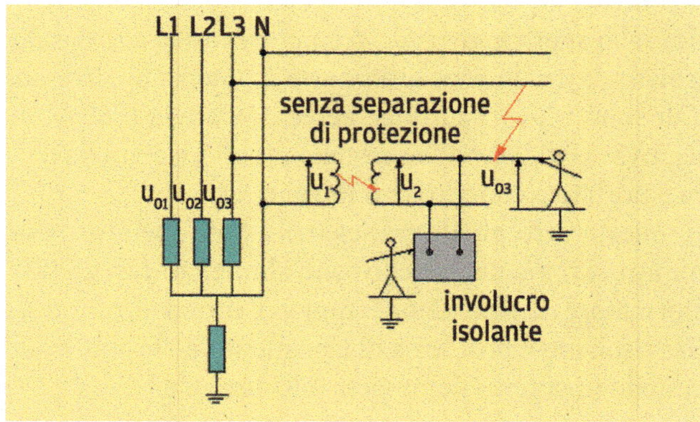

F1.29 Sistema FELV.

Il circuito secondario deve essere protetto dai contatti diretti e indiretti, mediante l'uso di involucri isolanti o collegando le masse al conduttore di terra (PE) del circuito primario, a condizione che quest'ultimo sia protetto contro i contatti indiretti mediante interruzione automatica dell'alimentazione (interruttore differenziale). Negli impianti industriali, i circuiti di comando (ausiliari) a 24 V d.c. realizzati mediante un trasformatore ordinario, ponte raddrizzatore ed eventuale condensatore di livellamento, realizzano a tutti gli effetti la protezione FELV, purché siano verificate le condizioni operative sopra indicate (inseriti in un armadio elettrico collegato a terra e alimentati da interruttore differenziale). In molti impianti industriali prodotti e messi in servizio prima del 2000, si osserva la presenza di alimentazioni ausiliarie a 24 V d.c. derivata da un trasformatore ordinario, collegato a rete senza interruttore differenziale. Criteri di efficienza energetica e di sicurezza per gli operatori (manutentori elettrici) suggeriscono la sostituzione di tali sistemi con un alimentatore elettronico a doppio isolamento, portando il livello di sicurezza del sistema a PELV.

Dati questi presupposti, ne consegue che le attività di manutenzione su impianti industriali che si limitano a operazioni sui circuiti di comando a bassa tensione (24 V, contrassegnate da fili elettrici di colore blu), sono sempre possibili senza dover sganciare l'interruttore generale, in quanto i rischi residui sono minimi, e nulli se preceduti da una verifica di tensione residua di terra a primario (U_T, circuiti PELV) e di efficienza della protezione differenziale (circuiti FELV). Viceversa i circuiti di alimentazione ausiliari a 110 V a.c. (fili di colore rosso) sono fuori norma, anche qualora tale tensione fosse suddivisa a metà con trasformatore a presa centrale (±55 V a.c.). Ne risulterebbero infatti due tensioni oltre il limite di 25 V a.c., in assenza di protezione differenziale. Non è ammesso il contatto diretto con parti in tensione dei circuiti di potenza (220 V o 380 V a.c., contrassegnate da fili di colore nero), per operare sulle quali si richiede normalmente lo spegnimento della macchina e lo sgancio dell'interruttore generale. Qualora fosse necessario mantenere l'impianto in tensione, e quindi fosse richiesto un intervento su parti attive, si configurerebbe un **lavoro in tensione a contatto**, da condurre con le opportune procedure operative e utilizzando i previsti DPI.

Misure per impedire la comparsa di tensioni pericolose

Ritorni di tensione imprevisti

Nel caso di impianti di dimensioni considerevoli, in cui non è possibile il controllo da un'estremità all'altra, oppure in caso di impianti con ridondanza (dove è possibile il trasferimento di tensione da una zona all'altra attraverso congiuntori), la sola interruzione delle sorgenti di alimentazione non è sufficiente a garantire la sicurezza. Quando le attività diventano complesse, con la partecipazione di più operatori, numerosi incidenti possono verificarsi a causa di errori, fraintendimenti, riconnessioni impreviste di linee pensate come scollegate, richiusure impreviste di alimentazioni, ritorni di corrente attraverso trasformatori scollegati a primario ma richiusi a secondario ecc. Occorre rendere inaccessibili i dispositivi di sezionamento, quando non sono sotto il diretto controllo di chi esegue i lavori, mediante:

- interruttori e sezionatori lucchettabili, asportando la chiave |fig. F1.30|;
- procedure rigide, di messa fuori servizio e di ripristino delle tensioni di rete sugli impianti, definendo ruoli e responsabilità (responsabile impianto e preposto ai lavori);
- messa a terra aggiuntiva dopo il sezionamento.

Cavi abbandonati in canalina a seguito di ristrutturazione impianti possono essere stati scollegati da un lato, "dimenticando" di scollegarli anche all'estremità opposta. Spesso gli impianti di grandi dimensioni dispongono di numerosi quadri di controllo su varie sottostazioni: interventi di manutenzione mal eseguiti possono aver lasciato "ponticelli" di alimentazione posticci che prelevano tensione da un quadro per portarla su un altro.
In questi casi solo la messa a terra aggiuntiva può proteggere l'operatore dalla richiusura intempestiva di un interruttore non ritenuto far parte dell'impianto in manutenzione.
La messa a terra aggiuntiva si realizza dopo aver verificato l'assenza di tensione a valle degli interruttori generali sganciati e lucchettati. In fase di ripristino dell'impianto, la sola rimozione della messa a terra aggiuntiva comporta la perdita della situazione di sicurezza raggiunta con tale precauzione, e l'impianto deve essere considerato in tensione.

Sovratensioni elevate

Anche in un impianto in perfette condizioni di isolamento, possono comparire **sovratensioni** pericolose |fig. F1.31|, per esempio a seguito della caduta di fulmini sulla linea ad alta tensione, che si propagano alle cabine di media tensione e quindi distribuiti alla linea B.T.
La suddivisione di un sistema di distribuzione della corrente elettrica in categorie si basa sul presupposto che un transitorio pericoloso a elevata energia, come per esempio un fulmine, verrà attenuato o mitigato man mano che percorre l'impedenza del sistema.
Un numero di CAT più elevato indica un ambiente elettrico con maggiore potenza disponibile e transitori a elevata energia.

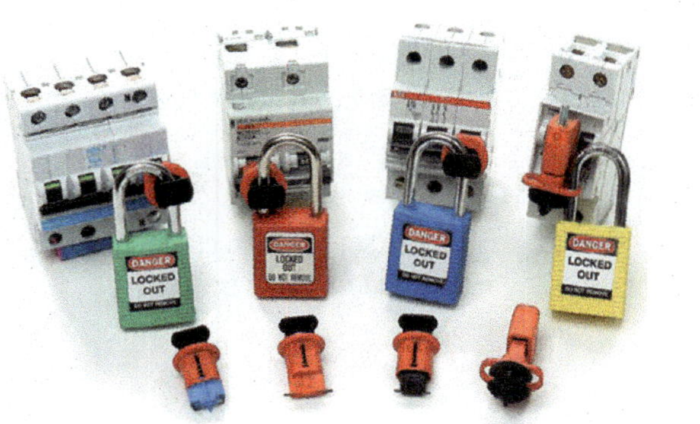

F1.30 Sezionatori lucchettabili.

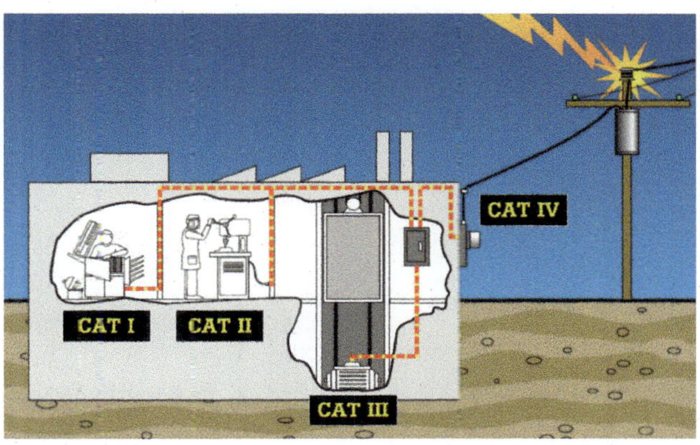

F1.31 Categorie di sovratensione.

La norma **CEI EN 61010** individua le categorie di sovratensione ammissibili nei vari ambienti di utilizzo, così come riportati nella **tabella F1.5**.
La presenza di possibili sovratensioni impatta sulla sicurezza delle attività ordinarie di manutenzione elettrica, in particolare per le attività ispettive svolte con strumenti di misura |**fig. F1.32**|.
La categoria dello strumento utilizzato deve corrispondere alla categoria di sovratensione ammissibile nell'impianto su cui viene impiegato.
Non si tratta soltanto (come spesso viene interpretato erroneamente) del livello di isolamento realizzato fra spinotti e boccole dello strumento, ma soprattutto dell'isolamento dei puntali (e in particolare della parte posteriore dei medesimi), dove una scopertura del filo può facilmente venire in contatto con il polso o il palmo dell'operatore.

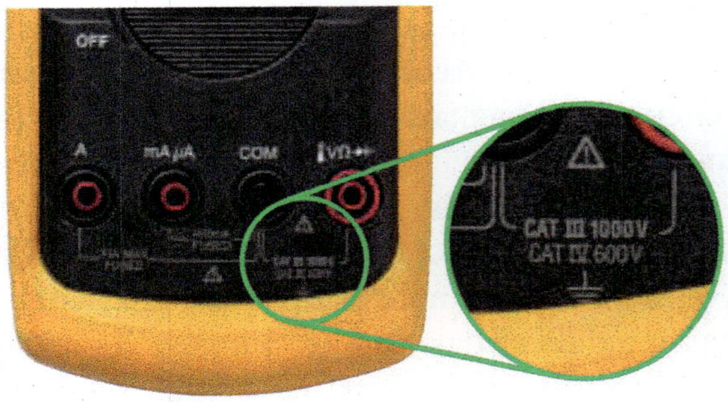

F1.32 Categorie di isolamento su strumenti di misura (tester universali).

Troppo spesso, infatti, la strumentazione a basso costo non presenta alcuna indicazione di categoria di sovratensione ammissibile, oppure si limita ad avere una categoria insufficiente per la destinazione di impiego,

TABELLA F1.5 Categorie di sovratensione secondo norme CEI EN 61010

Categorie di sovratensione	In breve	Esempi
CAT IV	Trifase per l'alimentazione di servizi, tutti conduttori esterni	- Indica l'"origine dell'installazione"; per esempio, dove viene effettuato il collegamento a bassa tensione per l'alimentazione dei servizi - Strumenti elettrici di misura e sistemi di protezione primaria da sovracorrente - Esterno e ingresso del servizio: il servizio parte dal palo e arriva all'edificio - Linea aerea fino all'edificio isolato, linea interrata fino al quadro di distribuzione
CAT III	Distribuzione trifase, inclusa l'illuminazione commerciale monofase	- Apparecchiature in impianti fissi, quali gruppi di comando e motori trifase - Sbarra e alimentatore in impianti industriali - Alimentatori e circuiti derivati corti, dispositivi del quadro di distribuzione - Sistemi di illuminazione in grossi edifici - Prese delle apparecchiature con collegamenti corti all'ingresso del servizio
CAT II	Carichi collegati a presa monofase	- Apparecchiature, strumenti portatili, altre applicazioni domestiche e carichi simili - Prese e circuiti derivati lunghi - Prese a una distanza di oltre 10 m (130 piedi) dalla sorgente di CAT III - Prese a una distanza di oltre 20 m (160 piedi) dalla sorgente di CAT IV
CAT I	Elettronica	- Apparecchiature elettroniche protette - Apparecchiature collegate ai circuiti (sorgente) in cui vengono eseguite delle misure per limitare sovratensioni transitorie a un livello adeguatamente basso - Qualsiasi fonte ad alta tensione e a bassa energia derivata da un trasformatore di resistenza ad avvolgimento elevato, come la sezione ad alta tensione di una fotocopiatrice

e inoltre possiede puntali con dimensioni insufficienti a realizzare una protezione contro i contatti diretti e indiretti, e non ha nessuna continuità di isolamento fra la parte posteriore del puntale e il rivestimento del cavo di collegamento allo strumento. La **tabella F1.6** riporta i valori di esercizio e i livelli di sovratensione (tensioni transitorie di picco) ammissibili.

TABELLA F1.6 Categorie, tensioni e sovratensioni

Categorie di sovratensione nelle installazioni	Tensione di esercizio (valore RMS d.c. o a.c. a massa)	Tensioni transitorie di picco (20 ripetizioni)
CAT I	600 V	2500 V
CAT I	1000 V	4000 V
CAT II	600 V	4000 V
CAT II	1000 V	6000 V
CAT III	600 V	6000 V
CAT III	1000 V	8000 V
CAT IV	600 V	8000 V

Tutti gli impianti elettrici devono essere dotati di **scaricatori di sovratensione**, elementi necessari per ridurre la propagazione di sovratensioni eccessive agli impianti a valle. Di norma sono installati nelle cabine elettriche di distribuzione.
Scaricatori di sovratensione con la caratteristica forma "a corna di bue" si possono trovare sulle linee elettriche di tipo ferroviario o tranviario, in corrispondenza delle diverse tratte: essi salvaguardano il materiale rotabile dai guasti provocati da fulmini caduti sulla linea.
In ogni installazione elettrica esposta all'aperto, è obbligatorio adottare opportuni scaricatori di sovratensione: in particolare ne devono essere dotati gli **impianti fotovoltaici** installati sui tetti, per proteggere gli impianti a valle da scariche elettrostatiche.

Interruzioni di corrente e sovratensioni

Anche su impianti a bassissima tensione possono capitare sovratensioni molto elevate, e non solo di tipo occasionale (fulmini sulla linea) ma di tipo continuativo: basti pensare all'autovettura dove, dall'impianto di batteria a 12 V, derivano i 30 kV utilizzati per l'innesco della scintilla alle candele, generati dallo **spinterogeno**. È sufficiente aprire il cofano dell'autovettura e toccare inavvertitamente i cavi delle candele (tenendo altre parti del corpo a contatto della carrozzeria), per accorgersi che, sebbene tali cavi siano protetti con isolamento rinforzato, si può prendere una scossa elettrica decisamente poco piacevole.
In generale, in tutti gli impianti elettrici, in presenza di un elemento induttivo (avvolgimento motore, reattore, bobina ecc.), ogni interruzione di corrente genera una sovratensione.
Come si evince dalla **figura F1.33**, il livello di sovratensione sviluppato è molto elevato, superando i 20 – 30 kV (la traccia dell'oscilloscopio fuoriesce addirittura dal quadro).
Tali sovratensioni mettono a dura prova gli isolamenti nei circuiti e delle eventuali apparecchiature di misurazione.
Ai capi dei contatti elettrici, a ogni apertura del circuito, si sviluppa una forte sovratensione che determina la rottura del dielettrico (aria), con conseguente formazione dell'arco elettrico fra i contatti.
I contatti degli interruttori e dei contattori si usurano a causa della corrosione generata dall'arco elettrico.
La superficie del contatto diventa sempre più butterata e irregolare; uno strato di ossido di rame (una polvere nera fortemente isolante generata dalla reazione chimica fra l'ossigeno dell'aria e il rame dei contatti) ricopre man mano la sezione utile al passaggio di corrente.

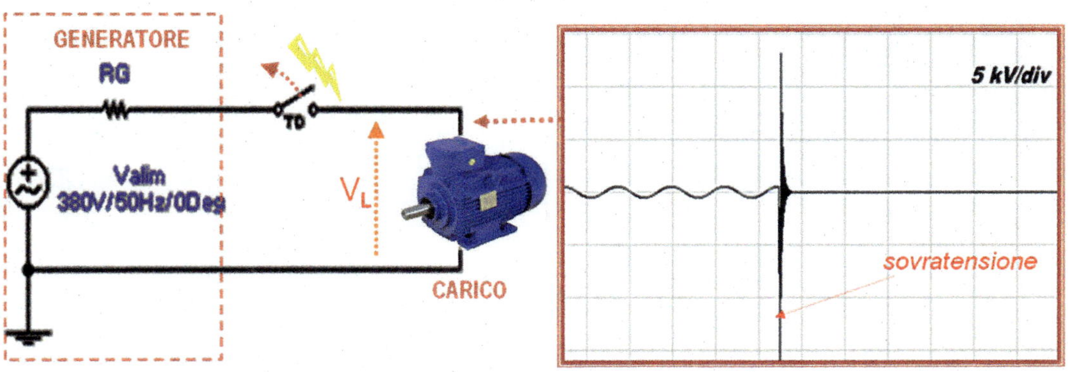

F1.33 Interruzioni di corrente e sovratensioni.

Il contatto aumenta la propria resistenza e scalda, trasmettendo il calore ai cavi collegati ai morsetti, con pericolo di cortocircuito per rammollimento o carbonizzazione dell'isolante che riveste i cavi.
Infine, specie con le elevate correnti di spunto dei motori, i contatti giungono a saldarsi e incollarsi in modo permanente, con pericolo di contatto diretto verso la rete, ritenuta erroneamente sezionata e isolata dal contatto stesso |**fig. F1.34**|.

F1.34 Contatti di un relè incollati dall'arco elettrico.

È quindi fondamentale proteggersi da tale rischio gravissimo per la sicurezza e l'incolumità degli addetti alla manutenzione degli impianti.
Verificare sempre la presenza di tensione (anche solo su una fase) prima di approcciare un impianto: in agguato c'è sempre il rischio di uno shock elettrico da contatto diretto a causa di eventuali contatti incollati.
In ogni caso è ancora meglio prevenire il fenomeno che combatterne le conseguenze: è possibile ridurre ed eliminare le sovratensioni inserendo i **varistori** sugli impianti elettrici |**fig. F1.35**|.

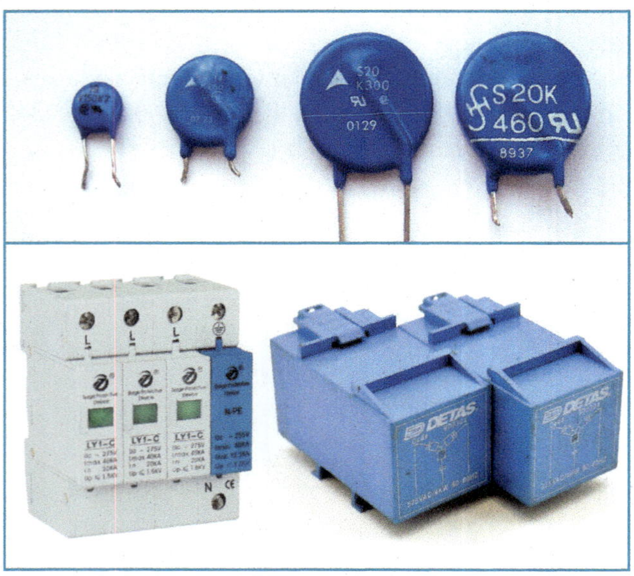

F1.35 Alcuni tipi di varistori (limitatori di sovratensione) disponibili in commercio.

I varistori (detti anche **limitatori di sovratensioni**) sono resistenze variabili a seconda della tensione presente nel circuito. Possono essere:

- isolanti (al disotto di una certa tensione di soglia);
- conduttori (superata la tensione di soglia), in tal caso diventano conduttori e possono scaricare forti correnti impulsive, limitando la tensione massima.

L'utilizzo dei varistori permette di:

- eliminare le sovratensioni, l'innesco di arco elettrico e il conseguente irraggiamento di radiodisturbi (EMC);
- aumentare fino a 8 volte la durata dei contatti elettrici;
- evitare danni conseguenti alla scarica di fulmini sulla rete.

L'uso di soppressori di sovratensioni, in particolare su motori e bobine di elettrovalvole, è oggi obbligatorio e fa parte dei requisiti minimi per una costruzione "a regola d'arte" degli impianti elettrici.

Nella **figura F1.36** si può osservare l'effetto dell'uso di un varistore montato in parallelo a una bobina alimentata in corrente alternata e raddrizzata. Gli impianti dotati di limitatori di sovratensione consentono di effettuare operazioni di verifica e controllo con normale strumentazione in categoria II, anche in presenza di ripetute commutazioni dei teleruttori, in quanto le sovratensioni sui contatti non possono superare i limiti di tensione previsti per tale categoria (4 kV).

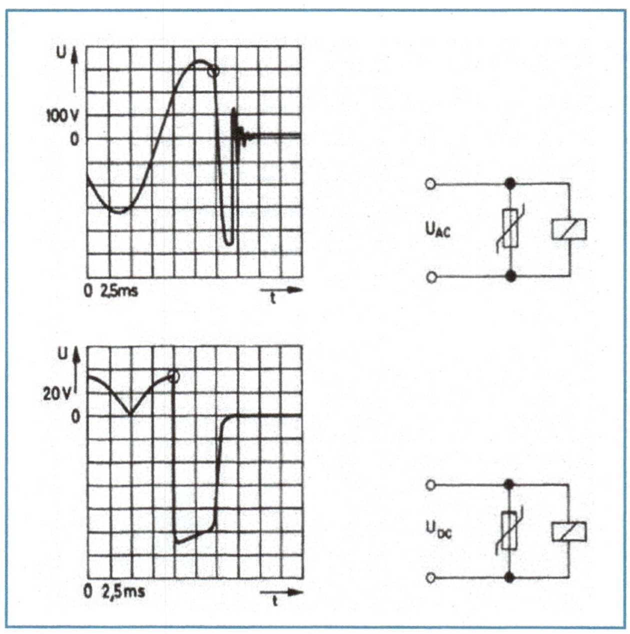

F1.36 Limitazione della sovratensione realizzata con l'impiego di varistori.

Dispositivi di protezione individuale (DPI)

Quando il rischio elettrico non può essere eliminato all'origine con adeguate misure di prevenzione, si ricorre all'uso di mezzi di protezione. Un esempio tipico in tal senso è costituito dal lavoro sotto tensione in bassa tensione (fino a 1000 V) dove per l'espletamento delle attività si accede intenzionalmente alle parti in tensione, rispetto alle quali occorre quindi mettere in atto specifiche misure di protezione. Il controllo del rischio può essere affidato a mezzi individuali o collettivi |fig. F1.37|.

F1.37 DPI e attrezzatura di sicurezza.

Nel primo caso si parla di **dispositivi di protezione individuale**, nel secondo caso si parla di **attrezzature** |tab. F1.7|.

TABELLA F1.7 DPI e attrezzature

DPI elettrici	Attrezzature di sicurezza
Elmetto isolante con visiera	Cacciaviti isolati
Occhiali	Chiavi a bussola isolate
Guanti isolanti	Pinze isolate
Tronchetti isolanti	Pedane e tappeti isolanti
Vestiario ignifugo	

Il principio generale per cui si utilizzano i DPI e le attrezzature di protezione è quello di formare una **doppia barriera** che impedisca il passaggio della corrente attraverso il corpo umano |fig. F1.38|.

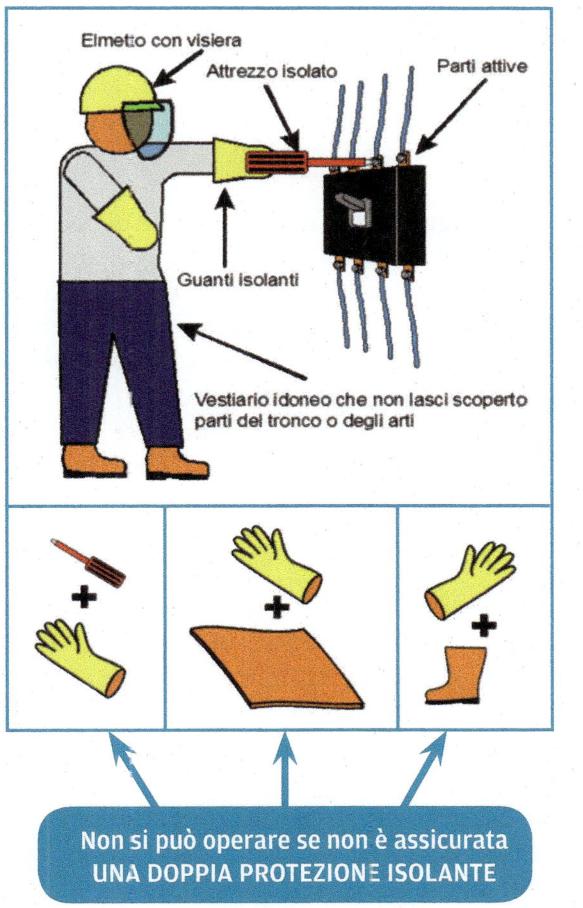

I guanti isolanti, prima del loro impiego, devono essere verificati a vista e gonfiati per accertarsi che non vi siano lacerature

F1.38 Uso dei DPI nei lavori elettrici in B.T. a contatto.

Le tensioni di isolamento cui sono provati e garantiti i dispositivi di protezione individuale (10 kV) devono essere di almeno un ordine di grandezza superiore rispetto alla tensione di esercizio su cui si opera (1 kV).
Non esiste nessuna "scarpa di gomma" che possa garantire (in particolare rispetto a un piede sudato o un pavimento umido) il medesimo livello di protezione assicurato dai tronchetti isolanti (correnti di dispersione inferiori a 6 mA con tensioni di prova di 20 kV per 1 minuto).
Tutti i DPI e attrezzature di protezione devono essere marcati CE e devono essere mantenuti seguendo le istruzioni fornite dal costruttore e verificati entro i periodi prestabiliti.

La **visiera** è l'elemento fondamentale per proteggersi dall'arco elettrico: essa e costituita in materiale plastico resistente ai raggi ultravioletti, e ha uno spessore di almeno 4 mm per resistere a proiezioni e spruzzi di materiale fuso.

Gli **occhiali di sicurezza** offrono una protezione limitata ai soli raggi ultravioletti, e possono essere utilizzati solo quando le distanze dall'arco elettrico sono sufficientemente elevate da poter escludere proiezione di parti incandescenti.

Il **vestiario ignifugo** è l'ulteriore livello di protezione quando vi è il rischio di arco elettrico: evitare assolutamente l'uso di vestiario in ovatta di materiale acrilico (felpe) poiché facilmente incendiabile. Se non si può disporre del vestiario specifico, è preferibile il cotone e la lana poiché sono più ignifughi.
Operando sotto tensione è severamente vietato indossare anelli, catenine, braccialetti, piercing e altri oggetti metallici che possano costituire vie di contatto diretto o indiretto.

I **guanti isolanti** sono sicuramente il DPI più importante per i lavori elettrici a contatto in B.T.; la protezione non riguarda solo le mani, ma si estende all'avanbraccio, mantenendo le restanti parti del corpo a una distanza D_L maggiore di 15 cm dalle parti attive. Il guanto protegge sia come isolante elettrico che da ustioni dell'arco elettrico e proiezioni di metallo fuso.
I guanti spessi 0,5 mm (classe 00, resistenti fino a 500 V) sono oggi meno usati dei guanti spessi 1 mm (classe 0, resistenti fino a 1 kV) in quanto questi ultimi offrono maggiore resistenza meccanica a strappi, tagli e abrasioni, a parità o quasi di flessibilità e sensibilità oggi ottenibili dalle gomme siliconiche rispetto al lattice naturale.

Per quanto riguarda le **attrezzature**, il concetto fondamentale è quello di limitare al minimo la parte metallica esposta verso contatti esterni, volontari o involontari che siano.
I **cacciaviti** hanno dunque scoperta solo la punta, mentre l'asta deve restare isolata, proteggendo il dito dal contatto diretto, qualora sfuggisse la presa dall'impugnatura; le **chiavi a bussola** hanno snodi interamente gommati e sono totalmente rivestite di materiale isolante, in modo che dadi e bulloni in tensione da stringere risultino isolati e coperti da elementi estranei.
Allo stesso modo si distinguono le **pinze isolate** (con becchi metallici interamente rivestiti, almeno all'esterno) dalle **pinze isolanti** (solo con il manico isolante): quando si attorcigliano i trefoli in rame di un cavo elettrico in tensione, non può e non deve assolutamente capitare un contatto imprevisto dei becchi della pinza con una qualunque parte metallica nelle vicinanze.

L'**elmetto dielettrico** non serve contro la caduta di oggetti dall'alto: serve perché, a seguito dell'esplosione prodotta da un arco elettrico, si compiono movimenti inconsulti, ci si solleva di scatto, andando a sbattere violentemente la testa contro "quel grosso interruttore generale" che si trova proprio sopra alla nostra postazione di lavoro.

Le **pedane isolanti** (30 kV) si utilizzano in cabina di distribuzione elettrica quando è necessario svolgere le operazioni di sgancio degli interruttori generali dalla linea di media tensione, con successiva apertura dei sezionatori e messa a terra. La pedana risulta necessaria anche se tutte le attrezzature di cabina sono contenute in armadi elettrici collegati a terra. Ci si premunisce, in questo caso, proprio dagli effetti di una scarica di elevata corrente verso terra, che, come noto, ne aumenta localmente il potenziale prima di disperdersi nel terreno.
Se è necessario operare su apparecchiature in tensione, non solo occorre utilizzare gli opportuni DPI e le attrezzature di sicurezza, ma occorre pianificare con attenzione l'attività, portando nell'area di lavoro solo le attrezzature previste e richieste dalla procedura di lavoro, studiata e pianificata in precedenza, con attenzione e con ogni cautela. Non deve mai capitare che, operando sotto tensione, cada una forbice dove non avrebbe dovuto cadere, causando un'esplosione e il conseguente arco elettrico. Perché mai un operatore dovrebbe essere così incosciente da portare una forbice non isolata in area di lavoro di un impianto in tensione, se l'utilizzo di tale utensile non era previsto dalla procedura?

F1.3 Sistemi di terra

I **sistemi di distribuzione elettrica** sono classificati in base allo stato del neutro e delle masse rispetto alla terra. Vengono indicati con due lettere |**fig. F1.39**|:

- se la 1ª lettera è la *T*, il neutro è collegato a terra;
- se la 1ª lettera è la *I*, il neutro è isolato oppure è collegato a terra tramite un'impedenza;
- se la 2ª lettera è la *T*, le masse sono collegate a terra;
- se la 2ª lettera è la *N*, le masse sono collegate al neutro del sistema.

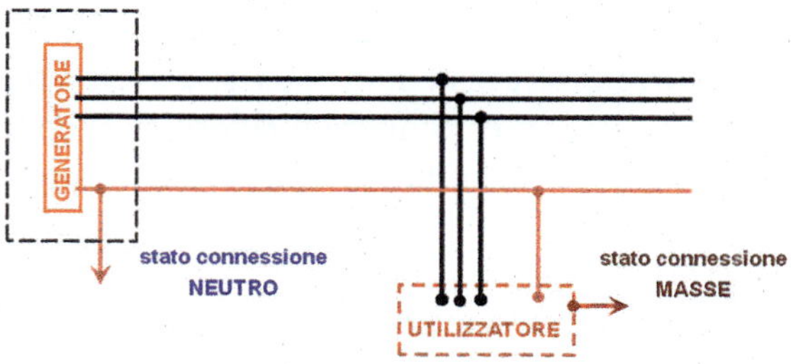

F1.39 Identificazione del tipo di collegamento a terra (neutro e masse).

Per quanto riguarda il metodo di collegamento a terra, sono quindi possibili i seguenti sistemi di distribuzione: **TT** (terra-terra); **TN** (Terra-Neutro); **IT** (Impedenza-Terra o Isolato-Terra).

Sistema di distribuzione TT

È il sistema più usuale con il quale viene distribuita l'energia elettrica dagli enti distributori alle utenze di categoria I, caratterizzato da due terre indipendenti.
Il neutro è collegato a **terra in cabina** (sul centro stella del trasformatore). Le masse dell'installazione vengono collegate all'impianto di **terra dell'utente** mediante il conduttore di protezione PE (*Protective Earth*). Al primo difetto di isolamento fra fase e massa, intervengono i dispositivi di protezione.
È vietato utilizzare il neutro come conduttore di protezione. Il conduttore di neutro è considerato attivo a tutti gli effetti (può assumere tensioni pericolose, per esempio a causa di cadute di tensione su di esso) e, come tale, deve essere sezionabile: quindi gli interruttori devono aprire su tutti i poli. Il conduttore PE invece non deve mai essere sezionato |**fig. F1.40**|.

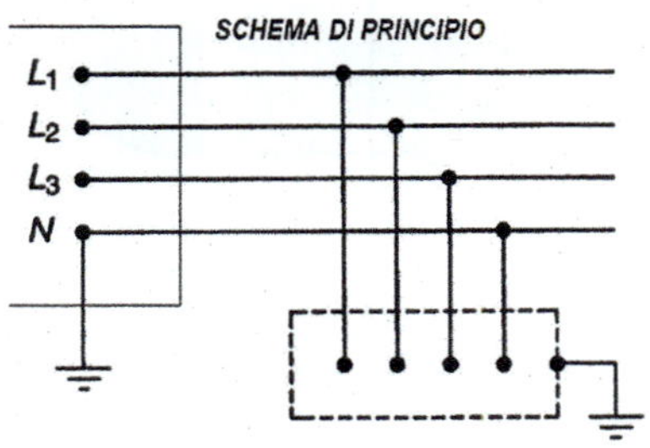

F1.40 Sistema di distribuzione TT.

Sistema di distribuzione TN

È il sistema con il quale viene distribuita l'energia elettrica nei piccoli stabilimenti e caseggiati rurali che non dispongono di un impianto di terra proprio, oppure quando la terra di cabina fornita dalla stessa società di distribuzione risulta migliore, in termini di capacità di dispersione, rispetto a quella realizzabile su un edificio non dotato di sistemi di terra adeguati oppure ancora non realizzabile con altri metodi (per esempio è impossibile scavare pozzetti di terra e piantare picchetti su un terreno roccioso ecc.).

In tutti questi casi, previsto che le distanze rispetto alla cabina di distribuzione non siano eccessive, risulta più pratico utilizzare come terra principale quella del trasformatore della cabina di distribuzione, portandola all'utenza con un cavo dedicato |**fig. F1.41**|.

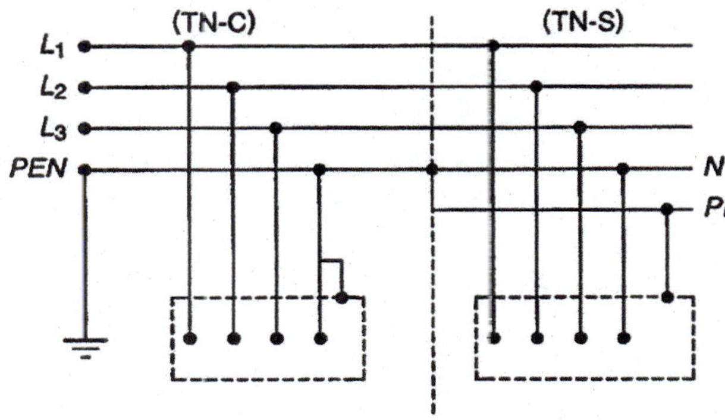

F1.41 Sistema di distribuzione TT.

Il sistema TT si divide in due sottogruppi:

- **TN-C (Terra-Neutro Comune)**, in cui si utilizza un solo cavo per la terra e per il neutro quando le distanze sono così brevi da rendere indistinguibile il potenziale di terra rispetto al potenziale del neutro percorso da corrente; è vietato interrompere il neutro per impianti TN-C, in quanto tale cavo porta anche la terra alle masse;
- **TN-S (Terra-Neutro Separati)**, in cui dal pozzetto di terra di cabina si dipartono due cavi, uno di neutro (ritorno di corrente) e uno di terra (normalmente non percorso da corrente se non in caso di guasto a terra); per impianti TN-S (Terra-Neutro Separati) il sezionamento del neutro non è vietato, anzi è richiesto nei circuiti a due conduttori fase-neutro aventi a monte un dispositivo di interruzione unipolare.

Al primo difetto di isolamento fra fase e massa intervengono i dispositivi di protezione.

Sistema di distribuzione IT

Nel sistema IT, il neutro è isolato o collegato a terra tramite impedenza, mentre le masse sono collegate a una terra locale (il neutro deve essere sempre sezionabile). Si utilizza quando la continuità del servizio deve essere tassativamente garantita (raffinerie, industrie a ciclo continuo), in quanto al primo guasto di isolamento la corrente, che si richiude attraverso le capacità parassite dei conduttori verso terra, è molto piccola e non determina l'intervento delle protezioni.

Occorre un collegamento a un unico impianto di terra delle parti metalliche da proteggere; inoltre la tensione sulle masse non deve superare i 25 V nel caso di primo guasto a terra e il tempo di intervento del dispositivo di protezione non deve superare i 5 s quando si verifica il secondo guasto a terra; infine deve esserci un dispositivo di controllo continuo dell'isolamento delle parti attive verso terra.

Il sistema IT esige personale specializzato per la ricerca guasti. Un caso particolare è rappresentato dai sistemi di terra per ferrovie e tranvie, dove la distribuzione di corrente è monofase o in corrente continua, erogata su più tratte, in cui il binario rappresenta contemporaneamente un neutro (ritorno di corrente), collegato a terra in più punti.

In questi sistemi il neutro in centrale è collegato a terra con impedenza realizzata da un relè di massima corrente, per poter interrompere il circuito in caso di guasto grave. Essendo infatti il binario collegato a terra, non vi è altro modo di riconoscere una dispersione di corrente se non misurando la corrente di ritorno al trasformatore in cabina quando non passa nessun convoglio |fig. F1.42|.

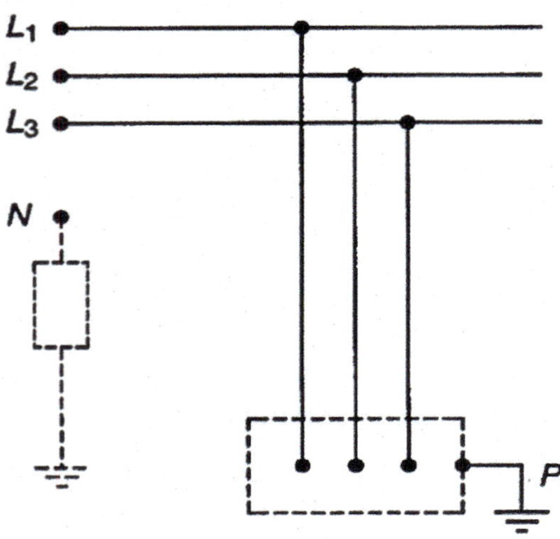

F1.42 Sistema di distribuzione IT.

F1.4 Utilizzo dei dispositivi di protezione personale (DPI)

Come già definito nel paragrafo dedicato ai DPI, qualunque attività sotto tensione deve essere attentamente pianificata e studiata in precedenza, stabilendo una procedura di realizzazione possibile, con strumenti, attrezzature e metodi definiti. Vale quindi una regola fondamentale: eseguendo lavori sotto tensione nulla deve essere lasciato al caso.

L'operatore professionista deve compiere solo le attività previste; non sono ammessi "svarioni" e "fantasie", occorre essere sistematici, usare estrema freddezza e piuttosto interrompere il lavoro se le condizioni di sicurezza definite dalla procedura vengono a mancare.

Il primo passo per realizzare tale procedura è quello di definire la **zona d'intervento**, ovvero l'area operativa posta frontalmente all'operatore, dalle dimensioni ragionevolmente contenute (per esempio 50 cm × 50 cm), cioè con un campo visivo che permetta all'operatore di avere sotto controllo le parti attive in tensione su cui deve eseguire il lavoro.
Nella zona di intervento non devono essere presenti attrezzi diversi da quelli previsti dal piano di lavoro |fig. F1.43|.

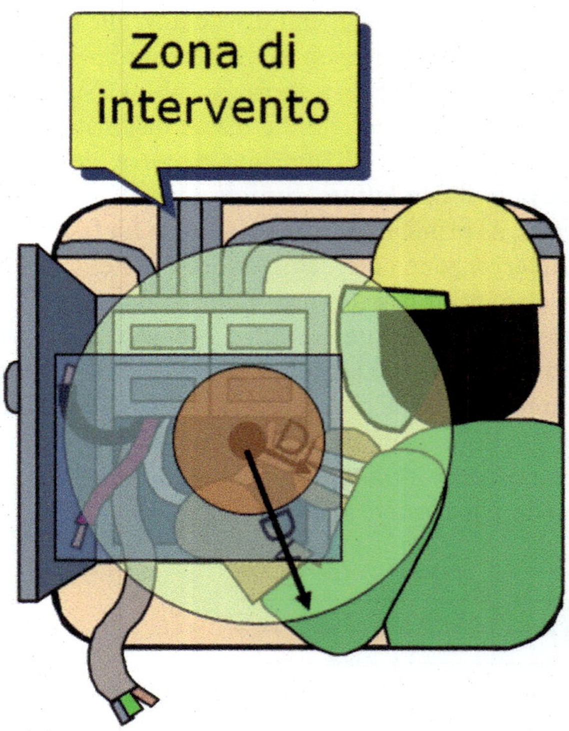

F1.43 Zona di intervento per lavori elettrici sotto tensione a contatto.

A titolo di esempio, la **tabella F1.8** riporta una scheda operativa di intervento per lavori elettrici B.T. sotto tensione, realizzata secondo il modello standard previsto dalle norme CEI.

L'attività qui prevista è quella della sostituzione di un interruttore automatico posto all'interno del quadro elettrico di distribuzione di un supermercato. Si tratta di un impianto complesso e di elevata potenza, in cui i numerosi banchi frigoriferi e congelatori non possono restare a lungo scollegati dalla rete, pena la perdita della "catena del freddo" e dei criteri di conservazione dei cibi in essi contenuti, con conseguenti perdite economiche rilevanti.

L'impianto è quindi stato concepito con criteri di ridondanza, con più sezioni operanti in parallelo, in modo che si possa prontamente rimediare a un eventuale guasto su una sezione con l'inserzione di un elemento sostitutivo.

In conseguenza, anche scollegando l'interruttore automatico da sostituire, l'impianto rimane attivo e in tensione, e occorre eseguire l'intervento secondo le procedure di **lavori elettrici in tensione a contatto**.

TABELLA F1.8 Scheda operativa di intervento per lavori elettrici B.T. sotto tensione[2]

Tipologia di intervento: sostituzione interruttore in quadro B.T. con contenitore in materiale isolante	**n. scheda** 023 **data** 12/03/2009 **pag.** 1/2
Tipo di lavoro elettrico: lavoro sotto tensione	**Operatori per intervento**: 1 addetto
Analisi dei rischi **Generali**: si veda la valutazione eseguita ai sensi del DLgs 81/09 (s.m.i) (piano della sicurezza) **Specifici**: shock elettrico per contatto con parti in tensione. Ustioni e radiazioni da arco elettrico, colpi o tagli da utensile	
Attrezzi di lavoro **Utensili**: cacciaviti isolanti, pinze isolate **Accesso**: piano di calpestio **Varie**: voltmetro	
Dispositivi di protezione individuale (DPI) **Per rischio elettrico**: elmetto, visiera, guanti isolati **Per altri rischi**: secondo le indicazioni dei piani di sicurezza (ad esempio: elmetto, guanti da lavoro, calzature da lavoro, vestiario da lavoro)	
Materiali: interruttore di ricambio, morsetti isolanti, nastro isolante	
Campo di applicazione: sostituzione di un interruttore magnetotermico all'interno di un quadro con contenitore in materiale isolante	
Requisiti delle installazioni delle zone di lavoro Il lavoro può essere eseguito sotto tensione a condizione che il preposto/addetto ai lavori accerti che: - il lavoro è eseguibile secondo le procedure e con le attrezzature previste nella presente scheda - non siano presenti parti attive in tensione, al di fuori di quelle contenute nella zona di intervento, nella zona di lavoro o a meno di 65 cm dal limite esterno della zona di lavoro stesso - la zona di intervento deve essere posta frontalmente all'operatore stesso - il contenitore del quadro non deve essere metallico - il quadro deve essere installato in posizione che consenta di operare da terra	

2 La prima parte della scheda operativa individua chiaramente la tipologia di lavoro, quali sono i rischi, quali DPI e quali attrezzi usare, le condizioni operative previste.

TABELLA F1.8 Scheda operativa di intervento per lavori elettrici B.T. sotto tensione[3]

Tipologia di intervento: sostituzione interruttore in quadro B.T. con contenitore in materiale isolante	**n. scheda** 023 **data** 12/03/2009 **pag.** 2/2
Tipo di lavoro elettrico: lavoro sotto tensione	**Operatori per intervento**: 1 addetto

Descrizioni delle fasi operative

- Individuare in modo univoco l'interruttore da sostituire (tramite targhe di identificazione e gli schemi)
- Aprire l'interruttore e interrompere il carico
- Indossare i guanti isolanti (dopo averli verificati a vista e gonfiati) e abbassare la visiera (sono già indossati: l'elmetto, le scarpe da lavoro e il vestiario da lavoro)
- Rimuovere l'eventuale pannello di protezione del quadro e l'eventuale coprimorsetto lato uscita dell'interruttore e accertarsi che la morsettiera sia in buono stato di conservazione
- Prendere nota del colore o della sequenza dei conduttori, eventualmente contrassegnando gli stessi utilizzando del nastro isolante. Verificare che il conduttore di neutro corrisponda al conduttore di colore azzurro
- Con il cacciavite isolato, allentare la vite del primo morsetto di fase in uscita, sfilare il conduttore con la pinza isolata e applicare un morsetto isolato. Procedere analogamente per gli altri conduttori sconnettendo per ultimo il neutro
- Togliere l'eventuale coprimorsetto lato entrata e accertarsi che la morsettiera sia in buono stato di conservazione
- Con il cacciavite isolato, allentare la vite del primo morsetto di fase in entrata, sfilare il conduttore con la pinza isolata e applicare un morsetto isolato. Procedere analogamente per gli altri conduttori sconnettendo per ultimo il neutro
- Rimuovere l'interruttore da sostituire e installare quello nuovo in posizione di aperto
- Togliere il morsetto isolato dal conduttore di neutro in entrata, infilarlo nel corrispondente morsetto utilizzando la pinza isolata e serrare con il cacciavite isolato. Procedere analogamente con gli altri conduttori di fase in entrata rispettando la sequenza originaria
- Infilare il conduttore di neutro nel corrispondente morsetto in uscita utilizzando la pinza isolata e serrare con il cacciavite isolato. Procedere analogamente con gli altri conduttori di fase in entrata rispettando la sequenza originaria
- Chiudere l'interruttore e verificare, con il voltmetro, la presenza di tensione ed eventualmente la sequenza delle fasi (in caso di interruttore quadripolare)
- Applicare l'eventuale protezione del quadro

3 Leggere con attenzione le varie fasi della procedura riportata nella seconda parte della scheda operativa, individuando in particolare dove e quando sono indossati i DPI, inseriti e rimossi elementi di protezione, utilizzate specifiche attrezzature.
Notare inoltre come la verifica dello stato delle morsettiere (che nel caso di interruttori di potenza potrebbero determinare cattivo contatto) può causare, in caso di esito negativo, la sospensione della procedura, in quanto richiederebbe attività ulteriori di nuova intestatura cavi, non eseguibili in questo contesto e sotto tensione.

ESERCITAZIONE GUIDATA F1.1

Protezioni

A) Si deve eseguire la manutenzione sull'armadio elettrico di un impianto industriale (per esempio la sostituzione di un contattore per un motore elettrico trifase da 10 kW). Poiché ciò comporta sia lavori fuori tensione sia lavori in prossimità, elencare le protezioni che l'operatore deve attivare, sia in termini di verifiche preliminari sui circuiti ausiliari a 24 V, sia per le parti a 380 V trifase.
Per queste ultime, distinguere fra quelle del segmento su cui si opera (da sezionare e bloccare), per le sezioni vicine che, rimanendo attive, sono da segregare e rendere inoffensive.
Definire un piano di lavoro con la procedura corretta di intervento secondo il modello riportato di seguito, illustrando i metodi di protezione utilizzati e la loro sequenza di inserzione/disinserzione, rispettivamente prima di iniziare i lavori e al loro termine, analizzando i possibili rischi.

DITTA	PIANO DI LAVORO

Impianto: ....

Piano di lavoro richiesto da: ....

Elaborato da sig.: .... ☐ **responsabile dell'impianto** ☐ **delegato del responsabile**

Della Ditta: ....

Preposto ai lavori sig.: .... **Ditta:** ....

Addetto alle manovre sig.: .... **Ditta:** ....

Tempo previsto per l'esecuzione dei lavori

Dalle ore .... del .... alle ore .... del ....

Elementi di impianto da mettere fuori tensione e in sicurezza:

....

....

....

Descrizione del lavoro e delle manovre da eseguire per mettere in sicurezza gli elementi d'impianto:

....

....

Firma del Responsabile: ....

B) È richiesta la verifica dell'impianto di terra di una villetta.
L'operatore deve compilare una tabella in cui elenca i componenti dell'impianto di messa a terra e realizzare un semplice schema con la disposizione degli stessi.
In funzione delle caratteristiche elettriche dell'impianto (220 V, potenza installata 6 kW), calcolare la corrente massima di guasto verso terra e quindi il numero di picchetti di terra richiesti, ipotizzando una resistenza massima di ogni dispersore $\leq 10\ \Omega$.
Descrivere il metodo di prova e la sequenza di operazioni da compiere per la misura della resistenza di ogni dispersore.

1 Folgorazione e arco elettrico sono .... derivanti da lavori su impianti elettrici.

2 L'arco elettrico si innesca quando ....

3 Non esiste pericolo dalla caduta di parti metalliche sulle barre di distribuzione.

☐ Vero ☐ Falso

4 Indicare quali sono i principali effetti della corrente elettrica sul corpo umano.

....

....

5 Fare un esempio di contatto diretto e di contatto indiretto con parti in tensione.

a) Contatto diretto: ....

b) Contatto indiretto: ....

6 Negli impianti di alta e media tensione, l'unico modo per poter operare è quello della .... con relativo .... e successiva ....

7 Qual è la differenza tra lavori elettrici fuori tensione e lavori elettrici sotto tensione?

8 La norma CEI 11-27 individua due tipi di distanze di sicurezza:

a) ....

b) ....

9 Cosa indica la voce "quadro elettrico con protezione IP20"?

....

10 Indicare nella seguente tabella i tipi di protezione contro i contatti diretti, indiretti e contro l'arco elettrico.

11 La messa a terra si realizza creando .... che collegano fra loro tutte le parti .... dell'edificio.

12 Barriere, impedimenti e protezioni: indicare cinque oggetti che hanno questa funzione.

1) ....

2) ....

3) ....

4) ....

5) ....

13 L'interruzione automatica del circuito in caso di dispersione verso terra avviene mediante:

a) interruttore semplice
b) sistema a tempo
c) interruttore differenziale
d) interruttore termico

14 Gli attrezzi e i materiali con isolamento in classe II hanno triplo isolamento.

☐ Vero ☐ Falso

15 Definire il sistema SELV.

....

16 Quando si utilizzano i sezionatori lucchettabili?

....

....

17 Non è pericoloso toccare i cavi delle candele della vettura.

☐ Vero ☐ Falso

18 Perché i contatti di un relè possono incollarsi?

....

Contatti diretti	Contatti indiretti e arco elettrico

UNITÀ

F2 DISPOSITIVI ELETTRICI ED ELETTRONICI

OBIETTIVI

Conoscenze

- Le tecniche e procedure di assemblaggio e installazione dei dispositivi elettrici ed elettronici
- Le norme sulla sicurezza e sulla tutela ambientale relativa ai dispositivi elettrici ed elettronici
- Le procedure generali di collaudo e di esercizio

Abilità

- Adottare i dispositivi di prevenzione e protezione prescritti dalle norme per la sicurezza nell'ambiente di lavoro nelle operazioni di assemblaggio, installazione, collaudo e manutenzione dei dispositivi elettrici ed elettronici
- Individuare le risorse strumentali necessarie nelle operazioni di assemblaggio, installazione, collaudo e manutenzione dei dispositivi elettrici ed elettronici
- Redigere la documentazione e le attestazioni obbligatorie

CONTENUTI

F2.1 Attrezzi per lavori elettrici

Il set classico degli **attrezzi per l'elettricista** è composto da:

- cacciaviti, nelle diverse misure e fogge;
- pinze, a becchi piatti e a punta;
- tronchesi, per tagliare e spelare cavi elettrici.

Tutti gli elementi hanno il manico isolante, con grado di isolamento certificato, marchiati **CE** |fig. F2.1|.

F2.1 Attrezzi base per l'elettricista.

È fondamentale scegliere correttamente l'utensile per il lavoro richiesto: troppo spesso, infatti, si utilizzano cacciaviti con diametro non adeguato alla sede di inserzione, con conseguenti danni all'isolante che circonda il morsetto da svitare o da stringere. Quando, invece, si utilizza un cacciavite con diametro più piccolo del morsetto su cui occorre operare, si corre il rischio di non trovare la testa della vite posta al fondo del rivestimento in plastica, con conseguente scantonamento laterale del cacciavite e sfondamento della protezione, causato dal fatto di continuare a girare.
La rottura o la perdita del rivestimento isolante dei morsetti e dei contatti è sempre da considerare come elemento di rischio, poiché espone l'utente al pericolo di un contatto diretto, non ammesso dalle norme di sicurezza.

I cacciaviti cerca-fase, come quello trasparente riportato nella **figura F2.1**, oggi sono fuori norma e non devono più essere utilizzati per i motivi di seguito indicati.

- La micro-lampada a gas piazzata all'interno del manico trasparente del cacciavite si accende poiché circola una corrente nel corpo umano (proprio quello che le norme di sicurezza vogliono evitare, sebbene tale corrente sia al disotto della soglia di sensibilità).

- L'indicazione data dalla lampada è incerta e fasulla, poiché dipende dall'isolamento della persona che lo usa: in condizioni di buon isolamento, potrebbe non segnalare la presenza di alcuna tensione, esponendo a rischio grave l'utilizzatore, per errata segnalazione.
- Le tensioni sono delle differenze di potenziale e come tali si misurano fra due punti: la sola misura rispetto a terra può dare indicazioni errate se si è a valle di un trasformatore di isolamento e in assenza di un riferimento di terra.
- Nel tempo, la lampada perde il suo contenuto di gas, varia la sua tensione di innesco, la sua luminosità diventa flebile e la segnalazione della presenza di tensione diventa inconsistente.

Si verifica la presenza di tensione mediante un apposito strumento, detto **rivelatore di tensione** |fig. F2.2|, che dispone di due puntali ed è quindi in grado di misurare le differenze di potenziale sia rispetto a terra che fra due punti qualunque.
È uno strumento di costo minimo, di poco superiore a quello del cacciavite cerca-fase: insensato correre rischi inutili!

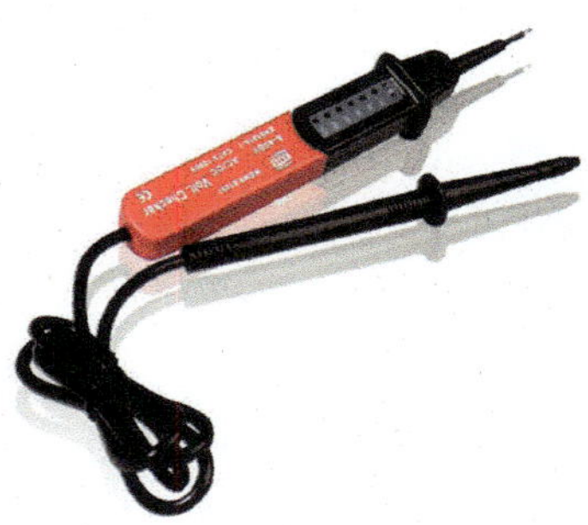

F2.2 Rivelatore della presenza di tensione.

Le **forbici da elettricista** sono un altro utensile di uso comune; si adoperano per la spellatura dell'isolante dai cavi per prepararli alla successiva connessione.
Sono dotate di un incavo che consente l'appoggio del cavo, regolando la profondità di incisione della lama nell'isolante.
Quando si opera su cavi multipolari, la punta della forbice |fig. F2.3| consente di penetrare nella guaina esterna del cavo, incidendola per un breve tratto, per poi liberare i singoli conduttori a trazione.

F2.3 Uso delle forbici da elettricista.

Quando il lavoro di cablaggio è ripetitivo, lo **spelafili** diventa indispensabile: ne esistono diversi tipi, in funzione del diametro di filo o cavo da spellare.
Alcuni modelli dispongono di un fermo regolabile per determinare la profondità di asportazione dell'isolante |fig. F2.4|.

F2.4 Tipologie differenti di spelafili.

Nel montaggio di quadri elettrici industriali, i cavi elettrici devono essere spellati e intestati: questa operazione viene eseguita con **puntalini** e/o **capicorda** |fig. F2.5a|, da serrare sul rame del cavo con l'apposita **pinza a crimpare** |fig. F2.5b|. In commercio ne esistono di diametri differenti, in base alla sezione del filo da serrare.

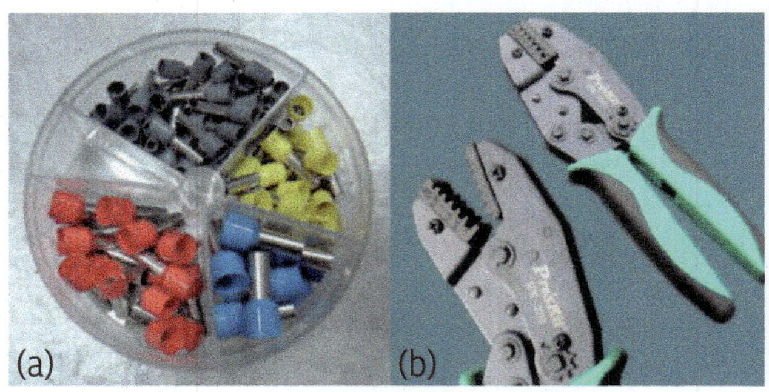

F2.5 a) Puntalini. b) Pinze a crimpare.

L'antica abitudine di attorcigliare fra loro i trefoli di rame dei cavi elettrici per formare una terminazione con maggiore corpo e robustezza, prima di inserirla nei morsetti, va oggi scomparendo non solo per gli impianti industriali, ma anche per quelli civili.
Questa attività richiede infatti un tempo più elevato rispetto alla crimpatura e produce un risultato qualitativamente scadente e poco professionale: non appena il filo viene stretto nel morsetto, i trefoli attorcigliati si distanziano fra loro, perdendo consistenza; negli interstizi fra un trefolo e l'altro passa l'aria, che con il tempo ossida il rame, causando un cattivo contatto; se è presente anche l'umidità si passa alla corrosione, con formazione di verderame e perdita totale del collegamento elettrico.

Grazie alla sua copertura in plastica, il puntalino avvolge e protegge l'isolante del cavo, che risulta annegato al suo interno, evitando di lasciare scoperte delle parti in rame vicino al morsetto, limitando e riducendo il pericolo di un contatto diretto. Parimenti sono ridotte e limitate le possibilità di cortocircuiti dovute a trefoli che, urtando il bordo esterno del morsetto, non vi entrano e si ripiegano verso morsetti vicini.

È vietato attorcigliare i trefoli prima di inserirli nel puntalino prima della crimpatura.
Per ottenere un buon contatto elettrico, occorre infatti che i trefoli rimangano vicini e schiacciati l'uno all'altro, senza possibilità per l'aria di penetrare all'interno. Viceversa, attorcigliando i trefoli, il cavo si ingrossa (più interstizi d'aria, meno rame), risulta più difficile l'inserzione nel puntalino e si riduce la forza di serraggio, con possibile sfilamento del cavo dal puntalino.

I **capicorda** sono un altro tipo di connessione terminale, molto usata negli impianti elettrici e negli elettrodomestici di uso civile.
I **capicorda a occhiello** sono necessari quando è richiesta una *connessione imperdibile* (per esempio il fissaggio del conduttore di terra alla massa).
I **capicorda a forcella** sono usati per il collegamento a morsetti piani, in quanto distribuiscono il carico in modo uniforme attorno alla vite, senza storcerla.
I **capicorda *Fast-On*** sono usati dove risulta necessaria una connessione veloce e robusta, resistente alle vibrazioni **|fig. F2.6|**.

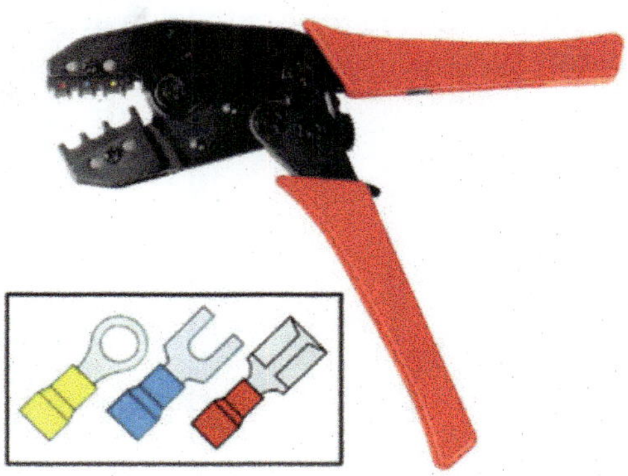

F2.6 Pinza per capicorda e tipi differenti di capocorda.

Maggiore è la dimensione del cavo, più grande risulta il capocorda necessario per ottenere il buon contatto e portare le correnti richieste dall'applicazione specifica. Altrettanto grandi e possenti diventano le pinze necessarie a crimpare questi tipi di capocorda, che, date le forze in gioco, non sono più rivestiti in materiale isolante (si romperebbero al serraggio). A tale scopo, si usa un **rivestimento termorestringente** applicato successivamente, dopo la crimpatura al cavo **|fig. F2.7|**.

F2.7 Capocorda non isolato per cavi di grande sezione.

F2.2 Montaggio dei dispositivi elettrici

Il **montaggio dei dispositivi elettrici**, sia all'interno di quadri elettrici sia a bordo macchina, richiede competenza e professionalità.
Operando per fasi successive, occorre:

- leggere lo schema elettrico;
- riconoscere i componenti e la loro funzione;
- valutare potenze e quantità di calore dissipato dai vari elementi;
- individuare una disposizione adatta (layout) con percorsi cavi brevi e diretti;
- predisporre le canaline, lasciando le opportune distanze di areazione **|fig. F2.8|**.

F2.8 Armadio elettrico: disposizione dei componenti e delle canaline.

Al fondo oppure a lato dell'armadio elettrico, si sistemano le morsettiere che interfacciano il quadro elettrico con il bordo macchina, in modo che la numerazione dei cavi, e quindi le loro destinazioni, risultino ben chiare e visibili.
Definita a disegno la disposizione delle varie parti, si passa alla foratura del pannello posteriore del quadro, sul quale si fissano (mediante rivetti a strappo) le canaline e i diversi spezzoni di guida DIN (la barra a omega standard cui si agganciano con innesto a molla tutti i componenti elettrici di piccola taglia) e

si avvitano i componenti di grandi dimensioni e peso (interruttori generali, azionamenti, inverter, basi per PLC, alimentatori ecc.).
Definite così le collocazioni "meccaniche" delle varie parti, si inizia la vera e propria attività di cablaggio del quadro, che richiede metodicità e pazienza. Ogni filo deve essere intestato e numerato alle estremità, seguendo il percorso indicato a schema da un componente all'altro, da morsetto a morsetto.
Ovviamente i **quadri elettrici** non si cablano un filo per volta; questa operazione, infatti, richiederebbe un tempo enorme di lavorazione, in quanto per ogni filo occorre prendere e posare le forbici, poi lo spelafili, poi la pinza dei puntalini, poi i segnafili numerati e, infine, sistemare e far passare il filo nelle canaline.
È necessario invece operare a "mazzette", ovvero a gruppi di una decina di cavi per volta, individuando quelli che approssimativamente hanno lo stesso percorso, collegando i gruppi funzionali distribuiti in "zone" e locazioni ben definite. Si passa quindi da una schema teorico a uno schema pratico, che individua direttrici e numero di cavi passanti nelle varie canaline.
Con questo metodo, più intelligente e pratico, anche i tempi di collegamento si riducono, operando in parallelo: si tagliano mazzette di cavi una volta per tutte, si spellano tutte le estremità dalla stessa parte, si intestano e si numerano da un lato, per poi passare dall'altro.
I risparmi veri non si fanno su pochi centimetri di filo elettrico (in ogni caso occorre lasciare un po' di lasco in canalina per successive modifiche o varianti), ma sui tempi di lavorazione. Ne consegue che, solo dopo aver fissato il cavo numerato al morsetto di partenza, si può identificare e numerare correttamente il corrispondente terminale di destinazione, all'arrivo: a tale scopo, occorre attrezzarsi con un **tester elettronico** |fig. F2.9|, usato come "prova di continuità" (con segnalatore acustico).

F2.9 Tester elettronico inserito in "prova di continuità".

Si realizza così, con una sola operazione, sia il collegamento desiderato sia il collaudo "punto a punto" del risultato. A ogni filo collegato, sullo schema principale si spunta la parte realizzata. Il lavoro termina quando tutti i fili dello schema sono spuntati.
L'operazione di collaudo di un impianto elettrico rispetto al suo schema viene comunemente denominata **battitura**, ovvero "battere" in modo sistematico "punto a punto" tutti i nodi e i morsetti dell'impianto.
Per quanto riguarda il **cablaggio a bordo macchina**, le situazioni che possono presentarsi sono estremamente variabili, poiché dipendono dal tipo di macchina preso in considerazione. La **figura F2.10** riporta, a titolo d'esempio, la foto di un moderno macchinario d'automazione industriale, dove si riconoscono gli elementi specifici di cablaggio elettrico che velocizzano la manutenzione e la verifica funzionale dei singoli componenti, sia sensori che attuatori.

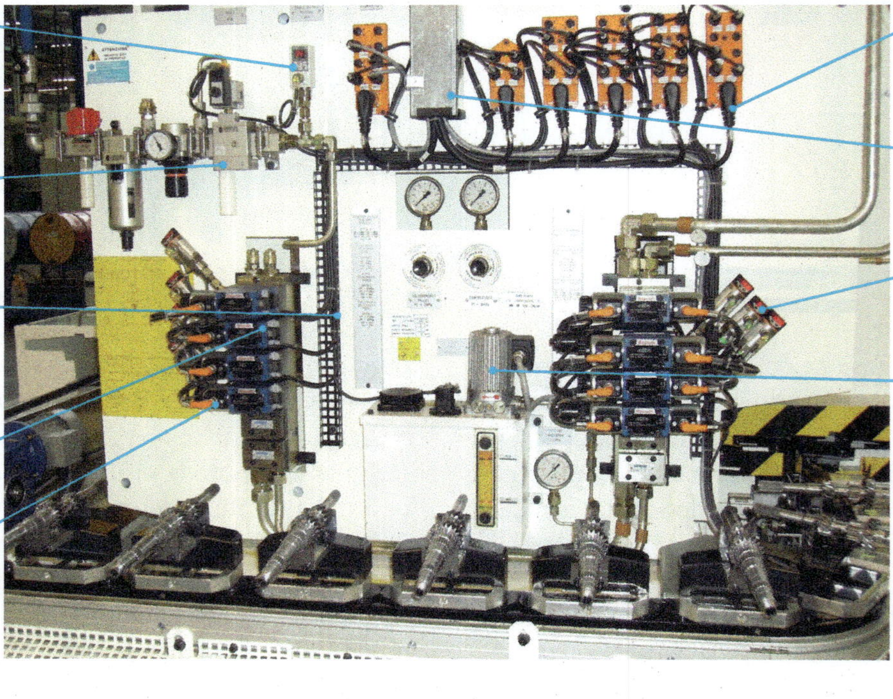

F2.10 Impianto elettrico a bordo macchina.

Si osservi anche in questo caso la razionalizzazione completa dell'impianto, la cura con cui sono raccolti e ordinati i cavi di collegamento, le targhette di identificazione dei singoli cavi e dei singoli connettori che rendono facile e la sostituzione di elementi guasti.

Come secondo caso di lavoro elettrico a bordo macchina, sarà preso in esame un semplice esempio di collegamento per motori asincroni trifasi |**fig. F2.11**|. Aprendo la scatola della morsettiera di un motore asincrono, si trova un connettore isolante con 6 morsetti a vite, dotato di cavallotti in ottone.
Rispettando i dati di targa, a seconda della tensione di esercizio, si dovrà scegliere il tipo di collegamento da realizzare.

F2.11 Motore asincrono trifase.

Togliendo i cavallotti e provando con un tester la continuità, ci si può rendere conto che gli avvolgimenti del motore sono collegati in diagonale rispetto ai morsetti, secondo lo schema riportato nella **figura F2.12**.

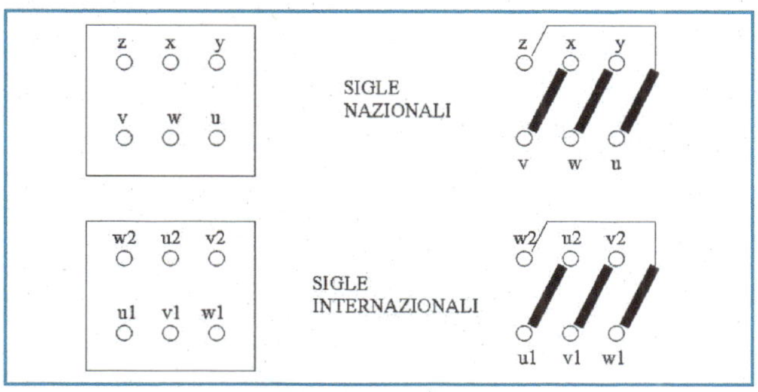

F2.12 Collegamento degli avvolgimenti di un motore asincrono trifase.

Se i cavallotti vengono montati come illustrato nella **figura F2.13**, si uniscono in un solo nodo centrale le estremità dei tre avvolgimenti motore, formando un **collegamento a stella**, evidenziato dal simbolo a "Y" rovesciata. Si ricorda che il collegamento a stella viene utilizzato per alimentare il motore alla tensione più elevata fra le due disponibili dai dati di targa.

In corrispondenza di tale collegamento, il motore assorbirà una corrente nominale più bassa, erogando sempre la medesima potenza.
L'alimentazione del motore sarà collegata ai tre morsetti rimasti liberi. Anche se i collegamenti da fare sono soltanto due, si utilizzano comunque tutti e tre i cavallotti disponibili, che da un lato saranno sovrapposti. Occorre sempre conservare i cavallotti disponibili, poiché potrebbero essere necessari qualora si decidesse di cambiare il tipo di collegamento.

F2.13 Collegamento a stella di un motore asincrono trifase.

Se invece occorre eseguire un **collegamento a triangolo**, contrassegnato dal simbolo "Δ", i cavallotti sono montati nell'altro senso, collegando l'estremità di ogni avvolgimento alla partenza del successivo |**fig. F2.12**|.

F2.14 Collegamento a triangolo di un motore asincrono trifase.

Il collegamento a triangolo si utilizza per alimentare il motore alla tensione più bassa fra le due disponibili dai dati di targa. In corrispondenza di tale collegamento, il motore assorbirà una corrente nominale più elevata, erogando sempre la medesima potenza.

Per un lavoro a regola d'arte sono importanti:

- l'uso di capocorda a crimpare su tutti i conduttori utilizzati (i 3 neri di tensione trifase e il giallo verde di terra); per quest'ultimo i capocorda sono a occhiello, imperdibili;

- il collegamento a terra della carcassa del motore, mediante il cavo proveniente dall'armadio elettrico;
- il collegamento a terra della guaina metallica che protegge il cavo (calza schermo), realizzato con anello elastico al corpo metallico del connettore; l'utilizzo di una calza schermo è richiesto per ridurre la trasmissione di radiodisturbi, in caso di collegamento del motore a inverter: un lungo cavo di collegamento fra armadio elettrico e bordo macchina si comporta come antenna trasmittente di disturbi a radio frequenza generati dalla commutazione di corrente al motore;
- il fissaggio meccanico del cavo elettrico e della guaina di copertura del cavo al motore, realizzato con stringicavo a cono e guarnizione in gomma, per mantenere il grado di protezione IP44 della scatola morsettiera; ciò assicura il bloccaggio e la tenuta della guaina, evitando la scopertura dei singoli conduttori non protetti a penzoloni fuori dalla scatola.

F2.3 Attrezzi per lavori elettronici

Gli **attrezzi per lavori elettronici** sono molto simili a quelli per lavori elettrici, con la differenza che rispetto a questi ultimi risultano in generale più piccoli e di maggior precisione, in quanto dedicati a componenti di misure più piccole, se non piccolissime, rispetto ai normali componenti elettrici.

Nella **figura F2.15** si distinguono: le due serie complete di **cacciaviti a taglio** e **testa a croce**, nelle misure da 0,5 mm fino a 2,5 mm; le **tronchesi**, usate per rasare i terminali dei componenti sporgenti dai circuiti stampati dopo la saldatura; le **presselle**, ovvero delle pinzette in varia foggia e dimensione, adatte a tenere fermi in posizione i componenti elettronici durante la saldatura a mano.

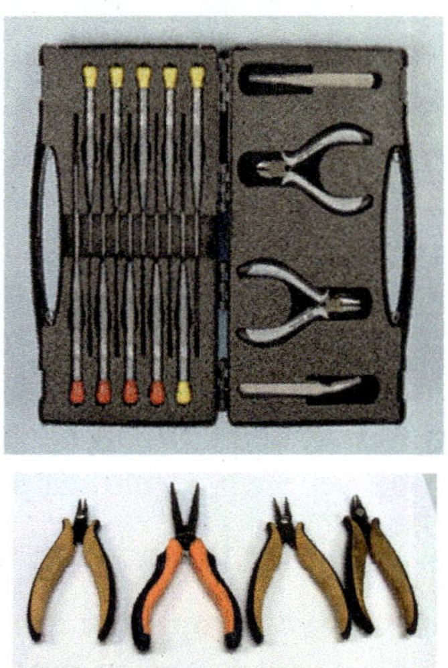

F2.15 Attrezzi base per il tecnico elettronico.

Lo strumento fondamentale del riparatore elettronico è il **saldatore**, di cui si riporta nella **figura F2.16** una versione in centralina controllata in temperatura.

La regolazione di temperatura è importante per ridurre l'ossidazione dello stagno sulla punta, e comunque disporre di un rapido incremento di potenza quando ciò è necessario per riscaldare i terminali da saldare.

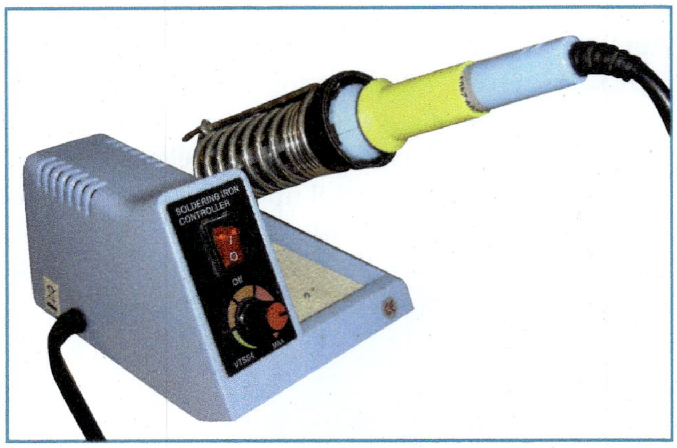

F2.16 Saldatore con centralina di termoregolazione.

Per la diagnosi del guasto è fondamentale la misura dei parametri del circuito, effettuabile con un multimetro in grado di misurare tensioni, correnti, resistenze, continuità, diodi.

Alcuni modelli consentono di misurare anche la capacità e le frequenze, altri dispongono di sonde (termocoppie) per la misura della temperatura o ulteriori contatti per la prova del guadagno di un transistor (NPN-PNP).

Importanti sono le protezioni dei circuiti interni che intervengono in caso di errore di inserzione o di scala dell'operatore. Tali caratteristiche spesso si accompagnano a funzioni di autorange (selezione automatica della scala) e di HOLD (blocco del display all'ultima misura effettuata), per agevolare la lettura **|fig. F2.17|**.

F2.17 Multimetro elettronico.

Oltre alle caratteristiche generali, nella scelta del multimetro occorre prestare attenzione alla precisione e al metodo di misura, in particolare per la lettura di tensioni e correnti alternate (misura a vero valore efficace). Basta fare una prova, misurando la stessa sorgente in d.c. o in a.c., per verificare se i valori visualizzati sul display sono conformi e coerenti al valore atteso. Troppo spesso, sui tester più economici, i valori misurati risultano errati o inconsistenti non appena alla pura corrente continua si sovrappone una ondulazione, oppure quando si misurano tensioni alternate di differente forme d'onda (sinusoidale, triangolare, quadra).
Un'abitudine poco corretta è quella di utilizzare sempre tutte le cifre lette dal display come valide, dimenticando che ogni strumento digitale ha una risoluzione minima (espressa in *digit*, ovvero come errore assoluto di conversione sull'ultima cifra) e una accuratezza (linearità e precisione, espressa in *percentuale* sul fondo scala).
La **tabella F2.1** riporta le caratteristiche tecniche di un multimetro digitale.

È importante prestare attenzione alle seguenti considerazioni. Sebbene la scala di misura di resistenza del multimetro si estenda fino a 20 MΩ e oltre, tale misura non può essere considerata valida come prova di isolamento, da eseguire sempre con strumento apposito alla effettiva tensione di lavoro.
Le misure di resistenza non offrono sensibilità sufficiente quando si desidera provare resistenze di valore molto piccolo (per esempio resistenze di contatto, avvolgimenti di motori elettrici): per eliminare l'effetto in serie della resistenza dei puntali e delle boccole dello strumento, è meglio eseguire misure di tensione a corrente impressa (prodotta da altro generatore) e poi calcolare il rapporto V/I.

Quando le misure richiedono la verifica di segnali a elevata frequenza, oppure richiedono la cattura di fenomeni di durata molto breve, l'**oscilloscopio** si impone come sostituto del multimetro, ampliandone le possibilità **|fig. F2.18|**.
Grazie al costo contenuto degli schermi LCD e sempre più ridotto della microelettronica, gli oscilloscopi portatili iniziano a essere sempre più utilizzati anche nella manutenzione di impianti e sistemi industriali (azionamenti, inverter, saldatrici, motori *brushless*).

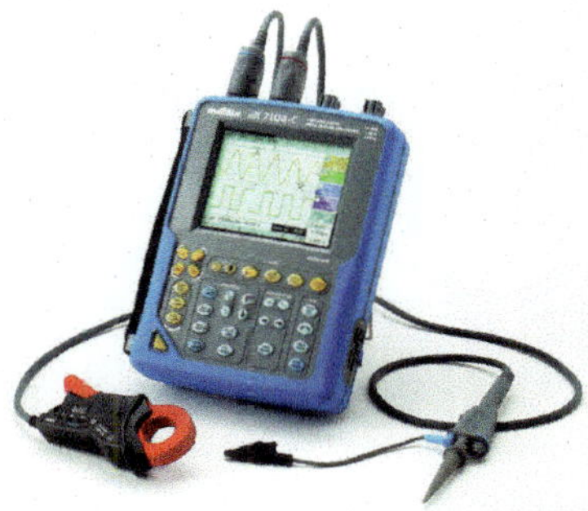

F2.18 Oscilloscopio digitale portatile, con sonde di tensione e di corrente.

Recentemente, le problematiche relative a impianti e macchinari complessi hanno introdotto nuove forme e nuovi metodi di diagnosi, basate sul rilievo delle temperature mediante **termocamere** **|fig. F2.19|** come elemento predittivo e di localizzazione del guasto/difetto.

TABELLA F2.1 Caratteristiche tecniche di un multimetro digitale

Funzioni	Range	Accuratezza	Protezione
Tensione d.c.	200 mV - 1000 V	±(0,5% +1 dgt)	1000 V
Tensione a.c.	200 mV - 750 V	±(0,8% +3 dgt)	700 V
Corrente d.c.	2 mA - 200 mA 20 A (boccola dedicata)	±(0,5% +1 dgt)	fusibile 0,5 A
Corrente a.c.	2 mA - 200 mA 20 A (boccola dedicata)	±(1,0% +3 dgt)	fusibile 0,5 A
Resistenza	200 Ω - 200 MΩ	±(0,8% +1 dgt)	220 V
Capacità	2 nF - 20 μF	±(2,5% +3 dgt)	100 V
Prova diodi	sì	corrente diretta: 0,5 mA tensione inversa: 2,8 V	-
Prova transistor	sì	-	-
Continuità	sì	il buzzer suona se $R < 90\ \Omega$	-
Spegnimento automatico	sì	-	-

F2.19 Termocamera a infrarossi.

L'innalzamento della temperatura è infatti il primo sintomo di usura meccanica (cuscinetti e bronzine), di cattivo contatto elettrico (aumento della resistenza), di perdite e dispersioni di energia.
La **figura F2.20** mostra l'immagine termica di alcuni componenti malfunzionanti e rivela il problema e la causa del guasto, consentendo un rapido intervento.

(a) (b)

F2.20 a) Rilevazione di un problema su cuscinetti e guarnizioni delle pompe idrauliche. b) Rilevazione di un problema di surriscaldamento degli avvolgimenti del motore.

Volendo limitare i costi, magari con un procedimento un po' più lungo e meno spettacolare, è possibile comunque registrare le temperature dei macchinari e degli impianti misurandole con una banale sonda di temperatura accoppiata al multimetro **|fig. F2.21|**.

Con un po' di esperienza e qualche prova in più, si fa in fretta a trovare i "punti caldi" da tenere sotto controllo, ripetendo sistematicamente le misure e registrandone i valori.

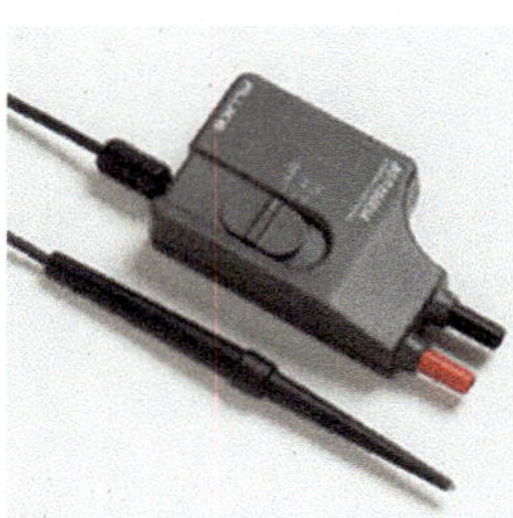

F2.21 Sonda di temperatura universale per il multimetro.

Occorre sempre usare la strumentazione specifica per lo scopo previsto: gli strumenti visti in precedenza sono di uso generico; molti altri tipi di strumentazione specifici esistono in commercio per le più svariate applicazioni in diversi settori. Si spazia dai misuratori di campo per l'antennista ai misuratori di fibre ottiche per le telecomunicazioni, dal contagiri agli analizzatori di vibrazioni, dal fonometro al luxmetro per le verifiche degli ambienti di lavoro e di produzione.

F2.4 Montaggio dei dispositivi elettronici

PLC, Inverter, Proximity, sensori, trasduttori, alimentatori, azionamenti motore sono gli oggetti elettronici che normalmente sono montati nei quadri elettrici e a bordo macchina degli impianti industriali.
La manutenzione di impianti e sistemi industriali si esegue sempre per sostituzione di schede e oggetti finiti e quasi mai per sostituzione di singoli componenti elettronici a bordo di tali schede.
Spesso il singolo guasto di un componente si propaga ad altri elementi, causando bruciature e danni collaterali che rendono addirittura impossibile la sostituzione o la riparazione **|fig. F2.22|**.

F2.22 Esplosione di un transistor e danni collaterali.

La sostituzione diretta di singoli componenti, sebbene di costo minimo, richiede tempi assurdi in termini di smontaggio e ripristino, aggiungendo il rischio ulteriore di danneggiamenti imprevisti durante la lavorazione, incompleta diagnosi delle parti guaste e conseguente riparazione inconsistente o inaffidabile.
Non si vuole con questo banalizzare la professionalità dei manutentori del settore: occorre anzi evitare di cadere nell'errore opposto, ovvero cambiare e sostituire costosi componenti di impianto (per esempio un inverter) per mancata diagnosi di problemi banali (per esempio il mancato contatto sul connettore), risolubili altrimenti con costi molto più ridotti.

Conoscere i componenti interni di prodotti elettronici è comunque utile per identificare la causa del guasto ed evitare che si ripeta il problema, sapendo riconoscere dove c'è stato un cedimento di isolamento, un surriscaldamento delle parti (ridotto scambio termico e passaggio d'aria a causa di filtri intasati o peggio occlusioni causate dalla polvere), oppure ancora sovratensioni e sovracorrenti impulsive.
Ad esempio risulta abbastanza facile individuare su una scheda elettronica i condensatori elettrolitici esplosi e sostituirli, in quanto essi presentano la capsula gonfia o il tappo di gomma di sicurezza perforato.
È noto che i condensatori elettrolitici hanno durata di vita utile limitata, in quanto l'elettrolita interno evapora e si asciuga, in particolare in presenza di temperature di esercizio elevate **|fig. F2.23|**.

F2.23 Condensatori elettrolitici esplosi o esauriti su scheda elettronica.

Quando l'elettrolita si secca, si riduce in progressione il valore di capacità, mentre aumenta la resistenza "parassita" serie; ciò determina l'ulteriore incremento a catena della temperatura e dell'evaporazione, fino alla distruzione finale. Talvolta la capsula in alluminio è già costruita con tre incisioni, per favorirne l'apertura e lo sfogo del vapore di elettrolita in pressione.
Questo tipo di guasto è uno dei più frequenti nell'ambito di circuiti elettronici, verificabile in particolare su apparecchiature con 3-5 anni di vita utile in esercizio continuo.
Sintomo inequivocabile del problema (laddove il condensatore opera come filtro di livellamento della tensione di alimentazione) è la mancata partenza del dispositivo, in quanto il componente destinato a monitorare le tensioni di alimentazione, verificata l'anomalia, blocca la procedura di avviamento.
La semplice sostituzione dei condensatori elettrolitici esplosi o usurati può ridare nuova vitalità e operatività al dispositivo per molti anni ancora.

Nelle apparecchiature di potenza operanti a tensione di rete (inverter, azionamenti motore, saldatrici elettroniche), sono presenti grossi condensatori di alimentazione che rimangono carichi anche dopo aver aperto l'interruttore generale e scollegato l'apparecchiatura dalla linea.
Occorre in questo caso attendere per 5 minuti la scarica dei condensatori medesimi prima di accedere alle morsettiere dell'apparecchiatura, scollegarla e smontarla.
In caso contrario si corre il rischio di un forte shock elettrico per scarica capacitiva, senza alcuna protezione: anche un eventuale interruttore differenziale salvavita, ormai già scollegato dall'apparecchiatura in oggetto, non potrebbe più intervenire.

Un altro tipico inconveniente di circuiti elettronici è quello conseguente alle vibrazioni che vengono trasmesse dalle macchine operatrici: la massa di alcuni componenti (in particolare induttanze e condensatori elettrolitici) è grande; quindi ogni colpo e ogni vibrazione applica una elevata sollecitazione ai terminali, che giungono a rompersi o a dissaldarsi.
Il medesimo meccanismo di guasto si riscontra sui transistori, in particolare se montati su dissipatori di alluminio che ne incrementano la massa e l'inerzia.

Talvolta, anche in presenza di rondelle dentellate, il componente si svita e si stacca dal dissipatore, rendendo pertanto inevitabile il guasto per surriscaldamento.
La diagnosi di questi inconvenienti è facile da fare, quindi occorre rintracciare la causa del problema e porvi rimedio, ripristinando la normale funzionalità.

Procedura di verifica e sostituzione di un condensatore elettrolitico

1) Togliere l'alimentazione al dispositivo (attendere eventuale scarica residua sui condensatori).
2) Aprire il dispositivo e accedere al suo interno.
3) Con un primo esame visivo evidenziare condensatori con sagoma deformata o tappo di gomma con valvola di sicurezza esplosa.
4) Dissaldare i componenti sospetti, isolandoli dal circuito.
5) Con l'ausilio di una resistenza di valore elevato, misurarne la capacità, verificando la costante di tempo $\tau = RC$ necessaria per caricare la tensione al 67% del generatore, o per scaricarlo al 33% della tensione iniziale. La misura si può eseguire abbastanza agevolmente aiutandosi con un orologio e un multimetro.
6) Ricavare il valore di capacità applicando la formula inversa $C = \tau/R$ e verificare se il valore nominale

di targa corrisponde al valore misurato. Occorre sostituire ogni condensatore che:

a) abbia una capacità inferiore al 10% del valore nominale;
b) non mantenga la tensione di carica (perdita di isolamento interno);
c) non riesca a caricarsi alla medesima tensione del generatore usato per la prova.

7) Qualora sussistano ancora dubbi, verificare se il condensatore scalda se sottoposto a una corrente alternata di carica/scarica corrispondente a quella dei dati di targa forniti dal costruttore. Il confronto con un condensatore nuovo della stessa capacità può evidenziare differenze macroscopiche nel valore di resistenza serie e perdite parassite.
8) Risaldare o riavvitare il condensatore nuovo (con le stesse caratteristiche e capacità di quello guasto), rispettandone le polarità indicate sul rivestimento esterno.
9) Curare il montaggio meccanico: i condensatori elettrolitici hanno elevata inerzia e possono rompere i terminali in caso di urto se sono montati troppo stretti, vicino al circuito stampato. Preferire un montaggio più lasco, interponendo la gomma siliconica fra componente e scheda come ammortizzatore d'urto |fig. F2.24|.

F2.24 Fissaggio di condensatori elettrolitici e altri componenti con resine antiurto.

Procedura di montaggio di un inverter

Si esaminerà ora un caso industriale di montaggio di dispositivi elettronici fra i più usuali in ambito manutentivo.

In una azienda industriale è presente un semplice elevatore a nastro per il trasporto di pezzi, azionato da un piccolo motore asincrono da 0,5 kW di potenza e riduttore assiale a ingranaggi |fig. F2.25|.

F2.25 Elevatore industriale motorizzato.

Il dispositivo, comandato da una fotocellula di presenza pezzi posizionata in cima al nastro, è soggetto a frequenti fermate e ripartenze, causa a loro volta di continui inconvenienti. Il motore asincrono surriscalda, in quanto a ogni ripartenza assorbe una corrente di spunto da 5 a 7 volte maggiore della corrente nominale; tali spunti di ripartenza possono ripetersi anche più volte al minuto. Quando il recipiente del materiale posto alla base è pieno, lo spunto alla partenza risulta particolarmente difficoltoso, dovendo il motore far ripartire sia i pezzi sulle singole tramogge, sia diversi chili di pezzi presenti in vasca: in conseguenza la termica di protezione del motore scatta |fig. F2.26|.

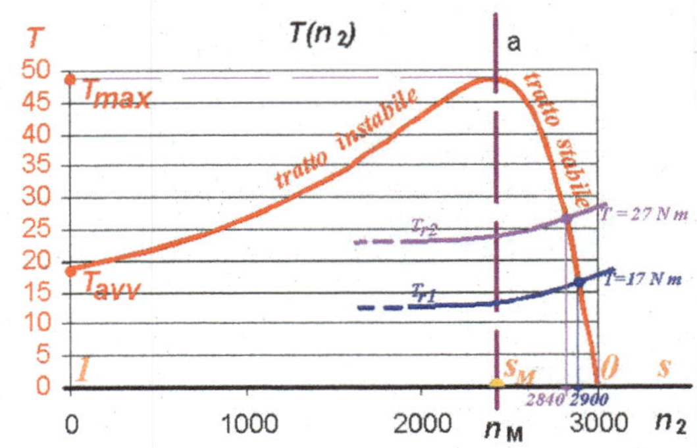

F2.26 Caratteristica di coppia di un motore asincrono al variare del numero di giri: se la coppia del carico (linea viola) supera la coppia di avviamento, il motore non spunta.

Dato il tipo di applicazione, si decide un intervento di miglioramento che consenta di risolvere gli inconvenienti sopra elencati e nel contempo:

- aumentare l'efficienza del sistema riducendo il consumo energetico;
- aumentare il cos φ dell'impianto, già piuttosto basso come valore nominale del piccolo motore (0,76), e ulteriormente ridotto (0,15 ÷ 0,1) negli spunti di partenza.

È possibile ottenere tali caratteristiche utilizzando un inverter, poiché la frequenza variabile minimizza lo scorrimento del rotore, che risulta sempre "in presa" con il campo magnetico rotante |fig. F2.27|.

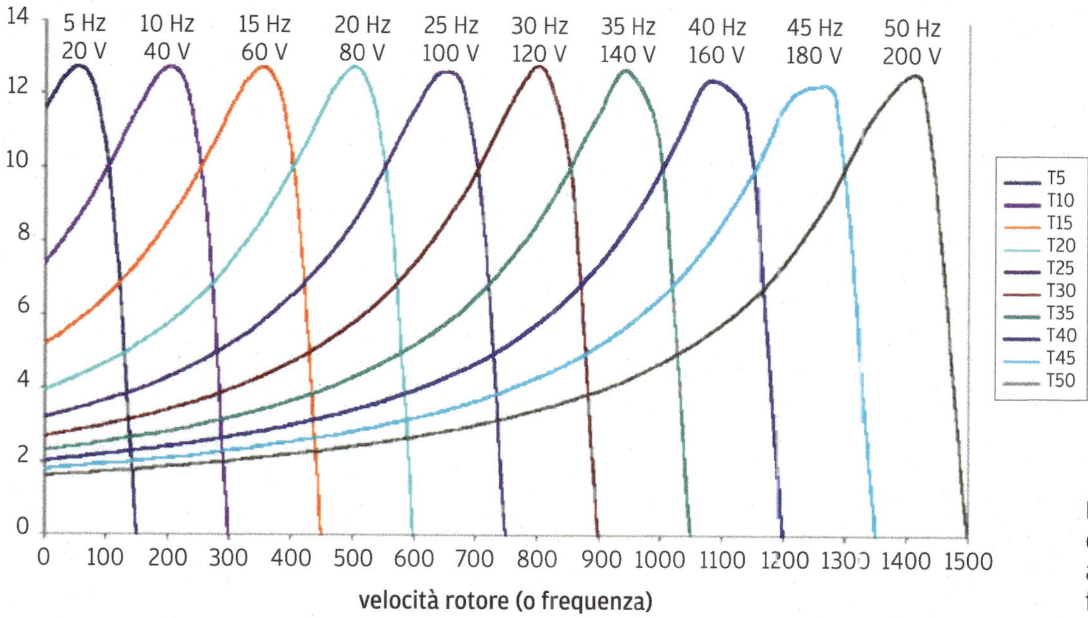

F2.27 Caratteristiche di coppia di un motore asincrono a diverse frequenze.

In conseguenza:

- la coppia di spunto raggiunge quasi lo stesso valore della coppia nominale del motore;
- la corrente del motore rimane praticamente costante sia all'avviamento sia in esercizio;
- il cos φ visto dalla rete è sempre pari a 1;
- è possibile regolare la velocità del nastro trasportatore in funzione della richiesta di pezzi dei macchinari a valle, riducendo il numero di fermate e ripartenze.

Per fare la modifica si eseguono le seguenti operazioni.

- Utilizzare un inverter in grado di erogare una potenza adeguata alla richiesta dell'impianto.
- Collegare l'ingresso di alimentazione dell'inverter a una rete monofase (solo per piccole potenze), come illustrato nella **figura F2.28**.

F2.28 Collegamento monofase di alimentazione.

- Richiudere il coprimorsetto dopo aver eseguito il collegamento **|fig. F2.29|**.

F2.29 Protezione dei morsetti contro contatti indiretti.

- Preparare un cavo con guaina schermata per il collegamento al motore, fissandone l'estremità a capicorda a occhiello e rivestendo la terminazione con guaina termorestringente **|fig. F2.30|**.

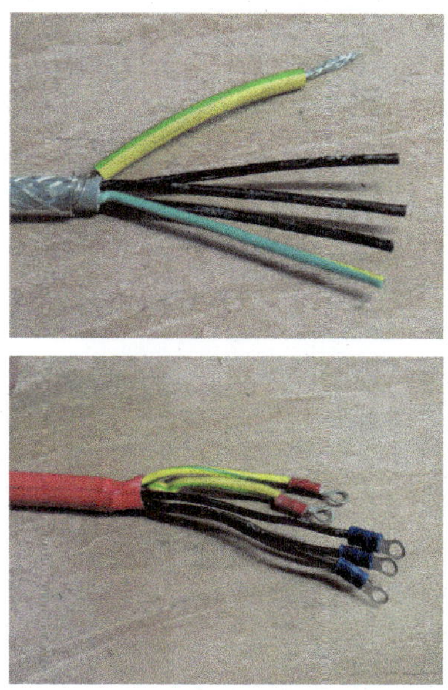

F2.30 Preparazione del cavo di collegamento al motore.

- Collegare le uscite dell'inverter al cavo motore; a lavoro ultimato richiudere la connessione con i coprimorsetti.
- Provvedere al sezionamento dell'alimentazione a monte dell'inverter con un teleruttore, collegato secondo lo schema di un marcia-arresto (chiuso all'accensione della macchina, aperto in stop/emergenza).
- Seguire le indicazioni fornite nel manuale d'installazione dell'inverter per collegare la fotocellula di avviamento all'ingresso di "marcia" sulla morsettiera degli ingressi (quella di colore verde riportata nella **figura F2.31**).

F2.31 Collegamento inverter lato motore.

- Impostare i parametri dell'inverter (tensione e corrente nominale) conformemente ai dati di targa del motore e al tipo di collegamento realizzato ai morsetti. Aggiungere le impostazioni più adeguate per l'utilizzo specifico richiesto:
  - tempi di rampa di accelerazione e frenatura (da 2 a 5 secondi);
  - velocità massima (da 35 a 50 Hz, in funzione della portata richiesta per l'elevatore);
  - comando di velocità digitale (escludendo con tale scelta la regolazione analogica mediante potenziometro esterno 0-10 V);
  - modo di avviamento (con comando singolo permanentemente attivo oppure in modalità start/stop a due pulsanti); nel caso specifico il comando da fotocellula richiede il primo.

Altre impostazioni più specifiche per ulteriori ottimizzazioni potranno essere individuate sul manuale d'installazione del modello acquistato. L'applicazione illustrata in questo esempio, realizzata presso una azienda metalmeccanica, ha determinato la scomparsa dei difetti precedentemente elencati e un risparmio di oltre il 35% sul consumo di energia elettrica assorbita dal macchinario.

ESERCITAZIONE GUIDATA F2.1

Collegamento di un motore asincrono

Si deve eseguire il collegamento a triangolo di un motore asincrono trifase.

A) Indicare le protezioni che l'operatore deve attivare.

B) Illustrare le varie fasi che l'installatore deve seguire per sviluppare il suo lavoro.

C) Disegnare lo schema dei contatti.

D) Elencare le procedure affinché l'esecuzione del lavoro sia a regola d'arte.

ESERCITAZIONE GUIDATA F2.2

Montaggio di inverter

Per migliorare la funzionalità di un elevatore a nastro per il trasporto di pezzi, un manutentore deve montare un inverter in grado di erogare una potenza adeguata alla richiesta dell'impianto.

A) Dopo aver spiegato la funzione dell'inverter, illustrare come avviene il montaggio del dispositivo elencando le varie fasi.

Funzione dell'inverter: ....

....

....

....

....

....

Montaggio: ....

....

....

....

....

....

B) Compilare la seguente tabella con le impostazioni più adeguate per l'utilizzo specifico richiesto.

N.	Impostazioni	Note
1		
2		
3		
4		
5		

1 Il set classico di attrezzi per l'elettricista è costituito dai seguenti elementi:

....

....

....

2 I cacciaviti cerca-fase sono oggi a norma e si possono utilizzare.

☐ Vero ☐ Falso

3 La verifica di presenza tensione si effettua con .... che dispone di ....

4 Indicare le fasi successive per il montaggio di dispositivi elettrici.

....

....

....

5 Come avviene la cablatura dei quadri elettrici? (max 20 parole)

....

....

....

6 L'operazione di collaudo di un impianto elettrico rispetto al suo schema viene denominata

....

7 Si deve sostituire un fusibile da 300 A posto nel suo contenitore su una blindosbarra di alimentazione:

a) si può anche fare se c'è tensione, perché il coperchio portafusibile è anche un sezionatore, il fusibile non va in tensione finché non si richiude il cassetto, quindi non si può prendere alcuna scossa elettrica

b) non si può fare se c'è tensione, perché appena il cassetto viene chiuso passa corrente, si forma un arco elettrico sui contatti a coltello e questi ultimi, a lungo andare, si rovinano

c) è possibile aprire la scatola dei fusibili solo se si è certi di aver sganciato tutti i carichi a valle, perché altrimenti all'apertura della scatola si può innescare un arco elettrico sugli altri fusibili ancora buono stato, con grave pericolo di esplosione, abbagliamento e bruciature

d) deve essere sempre tolta la tensione a monte a tutta la blindosbarra, anche se ciò dovesse comportare la fermata di tutte le macchine dello stabilimento o del reparto: se si sganciassero tutti i carichi a valle, le macchine sarebbero ferme comunque

8 Indicare gli attrezzi base per lavori elettronici.

....

....

....

....

....

....

....

9 Elencare le funzioni di un multimetro digitale.

....

....

....

....

....

....

....

10 Esemplificare l'utilizzo di una termocamera a infrarossi nel campo elettronico - elettrico.

....

....

....

....

....

....

11 Dovendo manutenere un componente elettronico, per esempio un condensatore elettrolitico, quali procedure bisogna seguire?

....

....

....

....

....

....

....

12 Ipotizzando di vivere in una casa antica che non ha l'impianto di terra: cosa bisogna fare del filo giallo-verde della lavatrice?

a) Utilizzare una fascetta metallica e collegarlo al tubo di scarico del lavandino o al termosifone

b) Isolarlo e non collegarlo a nulla: l'isolamento degli elettrodomestici moderni, certificati IMQ è sufficiente

c) Isolarlo e non collegarlo a nulla, ma dotarsi subito di un interruttore differenziale per proteggersi dai contatti indiretti indesiderati

1 I DPI per lavori elettrici si utilizzano:

a) per qualunque tipo di lavoro elettrico
b) solo per lavori elettrici sotto tensione in bassa tensione, adottando il criterio della doppia barriera
c) solo per lavori elettrici in media e alta tensione, secondo il valore di tensione cui sono collaudati e certificati
d) anche per lavori non elettrici, quando ci si avvicina a parti attive in tensione a meno della distanza D_V

2 Se si esegue il montaggio e il cablaggio di un quadro elettrico, occorre utilizzare delle protezioni?

a) Sì, bisogna proteggersi sempre e in ogni caso
b) No, non c'è nessun rischio finché non si allaccia il quadro elettrico alla rete
c) Solo per quadri elettrici con tensione superiori a 1 kV

3 In una cabina di media tensione, dopo aver aperto l'interruttore automatico, bisogna sganciare i coltelli sezionatori di linea e, quindi, richiudere i coltelli sulla barra di terra per scaricare le tensioni residue, utilizzando le apposite leve manuali per le manovre di emergenza.

a) Si può eseguire la manovra senza particolari precauzioni, in quanto le manovre meccaniche degli interruttori e sezionatori di media tensione sono sempre collegate a terra con gli armadi metallici che le contengono
b) Si deve sempre considerare che una scarica di corrente verso terra fa salire localmente il potenziale dei dispersori di terra a valori di tensione che potrebbero essere pericolosi: bisogna proteggersi da queste ultime, utilizzando i guanti isolanti e la pedana isolante (metodo della doppia barriera)
c) Se non vi sono particolari condizioni ambientali avverse (umidità, allagamenti) può bastare la sola protezione fornita dal tappetino isolante in gomma già presente sul pavimento di tutte le cabine elettriche

4 Sul tetto di casa, l'antenna del televisore è collegata a una trecciola di acciaio zincato che con il tempo si è corrosa, interrompendosi e interrompendo il collegamento principale dell'antenna verso terra: è un problema?

a) Sicuramente sì, perché se un fulmine dovesse colpire l'antenna si scaricherebbe lungo la colonna montante dei cavi d'antenna dell'edificio, con danni considerevoli a tutto l'impianto e a tutti i televisori collegati
b) Certamente no, poiché l'antenna risulta ancora collegata a terra attraverso altri elementi dell'impianto (amplificatori d'antenna) e quindi, al massimo, potrebbe verificarsi qualche guasto o qualche interruzione di servizio a quest'ultimo
c) Sicuramente no, poiché un fulmine che attraversa centinaia di metri in aria non ha alcuna difficoltà ad attraversare i pochi centimetri che separano i capi della trecciola di acciaio interrotta dalla corrosione, scaricandosi comunque a terra

5 Dovendo sostituire un motore trifase alimentato da un inverter, quali precauzioni occorre usare per scollegarlo dalla sua morsettiera?

a) Basta sganciare l'interruttore automatico generale del quadro elettrico cui è collegato il motore
b) Basta forzare l'arresto, sfilando il filo del comando di "marcia" dalla morsettiera dell'inverter
c) Basta scollegare il cavo della bobina del teleruttore che alimenta l'inverter
d) Occorre sganciare l'interruttore automatico generale del quadro elettrico cui è collegato il motore e attendere per 5 minuti la scarica residua dei condensatori presenti all'interno dell'inverter prima di accedere alla morsettiera del motore

6 Quando si leggono i valori misurati da un multimetro digitale, bisogna sempre:

a) tener conto di tutte le cifre visualizzate, fino all'ultima (se è stabile): non ha quindi importanza la scala utilizzata per la misura, tanto si tratta solo dello spostamento di posizione della virgola, le cifre rimangono le stesse
b) ricordare che l'accuratezza di uno strumento è data dalla somma degli errori di ripetibilità, linearità e stabilità (con il tempo e la temperatura): pertanto non bisogna fidarsi delle ultime cifre riportate dal display, perché risultano variabili a seconda delle condizioni
c) ricordare che l'accuratezza di uno strumento è definita in percentuale sul fondo scala; pertanto, per avere l'errore di misura più piccolo, occorre sempre utilizzare lo strumento con la scala di lettura più bassa possibile rispetto al valore da misurare
d) è meglio usare lo stesso strumento e confrontare fra loro i valori della stessa grandezza misurati più volte, calcolando poi la media in modo da annullare l'effetto degli errori

Il coupon che trovi nella pagina a fianco (terza di copertina) ti consente di:
· scaricare gratuitamente la versione digitale del libro (eBook+);
· accedere a tutti i materiali digitali integrativi (risorse online) riservati a questo volume presenti sul sito www.hoepliscuola.it alla pagina web del testo.

Titolo
Autore
ISBN

Grattando la vernice del coupon troverai il codice di accesso.

E-BOOK +

COME UTILIZZARE IL COUPON PER SCARICARE LA VERSIONE DIGITALE DEL LIBRO (E-BOOK+)

Il coupon riportato nella pagina a fianco (terza di copertina) è utilizzabile una sola volta per accedere alla versione digitale del libro, scaricabile seguendo le istruzioni riportate alla pagina web:

www.hoepliscuola.it/libri_digitali

ATTENZIONE: l'accesso alla versione digitale del libro (eBook+), utilizzabile su tablet, LIM e computer è a titolo gratuito ed è riservato all'utente registrato che ha accettato le relative condizioni generali di licenza d'uso e ha inserito il codice di attivazione. Tale codice può essere attivato una sola volta e la relativa utenza e la connessa licenza di utilizzo hanno durata temporalmente illimitata e non sono trasferibili a terzi. Per le condizioni di licenza d'uso, vedi www.hoepliscuola.it.

RISORSE ONLINE

COME UTILIZZARE IL COUPON PER SCARICARE I CONTENUTI DIGITALI INTEGRATIVI (RISORSE ONLINE)

Il coupon riportato nella pagina a fianco (terza di copertina) ti consente di accedere a un'area riservata all'interno del sito dell'editore, dove troverai MyBookBox, il contenitore virtuale con risorse e contenuti digitali integrativi.
Segui questi passaggi.

1. Registrati al sito www.hoepliscuola.it utilizzando un indirizzo email valido.
2. Accedi alla pagina dedicata a questo volume.
3. Nello spazio bianco accanto al logo MyBookBox inserisci il codice coupon riportato nella pagina a fianco (terza di copertina) e nascosto sotto la vernice grattabile; avrai così accesso a tutte le risorse digitali del tuo volume.

ATTENZIONE: l'accesso gratuito ai contenuti digitali integrativi in MyBookBox (risorse online) è riservato all'utente registrato che ha inserito il codice di attivazione e accettato le condizioni generali d'uso presenti su www.hoepliscuola.it.